실험자를 위한

실험계획법

개념, 원리와 적용

DESIGN OF EXPERIMENTS
FOR EXPERIMENTERS
CONCEPTS, PRINCIPLES,
AND APPLICATIONS

저자 소개

변재현

서울대학교 산업공학 학사
한국과학기술원(KAIST) 산업공학 석사
한국과학기술원(KAIST) 산업공학 박사
대한산업공학회 회장
현재 경상국립대학교 산업시스템공학부 교수

실험자를 위한
실험계획법
개념, 원리와 적용

초판 발행 2025년 8월 29일

지은이 변재현
펴낸이 류원식
펴낸곳 교문사

편집팀장 성혜진 | **책임진행** 윤지희 | **디자인** 김도희 | **본문편집** 송여경

주소 10881, 경기도 파주시 문발로 116
대표전화 031-955-6111 | **팩스** 031-955-0955
홈페이지 www.gyomoon.com | **이메일** genie@gyomoon.com
등록번호 1968.10.28. 제406-2006-000035호

ISBN 978-89-363-2681-4 (93410)
정가 36,000원

저자와의 협의하에 인지를 생략합니다.
잘못된 책은 바꿔 드립니다.

실험자를 위한

실험계획법

개념, 원리와 적용

변재현 지음

DESIGN OF EXPERIMENTS FOR EXPERIMENTERS

CONCEPTS, PRINCIPLES, AND APPLICATIONS

교문사

머리말.

이 책은 실험계획법(Design Of Experiments, DOE)에 관한 이론서가 아니다. 실험계획의 갖가지 방법을 소개하는 핸드북도 아니다. 이 책은 저자가 40년 이상 실험계획을 공부하고 대학의 학생들과 기업의 실험자들에게 강의하고 자문하면서 받은 느낌을 바탕으로, 실험계획법의 개념과 원리를 설명하고 독자들이 시행하는 실험에 쉽게 적용할 수 있도록 여러 가지 사례를 중심으로 저술한 안내서에 가깝다. 본 교재를 통해 실험자가 다양한 실험계획 방법의 필요성과 전개 원리를 잘 이해하여 실험을 효율적으로 시행할 수 있도록 도움을 주고자 한다.

본 교재의 특징은 다음과 같다. ① 통계적 개념과 방법은 가능하면 쉽게 풀어서 꼭 필요한 부분만 제시했다. ② 강의 시 자주 듣는 질문을 바탕으로 본문에 질문과 견해를 추가했다. ③ 본문에서 충분히 설명하지 못했거나 독자들이 관심을 가질 만한 내용은 각 장의 맨 뒤 들여다보기 절에 나타냈다. ④ 본문뿐만 아니라 연습문제에도 다양한 사례를 제시하여 DOE의 적용성에 관해 이해할 수 있도록 했다. ⑤ 이론적인 내용이라서 처음 공부할 때 건너뛸 수 있는 절은 절 번호 뒤에 '*'로 표시했다. ⑥ 독자들이 실험데이터를 분석하는 데 도움을 주고자, 기본적인 프로그램인 DOEasy와 실행 매뉴얼을 별도로 교문사 홈페이지(www.gyomoon.com) 자료실에서 제공한다.

저자가 실험계획법을 처음 배울 때는 복잡한 기호와 수식을 잘 이해할 수 없었고, 실험계획보다는 실험데이터의 통계적 분석을 위한 계산을 많이 했다. 실험계획법을 배운 후에도 누가 내게 어떤 실험을 계획하라고 하거나 실험하는 사람을 도와주라고 했으면 잘하지 못했을 것이다. 학교와 기업에서 실험계획법을 강의하면서 수강자들이 강의 내용을 이해하거나 배운 내용을 실제 실험에 적용하는 데 많은 어려움을 겪는다는 것을 알았다. 이 책을 쓸 때 DOE의 다양한 계획과 분석방법을 모두 소개해야 할지, 그리고 데이터 분석에 소프트웨어를 이용할지를 고민했다. 하지만 DOE의 다양한 방법을 모두 소개하려면 책의 두께가 1,000쪽은 넘어야 할 것 같았고, 소프트웨어에 의존하면 실험자들이 DOE의 참맛을 모를 것 같다고 생각했다. 그래서 결국 DOE의 중요한 개념과 원리를 가능한 한 쉽게 설명하여 독자가 생각하는 힘을 기르고, 소프트웨어에 의존하는 대신에 데이터 분석 과정을 도울 간단한 프로그램을 제공하기로 하였다. 그리고 저자의 자문이나 과제 수행 경험에 비추어 보면, 실험데이터의 분석 결과가 늘 통계적으로 깔끔하게 나오지는 않기 때문에, DOE 적용사례는 분석 결과가 명확하게 나오지 않은 것도 포함했다.

이 책이 산업공학이나 통계학 전공 학생뿐만 아니라, 실험을 수행하는 공학, 자연과학, 농업생명과학, 제약학 분야의 학생들과, 실험을 통하여 시스템/프로세스를 개발하거나 개선하고자 하는 기업 또는 공공기관의 연구원, 실무자들에게 도움이 되기를 바란다.

1장에서는 실험계획법의 필요성, 주요 원칙, 적용절차, 다양한 방법을 개괄적으로 소개한다. 2장에서는 DOE에 필요한 최소한의 통계적 방법을 제시한다. 통계학을 모르는 사람도 2장을 익

힌다면 이 책 전체에 나오는 통계적 개념과 방법은 이해할 수 있으리라 생각한다. 통계학을 공부한 사람은 이 장은 안 봐도 될 것이다. 3장에서는 한인자 다수준 실험데이터를 분석하기 위한 분산분석 방법과 모형의 적합성 검토를 위한 잔차분석 방법을 함께 소개한다. 실험계획법의 기본이라고 할 수 있는 2수준 (완전)요인배치법과 부분요인배치법은 각각 4장과 5장에서 다룬다. 4장에서는 2수준 요인배치법의 개념을 설계행렬과 설계공간으로 설명하고, 간단한 2개의 예제를 이용하여 데이터 분석방법을 제시한다. 실험에 포함해야 할 잠재적 인자가 많을 때 적은 수의 실험 횟수로 실험할 수 있는 부분요인배치법과 선별실험계획은 5장에서 다양한 사례와 함께 설명한다. 이 외에도 중요한 여러 가지 실험계획과 분석방법은 6장에서 다룬다. DOE를 위한 회귀분석은 7장에, 반응표면 방법 일반과 2차 반응표면 계획 및 분석을 위한 내용은 8장에서 설명한다. 여러 성분을 혼합하는 실험에서 최적의 조성비율을 찾기 위한 혼합물실험계획은 9장에서 설명하고, 다수반응변수를 동시에 최적화하기 위한 실험계획과 데이터 분석방법은 10장에 제시한다. 제품을 개발하여 양산으로 넘어가기 전에 제품의 특성치에 영향을 미치는 잡음에 가능한 한 영향을 덜 받는 조건을 찾기 위한 강건설계는 11장에서 다룬다.

이 책을 쓰는 데 많은 사람의 도움을 받았다. 우선 실험계획법의 중요성과 학문하는 자세의 기본을 일깨워주신 한국과학기술원(KAIST)의 염봉진 교수님, 저자가 1995년 미국 럿거스(Rutgers) 대학교에 교환교수로 갔을 때 실험계획법에 관한 다양한 질문에 명료한 답을 주신 리처드 트라우트(Richard Trout) 교수님, 여러 학술대회에서 만났을 때 실험계획 전반에 관한 열정을 보여주고 친절하게 도움을 주신 조지아 공과대학의 제프 우(Jeff F. J. Wu) 교수님께 감사드린다.

저자가 여러 기업체에서 실험계획법에 관한 강의, 컨설팅, 과제 수행을 잘할 수 있도록 도움을 준 많은 연구원, 엔지니어들이 없었다면 이 책은 탁상공론에 그쳤을 것이다. 당시 소속 기준으로 삼성전자의 동승훈 박사, 삼성종합기술원의 고 김태일 박사님, 포스코의 최영대 위원, 한국항공의 윤희권 박사와 김세희 책임, 삼성 SDI의 박경옥 박사, 한화케미칼의 명완재 박사, 동성화학의 김진홍 박사, 현대 EP의 공정호 이사와 박규환 박사, 현대자동차 남양주연구소의 정성철 파트장께 감사의 말씀을 드린다. 이 분들 외에도 저자와 함께 다양한 토론을 하고 귀중한 도움을 주신 많은 분께 감사드린다.

30여 년 저자의 DOE 강의 내용을 성실하게 공부한 경상국립대학교 산업시스템공학부 학생들에게도 고마움을 전한다. 이들은 개념이나 원리를 쉽게 설명하지 못하는 강의를 참을성 있게 들었고, 좋은 인사이트를 제공했다. 2020년 봄학기에 서울대학교 산업공학과에서 강의할 때, 코로나 시절이라서 실시간 동영상 강의를 듣느라 힘들었지만 경청하고 많은 질문과 의견을 낸 학부와 대학원 학생들에게도 고마움을 전한다. 이 강의를 준비하면서 이 책의 저술을 구상하고 DOE 원리에 관하여 잘 정리할 수 있었다.

본 교재를 집필하면서 경상국립대학교 여러 분야 교수의 도움을 받았다. 재료공학의 강은태, 이기창, 남상용 교수, 반도체공학의 김정규 교수, DOE 연구회를 함께 한 기계공학의 이건명, 최진호, 김수진 교수, 약학대학의 이윤석, 정혜진 교수께 감사드린다. 특히 김수진 교수는 기계가공에 적용할 수 있는 DOE에 관하여 조언을 아끼지 않았다. 이건명 교수님은 본 교재가 실험자들에게 직접 도움이 될 수 있도록 책의 방향에 관하여 실질적인 조언을 해주었고, 책의 1장, 4장, 5장, 11장을 특별히 검토하여 의견을 제시했다. 책을 집필하는 지난 2년 동안 저술 활동에 몰두할 수 있도록 다양한 편의를 제공하고 격려를 아끼지 않은 산업시스템공학부의 교수들께도 감사를 드린다.

여러 해 동안 이 책의 기획 단계에서 함께 의견을 나눈 교문사의 함승형 팀장, 저자의 까다로운 요구에 친절하게 응하며 세심하게 원고를 다듬어준 윤지희 님께 감사의 말씀을 드린다.

마지막으로 이 책을 저술하는 동안 여러 측면에서 저자를 도와준 대학원 학생 주혜진과 송유진에게 큰 고마움을 전한다. 이 학생들은 교재에 들어갈 그림과 표 작성, 사례 정리, 초안 검토 등 다양한 편집 업무뿐만 아니라, 저자가 집필하면서 어려움에 부딪힐 때마다 여러 조언을 해주었다. 주혜진 학생은 8.2.3절, 8.4.2절, 11.10절을 이해하기 쉽게 작성했고, 송유진 학생은 DOEasy 프로그램을 만들었다. 이 학생들이 도와주지 않았다면, 이 책은 나오지 못했거나 여러 해가 더 필요했을 것이다.

학교에서 실험계획법을 배우는 학생이나, 실험을 통해 연구개발이나 공정개선을 하고자 하는 실험자들에게 도움을 주고자 이 책의 출판을 결심했다. 실험계획의 개념을 쉽게 설명하고, 원리를 밝히며, 바로 적용할 수 있는 방법론을 제시하려고 노력했지만, 다 쓰고 보니 투박한 느낌이 난다. 독자들이 공부하면서 느끼겠지만, 이 책은 내용의 무결점이나 완전성을 추구하지 않았다. 단지 저자가 그동안 대학의 학생들과 실험 현장의 연구원들과 실무자들에게 강의하고 그들과 협업하면서 고민한 것들을 정리하여 책에 반영하고자 했다. 책의 부족한 부분에 관한 지적이나 제안은 언제든지 겸허하게 받아들이고자 한다. 질문, 아이디어, 비평은 doeasy7@naver.com으로 연락하기를 바란다.

2025년 8월

변재현

[책 사용법]

이 책에 있는 내용을 차례대로 차근차근 공부하는 것이 가장 좋지만, 독자의 관심이나 처한 환경에 따라 책의 학습 내용을 다음과 같이 권한다. 독자는 이러한 권장사항을 참고하여 필요한 부분을 찾아서 학습하기를 바란다.

산업공학과 학생:

1, **3**, **4**(4.7.1 제외 가능), **5**(5.3, 5.11, 5.12 제외 가능), **6**(6.1, 6.2, 6.5, 6.8, 6.9, 6.10), **7**, **8**(8.4.2 제외 가능), **10**, **11**장을 추천한다.

통계학과 학생:

1, **3**, **4**, **5**, **6**(6.1, 6.2, 6.5, 6.7), **7**, **8**, **10**, **11**장을 추천한다. 통계학의 주류와 다른 내용이 있을 텐데, 이것은 DOE를 실무에서 적용하는 실험자와 협업할 때 도움이 될 것이다.

실험하는 학생, 연구원, 실무자(체계적 학습):

1, **2**, **3**(3.1, 3.2, 3.3, 3.4), **4**(4.7.1 제외 가능), **5**(5.1, 5.2, 5.4, 5.5, 5.6, 5.8, 5.9, 5.13), **6**(6.1, 6.2, 6.9, 6.10), **7**, **8**(8.1, 8.2.1, 8.2.2, 8.2.4, 8.4.1, 8.7, 8.8, 8.9, 8.10, 8.11), **11**(11.2 제외 가능)장을 추천한다.

실험하는 학생, 연구원, 실무자(바로 적용):

1, **3**(3.1, 3.2, 3.3, 3.4), **4**(4.1~4.6, 4.9), **5**(5.1, 5.2, 5.4, 5.5, 5.6, 5.9)장을 먼저 학습하고, 실험자의 관심에 맞는 부분을 찾아서 습득한 후 실험한다.

화학 조성실험 학생, 연구원:

1, **7**, **9**장을 학습하여 실험한다.

제품개발 결과를 양산에 연결하고자 하는 연구원, 실무자:

1, **4**(4.1~4.6, 4.9), **5**(5.1, 5.2, 5.4, 5.5, 5.6, 5.9, 5.13), **11**장을 학습하여 실험에 적용한다.

차례.

3. 한인자 실험계획

4. 2수준 요인배치법

8. 반응표면계획과 분석

9. 혼합물실험계획

10. 다수반응변수의 최적화

11. 강건성 확보를 위한 실험계획

부록

통계분포표

※ 'DOEasy 프로그램과 실행 매뉴얼'은 교문사 홈페이지(www.gyomoon.com) 자료실에서 확인하실 수 있습니다.

1. 실험계획법 개요

1.1 실험의 목적과 실험계획법

인간은 음식을 만드는 것 같은 일상생활은 물론 제조공정에서 생산품의 품질을 높이기 위한 활동에서부터 소재/부품 개발과 공정개선, 반도체, 생명과학 등 첨단기술 개발에 이르기까지 다양한 실험을 한다. 실험은 시스템이나 프로세스에서 입력변수의 값을 실험자가 변화해 가면서 관심이 있는 중요한 결과물에 어떤 변화가 발생하는지를 알기 위한 활동이다. 좀 더 구체적으로 말하면, 실험은 시스템/프로세스를 설계하거나 개선하기 위해 제품의 특성치에 영향을 미칠 것이라고 기대되는 변수 중 중요한 것과, 특성치를 최적화하기 위하여 이들 변수의 조건을 결정하기 위한 활동이다. 실험의 목적은 실험을 시행하여 얻은 데이터를 시각적으로 나타내고 통계적으로 분석하여 입력과 출력변수 간의 관계성을 파악한 후, 원하는 출력변수의 값을 얻기 위해 입력변수의 최적조건을 정하는 것이다.

실험을 통해 현행 프로세스를 개선하고자 한다면, 프로세스의 주요 문제점을 파악하고, 이러한 문제를 일으키는 중요한 원인을 밝혀 공정조건을 어떻게 변화시켜야 문제를 해결할 수 있을지 알아야 한다. 실험계획법은 이러한 일련의 절차를 수행하면서 주어진 자원(시간, 비용)을 가지고 중요한 정보를 신속하게 얻어내는 가장 효율적인 실험 전략이다. 실험계획법은 실험자가 더 나은 실험을 시행할 수 있도록 하는 지식과 기술의 결합체로서, 어떤 실험점에서 실험하고, 실험데이터를 어떤 방법으로 분석하며, 분석 결과를 어떻게 나타내고 활용해야 실험의 목적을 달성할 수 있는지에 관한 길을 제시한다.

실험은 기존 프로세스의 개선뿐만 아니라, 제품개발이나 혁신활동에도 유용하게 쓰이고 있다. 일반적인 제품개발 과정은 다음 단계를 따른다. ① 기존 지식과 경험을 바탕으로 새로운 아이디어를 도출한다. ② 아이디어를 구현하기 위해 실험을 시행하고, 그 결과에 따라 아이디어를 수정하며, 초도품을 만드는 과정을 반복한다. ③ 이러한 반복과정을 충분히 거친 다음에 완성된 초도품을 평가한다. ④ 제품의 성능, 원가, 시장성 등 주요 측면을 종합적으로 판단하여 채택 여부를 결정한다. 기술의 발전과 신제품의 개발 속도가 아주 빠르게 이루어지고 있으므로, 기업은 신기술에 바탕을 둔 제품/시스템에 대한 정보와 지식을 신속하고 저렴하게 얻고, 그것을 다시 후속 실험에 활용할 수 있어야 한다. 이러한 혁신 제품을 개발하기 위해서는 ① 신속하게 실험을 구성하여 시행하고, ② 초기에 자주 실패해도 실수는 하지 않아야 하며, ③ 앞선 실험 정보를 활용하고, ④ 전통 기술과 신기술을 효과적으로 결합해야 한다.

1.2 실험계획법의 필요성과 효용

1.2.1 실험계획의 필요성

실험을 통해 기존 프로세스 산출물의 품질향상, 비용절감을 도모하거나, 새로운 개발품의 주요 기능을 확보하려면 인력, 재료, 장비 가동 등 자원을 투입하게 된다. 이런 목적을 달성하지 못하면 연구실이나 공정의 중요한 자산을 헛되이 쓴 셈이 된다.

다음의 두 가지 그림을 비교해 보자. 그림 1.1은 실험자가 가지고 있는 지식이나 경험에 바탕을 두어 감(感)으로 실험하는 것을 나타낸 것인데, '이러한 조건에서 실험하면 좋은 결과가 나올 것'이라는 생각으로 실험조건을 정하여 실험을 반복하는 과정을 나타낸다. 다행히 원하는 결과가 나오면 좋겠지만, 그렇지 못한 경우에는 그다음에 어떻게 해야 할지 막막하다. 계획하는 데에 충분하게 시간을 들이지 않으면 기업의 중요한 자원을 낭비하게 되고, 체계적인 방법으로 실험을 한 것이 아니므로 그렇게 수집한 데이터를 분석하여 의미 있는 정보를 얻어내는 것이 어렵다. 그리고 많은 실험을 통해 가장 낫다고 생각한 조건이 일정 범위 내에서 진정한 최적조건인지 알 수 없다.

그림 1.2는 실험을 시행하기 전에, 실험에 필요한 정보 수집, 관련된 사람들의 의견 취합, 실험 절차 확립, 조건을 바꾸어볼 인자 선택, 인자의 수준 설정 등을 충분히 검토한 다음에 실험하고, 실험 데이터를 효과적으로 분석하여 중요한 정보를 얻는 방법을 나타낸 것이다. 조지 박스(George E. P. Box)는 "언제 실험을 잘 계획할 수 있는가? 그것은 실험하고 난 다음이다. 즉, 앞선 실험의 데이터를 보고 분석한 다음에 실험을 잘 계획할 수 있는 것이다."라고 말하며 단계별 실험계획의 중요성을 강조했다. 소규모로 실험을 시행하여 나온 데이터를 보고, 그 결과에 따라 다음 실험을 계획하여 실험데이터를 분석하는 식의 순차적 실험(sequential experimentation)을 하는 것이 바람직하다는 것이다. 실험계획을 통해 데이터를 얻으면 설사 그 단계에서 원하는 것을 얻지 못하더라도 다음 실험에서 어떤 실험점에서 실험을 시행하는 것이 좋은지에 관한 방향성을 찾을 수 있다.

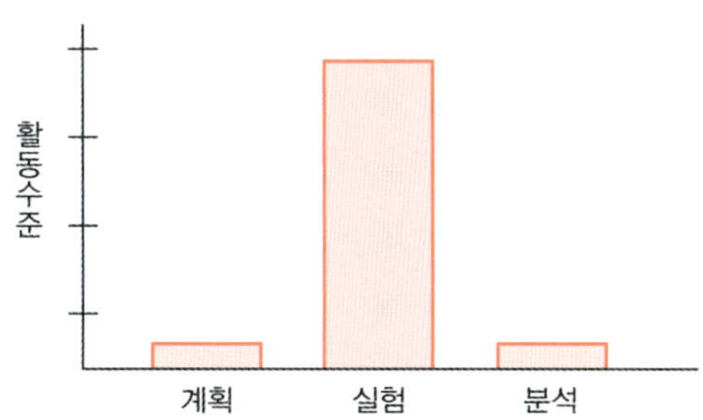

그림 1.1 감(感)에 의존한 실험

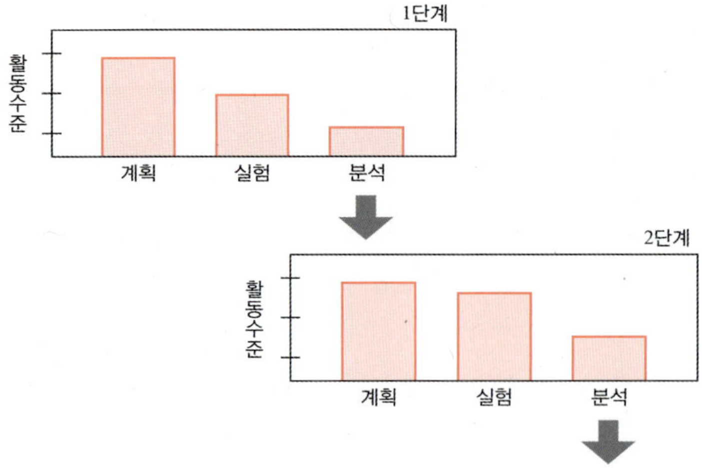

그림 1.2 실험계획법을 이용한 순차적 실험

1.2.2 실험계획법의 효용

실험계획법을 이용한 체계적 실험 방법은 기존 프로세스 개선이나 연구개발을 통한 신제품 설계에 모두 유용하다. 우선 기존에 운영하는 프로세스 개선을 살펴보자. 실험계획은 현재 운영하는 프로세스의 문제를 해결하거나, 기존 프로세스의 능력을 향상하는 데 도움이 된다. 예를 들어 제조공정에서 수율이 95%인데, 갑자기 85%대로 떨어졌다고 하자. 수율 하락의 원인을 찾기 위해 투입재료, 공정조건, 제조 환경 등의 변화를 관측한 데이터를 얻고, 관계자들이 모여 논의할 것이다. 이러한 회의를 통해 원인을 알아내고, 조처하여 문제를 해결할 수 있으면 다행이지만, 그렇지 않을 때는 원인 규명을 위해 실험을 시행해야 할 것이다. 제품의 품질은 주요 특성치의 산포가 큰 것도 문제가 된다. 특성치의 산포가 커지면 공정능력이 떨어지게 되고, 이는 결국 고객의 불만을 일으킨다. 산포를 크게 일으키는 원인을 찾아서 산포를 줄이기 위한 노력을 해야 하는데, 이때 실험계획법이 유용하다.

실험계획법을 활용하면 특성치에 영향을 미치는 인자들 간의 교호작용(interaction)도 파악할 수 있다. 그림 1.3은 온도(A)와 시간(B)이라는 2개의 인자가 반응변수인 경도(hardness)에 미치는 영향을 나타낸 것이다. 이 그림을 보면, 온도가 반응변수인 경도에 미치는 영향은 시간이 낮은 수준인 B−일 때와 높은 수준인 B+에 있을 때 아주 다르게 나타난다. 시간이 B−이면 온도가 높은 수준인 A+에 있을 때 경도가 높아지지만, 시간이 B+이면 오히려 온도가 낮은 수준인 A−에 있을 때 경도가 더 높다. 이런 현상을 '교호작용'이라고 하는데, 이것은 실험계획법을 이용할 때만 파악할 수 있다. 소위 '전통적' 방법이라고 하는, 한번에 한인자의 수준만을 변경하여 실험하면 교호작용을 알 수

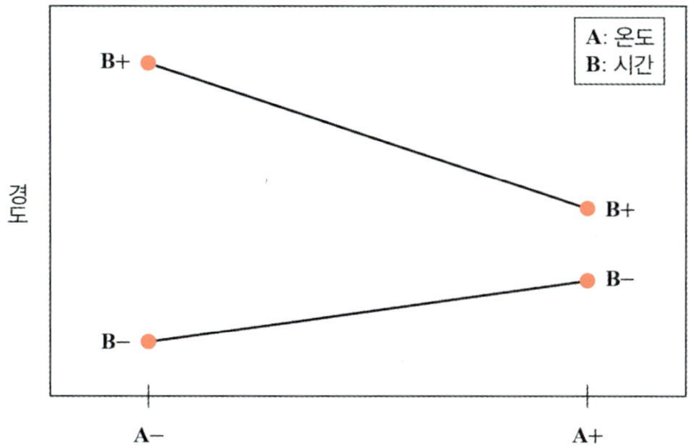

그림 1.3 교호작용

가 없다. 인자 간 교호작용이 있음에도 불구하고 이것을 파악하지 못하면 인자들이 반응변수에 미치는 영향을 정확하게 파악할 수 없으므로 데이터를 분석하여 예측식을 구한다고 해도 예측 능력이 현저하게 떨어지게 된다.

실험계획법의 또 다른 장점은 제품/시스템을 강건하게 만들 수 있다는 것이다. 강건설계(robust design)란 제품이 다양한 사용 환경에서 필요한 주요 기능을 발휘하고, 생산자가 정한 기간 내에서는 시간이 지나도 성능을 유지하며, 제품을 구성하는 재료나 부품의 특성이 일정 범위 내에서 변동하더라도 제품 자체의 기능에는 문제가 없도록 제품을 설계하는 것을 말한다. 강건설계는 실험실의 연구 결과를 양산공정에 이전하는 데에도 적용할 수 있다. 실험실에서 실험을 통해 정한 제품개발 최적조건은 실험실과 비교해 환경이 열악하고 생산량의 규모가 큰 제조공정에서 그대로 적용하기가 어렵다. 제품개발 연구자는 공정의 담당자들과 협업하여 양산공정에서 특성치가 일정 수준 이상 나오고, 산포가 크지 않도록 강건설계를 해야 한다.

실험계획법의 유용성을 연구개발 단계에서 더 살펴보기로 한다. 연구원들이 연구개발 초기 단계부터 적극적으로 실험계획법을 이용하면 효율적으로 연구 성과를 올릴 수 있는데, 실제로는 그렇지 못한 경우가 허다하다. 신소재나 신제품을 개발하는 연구팀에서 실험하는 사례를 하나 보면, 해당 분야에서 실험 경험이 풍부한 전문가들이 모여 다양한 인자를 대상으로 예비실험을 시행하고 좋은 결과를 얻은 다음에, 예상되는 결과가 나왔음을 확인하고자 실험계획을 적용한다. 실험계획법은 연구개발 초기의 인자 선별단계에서부터 적용하면 더 효율적인 방법론이다.

1.3 실험계획의 구성요소 및 관련 용어

그림 1.4는 시스템/프로세스에 입력이 들어가면 제어인자와 잡음인자의 영향을 받아 출력에서 산출물이 나오는 것을 다이어그램으로 나타낸 것이다. 특성치(characteristic)란 제품 또는 공정을 포함한 시스템/프로세스의 산출물 성능의 우열을 나타내는 측도이다. 인자는 크게 제어인자와 잡음인자로 구분한다. 제어인자(control factor)는 특성치에 영향을 미칠 것으로 생각되는 변수로서 실험자가 그 값을 설정할 수 있는 것이고, 잡음인자(noise factor)는 특성치에 영향을 미칠 것으로 생각되지만, 기술적 · 경제적 이유로 통제가 안 되거나 통제하기 어려운 변수이다.

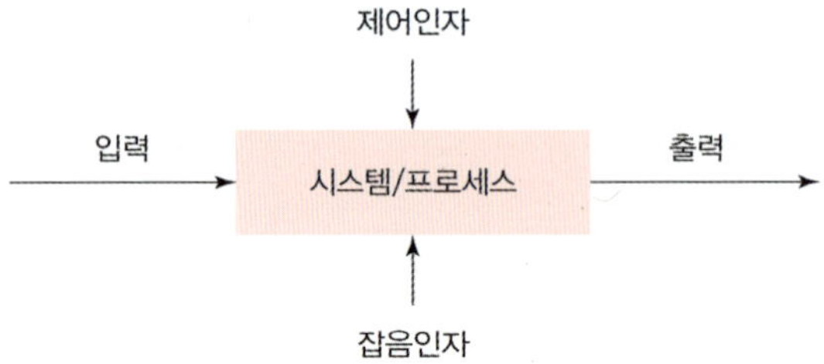

그림 1.4 실험의 기본 구성요소

특성치는 품질특성, 성능특성, 반응치, 반응변수, 평가특성, 출력변수 등 다양한 용어로 불리는데, 데이터 형태에 따라 계량치와 계수치로 구분할 수 있다. 계량치는 제품의 강도나 경도 등 숫자로 나타낼 수 있는 것이고, 계수치는 주관적인 평가 결과이다. 예를 들어 회로기판에 막을 입히는 공정에서 막의 상태를 '아주 좋다, 좋다, 보통, 나쁘다, 아주 나쁘다'라고 판단하는 것이다. 계수치로 나타난 실험데이터를 분석하려면 '아주 좋은 것'은 5점, '좋은 것'은 4점, '보통'은 3점, '나쁜 것'은 2점, '아주 나쁜 것'은 1점으로 숫자로 표현해야 한다. 특성치는 실험목적에 따라서 클수록 좋은 경우(망대특성), 작을수록 좋은 경우(망소특성), 특정한 목표치가 있는 경우(망목특성)로 나눌 수 있다.

각 실험조건에서 반복이 없으면 특성치 데이터가 하나만 나온다. 반복실험을 하거나 한 번의 실험에서 데이터를 여러 개 얻을 수 있으면, 특성치는 각 실험점 데이터의 중심위치와 산포 특성으로 구분할 수 있다. 예를 들어 화학증착 공정에서 증착 후 나온 웨이퍼의 치수를 다섯 군데에서 측정하면, 이들의 평균과 표준편차 각각을 반응변수로 삼아서 산포는 줄이고, 평균은 원하는 값에 맞는 조건을 찾을 수 있다.

제어인자는 시스템에 영향을 주는 변수인데, 우리가 그 값을 의도적으로 바꿀 수 있는 인자로서 설계변수라고도 한다. 실험의 목적에 부합하는 특성치를 구하기 위해 실험자가 제어인자의 수준을 바꾸어 가면서 실험한다. 제어인자는 11장에서 다룰 잡음에 둔감한 조건을 찾기 위한 강건설계의 경우를 제외하고는 그냥 '인자'라고 부르기로 한다.

잡음인자는 시스템에 영향을 주지만 우리가 통제할 수 없거나 통제하기가 어려운 인자를 말한다. 잡음은 크게 ① 제품이 고객에게 인도되어 고객이 사용할 때의 환경 변화, ② 시간의 흐름에 따라 제품의 기능이 떨어지는 것, ③ 제품을 생산하는 과정에서 발생하는 생산요소와 환경에 의한 제조 시 잡음의 3가지로 나눌 수 있다. 제조 시 잡음은 공정변수가 세팅된 값과의 차이, 투입되는 재료의 산포, 측정이나 관측오류 등 다양하게 발생한다. 다구치(Taguchi)에 의해 잡음에 강건한 제품 또는 공정조건을 찾는 것이 중요하다는 의견이 나오기 전에는 잡음이 자연스럽게 나타나도록 실험하여 특성치의 평균값에만 관심을 두었다. 하지만 잡음에 예민하지 않고 특성치의 산포가 작게 나타나는 조건을 찾아야 한다는 강건설계 개념이 도입되면서 잡음을 다루는 방법에 관한 연구가 진행되었다.

그림 1.5에 실험계획의 기본 용어를 예를 들어 나타내었다. 인자는 보통 X_1, X_2, X_3, … 혹은 A, B, C, … 기호로 표시한다. 인자에는 온도, 압력, 속도 등 값의 대소가 비교되는 계량인자와 원료 타입, 작업자 등 대소 비교를 할 수 없는 계수인자가 있다. 수준(level)은 실험하기 위한 인자의 조건으로서, 2수준 실험을 할 때 계량인자는 작은 값을 '−', 큰 값을 '+'로 코딩하고, 계수인자이면 하나는 '−', 다른 것은 '+'로 변환하여 표시한다. 수준으로 취한 값의 수를 '수준 수'라고 한다. 실험은 실험자가 연구 대상 인자들의 수준을 변경해 가면서 이들의 영향을 알기 위한 활동이다. 실험점은 실험을 시행하기 위해 정한 인자들의 수준을 한 데 모은 묶음으로서 실험조합, 처리(treatment), 처리조합이라고도 부른다.

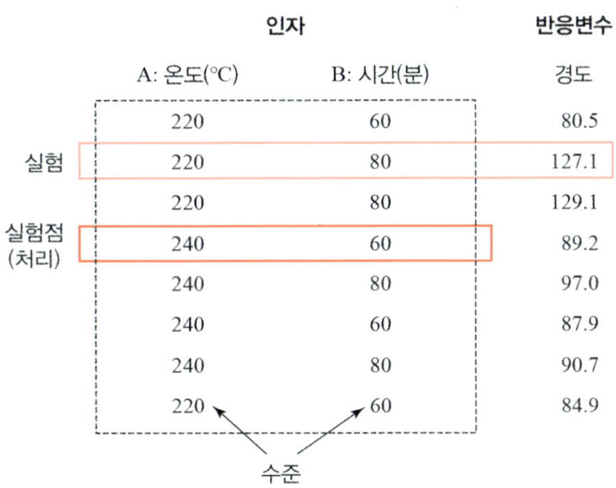

그림 1.5 실험계획 용어

1.4 실험계획의 3대 원칙

실험계획을 통해 얻은 데이터를 분석하여 실험의 목적에 부합하는 정보를 얻기 위해서 실험자가 주의를 기울여야 하는 3대 원칙은 다음과 같다.

① **반복의 원칙**: 반복실험은 처리조건을 다시 세팅하여 실험하고 측정하는 것이다. 두 가지 실험조건을 비교하고자 할 때, 각 조건에서 한 번씩 시행한 실험 결과만으로는 비교하기가 어렵고, 각 조건에서 여러 번 실험해야 두 조건 사이에 차이가 있는지 없는지 알 수 있다. 또한 실험오차의 크기를 파악하기 위해서는 반복실험을 통해 오차를 포함한 실험데이터를 얻어야 한다. 반복실험과 반복측정은 구분해야 한다. 한 번 실험하여 여러 번 측정하는 것은 반복실험이 아니라 반복측정이다. 반복측정을 하면 측정오차의 크기를 알 수 있다.

② **랜덤화의 원칙**: 실험을 시행하는 과정에서 알려지지 않은 여러 가지 원인 때문에 실험 결과가 영향을 받을 수 있다. 이러한 다양한 원인에 의해 실험 결과가 왜곡되지 않도록 실험을 랜덤한 순서대로 시행해야 한다.

③ **블로킹의 원칙**: 블로킹은 실험자가 미리 알 수 있는 환경의 차이가, 실험자가 알고자 하는 중요한 효과에 영향을 미치지 않도록 하는 방법이다. 그림 1.6은 두 가지 방법 '가'와 '나'를 비교할 때 두 대의 기계 1과 기계 2를 이용하는 실험을 나타낸다. 기계 간 차이가 실험 결과에 영향을 미치지 않도록 하고 싶다고 하자. 그림 1.6(a)는 기계 1에서 '가'를 2번, 기계 2에서 '나'를 2번 실험한 것이다. '가' 방법과 '나' 방법에서 나온 데이터의 평균을 각각 구하여 차이를 계산하면, 이것은 기계 간의 차이도 포함한 것이다. 그러면 방법 간 차이와 기계 간 차이를 구분할 수 없다. 반면 그림 1.6(b)에서는 '가' 방법과 '나' 방법을 각각 기계 1과 기계 2에서 1번씩 실험했으므로 설사 기계 간 차이가 있더라도 그 차이가 방법 간 차이에는 영향을 미치지 않는다. 이렇게 기계 간의 차이가 실험 결과에 영향을 미치지 않도록 하는 것을 블로킹이라고 한다.

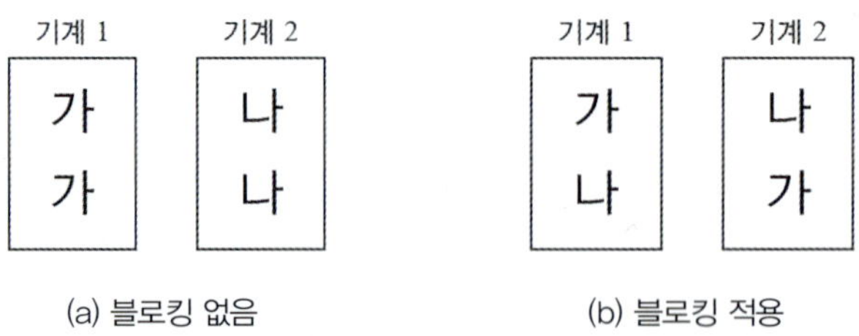

그림 1.6 블로킹의 중요성

1.5 실험계획법의 적용절차

1.5.1 실험계획법의 적용단계

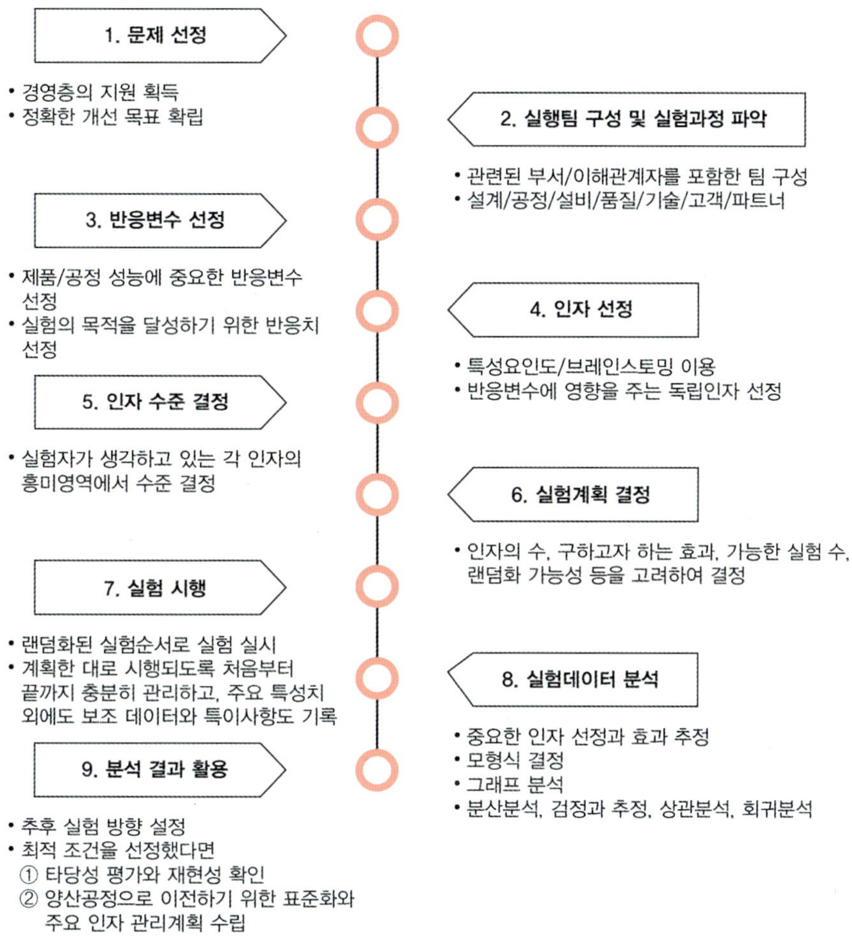

그림 1.7 실험계획법 단계별 적용절차

1.5.2 적용절차 세부사항

1) 문제 선정

실험을 시작하기 전에 목표를 설정해야 한다. 실험을 통해 달성하고자 하는 주요 품질특성의 목표와 현 수준 간의 차이를 보고 이를 극복하기 위한 어려움의 정도에 따라 실험 전략을 수립해야 한다.

차이의 정도를 판단하는 기준은 절대적 수치가 아닌 차이를 극복하여 목표를 달성할 수 있는 난이도가 된다. 차이가 크지 않으면 간단한 실험을 통해 목표를 이룰 수 있고, 차이가 크면 다양한 인자를 모두 고려해 봐야 한다. 이렇게 특성치의 달성하고자 하는 목표와 현 수준 간 차이의 정도에 따라 실험 전략이 달라진다.

2) 실행팀 구성 및 실험과정 파악

실험계획 실행팀은 실험을 통하여 시스템/프로세스 개선에 필요한 인력으로 구성해야 하는데, 여기에는 다양한 시각으로 문제와 해결책을 볼 수 있는 사람들이 포함되며, 일반적으로 4~8인으로 구성된다. 실행팀에는 이해관계나 상충하는 의견을 조정할 진행자(facilitator)를 지정해야 하고, 그는 팀의 활동이 유기적으로 진행되도록 돕는 역할을 한다. 여러 부서가 연결된 문제를 해결하거나 제품을 개발하고자 할 때, 개인 또는 어느 한 부서에서만 실험계획을 시행하면, 얕고 불완전한 지식으로 중요한 인자들을 간과하기 쉽다. 팀을 이루어 접근해야만 깊고 폭넓은 지식으로 중요한 인자들을 실험에 포함하고 실험과정을 제대로 파악할 수 있다. 문제 해결과 관련된 사람들이 모여 의논하면서 실험을 진행하는 것이 가장 바람직하지만, 이렇게 하기가 어려우면 최소한 이들의 아이디어를 취합하고 실험의 진행 과정은 팀원들이 항상 공유할 수 있어야 한다.

실험을 통한 제품/공정의 개발이나 개선을 위해서는 관련된 제품/공정에 관한 실험자의 지식과 경험 외에 실험계획과 데이터 분석에 관한 지식도 필요하다. 당장 이러한 지식이 없으면 통계적 지식을 갖춘 실험계획 전문가의 도움을 받아 실험을 계획하고 분석하고, 분석 결과는 관련 제품/공정의 용어로 해석해야 한다.

3) 반응변수 선정

효과적인 실험계획과 데이터 분석을 위해 반응변수 선정 시 고려해야 할 사항은 다음과 같다.

① **다수의 반응변수 고려**: 제품개발이나 공정개선을 위한 실험에서 반응변수가 여러 개가 있는 경우가 흔하다. 예를 들어 현행 조건에서 어떤 특성치 y_1을 개선하기 위한 실험을 시행하여 y_1을 최적화한 조건을 찾았다고 하자. 그런데 이 조건에서 다른 특성치 y_2가 나빠지면 난감하다. 이런 경우, y_1과 y_2를 함께 고려하는 조건을 찾아야 한다. 그래서 개선하고자 하는 특성치 외에 실험의 영향을 받는 다른 특성도 모두 고려하여 측정해야 한다.

② **완전성**: 특히 제품개발에서는 실험에서 고려한 반응변수들이 만족스러우면 제품이 갖추어야 할 성능을 보장할 수 있어야 한다.

③ **측정의 용이성**: 분석 대상이 되는 반응변수 데이터는 측정하기 쉬워야 한다.

④ **단순비례성**: 중요한 특성치를 측정하기 어려우면, 그 대신에 측정하기 쉬운 반응변수를 고려할 수 있다. 이때 실험데이터로 나오는 반응변수가 측정하기 어려운 특성치와 단순한 비례 관계에 있는 것이 가장 좋다.

⑤ **범주형 대 연속형 반응변수**: 고객이 원하는 성능특성이 '자동차 문을 편하게 열 수 있어야 함'이라면 반응변수로는 '잘 열림', '열림', '여는 데 힘이 많이 듦' 등 범주형 변수가 아니라 '자동차 문을 여는 데 필요한 힘'과 연관된 연속형 변수인 '문을 열 때 필요한 최소의 토크 값'과 같이 연속변수로 정하는 것이 좋다.

⑥ **측정시스템 분석과 평가**: 잘못 측정한 데이터로는 그릇된 분석 결과가 나온다. 데이터가 측정하는 사람이나 측정기와 무관하게 항상 일정한 값이 디지털 형태로 나온다면 문제가 없다. 하지만 계측기 자체나 측정자에 따라 값이 달라질 수 있다면 측정시스템을 분석하고 평가해야 한다. 같은 사람이 같은 계측기로 같은 부위를 측정할 때 나타나는 반복성과, 같은 계측기로 같은 부위를 측정할 때 측정자에 따라 달라지는 정도인 재현성을 분석하고 평가해야 한다. 평가 결과에 따라 계측기 수정 또는 교환, 측정자 교육, 측정 절차의 개선 등의 활동이 이루어져야 한다.

⑦ **물리량**: 반응변수는 실험의 목적과 연계된 제품이나 프로세스 메커니즘의 에너지 변환과 관계된 물리량으로 정해야 한다. 기존 공정을 개선하고자 할 때는 가장 중요한 문제점과 연관된 물리량을 선정하고, 신제품을 개발할 때는 중요한 기능과 관계된 물리량을 선정하는 것이다. 그림 1.8의 복사기 종이이송 장치 사례를 보기로 한다. 종이를 복사할 때 종이가 걸리거나 2장 이상 나오는 문제가 빈번히 발생하여 이를 개선하기 위한 실험을 계획하고, 처음에는 반응변수로 500장을 복사할 때 종이가 걸리거나 2장 이상이 나오지 않고 '1장이 나오는 종이의 수'를 삼았다. 하지만 이렇게 반응변수를 정하여 실험하니 도움이 되는 정보를 얻을 수가 없었다. 이후 그림 1.9에 나타낸 바와 같이, 에너지 변환과 관계된 물리량인 '롤러가 종이를 밀어 넣는 마찰력'을 반응변수로 삼았다. 각 실험조건에서 종이가 걸리거나 1장이 이송되는 경곗값 F_1, 1장 이송과 2장 이상이 이송되는 경곗값 F_2를 구하고, F_1과 F_2 사이인 기능창의 크기를 가장 크게 하는 실험조건을 찾았다. 이렇게 기능창이 가장 큰 조건을 선택하여 기능창의 한가운데에 마찰력 값을 세팅함으로써 종이가 다소 두껍거나 얇아도, 날씨가 건조하거나 습해도 복사를 했을 때 종이가 안정적으로 1장씩 나오도록 했다.

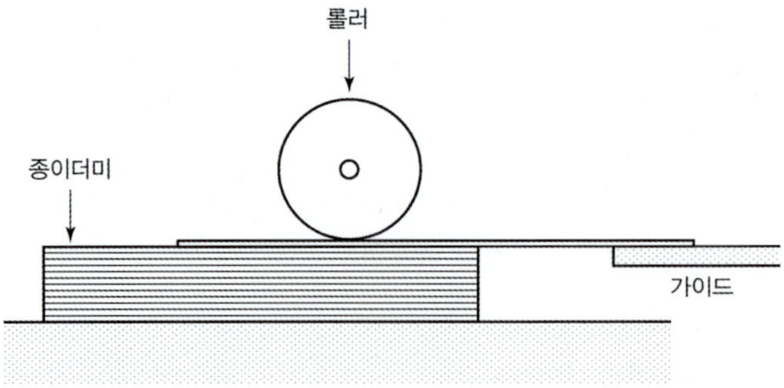

그림 1.8 복사기 종이이송 장치

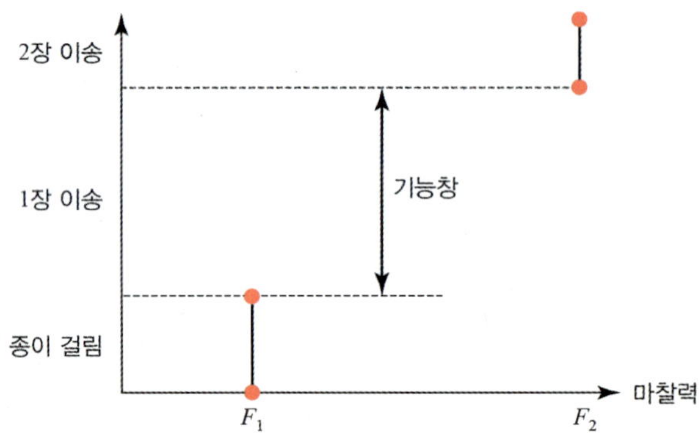

그림 1.9 마찰력과 종이이송

4) 인자 선정

실험의 목적을 달성하기 위해 이와 관련된 인자는 모두 선택하는 것이 원칙이지만, 인자를 과도하게 선정하면 오히려 실험의 정도(precision)가 떨어질 수도 있다. 잠재적으로 특성치에 영향을 미칠 것으로 생각되는 인자가 많을 때 실험자들이 하는 관행을 예를 들어 살펴보기로 한다. 실험에 영향을 줄 만한 인자가 7개 있다고 하면, 보통은 이 중에서 3개만을 고려하여 실험한다. 하지만 고려하지 않은 나머지 4개 인자 중에서 중요한 것이 있으면 실험을 통해 개선을 하기가 어렵다. 문헌이나 과거 유사 실험 경험 등을 참고하여 잠재적으로 중요하게 생각되는 인자는 일단 실험에 모두 고려하는 것이 좋다.

인자의 선정은 관련된 사람들이 모여서 어떤 인자가 특성치에 영향을 미칠 것인가를 고려하여 결정하는 것이다. 이 방법에 도움이 되는 기법은 다양하다. 흐름도는 실험 프로세스의 각 단계에서 영향을 줄 만한 인자를 파악하는 데 좋다. 특성요인도는 특성치에 영향을 주는 요인을 굵직한 줄기로 구분하고, 각 줄기에서 어떤 인자들이 있는지 확인하는 기법이다. 인자를 확인한 다음에 고정인자, 블록인자, 잡음인자, 실험에 이용할 제어인자로 구분한다. 이 외에도 프로세스 그림이나 제품구성도를 이용하면 실험에 영향을 미칠 수 있는 잠재적 인자를 파악하는 데 도움이 된다.

5) 인자 수준 결정

인자의 수준 값을 정할 때, 기술적으로 또는 과거의 경험으로 반응치가 명확히 나쁘게 되리라고 예상되는 인자의 수준은 실험영역에 포함하지 않으며, 또한 반응치가 나쁘게 되지 않더라도 다른 이유로 인해 실제로 적용할 수 없는 영역에 있는 인자 수준도 제외한다.

인자의 수준 수는 얼마로 해야 하는가? 인자가 3개 있다고 해보자. 요인배치 실험점의 수는 2수준 실험을 하면 $2^3=8$개, 3수준은 $3^3=27$개로 그 차이가 크다. 계량인자를 대상으로 현행 조건이 있고, 이를 개선하고자 하는 경우를 예를 들어보기로 한다. 3수준 실험을 하면 현재 조건을 포함하여 낮은 쪽과 높은 쪽을 모두 시도할 수 있다는 장점이 있지만, 실험 수가 너무 많다. 2수준에서 실험하면 현재 조건에서 어느 한쪽밖에 볼 수 없다는 단점이 있는데, 4장에서는 2수준 실험을 하면서 이러한 단점을 보완하는 방법을 배운다. 계수인자의 경우에는 수준 수에 유연성이 없다. 예를 들어 인자가 촉매의 종류이고 4개의 촉매를 생각하고 있다면, 이들 4개 수준을 모두 고려해야 한다. 물론 불가피하게 3수준만 가능하다면, 어쩔 수 없이 실험팀에서 숙고하여 한 가지 촉매는 제외해야 한다.

수준 간격은 너무 가까우면 실제로 영향이 있는지 없는지를 파악하기 어려우므로 충분히 차이를 두는 것이 좋다. 그리고 어떤 상(phase)이 구분되도록 수준을 정해서는 안 된다. 예를 들어 물을 이용한 실험을 하면서 2개의 수준을 80℃와 120℃로 두는 것은 곤란하다. 물은 100℃ 이하에서는 액체지만, 그 이상에서는 비등점을 넘어서 기체가 되기 때문이다.

전반적으로 실험을 많이 하면 정보를 더 얻을 수 있지만, 시간과 비용이 든다. 한 번 실험할 때마다 비용이 많이 든다면 시행할 실험 수를 줄여야 하고, 그에 따라 수준 수도 가능한 한 적게 잡아야 한다. 적은 수의 실험으로도 필요한 정보를 얻는 것이 실험계획의 묘미이기도 하다.

실제 실험계획을 적용할 때 흔히 나타날 수 있는 미끄럼 수준(sliding level)의 개념을 예를 통해 살펴보기로 한다. 용액을 혼합한 후, 열을 가하여 슬러리(slurry)로 만들고자 하는데, 인자는 온도와 시간이다(표 1.1). 그런데 (온도, 시간) = (120, 30)에서는 용액이 그냥 액체 상태로 남아 있고, (온도, 시간) = (150, 50) 조건에서는 굳어서 고체가 되어버린다. 그림 1.10에서 '×' 표시의 조건은 슬러리가 만들어지지 않는 조건을 나타낸다.

표 1.1 슬러리 합성을 위한 인자와 수준

인자	저수준(−1)	고수준(+1)
온도	120	150
시간	30	50

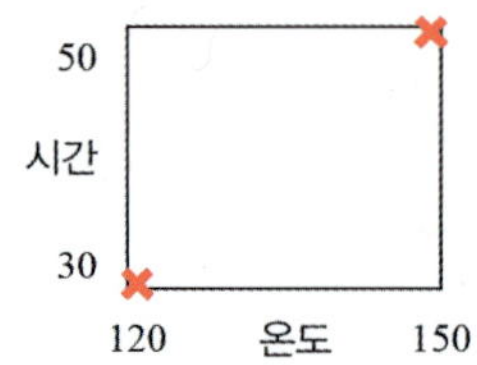

그림 1.10 슬러리 합성의 정사각형 실험공간

이런 실험 상황에서 미끄럼 수준을 활용하면 효과적으로 실험을 할 수 있다. 표 1.2에 나타낸 바와 같이, 시간의 수준을 온도에 따라 다르게 잡는 것이다. 그림 1.11에는 미끄럼 수준에 따른 설계 공간을 평행사변형으로 나타내었다. 이렇게 미끄럼 수준을 이용한 실험데이터를 분석하는 방법은 6.9절에서 설명한다.

표 1.2 미끄럼 수준을 이용한 슬러리 합성실험의 인자와 수준

인자	저수준(−1)	고수준(+1)
온도	120	150
시간	−: 40, +: 60	−: 20, +: 40

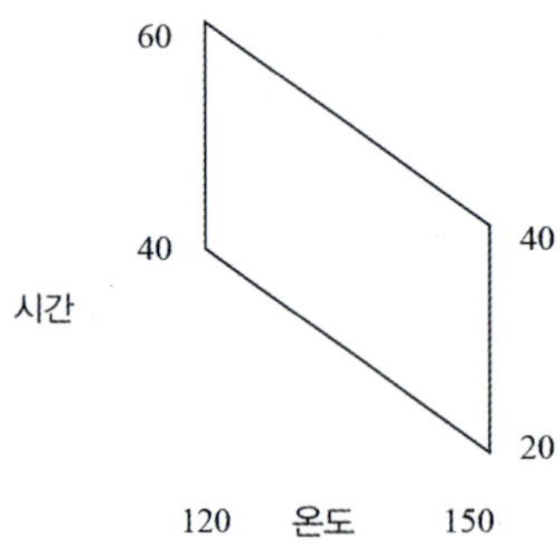

그림 1.11 미끄럼 수준을 이용한 슬러리 합성실험의 평행사변형 실험공간

6) 실험계획 결정

어떤 실험계획을 쓸 것인지는 다양한 측면을 고려하여 결정해야 한다. 가장 먼저 생각할 것은 자원과 시간의 제약이다. 실험은 보통 1회로 끝나지 않고 순차적으로 진행되므로, 쓸 수 있는 시간과 자원을 어떻게 배분하느냐를 정해야 한다. 같은 환경에서 실험할 수 없다면 블로킹 개념을 사용해 실험 결과가 블록의 영향을 받지 않도록 해야 한다. 랜덤화에 대한 제약도 고려해야 한다. 예를 들어 어떤 오븐에 혼합된 재료를 넣어 구울 때, 중요한 인자인 온도를 바꾸어 안정상태를 유지할 때까지 시간이 오래 걸린다면 온도를 가능한 한 적게 바꾸면서 실험을 하는 것이 좋은데, 이때 쓰는 방법이 6.7절에서 소개할 분할법(split-plot design)이다.

7) 실험 시행

실험이 계획대로 이루어지도록 여러 측면에서 신경을 써야 하며, ① 보조측정치 기록, ② 예비실험 시행, ③ 실험데이터 양식 활용, ④ 실험 관리 및 관찰이 필요하다.

(1) 보조측정치 기록

실험에서 미리 정한 특성치 외에도 관련된 데이터는 모두 보조측정치로 기록하는 것이 좋다. 만일 이러한 기록을 하지 않았는데, 나중에 필요한 경우 데이터가 없다면 다시 실험해야 하기 때문이다. 따라서 실험에서 고려하는 설계변수(제어인자)와 반응변수 외에 보조변수들도 반드시 기록하는 습관을 들이고, 실험 결과에 영향을 미치는 것은 별도로 관리해야 한다. 데이터는 일반적으로 시간적 요소와 공간적 요소가 있다. 표 1.3과 그림 1.12는 두 가지 비료(A, B)에 따른 수확량의 차이를 알아보기 위한 토마토 재배 실험데이터를 나타낸 것이다(Easterling, 2015). 이 표와 그림을 보면 A와 B 비료가 수확량에 미치는 영향은 차이가 없어 보인다.

표 1.3 비료와 토마토 수확량

비료	A	A	B	B	A	B	B	B	A	A	B
수확량	29.9	11.4	26.6	23.7	25.3	28.5	14.2	17.9	16.5	21.1	24.3

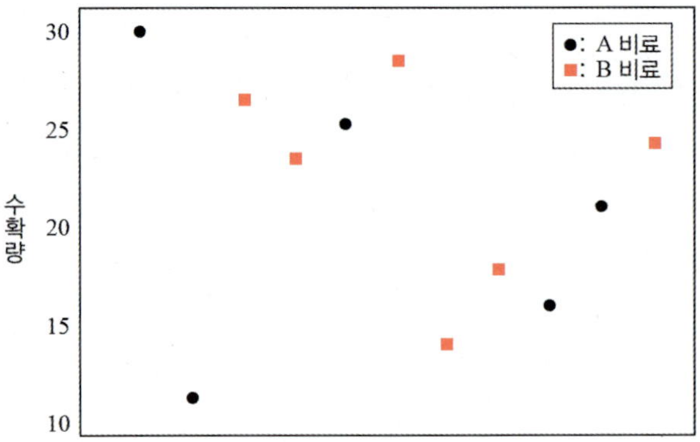

그림 1.12 비료와 토마토 수확량 산점도

표 1.4와 그림 1.13은 토마토 재배 실험에서 재배 위치를 함께 표시한 것이다. 이 표와 그림을 보면 추가 해석이 가능하고, 향후 계획을 세울 수 있다. ① 위치에 따라 수확량에 많은 차이가 있다. ② 만일 모든 위치에서 토마토를 재배하지 않아도 된다면 1, 5 위치에서 A 비료를, 3, 4, 6, 11 위치에서 B 비료를 뿌려, 가장 수확량이 많은 (위치, 비료) 조합을 선택할 수 있다. ③ 모든 위치에서 토마토를 재배해야 한다면 각 위치에서 2개의 비료를 모두 실험하여 각 위치에 맞는 비료를 선택할 수 있다.

표 1.4 비료와 토마토 수확량: 위치 표시

재배 위치	1	2	3	4	5	6	7	8	9	10	11
비료	A	A	B	B	A	B	B	B	A	A	B
수확량	29.9	11.4	26.6	23.7	25.3	28.5	14.2	17.9	16.5	21.1	24.3

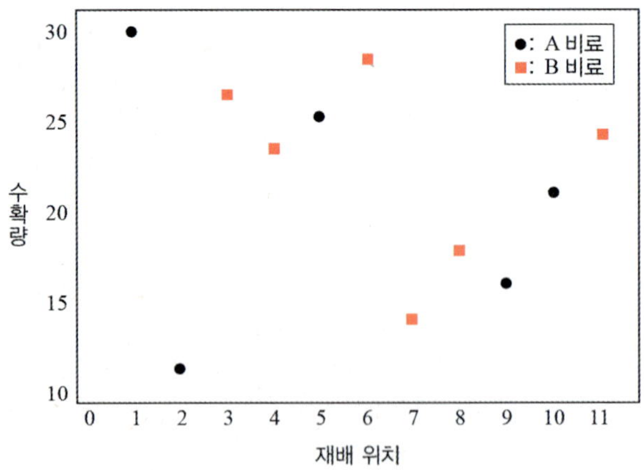

그림 1.13 비료와 토마토 수확량 산점도: 위치 표시

(2) 예비실험 시행

기존 공정을 개선하기 위한 소규모 실험에서는 특성치에 영향을 줄 만한 인자를 대상으로 바로 본 실험을 시작할 수 있지만, 새로운 아이디어를 구현하거나 신제품 개발 등 잠재적 인자가 어떤 것들이 있는지 알 수 없을 때는 무작정 실험에 돌입하는 것은 무모하다. 이때는 과거의 경험이나 관련 문헌 등 자료를 참고하여 본격적인 실험에 들어가기 전에 실험 자원 또는 시간의 10~20% 정도를 예비실험에 투입하는 것이 바람직하다.

(3) 실험데이터 양식 활용

실험데이터 양식을 만들어서 활용해야 하는데, 하나의 쪽(page)에는 1개 실험에 관한 내용만 써야 한다. 엑셀을 이용할 때도 하나의 시트(sheet)에는 한 개의 실험에 관한 내용만을 쓴다. 하나의 쪽이나 하나의 시트에 서로 다른 조건에서 실험한 것을 여러 개 쓰게 되면 내용이 섞여서 나중에 큰 혼동을 초래할 수 있다. 그림 1.14에 실험데이터 시트의 한 가지 예를 나타내었다.

실험데이터 시트

실험 번호:	________	날짜:	________
기록자:	________	시간:	________
단위 식별:	________	실험 장비:	________

인자 A:	________	측정:	
인자 B:	________	반응변수 1:	________
인자 C:	________	반응변수 2:	________
인자 D:	________	반응변수 3:	________
인자 E:	________	내용:	
인자 F:	________	________	
인자 G:	________	________	
인자 H:	________	________	
인자 I:	________	________	
인자 J:	________	________	
인자 K:	________	변경 또는 비정상적인 것 기록	

그림 1.14 실험데이터 시트 예

(4) 실험 관리 및 관찰

실험을 시행하는 중에 나타나는 특이사항을 기록해 두면, 나중에 데이터를 분석할 때 중요한 단서를 발견할 수도 있다. 예를 들어 분석 장비나 측정 장비가 고장 나서 또는 다른 사람이 쓰고 있어서 옆 실험실 장비를 이용했다면, 그 사실을 기록해야 한다. 이런 기록에서 특별히 '튀는' 데이터를 발견할 때 그 원인에 대한 정보를 알 수 있거나, 예기치 않게 실험에 결정적 도움이 되는 소중한 발견을 할 수도 있다.

실험에 관여하는 모든 사람을 실험팀에 포함하면 되는데, 꼭 그렇지 못할 때도 있다. 팀원이 아닌 사람이 실험장비를 운영할 때, 기존 팀원은 옆에서 데이터를 얻는 과정을 확인하고, 장비 운영자의 질문에 답하며, 예상하지 못한 일이 발생할 때 도움을 줄 수 있다. 실험하는 팀에서 최소한 1명은 전체 실험과정에서 실험이 제대로 진행되는지를 확인하는 것이 필요하다.

모든 사항을 고려하여 실험을 한꺼번에 시행하는 것은 바람직하지 않다. 조지 박스가 말한 것처럼 "실험계획을 가장 잘할 수 있을 때는 실험을 수행한 다음이다."라는 것은 처음부터 모든 사항을 한꺼번에 계획하면 자원을 다 쓰고도 필요한 정보를 얻지 못할 위험이 크다는 말이다. 가용한 자원을 일부만 실험에 이용하고 그 결과를 본 후에 다음 단계의 실험을 계획하고 시행하여 분석하는 식의 순차적 방법을 쓰는 것이 가장 효과적인 방법이다. 순차적 실험의 단계별 실험 전략은 다음과 같다.

① **선별실험:** 잠재변수가 많을 때, 가능한 적은 횟수의 실험으로 주요 인자를 도출한다.
② **정보습득 실험:** 중요한 인자들이 반응변수에 미치는 영향을 파악하고, 더 향상되는 방향으로 영역이동 실험을 시행한다.
③ **최적화 실험:** 반응변수가 가장 좋게 나타나는 영역에서 최종적으로 2차 모형에 의한 최적조건을 선정한다.
④ **확인실험:** 최적조건에서 실제로 반응변수가 원하는 값을 나타내는지 확인한다.

8) 실험데이터 분석

실험데이터 분석의 목적은 반응변수에 영향을 미치는 효과를 선별하여 이를 바탕으로 모형식을 수립하고, 최적의 실험조건을 파악하기 위한 정보를 추출하는 것이다. 처음에는 팀원들과 정보를 시각적으로 공유하기 위해 그래프 분석을 한다. 데이터를 시각적으로 표현하면 특성치의 변동상황을 한눈에 알아볼 수 있으며, 최적조건의 위치도 짐작할 수 있는 경우가 많다. 그다음에 통계적 분석을 하는데 분산분석, 통계적 검정과 추정, 상관분석, 회귀분석 등을 활용한다.

통계적 분석의 엄밀성은 실험의 목적에 따라 달라질 수 있다. 만일 고객이 해당 제품을 개발하거나 양산품의 어떤 특성치를 일정 수준 보장해야 한다고 요구하면, 실험을 시행하여 얻은 데이터를 통계적으로 분석하기 전에 고객과 협의해야 한다. 실험을 통해 제품을 개발하거나 공정을 개선하는 것의 용도를 보면 ① 첨단 또는 새로운 제품/소재/부품을 자체적으로 개발하고자 하는 경우, ② 고객 또는 규제/승인기관의 요구에 따라 실험을 하는 경우이다. 후자의 경우에는 고객 또는 기관이 원하는 바에 따라 통계적 분석 결과를 보여주어야 한다. 하지만 외부의 요구와 무관하게 새로운 제품을 개발하거나 공정의 효율을 극대화하고 싶을 때는 특별한 규제가 없으므로 개발/개선 실험을 시행하여 데이터를 분석하는 과정에서 통계적 요구사항을 엄격하게 따를 필요는 없다. 물론 최종적으로 제품을 출시하기 전에는 적절한 통계적 분석을 통해 경쟁제품과 비교했을 때 우위를 점할 수 있도록 해야 한다.

9) 분석 결과 활용

분석 결과는 실험목적과 연계되어야 한다. 이를 위해 우선 순차적 실험 전략에 따라 분석한 결과를 이용하여 다음 단계의 실험을 계획할 필요가 있다. ① 순차적 실험의 전 단계를 마치고 최적조건을 선정하면, 이 조건이 경제성, 장비의 가용성 등에서 타당한지 보고, 문제가 없으면 그 조건에서 확인실험을, 타당하지 않다면 추가 실험을 계획하여 시행한다. ② 확인실험에서 데이터가 예측한 범위 내에 있는지 파악한다. 만일 예측한 범위를 벗어난다면 그 원인이 무엇인지 알아내야 한다. ③ 실험 결과를 이관할 때는 제어인자의 수준을 관리할 범위와 생산공정의 표준운영절차(Standard Operating Procedure, SOP) 등을 결정한다. ④ 실험 결과는 이것을 활용할 개발 또는 공정 담당자에게 이관해야 한다. 실험목적이 신제품 개발이라면 개발 담당자는 이것을 받아서 제품개발에 활용해야 하고, 공정개선을 위한 것이라면 공정 담당자가 결과를 받아서 해당 공정에 적용해야 하는데, 그 과정에서 문제가 생기기도 한다. 좋은 제품을 개발하거나 공정을 개선하려고 실행팀을 구성하여 결과를 냈는데, 이 결과를 받아서 일해야 하는 부서에서 그것을 활용하려고 들지 않을 수도 있기 때문이다. 실험자들이 열심히 일해서 최적조건을 선정하고 그 결과를 담당자에게 이관했는데, 담당자가 그 조건에서 공정을 운영할 수 없다면 참으로 난감하다. 그러므로 애초에 실행팀을 구성할 때 실험 결과를 받아서 수행할 부서 사람을 포함하는 것이 바람직하다. 만일 이것이 어렵다면 실행팀은 실험을 시행하는 과정에서 개발 담당자나 공정 운영자의 의견을 수시로 청취하고, 도출한 결과를 이들에게 지속해서 알려야 한다. 실험팀에 포함하지는 않더라도 실험과정을 관련된 사람들에게 지속적으로 알려주는, 소통하기 위한 노력이 필요하다.

1.6 실험계획법 적용 체크리스트

다음은 실험계획법을 적용할 때 필요한 체크리스트이다.

① 공정/제품의 개발 또는 개선을 위해 실험팀에 포함할 적임 인원과 팀의 리더 선정

② 문제를 수치로 기술: 특성치 목표와 현재 수준과의 차이가 어느 정도이고, 이러한 차이를 극복하는 데 드는 어려움의 정도에 관한 의견 수렴

③ 다음의 사항에 대해 팀원 및 관련자들과 합의

- 실험의 범위
- 대상 제품과 개발/개선 목표
- 실험 재료, 장비, 인력, 예산 등 자원과 관련된 요소

④ 지금이 실험계획을 적용하기에 적당한 단계인지에 관한 확인

⑤ 문제의 근본 원인 또는 개발 목표와 관련된 측정 가능한 반응치 결정

⑥ 잠재적 인자의 선정, 인자 간 교호작용에 관한 의견 수렴과 합의

⑦ 인자의 분류: 제어인자, 잡음인자, 블록인자, 고정인자 등

⑧ 각 인자에 대해 실험할 수준 수 결정

⑨ 다음의 구체적 사항에 대해 관련 부서와 합의

- 각 부서의 역할분담
- 실험절차
- 실험장비
- 실험일정계획

⑩ 적절한 절차로 실험이 진행되는지 확인하기 위한 실험 모니터링 계획

⑪ 데이터를 분석하는 데 적절한 기법 결정

⑫ 데이터의 시각적 표현 방법 결정

⑬ 분석 결과와 실험목적의 연계

실험계획법이 분명 효율적인 전략임에도 불구하고 실패하게 되는 이유는 다음과 같다. 이 내용을 숙지해야 성공적으로 실험계획법을 사용할 수 있다.

① 실험자가 중요한 인자를 놓쳐 실험에 포함하지 못하거나 인자의 수준을 적절하게 정하지 못한 경우

② 실험의 목적을 달성하기 위한 소통이 부족하여 실험팀 내에서 또는 실험계획 결과를 활용해야 할 부서 또는 고객이 받아들이지 않는 경우

③ 측정시스템이 적합하지 않아 측정한 데이터 자체에 문제가 있어, 이것을 이용하여 분석한 결과를 적용할 수 없는 경우

④ 조직 내 다른 사람들이 개발/개선 활동에 동의하지 않거나, 실험 결과를 적용하는 데에 관련된 사람들이 결과를 시행하지 않는 경우

1.7 실험계획법의 역사적 관점

실험계획법은 1919년 10월에 시작되었다. 이때 피셔(Fisher)는 로담스테드 농업실험소(Rothamsted Agricultural Experimental Station)에서 일하게 되었는데, 그가 맡은 임무는 실험데이터를 검토하여 실험자들이 놓친 정보를 알아내는 것이었다. 7년 뒤에 피셔는 농업실험을 계획하고 실험데이터를 분석하는 새로운 방법으로 분산분석(Analysis of Variance, ANOVA)을 고안했다. 피셔는 농업실험에 실험계획법을 적용하면서 반복, 랜덤화, 블로킹이라는 3개의 중요한 원칙을 세웠다. 반복실험은 실험에서 나타나는 변동을 평가하고 줄이는 데 필요하다. 랜덤화와 블로킹은 실험에서 고려한 인자 이외에 다른 요소가 실험 결과에 영향을 미치는 것을 방지하는 데 필요한 것인데, 할 수 있으면 블로킹을 하고, 블로킹이 어려우면 랜덤화를 하도록 권했다. 농업실험에서 실험을 병렬로 전개하고 블로킹을 고려하는 요인배치법은 피셔가 제안하여 나중에 예이츠(Yates)와 함께 개발하였고, 요인배치 실험점의 일부만을 실시하는 부분요인배치법은 피니(Finney)와 공동으로 작업하여 개발하였다. 이러한 방법들은 이어서 유전학, 사회과학 방법론, 직물, 모직 산업에도 적용되었다.

2차 세계대전 이후에 공업제품 개발과 공정개선을 위한 실험계획법이 연구되기 시작했는데, 조지 박스가 그의 동료들과 함께 주도적인 역할을 담당하였다. 박스는 영국의 왕립화학산업(Imperial Chemical Industries)에서 일하면서 공업실험에는 농업실험에 적용되는 방법과는 달리 프로세스 모델링과 최적화 방법이 필요하고, 실험 횟수를 줄여 실험의 경제성을 도모해야 하므로 순차적 실험을 하는 것이 바람직하다는 것을 알았다. 그는 2차 모형에 기반한 최적화 실험을 위해 중심합성계획, 박스-벤켄 계획을 차례로 개발하였다.

이때까지 실험계획법은 반응변수의 평균값을 높이거나 낮추는 데 주로 관심을 가졌는데, 다구치는 제조현장에서는 평균값이 아니라, 성능특성의 변동에 크게 관심이 있고, 이러한 산포가 곧 품질저하로 나타난다는 것을 간파하였다. 강건설계는 성능특성의 변동을 일으키면서 통제하기 힘든 잡음인자의 영향에 둔감하도록(강건하도록) 제어인자의 조건을 찾는 체계적 방법이다. 다구치가 강건설계를 소개한 것은 1950년대인데, 이 방법이 본격적으로 전 세계에 소개된 것은 1980년대 초반이다. 강건설계 방법이 알려진 후 1980년대까지 이론적 배경에 관한 논란이 지속되었고, 1990년대 초반에 패널논문이 나오면서 이러한 문제가 정리되었다. 강건설계 방법은 반응변수의 변동에 초점을 맞추어 이를 모델링하고 줄이기 위한 노력이 필요하다는 것을 일깨웠다는 점에서 실험계획 분야에 새로운 패러다임을 제공했다고 볼 수 있다.

1.8 실험계획법의 종류

실험계획은 실험목적에 따라 처리 비교, 다인자 실험계획, 선별실험계획, 반응표면 탐색과 최적화, 강건설계의 다섯 가지로 크게 분류할 수 있다.

1.8.1 처리 비교

이 방법은 여러 개의 처리 또는 실험조건을 비교하여 가장 나은 처리 또는 조건을 선정하는 것으로, 3장의 '한인자 실험계획'에서 자세하게 배운다. 예를 들어 화학증착 공정을 거친 웨이퍼 표면을 씻어 웨이퍼 표면결함 수를 줄이고자 다섯 가지 세척방법을 생각하고, 이 중에서 어떤 방법이 좋은지 알기 위해 방법별로 4회씩 반복실험을 시행했다고 하면, 이 실험을 통해 세척방법에 따라 표면결함 수가 다른지, 다르다면 어떤 방법이 가장 좋은지를 판단하는 것이다.

1.8.2 다인자 실험계획

이 방법은 여러 개의 인자가 반응변수에 미치는 영향을 파악하기 위한 것으로, 계량 또는 계수 인자에 상관없이 적용할 수 있다. 4장에서는 각 인자의 수준 수가 2개일 때 쓰이는 2수준 요인배치법을, 6장에서는 수준 수가 2개보다 많을 때 또는 다른 환경에서 쓰이는 다인자 실험 방법을 다룬다.

2수준 요인배치법을 간단히 살펴보자. 그림 1.15는 스퍼터링 증착공정에서 3개의 인자인 온도, 전력, 압력을 2수준에서 2회 반복실험하여 측정한 증착면의 표면거칠기 데이터를 나타낸 것이다. 2수준을 갖는 3개의 인자가 조합을 이루면 $2^3 = 8$개의 실험점이 생기고, 각 실험점에서 2회 반복실험을 하므로 총 16개의 데이터를 얻는다.

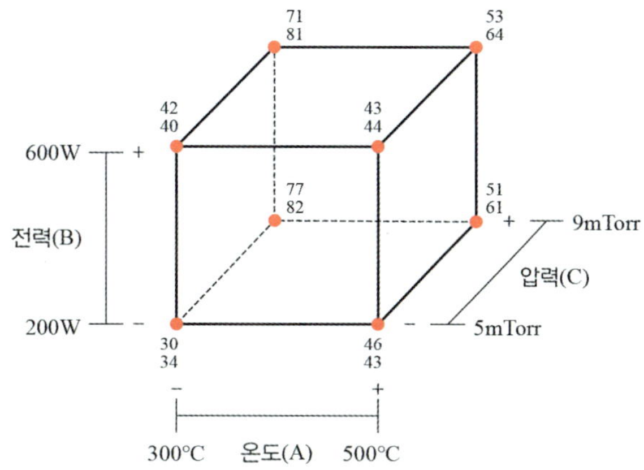

그림 1.15 스퍼터링 증착공정의 설계공간과 반응변수

8개의 실험점 중 표면거칠기가 가장 작게 나타나는 조건은 (온도, 전력, 압력)이 (300℃, 200W, 5mTorr)일 때이다. 3개의 인자 중 어떤 인자가 영향을 미치는지 알기 위해 각 인자의 주효과를 다음과 같이 구할 수 있다.

- 온도(A)의 효과: 육면체의 (오른쪽 데이터 평균) − (왼쪽 데이터 평균)

$$= \frac{46+43+43+44+51+61+53+64}{8} - \frac{30+34+42+40+77+82+71+81}{8} = -6.50$$

- 전력(B)의 효과: 육면체의 (위쪽 데이터 평균) − (아래쪽 데이터 평균)

$$= \frac{42+40+43+44+71+81+53+64}{8} - \frac{30+34+46+43+77+82+51+61}{8} = 1.75$$

- 압력(C)의 효과: 육면체의 (뒤쪽 데이터 평균) − (앞쪽 데이터 평균)

$$= \frac{77+82+51+61+71+81+53+64}{8} - \frac{30+34+46+43+42+40+43+44}{8} = 27.25$$

이 결과를 보면 인자 A와 C는 반응변수에 영향을 미치지만, 인자 B는 영향이 거의 없다는 것을 알 수 있다. 이번에는 인자 A와 C 간의 교호작용효과를 알기 위해 인자 A가 반응변수인 표면거칠기에 미치는 영향을 인자 C가 5mTorr에 있을 때와 9mTorr에 있을 때를 구분하여 그래프로 그려보면 그림 1.16과 같이 나타낼 수 있다. 이 그림을 보면 C가 5mTorr에 있을 때 온도(A)는 300℃가 바람직하지만, C가 9mTorr이면 500℃일 때가 더 좋다. 즉, C의 수준에 따라 A가 반응변수에 미치는 영향이 달라지는 전형적인 교호작용이 있음을 알 수 있다.

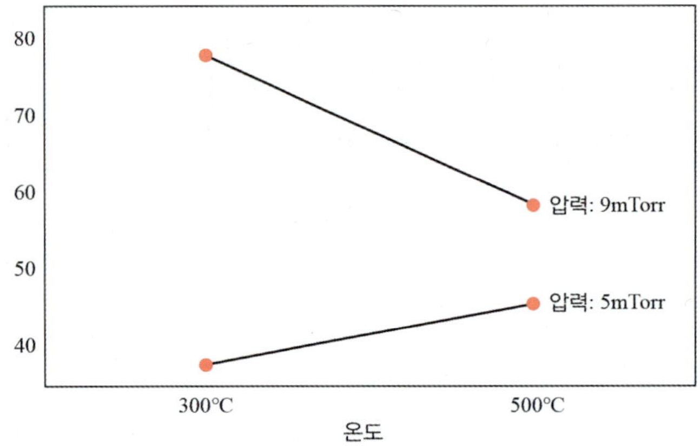

그림 1.16 스퍼터링 증착공정의 교호작용

1.8.3 선별실험계획

이 방법은 특성치에 영향을 미칠 것으로 기대되는 많은 변수 중 중요한 소수의 변수를 가려내려는 실험에 쓰인다. 예를 들어 2수준 인자 7개를 대상으로 요인배치실험을 하려면 $2^7 = 128$개의 실험점이 생긴다. 이렇게 많은 수의 실험을 실제로 시행하기는 몹시 어렵다. 5장에서 배울 부분요인배치법 설계행렬을 구성하여 128개의 실험점 중에서 8개만 골라 실험하면, 적은 수의 실험으로도 반응변수에 영향을 주는 인자를 골라낼 수 있다(표 1.5). 만일 7개의 인자를 대상으로 실험하여 8개의 데이터를 얻고 분석했는데, 이 중에서 2개의 인자만 중요하다고 판단이 되면, 표 1.5에서 중요한 2개의 인자에 해당하는 열을 남기고 다른 열들을 모두 지우면 마치 2^2 요인배치법 실험을 2회 반복한 것과 같은 설계행렬로 나타난다. 즉, 8개의 실험점이 2개 인자의 (−, −), (−, +), (+, −), (+, +) 4개 수준조합이 각각 2번씩 나타나는 것이다.

표 1.5 2수준 7인자 8개 실험점 부분요인배치법 설계행렬

실험점 \ 인자	A	B	C	D	E	F	G
1	−	−	−	+	+	+	−
2	+	−	−	−	−	+	+
3	−	+	−	−	+	−	+
4	+	+	−	+	−	−	−
5	−	−	+	+	−	−	+
6	+	−	+	−	+	−	−
7	−	+	+	−	−	+	−
8	+	+	+	+	+	+	+

복습문제 표 1.5에서 어떤 2개의 열을 골라서 실험점을 구성해도 8개의 실험점이 이들 2개 열의 (−, −), (−, +), (+, −), (+, +) 4개의 수준조합으로 각각 2번씩 나타남을 확인하라.

표 1.5로 나타난 부분요인배치법은 7개 인자를 대상으로 구성한 $2^7 = 128$개의 실험점 중에서 어떤 점들을 골라낸 것인지 그림 1.17에 나타냈는데, 128개의 실험점 중에서 실험에 사용되는 셀 8개를 진하게 표시했다. 이 검은색으로 표시된 셀들의 위치를 보면 ① 균형이 잡혀 있어서 모든 인자에 대하여 − 수준에 4개, + 수준에 4개가 배치되어 있다. ② A가 '−'인 위치에 있는 검은색 셀을 보면 D가 −인 것과 +인 것이 모두 2개씩 있다. A가 '+'인 쪽에 있는 것들도 마찬가지이다.

			A−								A+							
			B−				B+				B−				B+			
			C−		C+		C−		C+		C−		C+		C−		C+	
			D−	D+	D−	D+	D−	D+	D−	D+	D−	D+	D−	D+	D−	D+	D−	D+
E−	F−	G−														■		
		G+				■												
	F+	G−							■									
		G+									■							
E+	F−	G−											■					
		G+					■											
	F+	G−		■														
		G+																■

그림 1.17 $2^7 = 128$개 실험점 중에서 8개 골라내기

1.8.4 반응표면 탐색과 최적화

이 방법은 특성치와 중요한 계량인자 간의 관계성을 탐색하여 최적조건을 구하는 과정인데, 8장에서 자세하게 다룬다. 순차적 실험을 바탕으로 중요한 변수를 선별하고 그 변수들이 반응변수에 미치는 영향은 처음에는 1차 모형이 적합하고, 최적조건에 인접한 영역에서는 2차 모형을 이용하여 최적조건을 구한다(그림 1.18).

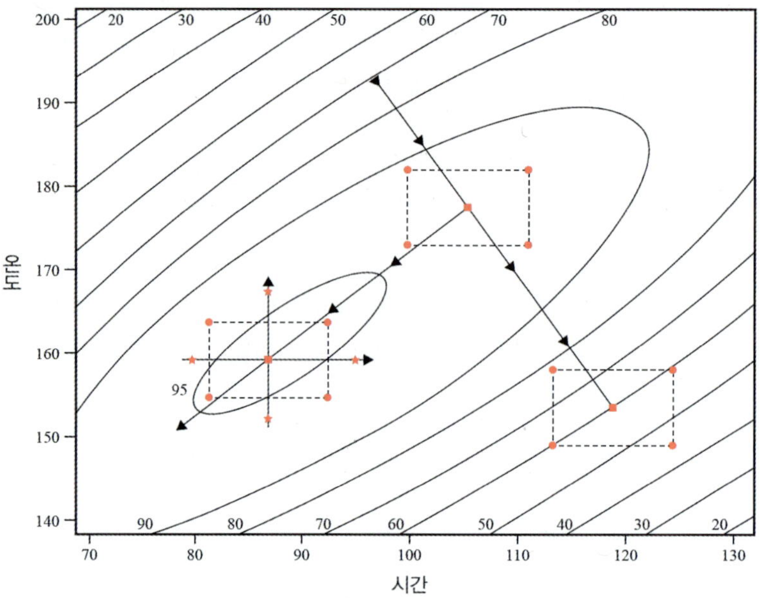

그림 1.18 순차적 반응표면 탐색

1.8.5 강건설계

강건설계는 제품의 품질특성을 개선하기 위해 제품성능에 영향을 주는 요인인 잡음(noise)을 제거하기보다는 잡음에 둔감한(강건한) 설계조건을 구하는 방법인데, 11장에서 자세하게 다룬다. 이 방법은 기존 공정의 개선에도 쓰이지만, 제품의 개발과 설계에도 효과적으로 이용할 수 있다. 작은 규모로 세심하게 관리하여 구한 실험실의 제품개발 최적조건은 생산 규모가 크고 작업환경을 세심하게 관리하기 어려운 제조공정에서는 최적이 아닐 수 있기 때문이다. 강건설계는 실험실의 결과를 양산공정에 이전하는 데도 유용하다.

강건설계 개념이 도입된 초기 사례를 보자. 그림 1.19는 타일을 만드는 가마의 개념도이다. 강건설계를 적용하기 전에 구운 타일의 치수가 그림 1.20의 '개선 전 분포'처럼 나와 1/3 정도가 허용규격을 벗어나고 있다. 담당자들이 모여 의논한 결과, 이렇게 규격을 벗어나는 타일이 많이 나오는 이유는 그림 1.19에 있는 가마 내 온도의 불균형이라는 것을 알아냈다. 온도의 불균형이라는 잡음을 제거하거나 제어하려면 비용이 많이 들어서, 이러한 잡음을 그대로 둔 상태에서 강건설계 실험을 계획하고 데이터를 얻어 분석한 결과, 타일에 들어가는 석회석의 비율을 1%에서 5%로 늘렸더니 타일 치수가 그림 1.20의 '개선 후 분포'와 같이 나왔다.

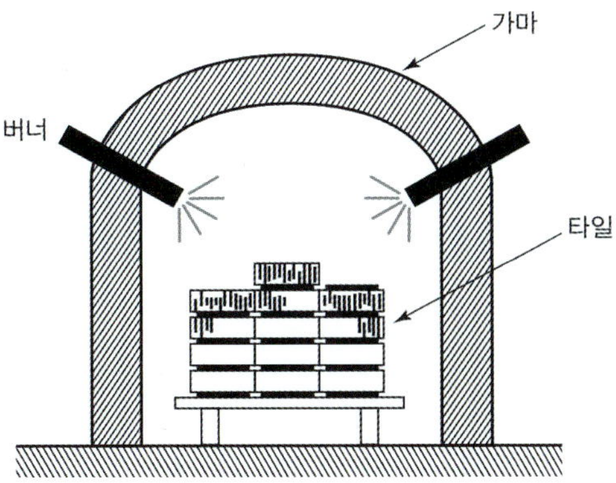

그림 1.19 타일 제조 가마의 개념도

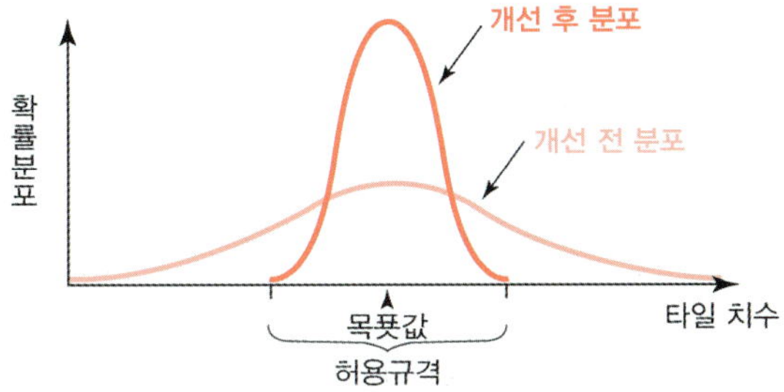

그림 1.20 타일 치수의 분포

1.9 들여다보기

(1) 실험계획법은 실험계획과 실험데이터 분석으로 이루어지는데, 이 방법을 배우는 과정에서 계획보다는 분석에 초점을 두게 되는 경우가 많다. 하지만 우선 적합한 분석을 위해서도, 실험을 통한 문제해결에도 실험계획의 3대 원칙인 반복, 랜덤화, 블로킹을 잘 적용해야 한다.

(2) 실험을 경제적으로 시행하기 위해 순차적으로 3단계를 거친다고 하는데, 매번 이렇게 해야 하는지에 대한 의견: 실험을 시행할 때마다 이 3단계를 다 거쳐야 하는 것은 아니고, 실험의 목적이나 상황, 실험 결과에 따라 이 중 일부만 시행해도 된다. 예를 들어 ① 지금까지 좋은 조건에서 공정을 운영하고 있었는데, 무슨 이유에서인지 해당 조건에서 반응 값이 기대하는 만큼 나오지 않는다면, 즉 공정에 투입되는 재료의 성질이 약간 변하거나 공정이 전과 조금 다르게 작동하는 등 환경 변화에 따라서 최적조건 근처로 이동하였다면, 이 경우에는 1단계와 2단계를 거치지 않

고, 바로 3단계인 최적화 실험을 하면 된다. ② 제품개발 초기에 11개의 인자를 대상으로 2수준 실험을 16회 시행하여 중요한 인자 3개를 선별하고, 이 인자들의 최적 수준에서 예측치가 실험 목표에 다다르고, 그 조건에서 확인실험을 하여 재현성이 확보되었다면, 이후 단계의 실험을 시행할 필요가 없다.

(3) 실험을 할 때, 사실(fact)이란 실험을 계획하여 얻은 데이터이다. 반응변수 y에 영향을 주는 인자를 파악하기 위해, 인자 벡터 $\boldsymbol{x}$를 고려하여 모형식을 구하면, 이는 y와 $\boldsymbol{x}$의 관계를 보는 것이다. 진실(truth)은 반응변수를 가장 잘 설명하는 인과관계이다. 실험에서 고려한 $\boldsymbol{x}$를 이용한 관계식만으로는 y를 충분히 설명하지 못한다면, $\boldsymbol{x}$ 외에 y에 영향을 미치는 새로운 인자 벡터 $\boldsymbol{w}$로 파악하여 모형에 포함해야 한다.

(4) 1.5절 실험계획법의 적용절차 중에서, 실험자가 이 교재에서 주로 배우는 것은 6~8번 내용이다. 3~5번은 제품이나 공정을 잘 아는 실험자나 관련 부서 사람들의 고유지식에 의존한다. DOE 성과의 80% 정도는 여기서 나온다고 보면 된다. 만일 고유기술을 알고 있는 사람들이 팀을 이루어 6~8번에 해당하는 내용까지 습득한다면 DOE를 더욱 강력하게 적용할 수 있다.

(5) DOE에서 말하는 모형식은 경험적 모형(empirical model)으로서, 실험자들이 물리학 등 과학적 지식에 기반한 고유기술 측면에서 배우는 기계적 모형(mechanistic model)과는 다르다. 경험적 모형은 프로세스/시스템을 블랙박스로 보고, 입력값($\boldsymbol{x}$)을 변화시켜 가면서 프로세스에서 나오는 출력값(y)을 측정하여 y와 $\boldsymbol{x}$ 간 관계식을 추정하여 이들 간 인과관계를 나타낸다. 물리적 원리나 법칙에 근거한 기계적 모형은 간단한 시스템에는 적용할 수 있지만, 일반적으로 제품이나 공정 시스템은 복잡하여 원리에 근거한 일정한 식을 만들기는 어려우므로, DOE를 이용하여 추정한 경험적 모형이 더 유용하게 쓰인다.

(6) 반응변수 선정에 관한 추가사항: 실험계획법은 반응변수가 이미 정해졌다는 가정하에 가능한 한 적은 실험 횟수로 주효과 및 교호작용을 파악하고자 한다. 반응변수를 고객의 요구와 가까운 하류(downstream) 특성으로 선정하면 교호작용이 나타날 가능성이 크지만, 실험의 목적과 연계된 상류(upstream)에 해당하는 에너지 변환과 관계된 물리량을 잡으면 간단하게 인과관계를 파악할 수 있다. 고객의 요구로 나타나는 규격과 관계된 변수보다는 그 상류의 물리량을 어떻게 잘 선정하는지가 실험의 효과와 효율을 결정한다.

(7) 주요 공정에서는 단 5분만 라인 정지가 일어나도 반드시 기록하고 신속하게 대응해야 한다. 문제가 일어났을 때 현장에서 빠르게 임기응변식 대응을 하는 것도 필요하지만, 이러한 문제를 반복적으로 일으키는 원인을 확실하게 파악해야 한다. 즉시 대응도 필요하지만, 원인을 확실하게 제거하지 않으면 임기응변을 요구하는 이런 상황이 끝없이 반복될 것이다. DOE는 이러한 문제의 원인을 파악하는 구체적이고 체계적인 방법이다.

(8) 실험자들은 간혹 반복실험 후, 같은 조건에서 실험하여 얻은 데이터 중에 '튀는' 데이터를 제외하고 평균만 분석하는 경향이 있다. 하지만 이렇게 해서는 안 되고, 해당 조건에서 나온 모든 데이터를 이용하여 산포의 정도를 나타내는 분산 등 통계량도 구해야 한다. 평균뿐만 아니라 산포가 작게 나오는 조건, 즉 안정성을 확보할 수 있는 조건도 추구해야 한다.

(9) 개선과 혁신: ① 제품 경쟁력을 높이려면, 혁신과 개선이 주기적으로 이루어져야 한다. ② 첨단제품을 개발하고 양산공정의 안정성을 확보하기 위한 개선과 혁신 활동에서 DOE의 쓰임새가 달라질 수 있다. 예를 들어, 반도체 메모리 개발 시, 기존 메모리 생산공정에서 DOE를 이용하여 특성치를 개선하는 조건을 찾으면, 이 조건에서 특성치 값이 예측한 대로 나올 수 있다. 하지만 더욱 미세화하거나 새로운 구조의 제품을 개발하여 양산에 적용하려면, 기존 최적 조건 탐색방법이 적용되지 않거나, 데이터 분석 결과에 바탕을 둔 예측 능력이 현저히 떨어질 수 있다. ③ 통계적 방법을 이용한 분석 결과는 기술 진보가 빠른 분야의 새로운 제품에도 적용된다는 보장이 없다. 제품개발이나 양산 환경이 변하여 주요 변수가 알려지지 않았거나, 새로운 분석방법이 필요하거나, 해결을 위한 접근방법 자체가 달라져야 한다. 하지만 이때에도 실험을 통하여 최적조건을 확인하거나 탐색하려면 여전히 DOE가 유용하게 쓰인다.

+참고문헌

Box, G. E. P. (2001). Statistics for Discovery, *Journal of Applied Statistics*, 28, 285-299.

Box, G. E. P., Hunter, J. S., and Hunter, W. G. (2005). *Statistics for Experimenters: Design, Innovation, and Discovery*, 2nd Edition, Wiley, NJ.

Drain, D. (1997). *Handbook of Experimental Methods for Process Improvement*, Chapman & Hall, NY.

Easterling, R. G. (2015). Fundamentals of Statistical Experimental Design and Analysis, John Wiley & Sons, UK.

Hahn, G. J. (1984). Experimental Design in the Complex World, *Technometrics*, 26(1), 19-31.

Knowlton, J. and Keppinger, R. (1993). The Experimental Process, *Quality Progress*, 26(2), 43-47.

Moen, R. D., Nolan, T. W., and Provost, L. P. (2012). *Quality Improvement through Planned Experimentation*, 3rd Edition, McGraw-Hill, NY.

Montgomery, D. C. (2017). *Design and Analysis of Experiments*, 9th Edition, Wiley, NJ.

Phadke, M. S. (1989). *Quality Engineering Using Roust Design*, Prentice-Hall, NJ.

Thomke, S. H. (2003). *Experimentation Matters*, Harvard Business School Press, Boston.

Wu, C. F. J. (2015). Post-Fisherian Experimentation: from Physical to Virtual, *Journal of the American Statistical Association*, 110, 612-620.

Wu, C. F. J. and Hamada, M. S. (2009). *Experiments: Planning, Analysis, and Optimization*, 2nd Edition, Wiley, NJ.

Young, J. C. (1996). Blocking, Replication, and Randomization — The Key to Effective Experimentation: A Case Study, *Quality Engineering*, 9(2), 269-277.

2.

실험계획법을 위한 기초통계의 이해

2.1 서론

실험자는 '통계'라는 용어에 관하여 '딱딱하다', '복잡하다', '어렵다', '하고 싶지 않다' 등 다분히 부정적인 이미지를 갖고 있다. 하지만 통계적 방법은 데이터로부터 유용한 정보를 추출하는 데에 아주 유용하다. 실험계획법은 인자의 어떤 조건에서 실험할 것인가를 정하는 실험계획 부분과 실험을 시행하여 얻은 데이터를 분석하고 해석하는 부분으로 구성되어 있다. 통계적 방법을 잘 활용하면 실험데이터를 분석한 결과를 이해하고 합리적 의사결정을 내리는 데 유리하다.

같은 조건에서 시행해도 실험 단위의 차이, 잡음인자의 알려지지 않은 변화, 측정오차 등 실험오차로 인하여 실험할 때마다 데이터는 다르게 나타난다. 실제로 실험 결과에 영향을 미치는 중요한 요인이 있으면, 이 요인이 중요하게 나타나도록 실험을 계획하고 분석하는 것이 필요하다. 실험데이터를 분석할 때는 그래프 분석과 수치계산에 의한 통계적 분석을 모두 수행한다. 이 장에서는 한 변수의 데이터를 그래프로 나타내는 데이터 표현, 수치계산을 통한 데이터 요약, 정규분포, 실험데이터 분석에 쓰이는 주요 분포, 표본분포, 추정과 가설검정의 기본 내용을 다룬다.

시스템이나 프로세스로부터 어떤 특성의 실험데이터를 얻어서 시스템/프로세스의 현상을 파악하고 의사결정에 도움이 되는 정보를 취득하기 위하여 기술통계(descriptive statistics)와 추론통계(inferential statistics)를 이용한다. 기술통계는 취득한 데이터 자체를 정리하고 요약하는 것으로서, 데이터를 시각적으로 표현하고 데이터의 중심위치나 산포를 나타내는 척도를 구하는 내용이 주를 이룬다. 추론통계는 데이터에 근거하여 시스템/프로세스의 특성에 관한 의사결정을 하는 데 도움이 되는 정보를 얻는 것인데, 데이터를 이용하여 시스템/프로세스 특성의 모수를 추정하거나 모수에 관한 가설검정을 하는 것이 주 내용이다. 다음과 같이 두 가지 데이터를 이용하여 여러 가지 데이터 표현과 요약, 의사결정을 위한 통계적 추론을 해보자.

예제 2.1 표 2.1의 데이터는 화학반응 생성물에 포함된 불순물 함량 데이터이다.

표 2.1 불순물 함량 데이터

8.78	9.71	11.52	6.98	10.89	7.83	8.86	10.83
6.10	9.01	10.20	8.37	6.67	10.01	8.08	

예제 2.2 다음 데이터는 두 개의 부품을 용접하고 네 군데에서 용접접합강도를 측정한 것이다.

표 2.2 위치별 용접접합강도 데이터

표본	y_1	y_2	y_3	y_4
1	23.6	27.2	27.8	24.2
2	23.4	25.2	31.2	23.4
3	29.2	25.8	28.2	29.2
4	26.0	20.8	30.8	29.6
5	29.8	30.8	25.6	24.8
6	25.6	25.8	32.4	33.8
7	33.2	28.2	26.2	31.4
8	29.2	23.2	20.8	26.0
9	23.8	31.4	30.8	28.8
10	32.4	28.6	32.8	25.4
11	24.6	27.2	21.6	24.8
12	31.6	24.4	30.6	28.0
13	30.4	31.2	23.6	20.6
14	28.2	25.6	26.0	33.2
15	15.4	24.4	28.6	27.8
16	30.0	23.8	30.2	28.6
17	22.0	28.2	28.8	23.2
18	21.8	23.0	26.6	24.8
19	26.4	29.8	29.4	25.2
20	25.6	21.4	27.6	31.8
21	33.4	26.2	21.2	26.4
22	22.8	28.2	28.4	27.4
23	28.2	28.2	28.2	31.0
24	27.6	29.8	23.0	23.4
25	28.0	30.6	25.8	26.4

2.2 데이터 표현과 요약

데이터를 표현하는 방법은 다양하지만, 간단하게 활용할 수 있는 방법인 점도표, 히스토그램, 상자그림만 소개하고자 한다.

그림 2.1은 예제 2.1의 불순물 함량 데이터를 표현한 점도표이다.

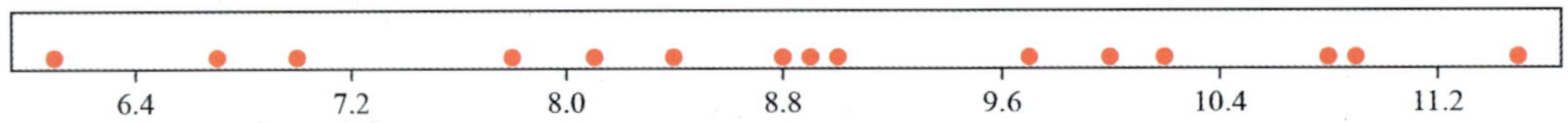

그림 2.1 예제 2.1의 불순물 함량 데이터 점도표

점도표는 데이터 수가 적을 때 데이터의 중심위치와 산포를 시각적으로 파악하는 데 좋다. 하지만 데이터 수가 많아지면 점도표보다는 히스토그램을 이용하는 것이 바람직하다. 히스토그램은 데이터의 빈도를 표현하기 위해 계급구간으로 나누어 각 구간에 속하는 데이터 수를 나타내는 것인데, 구간의 크기에 따라 그림의 모양이 달라질 수 있다. 그림 2.2는 예제 2.2의 용접접합강도 데이터를 위치 구분 없이 모두 모아 히스토그램으로 나타난 것인데, 데이터의 중심위치, 산포와 함께 분포의 모양도 알 수 있다. 히스토그램은 계급구간의 폭에 따라 모양이 달라질 수 있다. 그림 2.2(a)를 보면 약간 떨어진 점이 있고, 다른 데이터들은 좌우 대칭에 가깝다고 볼 수 있다. 하지만 그림 2.2(b)에서는 다른 데이터와 떨어져 있는 점이 이상점(outlier)으로 보이고, 나머지 데이터들도 둘 이상의 모집단에서 나온 데이터들이 섞인 듯하다.

상자그림(box plot)을 이용하면 데이터의 중심위치, 산포, 분포 모양을 쉽게 요약하여 알 수 있다. 그림 2.3은 예제 2.1의 데이터를 상자그림으로 나타낸 것인데, 그림에서 제1사분위수는 아래부터 크기순으로 1/4, 중앙값은 1/2, 제3사분위수는 3/4 위치에 해당하는 값을 계산하여 표시한다. 이 그림을 보면, 분포는 가운데 중앙값을 중심으로 거의 치우침이 없어 보인다. 그림 2.4는 예제 2.2의 데이터를 위치별로 상자그림을 그린 것이다. 이 그림에서 1번 위치 데이터(y_1)는 다른 위치의 데이터들과 달리 작은 값들이 더 있다는 것을 보여준다. 또한 그림 2.2(b)의 왼쪽에 동떨어져 있는 데이터가 1번 위치에서 측정된 데이터일 것이라고 추측할 수 있다.

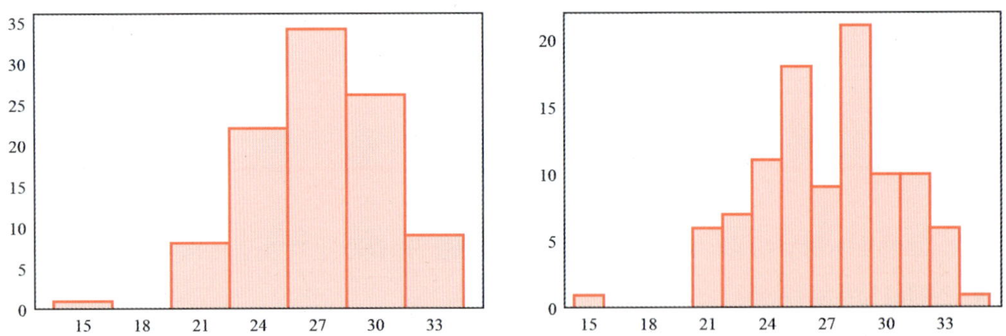

(a) 계급구간 폭: 3cm　　(b) 계급구간 폭: 1.5cm

그림 2.2 예제 2.2의 용접접합강도 히스토그램

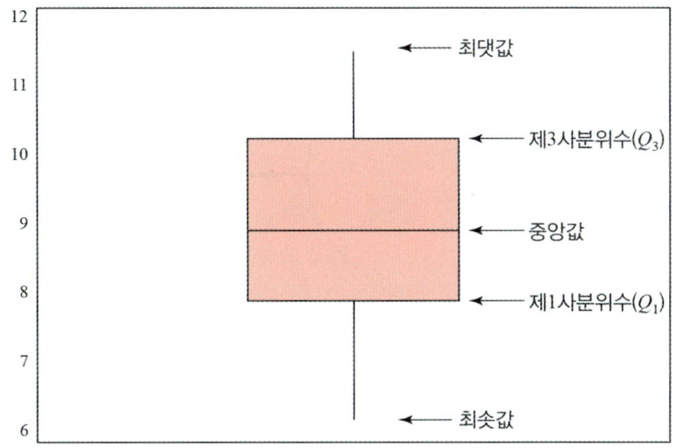

그림 2.3 예제 2.1의 불순물 함량 데이터 상자그림

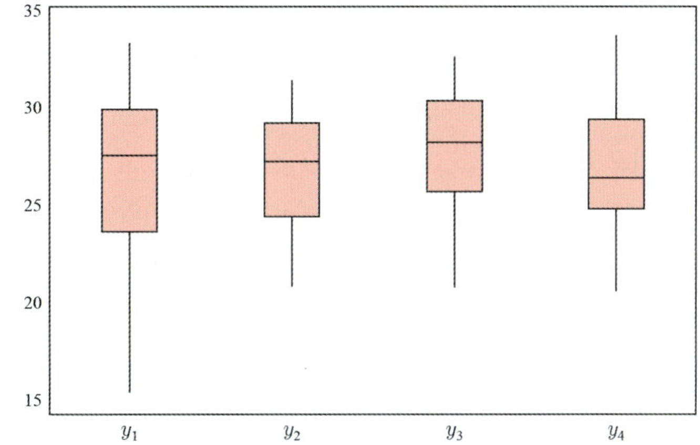

그림 2.4 예제 2.2의 용접접합강도 상자그림

실험데이터는 매번 실험을 시행할 때마다 조금씩 다르게 나타난다. 통계적 용어로 설명하면 실제로 밝히고자 하는 대상은 모집단(population), 실험에서 얻은 데이터는 표본(sample)이라고 한다. 예를 들어 반도체 증착공정으로부터 생산되는 제품의 두께 Y를 보면, 같은 조건으로 이미 만들어진 제품 또는 앞으로 만들어질 모든 제품의 두께를 측정한 값들을 모아 놓은 것을 가상적 모집단이라고 생각할 수 있다. 그러면 Y는 어떤 확률분포를 따르는 확률변수(random variable)로 간주하여 'Y는 평균이 μ이고 분산이 σ^2인 정규분포를 따른다'라고 가정한다. 이때 μ와 σ^2을 모수(parameter)라고 한다. 이 모집단으로부터 랜덤하게 데이터를 일부 추출하여 표본평균 $\overline{Y}$, 표본분산 S^2을 계산한 후, 미지의 모수 μ와 σ^2에 대한 추정치로 삼는다(그림 2.5). 모집단의 성질을 파악하기 위하여

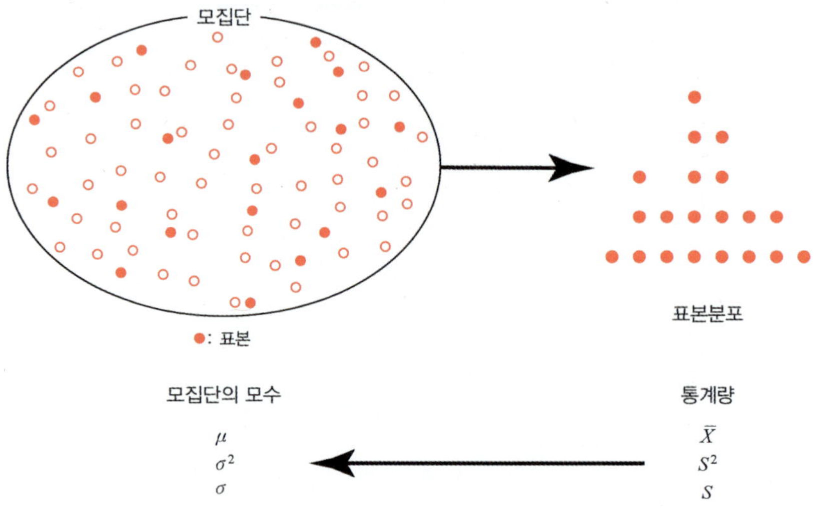

그림 2.5 모집단, 표본, 통계량의 개념

구한 $\overline{Y}, S^2$과 같은 데이터의 함수를 통계량(statistics)이라고 한다. 통계량과 관련 내용에 관해서는 2.4절에서 자세히 다루기로 한다.

일반적으로 데이터를 획득하기 전 확률변수는 대문자로 쓰고, 데이터를 얻기 전 모수를 추정하기 위한 통계량을 추정량(estimator)이라 하며, 실험을 시행하여 획득한 데이터를 이용하여 구한 값을 추정치(estimate)라 한다. 일반적으로 추정량은 대문자로, 추정치는 소문자로 쓴다. 예를 들어 데이터를 얻기 전 n개의 표본 $Y_1, Y_2, \cdots, Y_n$의 평균과 분산의 추정량은 각각 다음 식으로 나타낸다.

$$\overline{Y} = \frac{\sum Y_i}{n}, \quad S^2 = \frac{\sum_{i=1}^{n}(Y_i - \overline{Y})^2}{n-1} \tag{2.1}$$

실험을 시행하여 n개의 표본 데이터 $y_1, y_2, \cdots, y_n$을 얻은 다음에 평균과 분산의 추정치는 각각 다음과 같다.

$$\overline{y} = \frac{\sum y_i}{n}, \quad s^2 = \frac{\sum_{i=1}^{n}(y_i - \overline{y})^2}{n-1} \tag{2.2}$$

데이터로부터 모집단의 성질을 유추하기 위한 통계량 중 가장 기초적인 것을 알아보자. 시스템/프로세스로부터 측정한 데이터의 특징을 요약하기 위해 가장 자주 쓰이는 통계량으로는 데이터가 어떤 값을 중심으로 분포되어 있는지를 나타내는 **중심척도**와 데이터가 중심위치의 값으로부터 얼마나 흩어져 있는지를 나타내는 **산포척도**가 있다. 중심척도는 중심위치 척도로 불리기도 한다.

표본의 중심척도로는 평균이 가장 많이 쓰인다. 이는 주어진 데이터가 어떤 값을 중심으로 분포되어 있는지를 나타내는, 위치와 관련된 척도의 대푯값이다. 중심척도로는 평균 외에도 중앙값이 유용하게 쓰인다. 표 2.3에 평균과 중앙값을 비교한 내용을 정리하였다.

표 2.3 중심척도의 특징 비교

중심척도	특징
평균	• 가장 많이 쓰이며, 좌우 대칭일 경우 중앙값과 같다. • 이상치가 존재할 경우, 중심위치를 대변하지 못하고 치우친 값의 영향을 크게 받는다. • 통계적으로 바람직한 성질을 갖는다. • 수학적 표현: $\overline{Y} = \frac{1}{n}(\sum_{i=1}^{n} Y_i)$ • 기호: $\overline{Y}$
중앙값	• 분포가 대칭이면 평균과 같고, 통계적 성질은 평균보다 좋지 않다. • 데이터에 이상치가 있으면, 평균보다 중심위치를 더 잘 나타낸다. • 이상치가 있을 때, 평균과 같이 사용하면 좋다. • 기호: $\widetilde{Y}$, $P_{0.5}$(50백분위수) 또는 Q_2(제2사분위수)

이 대푯값을 중심으로 데이터가 흩어져 있는 정도를 나타내는 산포척도로 많이 사용되는 통계량으로는 표준편차, 분산 등이 있다. 실험자들은 평균값을 데이터의 대푯값으로 이용하는 것에는 익숙하지만, 데이터의 산포를 나타내는 분산 또는 표준편차의 개념이나 용도에는 관심이 덜한데, 시스템이나 프로세스의 성능을 평가하기 위하여 산포는 중심척도 못지않게 중요하다.

그림 2.6은 보링공정을 끝내고 측정한 실린더 내경의 분포이다. 목푯값이 2.00cm, 규격의 하한과 상한이 각각 1.95cm, 2.05cm인데, 위의 왼쪽 그림은 산포는 작지만, 평균이 목푯값을 많이 벗어난 것이다. 위의 오른쪽 그림은 평균의 위치는 목푯값과 같지만, 산포가 큰 것이 문제이다. 보링공정이 끝난 실린더 부품이 규격을 만족하려면 평균으로 측정한 중심위치는 목푯값에 근접해야 하고, 산포도 작아야 한다. 즉, 시스템이나 프로세스의 출력으로 나온 중요한 특성치가 규격 안에 들어오게 하려면 중심위치와 산포를 모두 고려해야 한다.

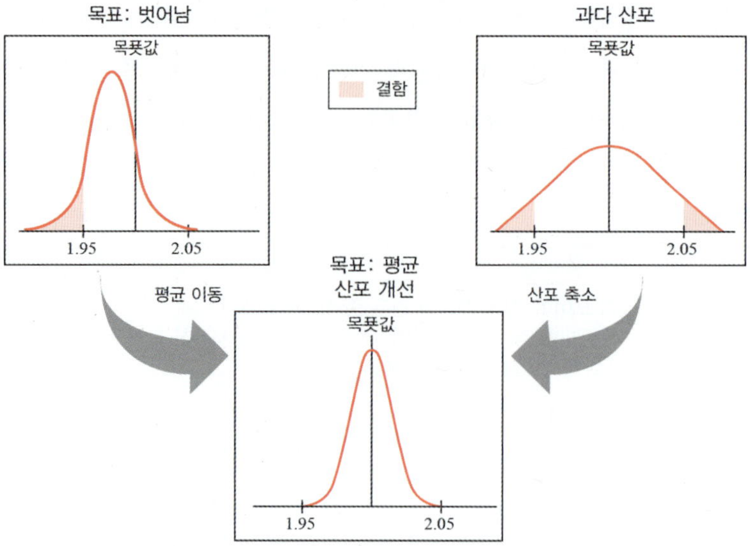

그림 2.6 중심위치, 산포와 규격

2.3 정규분포

2.3.1 정규분포의 성질 및 정의

모집단의 특성 Y의 확률적 분포를 나타내는 데에 정규분포(normal distribution)가 자주 사용된다. 또한 '중심극한정리'에 의해 표본평균의 분포를 정규분포로 근사화하는 것이 가능하므로 정규분포를 이해하고 활용하는 것이 필요하다. 정규분포의 분포곡선은 그림 2.7과 같다. 즉, 평균값 μ를 중심으로 좌우 대칭인 부드러운 곡선이며, 종을 엎어 놓은 형태라서 '종모양곡선(bell-shaped curve)'이라고도 한다. 공정이 안정상태에 있는 경우, 생산되는 제품의 길이, 무게, 인장강도 등과 같은 계량치 데이터를 취하여 히스토그램을 그리면 그림 2.7처럼 좌우 대칭의 종 모양의 분포 형태로 나타난다.

정규분포곡선은 평균치 μ를 중심으로 좌우 대칭이고, 평균값과 중앙값은 같다. 곡선은 μ의 근처에서 높고 양측으로 갈수록 낮아진다. 표준편차 σ에 따라 곡선의 모양이 달라지는데, σ의 값이 크면 곡선은 좌우로 평평하게 늘어지고, σ의 값이 작으면 폭이 좁고 가운데가 높아진다. 그림 2.7에서 표준편차 σ의 크기는 정규분포곡선의 봉우리에서 내려오다 굴곡(inflection)이 생기는 지점까지의 거리이다. 즉, 정규분포는 μ와 σ라는 두 개의 모수로 그 모양이 결정된다.

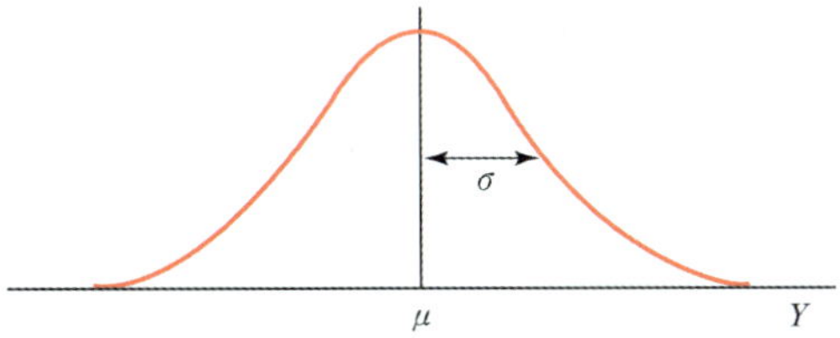

그림 2.7 정규분포곡선

정규분포곡선의 식은 다음과 같다.

$$f(y) = \frac{1}{\sqrt{2\pi}\,\sigma} e^{-\frac{(y-\mu)^2}{2\sigma^2}}, \quad -\infty < y < \infty \tag{2.3}$$

$f(y)$는 Y의 확률밀도함수라고 하며, 다음과 같은 성질을 갖는다.

$$f(y) > 0$$

$$\int_{-\infty}^{\infty} f(y)dy = 1 \tag{2.4}$$

모집단의 특성 Y가 정규분포를 따른다는 것을 기호로 $Y \sim N(\mu, \sigma^2)$과 같이 나타낸다. 확률변수 Y가 어떤 구간에 속할 확률은 그 구간과 분포함수로 이루어지는 면적이 된다. 그림 2.8에 평균으로부터 좌우로 떨어진 거리에 따른 대표적 확률값을 표시하였다.

$$P\{\mu - \sigma < Y < \mu + \sigma\} = 0.6827$$

$$P\{\mu - 2\sigma < Y < \mu + 2\sigma\} = 0.9545$$

$$P\{\mu - 3\sigma < Y < \mu + 3\sigma\} = 0.9973$$

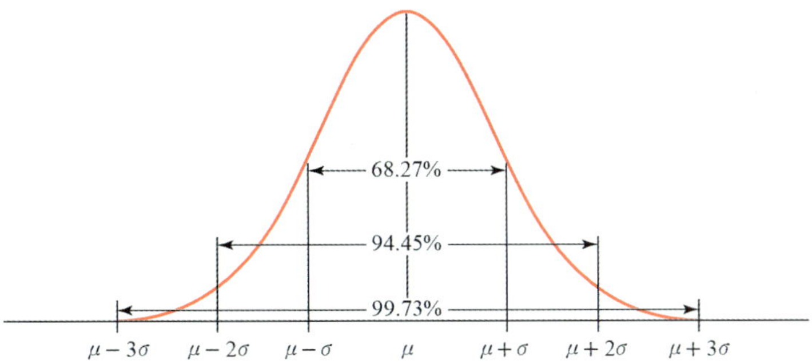

그림 2.8 정규분포곡선과 대표적 확률값

2.3.2 표준정규분포와 확률 계산

정규분포곡선은 평균 μ와 표준편차 σ라는 두 개의 모수에 의하여 그 모양이 확정된다. 평균이 0이고, 분산이 1인 정규분포를 표준정규분포라고 하고, 기호로는 Z로 표시한다. 특성치 Y가 평균 μ, 분산 σ^2인 정규분포를 따를 때, $Z = \frac{Y-\mu}{\sigma}$로 정의한 변수 Z는 평균 0, 분산 1인 표준정규분포 $N(0,\ 1)$을 따른다. 일반정규분포에 관련된 확률값은 위와 같이 표준화하여 구하면 편리하다. 일반적인 정규분포를 따르는 특성치의 확률을 계산하는 방법을 예를 들면 다음과 같다. 어떤 공정으로부터 가공되는 제품의 두께는 정규분포를 따르며, 평균이 100.2cm이고, 표준편차는 0.8cm이다. 규격이 100 ± 2cm일 때, 이 공정의 불량률을 구해보자. 먼저, 두께를 Y라고 하면 불량률은 다음과 같이 표현할 수 있다.

$$\Pr(Y > 102 \ \text{또는} \ Y < 98) = \Pr(Y > 102) + \Pr(Y < 98) \tag{2.5}$$

표준정규분포표를 이용하여 불량률을 구하기 위해 두께가 규격을 벗어날 확률을 각각 다음과 같이 구한다.

$$\begin{aligned}\Pr(Y > 102) &= \Pr[(Y-\mu)/\sigma > (102-\mu)/\sigma] \\ &= \Pr[(Y-100.2)/0.8 > (102-100.2)/0.8] \\ &= \Pr(Z > 2.25) = 1 - \Pr(Z < 2.25) = 1 - 0.9878 = 0.0122\end{aligned} \tag{2.6}$$

$$\begin{aligned}\Pr(Y < 98) &= \Pr[(Y-\mu)/\sigma < (98-\mu)/\sigma] \\ &= \Pr[(Y-100.2)/0.8 < (98-100.2)/0.8] \\ &= \Pr(Z < -2.75) \\ &= \Pr(Z > 2.75) \\ &= 1 - \Pr(Z < 2.75) = 1 - 0.9970 = 0.0030\end{aligned} \tag{2.7}$$

$\Pr(Z < 2.25)$와 $\Pr(Z < 2.75)$ 값은 부록에 있는 〈표 A.1〉의 정규분포표로부터 구하였다. 불량률을 표준정규분포로부터 구하는 것은 그림 2.9에 나타내었다. 따라서 불량률은 $0.0122 + 0.0030 = 0.0152$, 즉 1.52%이다.

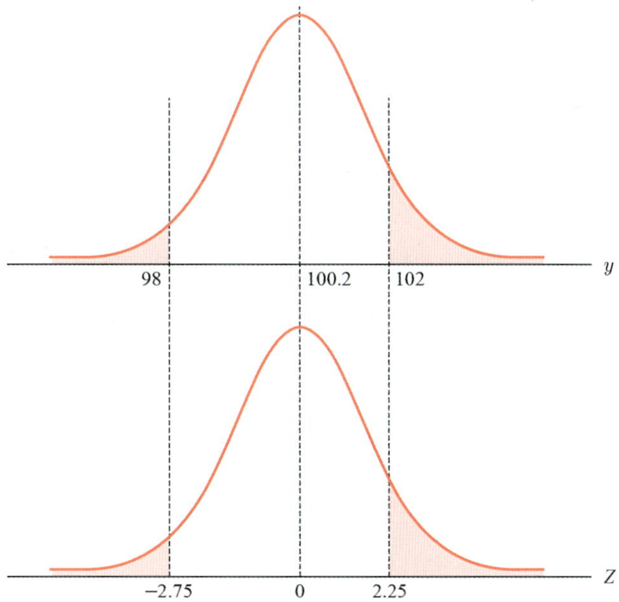

그림 2.9 표준정규분포를 이용한 불량률 계산방법

> **복습문제** 어떤 자동차의 1L당 주행거리가 평균이 12km이고 표준편차가 3km인 정규분포를 따른다고 하자.
>
> (1) 이 자동차를 타고 1L로 (12km, 15km) 구간을 달릴 확률은 얼마인가?
>
> (2) 이 자동차를 타고 1L로 15km 이상을 달릴 확률은 얼마인가?
>
> (3) 이 자동차를 타고 1L로 정확하게 12km를 달릴 확률은 얼마인가?

2.3.3 정규확률그림을 이용한 정규성 검토

데이터를 오름차순으로 나열하여 순위를 매기고, 표준정규분포에서 i번째 순위의 누적확률값에 대응하는 좌표축 값인 정규분위수(normal quantile) $z_{(i)}$를 산출하고, 좌표에 $(i, z_{(i)})$를 찍은 그림을 정규확률그림이라고 한다. i번째 위치에 있는 데이터의 누적확률값(p)과 정규분위수($z_{(i)}$)의 관계는 다음 식에 나타내었다. 여기서 $\Phi(\bullet)$는 누적정규분포함수이고, $\Phi^{-1}(\bullet)$는 그 역함수이다. 예를 들어 i번째 위치에 있는 데이터까지의 누적확률값 p가 0.5이면, $z_{(i)} = \Phi^{-1}(0.5) = 0$이다.

$$p = P\{Z \leq z_{(i)}\} = \Phi(z_{(i)}),\ z_{(i)} = \Phi^{-1}(p) \tag{2.8}$$

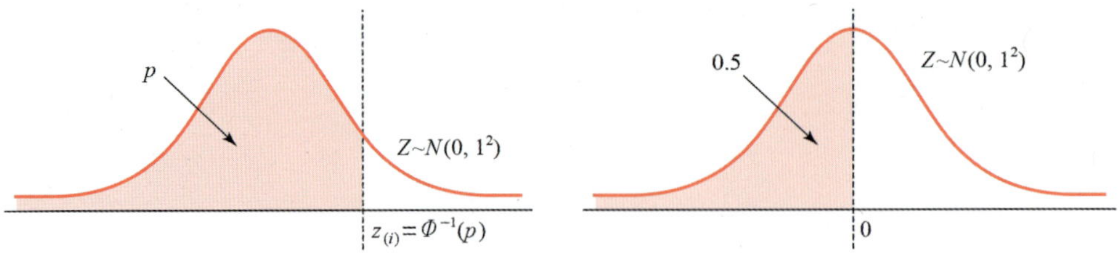

그림 2.10 누적확률값(p)과 정규분위수($z_{(i)}$)의 관계 (1)

정규확률그림을 작성하는 방법은 다음과 같다.

① 오름차순으로 데이터의 순위(i)를 매긴다.

② i번째 순위 효과값의 정규분위수인 $z_{(i)}$를 계산한다. $\Rightarrow$ $z_{(i)} = \Phi^{-1}\left(\dfrac{i-0.5}{n}\right)$

③ (i번째 순위 데이터, $z_{(i)}$)를 타점한다.

i번째 정규분위수 $z_{(i)}$를 계산할 때, 이에 대응하는 누적확률로서 $p = (i-0.5)/n$을 이용하는 이유를 살펴보자. 표준정규분포의 면적을 데이터 개수(n)만큼 균등하게 나누면, i/n은 i번째 구간의 맨 오른쪽 위치를 나타내므로 i번째 구간의 한가운데인 $(i-0.5)/n$을 이용하여 i번째 구간까지의 누적확률로 삼는다. 이 내용을 그림 2.11에 나타내었다.

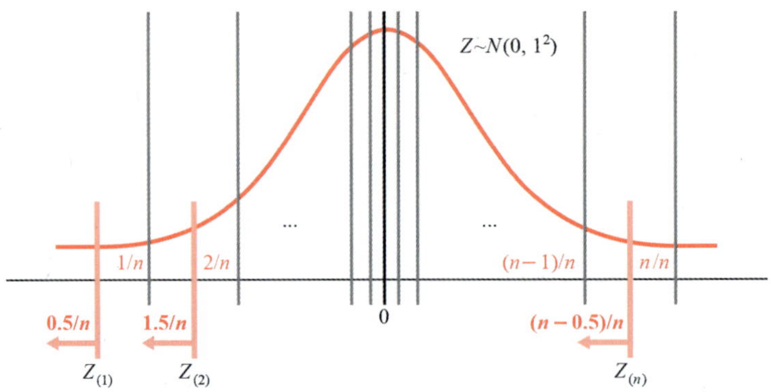

그림 2.11 누적확률값(p)과 정규분위수($z_{(i)}$)의 관계 (2)

예제 2.1의 화학반응 후 측정한 불순물 함량 데이터를 오름차순으로 나열하여 순위를 매기고, 정규분위수 $z_{(i)}$를 계산하여 표 2.4에 나타내어, 이를 이용한 정규확률그림을 그림 2.12에 제시하였다. 이 그림을 보면 데이터는 정규분포를 따른다고 볼 수 있다.

표 2.4 오름차순으로 나열한 예제 2.1의 불순물 함량 데이터

번호	데이터	순위(i)	정규분위수($z_{(i)}$)
1	8.78	7	−0.168
2	9.71	10	0.341
3	11.52	15	1.834
4	6.98	3	−0.967
5	10.89	14	1.282
6	7.83	4	−0.728
7	8.86	8	0.000
8	10.83	13	0.967
9	6.10	1	−1.834
10	9.01	9	0.168
11	10.20	12	0.728
12	8.37	6	−0.341
13	6.67	2	−1.282
14	10.01	11	0.524
15	8.08	5	−0.524

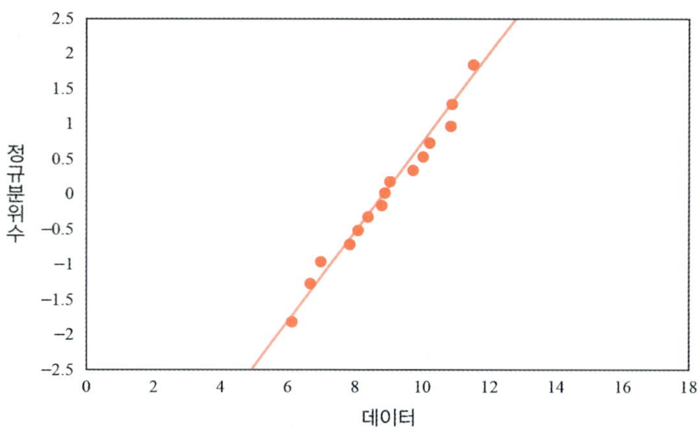

그림 2.12 예제 2.1의 불순물 함량 데이터 정규확률그림

정규확률그림을 보고 해석할 수 있는 다양한 경우를 그림 2.13~2.17에 나타내었다. 그림 2.13은 이상치가 있는 데이터의 정규확률그림과 점도표를, 그림 2.14~2.17은 분포의 모양이 정규분포와 다른 데이터를 이용하여 그린 정규확률그림과 그에 대응하는 히스토그램을 나타낸다.

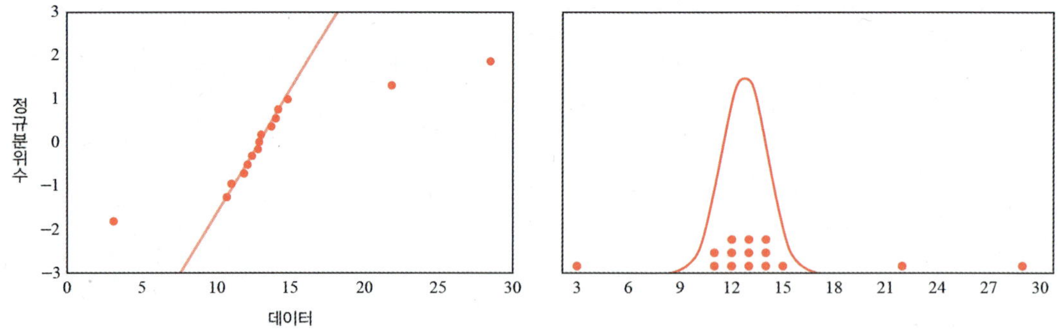

(a) 정규확률그림 (b) 점도표

그림 2.13 이상치가 있을 때 나타나는 정규확률그림과 점도표

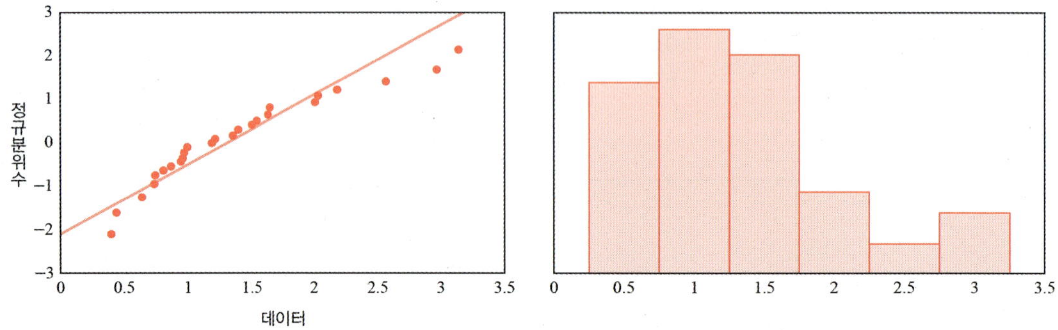

(a) 정규확률그림 (b) 점도표

그림 2.14 왼쪽으로 치우친 데이터의 정규확률그림과 점도표

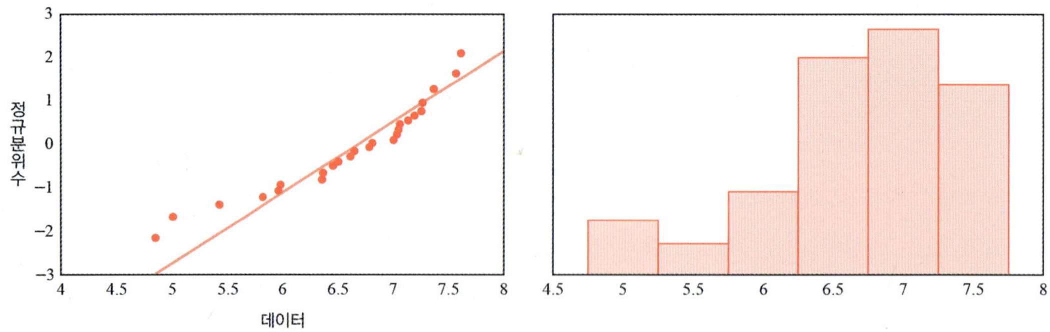

(a) 정규확률그림 (b) 점도표

그림 2.15 오른쪽으로 치우친 데이터의 정규확률그림과 점도표

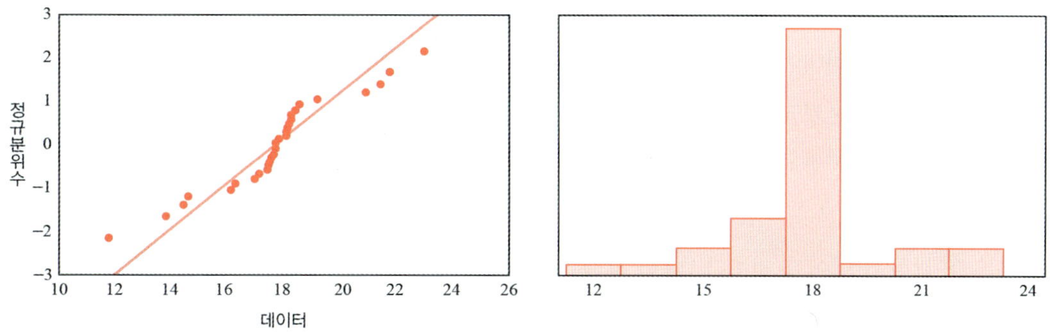

(a) 정규확률그림 (b) 점도표

그림 2.16 가운데가 뾰족한 데이터의 정규확률그림과 점도표

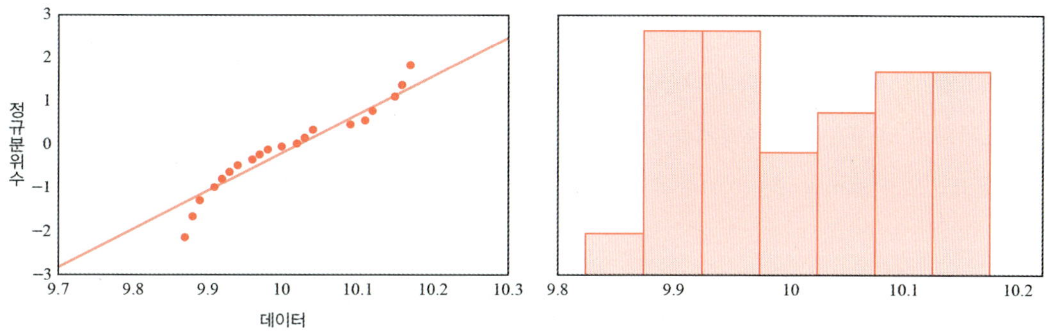

(a) 정규확률그림 (b) 점도표

그림 2.17 가운데가 평평한 데이터의 정규확률그림과 점도표

> **복습문제** 표 2.2 데이터의 위치별로 정규확률그림과 히스토그램을 그려서 데이터가 정규분포에서 어느 정도 벗어나 있는지 확인하라.

2.4 표본분포

2.4.1 확률표본과 통계량

특정 조건에서 실험을 통하여 얻은 제품의 두께 Y를 어떤 분포를 따르는 확률변수(random variable)

라고 보면, 이 분포에서 랜덤하게 추출한 n개의 데이터 $Y_1, Y_2, \cdots, Y_n$을 확률표본(random sample), 모집단의 특징을 밝혀내기 위하여 구한 확률표본의 함수를 통계량(statistic)이라고 한다. 가장 자주 쓰이는 통계량인 표본평균 $\overline{Y}$는 모집단의 평균 μ에 대한 추정량이다. $\overline{Y}$는 전체 모집단에서 추출한 샘플을 이용하여 계산한 것이기 때문에 μ와 정확하게 일치한다고 기대할 수 없다. 즉, 같은 모집단으로부터 여러 번 표본을 추출하여 매번 $\overline{Y}$를 계산한다고 할 때, 표본추출오차로 인하여 서로 조금씩 다른 $\overline{Y}$ 값들이 얻어질 것이다. 다시 말해 $\overline{Y}$도 어떤 분포를 따르게 되는데, 이를 $\overline{Y}$의 표본분포라고 부른다.

Y의 분포와 $\overline{Y}$의 분포의 가장 큰 차이점은 $\overline{Y}$의 표준편차가 Y의 표준편차보다 작다는 것이다. Y를 측정하여 나온 데이터는 크거나 작은 것들이 있지만, 모집단에서 n개를 추출하여 평균을 낸 값들의 표준편차는 작다. $\overline{Y}$의 표준편차는 다음과 같이 구한다.

$$\sigma_{\overline{Y}} = \sigma/\sqrt{n} \tag{2.9}$$

확률표본 $Y_1, Y_2, \cdots, Y_n$이 실현된 값 $y_1, y_2, \cdots, y_n$을 이용하여 식 (2.9)의 σ를 s로 추정하면, 데이터로부터 $\overline{Y}$의 표준편차 추정치를 다음과 같이 구할 수 있다. 이처럼 어떤 통계량의 표준편차 추정치를 표준오차(standard error)라고 한다.

$$\hat{\sigma}_{\overline{Y}} = s_{\overline{y}} = s/\sqrt{n} \tag{2.10}$$

2.4.2 표본평균의 분포와 중심극한정리

평균이 μ이고, 분산이 σ^2인 확률분포를 따르는 모집단으로부터 크기가 n인 확률표본 $Y_1, Y_2, Y_3, \cdots, Y_n$을 취했을 때, 이 확률표본의 평균인 $\overline{Y}$의 분포는 n이 충분히 클 때 대략 다음과 같은 정규분포를 따르고, 일반적으로 n이 30 이상일 때 적용한다.

$$\overline{Y} \sim N\left(\mu, \frac{\sigma^2}{n}\right) \tag{2.11}$$

Y가 정규분포를 따르면 $\overline{Y}$는 표본의 크기에 상관없이 평균 μ, 분산 σ^2/n인 정규분포를 따른다. 즉, $\overline{Y} \sim N(\mu, \sigma^2/n)$이다. 그런데 표본의 크기가 커지면, Y가 정규분포를 따르지 않더라도 $\overline{Y}$의 분포는 근사적으로 정규분포를 따른다. 이를 수학적으로 중심극한정리(central limit theorem)라고 한다. 위 관계를 나타낸 것이 그림 2.18이다. 그림 2.18은 확률변수 Y가 정규분포이거나 균일분포이거나 치우친 분포이든지에 관계없이 $\overline{Y}$의 분포는 정규분포를 따른다는 것을 보여준다.

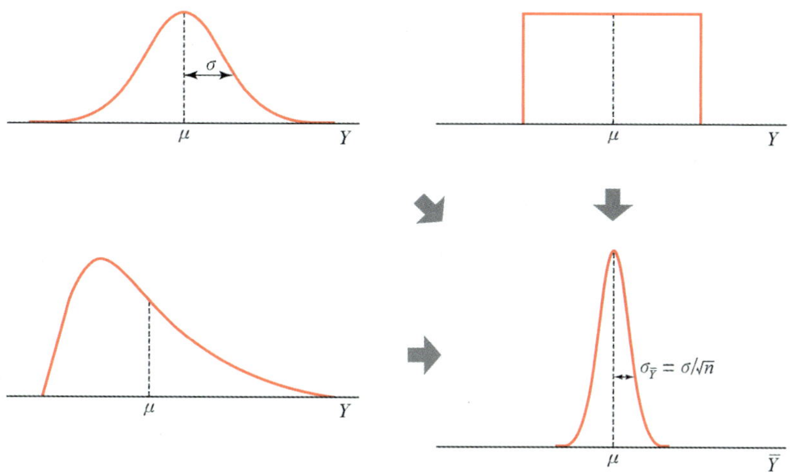

그림 2.18 Y와 $\overline{Y}$의 분포

정규분포와 연결되면서 실험데이터 분석에 쓰이는 주요 개념과 분포를 더 알아보자.

2.4.3 제곱합과 자유도의 개념

여러 개의 항을 제곱한 것들에 관하여 자유도 개념이 나오는데, 자유도는 말 그대로 자유로운 항의 수이다. 예를 들어 실험을 통하여 얻은 확률표본으로 5개 데이터 y_1, y_2, y_3, y_4, y_5가 있다고 하자. 이들과 표본평균 $\overline{y}$의 차이값을 제곱하여 더한 것을 Y의 제곱합(Sum of Square, SS)이라고 하고, $SS_Y = \sum_{i=1}^{5}(y_i - \overline{y})^2$으로 표시한다. 그런데 $y_1 - \overline{y}$, $y_2 - \overline{y}$, $\cdots$, $y_5 - \overline{y}$를 모두 더하면 0이 된다. 즉, 5개의 차이값 중에서 자유로운 것의 수는 $5 - 1 = 4$개이다. 어떤 제곱합의 자유도는 그 제곱합을 구성하는 항의 수에서 제약식의 수를 뺀 값이다. 하지만 5개의 데이터를 제곱한 $\sum_{i=1}^{5} y_i^2$의 자유도는 제약식이 없으므로 제곱한 항의 수인 5이다.

2.4.4 카이제곱분포

표준정규분포 $N(0, 1)$로부터 추출한 v개의 확률변수 $Z_1, Z_2, \cdots, Z_v$를 제곱한 통계량인 $\sum_{i=1}^{v} Z_i^2 = Z_1^2 + Z_2^2 + \cdots + Z_v^2$은 자유도가 v인 카이제곱분포(χ^2 − 분포)를 따른다고 정의하고, 기

호로는 $\sum_{i=1}^{v} Z_i^2 \sim \chi^2_{(v)}$ 와 같이 나타낸다. $\chi^2_{(v)}$ 를 따르는 확률변수의 기댓값은 v이고, 분산은 $2v$이다. 자유도에 따른 카이제곱분포 모양을 그림 2.19에 나타내었다. 확률변수의 분포는 자유도가 작을 때는 왼쪽으로 치우쳐 있다가 자유도가 커지면서 좌우 대칭 형태로 나타남을 알 수 있다.

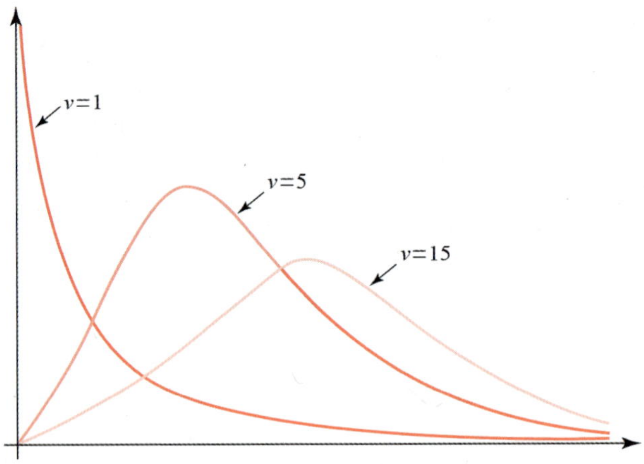

그림 2.19 자유도에 따른 카이제곱분포의 모양

$Y_1, Y_2, \cdots, Y_n$ 이 정규분포 $N(\mu, \sigma^2)$에서 추출한 확률표본이면, 모평균 μ를 빼고 모표준편차 σ로 나눈 것들을 제곱하여 더하면 다음과 같이 자유도 n인 카이제곱분포를 따른다.

$$\sum_{i=1}^{n}\left(\frac{Y_i-\mu}{\sigma}\right)^2 = \frac{\sum_{i=1}^{n}(Y_i-\mu)^2}{\sigma^2} \sim \chi^2_{(n)} \tag{2.12}$$

식 (2.12)는 모평균을 알 수 있을 때 이용하는 것이고, 모평균을 모른다면 이것을 $\overline{Y}$로 추정해야 한다. 이렇게 모평균을 추정하여 $\sum(Y_i-\mu)^2$ 대신에 $\sum(Y_i-\overline{Y_i})^2$을 이용하면 자유도가 하나 줄어들어서, 이것을 σ^2으로 나눈 것은 다음과 같이 자유도가 $n-1$인 카이제곱분포를 따른다.

$$\frac{(n-1)S^2}{\sigma^2} = \frac{\sum_{i=1}^{n}(Y_i-\overline{Y})^2}{\sigma^2} \sim \chi^2_{(n-1)} \tag{2.13}$$

식 (2.13)을 이용하면 확률표본으로부터 통계량 S^2을 구하여 σ^2에 대한 추정이나 가설검정을 할 수 있다.

2.4.5 t-분포

평균이 μ이고, 분산이 σ^2인 정규분포로부터 크기가 n인 확률표본 $Y_1, Y_2, Y_3, \cdots, Y_n$을 취하면 표본평균 $\overline{Y}$의 분산은 σ^2/n이므로 $\overline{Y} \sim N(\mu, \sigma^2/n)$이다. 그러므로 다음과 같이 $\overline{Y}$를 표준화한 Z는 표준정규분포를 따른다.

$$Z = \frac{\overline{Y} - \mu}{\sigma / \sqrt{n}} \sim N(0,\ 1) \tag{2.14}$$

표준정규분포를 따르는 확률변수 Z와 자유도 v인 카이제곱분포를 따르는 확률변수 χ^2이 서로 독립이면, 다음 식의 T 변수는 자유도 v인 t-분포를 따른다고 정의하고, 기호로는 $t_{(v)}$로 나타낸다.

$$T = \frac{Z}{\sqrt{\chi^2 / v}} \tag{2.15}$$

실제로 실험데이터를 이용하여 추정이나 검정을 할 때, 특성치 Y의 모집단 분산 σ^2은 일반적으로 알 수가 없다. 모분산 σ^2 대신에 추정치인 표본분산 S^2을 이용하면, 확률변수 T는 다음과 같은 수식 전개에 따라 자유도가 $(n-1)$인 t-분포 $t_{(n-1)}$을 따른다.

$$T = \frac{Z}{\sqrt{\chi^2 / v}} = \frac{\dfrac{\overline{Y} - \mu}{\sigma / \sqrt{n}}}{\sqrt{\left(\dfrac{(n-1)S^2}{\sigma^2}\right) / (n-1)}} = \frac{\overline{Y} - \mu}{\sqrt{S^2 / n}} = \frac{\overline{Y} - \mu}{S / \sqrt{n}} \tag{2.16}$$

자유도 $v\,(>2)$인 t-분포의 평균은 0이고, 분산 $\dfrac{v}{v-2}$는 1보다 큰데 자유도가 클수록 점점 1에 가까워짐을 알 수 있다. 통상적으로는 자유도가 30 이상이면 표준정규분포를 이용한다. 그림 2.20에 자유도에 따른 t-분포의 곡선을 나타내었다.

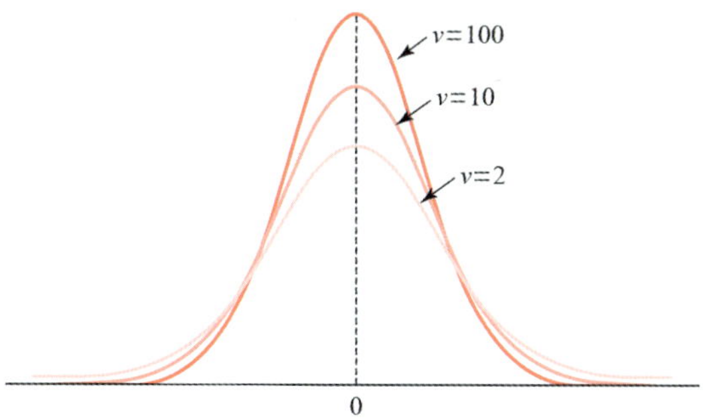

그림 2.20 자유도에 따른 t-분포의 확률곡선

2.4.6 F-분포

두 확률변수 χ_1^2과 χ_2^2이 각각 자유도가 v_1, v_2인 χ^2-분포를 따르고 서로 독립이면 다음과 같은 확률변수 F는 자유도가 (v_1, v_2)인 F-분포를 따른다고 정의하고, $F \sim F_{(v_1, v_2)}$로 표기한다.

$$F = \frac{\chi_1^2 / v_1}{\chi_2^2 / v_2} \tag{2.17}$$

식 (2.17)의 정의에 따라 확률변수 F가 $F_{(v_1, v_2)}$분포를 따르면, 그 역수인 $1/F$는 $F_{(v_2, v_1)}$분포를 따른다.

확률변수 X와 Y가 서로 독립이고, 각각 정규분포 $N(\mu_1, \sigma_1^2)$과 $N(\mu_2, \sigma_2^2)$을 따른다고 하자. 각 모집단으로부터 추출한 확률표본을 $X_1, X_2, \cdots, X_{n_1}$, $Y_1, Y_2, \cdots, Y_{n_2}$라 하면 $(n_1-1)S_1^2/\sigma_1^2$과 $(n_2-1)S_2^2/\sigma_2^2$은 각각 자유도 (n_1-1), (n_2-1)인 카이제곱분포를 따르므로 다음의 확률변수 F는 $F_{(n_1-1, n_2-1)}$분포를 따른다.

$$F = \frac{S_1^2 / \sigma_1^2}{S_2^2 / \sigma_2^2} \tag{2.18}$$

그림 2.21에 v_1, v_2 자유도에 따른 F-분포의 곡선을 나타내었다.

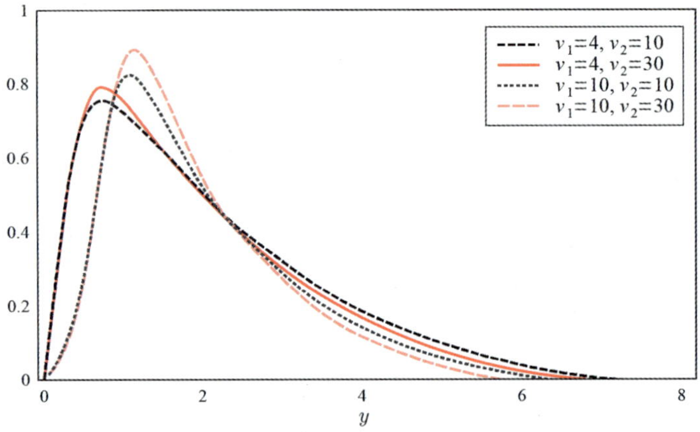

그림 2.21 자유도에 따른 F-분포의 확률곡선

F-분포는 이처럼 두 모집단의 분산을 비교하는 것 외에, 실험계획에서는 편차들의 제곱합을 자유도로 나눈 다양한 평균제곱의 비율을 이용한 가설검정에서 중요하게 사용된다.

2.5 통계적 추론

2.5.1 추정과 가설검정

시스템/프로세스에서 실험을 통해 표본을 추출하여 표본의 평균, 분산 등의 통계량을 구하고 이에 기초하여 시스템/프로세스의 중요한 특성의 평균, 분산 등을 하나의 값이나 구간으로 제시하거나, 이러한 특성에 대한 예상, 주장 또는 추측이 맞는지 판정하는 과정을 통계적 추론이라고 한다.

통계적 추론 방법에는 추정(estimation)과 가설검정(hypothesis testing)이 있다. 추정은 표본으로부터 구한 통계량에 근거하여 모수의 값이 얼마가 될지 추측하는 것이고, 가설검정은 모집단의 모수에 관한 가설을 세우고, 이 가설의 진위를 표본 데이터로부터 구한 통계량에 근거하여 판단하는 과정이다.

추정은 점추정(point estimation)과 구간추정(interval estimation)으로 구분된다. 점추정은 모수의 추정치를 하나의 값으로 제시하는 것인데, 추정치가 모수와 가까운 값이 될 수는 있어도 정확하게 일치할 수는 없다. 구간추정은 모수가 포함될 것으로 기대되는 구간을 제시하는 추정 방법이다. 구간추정은 점추정을 보완하며 불확실성의 정도에 따라 구간의 폭이 달라진다. 예를 들어 실험을 통해 얻은 데이터로부터 구한 표본평균 $\bar{y}$는 모집단 평균 μ의 점추정 값이다. 표본표준편차를 s라고 하면 $(\bar{y}-2s, \bar{y}+2s)$가 μ를 포함할 확률이 약 95%인데, 이렇게 모수가 포함될 구간을 확률과 함께 제시하는 것이 구간추정이다.

가설검정은 시스템/프로세스에 관한 어떤 추측을 확인하려고 가설을 세워 실험을 통해 데이터를 얻고 이를 분석하여 우리가 세운 가설이 맞는지를 판단하는 체계적 방법이다. 유용한 가설의 조건은 다음과 같다.

① 실험을 통하여 옳고 그름을 판단할 수 있어야 한다.
② 실험데이터를 통해 명백하게 입증할 수 있어야 한다.
③ 논리적으로 간결해야 한다.
④ 통계적인 분석을 할 수 있어야 한다.
⑤ 가설검정을 통해 얻을 수 있는 지식이나 정보가 도움이 되어야 한다.

가설은 귀무가설과 대립가설의 두 가지로 설정된다. 대립가설(alternative hypothesis, H_1)은 데이터에 근거하여 주장하거나 변화를 확인하고자 하는 것에 관한 가설이다. 귀무가설(null hypothesis, H_0)은 실험을 통해 주장하거나 다르다고 확인하고 싶은 것과는 반대로, 변화나 차이가 없다는 가설이다. 가설검정을 할 때 검정통계량은 귀무가설 H_0가 맞을 때, 어떤 분포를 따른다고 가정한다. 그러므로 데이터를 이용하여 계산한 검정통계량 값이 H_0에서 발생할 가능성이 작으면 H_0를 기각하고 H_1을 채택하게 된다. 예를 들어 지금까지 생산공정의 수율이 90%였는데, 최근 공정을 개선하여 90%보다 높아졌을 것으로 생각하여 개선 후 수율 데이터를 얻어 실제로 수율이 높아졌는지 확인하고 싶다고 하자. 그렇다면 귀무가설 H_0와 대립가설 H_1은 각각 다음과 같이 나타낼 수 있다.

$$H_0\text{: 수율} = 90\%$$
$$H_1\text{: 수율} > 90\%$$

협력기업으로부터 사들이는 재료의 특정 성분의 함량이 지금까지 50g이었는데, 최근에 함량이 50g에서 벗어난 것 같다는 느낌이 들고 이것을 확인하고자 한다면, 구매한 여러 개의 자루 중 20개를 랜덤하게 골라 성분 함량을 측정하여 과연 함량이 달라졌는지 판정하기 위한 가설검정을 할 수 있다. 이때 H_0와 H_1은 각각 다음과 같이 나타낸다.

$$H_0\text{: 함량} = 50\text{g}$$
$$H_1\text{: 함량} \neq 50\text{g}$$

이처럼 대립가설은 한쪽으로만 있거나 양쪽으로 있을 수 있다. 대립가설이 한쪽으로만 있는 것을 한쪽검정, 양쪽으로 있는 것을 양쪽검정이라고 한다.

가설검정을 위하여 시스템/프로세스의 특성 데이터를 수집하여 분석하게 되는데, 수집과정은 잡음의 영향을 받기 때문에 수집할 때마다 데이터는 다르게 나타난다. 그러므로 표본 데이터에 근거한 가설검정은 항상 두 가지 오류가 발생할 가능성이 있다. 즉, 귀무가설이 옳은데 대립가설이 맞다고 판정하거나, 반대로 대립가설이 옳은데 귀무가설을 채택할 수 있는 것이다. 표 2.5에는 이러한 두 가지 오류가 발생하는 경우를 나타내었다.

표 2.5 가설검정의 두 가지 오류

검정 결과	실제 현상	
	H_0가 참	H_1이 참
귀무가설 H_0 채택	옳은 결정	제2종 오류
대립가설 H_1 채택	제1종 오류	옳은 결정

제1종 오류는 귀무가설 H_0가 사실인데, 잘못 판단하여 이를 기각하게 되는 오류이다. 보통 제1종 오류의 허용한계, 즉 제1종 오류의 허용 가능한 최댓값을 유의수준(level of significance)이라고

하고, α로 표시한다. α는 0.10, 0.05, 0.01을 이용하는데, 이 중에서도 0.05를 가장 많이 이용한다. 그런데 가설검정을 더 엄격하게 하려면 α를 0.01로 정하고, 어느 정도 위험성이 있더라도 H_1을 채택하는 것이 필요할 때는 0.10으로 정하기도 한다. 실제 잡음의 영향이 아주 큰 생산현장에서 시스템/프로세스의 개선을 시도하고자 할 때는 α를 0.20으로 두고 가설검정을 하기도 한다.

H_0를 기각하고자 하는 검정통계량의 영역을 기각역(rejection region)이라고 하고, H_0를 기각할 수 없는 영역을 채택역(acceptance region)이라고 하며, 기각역과 채택역을 나누는 경계를 임계치(critical value)라고 한다. 유의수준과 기각역에 관련 있는 p값에 관하여 알아보자. p값은 귀무가설 H_0가 참이라는 가정하에서, 데이터에 기반하여 얻은 검정통계량의 값이 나올 가능성이다. 그림 2.22는 유의수준과 p값과의 관계를 예시한 것이다. 즉, 검정통계량 F_0 값이 기각역에 속하면, p값은 유의수준 α보다 작아진다. 따라서 p값이 유의수준보다 작으면, 귀무가설을 기각하고 대립가설을 택한다. p값은 검정통계량의 값에 따라 귀무가설을 기각할 때의 위험성이라고 해석할 수 있다.

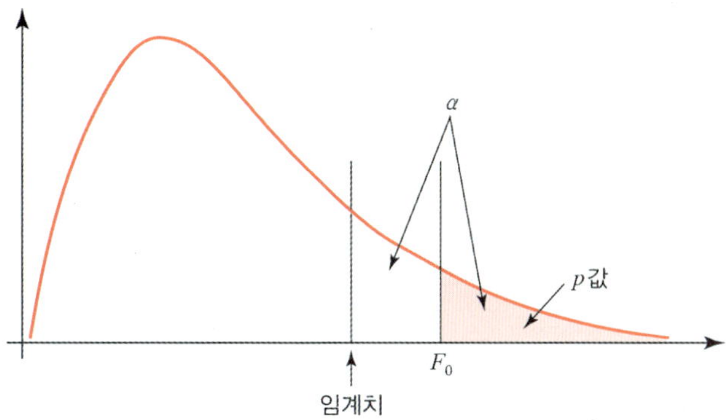

그림 2.22 유의수준과 p값

지금까지 주로 제1종 오류에 관하여 살펴봤는데, 제2종 오류에 대해서도 알아보자. H_1이 옳을 때, 이를 채택하지 못할 확률이 제2종 오류 β이다. 만일 대립가설 H_1이 하나만 있고, 두 개의 가설에 따른 분포가 그림 2.23과 같다고 하자. 그러면 2개의 분포를 둘로 나누는 한 가운데를 임계치로 정하면 제1종 오류나 제2종 오류가 거의 0에 가깝다. 이것은 이상적인 경우이고, 보통은 그림 2.24와 같을 것이다. 두 개의 분포가 어느 정도 겹치기 때문에 유의수준 α를 0.05로 두면, 제2종 오류 β는 커진다. 물론 β를 줄이기 위해 임계치를 정하는 가운데 막대를 왼쪽으로 옮길 수 있는데, 그러면 α는 0.05보다 커진다. H_1이 옳을 때, 이것을 채택할 확률을 검정력(power)이라고 하고, 이는 $1-\beta$이다. 결국 $1-\beta$가 클수록, 즉 제2종 오류인 β가 작을수록 좋은데, H_0와 달리 H_1은 보통 무수히 많은 값을 가지기 때문에 β의 최솟값을 정할 수는 없다.

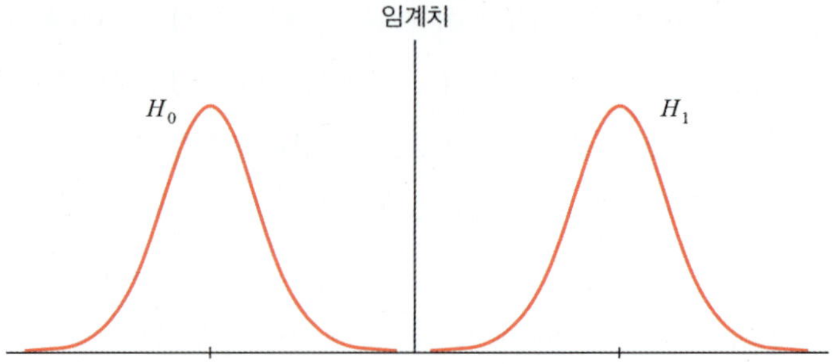

그림 2.23 2개 그룹 비교의 이상적 형태

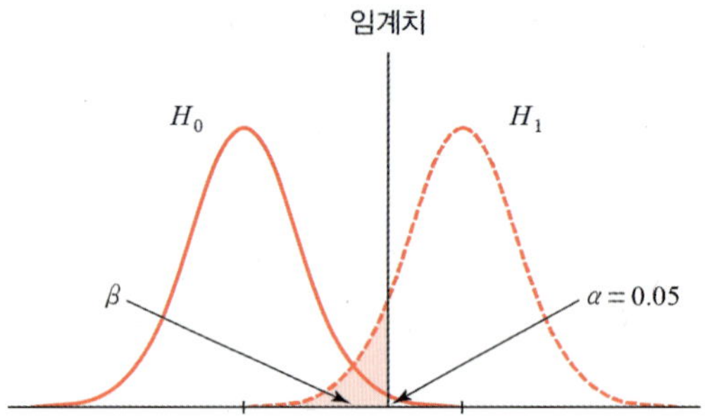

그림 2.24 2개 그룹 비교에서 두 가지 오류의 관계

시스템/프로세스의 주요 특성에 관한 **통계적 가설검정의 절차**는 다음과 같다.

① 문제를 정의한다.

② 가설검정의 목적을 기술한다.

③ 두 개의 가설을 설정한다.

④ 적절한 검정통계량을 결정한다. 주로 t, F 또는 χ^2 검정을 이용한다.

⑤ 데이터수집계획을 수립한다.

⑥ 데이터를 수집하고, 데이터로부터 검정통계량을 계산한다.

⑦ 유의수준을 정하고, 기각역을 결정한다.

⑧ 검정통계량의 값이 기각역에 속하면 H_0를 기각한다.
　(p값이 유의수준 α보다 작으면 H_0를 기각한다.)

⑨ 통계적인 결론을 실제 문제로 해석하여 적용한다.

가설검정의 유용성에 대한 내용은 다음과 같다.

- 실제 문제를 통계적인 가설로 바꾸어, 질문에 대한 답을 직관에 의해서가 아니라 데이터를 바탕으로 객관적인 답을 제공한다.
- 시스템/프로세스에서 추출한 표본 데이터에서 얻은 정보를 기초로 하여, 시스템/프로세스의 추측에 관하여 판단한다.
- 시스템/프로세스에서 표본을 취할 때마다 데이터는 다르게 나타나므로, 귀무가설 H_0가 옳은데 표본 데이터로부터 H_0를 기각하고 대립가설 H_1을 채택할 가능성은 항상 있기 마련이다. 가설검정은 이러한 오류를 고려하여 결론을 내린다.
- 통계적 가설검정에서 p값은 H_1을 채택할 때, 우리가 기꺼이 부담할 수 있는 위험의 한계이다.

2.5.2 단일 그룹의 추정과 검정

2.1절에 있는 예제 2.1의 화학반응 실험 후 측정한 표 2.1의 불순물 함량 데이터를 가지고 모평균 μ에 관한 추정과 가설검정을 수행해 보자. 데이터 수가 15개이고, 모분산을 알 수 없으므로 t-분포를 이용해야 한다. 데이터를 얻기 전, 다음의 통계량은 자유도 $(n-1)$인 t-분포를 따른다.

$$\frac{\overline{Y}-\mu}{S/\sqrt{n}} \sim t_{(n-1)} \tag{2.19}$$

μ에 대한 $100(1-\alpha)\%$ 신뢰구간을 구하기 위해서는 다음과 같은 확률식을 먼저 살펴보아야 한다.

$$P\left\{-t_{(n-1;\,\alpha/2)} \le \frac{\overline{Y}-\mu}{S/\sqrt{n}} \le t_{(n-1;\,\alpha/2)}\right\} = 1-\alpha \tag{2.20}$$

이 식으로부터 μ에 대한 $100(1-\alpha)\%$ 신뢰구간은 다음과 같다.

$$\overline{Y} - t_{(n-1;\,\alpha/2)}\frac{S}{\sqrt{n}} \le \mu \le \overline{Y} + t_{(n-1;\,\alpha/2)}\frac{S}{\sqrt{n}} \tag{2.21}$$

표 2.1에 있는 15개의 데이터를 얻은 후, 표본의 평균과 표준편차를 구하면 $\bar{y}=8.92$, $s=1.57$이다. 표본평균 $\bar{y}=8.92$는 μ에 대한 점추정치이고, 95% 신뢰구간은 다음과 같이 전개하여 (8.06, 9.79)임을 알 수 있다.

$$\begin{aligned}
&\bar{y} - t_{(14;\,0.025)}\frac{s}{\sqrt{n}} \le \mu \le \bar{y} + t_{(14;\,0.025)}\frac{s}{\sqrt{n}} \\
&\Rightarrow 8.92 - 2.145(1.57/\sqrt{15}) \le \mu \le 8.92 + 2.145(1.57/\sqrt{15}) \\
&\Rightarrow 8.92 - 0.87 \le \mu \le 8.92 + 0.87
\end{aligned} \tag{2.22}$$

예제 2.1의 데이터를 이용하여 가설검정을 해보자. 생성물의 불순물 함량 평균이 10mg이었는데, 새로운 방법으로 합성하면 생성물의 불순물 함량은 줄어들었을 것으로 생각된다. 15번 합성실험을 하고 각 용액에서 추출한 데이터가 표 2.1과 같이 나왔다면, 불순물 함량이 줄었다고 볼 수 있는가?

귀무가설과 대립가설은 실험의 목적에 맞게 각각 다음과 같이 설정된다.

$$H_0\text{: 불순물 함량} = 10\text{mg} \ (H_0\text{: } \mu = \mu_0)$$
$$H_1\text{: 불순물 함량} < 10\text{mg} \ (H_1\text{: } \mu < \mu_0)$$

데이터를 얻기 전, 귀무가설 H_0가 옳다면 다음의 t_0 통계량은 자유도 $(n-1)$인 t-분포를 따른다.

$$T_0 = \frac{\overline{Y} - \mu}{S/\sqrt{n}} \sim t_{(n-1)} \tag{2.23}$$

H_0가 참일 때, 식 (2.23)의 t-통계량이 자유도 14인 t-분포를 따르므로 유의수준 0.05에서 기각역은 부록의 〈표 A.2〉로부터 $t_0 < t_{(0.05;14)} = -1.761$이다. 표 2.1의 데이터를 얻은 후, t_0를 계산하면 식 (2.24)와 같고, t_0 값이 기각역에 속하므로 H_1을 채택한다. 즉, 새로운 방법으로 합성하면 생성물의 불순물 함량을 줄일 수 있다.

$$t_0 = \frac{\overline{y} - \mu}{s/\sqrt{n}} = \frac{8.92 - 10}{1.57/\sqrt{15}} = -2.664 \tag{2.24}$$

모집단의 평균에 관한 검정을 할 때 모분산을 알고 있거나 데이터 수가 30 이상이면 표준정규분포를 사용해 가설검정을 할 수 있다.

복습문제 예제 2.2의 위치별 용접접합강도 데이터를 모두 모아 100개의 데이터를 이용하여 다음의 가설을 검정하라.

$$H_0\text{: 강도} = 25$$
$$H_1\text{: 강도} > 25$$

표 2.6에는 모평균에 대한 가설검정의 검정통계량과 기각역을 모분산 σ^2을 알거나 모르는 경우로 나누어 제시하였다. 모분산을 모르더라도 데이터 수가 30 이상이면 t-검정 대신에 근사적으로 표준정규분포 통계량인 Z-검정을 이용한다.

표 2.6 모평균에 대한 가설검정

구분		σ^2을 아는 경우	σ^2을 모르는 경우
양쪽검정	가설	$H_0: \mu = \mu_0$ $H_1: \mu \neq \mu_0$	
	검정통계량	$Z_0 = \dfrac{\overline{Y} - \mu_0}{\sigma / \sqrt{n}}$	$T_0 = \dfrac{\overline{Y} - \mu_0}{S / \sqrt{n}}$
	기각역 (유의수준 α)	$Z_0 < -z_{\alpha/2}$ 또는 $Z_0 > z_{\alpha/2}$	$T_0 < -t_{(n-1;\, \alpha/2)}$ 또는 $T_0 > t_{(n-1;\, \alpha/2)}$
한쪽검정	가설	$H_0: \mu = \mu_0$ $H_1: \mu > \mu_0 \ (\mu < \mu_0)$	
	검정통계량	$Z_0 = \dfrac{\overline{Y} - \mu_0}{\sigma / \sqrt{n}}$	$T_0 = \dfrac{\overline{Y} - \mu_0}{S / \sqrt{n}}$
	기각역 (유의수준 α)	$Z_0 > z_\alpha$ $(Z_0 < z_{-\alpha})$	$T_0 > t_{(n-1;\, \alpha)}$ $(T_0 < -t_{(n-1;\, \alpha)})$

2.5.3 두 그룹 비교를 위한 가설검정

반도체 식각공정에 쓰이는 용액의 유량에 따라 식각 후 표면의 균일성이 달라지는지 실험을 시행하여 6회에 걸쳐 측정한 값을 표 2.7에 나타내었다.

표 2.7 유량에 따른 균일도 실험데이터

유량	균일도 측정값					
300	3.4	7.2	3.2	4.0	4.4	5.6
400	7.2	4.8	3.8	5.0	6.2	8.2

데이터를 시각적으로 표현하고자 표 2.7의 데이터를 이용한 정규확률그림, 개별값 그림, 상자그림을 그림 2.25~2.27에 나타내었다.

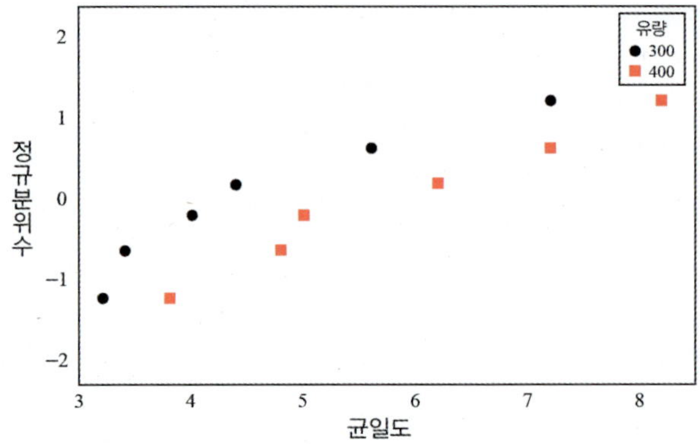

그림 2.25 균일도 실험데이터의 정규확률그림

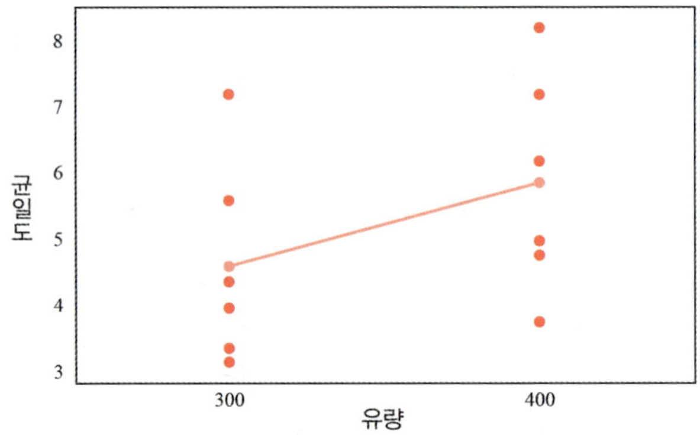

그림 2.26 균일도 실험데이터의 개별값 그림

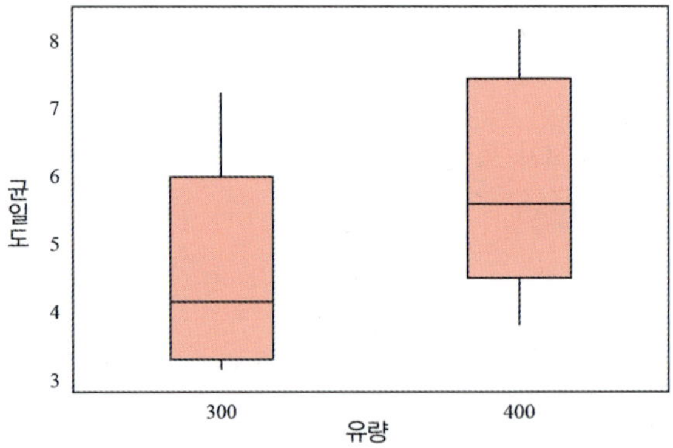

그림 2.27 균일도 실험데이터의 상자그림

이처럼 2개 그룹에서 추출한 표본을 이용하여 가설검정을 하려면 우선 두 그룹의 분산이 같은지 먼저 검정해야 한다. i번 그룹의 데이터 수를 n_i, 평균과 분산을 μ_i, σ_i^2라고 하면, 등분산성 검정의 가설은 다음과 같다.

$$H_0: \sigma_1^2 = \sigma_2^2$$
$$H_1: \sigma_1^2 \neq \sigma_2^2$$

데이터를 얻기 전, 표본분산과 모분산의 비율을 그룹별로 구하여 그들을 다시 비율로 구하면 다음과 같이 F-분포를 따른다고 알려져 있다.

$$F = \frac{S_1^2/\sigma_1^2}{S_2^2/\sigma_2^2} \sim F(n_1 - 1, n_2 - 1) \tag{2.25}$$

그러므로 귀무가설 H_0가 참일 때, 검정통계량 F_0의 분포는 다음과 같다.

$$F_0 = \frac{S_1^2}{S_2^2} \sim F(n_1 - 1, n_2 - 1) \tag{2.26}$$

$n_1 = 6$개, $n_2 = 6$개의 데이터를 얻고 계산하면 $s_1^2 = 2.311$, $s_2^2 = 2.670$이므로, 검정통계량의 값은 $F_0 = \frac{2.311}{2.670} = 0.856$이다. 이 값이 1에 가깝고, 그림 2.27을 봐도 두 그룹의 산포에 큰 차이가 없으므로 분산의 동일성은 유지된다고 판단한다.

이제 등분산성이 유지될 때 두 그룹 평균의 차이에 대한 가설검정을 해보자.

$$H_0: \mu_1 = \mu_2 \ (H_0: \mu_1 - \mu_2 = 0)$$
$$H_1: \mu_1 \neq \mu_2 \ (H_1: \mu_1 - \mu_2 \neq 0)$$

데이터를 얻기 전, 우선 다음과 같이 두 그룹의 합동분산(pooled variance)과 그의 제곱근인 합동표준편차(pooled standard deviation)를 이용하여 t-통계량을 구한다.

$$S_p^2 = \frac{\sum_{i=1}^{n_1} (Y_{1i} - \overline{Y_1})^2 + \sum_{i=1}^{n_2} (Y_{2i} - \overline{Y_2})^2}{(n_1 - 1) + (n_2 - 1)} = \frac{(n_1 - 1)S_1^2 + (n_2 - 1)S_2^2}{n_1 + n_2 - 2} \tag{2.27}$$

H_0가 참일 때, 검정통계량 T_0의 분포는 다음과 같이 자유도 $(n_1 + n_2 - 2)$인 t-분포를 따른다.

$$T_0 = \frac{\overline{Y}_1 - \overline{Y}_2}{S_p\sqrt{\frac{1}{n_1} + \frac{1}{n_2}}} \sim t(n_1 + n_2 - 2) \tag{2.28}$$

H_0가 참일 때, 식 (2.28)의 T_0-통계량이 자유도 10인 t-분포를 따르고 양쪽검정을 해야 하므로 유의수준 0.05에서 기각역은 부록의 〈표 A.2〉로부터 $t_0 < -2.228$ 또는 $t_0 > 2.228$이다. 표 2.7의 유량에 따른 균일도 실험데이터를 얻은 후 $\bar{y}_1 = 4.633$, $s_1^2 = 2.311$, $\bar{y}_2 = 5.867$, $s_2^2 = 2.670$, $s_p = \sqrt{\frac{5\times 2.311 + 5\times 2.670}{6+6-2}} = 1.583$을 이용하여 t_0를 계산하면 식 (2.29)와 같다.

$$t_0 = \frac{4.633 - 5.867}{1.583\sqrt{\frac{1}{6}+\frac{1}{6}}} = -1.349 \qquad (2.29)$$

t_0 값이 기각역에 속하지 않으므로 H_0를 기각할 수 없다. 즉, 실험한 12개 데이터로는 두 그룹의 균일도에 차이가 있다고 볼 수 없다.

표 2.8에는 두 그룹의 분산이 크게 다르지 않을 때, 평균 차이에 관한 가설검정의 검정통계량과 기각역을 제시하였다.

표 2.8 두 모평균 차이에 대한 가설검정

양쪽검정	가설	$H_0: \mu_1 = \mu_2$ $H_1: \mu_1 \neq \mu_2$
	검정통계량	$T_0 = \frac{\overline{Y_1} - \overline{Y_2}}{S_P\sqrt{\frac{1}{n_1}+\frac{1}{n_2}}}$ $\left(S_p^2 = \frac{(n_1-1)S_1^2 + (n_2-1)S_2^2}{n_1+n_2-2}\right)$
	기각역 (유의수준 α)	$\lvert T_0 \rvert > t_{(n_1+n_2-2;\, \alpha/2)}$
한쪽검정	가설	$H_0: \mu_1 = \mu_2$ $H_1: \mu_1 > \mu_2\ (\mu_1 < \mu_2)$
	검정통계량	$T_0 = \frac{\overline{Y_1} - \overline{Y_2}}{S_P\sqrt{\frac{1}{n_1}+\frac{1}{n_2}}}$ $\left(S_p^2 = \frac{(n_1-1)S_1^2 + (n_2-1)S_2^2}{n_1+n_2-2}\right)$
	기각역 (유의수준 α)	$T_0 > t_{(n_1+n_2-2;\, \alpha)}$ $(T_0 < -t_{(n_1+n_2-2;\, \alpha)})$

지금까지 두 그룹의 분산에 차이가 없을 때, 평균의 차이에 관한 검정을 했다. 만일 두 그룹의 분산에 차이가 커서 등분산성을 담보할 수 없을 때는 어떻게 해야 하는가? 이때는 합동분산을 사용하는 대신에 다음과 같은 식을 근사적으로 사용할 수 있다.

$$T_0 = \frac{\overline{Y}_1 - \overline{Y}_2}{\sqrt{\dfrac{S_1^2}{n_1} + \dfrac{S_2^2}{n_2}}} \tag{2.30}$$

식 (2.30)의 자유도 ν는 다음과 같이 복잡한 근사식으로 구할 수 있는데, 실제로는 $n_1 + n_2 - 2$에서 크게 벗어나지는 않는다.

$$\nu = \frac{\left(\dfrac{S_1^2}{n_1} + \dfrac{S_2^2}{n_2}\right)^2}{\dfrac{(S_1^2/n_1)^2}{n_1 - 1} + \dfrac{(S_2^2/n_2)^2}{n_2 - 1}} \tag{2.31}$$

만일 두 그룹의 분산 σ_1^2과 σ_2^2을 알고 있다면, 다음의 표준정규분포의 검정통계량을 이용하여 가설검정을 할 수 있다.

$$Z_0 = \frac{\overline{Y}_1 - \overline{Y}_2}{\sqrt{\dfrac{\sigma_1^2}{n_1} + \dfrac{\sigma_2^2}{n_2}}} \tag{2.32}$$

2.6 들여다보기

(1) p값: 보통 0.05보다 작으면 귀무가설 H_0를 기각하여 H_1을 채택하고, 0.05보다 크면 H_0를 기각하지 않는다. 이 값은 절대적인가? 그렇다면 p값이 0.051이면 H_0를 기각할 수 없는지, 0.06이면 어떻게 판단해야 할지 의문이 생긴다. p값은 ① H_0가 사실일 때 이런 종류의 데이터가 나올 확률, ② H_1을 채택할 때 짊어지고 가야 할 '잘못된 판단의 무게'라고 볼 수 있다.

(2) 시간대별 또는 기계별로 수집한 데이터를 바로 통합하여 분석하는 것은 좋지 않다. 시간대/기계별 데이터를 얻은 후, 같은 시간대/기계 내 데이터의 산포와 시간대/기계 간 산포가 별 차이가 없을 때는 통합하여 분석할 수 있지만, 그렇지 않으면 시간대/기계별로 별도로 분석해야 한다.

(3) t-분포를 이용하는 가설검정을 할 때 자유도에 따른 기각역 임계치의 변화: 자유도가 클수록 검정력은 높아진다. 그림 2.28에 유의수준에 따른 t-분포의 기각역 임계치를 나타내었다. t-검정을 위한 최소 자유도로써, 유의수준 α가 0.01일 때는 임계치 3을 기준으로 자유도 7, α가 0.05일 때는 임계치 2를 확보하는 5, α가 0.10일 때는 임계치 1.7이면 기각할 수 있는 3을 추천한다.

(4) 2개 그룹 데이터의 평균을 비교할 때, 데이터가 전혀 정규분포를 따르지 않아서 정규분포를 가정하지 않고 그룹 간 평균이 같은지를 검정하고자 할 때, 윌콕슨 순위합검정(Wilcoxon rank sum test) 방법을 쓸 수 있다. 이 방법은 두 그룹에서 나온 데이터들을 그룹과 무관하게 오름차순으로 나열하여 순위를 매기고, 각 그룹에 속하는 순위들을 더하여 검정하는 방법이다. 자세한 사항은 참고문헌에 있는 Montgomery and Runger(2011)를 참고하기를 바란다.

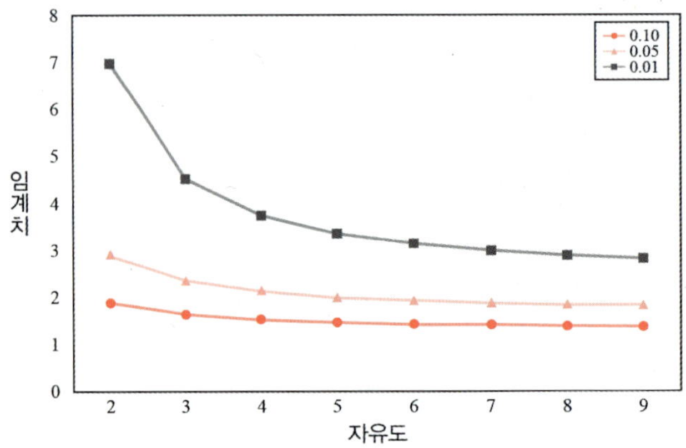

그림 2.28 자유도에 따른 t-분포의 기각역 임계치

+연습문제

1 항공기 기체로 이용하는 알루미늄 합금의 티타늄 함량은 강도에 큰 영향을 미친다. 15개의 시료를 분석하여 측정한 티타늄 함량은 다음과 같다.

6.477 6.394 6.350 6.323 6.404 6.425 6.359 6.376
6.320 6.380 6.496 6.426 6.363 6.438 6.457

(1) 점도표와 상자그림을 그려라.

(2) 표본평균 $\bar{y}$와 중앙값 $\tilde{y}$, 표본분산, 표본표준편차를 계산하라.

(3) 정규확률그림을 그려라.

(4) 지금까지 티타늄 함량 평균이 6.4%로 알려져 있다. 티타늄 함량 평균에 변화가 있다고 볼 수 있는가?

2 압연공정을 거친 알루미늄 박판 50개를 랜덤하게 골라 두께를 잰 것을 표 2.9에 나타내었다.

표 2.9 알루미늄 박판의 두께

1.250	1.364	1.295	1.347	1.266	1.277	1.242	1.318	1.229	1.275
1.248	1.196	1.313	1.306	1.265	1.296	1.270	1.348	1.372	1.355
1.327	1.227	1.229	1.240	1.319	1.347	1.241	1.112	1.206	1.267
1.288	1.269	1.286	1.292	1.242	1.244	1.292	1.288	1.307	1.314
1.290	1.379	1.296	1.251	1.295	1.247	1.240	1.324	1.232	1.252

(1) 히스토그램과 상자그림을 그려라.

(2) 표본평균 $\bar{y}$와 중앙값 $\tilde{y}$, 표본분산, 표본표준편차를 계산하라.

(3) 정규확률그림을 그려라.

(4) 알루미늄 박판의 두께 모평균에 대한 95% 신뢰구간을 구하라.

3 표 2.10은 두 가지 촉매를 이용한 세탁기용 액체 세제를 랜덤하게 각각 15개씩 추출하여 측정한 활성성분의 농도이다.

표 2.10 촉매별 활성성분 농도

촉매	활성성분 농도							
1	60.27	61.52	67.51	66.59	64.60	69.88	65.96	
	62.39	70.16	66.45	62.87	67.06	61.70	68.98	61.55
2	67.46	70.02	67.98	71.09	71.52	67.98	67.29	
	71.48	66.69	68.18	66.98	67.30	62.91	68.57	65.88

(1) 촉매별 데이터를 이용한 점도표와 상자그림을 그려라.

(2) 촉매별 데이터를 이용하여 표본평균 $\bar{y}$와 중앙값 $\tilde{y}$, 표본분산, 표본표준편차를 계산하라.

(3) 촉매별 15개씩의 데이터를 이용하여 등분산성을 검정하라.

(4) 촉매별 데이터의 평균이 서로 다른지 검정하라.

+참고문헌

김우철, 김재주, 박병욱, 박성현, 송문섭, 이상열, 이영조, 전종우, 조신섭 (1998). 현대통계학, 4개정판, 영지문화사.

전치혁, 정민근, 이혜선 (2023). 공학응용통계, 3개정판, 도서출판 홍릉.

Easterling, R. G. (2015). *Fundamentals of Statistical Design and Analysis*, Wiley, UK.

Lawson, J. and Erjavec, J. (2017). *Basic Experimental Strategies and Data Analysis for Science and Engineering*, CRC Press, Taylor & Francis Group.

Montgomery, D. C. (2017). *Design and Analysis of Experiments*, 9th Edition, Wiley, NJ.

Montgomery, D. C. and Runger, G. C. (2011). *Applied Statistics and Probability for Engineers*, 5th Edition, Wiley, NJ.

3.

한인자 실험계획

3.1 두 가지 방법의 비교

두 모집단을 비교하는 것과 관련된 통계량과 가설검정을 2장에서 배웠는데, 두 가지 방법을 비교하는 간단한 실험데이터의 비교를 통해 실험데이터의 분석방법을 더 자세하게 알아보기로 한다. 기존 공정에서 나오는 제품의 성능을 개선하고자 온도를 현행 조건보다 올리는 것이 좋은가? 새로운 제품 시장에 진입하기 위한 연구개발 활동을 하여 생산한 초도 제품의 주요 성능이 기존 시장에 나와 있는 타제품과 비교할 때 더 나은가? 두 개의 라인에서 생산되는 제품들의 품질특성은 차이가 없는가? 2개의 협력업체에서 공급받는 원료의 물성에 차이가 있는가? 새로운 화합물을 연구하고 있는데, 첨가제 양은 1%와 2% 중 어느 쪽이 더 좋은가?

두 개의 방법 중에 어느 방법이 더 나은지 판단하기 위해 우리는 종종 각 방법으로 반복실험으로 얻은 평균값을 이용한다. 표면가공업체 K는 표면가공을 한 후에 표면의 균일도를 높이기 위한 세척 공정을 위해 지금까지는 세척 용액 A_1을 이용했다. 그런데 세척 용액 A_2가 더 좋다는 소식을 듣고, 과연 용액 A_2의 세척력이 A_1에 비해 더 좋은지 알아보기 위해 A_1과 A_2 용액을 사용해 각각 3회씩 세척 실험을 했다. 세척력의 척도는 세척 후 표면 균일도이고, 이 값은 작을수록 좋다. 표 3.1의 3가지 경우와 같이 균일도 데이터가 나왔다면 각 경우에 용액 A_2의 세척력이 더 좋다고 판단할 수 있는지 알아보자. 실험을 시행할 때 용액의 종류를 제외한 다른 모든 조건은 가능한 한 비슷하게 만든다.

표 3.1 세척력 비교 실험데이터: 3가지 실험 결과

실험 1	A_1	4.6	4.6	4.3			
	A_2	4.2	4.0	3.8			
실험 2	A_1	4.8	4.6	4.1			
	A_2	4.4	3.9	3.7			
실험 3	A_1	4.8	4.6	4.1	4.5	4.2	4.8
	A_2	4.4	3.9	3.7	4.2	4.1	3.7

각 경우에 A_2의 세척력이 더 낫다고 말할 수 있는가? 이 질문에 대답하기 위해서 우선 데이터를 시각적으로 표현한 다음에 통계적 가설검정을 수행하기로 한다.

실험 1 데이터를 그림 3.1과 그림 3.2에 점도표로 표현했다. 그림으로 보니 A_2의 균일도가 더 좋은 것처럼 보인다.

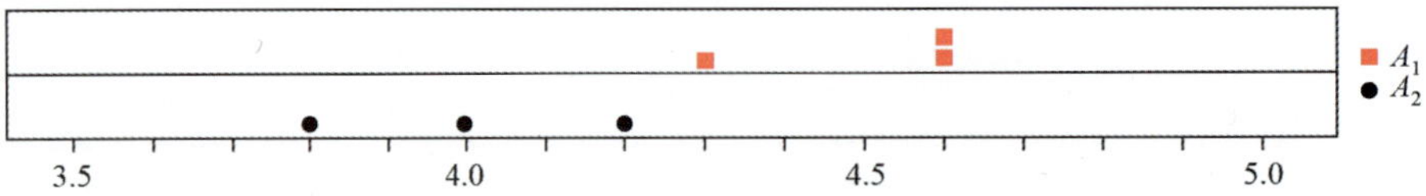

그림 3.1 실험 1 데이터의 점도표 (1)

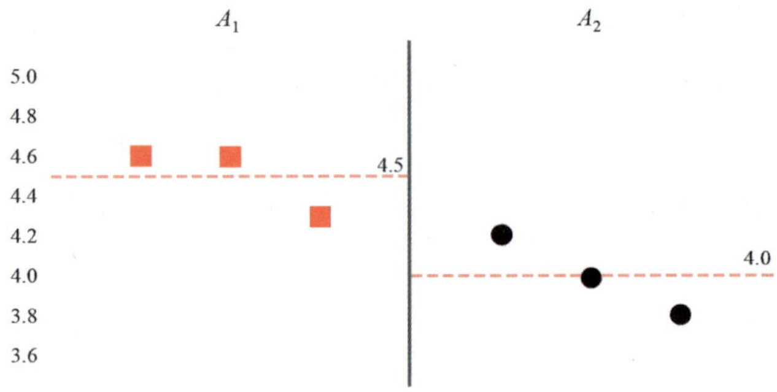

그림 3.2 실험 1 데이터의 점도표 (2)

실험 2 데이터를 점도표로 나타낸 것이 그림 3.3과 그림 3.4이다. 이 그림들을 봐서는 A_2의 세척력이 더 낫다고 판단하기는 어렵다.

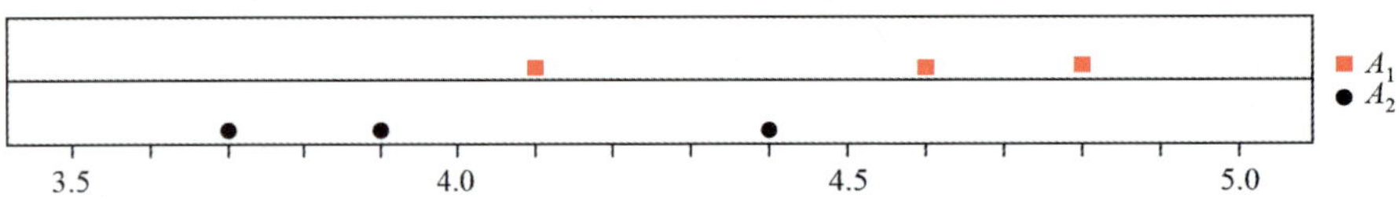

그림 3.3 실험 2 데이터의 점도표 (1)

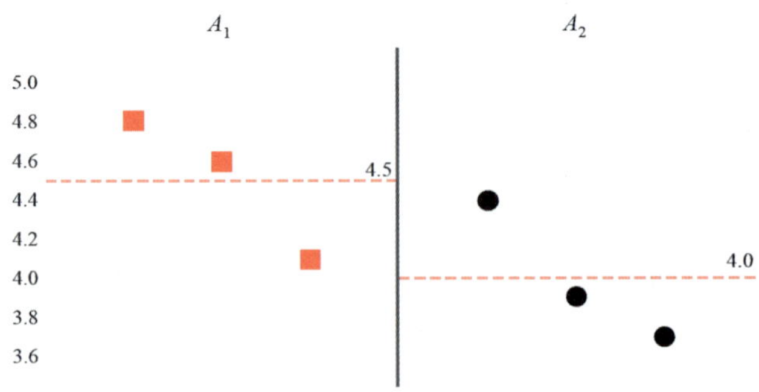

그림 3.4 실험 2 데이터의 점도표 (2)

실험 3 데이터를 점도표로 나타낸 것이 그림 3.5와 그림 3.6이다. 이 그림들로는 A_2의 세척력이 더 나은 것 같기도 하지만, 확실하게 더 좋다고 판단하기는 어렵다.

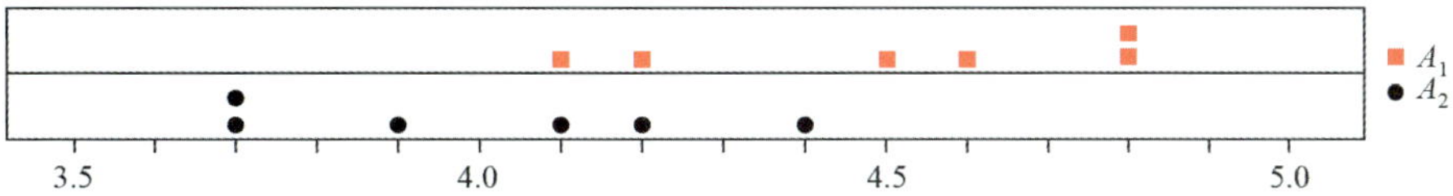

그림 3.5 실험 3 데이터의 점도표 (1)

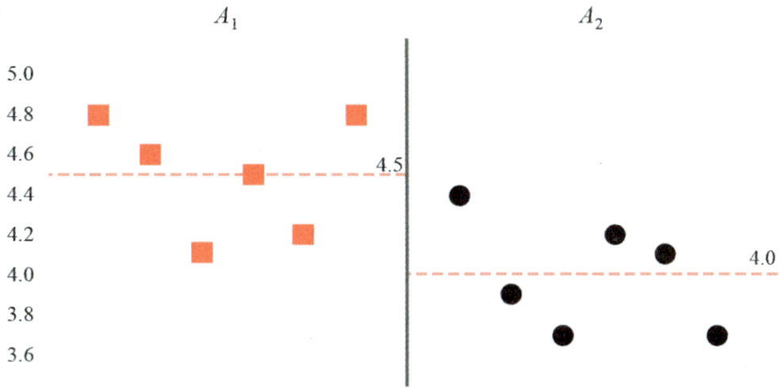

그림 3.6 실험 3 데이터의 점도표 (2)

3가지 실험데이터 세트를 점도표를 이용하여 시각적으로 표현하는 것으로는 용액 간 세척력에 차이가 있는지 판단하기가 어렵지만, t-분포 검정통계량을 이용한 가설검정을 하면 A_2 용액의 세척력이 더 나은지를 통계적으로 판정할 수 있다. 용액 간 차이의 유의성을 판정하기 위한 통계적 가설은 다음과 같다.

H_0: A_1과 A_2 방법 간 차이가 없다.

H_1: A_2 방법의 세척력이 더 낫다.

y_{ij}를 용액 A_i를 이용하여 실험한 j번째 데이터라고 하면, 검정통계량은 다음과 같다.

$$T_0 = \frac{\overline{y_1} - \overline{y_2}}{S_p\sqrt{\dfrac{1}{n_1} + \dfrac{1}{n_2}}} \tag{3.1}$$

이 통계량은 귀무가설 H_0가 사실일 때 자유도 $(n_1 + n_2 - 2)$인 t-분포를 따른다. 여기서 공통 표본분산 S_p^2은 다음 식으로 구할 수 있다.

$$S_p^2 = \frac{(n_1-1)S_1^2 + (n_2-1)S_2^2}{n_1+n_2-2} = \frac{\sum_{i=1}^{n_1}(y_{1i}-\overline{y_1})^2 + \sum_{i=1}^{n_2}(y_{2i}-\overline{y_2})^2}{n_1+n_2-2} \tag{3.2}$$

실험 1 데이터를 이용한 가설검정을 시행해 보자. $\overline{y}_1 = 4.5$, $\overline{y}_2 = 4.0$, $n_1 = 3$, $n_2 = 3$을 식 (3.1)과 식 (3.2)에 대입하면 다음과 같다.

$$S_p^2 = \frac{(n_1-1)\times {S_1}^2+(n_2-1)\times {S_2}^2}{n_1+n_2-2}$$

$$= \frac{\{(4.6-4.5)^2 + (4.6-4.5)^2 + (4.3-4.5)^2\} + \{(4.2-4.0)^2 + (4.0-4.0)^2 + (3.8-4.0)^2\}}{3+3-2}$$

$$= 0.035$$

$$t_0 = \frac{4.5-4.0}{\sqrt{0.035(\frac{1}{3}+\frac{1}{3})}} = 3.273$$

$t_{(4,\ 0.05)} = 2.132$이므로 $t_0 > t_{(4,\ 0.05)}$가 되어 귀무가설 H_0를 기각한다. 즉, A_2 용액을 쓰면 A_1을 쓸 때보다 균일도가 더 좋다고 할 수 있다.

실험 2 데이터를 이용하여 $\overline{y}_1 = 4.5$, $\overline{y}_2 = 4.0$, $n_1 = 3$, $n_2 = 3$을 식 (3.1)과 식 (3.2)에 대입하면 다음과 같다.

$$S_p^2 = \frac{(n_1-1)S_1^2 + (n_2-1)S_2^2}{n_1+n_2-2} = 0.13$$

$$t_0 = \frac{\overline{y_1} - \overline{y_2}}{S_p\sqrt{\frac{1}{n_1}+\frac{1}{n_2}}} = 1.698$$

$t_{(4,\ 0.05)} = 2.132$이므로 $t_0 < t_{(4,\ 0.05)}$가 되어 귀무가설 H_0를 기각할 수 없다. 즉, 균일도 평균값 측면에서 A_2 용액이 A_1에 비해 좋아 보이지만, 가설검정의 결과를 보면 A_2 용액의 세척력이 더 좋다고 할 수 없다.

실험 3 데이터로부터 계산한 $\overline{y}_1 = 4.5$, $\overline{y}_2 = 4.0$, $n_1 = 6$, $n_2 = 6$을 식 (3.1)과 식 (3.2)에 대입하면 다음과 같다.

$$S_p^2 = \frac{(n_1-1)S_1^2 + (n_2-1)S_2^2}{n_1+n_2-2} = 0.084$$

$$t_0 = \frac{\overline{y_1} - \overline{y_2}}{S_p\sqrt{\frac{1}{n_1} + \frac{1}{n_2}}} = 2.988$$

$t_{(10,\ 0.05)} = 1.812$이므로 $t_0 > t_{(10,\ 0.05)}$가 되어 귀무가설 H_0를 기각한다. 즉, A_2 용액을 쓰면 A_1을 쓸 때보다 균일도가 좋아서 A_2 용액의 세척력이 A_1 용액보다 더 좋다고 할 수 있다. 사실 점도표로 보면 세척력의 우열을 판정하기가 어렵지만, 통계적 가설검정 방법을 쓰면 명확하게 판정할 수 있다.

위 3가지 경우의 분석 결과를 보자. 모든 경우에 A_1과 A_2의 세척력의 평균은 각각 4.0과 4.5이다. 즉, 3가지 데이터 세트에서 두 용액의 세척력 평균의 차이는 0.5이다. 그런데 어떤 경우는 A_2의 세척력이 더 낫다고 판정이 되고 다른 경우는 그렇지 않은데, 그 이유는 다음과 같다. 두 가지 세척 방법을 비교할 때 우리는 두 가지 변동을 고려한다. 하나는 방법 간 변동이고, 다른 하나는 방법 내 변동이다. 방법 간 변동은 수준 간 변동 또는 급간변동, 방법 내 변동은 수준 내 변동 또는 급내변동이라고도 한다. 결국 방법 간 변동이 방법 내 변동에 비하여 그 차이가 크게 나타나면 방법 간 차이가 있다고 판정하는 것이다. 용액의 세척력 비교 실험에서는 용액 A_1과 A_2를 썼을 때 나오는 데이터의 평균값 차이가 방법 간 변동이고, 각 방법 내 데이터의 산포가 방법 내 변동이다.

3.2 계수형 한인자 다수준 예제와 분산분석

반도체 생산의 주요 공정인 화학증착(Chemical Vapor Deposition, CVD) 공정에서 세척방법을 개선하여 웨이퍼의 표면 품질(surface quality)을 높이기 위한 실험을 시행하였다. CVD는 기체 상태의 혼합물을 가열된 기판 표면에 입히는 공정으로 부도체, 반도체, 도체 박막의 증착에 모두 사용될 수 있는 기술이다. 5가지 다른 세척방법을 이용하여 각각 4회씩 총 20회의 실험을 시행하기로 하고, **실험 순서는 랜덤하게 정하였다.** 표면 품질의 척도인 세척 후 '단위면적당 표면결함 수'를 측정하여 표 3.2에 나타내었다.

표 3.2 화학증착 공정의 세척 후 웨이퍼 표면결함 수

세척방법	A_1	A_2	A_3	A_4	A_5
반복 1	4	4	5	10	9
반복 2	0	2	7	7	11
반복 3	7	5	8	6	6
반복 4	2	3	4	8	7

이 데이터에서 세척방법 간에 차이가 있는지, 하나의 세척방법을 선택해야 한다면 어떤 방법을 정할 것인지에 관해 살펴보기로 한다. 우선 이 데이터들이 어떻게 분포되어 있는지를 보자. 그림 3.7은 실험데이터 20개를 수준별로 나타낸 점도표이다.

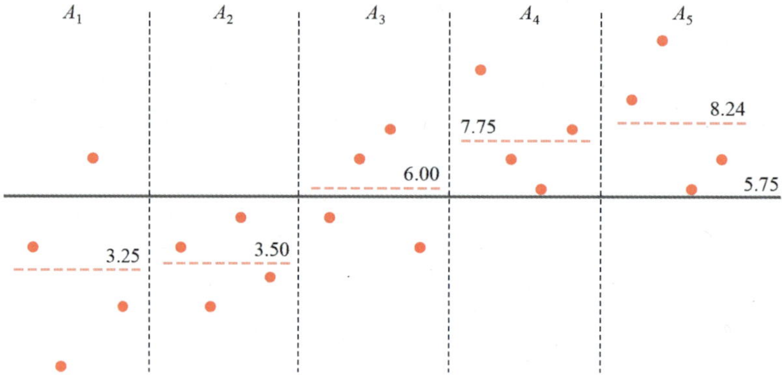

그림 3.7 화학증착 공정데이터의 점도표

그림을 보고 세척방법 간 표면결함의 수에 차이가 있다고 볼 수 있는가? 이 질문에 답하기 위하여 두 개의 가설을 세운다. 2장의 기초통계에서 이미 배운 바와 같이, '세척방법과 관계없이 효과가 같다'라는 것이 귀무가설 H_0이고, '세척방법에 따른 효과가 모두 같지는 않다'라는 것이 대립가설 H_1이다.

H_0: 세척방법과 관계없이 효과가 같다.

H_1: 세척방법에 따른 효과가 모두 같지는 않다.

실험데이터를 이용한 가설검정에서 2개의 가설을 정확하게 표현하면 다음과 같다.

H_0: 세척방법과 관계없이 반응치 평균은 같다.

H_1: 세척방법에 따른 반응치 평균이 모두 같지는 않다.

그런데 만일 반응치 데이터가 서로 독립적으로 발생하고, 정규분포를 따르며, 등분산성을 만족한다면 두 세트의 가설은 일치한다. 데이터가 정규분포를 따르면, 그 분포는 두 개의 모수인 모평균과 모표준편차에 의하여 결정되기 때문이다.

이제 세척방법에 따라 세척력에 차이가 있는지를 판단하기 위한 분석을 수행해 보자. 이 예는 3.1절과 달리 5개의 방법을 비교하는 것인데, 이렇게 3수준 이상의 다수준 데이터를 통계적으로 분석하는 방법이 분산분석이다. 분산분석(Analysis of Variance, ANOVA)은 반응치 변동을 방법 간 차이에 의해 나타나는 부분과 방법 내에서 오차에 의해 나타나는 부분으로 구분하여 분석하는 것이다. 표 3.3은 화학증착 공정의 세척 후 웨이퍼 표면결함 수, 수준별 평균과 분산, 전체 평균을 나타낸 것이다.

표 3.3 화학증착 공정의 세척 후 웨이퍼 표면결함 수와 통계량

세척방법	A_1	A_2	A_3	A_4	A_5	
반복 1	4	4	5	10	9	
반복 2	0	2	7	7	11	
반복 3	7	5	8	6	6	
반복 4	2	3	4	8	7	
합	13	14	24	31	33	115(총합)
표본평균	3.25	3.50	6.00	7.75	8.25	5.75(총평균)
표본분산	8.92	1.67	3.33	2.92	4.92	

(1) 변동

변동은 다음과 같이 3가지로 구분한다.

① **총변동**: 20개의 데이터가 전체 평균인 5.75와 어느 정도 다른지를 나타낸다. 이러한 다른 정도를 하나의 수치로 표현한 것이 총제곱합(total sum of squares) SS_T이다.

② **인자변동**: 인자 A의 수준이 달라짐에 따라 데이터들이 다르게 나타나는 정도를 수준별 데이터 평균의 차이로 나타낸다. '수준 간 변동'이라고도 하며, 수치로는 인자 A의 제곱합 SS_A로 표현한다.

③ **오차변동**: 인자 A의 각 수준 내 데이터 변동의 정도를 말하는데, '수준 내 변동'이라고도 한다. 이 변동을 하나의 수치로 나타낸 것이 오차제곱합(sum of squares due to error) SS_E이다.

(2) 제곱합

각 변동을 하나의 수치로 각각 나타내기 위해 편차를 제곱한 것을 합한 '제곱합'을 사용한다. y_{ij}를 i번째 세척방법을 적용한 j번째 반복실험에서 나온 반응변수인 결함 수, $\bar{y}_{i\cdot}$를 i번째 세척방법을 썼을 때 나타난 결함 수 데이터의 평균, $\bar{y}_{\cdot\cdot}$를 결함 수 데이터의 전체 평균이라고 하면, 제곱합은 다음과 같이 구할 수 있다.

$$SS_T = \sum_{i=1}^{5}\sum_{j=1}^{4}(y_{ij} - \bar{y}_{..})^2$$

$$SS_A = \sum_{i=1}^{5} 4(\bar{y}_{i.} - \bar{y}_{..})^2$$

$$SS_E = \sum_{i=1}^{5}\sum_{j=1}^{4} (y_{ij} - \bar{y}.)^2 \tag{3.3}$$

이들 간의 관계는 다음과 같은데, 총제곱합을 인자 A의 제곱합과 오차제곱합으로 분리하는 것을 '변동의 분해' 또는 '제곱합의 분해'라고 한다.

$$SS_T = \sum_{i=1}^{5}\sum_{j=1}^{4} (y_{ij} - \bar{y}_{..})^2 = \sum_{i=1}^{5}\sum_{j=1}^{4} (y_{ij} - \bar{y}_{i.} + \bar{y}_{i.} - \bar{y}_{..})^2 = \sum_{i=1}^{5}\sum_{j=1}^{4} (y_{ij} - \bar{y}_{i.})^2 + \sum_{i=1}^{5} 4(\bar{y}_{i.} - \bar{y}_{..})^2 \tag{3.4}$$

$$SS_T = SS_A + SS_E \tag{3.5}$$

실험을 수행하고 얻은 CVD 공정의 품질결함 데이터를 이용하여 계산하면, 제곱합은 다음과 같다.

$$SS_T = \sum_{i=1}^{5}\sum_{j=1}^{4} (y_{ij} - \bar{y}_{..})^2 = (4 - 5.75)^2 + (0 - 5.75)^2 + \cdots + (7 - 5.75)^2 = 151.75$$

$$SS_A = \sum_{i=1}^{5} 4(\bar{y}_{i.} - \bar{y}_{..})^2 = 4(3.25 - 5.75)^2 + 4(3.50 - 5.75)^2 + \cdots + 4(8.25 - 5.75)^2 = 86.50$$

$$\begin{aligned} SS_E &= \sum_{i=1}^{5}\sum_{j=1}^{4} (y_{ij} - \bar{y}_{i.})^2 \\ &= (4 - 3.25)^2 + \cdots + (2 - 3.25)^2 + \cdots + (9 - 8.25)^2 + \cdots + (7 - 8.25)^2 = 65.25 \end{aligned}$$

데이터의 변동은 그림 3.8과 같이 나타낼 수 있다. 그림 3.8에서 동그라미(●)는 개별 데이터, 네모(■)는 각 수준 또는 전체 평균을 나타낸다.

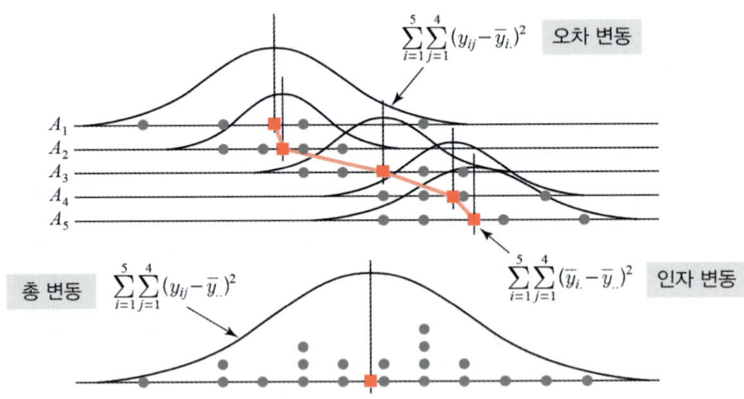

그림 3.8 데이터 변동

(3) 자유도

N을 총 데이터 수, a를 수준 수, n을 반복 수라고 하면, 각 제곱합(변동)의 자유도는 다음과 같다.

$$\text{총자유도: } N-1=20-1=19$$
$$\text{인자 A의 자유도: } a-1=5-1=4$$
$$\text{오차의 자유도: } a(n-1)=5(4-1)=15$$

(4) 평균제곱

제곱합을 자유도로 나눈 값이다. 먼저 오차의 제곱합은 다음 식으로 구한다.

$$\frac{SS_E}{a(n-1)}=\frac{65.25}{5(4-1)}=4.35$$

F-검정을 위한 오차분산은 각 수준 내 분산을 한 데 모으는 풀링(pooling) 방법으로 구할 수도 있다. 즉, $s_{A_i}^2$를 인자 A의 i번째 수준의 분산이라고 하면, 오차의 평균제곱 MS_E는 다음과 같이 구할 수 있다.

$$\begin{aligned} MS_E = s_{pooled}^2 &= \frac{(n_{A_1}-1)s_{A_1}^2+(n_{A_2}-1)s_{A_2}^2+\cdots+(n_{A_5}-1)s_{A_5}^2}{(n_{A_1}-1)+(n_{A_2}-1)+\cdots+(n_{A_5}-1)} \\ &= \frac{(4-1)(8.92)+(4-1)(1.67)+\cdots+(4-1)(4.92)}{(4-1)+(4-1)+\cdots+(4-1)}=\frac{65.25}{15}=4.35 \end{aligned}$$

이러한 평균제곱오차의 제곱근이 실험오차 크기의 추정치이다. 인자 A의 평균제곱은 다음과 같이 인자 A의 제곱합을 인자의 자유도로 나누어 구한다.

$$MS_A=\frac{SS_A}{a-1}=\frac{86.50}{4}=21.625$$

(5) *F*-검정

세척방법별로 표면결함 수에 차이가 있는지 판단하기 위해서 F-검정을 사용하는데, 이 방법은 오차가 서로 독립이고, 정규분포를 따르며, 분산이 같다는 가정이 충족될 때 유효하다. ANOVA의 검정통계량 $F_0=\dfrac{MS_A}{MS_E}$는 귀무가설 H_0가 맞을 때 $F(4,15)$분포를 따른다. 실험데이터로 구한 분산분석표를 표 3.4에 나타내었다. F-값을 구하면 $F_0=\dfrac{MS_A}{MS_E}=\dfrac{21.625}{4.35}=4.97$이다.

표 3.4 화학증착 공정데이터의 분산분석표

요인	자유도	제곱합	평균제곱	F_0	$F_{(4, 15; 0.05)}$
인자 A	4	86.50	21.63	4.97	3.06
오차	15	65.25	4.35		
총	19	151.75			

F-검정 결과를 그림 3.9의 F-분포 곡선에 표시하였다.

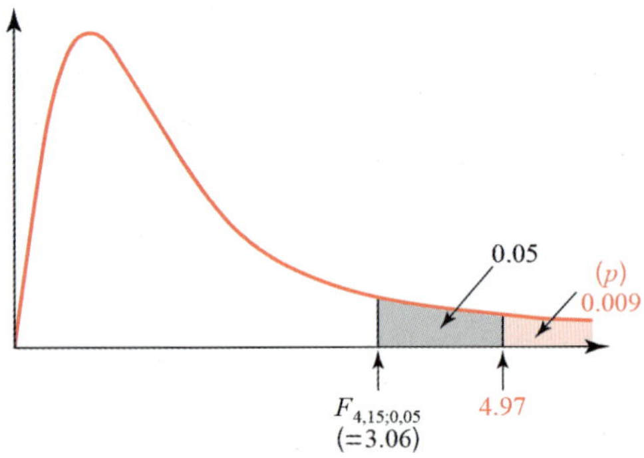

그림 3.9 화학증착 공정 데이터 분석 결과

(6) 결론

F-값이 유의수준 0.05에 해당하는 기각역의 경계값인 3.06보다 크므로, 또는 F-값 4.97보다 오른쪽의 확률인 p값이 0.009로 0.05보다 작으므로 H_0를 기각한다. 즉, 세척방법에 따른 표면결함 수의 평균이 모두 같지는 않다.

(7) 분석 결과의 활용

분석 결과를 바탕으로 어떤 세척방법을 이용할 것인지를 결정해야 한다. 평균을 보면 A_1 방법이 가장 낫다. 하지만 이 방법을 쓰면 수준 내 변동이 크다. 실제 나온 데이터를 보더라도 A_1 방법을 쓰면 잘되면 표면결함이 하나도 나오지 않지만, 어떤 때는 7개가 나오기도 한다. 이에 반해 A_2는 A_1에 비해 표면결함의 평균은 조금 높지만, 산포는 작다. 그러므로 A_2가 더 낫다고 볼 수 있다. 하지만 실험을 할 때 특이사항을 기록했고 A_1 방법을 사용해서 나온 표면결함 '7'이라는 데이터가 이상치라면, 다시 생각해 봐야 한다. 기록을 잘못했거나, 미숙련자가 작업을 하여 좋지 않은 데이터가 나왔고, 향후 이러한 문제가 다시 발생하지 않도록 조처할 수 있다면, 이 '7'이라는 데이터를 제외할 수 있다. 그렇다면 A_1 방법을 쓸 때 평균값은 2가 되고 산포가 작으므로 A_1을 택하는 것이 더 낫다.

3.3 한인자 다수준 분석의 통계적 모형

한인자 다수준 실험계획은 여러 개의 처리를 비교하고자 할 때 또는 한 인자를 대상으로 여러 수준에서 반복실험을 하여 각 처리(수준)에 따라 반응값이 다르게 나타나는지를 판단하기 위한 실험계획이다. **실험을 하기 전**, 데이터는 다음과 같은 선형식으로 표현할 수 있다.

$$y_{ij} = \mu_i + \epsilon_{ij} = \eta + \tau_i + \epsilon_{ij}$$
$$\epsilon_{ij} \sim N(0, \sigma^2), \quad i = 1, 2, \cdots, a, \quad j = 1, 2, \cdots, n_i \tag{3.6}$$

여기서, y_{ij}: i번째 수준의 j번째 반복 데이터

μ_i: i번째 수준에서 y의 평균

ϵ_{ij}: y_{ij}에 대응하는 실험오차

η: 데이터 전체 평균

τ_i: i번째 수준의 효과

a : 수준 수(또는 처리의 수)

n_i: i번째 수준의 반복실험 수

식 (3.6)에서도 밝혔듯이, i번째 처리에서 나온 측정치의 평균 μ_i를 전체 평균 η와 i번째 수준의 효과 τ_i로 분리하면 $\mu_i = \eta + \tau_i$가 된다. i번째 수준의 j번째 반복 데이터 y_{ij}의 평균과 분산은 다음과 같다.

$$\text{평균: } E(y_{ij}) = \mu_i = \eta + \tau_i$$
$$\text{분산: } Var(y_{ij}) = Var(\epsilon_{ij}) = \sigma^2 \tag{3.7}$$

$N = a \times n$개의 실험은 랜덤한 순서에 따라 실시해야 한다. 실험하여 **데이터를 얻은 후**, 데이터 전체 평균 η는 $\bar{y}_{..}$, 처리 효과 τ_i는 $(\bar{y}_{i.} - \bar{y}_{..})$로 추정한다. $r_{ij} = (y_{ij} - \bar{y}_{i.})$를 잔차(residual)라고 하면, 다음과 같이 데이터를 3개의 항으로 분리해서 나타낼 수 있다.

$$y_{ij} = \hat{\eta} + \hat{\tau}_i + r_{ij}$$
$$= \bar{y}_{..} + (\bar{y}_{i.} - \bar{y}_{..}) + (y_{ij} - \bar{y}_{i.}) \tag{3.8}$$

식 (3.5)를 이용하여 제곱합을 분해하면 식 (3.9)와 같고, 이를 이용하여 표 3.5와 같이 분산분석표를 작성할 수 있다.

$$\sum_{i=1}^{a}\sum_{j=1}^{n_i}(y_{ij}-\bar{y}_{..})^2=\sum_{i=1}^{a}n_i(\bar{y}_{i.}-\bar{y}_{..})^2+\sum_{i=1}^{a}\sum_{j=1}^{n_i}(y_{ij}-\bar{y}_{i.})^2 \tag{3.9}$$

표 3.5 한인자 다수준 실험의 분산분석표

요인	자유도	제곱합	평균제곱
처리	$a-1$	$SS_A=\sum_{i=1}^{a}n_i(\bar{y}_{i.}-\bar{y}_{..})^2$	$MS_A=SS_A/(a-1)$
오차	$N-a$	$SS_E=\sum_{i=1}^{a}\sum_{j=1}^{n_i}(y_{ij}-\bar{y}_{i.})^2$	$MS_E=SS_E/(N-a)$
총	$N-1$	$\sum_{i=1}^{a}\sum_{j=1}^{n_i}(y_{ij}-\bar{y}_{..})^2$	

'H_0 : $\mu_1=\mu_2=\cdots=\mu_a$, H_1 : μ_i가 모두 같지는 않다'라는 가설을 검정하기 위한 검정통계량은 다음과 같고, 이것은 H_0가 사실일 때 $F_{(a-1,N-a)}$분포를 따른다.

$$F=\frac{\sum_{i=1}^{a}n_i(\bar{y}_{i.}-\bar{y}_{..})^2/(a-1)}{\sum_{i=1}^{a}\sum_{j=1}^{n_i}(y_{ij}-\bar{y}_{i.})^2/(N-a)}=\frac{MS_A}{MS_E} \tag{3.10}$$

3.4 잔차를 이용한 모형 적합성 검토

분산분석은 데이터의 모형식 (3.11)에서 오차가 서로 독립적이고, 정규분포를 따르며, 분산이 일정하다는 가정이 성립해야 유효하다.

$$y_{ij}=\eta+\tau_i+\epsilon_{ij} \tag{3.11}$$

오차에 관한 이런 가정이 합당한지 판단하기 위하여 실험을 시행한 다음에 얻은 데이터와 모형식을 이용하여 구한 잔차를 분석한다. i번째 수준의 j번째 반복의 잔차 r_{ij}는 관측치 y_{ij}에서 모형을 이용한 예측치 $\hat{y}_{ij}$를 뺀 값이다. 식 (3.8)과 그림 3.10을 보면 적합치 $\hat{y}_{ij}$는 i번째 수준의 y_{ij} 데이터의 평균인 $\bar{y}_{i.}$임을 알 수 있다. 식 (3.12)에서 잔차 r_{ij}는 평균이 0이고, 분산이 일정한 정규분포 $N(0,\sigma^2)$을 따르는지 살펴보자.

$$r_{ij} = y_{ij} - \hat{y}_{ij} = y_{ij} - \bar{y}_{i.} \tag{3.12}$$

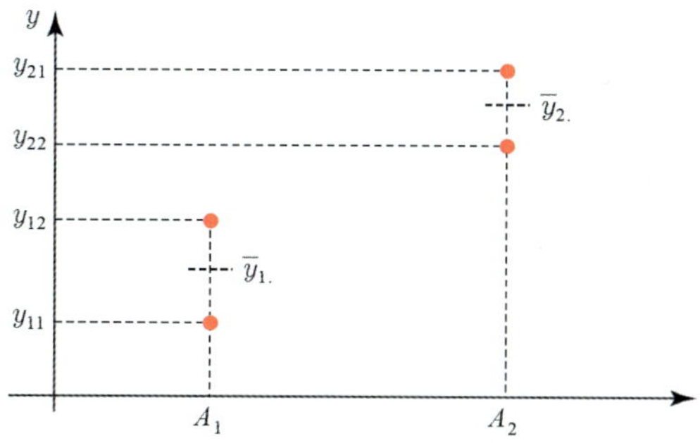

그림 3.10 잔차

이제 CVD 데이터를 이용하여 잔차분석을 해보자. 우선 각 수준의 반복실험 데이터에서 해당 수준의 평균을 뺀 잔차를 구한다. CVD 공정 후 세척방법 실험에서 첫 수준의 잔차는 다음과 같이 계산된다. 표 3.6은 잔차를 계산하여 정리한 표이다.

$$\begin{aligned} r_{11} &= 4 - 3.25 = 0.75 \\ r_{12} &= 0 - 3.25 = -3.25 \\ r_{13} &= 7 - 3.25 = 3.75 \\ r_{14} &= 2 - 3.25 = -1.25 \end{aligned}$$

표 3.6 화학증착 공정데이터의 잔차 표

세척방법	A_1	A_2	A_3	A_4	A_5
반복 1	0.75	0.50	−1.00	2.25	0.75
반복 2	−3.25	−1.50	1.00	−0.75	2.75
반복 3	3.75	1.50	2.00	−1.75	−2.25
반복 4	−1.25	−0.50	−2.00	0.25	−1.25
잔차 합	0	0	0	0	0
잔차분산	8.92	1.67	3.33	2.92	4.92

r_{ij}를 이용한 정규확률그림을 그림 3.11에 나타내었다. 이 그림을 통해 잔차가 정규분포를 따른다는 것을 알 수 있다. 반응변수의 적합치 $\hat{y}_{ij}$에 따른 잔차는 그림 3.12에 나타내었는데, 적합치의 크기와 관계없이 잔차가 일정하게 나와서 오차의 등분산성은 충족된다고 판단할 수 있다.

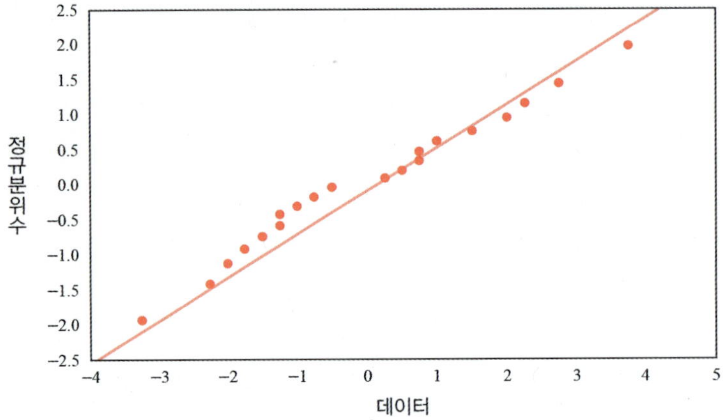

그림 3.11 화학증착 공정 잔차 데이터의 정규확률그림

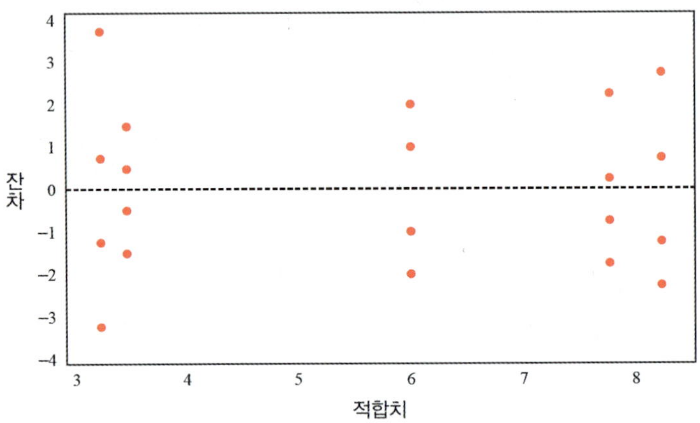

그림 3.12 화학증착 공정의 반응변수 적합치에 따른 잔차 그림

그런데 그림 3.12에서 잔차의 크기를 보고, 산포가 어느 정도인지를 가늠하기가 어렵다. 이 그림에서는 문제가 없지만, 다른 데이터와 멀리 떨어져 있는 이상치를 판정하려면, 식 (3.13)과 같이 표준정규분포 $N(0,1)$을 근사적으로 따르는 표준화 잔차(standardized residual) d_{ij}를 이용할 필요가 있다. d_{ij} 값이 ±3을 벗어나면 이상치로 판정할 수 있다.

$$d_{ij} = \frac{r_{ij}}{\sqrt{MS_E}} \tag{3.13}$$

그림 3.13에 화학증착 공정데이터를 이용하여 구한 반응변수 적합치에 따른 표준화 잔차를 나타내었다. 잔차 데이터가 표준정규분포의 ±2 안에 들어오므로 특별히 문제가 되는 데이터는 없는 것으로 판단된다.

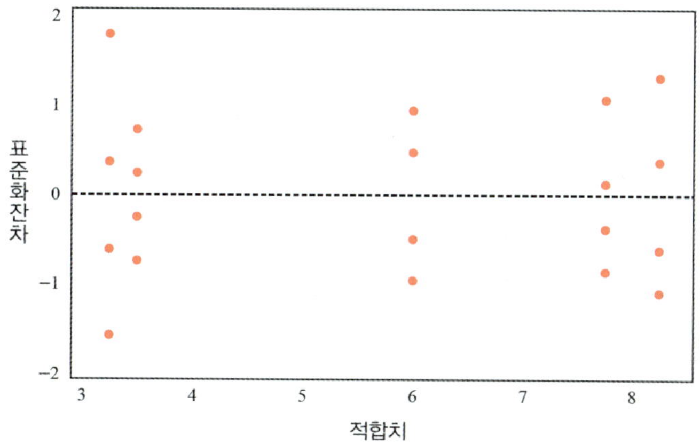

그림 3.13 화학증착 공정의 반응변수 적합치에 따른 표준화 잔차 그림

3.5 다중 비교

귀무가설 H_0: $\mu_1 = \mu_2 = \mu_3 = \mu_4 = \mu_5$(즉, H_0: $\tau_1 = \tau_2 = \tau_3 = \tau_4 = \tau_5$)가 기각되면, 이것은 '인자 A의 수준별 평균이 같지는 않다'라는 의미이다. 이는 모든 처리조건에서 반응변수의 평균이 모두 서로 다르다는 의미는 아니다. H_0가 기각되면, 어떤 처리조건 간에 차이가 있는지를 알고 싶어진다. 이를 위해 두 개의 수준씩 비교하는 방법을 다중 비교(multiple comparison)라고 한다. 다중 비교를 하는 방법은 다양한데, 여기서는 피셔(Fisher)가 소개한, 가장 쉽게 생각할 수 있는 최소유의차(Least Significance Difference, LSD) 방법과 가장 많이 사용되는 튜키(Tukey) 검정방법을 소개한다. 이 방법들은 실험한 후, 데이터를 이용하여 비교하는 사후 검정이고, 실험을 하기 전에 미리 알고 싶은 수준 간 비교는 별도로 실행할 수 있다. 인자의 수준 수는 k로 표시하였다. LSD와 튜키 방법에 사용하는 통계량은 다음과 같다.

$$t_{ij} = \frac{\bar{y}_{j.} - \bar{y}_{i.}}{\hat{\sigma}\sqrt{1/n_j + 1/n_i}} \tag{3.14}$$

최소유의차 검정방법은 2개의 처리만 대상으로 하여 식 (3.15)의 기각역을 이용한다.

$$|t_{ij}| > t_{N-k,\alpha/2} \tag{3.15}$$

튜키 검정방법의 기각역은 식 (3.16)과 같다. 여기서 오른쪽에 있는 $q_{k,N-k,\alpha}$ 값은 처리 수 k, 자유도 $N-k$를 따르는 표준화 범위분포의 상위 α 백분율 값으로서, 부록의 〈표 A.5〉에서 찾을 수 있다.

$$|t_{ij}| > \frac{1}{\sqrt{2}} q_{k,N-k,\alpha} \tag{3.16}$$

어떤 검정방법을 적용할 것인지 살펴보자. ① 최소유의차 방법은 수준 간 평균 차이를 탐지하는 데 효과적이지만, 실험 전반 오류율(experimentwise error rate)을 고려하지 못한다는 단점, 즉 제1종 오류인 실제로는 차이가 없는데 '차이가 있다'라고 잘못 판단할 우려가 있다. ② 튜키 검정방법을 이용하면 제1종 오류를 관리할 수 있다. ③ 3개의 수준 수까지는 LSD를 쓰더라도 제1종 오류의 문제가 덜 하므로 LSD나 튜키 방법을 모두 쓸 수 있지만, 4개 이상일 때는 튜키 방법을 쓰는 것이 바람직하다.

CVD 공정데이터를 이용한 다중 비교는 수준 수가 5개이므로 튜키 방법을 이용하여 수행하기로 한다. 표 3.7에 두 개의 수준 평균의 차이를 나타내었다.

표 3.7 화학증착 공정데이터의 두 개의 수준 평균의 차이

A_1과 A_2	A_1과 A_3	A_1과 A_4	A_1과 A_5	A_2와 A_3
0.25	2.75	4.50	5.00	2.50
A_2와 A_4	**A_2와 A_5**	**A_3와 A_4**	**A_3와 A_5**	**A_4와 A_5**
4.25	4.75	1.25	2.25	0.50

기각역의 경곗값은 다음과 같이 구할 수 있다.

$$\frac{1}{\sqrt{2}} q_{k,N-k,0.05} = \frac{1}{\sqrt{2}} q_{5,15,0.05} = \frac{4.37}{\sqrt{2}} = 3.09 \tag{3.17}$$

표 3.7을 보면 A_1과 A_4, A_1과 A_5, A_2와 A_4, A_2와 A_5 간의 평균값 차이가 3.09보다 크므로, 이들 간의 차이는 유의하다고 판단한다.

3.6 계량형 한인자 다수준 데이터의 분석

분산분석은 인자가 계수형이든 계량형이든 관계없이 수행하는 기본적인 한인자 다수준 데이터 분석 방법이다. 인자가 계량형이면 분산분석 외에 계량모형을 수립하여 유용한 분석을 할 수 있다. 모형을 이용하면 수준과 수준 사이에 있는 조건에서 반응치를 예측하고, 반응변수를 최대화, 최소화, 목푯값 달성 등 다양한 실험의 목적에 맞추어 향후 더 나은 실험 방향을 추구할 수 있다. 이를 위해 ① 그래프를 이용하여 데이터를 시각화하고, ② 데이터에 근거한 경험적 모형을 구성하며, ③ 실험 목적에 부응한 모형 활용 방법을 구체화할 수 있다.

두 가지 예를 통하여 계량형 인자를 이용하여 실험데이터를 분석하는 방법을 살펴보기로 한다.

3.6.1 콘크리트 내구성 실험데이터의 분석

콘크리트를 배합할 때 콘크리트의 내부에는 자연스럽게 갇힌 공기(entrapped air)가 발생한다. 콘크리트 내부의 공기량(%)이 내구성에 미치는 영향을 파악하고자 공기량의 5가지 수준에서 4회 반복실험을 하여 내구성 계수를 측정한 결과를 표 3.8에 나타내었다. 실험의 목적은 내구성 계수를 최대화하는 공기량을 추정하는 것이다.

표 3.8 콘크리트 내구성 실험데이터

공기량(%)	5	10	15	20	25
내구성 계수	7	12	10	9	4
	13	13	12	12	6
	11	15	14	8	5
	9	16	14	11	8

표 3.8의 데이터를 이용하여 분산분석을 한 결과, F-값이 9.87로 크게 나왔다(표 3.9). 유의수준 0.01에 해당하는 기각역의 경곗값이 $F_{(4, 15, 0.01)} = 4.89$이므로, 유의수준 0.01에서 H_0를 기각한다. 즉, 공기량은 내구성 계수에 영향을 미친다고 판단할 수 있다.

표 3.9 콘크리트 내구성 실험의 분산분석표

요인	자유도	제곱합	평균제곱	F−값
공기량	4	157.20	39.30	9.87
오차	15	59.75	3.98	
총	19	216.95		

공기량이 내구성 계수에 미치는 영향을 좀 더 알아보기 위해, 표 3.8의 데이터를 그림 3.14와 같이 점도표로 나타내었다. 이 그림을 보면 공기량이 내구성 계수에 미치는 영향은 2차 모형으로 나타낼 수 있음을 알 수 있다.

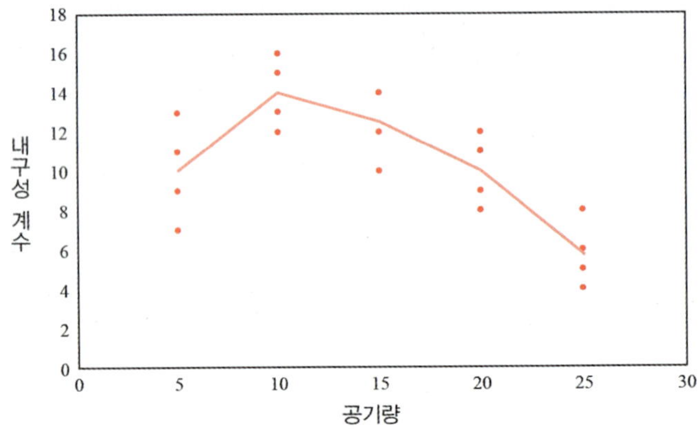

그림 3.14 콘크리트 내구성 실험데이터 점도표

7.4절에서 배울 회귀분석 방법을 이용하면, 실험데이터에 근거하여 공기량(x)이 내구성 계수(y)에 미치는 영향을 추정하여 다음 모형식으로 표현할 수 있다.

$$\hat{y} = 5.45 + 1.25x - 0.05x^2 \tag{3.18}$$

식 (3.18)을 1차 미분한 식에 0을 대입하면 최대점 $x = 12.5$이고, 이 점에서 내구성 계수의 예측값 $\hat{y} = 13.26$이다.

3.6.2 식각률 실험데이터의 분석

플라스마 식각공정에서 무선 주파수(Radio Frequency, RF) 전력이 식각률(etch rate)에 미치는 영향을 관계식으로 알아보고, 원하는 식각률에 맞는 RF 전력 값을 정하고자 한다. 표 3.10은 전력이 식각률에 미치는 영향을 알아보기 위한 실험을 시행하여 얻은 데이터이다(Montgomery, 2017). 이 데이터를 이용하여 제곱합을 구하고 분산분석을 실시한 결과를 표 3.11에 나타내었다.

표 3.10 식각률 실험데이터

전압(W)	160	180	200	220
식각률 (Å/min)	575	565	600	700
	542	593	651	725
	530	590	610	715
	539	579	637	685
	570	610	629	710

표 3.11 식각률 실험의 분산분석표

요인	자유도	제곱합	평균제곱	F–값
전력	3	66,871	22,290	66.8
오차	16	5,339	334	
총	19	72,210		

RF 전력이 식각률에 미치는 영향을 시각적으로 표현하기 위한 산점도는 그림 3.15에 나타내었다. 이 그림을 보고, 그림 3.16에 전력과 식각률의 관계를 1차와 2차 모형식의 선으로 나타냈는데, 이 두 개의 그림으로부터 2차 모형이 더 적합하다는 것을 알 수 있다.

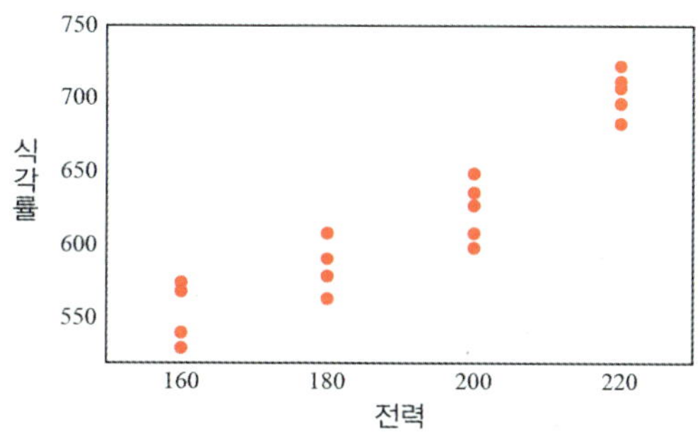

그림 3.15 식각률 실험데이터 산점도

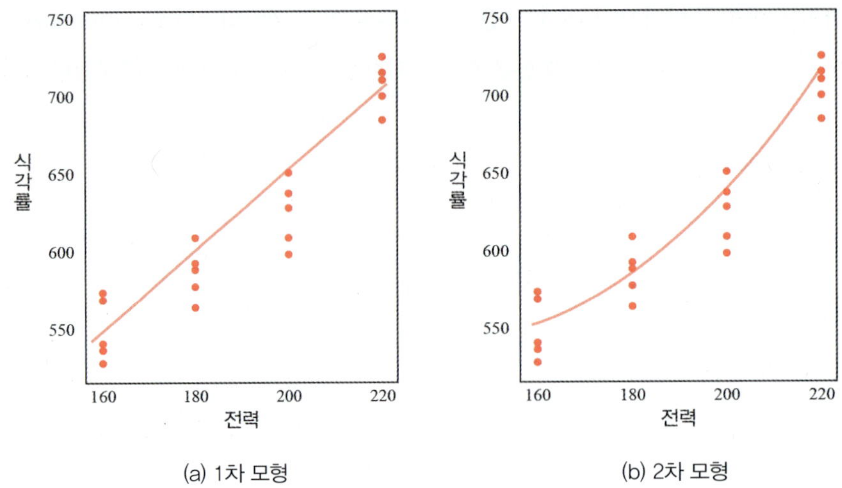

그림 3.16 식각률 실험데이터 산점도와 모형

데이터를 이용하여 7.4절의 회귀분석 방법으로 추정한 선형과 2차 모형식은 다음과 같다.

$$\hat{y} = 137.6 + 2.527x \tag{3.19}$$

$$\hat{y} = 1148 - 8.26x + 0.0284x^2 \tag{3.20}$$

가장 적합한 모형식을 추정하면 실험자가 원하는 식각률에 맞는 RF 전력을 정할 수 있다. 실험의 목적이 식각률을 최대화할 때도 적합한 모형을 수립하는 것은 중요하다. 그림에서도 알 수 있듯이 식각률을 높이려면 전력의 양을 늘려야 한다. 하지만 전력 상승으로 비용이 커져서 전력을 무조건 높게 설정할 수 없다면, 정확한 모형을 수립한 후에 전력을 높이면서 발생하는 비용과 식각률을 높여서 얻는 이익을 고려하여 적절한 전력 수준을 정해야 한다.

3.7 변량효과 모형

앞선 3.2절에서는 수준이 특정한 '세척방법'인 것을 예로 들었다. 이처럼 특정한 수준들의 데이터를 비교하는 모형을 고정효과 모형(fixed effects model)이라고 한다. 변량효과 모형(random effect model)은 특정 수준을 비교하는 것이 아니라, 어떤 모집단에서 임의로 추출된 처리(또는 수준)에서 얻은 데이터 간의 산포가 의미 있게 큰지를 검정하고, 유의하다면 산포의 크기는 어느 정도인지 알기 위한 것이다. 예를 들어 만일 특정한 작업자 4명의 작업 능력을 비교하는 것이 아니라, 수십 명의 측정자가 있고 그중에 임의로 4명을 뽑아 편의상 그들을 A_1, A_2, A_3, A_4라고 수준 값을 정하고, 그들이 반복하여 용액의 점도를 5회씩 측정했다고 하자. 실험의 목적은 4명 중 어떤 작업자의 측정 능력이 우수한지를 알고자 하는 것이 아니고, 측정자들끼리 측정 능력의 산포인 σ_A^2이 0인지 아닌지, 만일 0보다 크다면 어느 정도인지를 알고자 하는 것이다.

표 3.12는 기계부품 표면을 가공한 다음, 표면의 위치를 랜덤하게 네 군데 정하여 균일도를 측정한 것이다. 산포에 관한 가설은 다음과 같다.

$$H_0 \colon \sigma_\tau^2 = 0$$
$$H_1 \colon \sigma_\tau^2 > 0$$

표 3.12 표면 균일도 측정 실험데이터

위치	1	2	3	4
균일도	2.76	1.43	2.34	0.94
	5.67	1.70	1.97	1.36
	4.49	2.19	1.47	1.65

실험하기 전의 모형식은 다음과 같이 고정효과 모형식과 같다.

$$y_{ij} = \eta + \tau_i + \epsilon_{ij} \tag{3.21}$$

다만 고정효과 모형에서는 τ_i가 i번째 수준의 효과를 나타내지만, 변량효과 모형에서는 i번째 수준은 의미가 없고, τ_i는 다음과 같은 분포를 따른다고 가정한다.

$$\tau_i \sim N(0, \sigma_\tau^2), \quad i = 1, 2, \cdots, a \tag{3.22}$$

변량효과 모형의 검정통계량은 고정효과 모형과 같고, 평균제곱의 기댓값은 다음과 같다.

$$E(MS_E) = \sigma^2, \quad E(MS_A) = \sigma^2 + n\sigma_\tau^2 \tag{3.23}$$

평균제곱의 기댓값을 보면, 오차 분산 $\hat{\sigma}^2$과 A의 분산 $\hat{\sigma}_\tau^2$은 다음 식과 같이 추정할 수 있다.

$$\hat{\sigma}^2 = MS_E \tag{3.24}$$

$$\hat{\sigma}_\tau^2 = \frac{MS_A - MS_E}{n} \tag{3.25}$$

표 3.12의 균일도 데이터를 이용한 분산분석표는 표 3.13에 나타내었다.

표 3.13 표면 균일도 측정 실험의 분산분석표

요인	자유도	제곱합	평균제곱	F-값	p값
위치	3	16.220	5.407	8.290	0.0077
오차	8	5.217	0.652		
총	11	21.437			

표 3.13의 분산분석표로부터 $\hat{\sigma}^2$과 $\hat{\sigma}_\tau^2$은 다음과 같이 구할 수 있다.

$$\hat{\sigma}^2 = MS_E = 0.652 \tag{3.26}$$

$$\hat{\sigma}_\tau^2 = \frac{MS_A - MS_E}{n} = \frac{5.407 - 0.652}{3} = 1.585 \tag{3.27}$$

지금까지 변량효과 모형이 고정효과 모형과는 실험의 목적이나 분석 방법이 다르다는 것을 기술하였는데, 표 3.14는 두 가지 모형을 비교하여 나타낸 것이다.

표 3.14 고정효과와 변량효과 모형의 비교

구분	고정효과	변량효과
수준	실험자가 주의하여 선정	랜덤하게 샘플로 추출
초점	특정 수준	분산 특성
귀무가설	평균(H_0: $\mu_1 = \mu_2 = \cdots = \mu_k$)	분산(H_0: $\sigma_A^2 = 0$)

3.8 들여다보기

(1) 한인자를 대상으로 2수준 또는 다수준 실험을 시행할 때, 가끔 각 수준에서 반복실험을 하고, 반복 데이터의 평균만 가지고 비교할 때가 있다. 3장에서는 이렇게 비교하고 판단하는 것은 적절하지 않다고 지적한다. 수준 간 차이가 있는지 판정하고자 할 때는 평균의 차이(수준 간 변동)와 각 수준 내 반복 데이터의 산포(오차변동)를 동시에 봐야 하고, 통계적 분석을 수행하는 것이 필요하다.

(2) 한인자 다수준 분산분석 방법은 수준별 평균의 차이에 관한 것이다. 예를 들어 한 번의 실험에서 시료에 막을 입히는데 막의 두께를 다섯 군데에서 측정할 때와 같이, 한 번의 실험에서 여러 개의 데이터를 얻을 수 있으면, 그 실험의 평균과 분산을 별도로 분석할 수 있다. 즉, 중심위치와 산포의 차이에 관한 검정을 별도로 수행할 수 있다. 이때는 y_{ijk}를 i번째 수준 j번째 반복 데이터의 k번째 위치의 두께라고 정의하고, 식 (3.6)의 y_{ij} 대신에 y_{ijk}의 평균인 $\overline{y}_{ij}$와 분산의 로그함수인 $\ln s_{ij}^2$을 대상으로 각각 분산분석을 수행한다. 여기서 산포특성으로서 s_{ij}^2의 로그함수를 이용하는 이유는 이러한 로그함수가 근사적으로 정규분포를 따르기 때문이다.

(3) 한인자 다수준 분산분석 방법은 식 (3.6)의 오차항이 분산이 같고, 정규분포를 따른다는 가정이 성립해야 쓸 수 있다. 만일 이러한 가정이 심히 위반되면, 비모수적 방법인 크루스칼-월리스 검정(Kruskal-Wallis test)을 쓸 수 있다. 이 방법은 개별 데이터의 순위(rank)를 이용하여 검정하는 방법인데, 오차가 정규분포를 따르지 않거나, 이상치가 있어도 쓸 수 있는 강력한 검정방법이다. 현실적으로는 데이터가 정규분포를 따르지 않을 때, 표준 방법인 F-검정과 크루스칼-월리스 검정을 둘 다 써서 비슷한 결론에 이르면 그냥 F-검정을 쓰고, 그렇지 않으면 크루스칼-월리스 검정을 쓴다. 자세한 사항은 Montgomery(2017)를 참고하기를 바란다.

(4) 이상 데이터: ① 보통 표준화 잔차가 ±3을 벗어나면 이상치로 판정한다. ② 이상치가 발견되면 그 발생 원인을 찾아야 한다. 가장 흔히 나타나는 원인은 데이터 입력 오류, 계산 오류, 실험이 행해질 때 관리 소홀 등이다. ③ 이상 원인을 찾고 향후 그러한 일이 재발하는 것을 막을 수 있거나, 이상 원인을 찾지 못했지만, 그 데이터가 있을 때와 없을 때의 분석 결과를 비교하여 큰 차이가 없으면, 해당 데이터를 삭제하고 분석할 수 있다. ④ 이상 원인을 찾지 못하고 그 데이터가 있을 때와 없을 때의 분석 결과를 비교하여 차이가 있으면, 비모수적 방법이나 변수변환 등의 방법을 시도해야 한다. ⑤ 그런데 이상치라고 모두 문제가 되는 것은 아니고, 어떤 때는 이상치를 제품개발, 공정개선에 활용할 수도 있다. 제품의 강도가 낮아서 걱정인데, 아주 큰 값으로 나오는 조건이 있고, 그 조건에서 확인실험을 하니 재현성이 있다면 이러한 이상치는 좋은 것이며, 이 이상치는 다른 모든 데이터보다 더 유용한 것이다.

+연습문제

1 3명의 작업자 A, B, C의 표면가공 능력을 비교하기 위해, 가공한 부품의 표면거칠기(R_a)를 cm 단위로 측정하여 표 3.15에 나타내었다.

표 3.15 표면거칠기 데이터

A	B	C
5.72	6.43	5.84
4.22	6.08	7.26
4.76	5.82	6.96
5.35	6.32	6.86

(1) 작업자별 표면거칠기 데이터를 점도표와 상자그림으로 그려라.

(2) 분산분석을 하여 작업자 간 표면거칠기의 차이가 있는지 검정하라.

(3) 만일 작업자 간 차이가 있다고 판단되면, LSD와 튜키 방법을 이용한 다중 비교를 각각 수행하라.

(4) 데이터 분석 결과에 근거하여 각 작업자에게 어떤 조언을 할 것인가?

2 Drain(1997)은 고온 세라믹 초전도체 개발을 위하여 소량의 바륨을 첨가하면 초전도성을 일으키는 임계온도를 높일 수 있는지를 연구한 실험데이터를 제시하였다. 표 3.16에는 바륨 첨가량에 따른 임계온도 데이터를 켈빈 단위로 나타내었다.

표 3.16 바륨 첨가량에 따른 임계온도 데이터

바륨(%)	1.0	1.5	2.0	2.5
임계온도(K)	69	76	76	70
	70	74	75	72
	71	79	76	70
	72	77	74	70

(1) 바륨 첨가량에 따른 임계온도 산점도를 그려라.

(2) 분산분석을 하여 바륨 첨가량에 따라 임계온도에 차이가 있는지 검정하라.

(3) 바륨이 임계온도에 미치는 영향을 모형식으로 표현한다면, 선형식이나 2차식 중 어느 것이 적합한가?

3 K 빵집은 20개의 오븐에 온도를 180℃에 맞춰 빵을 구워 팔고 있다. 그런데 각 오븐에서 구워져 나온 빵이 익힌 정도가 달라 보여서 휴일에 20개 중 3개의 오븐을 랜덤하게 골라 온도를 재보기로 했다. 표 3.17은 3개의 오븐을 대상으로 랜덤한 순서로 측정한 온도 데이터이다.

표 3.17 오븐의 온도 데이터

오븐	1	2	3
온도(℃)	179.99	181.25	180.62
	182.55	179.79	178.79
	182.55	177.95	180.25
	180.72	176.85	174.39
	181.09		174.02
			176.59

(1) 오븐별로 상자그림을 그려라.

(2) 오븐 간 온도에 차이가 있는지 검정하라.

(3) 만일 차이가 있다면, 오차변동과 오븐별 변동의 분산요소를 추정하라.

4 Gunter(1988)는 자동차 파워인도우(power window)에 쓰이는 플라스틱 기어의 이빨이 파손되어 문이 열리지 않는 문제를 해결하기 위해 기어를 구성하는 이빨 강도시험을 시행했다. 그림 3.17에 기어 맞물림과 12개의 이빨 번호를 표시하였다. 기어 이빨이 어느 정도의 스트레스까지 견딜 수 있는지를 파악하기 위해 고정구에 넣어 각 이빨의 강도(strength)를 알기 위한 충격시험을 시행하여 표 3.18의 데이터를 얻었다. 한 번 시험할 때 한 위치의 기어 이빨 강도를 잴 수 있다. 기어를 사출하는 성형공정에서 금형에 플라스틱 가루를 주입구를 통해 붓게 되는데, 이 주입구가 기어 이빨의 상대적 위치를 결정하는 기준점이 된다. 주입구는 그림 3.17에서 맨 아래 위치한 7번 이빨이고, 이것과 대칭으로 맨 위에 있는 이빨을 1번으로 표시했다. 사출성형을 통해 생산되는 플라스틱 기어는 앞뒤 구분이 없으므로 그림 3.17에서 1번 바로 옆에 있는 2번과 12번은 같은 위치에 있다고 본다. 실험자가 별도의 언급을 하지 않아서, 표 3.18의 데이터는 랜덤한 순서로 얻었다고 가정한다. 충격시험을 통하여 강도를 구하는 시간은 짧고, 플라스틱 기어의 가격도 저렴하므로 많은 수의 시험을 했다고 추측된다. 이빨 강도 데이터의 단위는 ft-lb이다.

표 3.18 기어 이빨의 위치별 강도 데이터

P_1	P_1, P_{12}	P_3, P_{11}	P_4, P_{10}	P_5, P_9	P_6, P_8	P_7
1,976	2,425	2,228	2,186	2,228	2,431	2,287
1,916	2,000	2,347	2,521	2,180	2,250	2,275
2,090	2,251	2,251	2,156	2,114	2,311	1,946
2,000	2,096	2,222	2,216	2,365	2,210	2,150
2,323	2,132	1,940	2,593	2,299	2,329	2,228
1,904	1,964	1,904	2,204	2,072	2,263	1,695
2,048	1,750	1,820	2,228	2,323	2,353	2,000
2,222	2,018	2,012	2,198	2,449	2,251	2,006
2,048	1,766	2,204	2,150	2,300	2,275	1,945
2,174		2,144	2,311	2,078	1,958	2,006
1,976		2,305	2,102	2,150	2,185	2,209
2,138		2,042	2,138	2,377		2,216
2,455		2,120	1,982	2,108		1,934
1,886		2,419	2,042	2,257		1,904
2,246		2,162	2,030	2,383		1,958
2,287		2,251	2,216	2,323		1,964
2,030		2,222	2,305	2,246		2,066
2,210			2,204	2,251		2,222
2,084			2,198	2,156		2,066
2,383			2,204	2,419		1,964
2,132			2,162	2,329		2,150
2,210			2,120	2,198		2,114
2,222			2,108	2,269		2,125
1,766			2,030	2,287		2,210
2,078			2,180	2,330		1,588
1,994			2,251	2,329		2,234
2,198			2,210	2,228		2,210
2,162			2,216			2,156
1,874			2,168			2,204
2,132			2,210			1,641
2,108			2,341			2,263
1,892			2,000			2,120
1,671			2,132			2,156

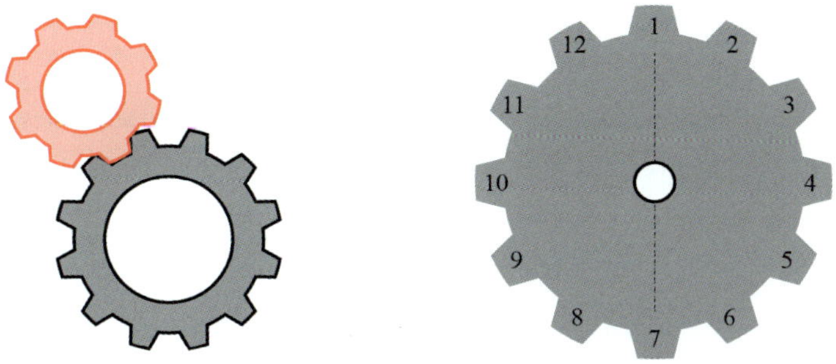

(a) 기어 맞물림　　(b) 기어 이빨 위치

그림 3.17 기어 맞물림과 이빨 위치

(1) 위치별 이빨 강도 데이터의 상자그림을 그려라.

(2) 위치별 이빨 강도 데이터의 평균과 분산을 각각 구하라.

(3) 분산분석을 하여 위치별 강도 데이터에 차이가 있는지 검정하라.

(4) 튜키 방법을 이용하여 다중 비교를 수행하라.

(5) 분석 결과를 이용한 공정개선 사항을 토의하라.

(6) 표 3.18의 데이터를 보고, 이 실험의 미흡한 점을 밝혀라.

(7) 실험데이터 분석 결과를 바탕으로 추후 해야 할 일을 제시하라.

+참고문헌

Drain, D. (1997). *Handbook of Experimental Methods for Process Improvement*, Chapman & Hall, NY.

Easterling, R. G. (2015). *Fundamentals of Statistical Design and Analysis*, Wiley, UK.

Gunter, B. (1988). Subjective Data Analysis, Part II: More Graphics, Including My Favorite Example, *Quality Progress*, 21, 77-78.

Montgomery, D. C. (2017). *Design and Analysis of Experiments*, 9th Edition, Wiley, NJ.

Montgomery, D. C. and Runger, G. C. (2011). *Applied Statistics and Probability for Engineers*, 5th Edition, Wiley, NJ.

4.

2수준 요인배치법

4.1 서론

2수준 요인배치는 각 인자의 수준 수가 2개인 실험계획이다. 2수준 인자가 3개 있으면 2×2×2=8개의 처리조합이 생긴다. 일반적으로 2수준 인자가 k개 있으면 총 처리조합의 수는 2^k개이고, 이런 실험계획을 '2^k 요인배치법' 또는 '2^k 요인실험계획'이라고 한다. 실험에서 여러 인자의 영향을 적은 수의 실험으로 파악하고자 할 때 2수준 요인배치법을 이용한다.

2수준 요인배치법을 본격적으로 설명하기 전에 2개의 수준을 코딩하여 나타내는 것부터 살펴보자. 2개의 수준이 있을 때, 하나는 −1로, 다른 하나는 +1로 코딩하여 실험조건을 표현한다. 계량인자의 경우에는 보통 낮은 것을 '−1'로, 높은 것은 '+1'로 코딩한다. 예를 들어 온도를 120과 150으로 세팅하고 그 영향을 알고자 한다면 그림 4.1처럼 낮은 수준인 120을 −1로, 150을 +1로 코딩하는 것이다. 촉매의 종류, 원료 타입 등 계수인자의 경우에는 어느 하나를 −1, 다른 것은 +1로 코딩하면 된다. −1을 '−', +1을 '+'로 표시하기도 한다. 이렇게 코딩하여 표현하면, 요인효과를 계산하거나 2수준 요인배치 방법의 중요한 성질 등을 파악하는 데 여러 가지 장점이 있다.

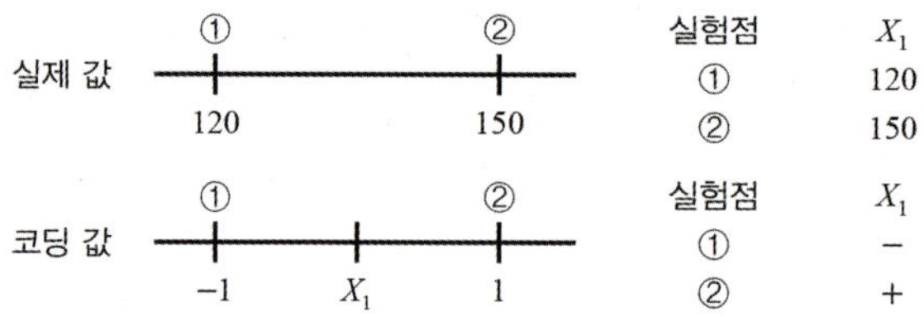

그림 4.1 수준의 실제 값과 코딩 값

2수준 요인배치를 이용하면, 우선 수준 수가 3개 이상 있는 실험보다 적은 수의 실험으로 인자의 영향을 파악할 수 있다. 실험데이터로부터 요인효과를 쉽게 계산하고, 그래프를 이용하여 분석 결과를 명확하게 해석할 수 있다. 계량인자의 경우, 실험 결과를 통해 실험의 목적을 달성하지 못했다고 하더라도, 향후 어떤 영역에서 실험해야 하는지에 대한 방향성을 알 수 있다. 하지만 2수준에서만 실험하므로 실험범위에서 인자들의 선형 효과(linear effect)만 알 수 있다. 즉, 2차 효과(quadratic effect) 이상은 알 수가 없다. 그림 4.1과 같이 실험점 1번과 2번에서 실험하여 데이터를 얻으면 온도 120과 150에서 나온 반응변수의 값을 보고 어느 쪽의 값이 더 큰지만 알 수 있지, 그 중간에 반응변수의 모양이 위로 볼록할지 아래로 볼록할지는 알 수가 없다. 이에 관하여 알고 싶다면 120과 150 중간에서 최소한 한 번의 실험을 더 해야 한다. 2수준 요인배치의 이러한 단점을 완화할 방법은

4.11절에서 다루기로 한다.

4.2 설계행렬과 설계공간

반응변수는 보통 여러 인자에 의해 영향을 받는다. 온도가 반응변수인 강도(strength)에 미치는 영향을 알아보는 단순한 실험에서는 다른 인자들은 고정되어 있다고 가정하고, 단지 온도만이 저수준에서 고수준으로 변화한다고 생각한다. 반응치가 온도 외에 압력에 의하여 받는 영향도 함께 알아보자. 온도 X_1은 120, 150, 압력 X_2는 500, 700의 각각 두 수준에서 실험하여 두 개의 인자 X_1과 X_2가 반응치에 미치는 영향을 복합적으로 파악하고자 하면, 총 $2 \times 2 = 4$개의 수준조합에서 실험이 시행된다. 2수준 요인배치 실험계획을 이해하기 쉽게 행렬과 공간으로 표시해 보자. 온도와 압력의 영향을 파악하기 위한 4개의 수준조합에서 행하는 실험의 설계공간(design space)과 설계행렬(design matrix)은 그림 4.2에, 저수준을 −, 고수준을 +로 코딩하여 나타낸 설계공간과 설계행렬은 그림 4.3에 나타내었다.

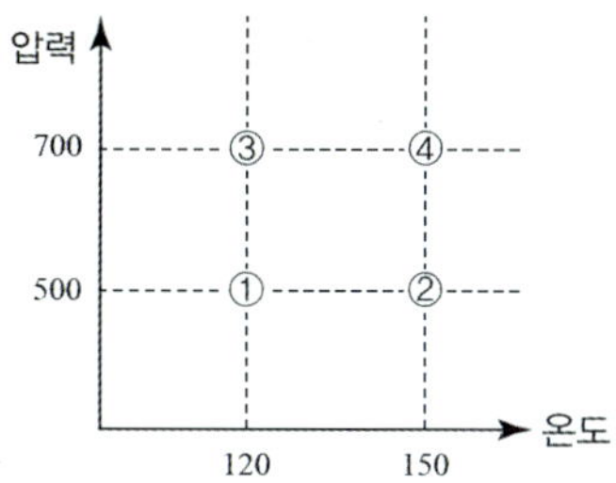

실험점	온도	압력
①	120	500
②	150	500
③	120	700
④	150	700

그림 4.2 2^2 요인배치의 설계공간과 설계행렬: 실제 값

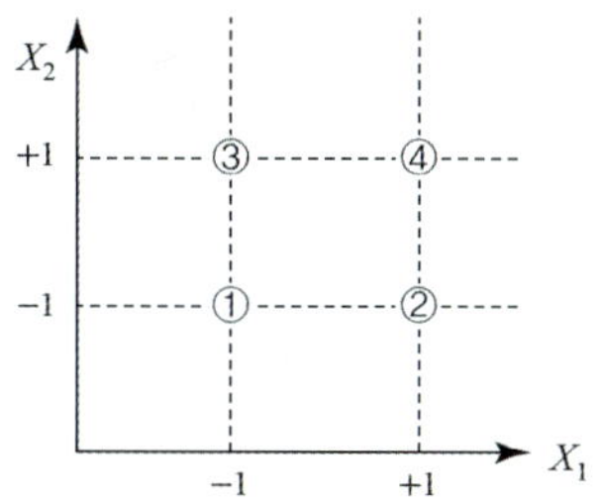

실험점	X_1	X_2
①	−	−
②	+	−
③	−	+
④	+	+

그림 4.3 2^2 요인배치의 설계공간과 설계행렬: 코딩 값

이번에는 3개의 인자를 고려하는 2수준 3인자 실험을 생각해 보자. 온도(120, 150), 압력(500, 700) 외에 시간(30, 45)을 고려하는 2수준 3인자 요인배치 실험계획인 2^3요인배치법의 실제 수준과 코딩된 수준을 이용한 설계공간과 설계행렬을 각각 그림 4.4와 그림 4.5에 나타내었다. 인자가 3개가 되면 설계공간은 입방체로 표현된다.

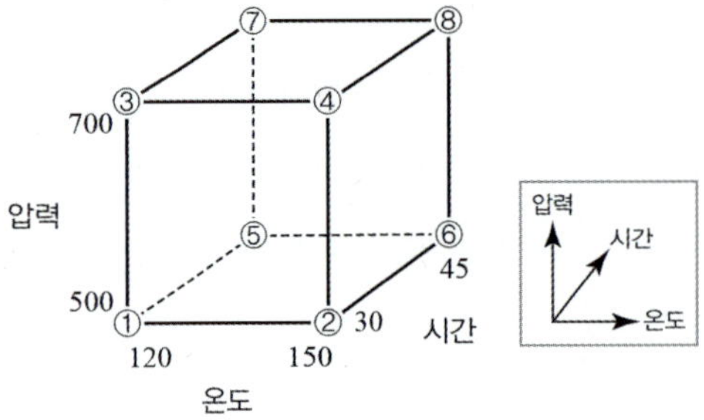

실험점	온도	압력	시간
①	120	500	30
②	150	500	30
③	120	700	30
④	150	700	30
⑤	120	500	45
⑥	150	500	45
⑦	120	700	45
⑧	150	700	45

그림 4.4 2^3 요인배치의 설계공간과 설계행렬: 실제 값

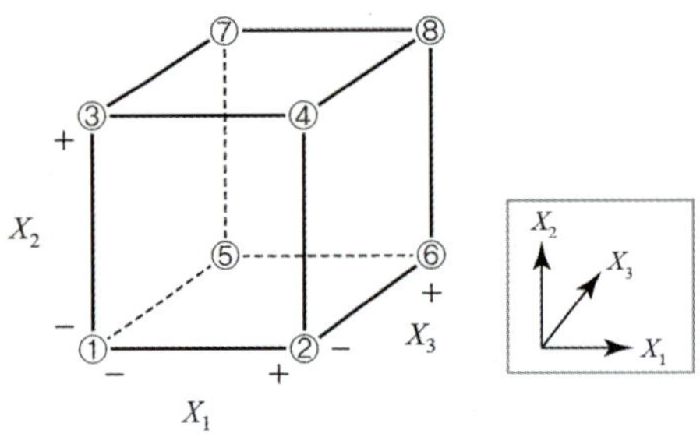

실험점	X_1	X_2	X_3
①	−	−	−
②	+	−	−
③	−	+	−
④	+	+	−
⑤	−	−	+
⑥	+	−	+
⑦	−	+	+
⑧	+	+	+

그림 4.5 2^3 요인배치의 설계공간과 설계행렬: 코딩 값

설계행렬과 설계공간은 2수준 요인배치를 이해하고, 데이터를 얻어 분석하여 결과를 해석하며, 실험계획과 분석 결과를 다른 사람과 공유할 때 유용하다. 그림 4.4에서 왼쪽 4개의 점은 온도가 낮게, 오른쪽 4개는 온도가 높게 설정된 실험점이다. 압력과 시간에 대해서도 유사하게 이해할 수 있다.

2수준 요인배치 설계공간은 인자가 2개이면 그림 4.2 및 그림 4.3과 같이 평면에, 3개이면 그림 4.4 및 그림 4.5처럼 육면체로 표현할 수 있다. 인자가 4개인 경우에는 어떻게 표시할까? 그림 4.6은 인자가 4개인 2수준 실험계획을 나타낸 것이다. 왼쪽의 육면체는 인자 X_4가 '−' 수준, 오른쪽은 인자 X_4가 '+' 수준이다. 육면체 하나가 인자 3개를 표현할 수 있으므로, 인자 4개를 실험공간으로 표현하려면 육면체가 2개 필요하다. 가장 중요한 인자나 수준을 바꾸기 어려운 인자는 X_4에 배치하는 것이 좋다. 이렇게 배치하면 X_4가 − 수준일 때와 + 수준일 때 각각 8개의 데이터를 좌우에 있는 육면체로 비교할 수 있다.

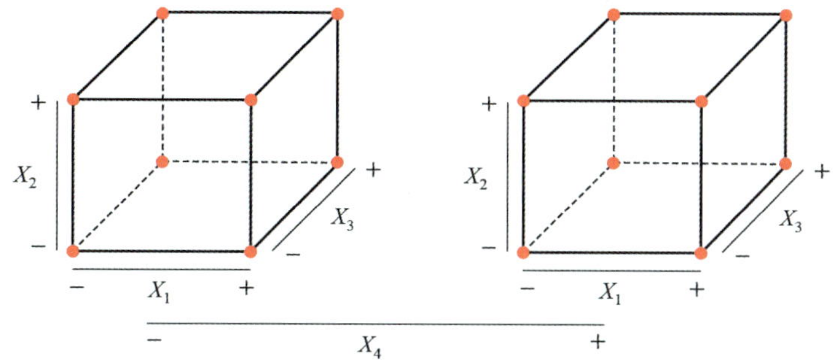

그림 4.6 4개 인자의 설계공간

실험에 고려할 인자가 많아짐에 따라 설계행렬은 어떻게 구성할 수 있을까? 이것은 생각보다 간단하다. 표 4.1에 인자 1개부터 5개까지 설계행렬을 구성하는 방법을 나타내었다. 맨 처음 인자가 X_1 하나인 경우는 '−'와 '+' 수준이 있다. 인자 X_2가 추가될 때를 보자. X_1의 '−'와 '+'가 두 번 이어서 나타나는데, 첫 번째에서는 X_2가 '−', 두 번째는 '+'로 주어진다. 세 번째 인자 X_3이 추가되면, X_1과 X_2에 대한 2^2 요인배치가 반복하여 나타나는데, 앞의 4번의 실험조건에서는 X_3에 '−', 뒤의 4번의 조건에서는 X_4에 '+' 수준이 주어진다. 이런 식으로 진행하면 인자가 몇 개이든지에 관계없이 요인배치 실험을 구성할 수 있다. 인자 수가 정해지면 그에 해당하는 부분만 잘라내어 실험을 시행하면 된다.

> **복습문제** 2수준 인자가 5개와 6개가 있는 요인배치 설계공간을 각각 나타내라.

표 4.1 2^k 요인실험계획의 설계행렬 구성($k=2\sim5$)

요인배치법	실험점	인자 X_1	X_2	X_3	X_4	X_5
	1	−	−	−	−	−
2^1	2	+	−	−	−	−
	3	−	+	−	−	−
2^2	4	+	+	−	−	−
	5	−	−	+	−	−
	6	+	−	+	−	−
	7	−	+	+	−	−
2^3	8	+	+	+	−	−
	9	−	−	−	+	−
	10	+	−	−	+	−
	11	−	+	−	+	−
	12	+	+	−	+	−
	13	−	−	+	+	−
	14	+	−	+	+	−
	15	−	+	+	+	−
2^4	16	+	+	+	+	−
	17	−	−	−	−	+
	18	+	−	−	−	+
	19	−	+	−	−	+
	20	+	+	−	−	+
	21	−	−	+	−	+
	22	+	−	+	−	+
	23	−	+	+	−	+
	24	+	+	+	−	+
	25	−	−	−	+	+
	26	+	−	−	+	+
	27	−	+	−	+	+
	28	+	+	−	+	+
	29	−	−	+	+	+
	30	+	−	+	+	+
	31	−	+	+	+	+
2^5	32	+	+	+	+	+

1) 균형과 직교성

2수준 요인배치 설계행렬은 두 가지 중요한 특징을 가지고 있다. 우선은 어떤 열을 보더라도 수준 간 균형이 잡혀 있다. 즉, 각 열을 보면 '−'와 '+'가 나타난 수가 같다. 그다음은 직교성이다. 어떤 2개의 열을 선택해도 (−, −), (−, +) (+, −), (+, +) 4개의 조합이 같은 수만큼 나타난다. 예를 들어 X_1이 −일 때, X_2가 −인 것과 +인 것이 같은 수만큼 나타난다. 이럴 경우 인자 X_1의 효과를 계산할 때 X_2와 관계없이 독립적으로 파악할 수 있다는 장점이 있다. 만일 다음과 같은 설계라면 어떻게 되는가?

$$X_1: \; - \; + \; - \; +$$

$$X_2: \; - \; - \; - \; +$$

X_1이 $-$일 때는 X_2가 항상 $-$이고, X_1이 $+$일 때는 X_2의 $-$와 $+$가 한 번씩 나타난다. X_1이 $-$일 때와 $+$일 때, X_2의 수준이 다르게 나타나므로 X_2와 관계없이 X_1의 효과를 파악하기가 어렵다. 이것은 직교하지 않은 경우이다. 4장의 요인배치법이나 다음 5장에서 배울 부분요인배치법 등 표준실험계획 방법은 모두 이러한 균형(balance)과 직교성(orthogonality)을 유지하고 있다.

4.3 요인배치법 2개의 예제

4.3.1 2수준 3인자 반복실험 예제

아르곤(Ar+) 가스를 웨이퍼 기판에 스퍼터링 방법으로 증착하는 공정에서 증착면의 표면거칠기(surface roughness)를 줄이고자 한다. Ar+ 가스가 플라스마 상태의 챔버 바닥을 때리면, 이 알갱이들이 위쪽에 있는 TFT 기판에 증착된다(그림 4.7).

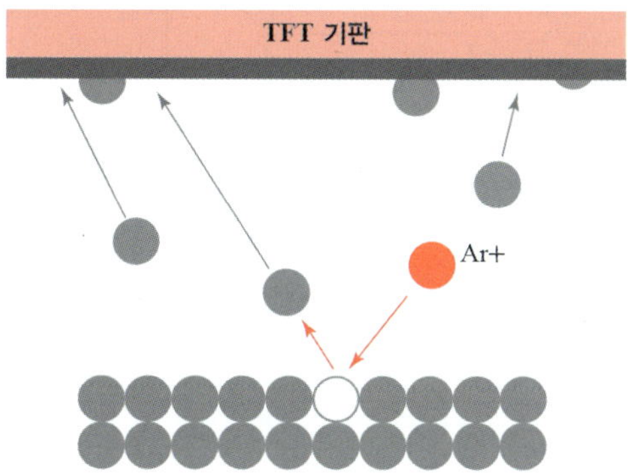

그림 4.7 스퍼터링 증착공정의 원리

3개의 인자인 온도(℃) A, 전력(W) B, 압력(mTorr) C의 수준과 단위는 표 4.2에 나타내었고, 각 실험조건에서 2회 반복실험을 하여 얻은 설계행렬과 표면거칠기 데이터를 표 4.3에, 설계공간과 데이터는 그림 4.8에 나타내었다. 이 실험을 통해 반응변수인 표면거칠기를 가능한 한 작게 만드는 조건을 찾고자 한다.

표 4.2 스퍼터링 증착공정의 인자와 수준

인자	저수준(−1)	고수준(+1)
A: 온도(℃)	300	500
B: 전력(W)	200	600
C: 압력(mTorr)	5	9

표 4.3 스퍼터링 증착공정의 설계행렬과 반응변수

A 온도	B 전력	C 압력	표면거칠기	
			반복 1	반복 2
−1	−1	−1	30	34
1	−1	−1	46	43
−1	1	−1	42	40
1	1	−1	43	44
−1	−1	1	77	82
1	−1	1	51	61
−1	1	1	71	81
1	1	1	53	64

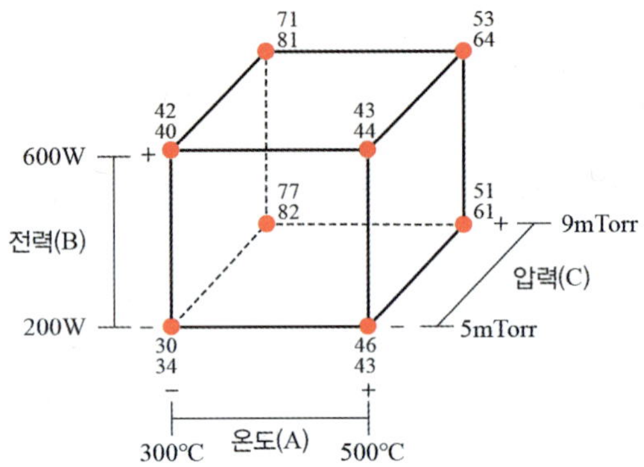

그림 4.8 스퍼터링 증착공정의 설계공간과 반응변수

4.3.2 2수준 4인자 반복이 없는 실험 예제

패널 디스플레이를 위한 투명전극 재료를 만들기 위해 인듐 주석 산화물(Indium Tin Oxide, ITO) 분말을 합성하고자 한다. 인자와 수준은 표 4.4와 같고, 반응변수는 ITO 분말을 합성하여 성형과 소결을 거친 후 측정한 소결밀도이다. 반복 없이 2^4 요인배치 실험을 시행한 결과를 표 4.5와 그림 4.9에 나타내었다.

표 4.4 분말합성 공정의 인자와 수준

인자	저수준(−1)	고수준(+1)
A: 초기농도(N)	5	9
B: 시효온도(℃)	30	80
C: 시효시간(hr)	2	24
D: 주입속도(cc)	50	500

표 4.5 분말합성 공정의 설계행렬과 반응변수 데이터

A 농도	B 온도	C 시간	D 속도	소결밀도(%)
−1	−1	−1	−1	92.7
1	−1	−1	−1	97.0
−1	1	−1	−1	93.0
1	1	−1	−1	96.1
−1	−1	1	−1	92.2
1	−1	1	−1	93.2
−1	1	1	−1	93.9
1	1	1	−1	93.8
−1	−1	−1	1	94.6
1	−1	−1	1	98.5
−1	1	−1	1	94.4
1	1	−1	1	98.3
−1	−1	1	1	94.5
1	−1	1	1	95.6
−1	1	1	1	94.9
1	1	1	1	95.6

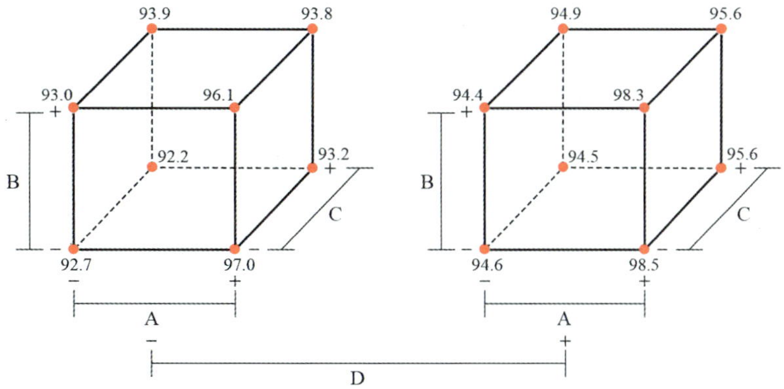

그림 4.9 분말합성 공정의 설계공간과 반응변수 데이터

4.4 요인효과의 추정

4.4.1 주효과의 추정

1) 2^2 요인실험계획 데이터의 주효과 계산

실험을 실행하고 각 실험점에서 반응변수의 값을 측정한 후에는 각 인자가 반응변수에 미치는 영향이 어느 정도인지를 알아야 한다. 2^2 요인배치 실험의 결과가 그림 4.10과 같을 때, 인자 X_1이 반응변수 y에 미치는 영향을 계산해 보자. 두 가지 방법으로 인자의 영향을 알아볼 수 있다. X_1이 y에 미치는 영향은 결국 X_1이 낮은 수준(−)에 있다가 높은 수준(+)으로 이동할 때 y가 변하는 양인데, 이러한 영향을 주효과(main effect)라고 정의한다. 이것을 하나의 숫자로 표현해 보자.

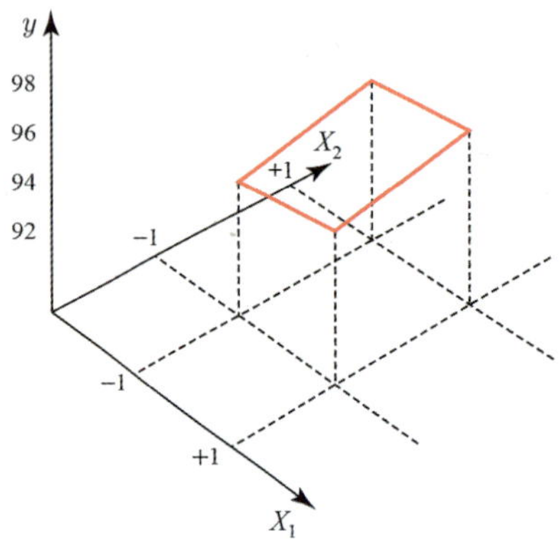

실험점	X_1	X_2	y
①	−	−	94
②	+	−	92
③	−	+	98
④	+	+	96

그림 4.10 2^2 요인배치 실험의 실험점, 실험조건과 데이터

(1) 방법 1

X_1의 주효과는 X_2가 − 수준에 있을 때 y의 변화량과 + 수준에 있을 때 y의 변화량을 각각 구하여 두 효과의 평균을 낸다.

$$E_1 = \frac{(y_2 - y_1) + (y_4 - y_3)}{2} = \frac{(92-94)+(96-98)}{2} = -2$$

비슷한 방법으로 X_2의 효과는 X_1이 − 수준과 + 수준에 있을 때 y의 변화량을 각각 구하여 평균을 낸다.

$$E_2 = \frac{(y_3 - y_1) + (y_4 - y_2)}{2} = \frac{(98-94)+(96-92)}{2} = 4$$

(2) 방법 2

X_1의 + 수준과 − 수준에서 y의 평균을 각각 구하여 이들 평균값의 변화량, 즉 + 수준의 y 평균값과 − 수준의 y 평균값의 차이가 X_1의 효과이다. X_2의 효과도 비슷한 방법으로 구할 수 있다.

$$E_1 = \frac{y_2 + y_4}{2} - \frac{y_1 + y_3}{2} = \frac{92+96}{2} - \frac{94+98}{2} = -2$$

$$E_2 = \frac{y_3 + y_4}{2} - \frac{y_1 + y_2}{2} = \frac{96+98}{2} - \frac{94+92}{2} = 4$$

두 인자의 주효과를 그림 4.11에 나타내었다.

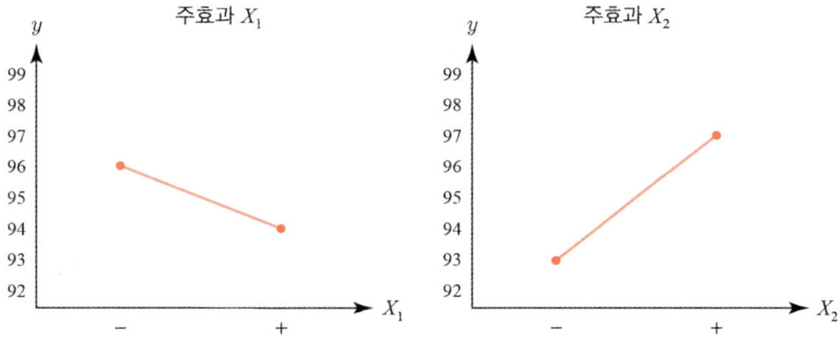

그림 4.11 2^2 요인배치 데이터의 주효과

이제 주효과를 구하는 것을 설계공간에서 다시 살펴보자.

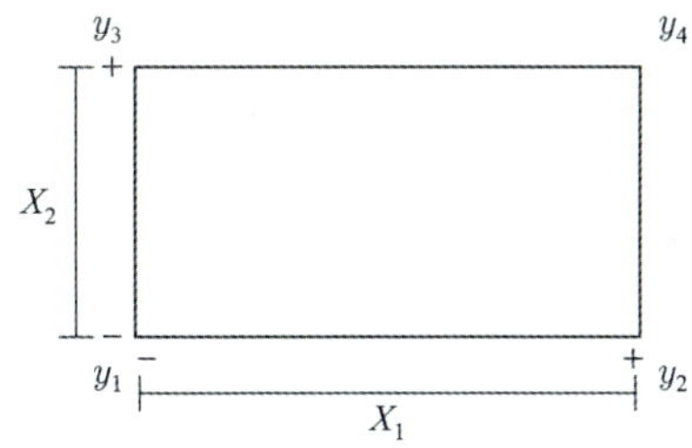

그림 4.12 2^2 요인배치 실험의 실험공간

X_1의 효과를 구함에 있어서, 방법 1은 X_2가 +인 위쪽의 y_3과 y_4를 비교하고, 그다음에 X_2가 −인 아래쪽의 y_1과 y_2를 비교한다. 그다음 이 2개 효과의 평균을 본다. 방법 2는 X_1이 +에 있는 오른쪽의 두 개의 데이터 y_2와 y_4의 평균 $\frac{y_2+y_4}{2}$에서, X_1이 −에 있는 왼쪽의 y_1과 y_2의 평균 $\frac{y_1+y_3}{2}$을 뺀다.

실험계획법을 통해 얻은 데이터로부터 효과를 구하는 것에 대한 해석은 실제적인 의미로 보면 '방법 1'이 더 적합하다.

2) 2^3 요인실험계획 데이터의 주효과 계산

방법 1을 이용하여 X_1의 효과를 구하기 위해서는 다른 인자들인 X_2와 X_3의 4개의 조합에서 X_1의 효과들을 구하고, 이 4개 효과의 평균을 내서 X_1의 주효과를 계산해야 한다. 방법 2는 X_1이 + 수준에 있는 4개의 데이터 평균에서 - 수준에 있는 4개의 데이터의 평균을 빼서 구하는 것이다. X_2와 X_3의 주효과도 비슷한 방법으로 구할 수 있다.

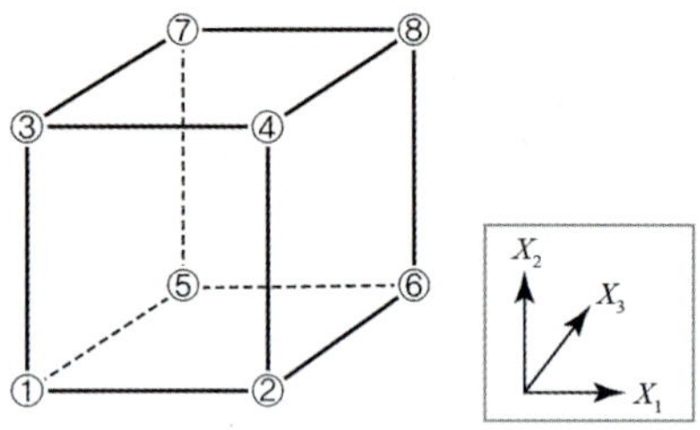

실험점	X_1	X_2	X_3	y
①	−	−	−	
②	+	−	−	
③	−	+	−	
④	+	+	−	
⑤	−	−	+	
⑥	+	−	+	
⑦	−	+	+	
⑧	+	+	+	

그림 4.13 2^3 요인배치 실험의 실험공간과 설계행렬

(1) 방법 1

$$E_1 = \frac{(y_2-y_1)+(y_4-y_3)+(y_6-y_5)+(y_8-y_7)}{4}$$

$$E_2 = \frac{(y_3-y_1)+(y_4-y_2)+(y_7-y_5)+(y_8-y_6)}{4}$$

$$E_3 = \frac{(y_5-y_1)+(y_6-y_2)+(y_7-y_3)+(y_8-y_4)}{4}$$

(2) 방법 2

$$E_1 = \frac{y_2+y_4+y_6+y_8}{4} - \frac{y_1+y_3+y_5+y_7}{4}$$

$$E_2 = \frac{y_3+y_4+y_7+y_8}{4} - \frac{y_1+y_2+y_5+y_6}{4}$$

$$E_3 = \frac{y_5+y_6+y_7+y_8}{4} - \frac{y_1+y_2+y_3+y_4}{4}$$

4.4.2 교호작용효과의 추정

교호작용효과(interaction effect, 줄여서 '교호작용')란 한 인자가 반응변수에 미치는 영향이 다른 인자의 수준 값에 따라서 달라지는 현상을 말한다. 이것은 '한번에 한인자'(One-Factor-At-a-Time, OFAT) 실험으로는 알 수가 없고, 요인배치 실험을 시행해야만 파악할 수 있다. '한번에 한인자' 실험이란 여러 개의 인자가 있을 때, 매번 인자의 수준만 바꾸어가면서 행하는 실험을 말한다. 나중에 4.10절에서 다시 살펴보겠지만, 인자 간에 교호작용이 있음에도 불구하고 OFAT 방법을 쓰면 최적조건을 찾지 못할 수가 있다. 교호작용을 추정할 수 있다는 것은 요인배치 방법의 중요한 장점이라 하겠다.

1) 2^2 요인배치 실험데이터의 교호작용효과 계산

2^2 요인배치를 이용한 실험데이터가 그림 4.14와 같이 나타나면, X_1이 − 수준에서 X_2의 효과는 $98-94=4$이고, X_1이 + 수준에서 X_2의 효과는 $96-92=4$이다. 즉, X_2의 효과는 X_1이 −에 있든지 +에 있든지에 상관없이 4이다. 이처럼 X_1의 수준과 관계없이 X_2의 효과가 일정하게 나올 때 '교호작용은 없다'라고 한다.

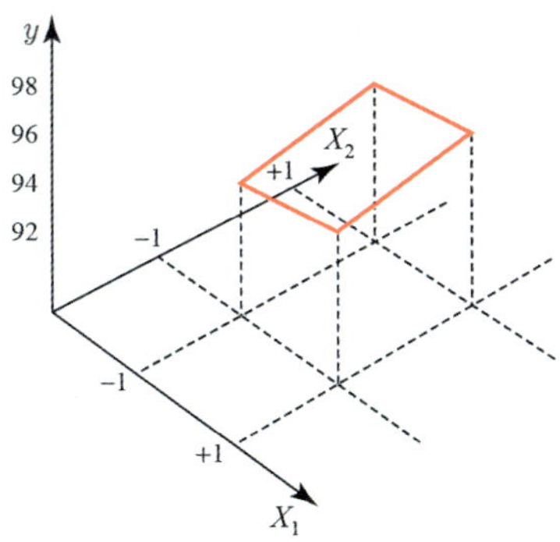

실험점	X_1	X_2	y
①	−	−	94
②	+	−	92
③	−	+	98
④	+	+	96

그림 4.14 실험공간과 설계행렬과 데이터: 교호작용이 없는 경우

2^2 요인배치를 이용한 실험데이터가 그림 4.15와 같이 나타나면, X_1이 − 수준에서 X_2의 효과는 102 − 94 = 8이고, X_1이 + 수준에서 X_2의 효과는 96 − 92 = 4이다. 즉, X_1이 − 수준에 있을 때 X_2의 효과와 X_1이 + 수준에 있을 때 X_2의 효과는 서로 다르므로 '교호작용이 있다'고 판단한다.

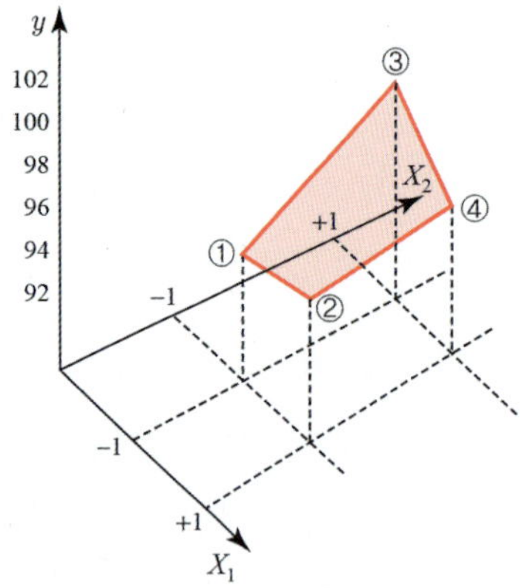

실험점	X_1	X_2	y
①	−	−	94
②	+	−	92
③	−	+	102
④	+	+	96

그림 4.15 실험공간과 설계행렬과 데이터: 교호작용이 있는 경우

그렇다면 교호작용효과는 얼마인가? 이것도 두 가지 방법으로 구할 수 있다.

(1) 방법 1

X_1과 X_2의 교호작용효과는 X_1이 + 수준에 있을 때와 − 수준에 있을 때 X_2의 효과를 각각 구하여 두 효과의 차이를 낸 것을 2로 나눈 값이다.

$$E_{12} = \frac{(y_4 - y_2) - (y_3 - y_1)}{2} = \frac{(96-92)-(102-94)}{2} = -2$$

(2) 방법 2

설계행렬에 따라 실험을 수행하여 얻은 데이터를 분석하기 위해, 주효과와 교호작용효과를 구하기 위해 구성한 행렬을 효과행렬(effect matrix)이라고 한다. 교호작용효과를 구하기 위한 열은 교호작용을 구성하는 두 개의 열을 곱한 것이다. 그림 4.15의 요인실험 결과를 표 4.6에 효과행렬과 데이터로 나타내었다.

표 4.6 2^2 요인배치 실험의 효과행렬과 데이터

X_1	X_2	X_1X_2	y
−	−	−	94
+	−	+	92
−	+	+	102
+	+	−	96

X_1과 X_2의 교호작용효과 E_{12}는 효과행렬의 X_1X_2 행에서 '+' 수준의 평균 반응치와 '−' 수준의 평균 반응치의 차이로 구한다.

$$E_{12} = \frac{y_1+y_4}{2} - \frac{y_2+y_3}{2} = \frac{94+96}{2} - \frac{92+102}{2} = -2$$

교호작용효과 '−2'의 의미를 살펴보자. 우선 그림 4.16 왼쪽의 교호작용 그림을 보자. 이것은 X_1이 y에 미치는 영향을 X_2가 각각 − 수준과 + 수준일 때 별도로 그린 것이다. X_2가 + 수준에 있을 때 X_1 효과의 기울기인 $(96-102)/2=-3$에서 X_2가 − 수준에 있을 때 X_1 효과의 기울기인 $(92-94)/2=-1$을 뺀 값, 즉 $(-3)-(-1)=-2$가 교호작용효과이다. 이제 교호작용효과를 그림 4.16의 오른쪽 그림으로 설명해 보자. X_1이 + 수준에 있을 때 X_2 효과의 기울기인 $(96-92)/2=2$에서 X_1이 − 수준에 있을 때 X_2 효과의 기울기인 $(102-94)/2=4$를 뺀 값, 즉 $2-4=-2$가 교호작용효과이다. 결론적으로 가로축에 표시한 인자와 관계없이 교호작용의 값은 같다.

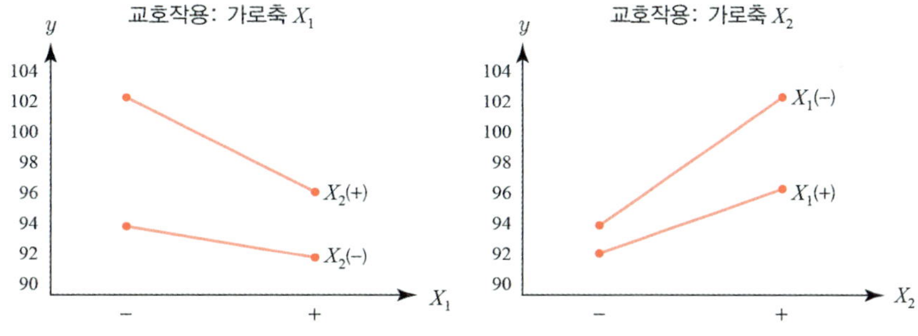

그림 4.16 2^2 요인배치 데이터의 교호작용 그림

예제 4.1 두 개의 인자 X_1과 X_2를 대상으로 반복실험하여 다음의 표 4.7과 같은 데이터를 얻었다. 이 결과를 이용하여 주효과와 교호작용 그림을 그려보자.

표 4.7 2^2 요인배치, 반복 2회 데이터

X_1	X_2	y		
		반복 1	반복 2	평균
−	−	13	17	15
+	−	25	23	24
−	+	40	46	43
+	+	28	26	27

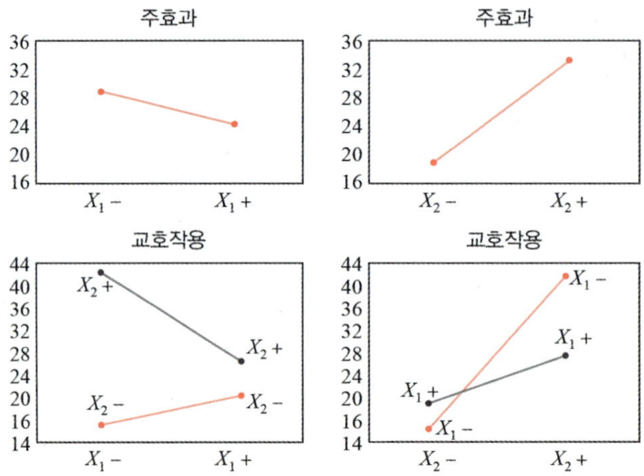

그림 4.17 주효과와 교호작용 그림

그림 4.17을 보면, X_1의 주효과는 크지 않다. 하지만 이로부터 X_1이 반응변수에 영향을 미치지 않는다고 판단하면 안 된다. 그림 4.17의 아래 왼쪽 교호작용 그림에서 X_2가 − 수준에 있을 때와 + 수준에 있을 때를 각각 보면 X_1은 반응변수에 영향을 미친다. 이처럼 교호작용이 크게 나타나면 실험 결과의 해석은 교호작용을 통해야 한다.

재미있는 사실은 교호작용을 그림으로 표현할 때 가로축에 어떤 인자를 표시하는지에 따라 교호작용 그림의 모양이 달라진다는 것이다. 표 4.7의 실험데이터를 이용한 그림 4.17의 교호작용 그림을 보면, 가로축을 X_1과 X_2 중 어떤 것으로 정하는지에 따라 그림이 확연히 다르게 나타난다는 것을 알 수 있다. 그러므로 실험계획에 의해 데이터를 얻고 2인자 교호작용이 중요하게 나온다면, 그것을 그림으로 표현할 때는 가로축을 바꾸어서 두 그림을 모두 보는 것이 바람직하다. X_1을 가로축으로 하는 교호작용 그림을 보면, X_2가 − 수준에 있을 때, 효과의 기울기가 더 완만하다. X_2의 값을 −와 + 수준의 가운데 어느 위치에 세팅하면, X_1의 효과의 기울기가 거의 0인 것을 볼 수 있다. 만일 X_1이 잡음변수라면, 이러한 X_2의 값이 잡음에 강건한 설계조건이 되는 것이다. 이것이 바로 11장

에서 배울 강건설계 조건을 찾는 원리이기도 하다.

2) (2인자) 교호작용효과 그림의 다양한 형태

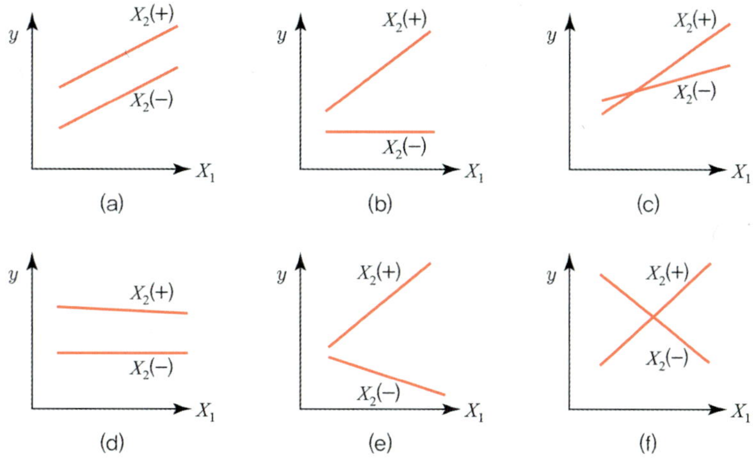

그림 4.18 다양한 형태의 교호작용 그림

그림 4.18의 (a), (b), (c)에서 주효과 X_1이 전반적으로 y에 영향을 미치고, (d), (e), (f)에서는 주효과 X_1이 y에 영향을 미치지 않는다. 그림을 좀 더 자세히 살펴보면 다음의 사실을 알 수 있다.

(a) X_2가 각각 − 수준, + 수준에 있을 때 X_1의 효과를 그린 것으로, 두 개의 직선이 평행이다. 즉, X_1의 효과는 X_2가 −에 있든지 +에 있든지에 상관없이 비슷하게 나온다는 것이므로 교호작용은 없다.

(b) X_2가 −에 있을 때는 X_2의 효과가 없지만, X_2가 +에 있을 때는 X_1이 y에 영향을 미친다.

(c) X_2가 −에 있든지 +에 있든지에 상관없이 X_1은 y에 영향을 미치는데, X_2가 +에 있을 때 효과가 더 크다.

(d) 주효과도 없고, 교호작용도 없다.

(e) X_1의 주효과는 없지만, X_2의 주효과는 있고, 교호작용도 있다. 만일 X_2가 잡음변수라면, X_1을 − 수준에 놓으면 잡음과 관계없이 y 값은 일정하게 나온다.

(f) X_1과 X_2의 주효과는 없지만, 교호작용은 크다. 만일 y를 최대화해야 한다면, X_1과 X_2를 둘 다 − 수준이나 둘 다 + 수준을 택해야 한다. y를 최소화해야 한다면, 둘 중 하나는 −, 다른 하나는 + 수준을 택해야 한다.

교호작용의 의미를 다르게 말하면, X_1이 y에 미치는 영향이 X_2가 높을 때 더 크게 나타나서 상승효과를 일으키면 시너지 효과(synergistic effect)가 있다고 하고, 반대로 X_2가 높을 때 y 값이 하락하면 역시너지 효과(antagonistic effect)가 있다고 한다.

3) 3인자 교호작용효과

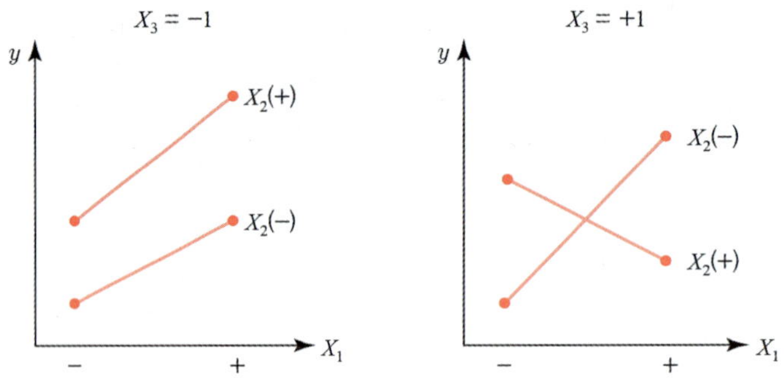

그림 4.19 3인자 교호작용 그림

보통 인자의 효과는 주효과와 2인자 교호작용효과까지 구하는데, 아주 드물게 3인자 교호작용효과가 나타난다. 3인자 교호작용효과는 X_3이 − 수준에서 X_1과 X_2의 교호작용 형태와 X_3이 + 수준에서 X_1과 X_2의 교호작용 형태가 크게 차이가 날 때를 말한다. 그림 4.19를 보면 X_3이 −1일 때와 +1일 때 X_1X_2 교호작용효과의 모양이 완전히 다르다. 이때는 3인자 교호작용효과가 있는 경우이다. 흔히 발생하지는 않는다.

예를 들어 온도, 압력, 시간의 3가지 인자가 수율에 영향을 미치는데, 3개 중 2개씩의 조합은 시너지 효과가 있고, 3개가 모두 상승하면 오히려 강한 역시너지 효과를 낸다. 이에 대해서는 4.13절의 들여다보기에서 자세하게 설명한다.

4) 2^4 요인실험계획까지의 효과행렬

2수준 요인배치실험 설계행렬을 구성하고 시행한 실험에서 얻은 데이터를 분석하여 주효과와 교호작용 등 요인효과를 계산할 때, 효과행렬을 이용하면 편리하다. 효과행렬은 코딩된 수준을 이용하여 처음에는 2개 인자의 주효과와 교호작용에서 출발하여, 인자가 하나씩 추가될 때마다 그 인자의 열과 그 전에 있는 요인효과 열을 곱하여 새롭게 열을 만들어 구성할 수 있다. 그림 4.20에 인자가 2개에서 4개까지 효과행렬을 구성한 것을 나타내었다.

실험 번호	X_1	X_2	X_1X_2	X_3	X_1X_3	X_2X_3	$X_1X_2X_3$	X_4	X_1X_4	X_2X_4	X_3X_4	$X_1X_2X_4$	$X_1X_3X_4$	$X_2X_3X_4$	$X_1X_2X_3X_4$
1	−	−	+	−	+	+	−	−	+	+	+	−	−	−	+
2	+	−	−	−	−	+	+	−	−	+	+	+	+	−	−
3	−	+	−	−	+	−	+	−	+	−	+	+	−	+	−
4	+	+	+	−	−	−	−	−	−	−	+	−	+	+	+
5	−	−	+	+	−	−	+	−	+	+	−	−	+	+	−
6	+	−	−	+	+	−	−	−	−	+	−	+	−	+	+
7	−	+	−	+	−	+	−	−	+	−	−	+	+	−	+
8	+	+	+	+	+	+	+	−	−	−	−	−	−	−	−
9	−	−	+	−	+	+	−	+	−	−	−	+	+	+	−
10	+	−	−	−	−	+	+	+	+	−	−	−	−	+	+
11	−	+	−	−	+	−	+	+	−	+	−	−	+	−	+
12	+	+	+	−	−	−	−	+	+	+	−	+	−	−	−
13	−	−	+	+	−	−	+	+	−	−	+	+	−	−	+
14	+	−	−	+	+	−	−	+	+	−	+	−	+	−	−
15	−	+	−	+	−	+	−	+	−	+	+	−	−	+	−
16	+	+	+	+	+	+	+	+	+	+	+	+	+	+	+

그림 4.20 효과행렬 (2~4인자)

첫 번째 변수 X_1 열은 −, +, −, +로, 두 번째 변수 X_2 열은 −, −, +, +로 구성한 4개의 행을 만든다. 교호작용은 이들의 열을 곱한 +, −, −, + 순서로 오른쪽에 열을 만든다. 여기에 3번째 변수에 대해 열을 추가하려면, 앞의 3개의 열을 반복하여 쓰고, 오른쪽에 −, −, −, −, +, +, +, +로 구성된 열을 더한다. 그다음, 앞의 3개의 열과 X_3 열을 곱한 것이 X_3을 포함한 새로운 교호작용 열이 된다. 이런 식으로 한 변수가 도입되면 이 변수와 앞서 구성한 변수들의 열들을 곱하여 효과행렬을 만들 수 있다.

4.5 반복이 있는 2^3 요인배치 데이터의 분석

반복실험을 하면 분산분석을 통하여 주효과와 교호작용효과의 유의성을 판단할 수 있다. 효과행렬을 이용하여 각 요인의 효과와 제곱합을 구하고, 각 실험점의 반복 데이터로부터 오차의 제곱합과 평균제곱을 계산하여 분산분석표를 작성하고 F-검정을 통하여 요인효과의 유의성을 판정한다.

이제 아르곤 가스를 웨이퍼 기판에 스퍼터링 방법으로 증착하는 공정을 개선하기 위하여 반복이 있는 2^3 요인배치를 이용한 4.3.1절의 예제 데이터를 분석해 보자. 반응변수는 증착면의 표면거칠기(surface roughness)이고, 인자는 온도(A), 전력(B), 압력(C)이다. 표 4.8에 설계행렬과 데이터, 반응치 합, 평균, 차이 값을, 표 4.9에 요인의 효과와 제곱합을 나타내었다.

표 4.8 스퍼터링 증착공정의 설계행렬, 반응변수, 반응치 합, 평균, 차이

A 온도	B 전력	C 압력	표면거칠기		반응치 합	평균	차이
			반복 1	반복 2			
−	−	−	30	34	64	32.0	4
+	−	−	46	43	89	44.5	3
−	+	−	42	40	82	41.0	2
+	+	−	43	44	87	43.5	1
−	−	+	77	82	159	79.5	5
+	−	+	51	61	112	56.0	10
−	+	+	71	81	152	76.0	10
+	+	+	53	64	117	58.5	11

1) 요인배치 계산표를 이용한 효과와 제곱합의 계산

표 4.9 스퍼터링 증착공정 실험의 요인효과와 제곱합

실험점	A	B	C	AB	AC	BC	ABC	2회 반복치 합
1	−	−	−	+	+	+	−	64
2	+	−	−	−	−	+	+	89
3	−	+	−	−	+	−	+	82
4	+	+	−	+	−	−	−	87
5	−	−	+	+	−	−	+	159
6	+	−	+	−	+	−	−	112
7	−	+	+	−	−	+	−	152
8	+	+	+	+	+	+	+	117
합+	405	438	540	427	375	422	447	862(합)
합−	457	424	322	435	487	440	415	
효과	−6.50	1.75	27.25	−1.00	−14.00	−2.25	4.00	
제곱합	169.00	12.25	2,970.25	4.00	784.00	20.25	64.00	

(합+), (합−)는 각각 해당 열의 + 수준과 − 수준에 대응하는 데이터를 더한 것이다. 각 요인의 효과와 제곱합은 다음과 같이 계산한다.

$$\text{효과} = (\text{평균}+) - (\text{평균}-) = \frac{(\text{합}+) - (\text{합}-)}{\text{한 수준 데이터 수}} \tag{4.1}$$

$$\text{제곱합} = \frac{\{(\text{합}+) - (\text{합}-)\}^2}{\text{총 데이터 수}} \tag{4.2}$$

본 예제에서는 각 수준에서 데이터가 8개 있으므로, 효과는 (평균+) − (평균−) = {(합+) − (합−)}/8, 제곱합은 {(합+) − (합−)}^{2}/16으로 구한다.

2) 오차의 계산

실험오차란 같은 조건에서 실험하여 나온 데이터들이 서로 얼마나 다른지를 나타내는 척도로서, 데이터 간 차이가 작을수록 실험오차는 작아진다. 오차의 크기는 3장에서 설명한 바와 같이 각 실험조건에서 개별 데이터와 그 조건의 평균과의 차이를 제곱한 값들을 합한 오차제곱합(SSE)을 오차의 자유도로 나눈 평균제곱오차(MSE)의 제곱근으로 나타낸다. 표 4.9처럼 각 조건에서 2회 반복실험을 했다면, MSE는 좀 더 간단히 구할 수 있다. 우선 첫 번째 조건의 제곱합은 다음 식으로 구할 수 있다.

$$\left(y_{11}-\bar{y}_1\right)^2+\left(y_{12}-\bar{y}_1\right)^2 = \left\{\left(y_{11}-y_{12}\right)^2\right\}/2 = 4^2/2 = 8 \tag{4.3}$$

이런 방법으로 나머지 7개 조건에서 제곱합도 구할 수 있다. 각 실험점에서 2회 반복실험을 하면, 오차제곱합은 다음 식과 같이 각 실험조건에서 구한 2개 데이터의 차이를 제곱하여 더하고 2로 나눈 것이다. 평균제곱오차는 오차제곱합을 오차의 자유도 8로 나눈다.

$$SSE=\sum_{i=1}^{8}\left\{\left(y_{i1}-\bar{y}_i\right)^2+\left(y_{i2}-\bar{y}_i\right)^2\right\} = \sum_{i=1}^{8}\left\{\left(y_{i1}-y_{i2}\right)^2\right\}/2 = \left(4^2+3^2+\cdot\cdot\cdot+11^2\right)/2 = 188$$

$$s^2 = MSE=\frac{SSE}{8(2-1)} = 23.5$$

이렇게 요인의 제곱합과 오차제곱합을 구하면 표 4.10과 같이 분산분석표를 작성할 수 있다.

표 4.10 스퍼터링 증착공정의 분산분석표

요인	자유도	제곱합	평균제곱	F−값	p값
A	1	169.00	169.00	7.19	0.028
B	1	12.25	12.25	0.52	0.491
C	1	2,970.25	2,970.25	126.39	0.000
AB	1	4.00	4.00	0.17	0.691
AC	1	784.00	784.00	33.36	0.000
BC	1	20.25	20.25	0.86	0.380
ABC	1	64.00	64.00	2.72	0.137
오차	8	188.00	23.50		
합계	15	4,215.75			

분석 결과, 주효과 A, C와 2인자 교호작용효과 AC의 F-값이 $F_{(1,8,0.05)} = 5.32$보다 크므로 이들 효과는 유의수준 0.05에서 유의하다. 이 판단은 p값이 0.05보다 작은 요인이 A, C, AC라는 것으로부터도 내릴 수 있다. 실험을 수행하기 전에 반응변수인 표면거칠기에 영향을 미치리라 기대되는 인자가 3개 있었는데, 실험데이터를 분석한 결과, 인자 A와 C만이 중요하다고 판단되었다. 결국 3개의 인자를 대상으로 한 $2^3 \times 2 = 16$회의 실험데이터는 중요한 인자 A와 C에 대하여 $2^2 \times 4$, 즉 2수준을 갖는 2개의 인자로부터 4개의 실험조합이 있고, 각 실험조합에서 시행한 4회의 반복실험 데이터로 해석할 수 있다. 16개의 데이터를 중요한 인자인 A와 C를 대상으로 4회 반복 데이터로 표 4.11과 그림 4.21에 나타내었다.

표 4.11 표면거칠기 실험의 2^2 요인배치 설계행렬 표현

A 온도	C 압력	표면거칠기			
		반복 1	반복 2	반복 3	반복 4
−1	−1	30	34	42	40
1	−1	46	43	43	44
−1	1	77	82	71	81
1	1	51	61	53	64

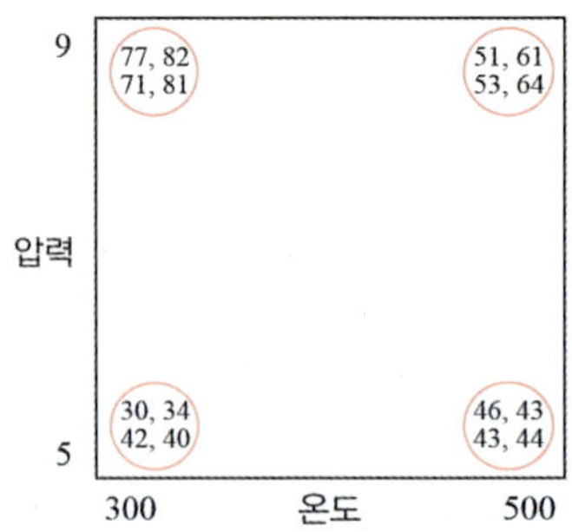

그림 4.21 표면거칠기 데이터의 설계공간 표현

인자 A와 C의 주효과와 이들 간 교호작용을 그림 4.22에 나타내었다. 표면거칠기 평균을 가장 작게 만드는 조건은 무엇인가? 교호작용 그림을 보면 $A\_C\_$ 조건이다.

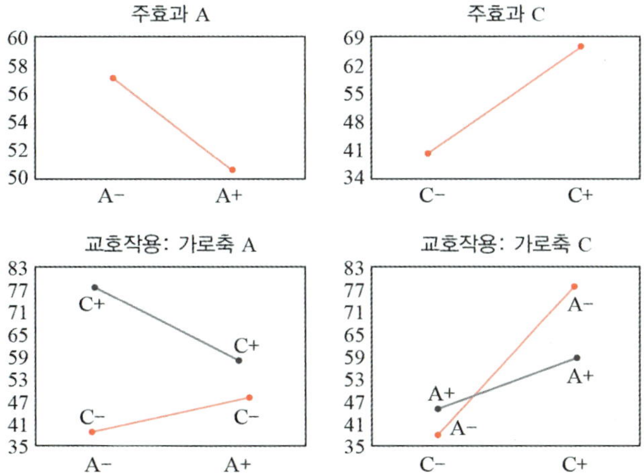

그림 4.22 표면거칠기 데이터의 주효과와 교호작용 그림

3) 순차적 실험을 위한 질문과 견해

질문 1: 실험의 목표가 표면거칠기 40Å를 달성하는 것이라면, 이후 무엇을 해야 하는가?

견해 1: 우선 실험데이터를 확인한다. 온도가 300, 압력이 5일 때, 표면거칠기가 30, 34, 42, 40인데, 이 값들을 다시 확인하면 전력이 200일 때 (30, 34), 전력이 600일 때 (42, 40)이다. 전력이 200일 때 표면거칠기 값이 30과 34로 목표를 달성하므로, (온도, 전력, 압력) = (300, 200, 600)으로 결정하고, 이 조건에서 확인실험을 수행하여 확인한다.

질문 2: 실험의 목표가 표면거칠기 30Å를 달성하는 것이라면, 이후 무엇을 해야 하는가?

견해 2: 온도와 압력의 값을 줄이는 방향으로 실험영역을 탐색하는 추가 실험을 한다. 8장에서 배우는 최대경사경로를 활용할 수도 있고, 특성치가 좋아질 수 있는 방향으로 온도는 좀 더 높여서 (200, 300), 압력은 낮추어 (3, 5)로 수준을 다시 정하여 2수준 2회 반복 실험을 시행할 수도 있다.

질문 3: 실험의 목표가 표면거칠기 10Å를 달성하는 것이라면, 이후 무엇을 해야 하는가?
견해 3: ① 실험에 영향을 미치는 다른 인자들을 이용한 추가 실험을 한다. ② 그래도 안 되면, 스퍼터링 프로세스나 구조를 바꾸어 본다.

질문 4: 애초에 온도와 압력의 영역을 더 넓게 잡았다면 좋지 않았을까?
견해 4: 그렇게 할 수도 있다. 하지만 실험하기 전에 다른 특성은 문제가 없고 표면거칠기만을 개선하기 위하여 실험을 시행하기로 했다면, 실험영역을 더 넓게 잡는 것이 표면거칠기 외에 다른 성능특성을 악화시킬 수도 있다.

질문 5: 계수인자와 계량인자가 섞여 있는 실험에서 추후 실험 방향은 어떻게 되는가?
견해 5: 계수인자가 유의하다면 그 인자의 최적조건에 세팅하고, 계량인자를 대상으로 더 나은 영역을 탐색할 수 있다.

4.6 반복이 없는 2^4 요인배치 데이터의 분석

반복하지 않은 실험데이터를 분석하려면, 실험오차를 알 수 없으므로 4.5절처럼 분산분석을 이용할 수 없다. 반복하지 않은 실험에서는 요인효과들의 상대적 크기를 비교하여 중요한 요인효과를 정한다. 4.3.2절에 소개한 반복 없는 4인자 2수준 2^4 요인배치를 이용한 소결밀도 실험데이터를 분석해 보자. 반응변수는 소결밀도(%)이고, 인자는 농도(A), 온도(B), 시간(C), 속도(D)이다. 표 4.12에 설계행렬과 소결밀도 데이터를 나타내었다.

표 4.12 소결밀도 실험의 설계행렬과 데이터

A 농도	B 온도	C 시간	D 속도	소결밀도(%)
−	−	−	−	92.7
+	−	−	−	97.0
−	+	−	−	93.0
+	+	−	−	96.1
−	−	+	−	92.2
+	−	+	−	93.2
−	+	+	−	93.9
+	+	+	−	93.8
−	−	−	+	94.6
+	−	−	+	98.5
−	+	−	+	94.4
+	+	−	+	98.3
−	−	+	+	94.5
+	−	+	+	95.6
−	+	+	+	94.9
+	+	+	+	95.6

1) 설계공간에서 데이터 표현

그림 4.23에는 소결밀도 실험데이터를 설계공간에 나타내었다. 육면체가 인자 3개를 3차원 공간으로 표현할 수 있으므로, 인자 4개의 설계공간을 표현하려면 육면체 2개가 필요하다.

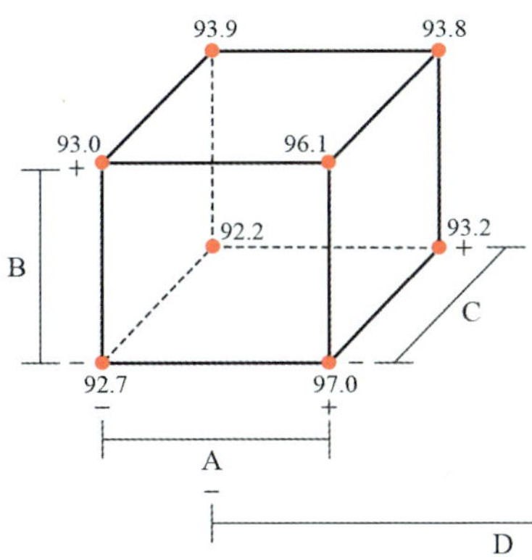

그림 4.23 소결밀도 실험의 설계공간

2) 효과행렬을 이용한 요인효과의 계산

표 4.13 소결밀도 데이터의 효과행렬

A	B	AB	C	AC	BC	ABC	D	AD	BD	ABD	CD	ACD	BCD	ABCD	관측치
−	−	+	−	+	+	−	−	+	+	−	+	−	−	+	92.7
+	−	−	−	−	+	+	−	−	+	+	+	+	−	−	97.0
−	+	−	−	+	−	+	−	+	−	+	+	−	+	−	93.0
+	+	+	−	−	−	−	−	−	−	−	+	+	+	+	96.1
−	−	+	+	−	−	+	−	+	+	−	−	+	+	−	92.2
+	−	−	+	+	−	−	−	−	+	+	−	−	+	+	93.2
−	+	−	+	−	+	−	−	+	−	+	−	+	−	+	93.9
+	+	+	+	+	+	+	−	−	−	−	−	−	−	−	93.8
−	−	+	−	+	+	−	+	−	−	+	−	+	+	−	94.6
+	−	−	−	−	+	+	+	+	−	−	−	−	+	+	98.5
−	+	−	−	+	−	+	+	−	+	−	−	+	−	+	94.4
+	+	+	−	−	−	−	+	+	+	+	−	−	−	−	98.3
−	−	+	+	−	−	+	+	−	−	+	+	−	−	+	94.5
+	−	−	+	+	−	−	+	+	−	−	+	+	−	−	95.6
−	+	−	+	−	+	−	+	−	+	−	+	−	+	−	94.9
+	+	+	+	+	+	+	+	+	+	+	+	+	+	+	95.6
2.24		−0.34		−1.56		−0.04		0.16		0.24		0.06		−0.06	
	0.21		−1.36		0.46		1.81		−0.21		0.06		−0.26		

A열의 효과는 A열의 주효과로서 '+ 수준에 해당하는 반응값의 평균'에서 '− 수준에 해당하는 반응값의 평균'을 빼서 구한다. 인자 A의 주효과를 계산하면, (평균 A+) − (평균 A−) = (97.0 + 96.1 + ⋯ + 95.6)/8 − (92.7 + 93.0 + ⋯ + 94.9)/8 = 2.24이다.

반복이 없을 때 요인효과의 유의성을 판단하는 가장 간단한 방법은 각 요인효과의 크기를 비교하여 상대적으로 큰 것들을 중요한 요인으로 선정하는 것이다. 그림 4.24에 요인효과의 절댓값을 막대그림으로 나타내었다. 이 그림을 보면 주효과 A, C, D와 교호작용 AC가 다른 요인효과들보다 상대적으로 아주 크게 나타남을 알 수 있다. 이처럼 막대그림을 이용하여 중요한 요인을 결정하는 것은 여러 개 중에서 중요한 소수를 선정하는 파레토의 원리를 이용한 것이므로 파레토그림이라고 한다.

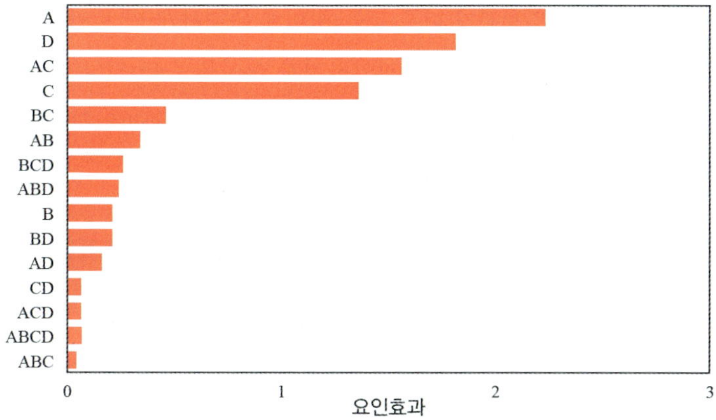

그림 4.24 소결밀도 실험데이터의 파레토그림

요인들의 상대적 크기를 비교하여 중요한 요인을 판단하는 또 다른 방법은 그림 4.25처럼 꺾은선 그림을 이용하는 것이다. 효과의 절댓값이 0에서 완만하게 증가하다가 요인효과 BC를 지난 다음에 급격하게 증가한다. 따라서 효과 BC보다 절댓값이 큰 효과인 A, C, D, AC를 중요한 요인효과로 판정한다. 꺾은선 그래프에서 효과값이 완만하게 증가하다가 팔꿈치처럼 크게 꺾이는 첫 번째 지점을 기준으로 삼고, 이보다 효과의 절댓값이 큰 인자를 중요한 인자로 판정하는 것이다. 이 그림은 팔꿈치(엘보우)를 연상하게 하므로 엘보우그림이라고 한다. 엘보우그림은 흩어져 있는 데이터를 몇 개의 군집으로 모아서 표현하고자 군집의 수를 결정할 때 먼저 쓰였다.

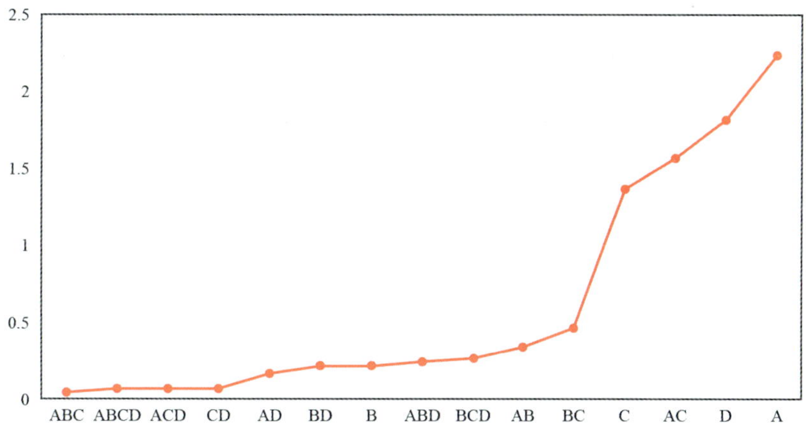

그림 4.25 소결밀도 실험데이터의 엘보우그림

그림 4.25를 보면 A, C, D, AC 효과가 다른 것들에 비해 뚜렷하게 커 보인다. 하지만 실험데이터에 따라서는 이렇게 분명하게 중요한 인자를 파악하기가 어려울 수도 있다. 반복실험을 하지 않아서 오차의 크기를 알 수 없을 때 유의한 요인효과를 보다 체계적으로 파악하는 방법은 다음과 같이 두 가지가 있다.

① 정규확률그림 또는 반정규확률그림을 이용한다. 이 기법은 직관적으로 이해할 수 있다는 장점은 있으나, 같은 그림을 보고도 사용자에 따라서 서로 다른 판단을 할 수도 있고, 효과의 중요성 여부를 판단하기 위한 뚜렷한 기준이 없다는 단점이 있다.

② 렌스(Lenth) 방법을 이용한다. 이 방법은 강건한 비모수적 방법으로서 뚜렷한 기준치에 근거한다. 현시점에서 효과의 중요성을 판단하는 데 가장 많이 활용되는 통계적 방법이다.

4.7 반복이 없는 2^k 실험에서 중요한 요인효과 선정

4.7.1* 정규확률그림과 반정규확률그림

1) 정규확률그림을 이용한 주요 요인효과 선정 방법

각 요인효과의 순위에 따라 표준정규분포에서 누적확률값에 대응하는 좌표축 값인 정규분위수 (normal quantile) $z_{(i)}$를 산출하여 이용한다. 요인효과를 순서대로 나열한 다음, i번째 위치에 있는 효과의 누적확률값(p)과 정규분위수($z_{(i)}$)의 관계는 식 (4.4)에 나타내었다. 여기서 $\Phi(\bullet)$는 누적정규분포함수이고, $\Phi^{-1}(\bullet)$는 그 역함수이다. 예를 들어 i번째 위치에 있는 효과까지의 누적확률값 p가 0.5이면, $z_{(i)}=\Phi^{-1}(0.5)=0$이다.

$$p=P\{Z\leq z_{(i)}\}=\Phi(z_{(i)}),\ z_{(i)}=\Phi^{-1}(p) \tag{4.4}$$

누적확률값(p)과 정규분위수($z_{(i)}$)의 관계는 2장의 그림 2.10과 그림 2.11에서 본 바와 같다.

반복이 없는 요인배치 데이터를 이용하여 요인효과를 구했는데, 반응변수에 영향을 미치는 중요한 요인이 없을 때는 모든 요인효과가 0이므로 반응변수를 설명하는 모형식은 $y_{ijkl}=\mu+\epsilon$이 된다. 그러면 모든 요인효과는 0에 가까운 거리에 모이게 된다. 그런데 만일 요인효과를 계산하여 구한 값이 0에서 멀리 떨어진 곳에 있다면 그 효과는 중요하다고 판정할 수 있다. 정규확률그림을 작성하여 중요한 요인효과를 판단하는 절차는 다음과 같다.

① 오름차순으로 요인효과값의 순위(i)를 매긴다.

② i번째 순위 효과값의 정규분위수인 $z_{(i)}$를 계산한다. $\Rightarrow\ z_{(i)} = \Phi^{-1}\left(\frac{i-0.5}{n}\right)$

③ 가로축과 세로축에 (효과값, $z_{(i)}$)를 타점한다.

④ 효과값이 0 주변에 있는 점들을 나타내는 직선을 생각하고, 그 선에서 멀리 떨어져 있는 요인효과들은 중요한 요인이라고 판단한다.

정규확률그림을 이용하여 4.3.2절에 있는 반복이 없는 2^4 요인배치 소결밀도 실험데이터를 분석해 보자. +와 −를 고려한 요인효과를 오름차순으로 표 4.14에 나타내었다. 이러한 효과들을 점도표로 그리면 그림 4.26과 같이 나타나는데, −0.5에서 0.5 사이에 있는 효과들은 평균이 0인 정규분포에서 나온 것으로 판단할 수 있다. 그림 4.26을 보면 −0.5에서 0.5 사이에 있는 효과들을 제외한 4개의 효과는 평균이 0인 정규분포에서 멀리 떨어져 있다. 이들 효과는 평균이 0이 아닌, 즉 반응변수에 영향을 미치는 효과라고 판단할 수 있다.

표 4.14 반복이 없는 2^4 요인배치 소결밀도 실험의 요인효과

순위(i)	1	2	3	4	5	6	7	8	9	10	11	12	13	14	15
효과	−1.56	−1.36	−0.34	−0.26	−0.21	−0.06	−0.04	0.06	0.06	0.16	0.21	0.24	0.46	1.81	2.24
요인	AC	C	AB	BCD	BD	ABCD	ABC	CD	ACD	AD	B	ABD	BC	D	A

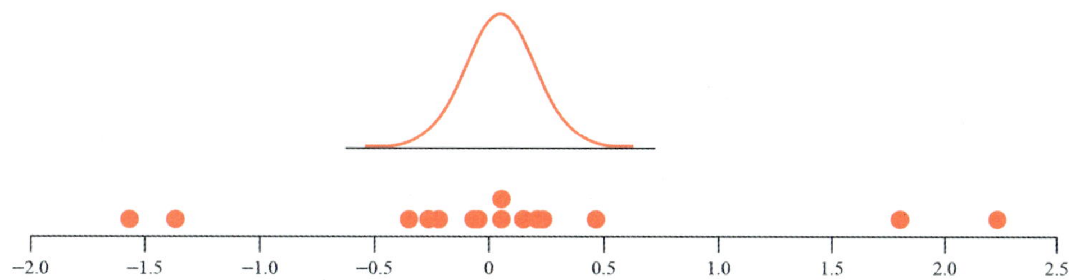

그림 4.26 반복이 없는 2^4 요인배치 소결밀도 실험의 요인효과 점도표

표 4.15에 오름차순으로 요인효과값의 순위를 매기고 각 효과에 대응하는 정규분위수 $z_{(i)}$를 계산한 것을 나타내고, 이를 이용한 정규확률그림을 그림 4.27에 나타내었다. 이 그림을 보면, 요인효과 A, C, D, AC를 제외한 다른 효과들은 평균 0의 주변에 몰려있다. 그러므로 이 실험데이터를 분석한 결과, 4개의 요인효과를 제외한 나머지 10개의 효과는 평균이 0인 실험오차로 간주할 수 있으므로, 반응변수를 설명하는 모형은 다음의 식으로 나타낼 수 있다.

$$y_{ijk} = \mu + A_i + C_k + D_l + (AC)_{ik} + \epsilon \tag{4.5}$$

표 4.15 반복이 없는 2^4 요인배치 소결밀도 실험의 요인효과와 정규분위수

순위(i)	1	2	3	4	5	6	7	8	9	10	11	12	13	14	15
효과	−1.56	−1.36	−0.34	−0.26	−0.21	−0.06	−0.04	0.06	0.06	0.16	0.21	0.24	0.46	1.81	2.24
요인	AC	C	AB	BCD	BD	ABCD	ABC	CD	ACD	AD	B	ABD	BC	D	A
정규분위수	−1.83	−1.28	−0.97	−0.73	−0.52	−0.34	−0.17	0.00	0.17	0.34	0.52	0.73	0.97	1.28	1.83

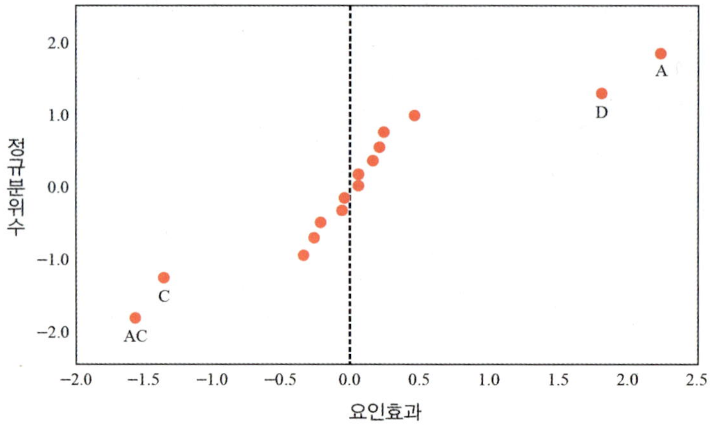

그림 4.27 반복이 없는 2^4 요인배치 소결밀도 실험의 정규확률그림

2) 반정규확률그림을 이용한 중요한 요인효과 선정 방법

요인효과의 절댓값을 이용하여 반정규분위수(half-normal quantile)를 구하여 반정규확률그림을 이용하면 정규확률그림보다 더 쉽게 중요한 요인효과를 파악할 수 있다. 반정규확률그림을 작성하여 중요한 요인효과를 판단하는 절차는 다음과 같다.

① 오름차순으로 요인효과 절댓값의 순위(i)를 매긴다.

② i번째 순위 효과값의 반정규분위수인 $z_{(i)}$를 계산한다. $\Rightarrow$ $z_{(i)} = \Phi^{-1}\left(0.5 + 0.5\left(\frac{i-0.5}{n}\right)\right)$

③ 가로축과 세로축에 (효과 절댓값, $z_{(i)}$)를 타점한다.

④ 효과값이 작은 0 주변에 있는 점들을 나타내는 직선을 생각하고, 그 선에서 멀리 떨어져 있는 요인효과들은 중요한 요인이라고 판단한다.

2^4 요인배치 소결밀도 실험데이터를 분석하여 구한 요인효과를 대상으로 반정규확률그림을 적용하여 오름차순으로 요인효과 절댓값의 순위를 매기고 각 |효과|에 대응하는 반정규분위수 $z_{(i)}$를 계산한 것을 표 4.16에, 이를 이용한 반정규확률그림을 그림 4.28에 나타내었다. 이 그림을 보면, 그래프의 왼쪽 아래에 있는 |효과|가 아주 작은 요인들을 0을 지나는 직선으로 표시한다면, 이것들을 제외한 오른쪽의 요인들의 |효과|가 크게 나타난다는 것을 시각적으로 좀 더 분명하게 알 수 있다.

표 4.16 반복이 없는 2^4 요인배치 소결밀도 실험의 요인효과의 절댓값과 정규분위수

순위(i)	1	2	3	4	5	6	7	8	9	10	11	12	13	14	15
|효과|	0.04	0.06	0.06	0.06	0.16	0.21	0.21	0.24	0.26	0.34	0.46	1.36	1.56	1.81	2.24
요인	ABC	CD	ACD	ABCD	AD	B	BD	ABD	BCD	AB	BC	C	AC	D	A
반정규분위수	0.04	0.13	0.21	0.30	0.39	0.48	0.57	0.67	0.78	0.90	1.04	1.19	1.38	1.64	2.13

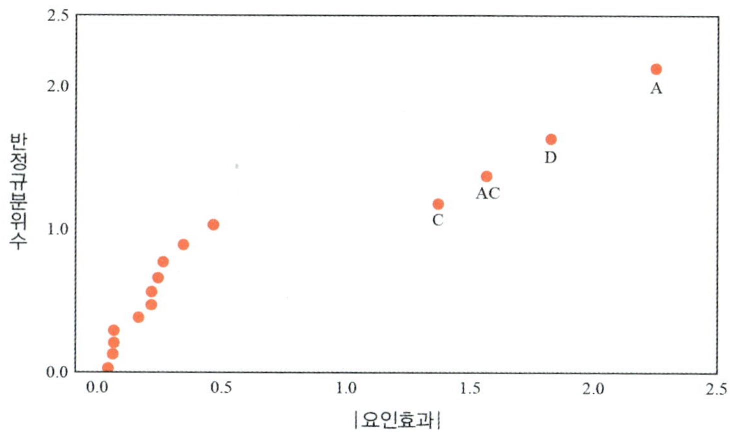

그림 4.28 반복이 없는 2^4 요인배치 소결밀도 실험의 반정규확률그림

정규확률그림이나 반정규확률그림을 이용하면 시각적으로 중요한 요인들을 파악하기가 쉽기는 하지만, 데이터를 분석해 보면 어떤 요인효과를 중요하다고 해야 할지 아닐지를 판단하기가 모호할 때가 있다. 이런 경우에는 사람에 따라서 같은 그림을 보고 다른 의견을 낼 수 있다. 결국 이 방법들의 문제점은 요인효과의 유의성을 판단하는 데 뚜렷한 기준이 없다는 것이다.

4.7.2 렌스(Lenth) 방법

반복이 없는 요인배치실험 데이터로부터 구한 요인효과 중 중요한 것들을 판정하는 반정규확률그림을 이용하는 방법은 1959년 다니엘(Cubert Daniel)이 제안한 이래 시각적 방법으로써 유용하게 활용되었다. 하지만 이 방법은 요인효과의 유의성을 판단할 기준이 없다는 문제가 있다. 이는 선에서 먼 것들을 유의하다고 본다는 것인데, 어느 정도 떨어져 있어야 한다는 것인지에 관한 뚜렷한 기준이 없으니 같은 그림을 보고도 사용자에 따라서 판정 결과가 다를 수 있다. 다니엘이 제안한 다음 수많은 학자가 반복이 없는 요인배치 데이터의 유의성 검정 방법에 관하여 연구했는데, 30년이 지난 1989년 렌스(Lenth)가 효과가 아주 큰 값이나 분포 형태에 영향을 받지 않는 표준오차를 비모수적으로 추정하여 판정하는 방법을 제시했고, 현재 이 방법을 거의 모든 소프트웨어에서 채택하여 쓰고 있다. 렌스 방법을 적용하여 중요한 요인을 판정하는 절차는 다음과 같다.

① 효과행렬을 이용하여 각 요인의 효과(E_i)를 계산한다.

② 요인효과를 절댓값($|E_i|$)으로 변환한 후, 오름차순으로 나열한다.

③ 모든 요인효과 절댓값을 대상으로, 중위수($median|E_i|$)를 구한다.

④ 중위수를 이용하여, 표준오차 추정치($s_0 = 1.5 \times median|E_i|$)를 계산한다.

⑤ $|E_i| > 2.5 \times s_0$에 해당하는 극단적인 효과값을 가지는 요인을 제외하고, 남은 요인효과 절댓값으로 새로운 중위수 $median_a$를 다시 구한다. $\Rightarrow\ median_a = median_{\{|E_i| < 2.5 \times s_0\}}|E_i|$

⑥ $median_a$를 이용하여 수정 표준오차(Pseudo Standard Error, PSE)를 계산한다.

$\Rightarrow\ PSE = 1.5 \times median_a$

⑦ 요인효과 절댓값 $|E_i|$를 PSE로 나눠 '수정 t-통계량'의 절댓값 $|t_{PSE,i}|$를 계산한다.

$$\Rightarrow\ |t_{PSE,i}| = \frac{|E_i|}{PSE}$$

⑧ 표 4.17 또는 부록의 〈표 A.6〉을 바탕으로 요인효과의 총수(I)와 유의수준(α)에 따른 개별오차율(Individual Error Rate, IER)을 확인하고, $|t_{PSE,i}|$ 값이 IER보다 큰 요인효과 E_i들을 중요하다고 판정한다.

표 4.17 주요 개별오차율 임계치

I \ α	0.20	0.10	0.05	0.01
7	1.20	1.71	2.30	5.07
8	1.20	1.67	2.20	4.70
11	1.24	1.71	2.21	4.08
15	1.25	1.70	2.16	3.63
17	1.26	1.70	2.14	3.48
19	1.26	1.70	2.12	3.38
23	1.27	1.69	2.10	3.23
27	1.27	1.68	2.08	3.12
31	1.27	1.68	2.06	3.04
35	1.27	1.68	2.05	2.99
63	1.28	1.66	2.01	2.80
127	1.28	1.66	1.99	2.68

I: 요인효과 수, α: 유의수준

판정 절차에 있는 일부 내용에 관하여 추가 설명을 하면, 첫째, ④에 있는 표준오차 추정치 $s_0 = 1.5 \cdot median|E_i|$는 E_i가 0이고, 오차가 정규분포를 따를 때, 표본 크기가 커지면 모집단 표준오차에 수렴하는 일치추정량(consistent estimator)이다. 표준오차를 구하기 위하여 중위수를 이용하는 이유는 중위수가 큰 효과를 나타내는 '요인효과 이상치(outlier)'의 영향을 받지 않기 때문이다. 둘째, ⑤에서 $2.5s_0$ 이하의 요인효과만 대상으로 중위수를 구하는 이유는 정규분포에서 99% 안에 들도록 하는 임계치가 2.57, 즉 $\text{Prob}\{|N(0,\ 1)| \geq 2.57\} = 0.01$이므로, 2.57에 가까운 2.5를 이용하여 전체 분포의 99% 안에 들어오는 $2.5s_0$ 이하 크기의 요인효과를 이용하여 중위수를 구하고자 하는 것이다. 셋째, ⑧에 있는 IER은 유의수준 α일 때, E_i가 개별적으로 중요하다고 판정하게 되는 임계치이다. 일반적으로 α는 0.05를 이용하지만, 가능한 한 확실하게 중요한 요인만을 선정하고 싶다면 이보다 더 작을 수 있고, 선별실험에서는 더 높게 정할 수도 있다. α를 택하는 문제는 4.13절의 들여다보기에서 다시 다루기로 한다.

렌스 방법을 이용하여 4.3.2절에 있는 반복이 없는 2^4 요인배치 소결밀도 실험데이터를 분석하여 중요한 요인을 선정해 보자. 요인효과를 표 4.18과 같이 구한 다음, 절댓값을 구하여 오름차순으로 나열하면 표 4.19와 같다.

표 4.18 소결밀도 실험의 요인효과

요인	A	B	AB	C	AC	BC	ABC	D	AD	BD	ABD	CD	ACD	BCD	ABCD
효과	2.24	0.21	−0.34	−1.36	−1.56	0.46	−0.04	1.81	0.16	−0.21	0.24	0.06	0.06	−0.26	−0.06

표 4.19 소결밀도 실험의 요인효과 절댓값의 오름차순

순위(i)	1	2	3	4	5	6	7	8	9	10	11	12	13	14	15
요인	ABC	CD	ACD	ABCD	AD	B	BD	ABD	BCD	AB	BC	C	AC	D	A
|효과|	0.04	0.06	0.06	0.06	0.16	0.21	0.21	0.24	0.26	0.34	0.46	1.36	1.56	1.81	2.24

절댓값의 중위수는 $median|E_i| = 0.24$이고, 처음 표준오차 추정치는 $s_0 = 1.5 \times 0.24 = 0.36$이다. 효과의 절댓값이 $2.5 \times s_0 = 2.5 \times 0.36 = 0.90$ 이상인 12~15번에 대응하는 C, AC, D, A 효과를 제외한, 1~11번에 있는 효과의 절댓값 중위수는 0.21이다. 그러므로 $PSE = 1.5 \times 0.21 = 0.315$이다. 표 4.20에 $|t_{PSE,i}| = \left|\frac{E_i}{PSE}\right|$를 나타내었다.

표 4.20 소결밀도 실험 요인효과의 $|t_{PSE,i}|$

요인	A	B	AB	C	AC	BC	ABC	D	AD	BD	ABD	CD	ACD	BCD	ABCD
E_i	2.24	0.21	−0.34	−1.36	−1.56	0.46	−0.04	1.81	0.16	−0.21	0.24	0.06	0.06	−0.26	−0.06
$\lvert t_{PSE,i}\rvert$	7.11	0.67	1.08	4.32	4.95	1.46	0.13	5.75	0.51	0.67	0.76	0.19	0.19	0.83	0.19

$IER(15,\ 0.01) = 3.63$, $IER(15,\ 0.05) = 2.16$인데, 표 4.20을 보면, 요인 A, C, D, AC의 수정 t-통계량의 절댓값이 $IER(0.01)$보다 확실히 크게 나타나므로, 이들 요인효과는 유의수준 0.01에서 유의한 효과라고 판단할 수 있다.

4.8 모형의 구성과 검토

4.8.1 모형의 구성

인자의 수준 값을 정하고, 이것을 실험계획에 이용하기 위하여 설계행렬을 구성할 때 각 변수의 코딩된 수준 값을 이용했는데, 이는 모형을 구성할 때도 필요하다. 이 절에서는 i번째 변수의 저수준과 고수준을 −1과 +1로 코딩하여 나타낸 변수를 X_i로 나타내기로 하자.

1) 2^2 요인실험에서 교호작용효과가 없는 경우

$$\hat{y} = b_0 + b_1X_1 + b_2X_2 \quad \text{(그림 4.29)}$$

b_0은 2개의 변수가 0 수준에 있을 때의 값으로서, 반응변수 데이터의 평균으로 계산한다. 모형식을 보면 b_0은 절편으로서 X_1과 X_2가 모두 0일 때 $\hat{y}$ 값이다. X_1과 X_2가 모두 0일 때 반응변수의 값이라는 것은 저수준과 고수준을 -1과 $+1$로 코딩한 실험영역의 한가운데 값이므로, 각 귀퉁이에서 구한 4개 반응변수 값의 무게중심으로 구한다.

b_i는 i번째 변수의 기울기이다. X_i의 주효과는 인자가 -1에서 $+1$로 변할 때, 즉 X_i의 값이 2만큼 변할 때 반응변수의 변화량이다. 그런데 기울기는 X_i가 1 증가할 때 반응변수의 변화량이므로 b_i는 'X_i의 주효과'/2로 계산한다.

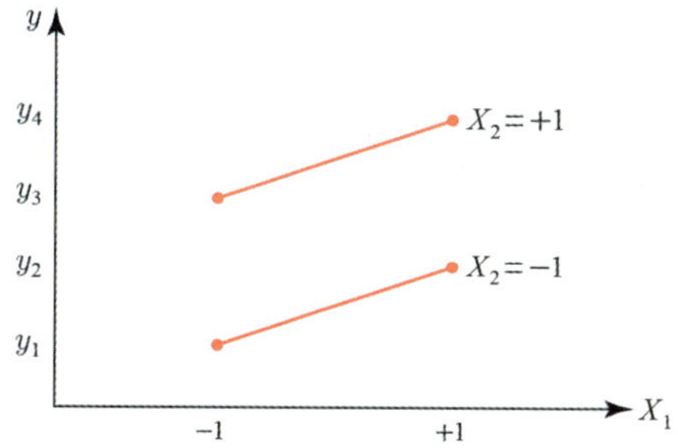

그림 4.29 교호작용이 없는 경우

2) 2^2 요인실험에서 교호작용효과가 있는 경우

$$\hat{y} = b_0 + b_1X_1 + b_2X_2 + b_{12}X_1X_2 \text{ (그림 4.30)}$$

교호작용효과가 나타나면 모형에 $b_{12}X_1X_2$항이 추가된다. 교호작용효과 항의 계수 b_{12}는 교호작용효과 E_{12}의 절반인 $E_{12}/2$로 구한다.

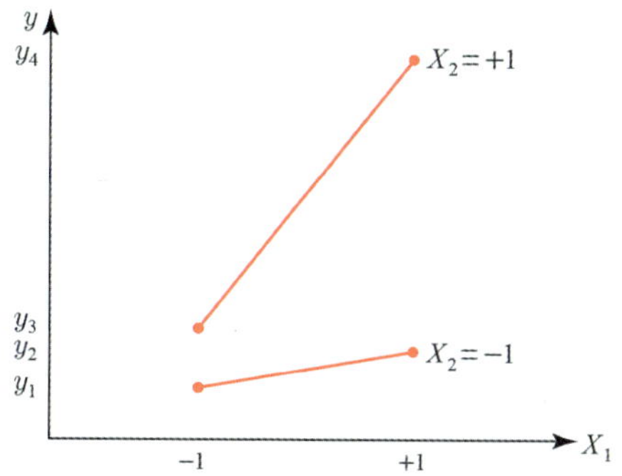

그림 4.30 교호작용이 있는 경우

앞서 효과행렬을 이용하여 교호작용을 구했을 때, 교호작용효과가 음수나 양수로 나올 수도 있다는 것을 확인했는데, 이제 그 의미가 무엇인지를 살펴보자. 우선 주효과는 어떤 인자가 −1에서 +1로 증가할 때 반응치의 증가분이다. 교호작용은 어떻게 모형에 반영되는가? 교호작용은 X_1과 X_2의 곱으로 이루어진 항이고, 이 항에 곱해지는 계수는 교호작용효과 값의 1/2이다. 교호작용효과 값이 양수이면, X_1과 X_2가 1단위만큼씩 증가할 때 반응변수의 값이 이들 변수의 계수값인 b_1과 b_2만큼 각각 반영된 다음에 b_{12}만큼 추가로 더 증가한다. 이것이 음수이면 그만큼 값이 감소한다.

3) 인자가 3~4개일 때 효과모형

인자가 3개 또는 4개이면 다음과 같은 효과모형을 각각 구할 수 있다.

$$\hat{y}= b_0 + b_1X_1 + b_2X_2 + b_3X_3 + b_{12}X_1X_2 + b_{13}X_1X_3 + b_{23}X_2X_3\,(+\, b_{123}X_1X_2X_3) \tag{4.6}$$

$$\begin{aligned}\hat{y} &= b_0 + b_1X_1 + b_2X_2 + b_3X_3 + b_4X_4 + b_{12}X_1X_2 + b_{13}X_1X_3 + b_{14}X_1X_4 + b_{23}X_2X_3 + b_{24}X_2X_4 \\ &\quad + b_{34}X_3X_4\,(+\, b_{123}X_1X_2X_3 + b_{124}X_1X_2X_4 + b_{134}X_1X_3X_4 + b_{234}X_2X_3X_4 + b_{1234}X_1X_2X_3X_4)\end{aligned} \tag{4.7}$$

위의 식에서 3인자 교호작용효과는 일반적으로 고려하지 않으므로 괄호로 표시했다. 데이터를 분석하여 유의하지 않는 항은 모형에서 제외한 다음에 모형식을 수립한다.

4) 효과모형의 구성

분산분석 후, p값을 기준으로 삼아 중요한 효과를 대상으로 모형을 구성한다. 실험자가 미리 어떤 요인효과가 중요한지 알고 있다면, 분석 결과 p값이 다소 크게 나와도 그 효과를 모형에 포함한다. 왜냐하면 실험데이터 분석이란 하나의 실험 결과를 대상으로 한 것인데, 실험은 매번 결과가 다르게 나타나기 때문이다. 특히 잡음의 영향이 클 때는 그 정도가 심하다. 그러므로 중요하다고 실험 전에 이미 인식된 효과는, 한 번 실험 결과로 유의하지 않게 결과가 나왔다고 하더라도, 모형에 포함해야 한다.

앞서 배운 2개의 변수를 대상으로 설명한 효과모형 구성 방법을 일반화해 보자. E_i를 i번째 인자의 효과라고 하면, E_i는 X_i가 −1에서 +1로 커질 때 반응변수의 증가분이다. 그런데 변수의 계수는 1만큼 증가할 때 반응변수 증가분이므로, $b_i = \Delta Y/\Delta X = E_i/2$이다. i번째 인자와 j번째 인자의 교호작용효과도 $b_{ij} = E_{ij}/2$로 구한다.

앞선 4.5절의 반복이 있는 2^3 요인배치법 데이터를 분석한 결과, 유의한 효과를 이용하여 모형을 구성해 보자. A를 X_1, B를 X_2로 표현하면 $b_1 = E_1/2 = -3.25$, $b_2 = E_2/2 = 13.63$, $b_{12} = E_{12}/2 = -7.00$, b_0 = 모든 반응치의 평균 = 53.88이므로 모형식은 다음과 같다.

$$\hat{y} = 53.88 - 3.25X_1 + 13.63X_2 - 7.00X_1X_2 \tag{4.8}$$

4.6절의 반복이 없는 2^4 요인배치법에서 인자를 변수 X_i로 표기하면, 유의한 요인효과를 이용하여 다음과 같은 모형식을 구성할 수 있다. 이 사례에서 인자 B의 주효과는 중요하지 않은데, BC 교호작용이 중요하므로 B의 주효과에 해당하는 X_2항을 모형에 추가하였다.

$$\hat{y} = 94.8937 + 1.1187X_1 + 0.1063X_2 - 0.6812X_3 + 0.9062X_4 - 0.7813X_1X_3 + 0.2313X_2X_3 \tag{4.9}$$

4.8.2 모형의 적합성 검토

실험계획에서 얻은 데이터를 분석하여 결론을 내리기 전에, 실험계획과 분석을 통한 모형의 적합성을 확인하기 위해 잔차를 검토할 필요가 있다. 잔차는 관측치와 모형에 의한 예측치 간의 차이이다. 잔차는 실험오차, 측정오차 또는 모형에 대한 불확실성을 포함한다.

실험계획 데이터를 분석하여 모형을 구성할 때, 기본 가정은 오차가 정규분포를 따르고, 분산이 일정하며, 서로 독립이라는 것이다. 이런 가정이 성립하는지를 파악하는 방법은 데이터를 분석한 다음에 잔차를 이용하여 모형을 검토하는 것이다. 잔차는 관측치와 예측치 간의 차이이므로, 반복이 없는 요인배치 실험에서 i번째 실험점의 잔차는 $r_i = y_i - \hat{y}_i$이다. 반복이 있는 실험에서는 i번째 실험점의 j번째 반복실험의 잔차는 $r_{ij} = y_{ij} - \bar{y}_i$가 된다. 그림 4.31에 잔차의 의미를 나타내었다.

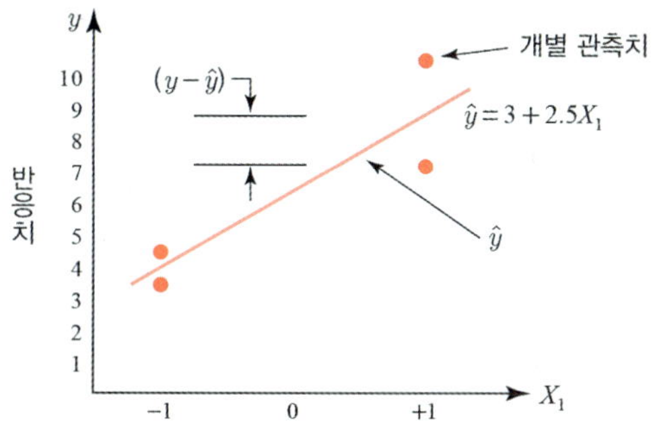

그림 4.31 잔차

요인배치법을 이용한 실험이 기본 가정을 따르는지를 잔차 그림으로 확인하기 위하여 정규확률그림, 실험 순서에 따른 잔차 그림, 등분산성 검토를 위한 그림, 인자의 수준에 따른 잔차 그림을 살펴보자.

(1) 정규성 검토

우선 잔차가 정규분포를 따르면, 잔차의 정규확률그림이 그림 4.32처럼 직선 형태로 나타난다. 정규확률그림에서 직선을 많이 벗어나는 것은 이상치(outlier)라고 볼 수 있는데, 이상치가 나타나면 이상치를 발생시킨 이상 요인(assignable cause)을 파악하는 것이 필요하다.

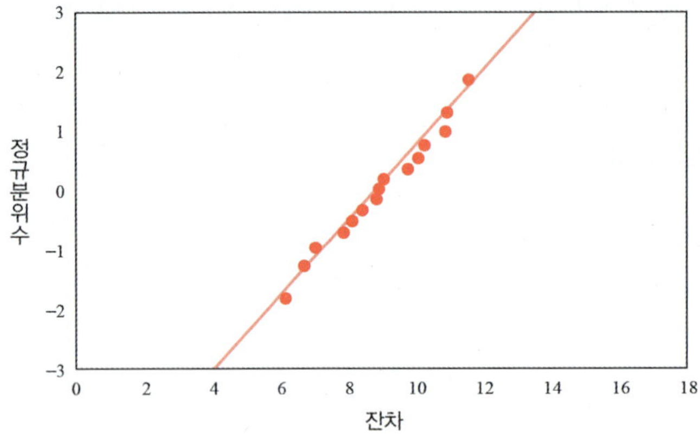

그림 4.32 정규확률그림

(2) 실험 순서에 따른 이상 확인

그림 4.33과 같은 실험 순서에 따른 잔차를 보면 실험환경에 변화가 있는지를 알 수 있다. 왼쪽 그림에서는 잔차가 랜덤하게 나타나서 실험 순서에 따른 문제가 없다. 오른쪽 그림에서는 8번까지는 잔차가 모두 0보다 작고, 9번부터는 모두 0보다 크다. 이런 결과가 나오면, 실험을 시행하면서 8번 실험이 끝난 후에 어떤 변화가 있었는지 살펴볼 필요가 있다.

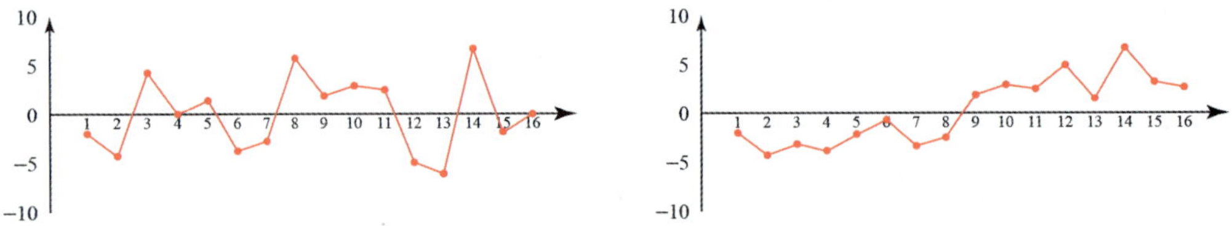

그림 4.33 실험 순서에 따른 잔차

(3) 오차의 등분산성 검토

오차의 등분산성을 검토하기 위하여 반응치의 크기에 따른 잔차를 그림 4.34에 나타내었다. 왼쪽 그림은 등분산성이 유지된 것을, 오른쪽 그림은 반응치가 커짐에 따라 잔차가 따라서 커지는 경향이 있어서 등분산성이 유지되지 않는 것을 나타낸다. 이렇게 잔차의 분산이 반응치에 따라 커질 때는 등분산성을 확보하기 위하여 기존 데이터를 $\sqrt{y}$ 또는 $\log\ y$로 변수를 변환하여 데이터를 분석한다.

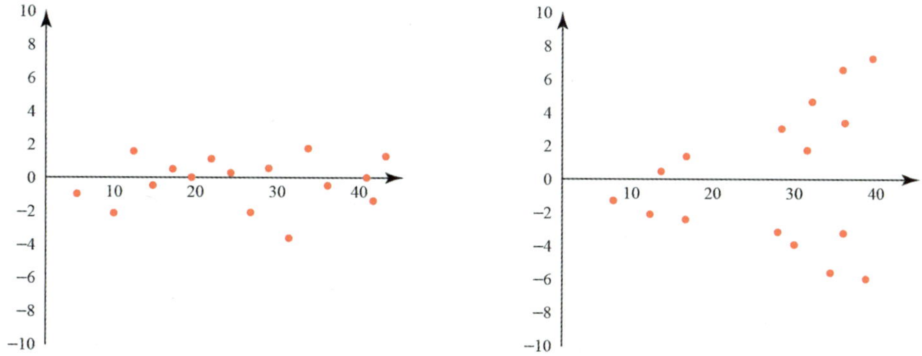

그림 4.34 반응치의 크기에 따른 잔차

(4) 인자의 수준에 따른 잔차 그림

그림 4.35에는 인자의 수준 값에 따른 잔차 그림을 나타내었는데, 오른쪽 그림을 보면 X_i의 수준 값에 따라 잔차의 중심위치가 달라진다. 이는 X_i가 반응치에 영향을 미치는데, 모형에 포함되어 있지 않다는 것을 나타낸다. 이럴 때는 X_i가 모형에 포함되어 있는지를 확인할 필요가 있다.

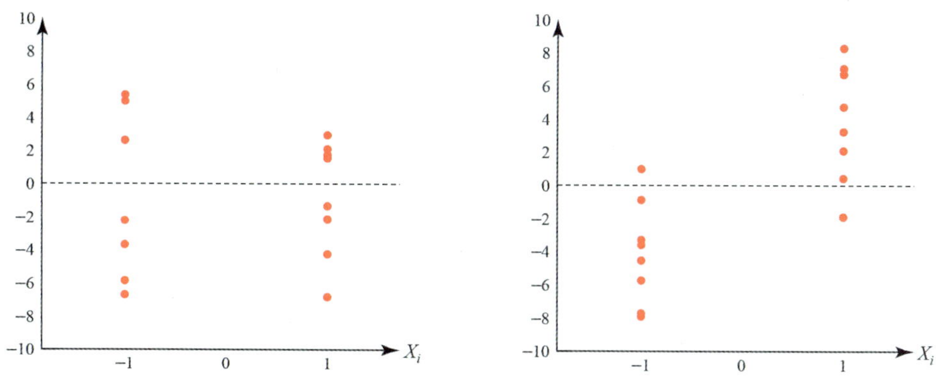

그림 4.35 인자의 수준에 따른 잔차

그림 4.36~4.38은 4.3.1절의 반복이 있는 2^3 요인배치법 데이터를 분석하여 모형을 구성한 다음, 표준화된 잔차를 이용하여 정규확률그림, 실험 순서에 따른 잔차, 반응치의 크기에 따른 잔차를 차례로 나타낸 것이다. 표준화된 잔차는 잔차 값에서 평균을 빼고 표준편차로 나누어서 구한 것으로서 표준정규분포를 따른다. 정규성이나 실험 순서에 따른 이상은 없고, 표준화된 잔차가 ±3을 벗어나는 것도 없지만, 오차의 등분산성에는 약간 문제가 있어 보인다.

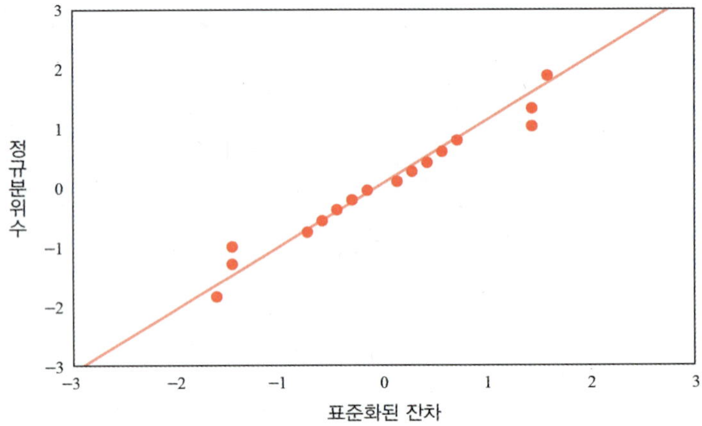

그림 4.36 정규확률그림: 반복이 있는 2^3 요인배치법

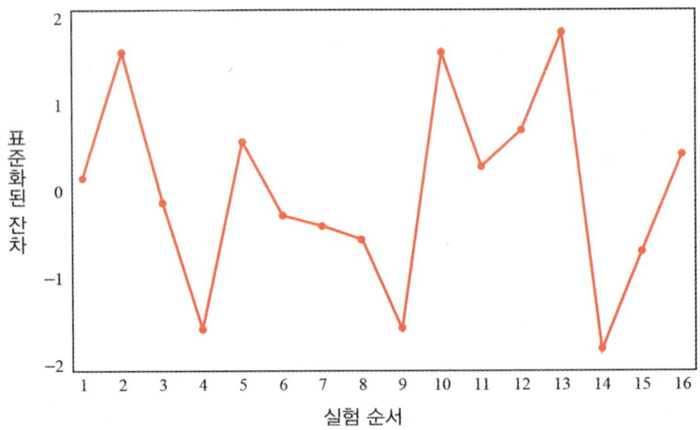

그림 4.37 실험 순서에 따른 잔차: 반복이 있는 2^3 요인배치법

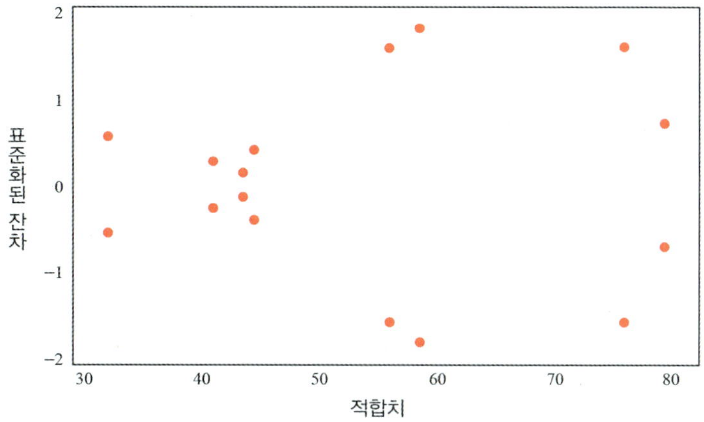

그림 4.38 반응치의 크기에 따른 잔차: 반복이 있는 2^3 요인배치법

그림 4.39~4.41은 4.3.2절의 반복이 없는 2^4 요인배치법 데이터를 분석하여 모형을 구성한 다음, 표준화된 잔차를 이용하여 정규확률그림, 실험 순서에 따른 잔차, 반응치의 크기에 따른 잔차를 차례로 나타낸 것이다. 정규성이나 실험 순서에 따른 이상, 오차의 등분산성에서 모두 문제가 없다.

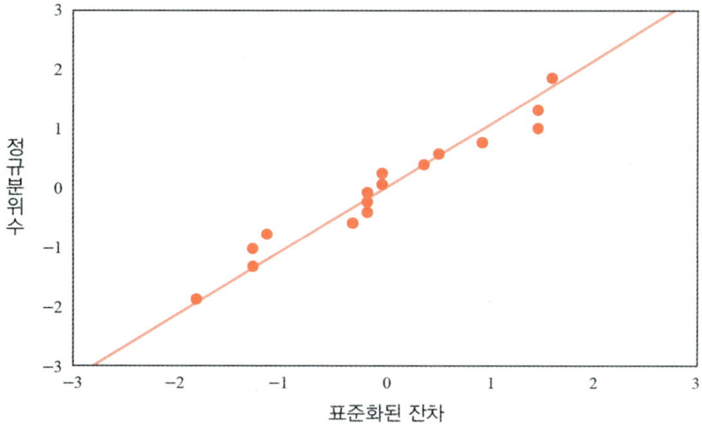

그림 4.39 정규확률그림: 반복이 없는 2^4 요인배치법

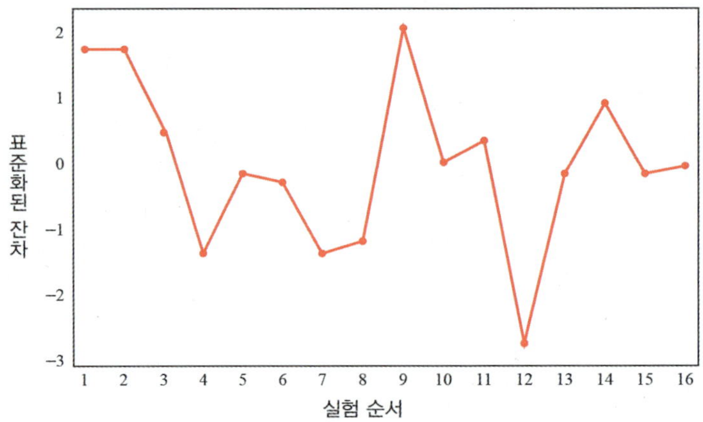

그림 4.40 실험 순서에 따른 잔차: 반복이 없는 2^4 요인배치법

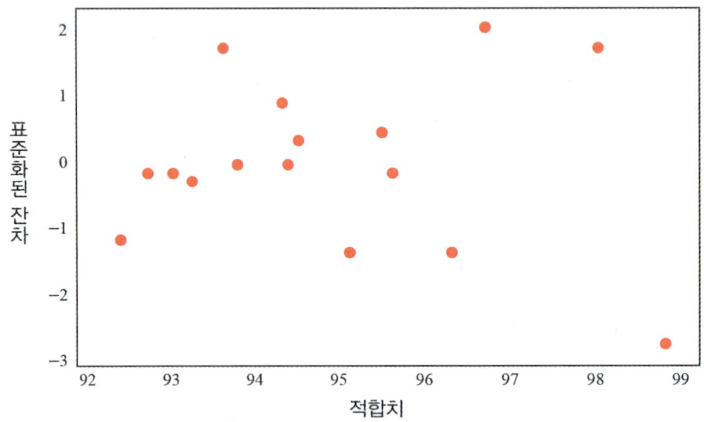

그림 4.41 반응치의 크기에 따른 잔차: 반복이 없는 2^4 요인배치법

4.9 요인배치 실험계획법의 원칙

4.9.1 요인배치 실험계획법의 3대 원칙

1장에서 실험계획의 3대 원칙을 살펴보았다. 여기서는 요인배치에 초점을 맞추어 이 원칙들을 다시 살펴보기로 한다.

1) 반복의 원칙

① 반복실험은 인자의 수준조합을 다시 세팅하여 실험을 반복하는 것을 의미한다. 이는 실험이 끝난 후 반응변수를 반복하여 관측하는 것과는 다르다.

② 반복실험은 실험오차를 결정짓는 요소가 된다.

③ 반복실험은 모든 실험점에서 할 수도 있고, 시간과 비용을 고려하여 부분적으로 반복실험을 할 수도 있다.

④ 반복측정은 때때로 반복실험만큼 실험계획의 결과에 크게 영향을 주지는 않지만 고려되어야 할 사항이다. 반복측정이란 주어진 하나의 실험점에서 반응치를 반복하여 측정하는 것인데, 측정오차의 크기를 알고자 할 때 이용한다.

한 조건에서 생산한 제품의 특성을 여러 위치에서 측정하여 데이터를 얻을 때가 있다. 이것은 반복실험과 반복측정 사이에 있는 것으로서, 한 번의 실험으로 몇 개의 데이터를 얻는 '잠재적' 반복실험에 해당한다. 이러한 잠재적 반복실험을 시행하면 같은 조건에서 얻은 데이터의 평균과 분산(표준편차)을 추정함으로써 중심위치와 산포척도를 동시에 추정할 수 있다.

그림 4.42에서 웨이퍼 위에 포토레지스트를 얹고, 회로 패턴을 그린 포토마스크 필름을 올려 자외선을 쪼일 때 자외선에 노출되지 않은 부분이 '포지티브 포토레지스트'이다. 포토 공정이 끝난 후에 몇 군데 위치에서 포토레지스트의 두께를 재고, 이들 데이터의 평균과 분산을 별도로 분석한다. 분산은 최소가 되도록 하고, 두께의 평균은 실험자가 원하는 값으로 만들기 위한 조건을 정하고자 한다면, 한 실험점에서 측정한 여러 위치 데이터의 평균과 분산을 각기 다른 반응변수로 삼아 별도로 분석을 수행해야 한다.

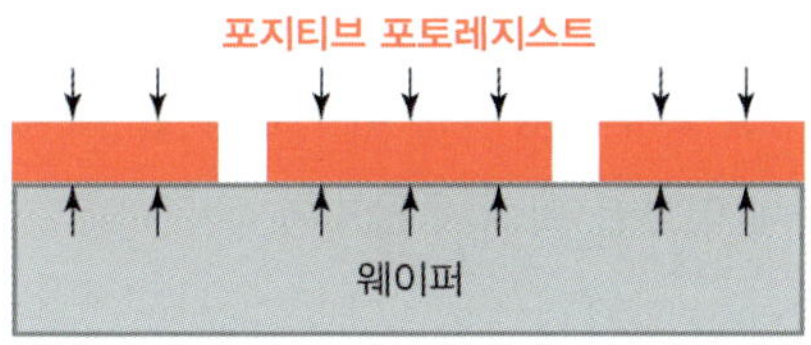

그림 4.42 포토레지스트

2) 랜덤화의 원칙

추정될 여러 가지 효과 외에 다른 원인이 실험 결과에 영향을 미치는 것을 줄여주는 가장 기본적인 원칙으로서, 랜덤화에는 공간적 랜덤화, 시간적 랜덤화 두 가지가 있다. 공간적 랜덤화는 실험조건을 나누어진 공간 구획에 랜덤하게 배치하는 것이고, 시간적 랜덤화는 실험순서를 랜덤하게 정하는 것이다. 그림 4.43은 실험조건을 시간 순서에 따라서 랜덤하게 배치하지 않았을 때 나타나는 문제를 보여준다. 만일 첫째 날과 둘째 날의 실험환경에 차이가 있으면, 그 차이는 X_3의 효과와 섞이게 되어 X_3의 효과를 정확하게 추정할 수가 없다.

	실험점	X_1	X_2	X_3	y	
첫째 날 실험	1	−	−	−		첫째 날의 조건에 의한 배치
	2	+	−	−		
	3	−	+	−		
	4	+	+	−		
둘째 날 실험	5	−	−	+		둘째 날의 조건에 의한 배치
	6	+	−	+		
	7	−	+	+		
	8	+	+	+		

그림 4.43 8개의 실험점을 이틀간 배치

3) 블로킹의 원칙

블록(block)이란 상대적으로 균질의 실험 재료 또는 환경을 말한다. 실험을 통하여 신제품을 개발하거나 현재 운영하는 공정의 문제를 해결하려면 가능한 한 신속하게 결과를 내야 한다. 그러므로 어떤 실험을 2대의 장비에 나누어서 실험을 할 수 있으면 실험 시간을 반으로 줄일 수 있다. 그림 4.44에 나타낸 바와 같이, 3인자 2수준 실험을 위하여 8개의 실험조건을 2대의 장비에 나누어 실험을 동시에 진행하고자 한다면, 8개의 실험점을 어떻게 배분하겠는가? 이들 장비의 차이는 구매한 시기가 다른 같은 브랜드의 장비일 수도 있고, 같은 목적의 실험을 위해 구매한 서로 다른 브랜드의 장비일 수도 있다. 2대의 장비를 동시에 이용하면 1대의 장비를 이용할 때보다 실험시간이 반으로 줄어든다. 문제는 만일 장비 간에 차이가 있다면 실험에서 분석하고자 하는 데이터에 영향을 줄 수도 있다는 것이다. 이 8개의 실험점을 2대의 장비에 나누어서 잘 배치하면, 이러한 장비 간의 차이가 실험자가 구하고자 하는 효과들에 영향을 미치지 않도록 할 수 있다.

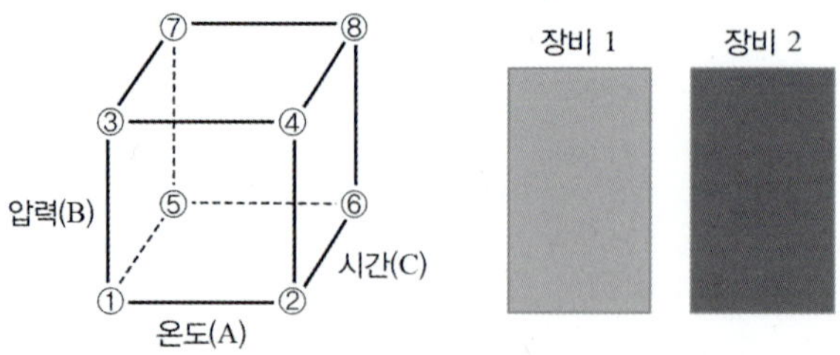

그림 4.44 2^3 요인배치의 블로킹

만일 장비 1에 (1, 2, 3, 4), 장비 2에 (5, 6, 7, 8)을 배치하면 어떻게 될까? (1, 2, 3, 4)는 시간이 − 수준, (5, 6, 7, 8)은 + 수준의 데이터이므로 장비 간의 차이로 나타나는 효과가 시간의 주효과와 섞이게 되어, 시간의 효과를 장비 간 차이와 분리하여 파악할 수 없다.

(1, 4, 6, 7), (2, 3, 5, 8)을 각각 장비 1과 2에 배치하면, 구하고자 하는 중요한 요인효과들을 장비 간 차이와 무관하게 구할 수 있다. 만일 장비 2에서 실험한 반응변수 값이 장비 1에 비해 α만큼 더 나온다고 하면, 장비 2에 배치된 반응변수 값은 실제보다 α가 더해진 값인 ($y_2+\alpha$, $y_3+\alpha$, $y_5+\alpha$, $y_8+\alpha$)로 측정될 것이다. 그렇더라도 다음 식에서 볼 수 있듯이, A의 주효과와 AB의 교호작용효과는 장비 간 차이의 영향을 받지 않는다.

$$\begin{aligned} \mathrm{A} &= (y_2+\alpha+y_4+y_6+y_8+\alpha)-(y_1+y_3+\alpha+y_5+\alpha+y_7) \\ &= (y_2+y_4+y_6+y_8)-(y_1+y_3+y_5+y_7) \end{aligned} \tag{4.10}$$

$$\begin{aligned} \mathrm{AB} &= (y_2+\alpha+y_3+\alpha+y_6+y_7)-(y_1+y_4+y_5+\alpha+y_8+\alpha) \\ &= (y_2+y_3+y_6+y_7)-(y_1+y_4+y_5+y_8) \end{aligned} \tag{4.11}$$

복습문제 B, C, AC, BC에 대해서도 장비 간 차이가 요인효과에 영향을 미치지 않음을 밝혀라.

이렇게 8개의 실험조건을 2대의 장비로 나누어서 실험하면, 주효과 3개와 2인자 교호작용 3개는 블록 간 차이의 영향을 받지 않는다. 블록과 섞이는 효과는 3인자 교호작용이다. 그런데 3인자 교호작용효과는 일반적으로 중요하게 나타나지 않으므로 크게 문제가 되지는 않는다.

복습문제 3인자 교호작용효과 ABC가 블록의 효과와 같음을 밝혀라.

4.9.2 요인배치 실험데이터 분석의 3대 원칙

1) 효과의 계층성(effect hierarchy)

① 요인효과는 주효과, 2인자 교호작용효과 순으로 중요하고, 3차 교호작용효과 이상은 중요하지 않다고 본다.

② 이 원칙을 이용하여 주효과, 2인자 교호작용효과 등 저차의 효과 추정에 우선 관심을 가지고, 3차 이상의 교호작용효과는 일반적으로 고려하지 않는다.

③ 인자 수는 많고 실험 수는 적은 선별실험에서 이 원칙을 주로 활용한다.

④ 효과의 계층성은 많은 실험자가 실제로 실험을 통해 확인했다.

2) 효과의 희소성(effect sparsity)

20%의 원인이 전체 변동의 80%를 설명한다는 파레토 원리를 이용한다. 즉, 어떤 문제에 영향을 미칠 것으로 기대되는 잠재적 원인 중 극히 일부만 실제로 영향을 미친다는 것이다. 이를 요인배치에 적용하면, 실험을 수행하여 얻을 수 있는 요인효과 중에 실제로 유의한 효과의 수는 적다.

3) 효과의 유전성(effect heredity)

어떤 교호작용효과가 유의하려면, 이것을 구성하는 인자의 주효과 중 하나는 유의해야 한다. X_1과 X_2 모두 유의하거나 둘 중 하나만 유의하다면, X_1X_2 교호작용효과는 유의할 수 있다. 하지만 X_1과 X_2 모두 유의하지 않은데, X_1X_2 교호작용효과가 유의한 경우는 아주 드물다.

4.10 요인배치 실험과 '한번에 한인자' 실험의 비교

간단한 두 가지 상황을 대상으로, 2수준 요인배치 실험과 '한번에 한인자(One-Factor-At-a-Time, OFAT)' 실험을 비교해 보자.

(1) 상황 1

실험번호	X_1	X_2	y
1	−	−	10
2	+	−	14
3	−	+	20
4	+	+	16

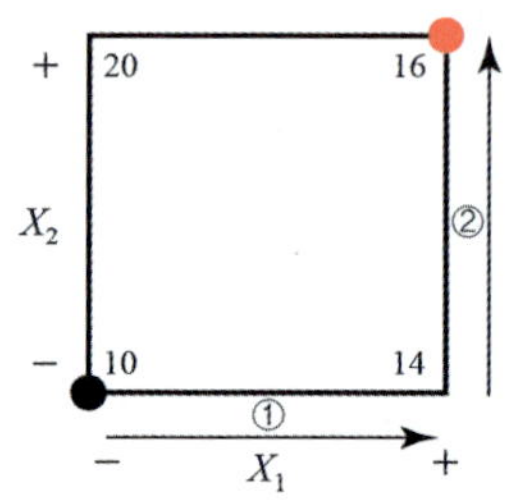

반응변수 y를 높이기 위한 실험이다. OFAT을 시행하면서 처음에 X_1을 현행 − 수준에서 + 수준으로 바꾸어 보자. 반응변수 값이 10에서 14로 높아졌으므로 X_1은 + 수준으로 정하고, 이번에는 X_2를 현행 − 수준에서 + 수준으로 바꾸어 보면 14에서 16으로 더 좋아졌다. 실험자는 X_1과 X_2를 모두 + 수준으로 정하고 실험을 마친다. 사실 X_1은 −, X_2는 +일 때가 반응변수 20으로서 더 나은 조건인데, 이 조건은 실험하지 않는다.

(2) 상황 2

실험번호	X_1	X_2	y
1	−	−	10
2	+	−	8
3	−	+	15
4	+	+	20

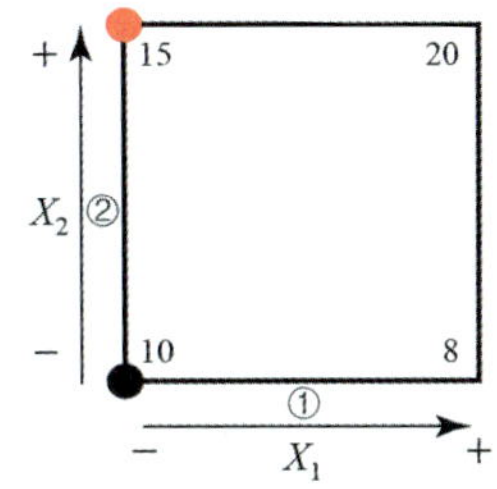

이 실험도 반응변수 y를 높이기 위한 실험이다. 처음에 X_1을 현행 − 수준에서 + 수준으로 바꾸어 보자. 반응변수 값이 10에서 8로 떨어졌으므로 X_1은 현행 − 수준을 유지하고, 이번에는 X_2를 현행 − 수준에서 + 수준으로 바꾸어 보면 10에서 15로 더 좋아졌다. 실험자는 X_2를 + 수준으로 정하고 실험을 마친다. 사실 X_1과 X_2가 모두 + 수준일 때가 반응변수 20으로서 더 나은 조건인데, 이 조건은 실험하지 않는다.

이처럼 OFAT 실험을 하면 더 나은 조건을 놓칠 때가 있는데, 그 이유는 교호작용이 있을 때 OFAT 실험으로는 이를 파악할 수 없기 때문이다.

요인배치와 OFAT 실험의 차이점을 4.3.1절에서 소개한 2^3 요인배치를 2회 반복 시행한 증착공정 예를 이용하여 다시 살펴보자. 이 요인배치의 설계행렬과 설계공간을 그림 4.45에 나타내었다.

A 온도	B 전력	C 압력	표면거칠기	
			반복 1	반복 2
300	200	5	30	34
500	200	5	46	43
300	600	5	42	40
500	600	5	43	44
300	200	9	77	82
500	200	9	51	61
300	600	9	71	81
500	600	9	53	64

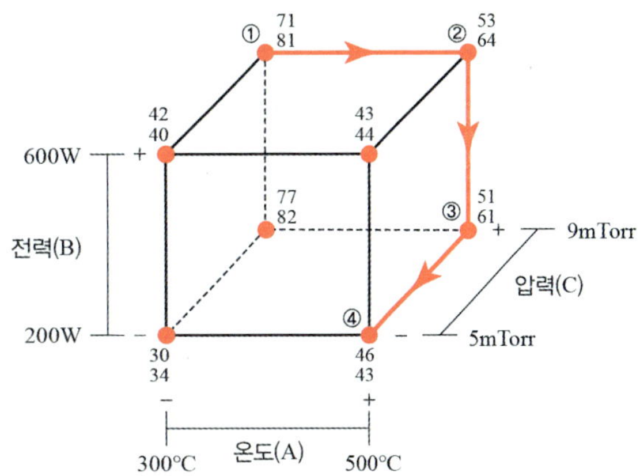

그림 4.45 2수준 3인자 실험의 비교: 요인배치와 한번에 한인자 실험

실험하기 전, 기준 실험점의 실험조건은 설계공간에서 ①로 표시한 (온도, 전력, 압력) = (300℃, 600W, 9mTorr)이고, 이 조건에서 표면거칠기 값은 (71, 81)이다. 이것을 2수준 요인배치로 실험한 결과는 그림 4.45의 좌측 설계행렬에 표시했다. 이 실험을 한번에 한인자 실험방법으로 수행했다고 가정하여 오른쪽의 설계공간에 표시된 실험순서를 따라가 보자. 온도를 500℃로 높여 (500℃, 600W, 9mTorr)에서 실험을 하면 표면거칠기가 (53, 64)이고, 이번에는 전력을 200W로 줄여 실험한 (500℃, 200W, 9mTorr) 조건에서는 반응값이 (51, 61)로 더 좋아졌다. 마지막으로 압력을 5mTorr로 줄여 (500℃, 200W, 5mTorr)에서 증착하여 반응값을 보니 (46, 43)으로 표면거칠기가 개선되었다.

만일 이 실험을 요인배치 실험점에서 시행했다면 가장 나은 조건은 어느 것인가? (온도, 전력, 압력) = (300℃, 200W, 5mTorr) 조건이고, 이 조건에서 표면거칠기 값은 (30, 34)이다. 한번에 한인자 실험으로는 이 점을 찾을 수가 없다. 실험을 시작할 때 온도가 300℃였으므로 전력과 압력이 각각 200W, 5mTorr로 바뀐 후에 다시 온도의 초기조건인 300℃로 세팅하여 실험하지는 않을 것이다.

그렇다면 왜 요인배치 실험을 할 때는 이런 조건을 찾을 수 있고, 한번에 한인자로는 최적조건을 찾을 수 없는지 살펴보자. 먼저 초기에 온도가 300℃일 때 y 값은 (71, 81)에서 온도를 500℃로 올리니 (53, 64)로 줄어들었다. 이것은 (전력, 압력) = (600W, 9mTorr)라는 하나의 특정 조건에서 발생한 것이다. 그런데 (전력, 압력) = (200W, 5mTorr)일 때는 온도가 300℃일 때 표면거칠기가 (30, 34)로서, 500℃일 때의 (46, 43)보다 더 좋게 나타난다. 이것은 바로 어떤 인자의 효과값이 다른 인자의 수준조합에 따라 달라지는 교호작용에 의한 것이다.

요인배치가 OFAT 실험보다 더 나은 조건을 찾을 수 있다는 장점 외에 어떤 장점이 더 있는지 알아보자.

① **실험 횟수:** 효과 추정에서 같은 정도의 반복 효과를 유지하기 위한 실험 수에 차이가 있다. 그림 4.46을 보자. 요인배치를 하면 실험을 8번 한다. 온도(A)의 효과를 구할 때, −와 +의 각 수준에서 4개 데이터의 평균을 이용하여 주효과를 계산한다. 즉, 평균을 구함에 있어서 4번 반복 효과가 있다. 여기서 반복 효과라고 한 것은 같은 조건에서 실험한 것은 아니지만 효과를 구할 때 4개 데이터의 평균을 이용하므로 반복 효과라고 한 것이다. 이를 숨겨진 반복(hidden replication)이라고도 한다. 한번에 한인자 실험에서 4번 반복 효과가 있도록 하려면 실험이 옮겨간 4개의 실험점에서 각각 4번씩 총 16회 실험을 해야 한다. 인자가 3개 있는 경우 반복 효과 측면에서 요인배치가 2배나 효율적이다.

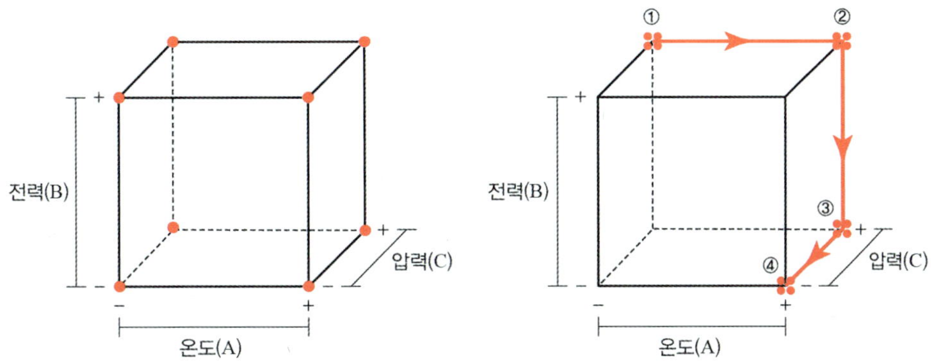

그림 4.46 3인자 요인배치와 OFAT의 실험 횟수 비교

② **교호작용효과 추정 여부:** 한번에 한인자에서는 교호작용을 알 수가 없다. 교호작용을 알려면 어떤 인자의 −와 + 수준에서 다른 인자들의 −와 + 수준의 실험데이터 값이 있어야 한다.

③ **결론의 적용 범위와 일반성:** 한번에 한인자 실험을 하고 얻은 데이터로부터 온도의 효과는 전력과 압력이 특정한 수준인 (전력, 압력) = (+, +)에서만 비교하여 추정했다. 전력과 압력이 다른 수준으로 바뀌면 온도의 효과가 어떻게 될지 알 수가 없으므로 일반성이 없다고 볼 수 있다. 요인배치를 이용하면 전력과 압력의 수준을 바꾸어가면서 온도의 효과를 계산하여 비교한 것이므로 결론에 일반성이 있다.

④ **탐색 영역:** 요인배치는 육면체 전체에서 실험한 것이지만, 한번에 한인자 실험으로 수행한 점들을 연결한 영역은 육면체 일부분이다.

4.11 중앙점 실험

1) 중앙점을 포함한 요인배치 계획

계량형 인자를 대상으로 2^3 요인배치실험을 하여 데이터를 얻어 계산한 인자의 주효과는 고수준의 평균에서 저수준의 평균을 뺀 값이다. 2수준 실험으로는 각 인자의 선형 효과만을 얻을 수 있고, 저수준과 고수준 사이에서 아래로 볼록할지 위로 볼록할지는 알 수가 없다. 만일 이러한 곡률효과를 알고자 한다면, 실제 가운데 조건에서 실험을 해봐야 한다. 그런데 3개의 인자를 대상으로 각각 3수준 실험을 하면 실험점의 수는 $3^3 = 27$이 되어, 2수준 실험을 할 때의 $2^3 = 8$에 비해 매우 크다. 그래서 생각할 수 있는 대안은 2수준 실험을 하되, 가운데 중앙점에서 3회 이상 실험을 반복하여 실험오차도 어느 정도 파악하고, 실험영역에서 곡률효과가 있는지도 파악하는 것이다. 예를 들어 저수준과 고수준이 각각 (120, 150), (500, 700), (30, 45)인 온도, 압력, 시간을 인자로 삼아 2^3 요인배치와 중앙점에서 3회 실험하는 설계행렬을 표 4.21에, 설계공간을 그림 4.47에 나타내었다.

표 4.21 2^3 요인배치의 중앙점 실험: 설계행렬

실험점	실제 인자와 수준			코딩된 변수와 수준		
	온도	압력	시간	X_1	X_2	X_3
1	120	500	30.0	−	−	−
2	150	500	30.0	+	−	−
3	120	700	30.0	−	+	−
4	150	700	30.0	+	+	−
5	120	500	45.0	−	−	+
6	150	500	45.0	+	−	+
7	120	700	45.0	−	+	+
8	150	700	45.0	+	+	+
9	135	600	37.5	0	0	0
10	135	600	37.5	0	0	0
11	135	600	37.5	0	0	0

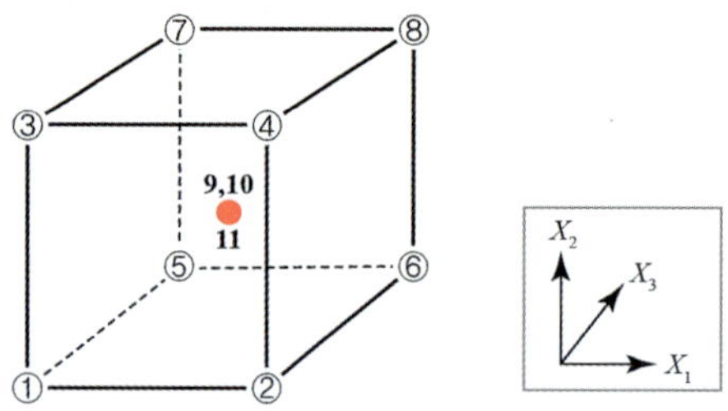

그림 4.47 2^3 요인배치의 중앙점 실험: 설계공간

표 4.21의 설계행렬에서 9~11번의 실험점이 의미하는 바는, 3개 인자의 수준을 모두 저수준과 고수준의 가운데 값으로 정한 (130, 600, 37.5) 조건에서 3번 반복실험한다는 것이다. 물론 전체 11개의 실험순서는 랜덤하게 정하여 실험한다. 이렇게 실험을 시행하여 얻은 데이터를 분석하면, 곡률효과의 존재 여부를 알 수 있다. 곡률효과가 없으면, 특성치가 더 나아지는 방향으로 영역을 이동하여 실험할 수가 있다. 곡률효과가 있으면, 이러한 곡률효과가 3개의 인자 중 어느 인자에서 나온 것인지를 알기 위하여 추가 실험을 한다. 이러한 추가 실험을 하고 데이터를 분석하는 방법은 8장의 반응표면 방법에서 다루기로 한다.

중앙점 실험의 장점을 요약하면 ① 실험오차를 어느 정도 파악할 수 있고, ② 곡률효과의 존재 여부를 탐지할 수 있으며, ③ 현행 조건을 개선하려고 할 때는 OFAT이 아니라, 현행 조건을 중앙점에 놓고 인자별로 수준 값을 크게, 작게 만들어 요인배치를 할 수 있다는 것이다.

2) 중앙점을 포함한 요인배치 실험데이터 분석

각 인자의 선형 효과, 2차 효과, 2인자 교호작용효과를 모두 포함한 모형은 다음 식과 같다.

$$y = \beta_0 + \sum_{i=1}^{k}\beta_i X_i + \sum_{i<j}^{k}\beta_{ij}X_iX_j + \sum_{i=1}^{k}\beta_{ii}X_i^2 + \epsilon \tag{4.12}$$

중앙점을 포함한 2수준 요인배치를 하면, 중앙점 데이터 평균은 $E(\bar{y}_c) = \beta_0$이고, 요인배치 실험점 데이터 평균은 $E(\bar{y}_f) = \beta_0 + \sum_{i=1}^{k}\beta_{ii}$이며, 인자가 3개일 때 $E(\bar{y}_f) = \beta_0 + \beta_{11} + \beta_{22} + \beta_{33}$이다. '종합 곡률효과'를 요인배치 실험점 데이터 평균과 중앙점 데이터 평균의 차이라고 하면, 종합 곡률효과의 기댓값은 다음 식으로 나타낼 수 있다.

$$E(\bar{y}_f - \bar{y}_c) = \sum_{i=1}^{k}\beta_{ii} \tag{4.13}$$

인자가 3개 있으면 식 (4.12)는 다음의 식 (4.14)와 같이 나타낼 수 있고, 종합 곡률효과의 기댓값은 $E(\bar{y}_f - \bar{y}_c) = \beta_{11} + \beta_{22} + \beta_{33}$이다.

$$y = \beta_0 + \beta_1X_1 + \beta_2X_2 + \beta_3X_3 + \beta_{12}X_1X_2 + \beta_{13}X_1X_3 + \beta_{23}X_2X_3 + \beta_{11}X_1^2 + \beta_{22}X_2^2 + \beta_{33}X_3^2 + \epsilon \tag{4.14}$$

종합 곡률효과의 분산은 다음 식과 같다.

$$Var(\bar{y}_f - \bar{y}_c) = \sigma^2\left(\frac{1}{n_f} + \frac{1}{n_c}\right) \tag{4.15}$$

그러므로 s를 중앙점 반복 데이터의 표준편차라고 하면, 곡률효과의 유의성을 판정하는 기준은 다음과 같다.

$$t_0 = \frac{|\bar{y}_f - \bar{y}_c|}{s\sqrt{\dfrac{1}{n_f} + \dfrac{1}{n_c}}} > t_{n_c - 1, \alpha/2} \tag{4.16}$$

한 가지 유의할 점은 식 (4.16)을 이용한 곡률효과의 유의성 판정방법의 가정은 β_{ii}의 부호가 같다는 것이다. 예를 들어 2개 인자를 대상으로 중앙점 실험을 했는데, 실제로 $\beta_{11} = -10$, $\beta_{22} = 11$이고, 이 정도의 계수값이 반응변수에 미치는 영향이 크다고 하자. 하지만 데이터를 얻어 분석하면 종합 곡률효과 $\beta_{11}+\beta_{22}$의 추정치는 아주 작게 나올 것이다. 즉, 실제로 두 변수의 곡률효과는 모두 큰데, 종합 곡률효과는 없다고 판정이 날 수 있는 것이다.

(1) 상황 1

2수준 인자 3개에 중앙점에서 3회 반복실험한 표 4.22의 결과를 그림 4.48에 주효과와 교호작용효과 그림으로 나타내었다.

표 4.22 중앙점 포함 요인배치 설계행렬과 데이터: 예 (1)

실험점	실제 인자와 수준			코딩된 값			수율
	온도	압력	시간	A	B	C	
1	130	400	20	−	−	−	86.5
2	170	400	20	+	−	−	90.1
3	130	600	20	−	+	−	84.4
4	170	600	20	+	+	−	88.3
5	130	400	40	−	−	+	90.0
6	170	400	40	+	−	+	97.1
7	130	600	40	−	+	+	87.2
8	170	600	40	+	+	+	95.3
9	150	500	30	0	0	0	90.6
10	150	500	30	0	0	0	89.5
11	150	500	30	0	0	0	90.4

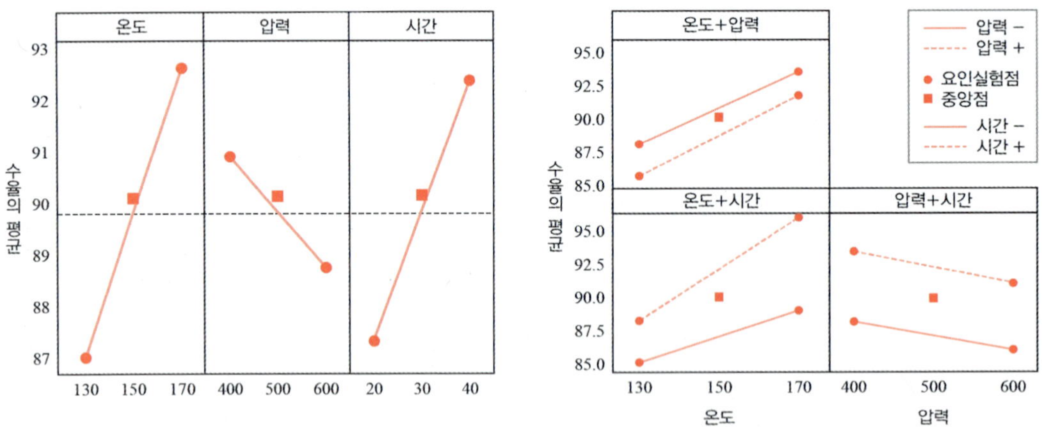

(a) 주효과 그림 (b) 교호작용효과 그림

그림 4.48 중앙점 포함 요인배치 효과 그림: 예 (1)

유의성 판정을 위한 검정통계량 값은 다음과 같이 계산하였다. t-통계량 값이 임계치인 $t_{n_c-1,\alpha/2} = t_{2,0.025} = 4.303$ 에 비해 아주 작으므로 종합 곡률효과는 없다고 판정한다. 추후 할 일은 요인배치 실험점을 이용한 분석 결과를 바탕으로 더 나은 방향으로 영역을 이동하여 실험하는 것이다.

$$t_0 = \frac{|\bar{y}_f - \bar{y}_c|}{s\sqrt{\dfrac{1}{n_f}+\dfrac{1}{n_c}}} = \frac{|89.86-90.16|}{0.586\sqrt{\dfrac{1}{8}+\dfrac{1}{3}}} = 0.756 \tag{4.17}$$

(2) 상황 2

표 4.23에 2^3 요인배치 실험에 중앙점에서 3회 반복실험한 수율 데이터를 나타내었으며, 이 데이터를 이용한 주효과와 교호작용효과는 그림 4.49에 나타내었다.

표 4.23 중앙점 포함 요인배치 설계행렬과 데이터: 예 (2)

실험점	실제 인자와 수준			코딩된 값			수율
	온도	압력	시간	A	B	C	
1	130	400	20	−	−	−	86.5
2	170	400	20	+	−	−	90.1
3	130	600	20	−	+	−	84.4
4	170	600	20	+	+	−	88.3
5	130	400	40	−	−	+	90.0
6	170	400	40	+	−	+	97.1
7	130	600	40	−	+	+	87.2
8	170	600	40	+	+	+	95.3
9	150	500	30	0	0	0	95.4
10	150	500	30	0	0	0	94.5
11	150	500	30	0	0	0	95.1

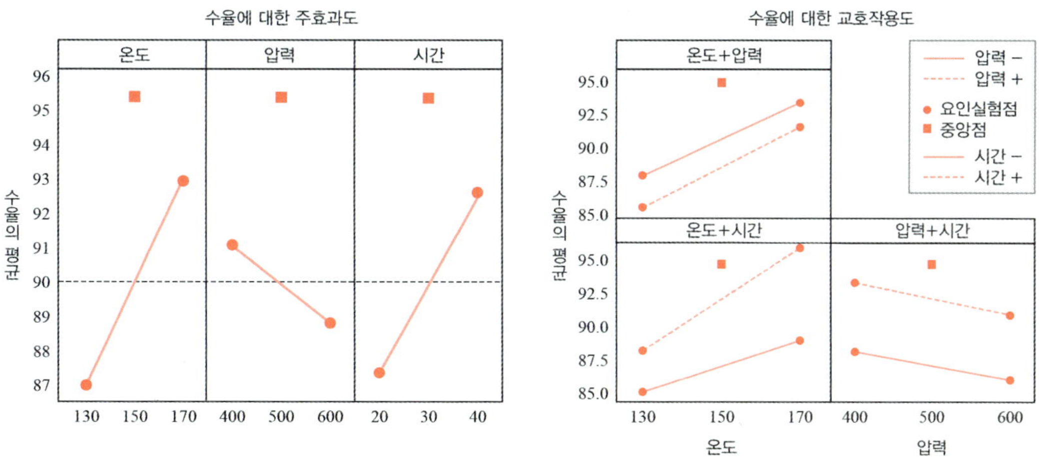

그림 4.49 중앙점 포함 요인배치 효과 그림: 예 (2)

유의성 판정을 위한 t-통계량 값이 임계치보다 아주 크므로 종합 곡률효과가 있다. 이러한 곡률효과가 어떤 변수로 인하여 생긴 것인지 알기 위하여, 그림 4.50에 나타낸 것처럼 축점 추가 실험을 해야 한다. 추가 실험점에서 데이터를 얻으면 2차 모형을 추정할 수가 있는데, 이 부분에 관한 내용은 8장에서 자세하게 다룬다.

$$t_0 = \frac{|\bar{y}_f - \bar{y}_c|}{s\sqrt{\dfrac{1}{n_f}+\dfrac{1}{n_c}}} = \frac{|89.86-95.0|}{0.458\sqrt{\dfrac{1}{8}+\dfrac{1}{3}}} = 16.58 \tag{4.18}$$

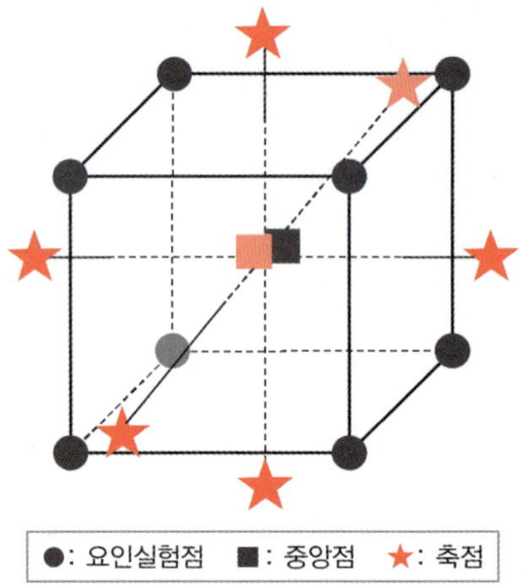

그림 4.50 추가 실험방법

3) 현행 조건 개선을 위한 중앙점 실험과 OFAT의 비교

지금까지는 요인배치 실험을 보완하기 위한 중앙점 추가 실험을 살펴보았다. 즉, 요인배치를 설정하고, 곡률효과의 존재 여부를 알기 위하여 중앙점에서 추가 실험을 하는 것을 고려한 것이다. 그런데 중앙점 추가 실험은 현행 조건을 개선하거나 지금까지 최적조건으로 알던 조건에서 반응변수의 값이 전보다 좋지 않을 때 현행 조건 주변을 체계적으로 탐색하는 방법으로도 쓸 수 있다. 이러한 최적조건의 이동은 재료나 생산 설비의 상태가 시간이 지남에 따라 조금씩 달라지기 때문에 나타나는 현상이다. 이럴 때 현행 조건을 가운데 두고 빙 둘러서 3수준 실험을 할 수가 있다. 즉, 현행 조건이 먼저 있고, 요인배치 실험점을 나중에 정하는 것이다.

예를 들어 기존 조건이 온도 150, 압력 500, 시간 30인데, 이 조건 주변에서 더 나은 공정 조건을 찾는다고 해보자. 한번에 한인자 실험은 그림 4.51처럼 3개의 인자별로 현 수준에서 좌우로 수준 값을 정하여 4번씩 반복실험을 시행하는 것이다.

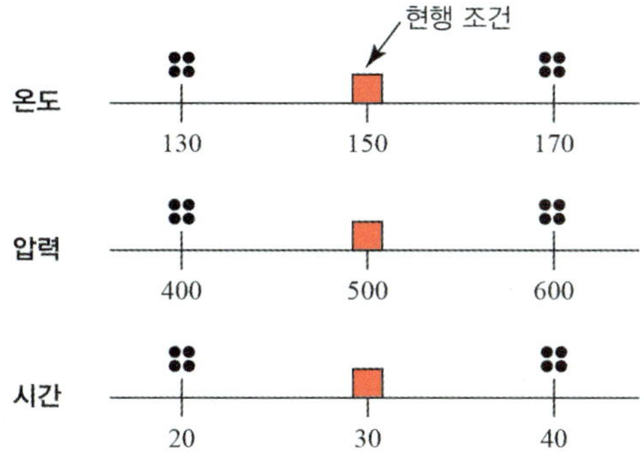

그림 4.51 현행 조건 개선을 위한 한번에 한인자 실험방법

하지만 요인배치 방법을 이용하면, 그림 4.52처럼 현행 조건을 중앙점으로 삼고, 그 주변에서 8개의 요인실험점을 정하여 실험을 시행할 수 있다. 앞에서 배운 중앙점 실험과는 다르게 현행 조건 개선실험에서는 현행 조건에 해당하는 중앙점에 데이터가 많이 있으므로 실험오차의 크기를 더 정확하게 알 수 있다.

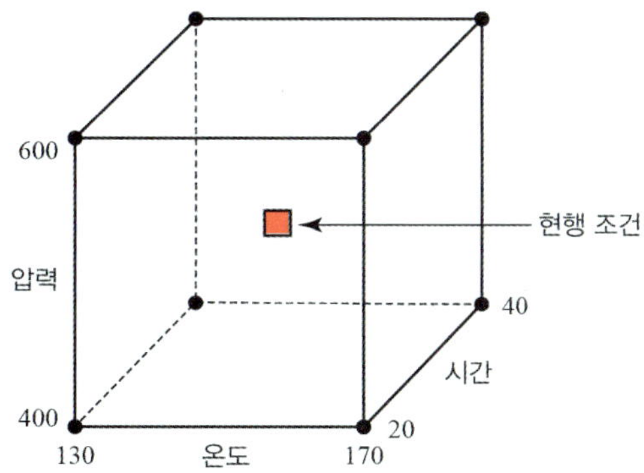

그림 4.52 현행 조건 개선을 위한 요인배치 실험방법

4) 공정개선을 위한 중앙점 실험과 OFAT의 비교

3개의 인자를 대상으로, 공정개선을 위한 중앙점 실험과 OFAT을 비교한 결과는 다음과 같다.

① **실험 횟수:** 4회 반복 효과를 보려면 OFAT 실험은 24회, 요인실험은 8회이다.

② **교호작용:** OFAT 실험에서는 교호작용을 알 수 없고, 요인실험에서는 알 수 있다.

③ **결론의 적용 범위와 일반성:** 적용 범위와 일반성 측면에서 요인배치가 더 좋다.

④ **탐색 영역:** 요인배치가 OFAT보다 넓다.

⑤ **모형식:** OFAT은 각 변수의 1차와 2차 효과를 알 수 있고, 중앙점 추가 요인배치는 각 인자의 효과와 2인자 교호작용효과, 종합 곡률효과를 알 수 있다. 그리고 곡률효과가 있다고 판정되면 6개의 축점을 추가하여 각 변수의 2차 효과도 알 수 있다. 식 (4.20)에서 맨 마지막 항의 계수 b^2은 3개 변수의 종합 곡률효과를 나타낸다.

$$\text{OFAT: } \hat{y} = b_0 + b_1X_1 + b_{11}X_1^2 + b_2X_2 + b_{22}X_2^2 + b_3X_3 + b_{33}X_3^2 \tag{4.19}$$

$$2^3\text{+중앙점: } \hat{y} = b_0 + b_1X_1 + b_2X_2 + b_3X_3 + b_{12}X_1X_2 + b_{13}X_1X_3 + b_{23}X_2X_3 + b^2(X_1^2 + X_2^2 + X_3^2) \tag{4.20}$$

그림 4.53에 현행 조건 개선을 위한 중앙점 실험과 OFAT 방법을 하나의 설계공간에 그림으로 나타내었다.

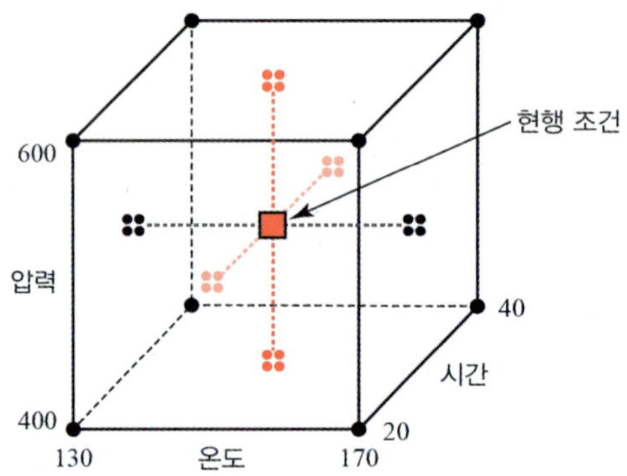

그림 4.53 현행 조건 개선을 위한 두 가지 방법의 비교

4.12 2수준 요인실험의 블로킹

4.12.1 블로킹의 중요성과 기본 원리

앞서 4.9절에서 알아본 블로킹의 원칙을 다시 살펴보자. 그림 4.54처럼 3인자 2수준 실험을 위하여 8개의 실험조건을 2대의 장비에 분산하여 동시에 실험하고자 한다면, 8개의 실험점을 어떻게 배분할지 결정하는 공간적인 블로킹을 해야 한다. 블로킹은 첫째 날 4번 실험하고, 둘째 날 4번 실험할 때, 각 날짜에 어떤 실험점을 배분해야 하는지를 결정하는 시간적인 배분에도 활용할 수 있다.

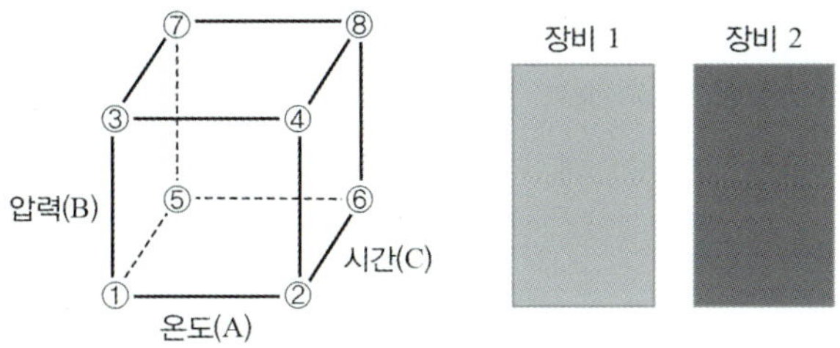

그림 4.54 요인실험의 블로킹

블로킹 방법에 따라 블록효과와 섞이는 요인효과를 살펴보자. 요인효과와 블록효과가 섞이는 현상을 교락(confounding)이라고 한다. 8개 실험점을 2대의 장비에 배치하는 3가지 방법은 다음과 같다.

(1) 방법 1

장비 1에 ①, ②, ③, ④, 장비 2에 ⑤, ⑥, ⑦, ⑧을 배치한다. (①, ②, ③, ④)가 배치된 장비 1은 시간이 − 수준이고, (⑤, ⑥, ⑦, ⑧)이 배치된 장비 2는 시간이 + 수준이다. 즉, '시간'의 주효과는 + 수준에서 얻은 (⑤, ⑥, ⑦, ⑧) 4개의 데이터 평균에서 (①, ②, ③, ④) 4개의 데이터 평균을 뺀 것인데, 이것은 장비 1과 2의 차이인 블록효과와 교락된다. 즉, 시간의 효과는 장비 간 차이를 포함하여 추정되므로 제대로 알 수가 없다.

(2) 방법 2

장비 1에 ①, ③, ⑥, ⑧, 장비 2에 ②, ④, ⑤, ⑦을 배치한다. (①, ③, ⑥, ⑧)의 4개 점을 연결하면 3차원 공간이 아닌 2차원의 면이 되어 차원이 줄어들게 되므로 탐색 범위가 제한된다. (②, ④, ⑤, ⑦)도 마찬가지이다. 이때는 온도(A)와 시간(C)의 교호작용과 장비 간의 차이인 블록과 교락이 된다.

(3) 방법 3

장비 1에 ①, ④, ⑥, ⑦, 장비 2에 ②, ③, ⑤, ⑧을 배치한다. (①, ④, ⑥, ⑦)의 4개 점을 연결하면 3차원 공간이 유지되고, (②, ③, ⑤, ⑧)을 연결한 4개 점도 마찬가지이다. 이렇게 배치하면, 3인자 교호작용인 ABC가 블록과 교락이 된다. 하지만 주효과 A, B, C와 2인자 교호작용효과 AB, AC, BC는 장비 간의 차이에 영향을 받지 않고 구할 수 있다. 이 방법의 특징은 ①, ④를 연결하는 선과 ⑥, ⑦을 연결하는 선이 평행하지 않으며, ①, ④, ⑥, ⑦을 연결하면 면이 되지 않고 여전히 3차원 공간이 유지된다는 것이다.

4.12.2 반복실험의 블로킹

이번에는 반복이 있는 요인배치실험을 블로킹하는 방법에 관하여 알아보자. 예를 들어 2^2 요인실험을 2회 반복 시행하는 $2^2 \times 2 = 8$회의 실험을 하루에 모두 시행하지 못하고 이틀에 걸쳐서 해야 하는데, 시행날짜가 실험 결과에 영향을 미칠 수도 있다고 생각해 보자.

표 4.24 2^2 반복 요인실험 설계행렬: 완전 랜덤화와 블로킹

완전 랜덤화				날짜별 블로킹			
X_1 온도	X_2 시간	시행일	실험순서	X_1 온도	X_2 시간	시행일	실험순서
−	−	2	5	−	−	1	1
+	−	1	4	+	−	1	3
−	+	1	1	−	+	1	4
+	+	2	6	+	+	1	2
−	−	2	8	−	−	2	3
+	−	1	2	+	−	2	1
−	+	2	7	−	+	2	2
+	+	1	3	+	+	2	4

표 4.24의 왼쪽은 8개의 실험점을 모두 랜덤한 순서로 실험한 것인데, 실험순서를 보면 첫째 날에 X_1이 + 수준에서 3번, − 수준에서 1번 실험을 했다. 만일 실험 시행날짜가 데이터에 영향을 미친다면, X_1의 효과는 날짜별 차이의 영향을 받게 될 것이다. 오른쪽은 총 4회 첫 번째 반복실험은 첫째 날, 두 번째 반복실험은 둘째 날 한 것이다. 이렇게 하면 날짜별 차이가 있다고 해도 X_1, X_2, X_1X_2의 3개의 요인효과를 산출하는 데는 영향을 미치지 않는다. 그리고 날짜별 차이, 즉 블록효과도 별도로 파악할 수 있다.

이번에는 2수준 3개의 인자를 대상으로 반복 2회, 즉 $2^3 \times 2 = 16$회 실험을 2개 또는 4개의 블록으로 나누는 방법을 살펴보자.

(1) 방법 1

표 4.25의 설계행렬에 나타낸 바와 같이 2^3 요인배치의 반복 2회를 각각 블록으로 나누어 실험한다. 각 블록 내에서 실험은 랜덤한 순서로 시행한다. 이렇게 실험하면 16개의 데이터에서 15개의 자유도를 추정할 수 있고, 이들은 다음과 같이 구성된다.

- 요인효과: X_1, X_2, X_3, X_1X_2, X_1X_3, X_2X_3, $X_1X_2X_3$ $\Rightarrow$ 7개 자유도
- 반복(블록) $\Rightarrow$ 1개 자유도
- 오차: 반복 $\times$ (X_1, X_2, X_3, X_1X_2, X_1X_3, X_2X_3, $X_1X_2X_3$) $\Rightarrow$ 7개 자유도

표 4.25 2^3 반복 요인실험 설계행렬: 반복을 블록으로 구분

반복 1(블록 1)				반복 2(블록 2)			
실험점	X_1	X_2	X_3	실험점	X_1	X_2	X_3
1	−	−	−	1	−	−	−
2	+	−	−	2	+	−	−
3	−	+	−	3	−	+	−
4	+	+	−	4	+	+	−
5	−	−	+	5	−	−	+
6	+	−	+	6	+	−	+
7	−	+	+	7	−	+	+
8	+	+	+	8	+	+	+

(2) 방법 2

표 4.26에 나타낸 바와 같이 방법 1을 다시 세분화하여 4개의 블록을 만들어 실험한다. 각 반복에서 3인자 교호작용 $X_1X_2X_3$을 블록과 교락시켜 8개의 실험점을 2개의 2_{III}^{3-1} 부분요인배치로 나눈다. 각 반복 내에 있는 2개의 2_{III}^{3-1} 배치 중 블록 1과 블록 3은 3인자 교호작용 $X_1X_2X_3$이 −이고, 블록 2와 블록 4는 +이다. 실험을 시행할 때, 각 블록 내에서 실험순서는 랜덤하게 정한다. 이렇게 실험하면 15개의 자유도는 다음과 같이 구성된다.

- 요인효과: X_1, X_2, X_3, X_1X_2, X_1X_3, X_2X_3 ⇒ 6개 자유도
- 반복 ⇒ 1개 자유도
- 블록($X_1X_2X_3$) ⇒ 1개 자유도
- 반복×블록($X_1X_2X_3$) ⇒ 1개 자유도
- 오차: 반복×(X_1, X_2, X_3, X_1X_2, X_1X_3, X_2X_3) ⇒ 6개 자유도

표 4.26 2^3 반복 요인실험 설계행렬: 각 반복을 2개의 블록으로 세분

구분	반복 1				구분	반복 2			
	실험점	X_1	X_2	X_3		실험점	X_1	X_2	X_3
블록 1	1	−	−	+	블록 3	1	−	−	+
	2	+	−	−		2	+	−	−
	3	−	+	−		3	−	+	−
	4	+	+	+		4	+	+	+
블록 2	1	−	−	−	블록 4	1	−	−	−
	2	+	−	+		2	+	−	+
	3	−	+	+		3	−	+	+
	4	+	+	−		4	+	+	−

복습문제 2^4 반복 2회 요인실험을 반복별로 2개의 블록으로 나누어 실험하는 설계행렬을 작성하라.

4.12.3 2^3 요인실험을 2개의 블록으로 나누기

반복이 없는 요인배치 실험을 2개의 블록으로 나누는 방법을 살펴보자. 설명의 편의상, X_i를 숫자 i로 표시하기로 한다. 즉, **1**은 인자 X_1의 주효과이고, **12**는 교호작용 X_1X_2이다. 블록을 효과행렬의 3인자 교호작용 **123**에 배치하고자 하면, 블록 1에는 3인자 교호작용 **123**열에서 −에 해당하는 실험점을, 블록 2에는 +에 해당하는 실험점을 각각 배치한다. 블록효과는 $\bar{y}(\text{블록}\,2)-\bar{y}(\text{블록}\,1)=\bar{y}(\mathbf{123}=+)-\bar{y}(\mathbf{123}=-)$ 식으로 구한다. 이렇게 블로킹한 것을 표 4.27에 나타내었다.

표 4.27 2^3 요인실험을 2개의 블록으로 나누는 방법

실험번호	1	2	3	12	13	23	123 (블록)	블록번호
1	−	−	−	+	+	+	−	1
2	+	−	−	−	−	+	+	2
3	−	+	−	−	+	−	+	2
4	+	+	−	+	−	−	−	1
5	−	−	+	+	−	−	+	2
6	+	−	+	−	+	−	−	1
7	−	+	+	−	−	+	−	1
8	+	+	+	+	+	+	+	2

이렇게 배치하면 블록 2에 배치한 실험점에서 나온 데이터가 원래 값에 $+\alpha$만큼 값이 더 나온다고 해도, 3개의 주효과와 3개의 2인자 교호작용효과의 값은 블록 간 차이와 무관하게 구할 수 있다.

4.12.4 2^3 요인실험을 4개의 블록으로 나누기

이번에는 인자가 3개인데, 하루에 실험을 2번만 할 수 있는 경우나 8개의 실험점을 4대의 장비에 나누어 배치하는 것을 생각해 보자. 이것은 2^3 요인실험을 4개의 블록에 배치하는 방법이다. 2^3 요인실험을 2개의 블록으로 나눌 때는 1개의 블록인자만 필요하고, 최고차 교호작용인 **123**을 블록과 교락시켰다. 이제 이 실험을 4개의 블록으로 나누려면 2개의 블록인자가 필요하다. 이들을 각각 B_1과 B_2로 표시하고, 다음과 같이 두 가지 방법을 고려하기로 한다.

(1) 방법 1

$$B_1 = \mathbf{123},\ B_2 = \mathbf{23}$$

이렇게 배치한 설계행렬은 표 4.28, 블록배치는 그림 4.55와 같이 나타난다.

표 4.28 2^3 요인실험을 4개의 블록으로 나누는 방법 (1)

						B_2	B_1	
실험번호	1	2	3	12	13	23	123	블록
1	−	−	−	+	+	+	−	2
2	+	−	−	−	−	+	+	4
3	−	+	−	−	+	−	+	3
4	+	+	−	+	−	−	−	1
5	−	−	+	+	−	−	+	3
6	+	−	+	−	+	−	−	1
7	−	+	+	−	−	+	−	2
8	+	+	+	+	+	+	+	4

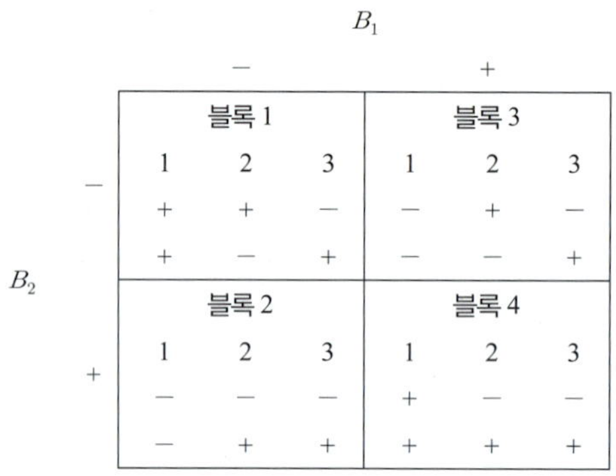

그림 4.55 2^3 요인실험을 4개의 블록에 배치하는 방법 (1)

(**23**, **123**)의 (−, −)에 블록 1, (+, −)에 블록 2, (−, +)에 블록 3, (+, +)에 블록 4를 배치한다. 이렇게 배치하면 인자 **1**의 − 수준은 모두 '블록 2, 3'에만 배치되고, + 수준은 '블록 1, 4'에만 배치되므로 **1**과 블록이 교락된다. 이런 문제가 발생하는 이유는 이들의 곱인 $B_1B_2 = (\mathbf{123})(\mathbf{23}) = \mathbf{12233} = \mathbf{1}$도 블록과 교락되기 때문이다.

(2) 방법 2

$$B_1 = \mathbf{12},\ B_2 = \mathbf{13}$$

이렇게 배치한 설계행렬은 표 4.29, 블록배치는 그림 4.56에 나타내었다. $B_1 = \mathbf{12}$, $B_2 = \mathbf{13}$이면, 이들의 곱인 $B_1B_2 = (\mathbf{12})(\mathbf{13}) = \mathbf{1123} = \mathbf{23}$도 블록과 교락된다.

표 4.29 2^3 요인실험을 4개의 블록으로 나누는 방법 (2)

실험번호	1	2	3	12 (B_1)	13 (B_2)	23	123	블록
1	−	−	−	+	+	+	−	4
2	+	−	−	−	−	+	+	1
3	−	+	−	−	+	−	+	2
4	+	+	−	+	−	−	−	3
5	−	−	+	+	−	−	+	3
6	+	−	+	−	+	−	−	2
7	−	+	+	−	−	+	−	1
8	+	+	+	+	+	+	+	4

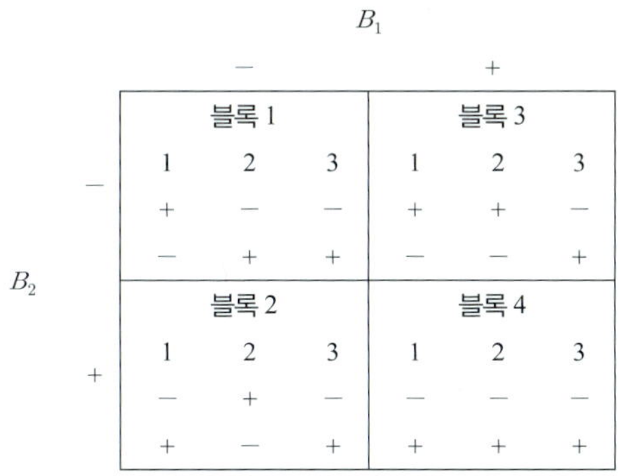

그림 4.56 2^3 요인실험을 4개의 블록에 배치하는 방법 (2)

모든 블록에서 3개의 인자 **1**, **2**, **3**의 −와 + 수준이 각각 한 번씩 나타난다. 배치된 것을 요약하면 다음과 같다.

- 블록 1: B_1과 B_2가 모두 −인 것 ⇒ 2번과 7번 실험점
- 블록 2: B_1은 −이고, B_2는 +인 것 ⇒ 3번과 6번 실험점
- 블록 3: B_1은 +이고, B_2는 −인 것 ⇒ 4번과 5번 실험점
- 블록 4: B_1과 B_2가 모두 +인 것 ⇒ 1번과 8번 실험점

4.12.5* 블로킹의 구축 원리

이제 요인배치 2^k 실험점을 2^q개의 블록에 각각 2^{k-q}개씩 나누어 배치하는 일반 원리를 알아보자. 블록과 교락될 q개의 요인효과를 선정하여, 블록 B_i에 요인 v_i를 배치한다($B_1 = v_1$, $B_2 = v_2$, $\cdots$, $B_q = v_q$). 이렇게 배치하면 이 q개 요인의 모든 교호작용도 다음과 같이 블록과 교락된다.

$$B_1B_2 = v_1v_2,\ B_1B_3 = v_1v_3,\ \cdots,\ B_1B_2B_3 = v_1v_2v_3,\ B_1B_2\cdots B_q = v_1v_2\cdots v_q \tag{4.21}$$

1) 2^5 요인실험을 8개의 블록으로 나누는 방법

블록과 교락될 교호작용으로 어떤 것들을 이용해야 하는지를 2^5 요인실험을 8개의 블록으로 나누는 것을 예를 들어 알아보자.

(1) 방법 1

$$B_1 = \mathbf{135},\ B_2 = \mathbf{235},\ B_3 = \mathbf{1234}$$

이 방법을 쓰면 블록을 구성하는 3개의 요인을 2개씩 곱한 것과 3개 모두 곱한 것도 블록과 교락되어, 추가로 블록과 교락되는 요인은 **12**, **245**, **145**, **34**이다.

(2) 방법 2

$$B_1 = \mathbf{12},\ B_2 = \mathbf{13},\ B_3 = \mathbf{45}$$

추가로 블록과 교락되는 요인은 **23**, **1245**, **1345**, **2345**이다.

위 2가지 방법을 비교해 보면, 방법 1은 2인자 교호작용효과가 블록과 2개만 교락되지만, 방법 2는 4개가 교락된다. 블록과 교락이 되는 가장 저차의 교호작용효과의 수를 가능한 한 적게 만드는 것이 바람직하므로 방법 1이 더 좋다.

2) 최소저차교락 블로킹 방법(Minimum Aberration Blocking Scheme)

블록과 교락되는 가장 저차의 교호작용의 수를 최소한으로 만드는 블로킹 방법이다. 표 4.30은 최소저차교락 블로킹의 원칙에 따라 인자와 블록 수에 따른 2^k 요인실험을 블로킹한 것을 나타낸 것이다.

표 4.30 2수준 요인실험의 블로킹 방법

인자 수 (k)	실험점 수	블록 수 (2^p)	블록 크기 (2^{k-p})	블록생성 교호작용	블록과 교락되는 효과
3	8	2	4	123	123
3	8	4	2	12, 13	12, 13, 23
4	16	2	8	1234	1234
4	16	4	4	123, 134	123, 134, 24
4	16	8	2	12, 23, 34	12, 23, 34, 13, 24, 14, 1234
5	32	2	16	12345	12345
5	32	4	8	123, 345	123, 345, 1245
5	32	8	4	125, 235, 345	125, 235, 345, 13, 1234, 24, 145
5	32	16	2	12, 13, 34, 45	모든 2인자, 4인자 교호작용
6	64	2	32	123456	123456
6	64	4	16	1236, 3456	1236, 3456, 1245
6	64	8	8	1256, 1234, 135	1256, 1234, 135, 236, 245, 3456, 146
6	64	16	4	126, 136, 246, 456	126, 136, 246, 456, 23, 1234, 1245, 14, 1345, 35, 346, 23456, 12345, 156, 25

4.13 들여다보기

(1) 통계적으로 유의한 항으로 이루어진 모형식을 구성하고, 이러한 통계적 분석이 합당한지 알기 위해서 잔차분석을 하는데, 실험데이터를 분석할 때, 이렇게 통계적으로 문제가 없어야 하는가? 실험계획을 이용하는 상황을 두 가지로 구분할 수 있다. ① 신제품을 개발할 때, 데이터에 근거하여 엄격한 분석 결과를 제시하기보다는 우리가 원하는 특성치를 달성하기 위한 경우라면, 너무 통계적 분석 결과에 매이지 않고 일단 바람직한 특성치를 확보하는 방향으로 실험을 수행해 가면 된다. ② 개발을 완료한 다음에, 제품성능에 관하여 규제기관이나 고객이 요구하는 바가 있다면, 개발자는 데이터에 근거한 통계적 결과를 제시해야 한다.

(2) 렌스 방법은 요인효과의 유의성에 대한 판단기준을 제시하여 사용하기 쉬운 방법을 제안했는데, 이 방법은 요인효과가 실제로는 존재하는데, 없다고 판정할 가능성이 크다. 이 보수적인 방법을 엄격하게 따르면, 신제품이나 소재를 개발할 때 실험영역을 과감하게 탐색하는 등 적극적인 활동을 하는 데 지장이 있다.

(3) 반복이 없는 요인배치 실험에서 추정한 요인효과의 중요성 여부를 렌스 방법으로 판정할 때, 어떤 유의수준(α)을 이용할지를 생각할 필요가 있다. 우선 확실하게 중요한 요인만 선정하고자

한다면 α는 0.05나 0.01을 쓰면 된다. 하지만 5장에서 다루는, 적은 수의 실험만으로 많은 인자를 실험하여 중요한 인자를 선정하고자 할 때는, 중요하지 않은 인자를 포함하는 제1종 오류보다는 중요한 인자를 놓치는 제2종 오류가 더 심각하다. 많은 인자를 적은 수의 실험으로 시행하는 선별실험에서 중요한 인자를 추후 실험에서 제외하지 않기 위해서는 유의수준 α를 0.20 정도로 정할 수 있다. 잡음의 영향이 큰 실제 생산현장에서도 중요한 요인을 놓치지 않기 위해 유의수준을 이처럼 높게 정하기도 한다.

(4) 실험계획법이 한번에 한인자 계획보다 좋은데, 여전히 한번에 한인자 계획을 쓰는 사람들이 있는 이유: ① 물리적 법칙을 한 번에 한 가지 변수(인자)에 대해 배우고, 이것이 이해하기가 수월하며, 동시에 두 개 이상의 변수의 영향을 배우는 데 익숙하지 않다. ② 실험계획법을 배우지 않거나, 배워도 그 내용과 중요성을 이해하지 못한다. ③ 교호작용이 크지 않을 때는 1회 1인자 방법을 이용한 결과도 유용하다. Frey and Wang(2006)의 연구 결과는 교호작용의 크기가 주효과의 1/4 이하이면 한번에 한인자 실험을 사용할 수 있다.

(5) 중앙점에서 3회 반복실험을 하여 곡률효과를 판정할 때, 오차항의 자유도가 2밖에 되지 않아서 검정력이 아주 떨어진다. 이런 경우에는 유의수준을 0.1로 낮춰서 검정하는 것이 바람직하다.

(6) A, B, C, D 4개의 인자를 대상으로 2수준 완전요인배치 실험을 시행하여 결과를 분석하니, 인자 B의 주효과가 다른 요인들에 비해 아주 크게 나왔다고 하자. 이럴 때는 인자 B의 주효과만 중요하다고 결론을 내릴 것이 아니라 추가 분석이 필요하다. 이런 경우에는 B가 최적조건에 있는 8개 실험데이터를 2수준 3인자 요인배치 데이터로 보고 분석을 수행해야 한다.

(7) 3차 교호작용효과가 유의하게 나타나는 경우: 데이터를 분석하니 놀랍게도 주효과나 2인자 교호작용은 작은데, 3인자 교호작용만 크게 나타났다면, 이것은 '효과의 계층성'에 전혀 맞지 않는 결과이다. 예를 들어 3개 중에서 2개를 높이면 별다른 문제가 없는데, 3개를 동시에 높이면 화학반응이 과하게 일어나서 특성치 값이 아주 좋지 않게 나타나면 3차 교호작용만 크게 나타난다. 연습문제 5번에서 실제 사례를 살펴보기로 한다.

(8) 한 조건에서 생산한 제품의 특성을 여러 위치에서 측정할 때는 여러 측정치의 중심위치와 산포를 동시에 고려하기 위하여 평균과 분산(표준편차)을 별도로 산정하여 분석을 수행하는 것이 바람직하다.

+연습문제

1 Johnson and McNeilly(2011)는 다양한 전자 부품용 전도성 페이스트(conductive pastes)에 사용되는 고순도의 은 분말(silver powder)을 생산하기 위해 중앙점 실험을 2회 추가한 반복 2회 요인배치실험을 시행하였다. 분말의 중요한 특성치는 밀도와 표면적(surface area)인데, 이는 생산공정에서 예측하거나 통제하기가 어렵다. 실험의 목적은 밀도는 14g/cm^3 이하, 표면적은 0.3~0.6cm^2/g을 유지하는 것이다. 2개의 특성치에 영향을 미칠 수 있다고 생각하는 3가지 인자는 암모늄, 교반속도, 온도이다. 실제 생산공정에서 실험하려면 과다한 비용이 들기 때문에 1/500 규모의 프로토타입 실험을 하기로 하였다. 현행 공정조건인 중앙점에서 2회, 2수준 3인자 반복 2회 실험을 하기 위하여 랜덤한 순서로 표시한 설계행렬과 실험데이터를 표 4.31에 나타내었다.

표 4.31 전도성 페이스트 실험의 설계행렬과 데이터

실험순서	암모늄(%)	교반 속도	온도(℃)	밀도(g/cm^3)	표면적(cm^2/g)
1	2	150	8	7.54	0.69
2	2	150	8	6.66	0.67
3	30	100	40	12.65	0.57
4	30	150	8	12.46	0.52
5	2	100	40	10.95	0.58
6	30	100	8	15.12	0.42
7	16	125	24	12.88	0.49
8	30	150	40	14.96	0.41
9	30	150	40	14.96	0.41
10	2	150	40	8.03	0.68
11	2	100	8	14.68	0.40
12	2	150	40	8.84	0.75
13	16	125	24	13.36	0.47
14	30	100	8	17.48	0.41
15	2	100	40	17.68	0.43
16	30	100	40	15.96	0.54
17	30	150	8	12.62	0.36
18	2	100	8	15.18	0.43

(1) 밀도와 표면적을 대상으로 곡률효과가 있는지 확인하라.

(2) 특성치별로 분산분석을 실시하라.

(3) 특성치별로 유의한 요인을 대상으로 모형식을 구성하라.

2 2단계 방전가공(Electrical Discharge Machining, EDM)의 표면거칠기를 최소화하기 위해 2^3 요인배치를 2회 반복실험으로 계획했다. 인자는 황삭 전류 차(X_1), 정삭 전류 차(X_2), 작업물과 전극 간 간격(X_3)이고, 각 인자의 (저수준, 고수준)은 각각 (0, 4), (0, 2), (0.04, 0.10)이다. 그런데 반복을 할 때 16개의 실험을 랜덤하게 시행하지 않고, 첫 주에 2^3 요인배치 실험을 랜덤하게, 다음 주에 다시 2^3 요인배치 실험을 랜덤하게 시행했다. 설계행렬과 데이터를 표 4.32에 나타내었다.

표 4.32 방전가공을 위한 2^3 요인실험의 2회 반복 설계행렬과 데이터

일주일 전				일주일 후			
X_1	X_2	X_3	R_a	X_1	X_2	X_3	R_a
−1	−1	−1	4.24	−1	−1	−1	4.19
1	−1	−1	4.64	1	−1	−1	4.41
−1	1	−1	0.76	−1	1	−1	0.51
1	1	−1	1.11	1	1	−1	0.64
−1	−1	1	6.15	−1	−1	1	5.80
1	−1	1	6.25	1	−1	1	6.11
−1	1	1	0.72	−1	1	1	0.31
1	1	1	0.72	1	1	1	0.23

(1) 데이터 구조식을 작성하라.

(2) 효과행렬을 구성하여 요인효과를 구하라.

(3) 분산분석을 실시하라.

(4) 유의한 요인을 대상으로 모형식을 구성하라.

(5) 만일 이 데이터를 완전 랜덤화 실험데이터로 간주하여 분석하면, 어떤 요인이 유의하게 나타나는가?

3 Nouraei and Roy(2009)는 빛을 이용하여 원하는 모양을 인쇄하는 사진식각(photolithography)을 하지 않고, 전기화학재료 식각(electrochemical material etching)을 하여 패턴 전사(pattern transfer)의 변동성을 최소화하는 전기화학적 미세가공 공정 실험을 하였다. 4개의 인자인 전류 밀도(X_1), 시간(X_2), 유량(X_3), 특징 밀도(X_4)를 대상으로 중앙점에서 반복 3회인 4인자 2수준 요인배치를 이용하여 반응변수인 패턴 전사의 변동성(y_1)을 최소화하기 위한 실험을 시행하였다. 인자와 수준은 표 4.33에, 설계행렬과 데이터는 표 4.34에 나타내었다.

표 4.33 전기화학적 패턴 전사 최소화 실험의 인자와 수준

인자	저수준(−1)	중앙수준(0)	고수준(+1)
X_1 : 전류 밀도(mAcm^2)	50	70	150
X_2 : 시간(s)	30	90	180
X_3 : 유량(cm^3 As^{-1})	30	50	150
X_4 : 특징 밀도(%)	30	50	70

표 4.34 전기화학적 패턴 전사 최소화 실험의 설계행렬과 데이터

실험점	X_1	X_2	X_3	X_4	y_1
1	−1	−1	−1	−1	10
2	1	−1	−1	−1	80
3	−1	1	−1	−1	10
4	1	1	−1	−1	85
5	−1	−1	1	−1	20
6	1	−1	1	−1	60
7	−1	1	1	−1	27
8	1	1	1	−1	89
9	−1	−1	−1	1	15
10	1	−1	−1	1	70
11	−1	1	−1	1	11
12	1	1	−1	1	87
13	−1	−1	1	1	12
14	1	−1	1	1	50
15	−1	1	1	1	30
16	1	1	1	1	87
17	0	0	0	0	48
18	0	0	0	0	46
19	0	0	0	0	48

(1) 주효과와 2인자 교호작용으로 효과행렬을 구성하여 요인효과를 구하라.

(2) 곡률효과가 있다고 판단되는가?

(3) 중요한 요인을 대상으로 요인효과 그림을 그려라.

(4) 유의한 효과들로 모형식을 구성하라.

(5) 패턴 전사의 변동성(y_1)을 최소화하는 조건을 구하라.

(6) 분석 결과를 바탕으로 추후 실험을 계획하라.

4 Drain(1997)은 사진식각 공정의 최소선폭(Critical Dimension, CD)에 영향을 주는 요인을 찾기 위한 2^5 부분요인배치 실험데이터를 제시하였다. 실험에 고려한 인자는 5개인데, 이 중 노광 후 열처리의 수준은 구체적으로 명시되지 않아서 -1과 $+1$로 나타내었다. 인자와 수준은 표 4.35에, 설계행렬과 데이터는 표 4.36에 나타내었다.

표 4.35 사진식각 공정 실험의 인자와 수준

인자	저수준(−1)	고수준(+1)
X_1 : 스핀 지속시간(s)	50	150
X_2 : 노광 후 열처리	−1	1
X_3 : 레지스트 두께(Å)	11,000	12,000
X_4 : 초점(μm)	0	5
X_5 : 노광 에너지(mJ)	110	130

표 4.36 사진식각 공정 실험의 설계행렬과 데이터

실험점	X_1	X_2	X_3	X_4	X_5	CD
1	−1	−1	−1	−1	−1	3.44
2	1	−1	−1	−1	−1	3.49
3	−1	1	−1	−1	−1	3.46
4	1	1	−1	−1	−1	3.49
5	−1	−1	1	−1	−1	3.69
6	1	−1	1	−1	−1	3.61
7	−1	1	1	−1	−1	3.40
8	1	1	1	−1	−1	3.42
9	−1	−1	−1	1	−1	3.79

(계속)

표 4.36 사진식각 공정 실험의 설계행렬과 데이터(계속)

실험점	X_1	X_2	X_3	X_4	X_5	CD
10	1	−1	−1	1	−1	3.46
11	−1	1	−1	1	−1	3.76
12	1	1	−1	1	−1	3.83
13	−1	−1	1	1	−1	3.93
14	1	−1	1	1	−1	3.92
15	−1	1	1	1	−1	4.03
16	1	1	1	1	−1	3.47
17	−1	−1	−1	−1	1	3.20
18	1	−1	−1	−1	1	3.21
19	−1	1	−1	−1	1	3.22
20	1	1	−1	−1	1	3.25
21	−1	−1	1	−1	1	3.41
22	1	−1	1	−1	1	3.45
23	−1	1	1	−1	1	3.20
24	1	1	1	−1	1	3.17
25	−1	−1	−1	1	1	3.34
26	1	−1	−1	1	1	3.67
27	−1	1	−1	1	1	3.42
28	1	1	−1	1	1	3.59
29	−1	−1	1	1	1	4.07
30	1	−1	1	1	1	3.55
31	−1	1	1	1	1	3.44
32	1	1	1	1	1	3.34

(1) 주효과와 2인자 교호작용으로 효과행렬을 구성하여 요인효과를 구하라.

(2) 유의한 효과는 어떤 것들이 있는가?

(3) 중요한 요인을 대상으로 요인효과 그림을 그려라.

(4) 유의한 효과들로 모형식을 구성하라.

(5) 잔차분석을 시행하라. 이상치가 있는가?

(6) 최소선폭(CD)을 3.75에 맞추기 위한 인자들의 조건을 구하라.

(7) 분석 결과를 바탕으로 추후 실험을 계획하라.

5 청색 레이저 다이어오드용 GaN 기판의 해상도를 높이기 위해 3개의 인자인 온도(X_1), 암모니아(X_2), 시간(X_3)을 대상으로 2^3 요인배치와 중앙점 2회 반복실험을 시행하였다. 반응변수는 XRD FWHM이고, 이 값은 작을수록 좋다. 표 4.37에 실험순서에 따른 설계행렬과 데이터를 나타내었다.

표 4.37 GaN 기판 실험의 설계행렬과 데이터

실험점	X_1	X_2	X_3	온도(℃)	암모니아 (sccm)	시간(min)	FWHM
1	−	−	−	700	1,000	1	615
2	+	+	+	900	4,000	5	658
3	+	+	−	900	4,000	1	525
4	0	0	0	800	2,500	3	695
5	+	−	−	900	1,000	1	677
6	−	−	+	700	1,000	5	665
7	0	0	0	800	2,500	3	675
8	+	−	+	900	1,000	5	576
9	−	+	−	700	4,000	1	685
10	−	+	+	700	4,000	5	556

(1) 효과행렬을 구성하여 요인효과를 구하라.

(2) 곡률효과가 있다고 판단되는가?

(3) 주효과, 2인자 교호작용, 3인자 교호작용 그림을 그려라.

(4) 입방체도를 그려라.

(5) 분석 결과를 바탕으로 추후 실험을 계획하라.

6 Q 실험실의 실험실원 가, 나, 다 3명은 가끔 저녁에 실험실에서 즉석쌀국수를 먹는다. 어느 날 즉석쌀국수에 참치, 김, 김치를 곁들여 먹으면 맛이 어떨지 궁금하여 실험계획법을 이용하여 맛을 보기로 했다. 맛에 대한 평가는 10점 만점으로 평가하기로 했다. 어느 주 4일간 저녁에 쌀국수를 먹은 다음 점수를 내고, 2주 쉰 뒤 다시 4일간 쌀국수를 먹고 평가했다. 1주에 4번씩 실험하는 사이 2주 간격이 있으므로 블록 2개인 2^3 요인배치를 이용하였다. 표 4.38에 설계행렬과 데이터를 나타내었다.

표 4.38 즉석쌀국수 맛 평가 실험의 설계행렬과 데이터

표준순서	실험순서	블록	인자			맛 평가		
			참치	김	김치	가	나	다
4	1	1	없음	있음	있음	6	8	7
3	2	1	있음	없음	있음	9	10	8
1	3	1	없음	없음	없음	2	1	1
2	4	1	있음	있음	없음	9	4	6
8	5	2	있음	있음	있음	9	3	6
6	6	2	없음	있음	없음	6	3	7
5	7	2	있음	없음	없음	6	6	9
7	8	2	없음	없음	있음	6	6	3

(1) 효과행렬을 구성하여 평가자별로 요인효과를 구하라.

(2) 평가자별로 선호도에 차이가 있는가?

(3) 분석 결과, 이 실험의 아쉬운 점은 무엇인가?

(4) 유사한 실험을 계획하고 시행하여 분석 결과를 토의하라.

+ 참 고 문 헌

주혜진, 변재현 (2024). "공정개선을 위한 중앙점 추가 요인배치법과 한번에 한인자 실험의 비교", 대한산업공학회지, 제50권, 제5호, 333-339.

Box, G. E. P., Hunter, J. S., and Hunter, W. G. (2005). *Statistics for Experimenters: Design, Innovation, and Discovery*, 2nd Edition, Wiley, New York.

Daniel, C. (1959). Use of Half-normal Plots in Interpreting Factorial Two-Level Experiments, *Technometrics*, 1(4), 311-341.

Drain, D. (1997). *Handbook of Experimental Methods for Process Improvement*, Chapman & Hall, NY.

Frey, D. D. and Wang, H. (2006). Adaptive One-Factor-at-A-Time Experimentation and Expected Value of Improvement, *Technometrics*, 48(3), 418-431.

Johnson, L. and McNeilly, K. (2011). Results May Vary: How Factorial Experimentation Can Reduce Variation and Improve Quality, *Quality Progress*, 44(5), 42-48.

Lenth, R. V. (1989). Quick and Easy Analysis of Unreplicated Factorials, *Technometrics*, 31(4), 469-473.

Moen, R. D., Nolan, T. W., and Provost, L. P. (2012). *Quality Improvement through Planned Experimentation*, McGraw-Hill, NY.

Montgomery, D. C. (2017). *Design and Analysis of Experiments*, 9th Edition, Wiley, New York.

Nouraei, S. and Roy, S. (2009). Design of experiments in electrochemical microfabrication, *Electrochimica Acta*, 54, 2444-2449.

Wu, C. F. J. and Hamada, M. S. (2009). *Experiments: Planning, Analysis, and Optimization*, 2nd Ed., John Wiley & Sons, NJ.

Ye, K. and Hamada, M. (2000). Critical Values of the Lenth Method for Unreplicated Factorial Designs, *Journal of Quality Technology*, 32(1), 321-330.

5.

2수준 부분요인배치법과 선별실험계획

5.1 서론

신제품을 개발하는 실험 초기에 성능에 영향을 미치는 변수를 여러 개 고려하고 싶거나, 최적조건에서 잘 운영되던 프로세스에 문제가 생겼는데 중요한 원인이 쉽게 파악되지 않고 많은 수의 잠재적 인자를 고려해야 할 때가 있다. 이럴 때 각 인자의 수준을 2개씩만 고려하더라도, 2^k형 요인실험계획의 실험 횟수는 인자 수 k가 증가함에 따라 기하급수적으로 증가한다. 표 5.1은 변수의 수에 따른 실험점의 수를 나타낸다.

표 5.1 변수의 수에 따른 2수준 요인배치 실험점 수

변수의 수(k)	2	3	4	5	6	7	8	9	10	11
실험점의 수	4	8	16	32	64	128	256	512	1,024	2,048

실험을 시행할 때, 관심이 있는 인자(변수)의 효과 외에 다른 것들의 영향을 가능한 한 배제해야 한다. 이렇게 실험을 잘 관리하면서 관심 있는 인자의 효과를 알아보고자 하는 실험에서, 한 단계의 실험 수가 20회가 넘어가는 경우는 흔치 않다. 2수준 요인실험에서 실험자가 일반적으로 관심을 두는 요인효과는 주효과와 (고차교호작용이 아닌) 2인자 간의 교호작용이다. 그러므로 중요하지 않은 고차의 교호작용을 희생함으로써 실험 횟수를 줄이는 경제적 실험방법을 모색하게 된다.

표 5.2의 교호작용의 수 열에서 **1**은 개별 인자의 효과, 즉 주효과를 의미하고, **2**는 2인자 교호작용효과를 의미한다. 인자 수가 k이면, 총 추정효과의 수는 (2^k-1)이다. 예를 들어 4개의 인자가 있다면 주효과 수는 ${}_4C_1=4$이고, 2인자, 3인자와 4인자 교호작용효과의 수는 각각 ${}_4C_2=6$, ${}_4C_3=4$, ${}_4C_4=1$이다. 여기서 이항정리를 이용하면 $2^4=(1+1)^4={}_4C_0+{}_4C_1+{}_4C_2+{}_4C_3+{}_4C_4$이고, ${}_4C_0=1$이므로, 총 효과의 수는 ${}_4C_1+{}_4C_2+{}_4C_3+{}_4C_4=2^4-1=15$이다. 3차 이상 교호작용 수의 비율은 인자가 많아짐에 따라 아주 높아진다. 실제로 관심이 없는 이렇게 많은 고차의 교호작용효과를 알기 위해 실험을 많이 할 필요는 없다.

표 5.2 변수의 수에 따른 2수준 요인배치의 교호작용, 추정 효과, 고차효과의 수

변수의 수	교호작용의 수										총 추정효과	고차효과 (3차 이상)
	1	2	3	4	5	6	7	8	9	10		
1	1										1	0
2	2	1									3	0
3	3	3	1								7	1
4	4	6	4	1							15	5
5	5	10	10	5	1						31	16
6	6	15	20	15	6	1					63	42
7	7	21	35	35	21	7	1				127	99
8	8	28	56	70	56	28	8	1			255	219
9	9	36	84	126	126	84	36	9	1		511	466
10	10	45	120	210	252	210	120	45	10	1	1,023	968

보통 실험에서는 주효과와 2인자 교호작용효과가 주 관심사이기 때문에, 완전 2^k형 실험계획의 일부분만 실시하는 부분요인배치법(Fractional Factorial Design, FFD)을 적용하면 중요하지 않은 고차 교호작용효과에 관한 정보들을 희생함으로써 실험 횟수를 줄여 효율적으로 실험할 수 있다. 부분요인배치법은 특히 제품개발 초기 실험에서 반응치에 영향을 줄 수 있다고 여겨지는 변수들을 가능한 한 많이 고려하여 몇 개의 중요한 변수들을 골라내는 선별실험을 시행하는 데 효율적으로 적용할 수 있다.

실험계획법을 모르거나 실험계획을 배웠더라도 아직 익숙하지 않은 실험자들이 고려해야 할 인자가 많을 때 어떤 식으로 접근하는지 알아보자. ① 그냥 한번에 한인자씩 실험해 보고 중요한 것을 골라내거나, ② 여러 개 중 3개 정도를 추려서 요인배치 방법을 적용해 본다. 하지만 이 두 가지 방법 중 어느 것도 좋지 않다. ①처럼 실험하는 것이 비효율적이라는 것은 4장에서 이미 배웠고, ② 방법도 바람직하지 않다. 만일 실험에 포함되지 않은 인자 중에서 중요한 것이 있다면 어떻게 할 것인가? 여러 사례에서 밝혀진 바로는, 실험자나 공정운영자가 별로 중요하지 않다고 생각하여 실험에 포함하지 않으려고 한 인자들을 실제로 고려하여 실험해 보면 이런 인자들이 중요한 인자로 판명되는 경우도 자주 발생한다. 그러므로 실험자는 주관적인 판단으로 실험에 포함할 인자 수를 줄이려고 하지 말고, 적은 실험 수로 중요한 인자를 파악할 수 있는 선별실험을 시행할 필요가 있다. 본 장에서는 여러 개의 인자를 동시에 실험에 포함하여 효율적으로 중요한 인자를 추려내는 방법을 몇 개의 사례와 함께 제시하고자 한다.

5.2 2수준 부분요인배치법의 이해

부분요인배치법은 완전요인배치에 의한 실험조합 중 단지 그 일부의 조합에서만 실험을 실행하는 것이다. 부분요인배치를 실시하면 주효과와 교호작용 또는 서로 다른 교호작용 간 효과를 구분할 수 없는 현상인 교락(confounding)이 발생한다. 그리고 이런 교락의 형태는 전체 실험조합 중 어떤 실험점에서 실험하는지에 따라서 달라진다. 그러므로 부분요인배치법을 올바르게 사용하기 위해서는 교락형태를 충분히 이해하고 있어야 한다.

1) 부분요인배치법의 구성 방법 예시: 2^{4-1} 부분요인배치

인자가 4개 있을 때, $2^4 = 16$개가 아니라, 그것의 절반인 8개 실험조합을 구성하는 방법을 살펴보자. 이러한 방법을 '2수준 4인자 1/2 실시 부분요인배치법'이라고 하고, '2^{4-1} 부분요인배치'라고 간단히 표시하기도 하는데, 여기서 2는 수준 수, 4는 인자의 수, −1은 2^{-1}, 즉 전체 수준조합인 2^4의 1/2에 해당하는 점에서만 실험을 시행한다는 것을 의미한다.

표 5.3과 같이 4개의 인자를 대상으로 2^{4-1} 부분요인배치 실험점을 구성해 보자.

표 5.3 4개의 인자와 수준

인자	저수준(−1)	고수준(+1)
A: 온도	120	150
B: 압력	500	700
C: 시간	40	45
D: 촉매	1	2

(1) A, B, C를 이용한 실험점 구성

4 − 1 = 3이므로 우선 3개의 인자를 대상으로 8개의 실험점을 구성한다.

A	B	C
−	−	−
+	−	−
−	+	−
+	+	−
−	−	+
+	−	+
−	+	+
+	+	+

(2) D를 포함한 설계행렬 구성

이제 D를 배치해 보자. ABC 교호작용 열에 D를 배치하면 2^{4-1} 부분요인배치의 설계행렬을 다음과 같이 구할 수 있다.

A	B	C	ABC ← D
−	−	−	−
+	−	−	+
−	+	−	+
+	+	−	−
−	−	+	+
+	−	+	−
−	+	+	−
+	+	+	+

D 인자를 ABC 3인자 교호작용 열에 배치했으므로, D열의 부호와 ABC열의 −, + 부호 순서가 같다. 이처럼 부분요인배치에서 교호작용 칸에 아직 배치되지 않은 인자를 배치하기 위해 이용한 D = ABC를 **설계생성자(design generator)**라고 한다. 여기서 해석에 주의가 필요한데, D = ABC라고 하면 주효과 D와 ABC 교호작용이 같다는 것이 아니라, 효과 D와 ABC가 교락되어 있다는 의미이다. 즉, 실험을 시행하여 데이터를 얻은 다음에 D의 효과를 계산하면 이 값에는 ABC 교호작용효과도 함께 섞여 있다는 의미이다. 이렇게 효과들이 섞여 있다는 의미에서, 교락현상을 'D + ABC'로 표현하기도 한다.

실험할 때는 어떻게 하는가? 위 표에 있는 것처럼 4번째 열을 인자 D의 열로 생각하여 실험한다. 예를 들어 3번째 실험점은 (−, +, −, +)인데, 이 실험점의 실험조건은 (온도, 압력, 시간, 촉매량) = (120, 700, 30, 2)이므로, 이 조건에서 실험하여 데이터를 얻는다.

결과적으로 보면 '2수준 4인자 완전요인배치 16회' 실험을 '2수준 4인자 부분요인배치 8회' 실험으로, 실험점의 수를 반으로 줄인 셈이다. 그렇다면 이렇게 실험점의 수를 줄였을 때 어떤 문제점이 나타나는지 살펴보자. 2^{4-1} 부분요인배치를 구성하고 난 다음, 4개의 인자 A, B, C, D로 구성된 설계행렬 옆에 AB와 CD 교호작용을 나타내보자.

실험번호	A	B	C	D	AB	CD
1	−	−	−	−	+	+
2	+	−	−	+	−	−
3	−	+	−	+	+	+
4	+	+	−	−	−	−
5	−	−	+	+	−	−
6	+	−	+	−	+	+
7	−	+	+	−	−	−
8	+	+	+	+	+	+

이제 데이터를 얻어 AB 효과를 계산하면, 이것은 AB가 + 수준인 1, 3, 6, 8 실험점의 데이터 평균에서 2, 4, 5, 7 실험점의 데이터 평균을 뺀 것이다. 그런데 이것은 CD 효과의 계산식과 동일하다. 만일 AB 효과가 10.5로 계산되었다면, CD의 효과도 역시 10.5로 계산될 것이다. 그렇다면 10.5라는 효과값은 AB 교호작용효과와 CD 교호작용효과가 합쳐져서 나온 것이다. 즉, AB + CD = 10.5이다. 이처럼 부분요인배치를 실시하여 실험하면 요인효과가 섞이게 된다.

그렇다면 10.5라는 값은 AB의 효과인가, CD의 효과인가? ① 논리적으로나 과거의 실험계획 경험에 따라 둘 중 하나는 교호작용을 일으키지 않는 것이라면, 그 효과는 없다고 생각한다. 예를 들어 위의 예에서 온도(A)와 압력(B)은 교호작용을 자주 일으키고, 시간(C)과 촉매(D)는 성격상 교호작용을 나타내지 않는다면, 위의 효과값 10.5는 교호작용 AB로 보는 것이다. ② 효과 유전성에 따라서, 만일 데이터 분석에서 교호작용을 구성하는 인자의 주효과가 모두 유의하지 않게 나온다면, 해당 교호작용효과는 없다고 판단한다. 위의 예에서 데이터 분석 결과, A와 B의 주효과는 유의한데, C와 D의 주효과는 둘 다 중요하지 않게 나타나면, 10.5는 교호작용 AB의 효과로 보는 것이다. ③ 위의 두 가지 경우 모두 적용되지 않는다면, 소위 '반사배열'이라는 추가 실험을 해야 한다. 이에 관해서는 5.7절에서 자세하게 설명하기로 한다.

2) 데이터 분석 기본

요인효과를 계산하는 방법은 완전요인배치법과 같다. 각 열에서 '양(+)의 계수에 대응하는 모든 반응치의 평균'과 '음(−)의 계수와 연결된 모든 반응치의 평균'의 차이가 해당 열의 요인효과이다. 부분요인배치를 이용하더라도 각 실험점에서 반복실험을 하거나, 중심점에서 반복실험을 함으로써 실험오차의 크기를 파악하고 분산분석을 활용하여 요인효과의 유의성을 판단할 수 있다.

3) 데이터 분석 시 주의사항

부분요인배치를 이용하여 실험하면, 일반적으로 교락이 발생하므로 유의하게 판정된 요인효과를 해석할 때는 결론에 도달하기 전에 주의를 기울여야 한다. 교락된 효과의 값이 크다면, 둘 중 어느 하나가 중요하거나 둘 다 어느 정도 중요할 수 있다. 예를 들어 2^{4-1} 부분요인배치 실험에서 나온 데이터를 분석한 결과, AB + CD = 20으로 크게 나오면, 두 개의 교호작용효과 AB와 CD 중 어느 하나가 중요하거나 AB와 CD 둘 다 중요할 수 있다.

이론적으로 보면, 교락된 효과가 거의 0에 가까울 때라도 반대 상관관계에 있는 유의한 효과들이 합쳐진 결과일 수도 있다. 예를 들어 분석 결과가 AC + BD = 1로 나오면, 보통 AC와 BD 모두 중요하지 않다고 생각한다. 하지만 사실은 AC = −9, BD = 10처럼 각 효과의 절댓값이 비슷하고, 부호만 반대인 경우에도 교락된 효과는 작을 수 있다. 이론적으로 가능하고, 있을 수도 있는 일이다. 하지만 일단 이렇게 교락된 효과가 둘 다 중요한데 서로 반대 상관으로 나타나는 경우는 흔치 않으므로, 일반적으로는 교락된 효과값이 작으면 유의하지 않다고 판단한다.

복습문제 2^{4-1} 부분요인배치 효과행렬을 이용하여 아래 교락현상을 확인하라.

A + BCD, B + ACD, C + ABD, D + ABC, AB + CD, AC + BD, AD + BC

4) 교락

부분요인배치에서 교락은 실험을 일부만 실시하여, 섞여 있는 요인효과(주효과와 교호작용효과 또는 서로 다른 교호작용효과)를 구분할 수 없는 현상을 말한다. 교락된 요인끼리는 서로 별명관계에 있다고 표현하기도 한다.

2^{4-1} 부분요인배치를 보면, 처음에 설계행렬을 만들 때 설계생성자로 D = ABC를 이용했는데, 양쪽에 D를 곱하면 좌변은 D를 두 번 곱한 결과로 모든 부호가 '+'인 열이 되고, 우변은 ABCD가 된다. 모든 부호가 '+'인 열을 I라고 표시하면 I = ABCD가 되는데, 이를 **정의관계**라고 한다. I열은 어떤 K열에 곱해도 K열이 되므로 마치 곱셈에서 1과 같은 역할을 한다. 이런 정의관계만 알면 요인효과들의 별명관계를 쉽게 알 수 있다. 예를 들어 요인효과 AB를 정의관계 I = ABCD에 곱하면, 어떤 열도 두 번 곱하면 I가 되므로, 다음 식을 통하여 AB와 CD가 교락되고, 이들은 서로 별명관계

에 있다는 것을 알 수 있다.

$$AB = ABI = AB(ABCD) \Rightarrow AB = A^2B^2CD = CD$$

위의 식에 나타낸 것처럼 별명관계는 AB = CD 또는 AB + CD 형태로 표기한다. 표기법을 설명하자면, 전자는 요인효과를 구하기 위한 AB와 CD열의 +와 − 배열이 같다는 것이고, 후자는 AB와 CD의 요인효과가 섞여 있어서 구분할 수 없다는 뜻이다.

복습문제 2^{4-1} 부분요인배치의 정의관계를 이용하여 아래 효과들의 별명관계를 파악하라.

A, B, C, D, AC, BC

5) 부분요인배치법의 해

해는 '정의관계(defining relation)를 구성하는 문자의 최소 수'이며, 로마 숫자로 표현한다. 2^{4-1} 부분요인배치에서는 정의관계가 I = ABCD이다. 정의관계를 구성하는 문자의 수가 4개이니, 해는 Ⅳ이다. 나중에 설명하겠지만, 정의관계가 여러 개 있을 때는 정의관계를 구성하는 문자의 수도 여러 개 나올 수 있다. 이때는 이러한 문자의 수 중에서 가장 작은 수가 그 부분요인배치의 해가 된다.

해가 정해지면, 교락되는 요인효과의 정도를 알 수 있다. 2^{4-1} 부분요인배치를 보면, 주효과와 3인자 교호작용이 교락되고, 서로 다른 2인자 교호작용효과끼리 교락된다. 요인효과를 문자의 수로 나타내면 주효과는 1개, 2인자 교호작용효과는 2개, 3인자 교호작용효과는 3개이다. 2^{4-1} 부분요인배치의 해는 Ⅳ인데, 4를 두 개의 양의 정수의 합으로 표현하면 1 + 3 또는 2 + 2이다. 이것을 교락현상으로 표현하면 1(주효과) + 3(3인자 교호작용효과), 2(2인자 교호작용효과) + 2(다른 2인자 교호작용효과)이다. 이러한 해석에서 한 가지 주의해야 할 점은 해가 Ⅳ일 때, 주효과 하나에 3인자 교호작용이 둘 이상 붙어 있을 수도 있다는 것이다. 해가 Ⅳ이면 주효과가 '3인자 교호작용과 교락된다'라는 것만 염두에 두면 될 것이다. 그림 5.1은 해에 따른 교락현상을 정리한 것이다.

해	교락된 효과의 차수 합	교락 내용
Ⅲ	1 + 2	주효과와 2인자 교호작용이 교락됨
Ⅳ	1 + 3 2 + 2	주효과와 3인자 교호작용, 2인자 교호작용과 다른 2인자 교호작용이 교락됨
Ⅴ	1 + 4 2 + 3	주효과와 4인자 교호작용, 2인자 교호작용과 3인자 교호작용이 교락됨 (3인자 이상의 교호작용을 무시하면) 주효과와 2인자 교호작용은 독립적으로 추정이 가능함

그림 5.1 해에 따른 교락현상

3인자 이상의 교호작용을 무시하면, 해가 Ⅳ이면 주효과는 독립적으로 추정할 수 있다. 해가 Ⅴ 이상이면 주효과와 2인자 교호작용효과는 독립적으로 추정할 수 있다.

6) 부분요인배치법의 기호 표현

k개의 인자를 대상으로 2^{-p} 비율만큼 실험하는 부분요인배치는 2_r^{k-p} 기호로 표시한다. 여기서 k는 실험변수의 수, p는 부분요인배치 설계행렬을 만들 때 처음에 포함되지 않는 변수의 수, 2^{k-p}는 실험점의 수, r은 로마 숫자로 표기된 실험계획의 해(resolution)이다. 표 5.4에 몇 가지 부분요인배치 2_r^{k-p}를 나타내었다.

표 5.4 부분요인배치법의 몇 가지 예

구분	2_{III}^{3-1}	2_{IV}^{4-1}	2_{V}^{5-1}	2_{III}^{5-2}	2_{IV}^{8-4}
부분실험의 비율(2^{-p})	1/2	1/2	1/2	1/4	1/16
실험변수의 수(k)	3	4	5	5	8
실험점의 수(2^{k-p})	4	8	16	8	16
해(r)	Ⅲ	Ⅳ	Ⅴ	Ⅲ	Ⅳ

표 5.4의 내용을 좀 더 설명하면, 2_{III}^{3-1}은 4개 실험점에서 3개의 인자를 대상으로 실험하는 것이며, 해가 Ⅲ이 되므로 $3 = 1 + 2$가 되어 주효과와 2인자 교호작용효과가 교락된다. 2_{V}^{5-1} 계획은 4개 실험점에서 5개의 인자를 대상으로 실험하고, 주효과와 2인자 교호작용효과는 독립적으로 추정할 수 있다. 2_{III}^{5-2}는 8개 실험점에서 5개의 인자를 대상으로 실험하는 것인데, 해가 Ⅲ이므로 주효과와 2인자 교호작용효과가 교락된다. 2_{IV}^{8-4} 부분요인배치는 16개 실험점에서 8개의 인자를 대상으로 실험하는 것이고, 3인자 교호작용효과를 무시하면 주효과는 독립적으로 알 수 있지만, 2인자 교호작용효과끼리 서로 교락된다.

7) 실험점의 수와 인자의 수에 따른 해의 변화

이번에는 실험점의 수를 미리 정해 놓을 때, 인자 수에 따른 해의 변화를 살펴보자. 표 5.5에 실험점의 수가 8개, 16개일 때, 변수의 수에 따른 해의 변화를 나타내었다. 8회 실험의 경우, 인자 수가 3개이면 완전요인배치, 4개이면 해가 Ⅳ, 5~7개이면 해가 Ⅲ이 된다. 그런데 해가 Ⅲ이라도 인자가 많아지면 교락의 밀도가 높아진다. 2_{III}^{7-4} 부분요인배치는 인자가 7개이고 $2^7 = 128$개 요인배치 조합의 $2^{-4} = 1/16$만큼만 실험을 하는 것이다. 물론 주효과와 2인자 교호작용효과가 교락되므로 주효과를 독립적으로 파악할 수는 없지만, 각 인자가 반응변수에 미치는 영향을 대략적으로 파악할 수 있다.

16회 실험의 경우에는 인자 수가 3개이면 반복 2회인 완전요인배치, 4개이면 완전요인배치, 5개이면 해가 V인 부분요인배치이므로, 3인자 이상의 교호작용효과를 무시하면 주효과와 2인자 교호작용효과를 독립적으로 추정할 수 있다. 인자 수가 6~8개이면 해가 IV가 되며, 9~15개이면 해가 III인 부분요인배치가 된다. 같은 해를 갖더라도 인자 수가 많아지면 교락의 밀도는 그만큼 높아진다.

표 5.5 실험점과 변수의 수에 따른 해의 변화

실험점의 수	변수의 수(k)									
	3	4	5	6	7	8	9	10	…	15
8	F	2_{IV}^{4-1}	2_{III}^{5-2}	2_{III}^{6-3}	2_{III}^{7-4}					
16	F(2)	F	2_{V}^{5-1}	2_{IV}^{6-2}	2_{IV}^{7-3}	2_{IV}^{8-4}	2_{III}^{9-5}	2_{III}^{10-6}	…	2_{III}^{15-11}

F: 완전요인배치, (2): 2회 반복

8) 8회 실험점에서 인자 수에 따른 부분요인배치법의 교락형태

그림 5.2에 실험점의 수가 8개일 때, 인자 수에 따라 교락의 밀도가 달라지는 것을 나타내었다. 3차 이상의 교호작용효과를 무시하면, 인자가 4개일 때는 주효과를 독립적으로 알 수 있다. 인자가 5개인 경우에는 주효과에 2인자 교호작용효과가 하나씩 교락되고, 남아 있는 다른 열에는 서로 다른 2인자 교호작용효과들이 교락된다. 6개일 때는 주효과에 보통 2개씩, 7개일 때는 3개씩 2인자 교호작용효과가 교락된다. 그림 아래쪽에 있는 숫자 i는 인자 X_i를 의미한다. 즉, **1**은 인자 X_1의 주효과이고, **12**는 교호작용 X_1X_2이다.

실험점		X_1	X_2	X_3	X_1X_2	X_1X_3	X_2X_3	$X_1X_2X_3$
1		−	−	−	+	+	+	−
2		+	−	−	−	−	+	+
3		−	+	−	−	+	−	+
4		+	+	−	+	−	−	−
5		−	−	+	+	−	−	+
6		+	−	+	−	+	−	−
7		−	+	+	−	−	+	−
8		+	+	+	+	+	+	+
2_{IV}^{4-1}	주효과 및 2인자 교호작용의 교락형태	**1**	**2**	**3**				**7**
					12	**13**	**23**	
					37	**27**	**17**	
2_{III}^{5-2}	주효과 및 2인자 교호작용의 교락형태	**1**	**2**	**3**	**4**	**5**		
		24	**14**	**15**	**12**	**13**	**23**	**25**
		35					**45**	**34**
2_{III}^{6-3}	주효과 및 2인자 교호작용의 교락형태	**1**	**2**	**3**	**4**	**5**	**6**	**7**
		24	**14**	**15**	**12**	**13**	**23**	**16**
		35	**36**	**26**	**56**	**46**	**45**	**25**
								34
2_{III}^{7-4}	주효과 및 2인자 교호작용의 교락형태	**1**	**2**	**3**	**4**	**5**	**6**	**7**
		24	**14**	**15**	**12**	**13**	**17**	**16**
		35	**36**	**26**	**37**	**27**	**23**	**25**
		67	**57**	**47**	**56**	**46**	**45**	**34**

그림 5.2 8회 실험의 인자 수에 따른 교락의 형태

5.3* 부분요인배치 선정 기준

5.3.1 2^{k-p} 부분요인배치의 구성

이 절에서는 인자 X_1은 **1**, X_2는 **2**와 같은 식으로 인자를 숫자로 표기하기로 한다. 5.2절에서 1/2 부분요인배치를 구성하기 위하여 설계생성자를 이용하고 나면 $p = 1$개의 정의관계가 나온다는 것을 살펴보았다. 일반적으로 2^{k-p} 부분요인배치를 구성하려면 p개의 정의관계가 필요하다. 그리고 2개 이상의 정의관계를 만들면 그들의 교호작용들도 모두 정의관계가 된다.

2개의 설계생성자 d_1: **5** = **12**, **6** = **134**와 d_2: **5** = **123**, **6** = **124**를 이용해 2^{6-2} 부분요인배치 정의관계와 이들을 이용한 별명관계를 각각 알아보자. d_1: **5** = **12**, **6** = **134** 설계생성자로부터 우선 2개의 정의관계 **I** = **125**, **I** = **1346**이 나오고, 이들의 곱인 **I** = (**125**)(**1346**) = **23456** 역시 정의관계가 된다. 비슷한 방법으로 d_2: **5** = **123**, **6** = **124**로부터 3개의 정의관계 **I** = **1235**, **I** = **1246**, **I** =

3456이 생성된다. d_1과 d_2의 설계생성자와 정의관계를 요약하면 다음과 같다.

$$d_1: 5 = 12,\ 6 = 134 \quad \Rightarrow \quad I = 125 = 1346 = 23456$$

$$d_2: 5 = 123,\ 6 = 124 \quad \Rightarrow \quad I = 1235 = 1246 = 3456$$

각 부분요인배치의 정의관계가 3개씩 있으므로, 다음과 같이 1개의 요인효과에 3개의 교락된 효과를 구하면 이들끼리 별명관계를 구성할 수 있다.

d_1: I = 125 = 1346 = 23456

1 = 25 = 346 = 123456,
2 = 15 = 12346 = 3456,
3 = 1235 = 146 = 2456,
4 = 1245 = 136 = 2356,
5 = 12 = 13456 = 2346,
6 = 1256 = 134 = 2345,
13 = 235 = 46 = 12456,
14 = 245 = 36 = 12356,
16 = 256 = 34 = 12345,
23 = 135 = 1246 = 456,
24 = 145 = 1236 = 356,
26 = 156 = 1234 = 345,
35 = 123 = 1456 = 246,
45 = 124 = 1356 = 236,
56 = 126 = 1345 = 234

d_2: I = 1235 = 1246 = 3456

1 = 235 = 246 = 13456,
2 = 135 = 146 = 23456,
3 = 125 = 12346 = 456,
4 = 12345 = 126 = 356,
5 = 123 = 12456 = 346,
6 = 12356 = 124 = 345,
12 = 35 = 46 = 123456,
13 = 25 = 2346 = 1456,
14 = 2345 = 26 = 1356,
15 = 23 = 2456 = 1346,
16 = 2356 = 24 = 1345,
34 = 1245 = 1236 = 56,
36 = 1256 = 1234 = 45,
134 = 245 = 236 = 156,
136 = 256 = 234 = 145

교락된 효과들을 3차 이상 교호작용은 무시하고 2차 교호작용까지만 추려서 작성하면 다음과 같다.

d_1: 1 = 25, 2 = 15, 5 = 12, 13 = 46, 14 = 36, 16 = 34

d_2: 12 = 35 = 46, 13 = 25, 14 = 26, 15 = 23, 16 = 24, 34 = 56, 36 = 45

정의관계를 구성하는 문자(낱말)의 수를 '문자길이(word length)'라고 하며, 정의관계를 구성하는 문자길이를 조합하여 '문자길이 패턴(word length pattern)' $W = (A_3, A_4, A_5, \cdots)$를 구성한다. 여기서 A_i는 정의관계에서 길이가 i개인 문자 수이다. 그러면 해(resolution)는 $A_r \geq 1$이 되는 가장 작은 r이다. 예를 들어 2^{6-2} 계획에서 설계생성자 d_1: **5 = 12, 6 = 134**를 이용하면 정의관계가 **I = 125 = 1346 = 23456**이므로 $W = (1, 1, 1, 0, \cdots)$이 되고, d_2: **5 = 123, 6 = 124**를 이용하면 정의관계가 **I = 1235 = 1246 = 3456**이 되어 $W = (0, 3, 0, 0, \cdots)$이다. d_1의 해는 Ⅲ이고, d_2의 해는 Ⅳ이므로, 2^{6-2} 부분요인배치 계획으로는 d_1보다는 d_2를 선택하는 것이 바람직하다.

이번에는 해가 같은 부분요인배치 계획을 비교하기 위하여 또 다른 기준인 최소저차교락계획(minimum aberration design)에 관하여 알아보자. 다음과 같이 2개의 생성자로 만든 2_{IV}^{7-2} 부분요인배치 계획, 그에 따른 정의관계와 문자길이 패턴을 보자.

d_1: **6 = 1234, 7 = 1235** ⇒ **I = 4567 = 12346 = 12357** ⇒ $W(d_1) = (0, 1, 2, 0, 0)$

d_2: **6 = 123, 7 = 1455** ⇒ **I = 1236 = 1457 = 234567** ⇒ $W(d_2) = (0, 2, 0, 1, 0)$

d_1과 d_2의 정의관계를 이용하여 별명관계를 구하고 2인자 교호작용만 정리하면 다음과 같다.

d_1: **45 = 67, 46 = 57, 47 = 56** (별명관계)

d_2: **12 = 36, 13 = 26, 16 = 23, 14 = 57, 15 = 47, 17 = 45** (별명관계)

복습문제 d_1과 d_2의 별명관계가 위와 같이 나옴을 확인하라.

d_1과 d_2 계획은 둘 다 해가 같다. 그중에서 어느 것을 택해야 하는지를 생각해 보자. d_1에서는 2인자 교호작용의 별명관계가 3개이고, d_2는 6개이다. 그러므로 두 계획의 해가 같지만, d_1을 선택하는 것이 바람직하다. 2개의 부분요인배치 계획 d_1과 d_2의 해가 같을 때, $\text{Ar}(d_1) \neq \text{Ar}(d_2)$가 되는 가장 작은 r에 대해서 $\text{Ar}(d_1) < \text{Ar}(d_2)$이면 d_1이 d_2에 비해 더 나은 계획이다.

요약하면, 부분요인배치 계획을 정할 때는 ① 가능한 한 해를 가장 크게 하고, ② 저차교락이 최소가 되는 계획을 찾는다. 해를 높이고 최소저차교락의 원칙에 따른 2_r^{k-p} 부분요인배치를 설계생성자와 교락되지 않은 효과를 표 5.6과 표 5.7에 제시하였다. 여기서 '교락되지 않은 효과'는 '주효과나 2인자 교호작용효과'와 교락되지 않아서 독립적으로 추정할 수 있는 효과를 뜻한다. 10은 10번째 인자, 11은 11번째 인자, …, 14는 14번째 인자를 표시한다. 같은 실험 횟수와 인자를 대상으로 두 개의 배치를 제시하였으면, 하나는 첨자 a로 표시하였다. a로 표시한 배치계획은 해는 작지만, 여러 개의 2인자 교호작용을 추정할 수 있는 계획이다. 16회 실험을 하면서 6개의 인자를 고려할 때는

6과 6^a를 비교하여 상황에 따라 무엇을 쓸지 정할 수 있다. 예를 들어 16회 실험을 하면서 6개의 인자를 고려할 때, 모든 주효과를 독립적으로 추정하고 싶다면 설계생성자가 **5 = 123, 6 = 124**인 2_{IV}^{6-2}를, **3, 4, 6, 23, 24, 26, 35, 45, 56**을 추정하고 싶을 때는 6^a로 표시한 설계생성자가 **5 = 12, 6 = 134**인 2_{III}^{6-2}를 이용하면 된다.

가능한 한 해를 크게 하고, 최소저차교락계획을 만드는 설계생성자는 다양하게 나올 수 있다. 그러므로 표 5.6과 표 5.7에서 나타낸 것과 다른 설계생성자를 이용한 부분요인배치 방법을 적용한 사례도 있다.

표 5.6 16개 실험점 부분요인배치

인자 수	부분 요인배치	설계생성자	교락되지 않은 추정 가능 효과
5	2_V^{5-1}	5 = 1234	모든 주효과와 2인자 교호작용
6	2_{IV}^{6-2}	5 = 123, 6 = 124	모든 주효과
6^a	2_{III}^{6-2}	5 = 12, 6 = 134	3, 4, 6, 23, 24, 26, 35, 45, 56
7	2_{IV}^{7-3}	5 = 123, 6 = 124, 7 = 134	모든 주효과
8	2_{IV}^{8-4}	5 = 123, 6 = 124, 7 = 134, 8 = 234	모든 주효과
9	2_{III}^{9-5}	5 = 123, 6 = 124, 7 = 134, 8 = 234, 9 = 1234	없음
10	2_{III}^{10-6}	5 = 123, 6 = 124, 7 = 134, 8 = 234, 9 = 1234, 10 = 34	없음
11	2_{III}^{11-7}	5 = 123, 6 = 124, 7 = 134, 8 = 234, 9 = 1234, 10 = 34, 11 = 24	없음
12	2_{III}^{12-8}	5 = 123, 6 = 124, 7 = 134, 8 = 234, 9 = 1234, 10 = 34, 11 = 24, 12 = 14	없음
13	2_{III}^{13-9}	5 = 123, 6 = 124, 7 = 134, 8 = 234, 9 = 1234, 10 = 34, 11 = 24, 12 = 14, 13 = 23	없음
14	2_{III}^{14-10}	5 = 123, 6 = 124, 7 = 134, 8 = 234, 9 = 1234, 10 = 34, 11 = 24, 12 = 14, 13 = 23, 14 = 13	없음
15	2_{III}^{15-11}	5 = 123, 6 = 124, 7 = 134, 8 = 234, 9 = 1234, 10 = 34, 11 = 24, 12 = 14, 13 = 23, 14 = 13, 15 = 12	없음

표 5.7 32개 실험점 부분요인배치

인자 수	부분 요인배치	설계생성자	교락되지 않은 추정 가능 효과
6	2_{VI}^{6-1}	6 = 12345	모든 주효과와 2인자 교호작용
7	2_{IV}^{7-2}	6 = 123, 7 = 1245	모든 주효과, 14, 15, 17, 24, 25, 27, 34, 35, 37, 45, 46, 47, 56, 57, 67
8	2_{IV}^{8-3}	6 = 123, 7 = 124, 8 = 1345	모든 주효과, 15, 18, 25, 28, 35, 38, 45, 48, 56, 57, 58, 68, 78
9	2_{IV}^{9-4}	6 = 123, 7 = 124, 8 = 125, 9 = 1345	모든 주효과, 19, 29, 39, 49, 59, 69, 79, 89
9[a]	2_{IV}^{9-4}	6 = 123, 7 = 124, 8 = 134, 9 = 2345	모든 주효과, 15, 19, 25, 29, 35, 39, 45, 49, 56, 57, 58, 59, 69, 79, 89
10	2_{IV}^{10-5}	6 = 123, 7 = 124, 8 = 125, 9 = 1345, 10 = 2345	모든 주효과
10[a]	2_{III}^{10-5}	6 = 12, 7 = 134, 8 = 135, 9 = 145, 10 = 345	3, 4, 5, 7, 8, 9, 10, 23, 24, 25, 27, 28, 29, 2·10, 36, 46, 56, 67, 68, 69, 6·10
11	2_{IV}^{11-6}	6 = 123, 7 = 124, 8 = 134, 9 = 125, 10 = 135, 11 = 145	모든 주효과
11[a]	2_{III}^{11-6}	6 = 12, 7 = 13, 8 = 234, 9 = 235, 10 = 245, 11 = 1345	4, 5, 8, 9, 10, 11, 14, 15, 18, 19, 1·10, 1·11
12	2_{IV}^{12-7}	6 = 123, 7 = 124, 8 = 134, 9 = 234, 10 = 125, 11 = 135, 12 = 145	모든 주효과
12[a]	2_{III}^{12-7}	6 = 12, 7 = 13, 8 = 14, 9 = 234, 10 = 235, 11 = 245, 12 = 1345	5, 9, 10, 11, 12, 15, 19, 1·10, 1·11, 1·12
13	2_{IV}^{13-8}	6 = 123, 7 = 124, 8 = 134, 9 = 234, 10 = 125, 11 = 135, 12 = 235, 13 = 145	모든 주효과
14	2_{IV}^{14-9}	6 = 123, 7 = 124, 8 = 134, 9 = 234, 10 = 125, 11 = 135, 12 = 235, 13 = 145, 14 = 245	모든 주효과
15	2_{IV}^{15-10}	6 = 123, 7 = 124, 8 = 134, 9 = 234, 10 = 125, 11 = 135, 12 = 235, 13 = 145, 14 = 245, 15 = 345	모든 주효과
16	2_{IV}^{16-11}	6 = 123, 7 = 124, 8 = 134, 9 = 234, 10 = 125, 11 = 135, 12 = 235, 13 = 145, 14 = 245, 15 = 345, 16 = 12345	모든 주효과

5.3.2 실험에 적용할 부분요인배치 결정

2^{k-p} 부분요인배치는 2^k 요인배치 실험점 중 2^{-p} 비율만큼의 실험점만 골라내는 것이다. 즉, 2^k 요인배치를 2^p개의 2^{k-p} 부분요인배치로 나누어 이 중 하나를 선택하는 것이다. 예를 들어 가장 간단한 2_{III}^{3-1} 부분요인배치는 다음과 같이 3번째 인자인 C를 배치할 때, '배치 1'과 '배치 2' 중 하나를 선택할 수 있다. 이들 2개의 부분요인배치는 설계생성자에 따라 다르게 정해진 것인데, 왼쪽은 C = −AB, 오른쪽은 C = +AB로 정한 것이다.

배치 1		
A	**B**	**C**
−	−	−
+	−	+
−	+	+
+	+	−

배치 2		
A	**B**	**C**
−	−	+
+	−	−
−	+	−
+	+	+

'배치 1'과 '배치 2'를 설계공간으로 표현하면 그림 5.3과 같다. 2개의 부분요인배치 설계공간을 가운데로 모아 합치면 2^3 요인배치의 설계공간이 된다.

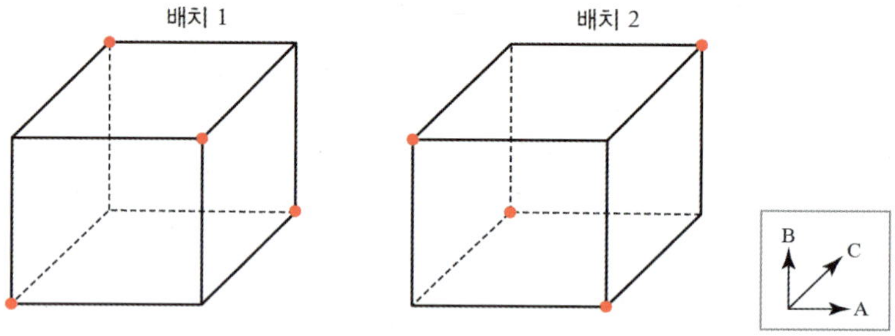

그림 5.3 2_{III}^{3-1} 부분요인배치의 설계공간

'배치 1'과 '배치 2' 중 어느 것을 이용해도 2_{III}^{3-1} 부분요인배치가 되는데, 때에 따라서는 실험을 하기 전에 둘 중 하나를 정해야 할 때가 있다. 예를 들어 현재 실험을 수행하고 있는 조건이 (A, B, C) = (−, −, −)이고, 이 조건과 다른 실험조건들을 비교하는 것이 필요하다면 '배치 1'을 써야 한다.

다른 예를 하나 더 들어보자. 인자 7개를 대상으로 8개 실험점을 이용하는 2_{III}^{7-4} 부분요인배치를 구성하려면 4개의 설계생성자가 필요한데, 설계생성자 **4** = ±**12**, **5** = ±**13**, **6** = ±**23**, **7** = ±**123** 각각에서 ± 조합을 생각하면 16개의 2_{III}^{7-4}를 고려할 수 있다. 보통은 모두 +인 **4** = **12**, **5** = **13**, **6** = **23**, **7** = **123**만 생각할 수 있는데, +와 −를 고려하면 16개의 후보 중에서 하나를 선택하여 실험할

수 있는 것이다. 만일 3개의 인자인 온도, 압력, 시간이 있는데, 이들을 모두 높은 수준에 두는 것, 즉 '고온, 고압, 장시간'에서 실험하는 것을 피하고자 한다면, 이러한 수준조합을 포함하는 계획은 회피하는 것이다. 이 경우에도 물론 알고자 하는 실험조건이 있다면, 그 조건을 포함하는 2_{III}^{7-4} 부분요인배치를 선택하면 된다.

5.4 2_{V}^{5-1} 부분요인배치와 데이터 분석 사례

5.4.1 실험계획

Menon et al. (2002)은 소수성 기질의 자유 유동(free-flowing) 및 압축성 과립화(compressible granulation) 공정을 개선하기 위하여 실험실에서 5개의 인자를 대상으로 기초실험을 진행하였다. 이 실험의 목적은 과립의 압축성(granulation compressibility)을 높이기 위하여 반응변수인 태블릿 경도(tablet hardness)를 높이는 조건을 찾는 것인데, 표 5.8과 같이 5개의 인자를 고려하였다. 경도의 단위는 kP(킬로파스칼)이다. 경도 데이터를 포함한 설계행렬과 설계공간은 표 5.9와 그림 5.4에 나타내었다. 육면체 하나가 인자 3개를 나타낼 수 있으므로 5개의 인자는 이러한 육면체 4개로 구성된 설계공간에 나타낼 수 있다. 왼쪽 2개의 육면체는 D가 − 수준, 오른쪽은 D가 + 수준을 나타낸다. 위쪽 2개의 육면체는 E가 + 수준, 아래쪽 2개는 E가 − 수준이다.

표 5.8 과립화 실험을 위한 인자

A	B	C	D	E
P1 폴리머 퍼센트	과립 잔류 용매	입구 공기 온도	원자화 압력	바인더 스프레이 속도

표 5.9 과립화 실험의 설계행렬과 반응변수

A	B	C	D	E	경도
−	−	−	−	+	1.9
+	−	−	−	−	6.5
−	+	−	−	−	8.3
+	+	−	−	+	9.5
−	−	+	−	−	3.0
+	−	+	−	+	6.3
−	+	+	−	+	7.3

(계속)

표 5.9 과립화 실험의 설계행렬과 반응변수(계속)

A	B	C	D	E	경도
+	+	+	−	−	8.6
−	−	−	+	−	2.9
+	−	−	+	+	5.6
−	+	−	+	+	8.0
+	+	−	+	−	8.4
−	−	+	+	+	1.5
+	−	+	+	−	7.1
−	+	+	+	−	7.8
+	+	+	+	+	8.1

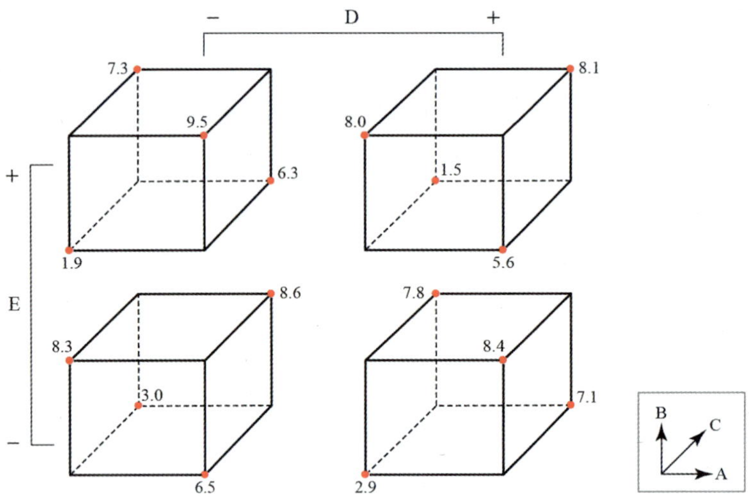

그림 5.4 과립화 실험의 설계공간과 반응변수 데이터

해가 V라서 $5 = 1 + 4$, $5 = 2 + 3$이므로, 3차 이상의 교호작용효과를 무시하면 주효과와 2인자 교호작용효과를 독립적으로 파악할 수 있다.

5.4.2 실험데이터 기초분석

표 5.9에 있는 설계행렬을 이용하여 효과행렬을 구성하고, 과립화 실험데이터를 이용하여 요인효과를 구한 것을 표 5.10에 나타내었다.

표 5.10 과립화 실험의 효과행렬과 요인효과

A	B	C	D	E	AB	AC	AD	AE	BC	BD	BE	CD	CE	DE	경도
−	−	−	−	+	+	+	+	−	+	+	−	+	−	−	1.9
+	−	−	−	−	−	−	−	−	+	+	+	+	+	+	6.5
−	+	−	−	−	−	+	+	+	−	−	−	+	+	+	8.3
+	+	−	−	+	+	−	−	+	−	−	+	+	−	−	9.5
−	−	+	−	−	+	−	+	+	−	+	+	−	−	+	3.0
+	−	+	−	+	−	+	−	+	−	+	−	−	+	−	6.3
−	+	+	−	+	−	−	+	−	+	−	+	−	+	−	7.3
+	+	+	−	−	+	+	−	−	+	−	−	−	−	+	8.6
−	−	−	+	−	+	+	−	+	+	−	+	−	+	−	2.9
+	−	−	+	+	−	−	+	+	+	−	−	−	−	+	5.6
−	+	−	+	+	−	+	−	−	−	+	+	−	−	+	8.0
+	+	−	+	−	+	−	+	−	−	+	−	−	+	−	8.4
−	−	+	+	+	+	−	−	−	−	−	−	+	+	+	1.5
+	−	+	+	−	−	+	+	−	−	−	+	+	−	−	7.1
−	+	+	+	−	−	−	−	+	+	+	−	+	−	−	7.8
+	+	+	+	+	+	+	+	+	+	+	+	+	+	+	8.1
2.4	3.9	−0.2	−0.3	−0.6	−1.6	0.2	−0.2	0.3	−0.4	−0.1	0.5	0.1	−0.3	−0.2	

표 5.10에서 구한 요인효과를 이용하여 파레토그림과 엘보우그림을 각각 그림 5.5와 그림 5.6에 나타내었다. 이 그림들을 보면 요인효과 A, B, AB가 다른 것들보다 두드러지게 커서 중요한 효과로 보인다.

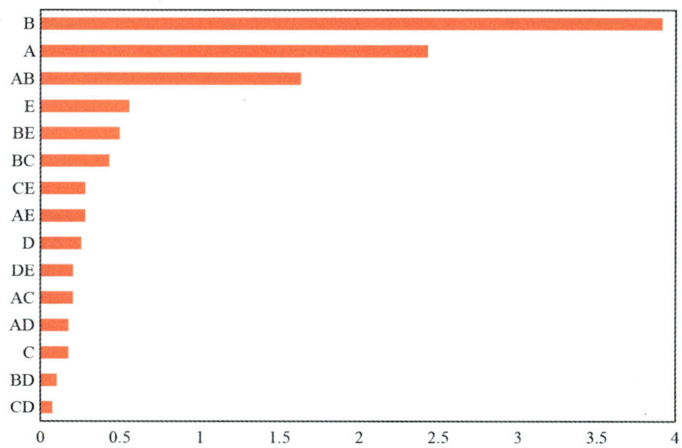

그림 5.5 과립화 실험 결과의 파레토그림

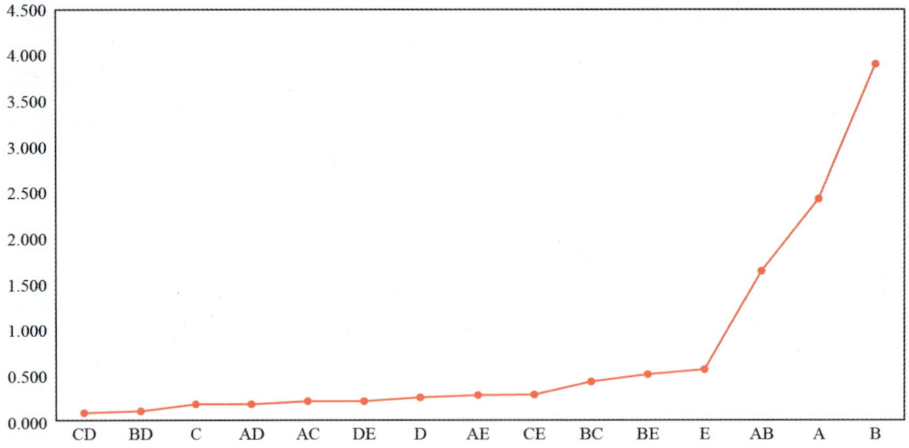

그림 5.6 과립화 실험 결과의 엘보우그림

그림 5.7에는 5개 인자의 주효과를, 그림 5.8에는 유의한 AB 교호작용 그림 2개를 가로축을 다르게 바꾸어서 나타내었다.

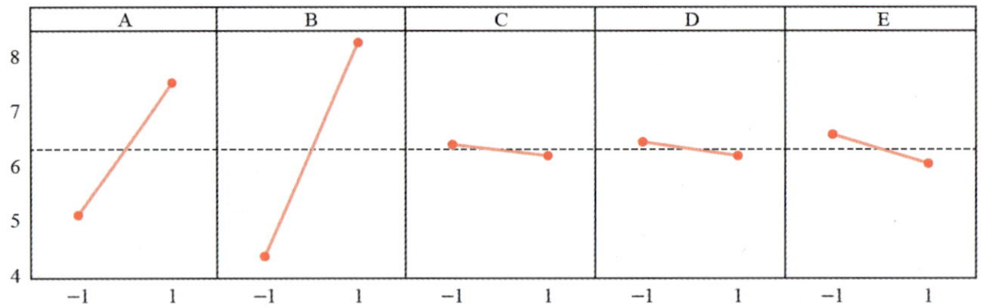

그림 5.7 과립화 실험 결과의 주효과 그림

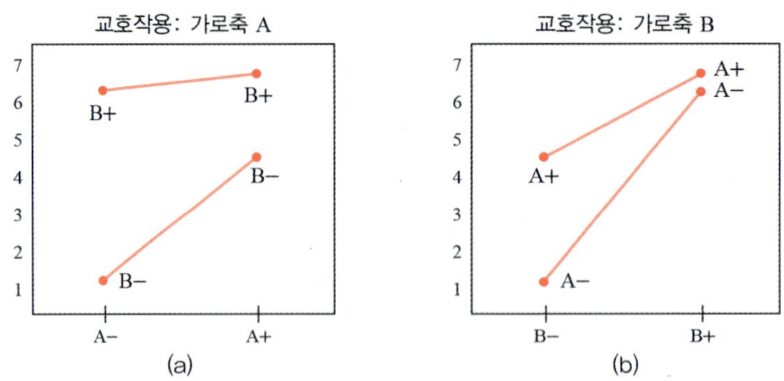

그림 5.8 과립화 실험 결과의 교호작용효과 그림

그림 5.8(a)를 보면, B가 + 수준일 때 인자 A가 −, + 수준에 상관없이 반응변수 값이 모두 크다. 그림 5.8(b)를 봐도 마찬가지이다. 따라서 B가 '+'이면 A의 수준과 관계없이 반응변수 값이 크게 나온다. 교호작용으로부터 도출할 수 있는 이러한 사실은 실험자가 더 유연하게 인자의 수준을 선정할 수 있게 도와준다. A+B+가 가장 좋은 조건이지만, 예를 들어 인자 A(P1 폴리머 퍼센트)의 원가가 비싸다면, A-B+도 충분히 선정할 만한 조건이다. 더군다나 A-B+ 조건에서 예측되는 반응변수 값이 실험목적을 달성할 수 있다면, 비용을 고려하면 A-B+를 최종 실험조건으로 정할 수도 있다.

5.4.3 실험데이터 추가분석

렌스 방법을 과립화 실험데이터에 적용하여 분석해 보자. 요인효과 E_i를 구한 다음, ① $s_0 = 1.5 \cdot median|E_i|$, ② $PSE = 1.5 \cdot median_{\{|E_i| < 2.5 s_0\}}|E_i|$, ③ $|t_{PSE\,i}| = \left|\dfrac{E_i}{PSE}\right|$를 차례로 구하여 부록의 〈표 A.6〉에 있는 유의수준에 대응하는 개별오차율과 비교하면, 중요하다고 선정한 요인들의 유의수준을 알 수 있다. 표 5.10의 요인효과를 이용하여, 다음과 같은 순서로 분석한다.

① 요인효과를 정리한다.

요인	A	B	C	D	E	AB	AC	AD	AE	BC	BD	BE	CD	CE	DE
E_i	2.4	3.9	−0.2	−0.3	−0.6	−1.6	0.2	−0.2	0.3	−0.4	−0.1	0.5	0.08	−0.3	−0.2

② 요인효과의 절댓값을 크기순으로 나열한다.

순위(i)	1	2	3	4	5	6	7	8	9	10	11	12	13	14	15
요인	CD	BD	C	AD	AC	DE	D	AE	CE	BC	BE	E	AB	A	B
$\lvert E_i \rvert$	0.08	0.1	0.2	0.2	0.2	0.2	0.3	0.3	0.3	0.4	0.5	0.6	1.6	2.4	3.9

③ $median|E_i| = 0.3$, $s_0 = 1.5 \times 0.3 = 0.45$, $2.5 \times s_0 = 2.5 \times 0.45 = 1.125$이고, 1.125보다 큰 효과인 A, B, AB를 제외한 중위수는 $(0.2 + 0.3)/2 = 0.25$이다. 그러므로 $PSE = 1.5 \times 0.25 = 0.375$이다.

④ 요인별로 수정 t-통계량의 절댓값을 구한다.

요인	A	B	C	D	E	AB	AC	AD	AE	BC	BD	BE	CD	CE	DE
E_i	2.4	3.9	−0.2	−0.3	−0.6	−1.6	0.2	−0.2	0.3	−0.4	−0.1	0.5	0.08	−0.3	−0.2
$\lvert t_{PSE,i} \rvert$	6.4	10.4	0.5	0.8	1.6	4.3	0.5	0.5	0.8	1.1	−0.3	1.3	0.2	0.8	0.5

⑤ $IER(15,\ 0.01) = 3.63$이므로, 수정 t-통계량의 절댓값이 이보다 큰 A, B, AB가 유의수준 0.01에서 유의한 효과라고 판정할 수 있다. $|t_{PSE,i}|$ 값이 $IER(15,\ 0.01) = 3.63$보다 크면 유의하다는 것은 $|E_i|$가 $PSE \times IER(15, 0.01) = 0.375 \times 3.63 = 1.36$보다 크다는 것과 같다. 즉, 절댓값이 1.36보다 큰 효과는 유의수준 0.01에서 중요하다고 판정할 수 있다. 그림 5.9는 파레토그림에 렌스 방법을 적용하여, 경계선을 벗어난 효과인 A, B, AB는 유의수준 0.01에서 유의한 효과라는 것을 나타낸다.

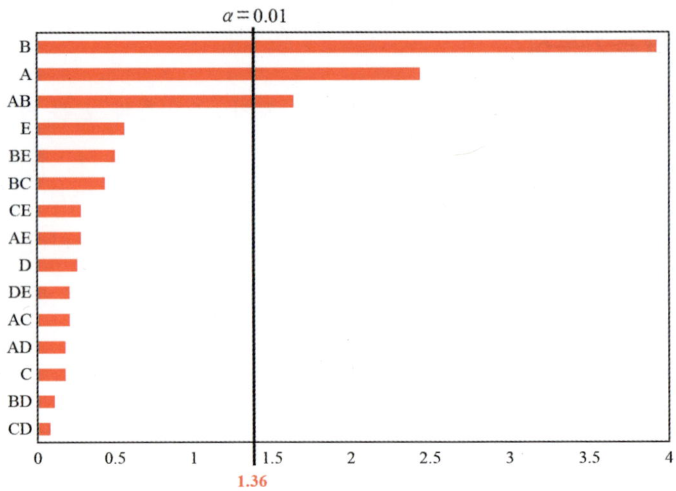

그림 5.9 과립화 실험 결과의 파레토그림: 유의한 효과 표시

5.4.4 분석 결과의 해석

처음에 A, B, C, D, E 5개의 인자를 대상으로 실험하여 2_{V}^{5-1} 부분요인배치에서 구한 실험데이터를 분석해 보니 A, B 2개의 인자만 유의하게 나왔다. 이 결과를 바탕으로 16개의 데이터를 반복 4회의 2^2요인배치 실험데이터로 해석할 수 있다. A, B가 중요하다고 하여 이들을 대상으로 추가 실험을 하는 것이 아니라, 기존 데이터를 가지고 이렇게 해석할 수 있는 것이다. 표 5.11에 분석 전후 설계행렬을 나타내었다.

표 5.11 과립화 실험데이터의 분석 전후 설계행렬

분석 전 설계행렬과 데이터					
A	B	C	D	E	경도
−	−	−	−	+	1.9
+	−	−	−	−	6.5
−	+	−	−	−	8.3
+	+	−	−	+	9.5
−	−	+	−	−	3.0
+	−	+	−	+	6.3
−	+	+	−	+	7.3
+	+	+	−	−	8.6
−	−	−	+	−	2.9
+	−	−	+	+	5.6
−	+	−	+	+	8.0
+	+	−	+	−	8.4
−	−	+	+	+	1.5
+	−	+	+	−	7.1
−	+	+	+	−	7.8
+	+	+	+	+	8.1

분석 후 설계행렬과 데이터		
A	B	경도
−	−	1.9, 3.0, 2.9, 1.5
+	−	6.5, 6.3, 5.6, 7.1
−	+	8.3, 7.3, 8.0, 7.8
+	+	9.5, 8.6, 8.4, 8.1

데이터의 분석 전후 설계공간의 변화를 그림 5.10에 나타냈다.

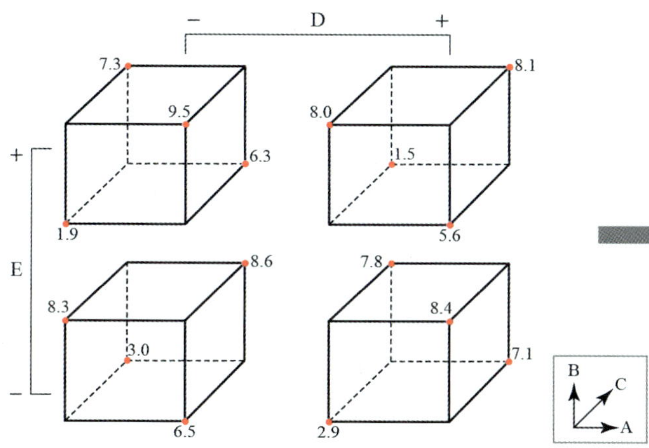

(a) 분석 전 설계공간

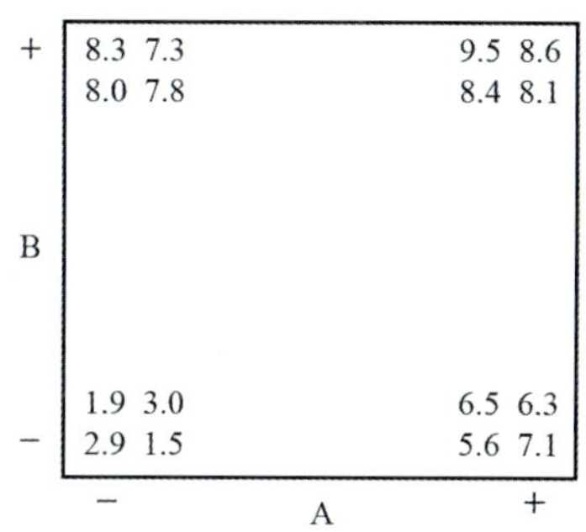

(b) 분석 후 투시된 설계공간

그림 5.10 과립화 실험데이터의 분석 전후 설계공간 그림의 변화

5.5 2_{IV}^{10-5} 부분요인배치와 데이터 분석 사례

5.5.1 실험계획

López-Alvarez and Aguirre-Torres(1997)는 자동차 범퍼의 황변(yellowing)을 줄이기 위한 실험을 시행하여 데이터를 분석하였다. 그림 5.11과 같이 흰색 자동차의 앞쪽과 뒤쪽 범퍼를 감싸는 유연한 성형부품 판넬의 색이 몇 달 지나면 누렇게 변하는 문제가 발생했다. 부품의 구성을 보면 ① 맨 아래 토대층이 있는데, 이것은 범퍼에 부착되는 성형부품이고, ② 그 위에 기초층을 덮는데, 이것은 부착력을 높이고 부식방지 기능을 담당하며, ③ 베이스 코팅은 하얀색을 내게 하고, ④ 맨 위에 있는 클리어 코팅은 광택을 내고 촉촉한 외관을 유지하는 역할을 한다.

그림 5.11 범퍼 덮개 페인트 코팅

이 실험의 목적은 하얀색 판넬이 시간이 지남에 따라 누렇게 변하는 황변을 가능한 한 줄이는 것이다. 판넬에 코팅한 다음에 색도계(colorimeter)로 황변을 재고(Y_b), 그 판넬을 일정 시간 가속화 노화과정(accelerated aging process)을 거치게 한 다음에 다시 황변을 재서(Y_a), 황변 값이 증가한 정도인 $100 \times (Y_b - Y_a)/Y_b$를 반응변수로 삼아 이 값을 최소화하고자 한다. 황변 증가율을 최소화하는 조건을 찾기 위해 선택한 실험은 2_{IV}^{10-5} 부분요인배치법이다. 실험점은 32개로 다소 많지만, 인자의 주효과를 2인자 교호작용효과와 분리하여 얻기 위해 해가 IV인 부분요인배치를 선택한 것이다. 2_{IV}^{10-5} 부분요인배치 구성은 다음과 같은 단계를 따랐다.

① 10 − 5 = 5로, 5개의 인자 X_1, X_2, X_3, X_4, X_5를 이용하여 2^5 요인배치를 구성한다.

② 다음 5개의 설계생성자를 이용하여 나머지 5개의 인자들을 위한 열을 만든다. 이것들은 표 5.7에 있는 설계생성자와는 다르다.

$$X_6 = X_1X_2X_3X_4,\ X_7 = X_1X_2X_3X_5,\ X_8 = X_1X_2X_4X_5,$$
$$X_9 = X_1X_3X_4X_5,\ X_{10} = X_2X_3X_4X_5$$

5개의 생성자로부터 기본 정의대비를 5개 만들고, 이들을 2개, 3개, 4개, 5개씩 곱하면 총 31개의 정의관계를 구할 수 있다. 이 중에서 문자 수가 4개인 정의대비를 고르면 다음과 같다.

$$I = X_1X_2X_9X_{10} = X_1X_3X_8X_{10} = X_1X_4X_7X_{10} = X_1X_5X_6X_{10} = X_2X_3X_8X_9$$
$$= X_2X_4X_7X_9 = X_2X_5X_6X_9 = X_3X_4X_7X_8 = X_3X_5X_6X_8 = X_4X_5X_6X_7$$

③ 이제 이 실험으로 구할 수 있는 요인효과를 알아보자. 실험점이 32개이므로 31개의 요인효과를 구할 수 있다. 3인자 이상의 교호작용을 무시하면 해가 Ⅳ이므로 주효과 10개는 독립적으로 구할 수 있고, 위에 제시한 문자 수 4개인 정의대비로부터 다음과 같이 교락된 2인자 교호작용효과 21개를 얻을 수 있다.

$X_1X_2 + X_9X_{10}$, $X_1X_3 + X_8X_{10}$, $X_1X_4 + X_7X_{10}$, $X_1X_5 + X_6X_{10}$, $X_1X_6 + X_5X_{10}$,
$X_1X_7 + X_4X_{10}$, $X_1X_8 + X_3X_{10}$, $X_1X_9 + X_2X_{10}$, $X_1X_{10} + X_2X_9 + X_3X_8 + X_4X_7 + X_5X_6$,
$X_2X_3 + X_8X_9$, $X_2X_4 + X_7X_9$, $X_2X_5 + X_6X_9$, $X_2X_6 + X_5X_9$, $X_2X_7 + X_4X_9$,
$X_2X_8 + X_3X_9$, $X_3X_4 + X_7X_8$, $X_3X_5 + X_6X_8$, $X_3X_6 + X_5X_8$, $X_3X_7 + X_4X_8$,
$X_4X_5 + X_6X_7$, $X_4X_6 + X_5X_7$

실험에 포함한 인자와 수준은 표 5.12에, 설계행렬과 황변 증가율은 표 5.13에 나타내었다.

표 5.12 황변 최소화 실험의 인자와 수준

구분	인자	저수준(−1)	고수준(+1)
클리어 코팅	X_1 : 성분 1	0.01	0.03
	X_2 : 성분 2	0.003	0.015
	X_3 : 성분 3	0.008	0.016
	X_4 : 성분 4	0.01	0.02
	X_5 : 성분 5	0.57	0.77
	X_6 : 성분 6	0.20	0.40
토대층	X_7 : 토대층	견고함	유연함
기초층	X_8 : 기초층	없음	있음
공정	X_9 : 오븐온도	110	130
	X_{10} : 숙성시간	20	30

표 5.13 황변 최소화 실험의 설계행렬과 황변 증가율

실험 번호	X_1	X_2	X_3	X_4	X_5	X_6	X_7	X_8	X_9	X_{10}	황변 증가율
1	−	−	−	−	−	+	+	+	+	+	98.5
2	+	−	−	−	−	−	−	−	−	+	130.8
3	−	+	−	−	−	−	−	−	+	−	51.6
4	+	+	−	−	−	+	+	+	−	−	135.0
5	−	−	+	−	−	−	−	+	−	−	50.7
6	+	−	+	−	−	+	+	−	+	−	100.0
7	−	+	+	−	−	+	+	−	−	+	138.1
8	+	+	+	−	−	−	−	+	+	+	50.3
9	−	−	−	+	−	−	+	−	−	−	64.5
10	+	−	−	+	−	+	−	+	+	−	48.0
11	−	+	−	+	−	+	−	+	−	+	60.0
12	+	+	−	+	−	−	+	−	+	+	68.2
13	−	−	+	+	−	+	−	−	+	+	27.5
14	+	−	+	+	−	−	+	+	−	+	28.3
15	−	+	+	+	−	−	+	+	+	−	33.9
16	+	+	+	+	−	+	−	−	−	−	63.0
17	−	−	−	−	+	+	−	−	−	−	75.0
18	+	−	−	−	+	−	+	+	+	−	100.0
19	−	+	−	−	+	−	+	+	−	+	102.0
20	+	+	−	−	+	+	−	−	+	+	96.4
21	−	−	+	−	+	−	+	−	+	+	90.9
22	+	−	+	−	+	+	−	+	−	+	81.8
23	−	+	+	−	+	+	−	+	+	−	80.0
24	+	+	+	−	+	−	+	−	−	−	92.3
25	−	−	−	+	+	−	−	+	+	+	33.0
26	+	−	−	+	+	+	+	−	−	+	114.8
27	−	+	−	+	+	+	+	−	+	−	120.8
28	+	+	−	+	+	−	−	+	−	−	46.0
29	−	−	+	+	+	+	+	+	−	−	76.0
30	+	−	+	+	+	−	−	−	+	−	21.0
31	−	+	+	+	+	−	−	−	−	+	50.6
32	+	+	+	+	+	+	+	+	+	+	77.0

복습문제 (1) 표 5.13을 이용하여 요인효과를 구하라. 요인효과는 주효과 10개, 교락된 2인자 교호작용효과 세트 21개이다.

(2) *PSE*는 얼마인가?

5.5.2 실험데이터 기초분석

복습문제에서 구한 요인효과를 이용하여 파레토그림과 엘보우그림을 각각 그림 5.12와 그림 5.13에 나타내었다. 파레토그림을 보면 상대적으로 효과가 큰 것들을 정하기가 조금 어렵다. 하지만 엘보우그림을 보면 효과값들이 완만하게 올라가다가 X_3을 지나서 급격하게 꺾여 올라가므로 4개의 인자효과 X_3, X_4, X_6, X_7이 중요하게 보인다.

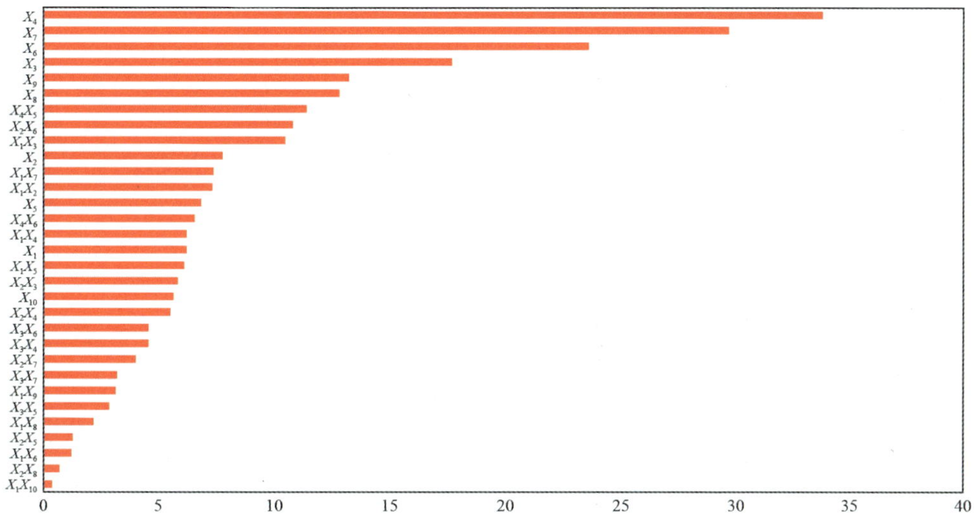

그림 5.12 황변 최소화 실험 결과의 파레토그림

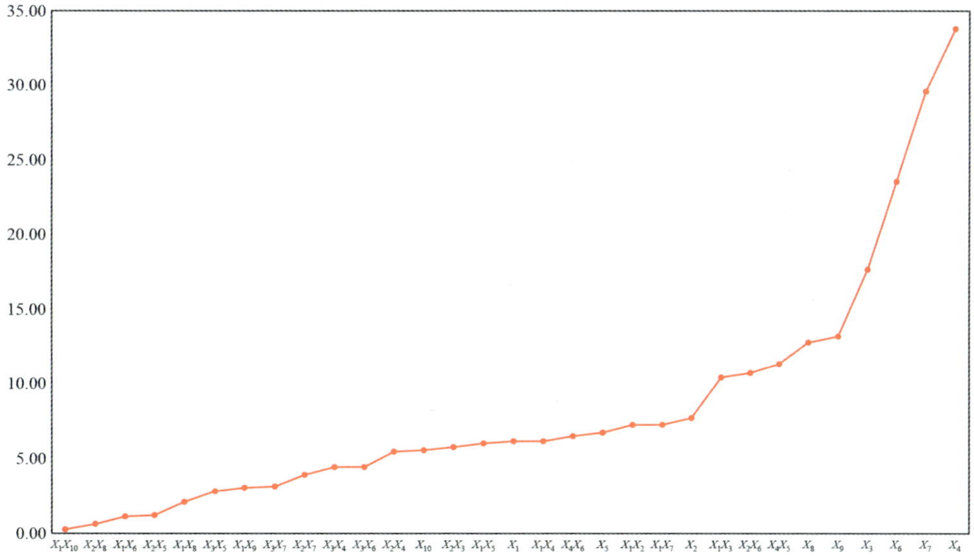

그림 5.13 황변 최소화 실험 결과의 엘보우그림

5.5.3 실험데이터 추가분석

그림 5.13의 엘보우그림에서 중요하게 보이는 4개의 인자효과 X_3, X_4, X_6, X_7이 렌스 방법을 썼을 때 유의수준이 얼마일 때 유의하다고 판정되는지 알아보자. 부록의 〈표 A.6〉의 개별오차율표로부터 총 요인효과 수 $I=31$이고 유의수준 $\alpha=0.1$에 대응하는 IER이 1.68이다. 5.5.1절 복습문제에서 구한 $PSE=8.97$을 이용한 효과의 유의성을 판단하는 기준은 $PSE \times IER(15,\ 0.1)=8.97 \times 1.68=15.07$이고, 이 기준선을 파레토그림에 추가하여 그림 5.14에 나타내었다.

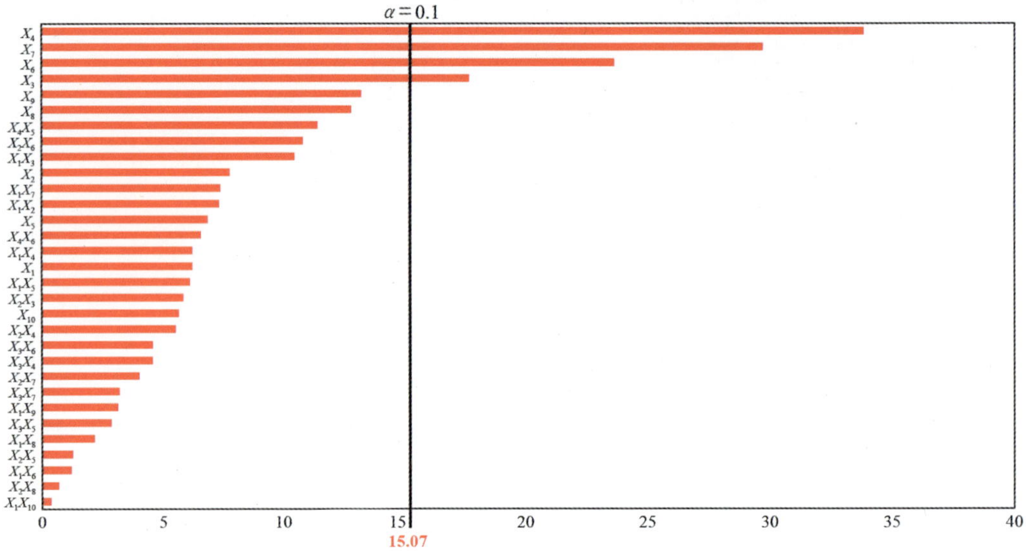

그림 5.14 황변 최소화 실험 결과의 파레토그림: 유의한 효과 표시

5.5.4 분석 결과의 해석

그림 5.14로부터 $\alpha=0.1$에서 요인효과 X_3, X_4, X_6, X_7이 중요하게 나타남을 알 수 있다. 각각의 요인효과는 $X_3=-17.7$, $X_4=-33.8$, $X_6=23.6$, $X_7=29.7$이다. 황변을 최소화해야 하므로 실험영역에서는 $(X_3, X_4, X_6, X_7)=(+,\ +,\ -,\ +)$ 수준이 가장 좋다. 즉, '클리어 코팅 성분 3'은 0.008, '클리어 코팅 성분 4'는 0.01, '클리어 코팅 성분 6'은 0.20, 토대층은 '유연함'이 가장 좋은 조건이다.

10개의 인자를 대상으로 32회 실험을 한 결과, X_3, X_4, X_6, X_7 4개의 주효과만 중요하므로 2_{IV}^{10-5} 부분요인배치 데이터가 4개의 인자를 대상으로 한 반복 2회 데이터, 즉 $2^4 \times 2$ 요인배치 데이터로 해석할 수 있다(그림 5.15). 이 그림을 보면 $(X_3, X_4, X_6, X_7)=(+,\ +,\ -,\ +)$ 조건에서 황변 증가율은 28.3, 33.9로 나타난다. 추후 실험을 통하여 황변 증가율을 더 줄이려면 토대층(X_7)은 유연하게 유지하고, $X_3\uparrow X_4\uparrow X_6\downarrow$, 즉 '클리어 코팅 성분 3($X_3$)과 4($X_4$)'는 각각 0.016과 0.02에서 더 늘리고, '클리어 코팅 성분 6(X_6)'은 0.01에서 더 줄이는 방향으로 실험을 계획하여 시행하는 것이 필요하다. 물론 이렇게 성분을 늘리거나 줄이는 것도 비용 증가나 다른 문제점이 없는지 확인하고 시행해야 한다.

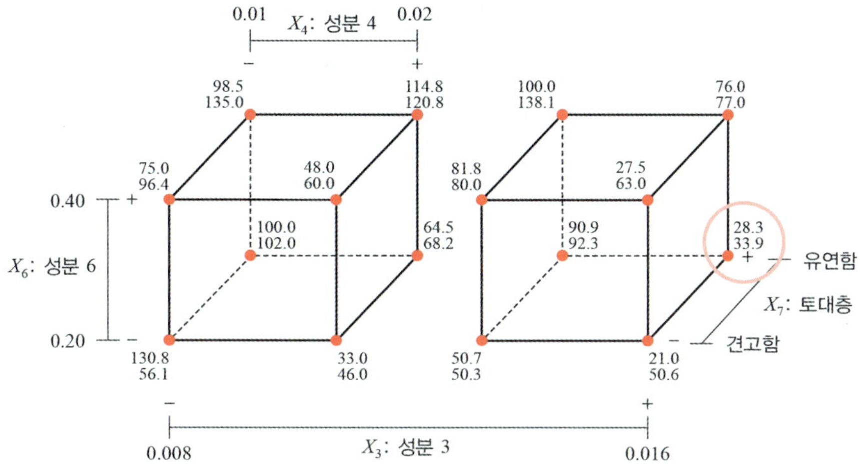

그림 5.15 황변 최소화 실험데이터를 중요한 4개 인자로 표현

5.6 2_{III}^{15-11} 부분요인배치와 데이터 분석 사례

5.6.1 실험계획

Quinlan(1985)은 자동차 속도계 케이블에서 가끔 소음이 발생하는 원인인 속도계를 감싸고 있는 플라스틱 덮개 재료의 수축률을 줄이기 위한 실험을 계획하고 데이터를 분석하였다. 지난 15년간 생산을 진행해오면서 수축의 원인이 무엇인지 알아보기 위해 시행착오적 방법으로 실험을 수행하여 문제를 해결하고자 하는, 소위 산탄총 접근법(shotgun approach)에 의존했는데 별 소득이 없었다. 체계적으로 실험을 시행하기 위해 우선 생산공정을 검토하여 실험에 포함할 인자를 탐색하였다. 속도계 케이블 덮개 생산은 다음과 같이 3단계의 공정을 거친다.

① 폴리프로필렌 라이너를 사출성형하고 냉각시켜 감는다.

② 감은 라이너를 풀어서 그 둘레에 와이어로 짠 선을 붙이고 감는다.

③ 와이어로 덮인 라이너를 풀어서 여기에 폴리프로필렌을 코팅하고 최종 길이로 절단한다.

지금까지는 첫 번째와 두 번째 단계의 변수는 사양(specification)으로 결정되어 있어서 바꾸기 어렵다고 생각하여, 개선활동은 세 번째 단계에 집중하였다. 하지만 이번에는 개선팀이 특성치에 영향을 줄 수 있다고 생각하는 변수는 모두 실험에 고려하기로 하여 세 가지 공정의 잠재인자를 모두 실험에 포함하기로 했다. 플라스틱 덮개의 모양은 그림 5.16에 나타내었다.

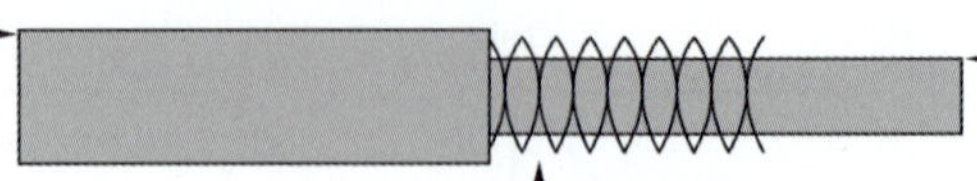

그림 5.16 속도계 케이블 덮개

실험점별로 사출성형으로 900m 길이의 플라스틱 덮개를 생산하고, 4개의 샘플을 잘라내어 사출성형 직후의 길이(A)와 2시간 동안 열처리-담금시험을 한 후의 길이(B)를 각각 측정한다(그림 5.17).

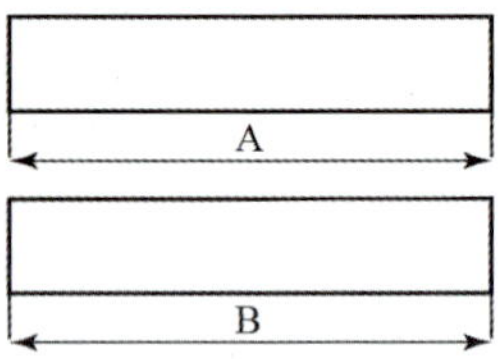

그림 5.17 사출성형 직후와 2시간 시험 후 덮개의 길이

수축률은 식 (5.1)과 같이, 사출성형 직후의 덮개 길이가 시험 후에 어느 정도 줄어들었는지를 퍼센트(%)로 나타낸다.

$$\text{수축률}(\%) = 100 \times \frac{A-B}{A} \tag{5.1}$$

수축률에 영향을 주는 변수를 체계적으로 파악하기 위해 고객, 생산, 품질, 기술 부문의 의견을 종합하여 3개의 공정 단계에서 15개의 잠재인자를 포함하기로 하였고, 이 중 일부분만이 수축률에 큰 영향을 미칠 것으로 생각됐다. 각 인자의 수준은 해당 공정 담당자가 정하였다. 주효과를 독립적으로 알기 위해서는 32개의 실험점이 필요한 2_{IV}^{15-10} 부분요인배치를 해야 하는데, 사출성형 설비를 이용하여 하루에 한 번만 실험할 수 있고, 32일 동안 실험을 할 수는 없어서 16개의 실험점으로 시행할 수 있는 2_{III}^{15-11} 부분요인배치를 채택했다. 해가 III이므로 주효과와 2인자 교호작용이 교락된다.

표 5.14 속도계 케이블 실험의 인자와 수준

인자	저수준(−1)	고수준(+1)	공정
X_1 : 라이너 텐션	높임	현행	코팅
X_2 : 라이너 인발속도	현행의 80%	현행	라이너
X_3 : 용융 온도	내림	현행	코팅
X_4 : 라이너 금형	변경	현행	라이너
X_5 : 코팅 재료	변경	현행	코팅
X_6 : 와이어 텐션	변경	현행	와이어
X_7 : 냉각 방법	변경	현행	코팅
X_8 : 라이너 바깥지름	변경	현행	라이너
X_9 : 라이너 온도	예비가열	현행	코팅
X_{10} : 와이어 선 유형	변경	현행	와이어
X_{11} : 스크린 팩	밀도 높임	현행	코팅
X_{12} : 라이너 재료	변경	현행	라이너
X_{13} : 코팅 금형	변경	현행	코팅
X_{14} : 와이어 지름	현행	축소	와이어
X_{15} : 인발 속도	현행의 70%	현행	코팅

설계행렬의 각 실험조건에서 구한 4개의 수축률 데이터 평균을 구하여 표 5.15에 기록하였다. 4개 데이터의 산포척도인 분산도 구하여 산포에 영향을 미치는 인자를 파악하기 위한 분석을 시도해 보았는데, 유의한 것이 없어서 별도로 제시하지 않는다.

표 5.15 속도계 케이블 실험의 설계행렬과 수축률 데이터

실험번호	X_1	X_2	X_3	X_4	X_5	X_6	X_7	X_8	X_9	X_{10}	X_{11}	X_{12}	X_{13}	X_{14}	X_{15}	y_1	y_2	y_3	y_4	$\bar{y}$
1	−	−	+	−	+	+	−	−	+	+	−	+	−	−	+	0.58	0.62	0.59	0.54	0.5825
2	+	−	−	−	−	+	+	−	−	+	+	+	+	−	−	0.34	0.32	0.30	0.41	0.3425
3	−	+	−	−	+	−	+	−	+	−	+	+	−	+	−	0.28	0.26	0.26	0.30	0.2750
4	+	+	+	−	−	−	−	−	−	−	−	+	+	+	+	0.13	0.17	0.21	0.17	0.1700
5	−	−	+	+	−	−	+	−	+	+	−	−	+	+	−	0.54	0.53	0.53	0.54	0.5350
6	+	−	−	+	+	−	−	−	−	+	+	−	−	+	+	0.48	0.49	0.44	0.41	0.4550
7	−	+	−	+	−	+	−	−	+	−	+	−	+	−	+	0.07	0.04	0.19	0.18	0.1200
8	+	+	+	+	+	+	+	−	−	−	−	−	−	−	−	0.08	0.10	0.14	0.18	0.1250
9	−	−	+	−	+	+	−	+	−	−	+	−	+	+	−	0.13	0.19	0.19	0.19	0.1750
10	+	−	−	−	−	+	+	+	+	−	−	−	−	+	+	0.24	0.22	0.19	0.25	0.2250
11	−	+	−	−	+	−	+	+	−	+	−	−	+	−	+	0.16	0.17	0.13	0.12	0.1450
12	+	+	+	−	−	−	−	+	+	+	+	−	−	−	−	0.13	0.22	0.20	0.23	0.1950
13	−	−	+	+	−	−	+	+	−	−	+	+	−	−	+	0.16	0.16	0.19	0.19	0.1750
14	+	−	−	+	+	−	−	+	+	−	−	+	+	−	−	0.07	0.09	0.11	0.08	0.0875
15	−	+	−	+	−	+	−	+	−	+	−	+	−	+	−	0.55	0.60	0.57	0.58	0.5750
16	+	+	+	+	+	+	+	+	+	+	+	+	+	+	+	0.49	0.54	0.46	0.45	0.4850

5.6.2 실험데이터 기초분석

표 5.16에는 효과행렬과 수축률 데이터 평균값을 이용한 요인효과를 계산한 것을 나타내었다. 편의상 소수점 2자리까지만 기록했다.

표 5.16 속도계 케이블 실험의 효과행렬과 요인효과

실험번호	X_1	X_2	X_3	X_4	X_5	X_6	X_7	X_8	X_9	X_{10}	X_{11}	X_{12}	X_{13}	X_{14}	X_{15}	$\bar{y}$
1	−	−	+	−	+	+	−	−	+	+	−	+	−	−	+	0.5825
2	+	−	−	−	−	+	+	−	−	+	+	+	+	−	−	0.3425
3	−	+	−	−	+	−	+	−	+	−	+	+	−	+	−	0.2750
4	+	+	+	−	−	−	−	−	−	−	−	+	+	+	+	0.1700
5	−	−	+	+	−	−	+	−	+	+	−	−	+	+	−	0.5350
6	+	−	−	+	+	−	−	−	−	+	+	−	−	+	+	0.4550
7	−	+	−	+	−	+	−	−	+	−	+	−	+	−	+	0.1200
8	+	+	+	+	+	+	+	−	−	−	−	−	−	−	−	0.1250
9	−	−	+	−	+	+	−	+	−	−	+	−	+	+	−	0.1750
10	+	−	−	−	−	+	+	+	+	−	−	−	−	+	+	0.2250
11	−	+	−	−	+	−	+	+	−	+	−	−	+	−	+	0.1450
12	+	+	+	−	−	−	−	+	+	+	+	−	−	−	−	0.1950
13	−	−	+	+	−	−	+	+	−	−	+	+	−	−	+	0.1750
14	+	−	−	+	+	−	−	+	+	−	−	+	+	−	−	0.0875
15	−	+	−	+	−	+	−	+	−	+	−	+	−	+	−	0.5750
16	+	+	+	+	+	+	+	+	+	+	+	+	+	+	+	0.4850
효과	−0.06	−0.06	0.03	0.06	0.00	0.07	−0.01	−0.07	0.04	0.25	−0.03	0.09	−0.07	0.14	0.01	

요인효과의 상대적 크기를 시각적으로 나타내기 위하여 파레토그림과 엘보우그림을 각각 그림 5.18과 그림 5.19에 나타내었다. 두 개의 그림으로부터 인자 X_{10}과 X_{14}가 수축률에 크게 영향을 미친다는 것을 알 수 있다.

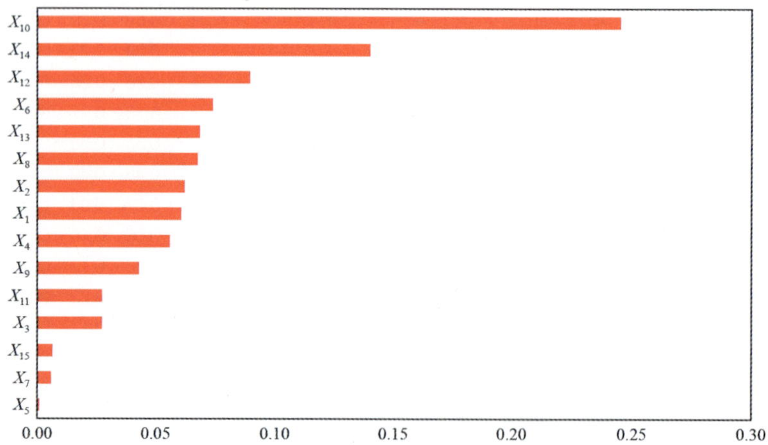

그림 5.18 속도계 케이블 실험 결과의 파레토그림

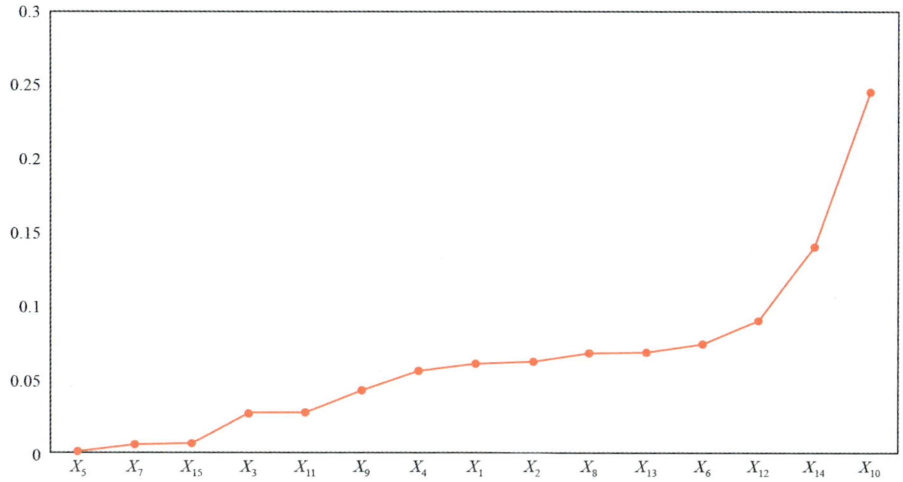

그림 5.19 속도계 케이블 실험 결과의 엘보우그림

5.6.3 실험데이터 추가분석

앞 절에서는 요인효과를 구하고 파레토그림과 엘보우그림을 보고 15개의 인자 중 X_{10}과 X_{14}가 다른 인자들에 비해 상대적으로 효과값이 커서 반응변수인 수축률에 영향을 미치는 중요한 인자로 판단되었다. 이번에는 렌스 방법을 이용하여 이들이 어느 정도 유의수준에서 중요하다고 할 수 있는지 알아보도록 한다. 렌스 방법을 쓸 때 계산하는 통계량은 다음과 같다.

$$s_0 = 1.5 \cdot median|E_i|,\ PSE = 1.5 \cdot median_{\{|E_i| < 2.5 s_0\}}|E_i|,\ |t_{PSE,i}| = \left|\frac{E_i}{PSE}\right| \qquad (5.2)$$

우선 요인효과를 절댓값의 크기순으로 나열하면 표 5.17과 같다.

표 5.17 속도계 케이블 실험의 요인효과의 절댓값 오름차순

순위(i)	1	2	3	4	5	6	7	8	9	10	11	12	13	14	15
요인	X_5	X_7	X_{15}	X_3	X_{11}	X_9	X_4	X_1	X_2	X_8	X_{13}	X_6	X_{12}	X_{14}	X_{10}
$\lvert E_i \rvert$	0.00	0.01	0.01	0.03	0.03	0.04	0.06	0.06	0.06	0.07	0.07	0.08	0.09	0.14	0.25

$s_0 = 1.5 \cdot median|E_i| = 1.5 \times 0.06 = 0.09,\ \ 2.5 \times s_0 = 2.5 \times 0.09 = 0.225$이고, 효과값이 0.225보다 큰 X_{10}을 제외한 중위수는 0.06이므로 $PSE = 1.5 \times 0.06 = 0.09$이다. PSE를 이용하여 요인별로 수정 t-통계량의 절댓값을 구하여 표 5.18에 나타내었다.

표 5.18 속도계 케이블 실험의 요인효과의 $|t_{PSE,i}|$ 값

요인	X_1	X_2	X_3	X_4	X_5	X_6	X_7	X_8	X_9	X_{10}	X_{11}	X_{12}	X_{13}	X_{14}	X_{15}
E_i	−0.06	−0.06	0.03	0.06	0.00	0.07	−0.01	−0.07	0.04	0.25	−0.03	0.09	−0.07	0.14	0.01
$\|t_{PSE,i}\|$	0.67	0.67	0.33	0.67	0.00	0.78	0.11	0.78	0.44	2.78	0.33	1.00	0.78	1.56	0.11

부록의 〈표 A.6〉을 보면, 요인효과의 수가 15개일 때 $IER(15, 0.20) = 1.25$, $IER(15, 0.10) = 1.70$이므로 효과의 수정 t-통계량 절댓값 $|t_{PSE,i}|$가 1.25보다 큰 X_{10}, X_{14}가 유의수준 0.2에서 중요한 효과로 판정된다(그림 5.20).

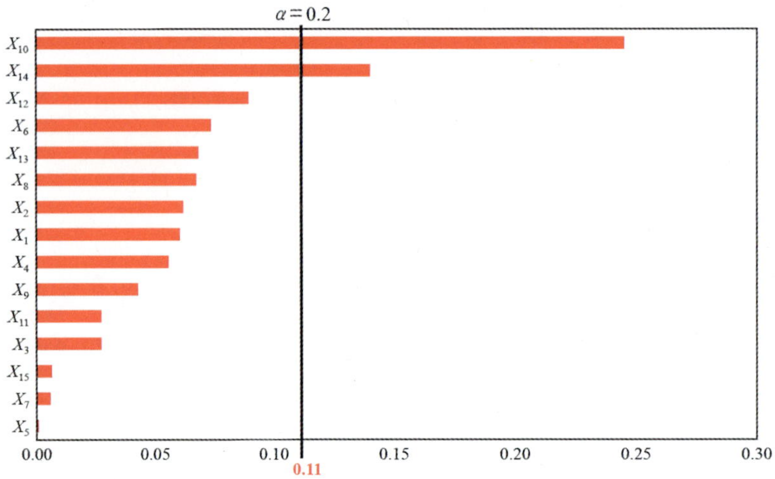

그림 5.20 속도계 케이블 실험 결과의 파레토그림: 유의한 효과 표시

5.6.4 분석 결과의 해석

15개의 인자를 대상으로 2_{III}^{15-11} 부분요인배치 16개의 실험점에서 실험을 시행했는데, 요인효과 X_{10}, X_{14}가 중요하므로 그림 5.21과 같이 16개의 데이터를 반복 4회 2^2 요인실험 데이터로 투시하여 볼 수 있다. 실험하기 전에는 3개의 공정 중 코팅공정에서 중요한 인자가 있을 것이라고 생각했지만, 막상 실험데이터를 분석한 결과를 보면 효과가 크게 나타난 인자는 모두 '와이어 피복공정'에 있는 것들이다. 이것은 실험하기 전에 코팅공정에서 중요한 인자가 있을 것이라는 추측이 맞지 않았음을 말한다. 실제 공정을 개선하거나 제품을 개발할 때 해당 업무를 오랜 기간 해온 사람들은 선입관을 가지고 일할 때가 많다. 이 실험의 분석 결과를 보면, 실험을 통해 오랫동안 해결되지 않은 제품/공정 문제를 해결하고자 할 때는 선입관을 버리고 다양한 의견을 실험에 반영하는 것이 중요

하다는 것을 알 수 있다.

그림 5.21을 보면 와이어 선의 유형을 변경하고, 와이어 지름은 현행대로 하는 것이 좋다는 것을 알 수 있다. 이 외에도 다른 인자들의 수준은 어떻게 정할지 알아보자. 15개의 인자효과를 나타낸 그림 5.22에서 효과가 아주 작은 X_3, X_5, X_7, X_9, X_{11}, X_{15}를 제외한 인자들의 수준은 더 나은 쪽으로 정할 필요가 있다.

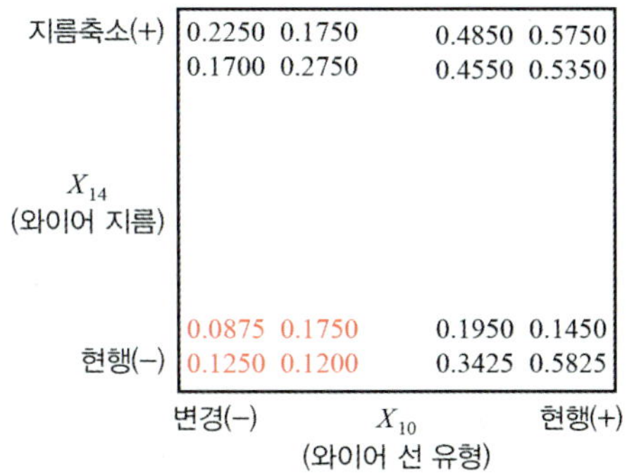

그림 5.21 2_{III}^{15-11} 케이블 실험데이터를 중요한 2개 인자의 설계공간에 표현

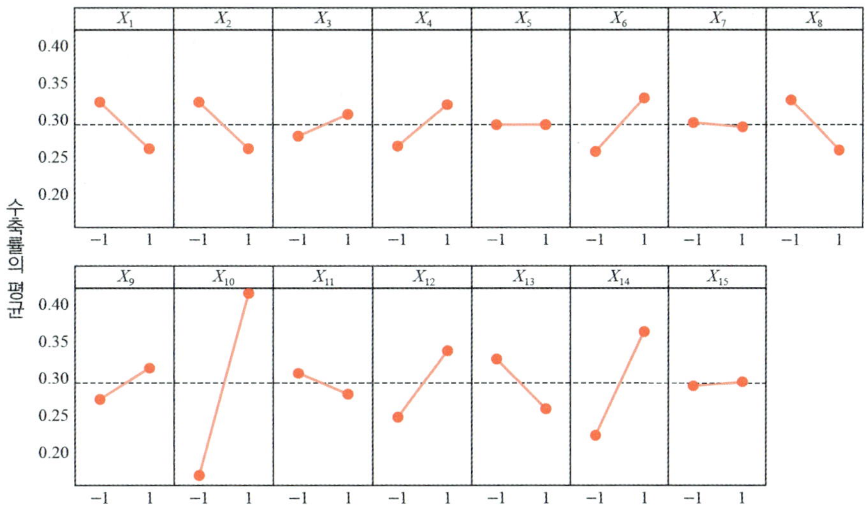

그림 5.22 2_{III}^{15-11} 케이블 실험데이터의 주효과 그림

분석 결과에 근거하여 표 5.19에 9개 인자의 최적조건을 다른 색으로 표시하였다. 수축률을 줄이기 위하여 현행 수준을 유지해야 할 인자가 5개, 수준 변경이 필요한 인자는 4개이다. 인자의 수준을 바꿀 때는 변경으로 인한 비용, 부작용 등을 고려하여 변경 여부를 결정해야 한다.

표 5.19 인자의 최적조건

인자	− 수준	+ 수준	공정
X_1 : 라이너 텐션	높임	**현행**	코팅
X_2 : 라이너 인발속도	현행의 80%	**현행**	라이너
X_4 : 라이너 금형	**변경**	현행	라이너
X_6 : 와이어 텐션	**변경**	현행	와이어
X_8 : 라이너 바깥지름	변경	**현행**	라이너
X_{10} : 와이어 선 유형	**변경**	현행	와이어
X_{12} : 라이너 재료	**변경**	현행	라이너
X_{13} : 코팅 금형	변경	**현행**	코팅
X_{14} : 와이어 지름	**현행**	축소	와이어

최적조건에서는 반드시 확인실험을 수행하여 최적조건의 재현성을 확보해야 한다. 확인실험을 통하여 개선실험을 하기 전후를 비교해 보았다. 각 조건에서 100개의 데이터를 얻어 조사한 결과, 수축률의 평균은 개선 전 0.26에서 개선 후 0.05로, 표준편차는 개선 전 0.05에서 개선 후에는 절반인 0.025로 줄어들었다. 따라서 2^{15-11}_{III} 부분요인배치법을 이용한 16회의 실험을 통해 만성적인 케이블 수축 문제를 성공적으로 해결했다고 평가된다.

5.7* 반사배열의 활용

5.7.1 반사배열 활용 원리

부분요인배치법의 장점은 주어진 실험 자원을 가지고 가능한 한 많은 수의 인자를 대상으로 중요한 요인효과를 파악할 수 있다는 것이다. 문제는 중요하다고 나타난 것이 여러 개의 요인효과가 교락된 것일 때, 이 중에서 어떤 요인효과가 실제로 중요한 것인지 알아내야 하는데, 이럴 때 반사배열(fold-over design) 실험이 유용하다. 본 절에서는 반사배열을 이용한 순차적 실험에 관한 내용을 다룬다.

반사배열은 부분요인배치를 이용하여 요인효과를 파악한 후에 교락되어 있는 요인효과들을 분리하기 위하여 설계행렬의 −, + 부호 모두를 바꾸거나, 어떤 열의 −, + 부호를 바꾼 부분요인배치의 설계행렬을 말한다. 반사배열을 하는 이유는 해를 높이거나 특정인자와 관련한 정보를 더 알고자 하기 위함이다. 초기 실험과 반사배열 실험의 결과들을 결합함으로써, 주효과 또는 파악하고자 하는 교호작용효과를 명확하게 추정할 수 있다.

본 절에서는 2_{III}^{7-4}, 2_{III}^{5-2} 두 개의 8회 실험 부분요인배치를 대상으로, 추가로 선택하는 반사배열에 따라 교락된 요인효과 중 어떤 것들이 분리되는지를 알아보기로 한다.

5.7.2 2_{III}^{7-4} 부분요인배치의 반사배열

2_{III}^{7-4} 부분요인배치 d_1을 구성하기 위하여 설계생성자로 **4 = 12, 5 = 13, 6 = 23, 7 = 123**을 이용하면 이로부터 정의관계 I_1 = **124 = 135 = 236 = 1237**을 도출할 수 있다. 이렇게 구성된 정의관계의 곱도 모두 정의관계를 이룬다. 이들을 2개, 3개, 4개를 곱할 때마다 나오는 확장된 정의관계를 도출하면, 다음과 같이 총 15개의 정의관계가 나온다.

- 2개의 곱: **2345 1346 347 1256 257 167**
- 2개의 곱: **456 1457 2467 3567**
- 4개의 곱: **1234567**

2_{III}^{7-4} 부분요인배치 d_1의 설계행렬을 표 5.20에 나타내었다.

표 5.20 2_{III}^{7-4} 부분요인배치 d_1의 설계행렬

실험점 \ d_1	1	2	3	4	5	6	7
1	−	−	−	+	+	+	−
2	−	−	+	+	−	−	+
3	−	+	−	−	+	−	+
4	−	+	+	−	−	+	−
5	+	−	−	−	−	+	+
6	+	−	+	−	+	−	−
7	+	+	−	+	−	−	−
8	+	+	+	+	+	+	+

1) 2_{III}^{7-4} 부분요인배치 실험의 반사배열: 모든 열 대상

d_1에 있는 $8 \times 7 = 56$개의 −, + 부호를 모두 정반대로 바꾼다. 표 5.20의 부호를 정반대로 바꾼 설계행렬을 표 5.21의 아래쪽에 나타내었다.

표 5.21 2_{III}^{7-4} 반사배열을 이용한 부분요인배치 결합: 모든 열 반대부호

실험점 \ d_1	1	2	3	4 = 12	5 = 13	6 = 23	7 = 123
1	−	−	−	+	+	+	−
2	−	−	+	+	−	−	+
3	−	+	−	−	+	−	+
4	−	+	+	−	−	+	−
5	+	−	−	−	−	+	+
6	+	−	+	−	+	−	−
7	+	+	−	+	−	−	−
8	+	+	+	+	+	+	+
실험점 \ d_2	−1	−2	−3	−4	−5	−6	−7
9	+	+	+	−	−	−	+
10	+	+	−	−	+	+	−
11	+	−	+	+	−	+	−
12	+	−	−	+	+	−	−
13	−	+	+	+	+	−	−
14	−	+	−	+	−	+	+
15	−	−	+	−	+	+	+
16	−	−	−	−	−	−	−

반사배열 d_2의 정의관계는 $I_2 = (-\mathbf{1})(-\mathbf{2})(-\mathbf{4}) = (-\mathbf{1})(-\mathbf{3})(-\mathbf{5}) = (-\mathbf{2})(-\mathbf{3})(-\mathbf{6}) = (-\mathbf{1})(-\mathbf{2})(-\mathbf{3})(-\mathbf{7})$이다. 즉, $I_2 = -\mathbf{124} = -\mathbf{135} = -\mathbf{236} = \mathbf{1237}$이고, 이로부터 확장된 정의관계는 다음과 같다.

$$\mathbf{2345} \quad \mathbf{1346} \quad -\mathbf{347} \quad \mathbf{1256} \quad -\mathbf{257} \quad -\mathbf{167}$$
$$-\mathbf{456} \quad \mathbf{1457} \quad \mathbf{2467} \quad \mathbf{3567} \quad -\mathbf{1234567}$$

d_2의 정의관계를 보면, 문자 수가 홀수인 것은 −로 나타나므로 이들을 d_1의 +로 나타나는 정의대비와 결합하면 없어져서 짝수 번 문자만 남는다. 결국 2개의 2_{III}^{7-4}를 결합하면 2_{IV}^{7-3}이 되고, 이에 따라 합쳐진(augmented) 실험계획의 정의관계 I_a는 다음과 같다.

$$I_a = 1237 = 2345 = 1346 = 1256 = 1457 = 2467 = 3567$$

d_1의 계획을 실행하고 데이터를 분석한 다음에 d_2 계획을 실행하기 때문에, 이들 사이에 시간 차이가 있으므로 자연스럽게 블로킹이 이루어진다.

2) 2_{III}^{7-4} 부분요인배치 실험의 반사배열: 하나의 열 대상

만일 5열에 배치한 인자에 관하여 자세히 알고 싶다면, 5열의 부호만 바꾸는 반사배열 d_3를 이용한다(d_3: $4 = 12$, $5 = -13$, $6 = 23$, $7 = 123$). 5열의 부호만 바꾼 것을 표 5.22의 아래쪽에 나타내었다.

표 5.22 2_{III}^{7-4} 반사배열을 이용한 부분요인배치 결합: 5열 반대부호

실험점 \ d_1	1	2	3	4	5	6	7
1	−	−	−	+	+	+	−
2	−	−	+	+	−	−	+
3	−	+	−	−	+	−	+
4	−	+	+	−	−	+	−
5	+	−	−	−	−	+	+
6	+	−	+	−	+	−	−
7	+	+	−	+	−	−	−
8	+	+	+	+	+	+	+
실험점 \ d_3	**1**	**2**	**3**	**4**	**−5**	**6**	**7**
9	−	−	−	+	−	+	−
10	−	−	+	+	+	−	+
11	−	+	−	−	−	−	+
12	−	+	+	−	+	+	−
13	+	−	−	−	+	+	+
14	+	−	+	−	−	−	−
15	+	+	−	+	+	−	−
16	+	+	+	+	−	+	+

두 개의 부분요인배치 d_1과 d_3을 결합하면 정의관계가 어떻게 변하는지 살펴보자. 먼저 d_1의 정의관계(I_1)는 다음과 같다.

$$
\begin{gathered}
124 \quad 135 \quad 236 \quad 1237 \\
2345 \quad 1346 \quad 347 \quad 1256 \quad 257 \quad 167 \\
456 \quad 1457 \quad 2467 \quad 3567 \\
1234567
\end{gathered}
$$

d_3의 정의관계(I_3)는 다음과 같다.

$$
\begin{gathered}
124 \quad -135 \quad 236 \quad 1237 \\
-2345 \quad 1346 \quad 347 \quad -1256 \quad -257 \quad 167 \\
-456 \quad -1457 \quad 2467 \quad -3567 \\
-1234567
\end{gathered}
$$

d_1과 d_3을 합치면 5가 포함된 것들은 없어지고, 남는 정의관계 I_a는 다음과 같다.

$$
124 \quad 236 \quad 1237 \quad 1346 \quad 347 \quad 167 \quad 2467
$$

정의관계에서 5가 없으므로, 5의 주효과와 5가 포함된 2인자 교호작용효과는 교락되지 않고 깨끗하게 추정할 수 있다. 하지만 5 외의 다른 인자들의 주효과는 2인자 교호작용효과와 별명관계에 있게 된다. 그러므로 이 방법은 5에 배치된 인자가 아주 중요하여 그 주효과와 이 인자와 다른 인자들 간의 교호작용효과를 모두 알고자 할 때 유용하다.

5.7.3 2^{5-2}_{III} 부분요인배치의 반사배열

2^{5-2}_{III} 부분요인배치를 구성하기 위한 설계생성자로 $4 = 12$, $5 = 13$을 이용하면 이로부터 정의관계 $I_1 = 124 = 135$를 도출하고, 이 둘의 곱인 2435도 정의관계가 되어, 정의관계를 모두 모으면 $I_1 = 124 = 135 = 2435$이다. 표 5.23에 설계생성자 $4 = 12$, $5 = 13$으로 구성한 2^{5-2}_{III} 부분요인배치와 교락형태를 나타내었다. 여기서 맨 뒤의 2개 열에는 인자를 배치하지 않아서 공란으로 남겨져 있다. 이제 반사배열을 하는 방법에 따라 두 개의 부분요인배치를 합쳤을 때 나타나는 결과를 살펴보자.

표 5.23 2_{III}^{5-2} 부분요인배치와 교락형태

실험점 \ 인자	1	2	3	4 = 12	5 = 13		
1	−	−	−	+	+	+	−
2	+	−	−	−	−	+	+
3	−	+	−	−	+	−	+
4	+	+	−	+	−	−	−
5	−	−	+	+	−	−	+
6	+	−	+	−	+	−	−
7	−	+	+	−	−	+	−
8	+	+	+	+	+	+	+
2_{III}^{5-2} 주효과 및 2인자 교호작용의 교락형태	1 24 35	2 14	3 15	4 12	5 13	23 45	25 34

1) 2_{III}^{5-2} 부분요인배치 실험의 반사배열: 모든 열 대상

표 5.23에 인자가 배치된 5개 열의 모든 −, + 부호를 바꾼다. 처음 2_{III}^{5-2} 부분요인배치의 정의관계는 I_1 = **124** = **135** = **2345**이고, 반사배열의 정의관계는 I_2 = −**124** = −**135** = **2345**가 된다. 2개의 2_{III}^{5-2} 계획을 합치면 통합된 정의관계는 I_a = **2345**이다. 결과적으로 2개의 2_{III}^{5-2} 부분요인배치를 합치면 I_a = **2345**인 2_{IV}^{5-1} 부분요인배치가 된다.

2) 2_{III}^{5-2} 부분요인배치 실험의 반사배열: 1열 대상

표 5.23 **1**열의 모든 −, + 부호를 바꾼다. 처음 2_{III}^{5-2} 부분요인배치의 정의관계는 I_1 = **124** = **135** = **2345**이고, 반사배열의 정의관계는 I_3 = −**124** = −**135** = **2345**가 되어, 2개의 2_{III}^{5-2} 계획을 합치면 통합된 정의관계는 I_a = **2345**이다. 결과적으로 2개의 2_{III}^{5-2} 부분요인배치를 합치면 I_a = **2345**인 2_{IV}^{5-1} 부분요인배치가 되어 1)과 같은 결과가 나온다.

3) 2_{III}^{5-2} 부분요인배치 실험의 반사배열: 2열 대상

표 5.23 **2**열의 모든 −, + 부호를 바꾼다. 처음 2_{III}^{5-2} 부분요인배치의 정의관계는 I_1 = **124** = **135** = **2345**이고, 반사배열의 정의관계는 **2**에만 −가 붙으므로 I_4 = −**124** = **135** = −**2345**가 된다. I_1과

I_4를 합치면 남는 정의관계는 I_a = **135**이다. 결과적으로 2개의 2^{5-2}_{III} 계획을 합치면 2^{5-1}_{III} 부분요인배치가 된다. 최종 정의관계에는 **2**와 **4**가 포함되지 않으므로 **2**와 **4**에 배치된 인자들의 주효과와 이들이 포함된 2인자 교호작용효과는 모두 추정할 수 있다.

> **복습문제** **3**열, **4**열과 **5**열의 부호를 각각 바꾸어 반사배열을 만들 때, 통합된 결과는 각각 어떤 정의관계를 나타내는가?

2^{5-2}_{III} 부분요인배치 실험을 한 다음에 후속 실험에서 어떤 반사배열을 선택하는지에 따라서 2개의 2^{5-2}_{III} 부분요인배치를 결합한 실험의 해와 추정할 수 있는 요인효과가 다르게 나타난다. ① 우선 처음 2^{5-2}_{III} 부분요인배치의 모든 열의 −, + 수준을 바꾸어 실험하거나, 인자 **1**열의 부호만 바꾸면 결합 실험계획이 2^{5-1}_{IV} 부분요인배치가 되어 주효과는 독립적으로 알 수 있다. ② **2**열의 부호를 바꾸면 결합 실험계획이 2^{5-1}_{III} 부분요인배치가 되고, **2**와 **4**의 주효과와 **2** 또는 **4**가 포함된 2인자 교호작용효과를 추정할 수 있다. ③ **3**열의 부호를 바꾸면 결합 실험계획이 2^{5-1}_{III} 부분요인배치가 되고, **1**과 **3**의 주효과와 **1** 또는 **3**이 포함된 2인자 교호작용효과를 추정할 수 있다.

5.8 2^{4-1}_{IV} 부분요인배치 반사배열 예제

해 Ⅳ의 2수준 부분요인배치법을 이용하여 데이터를 분석하면, 주효과는 3인자 교호작용, 2인자 교호작용은 다른 2인자 교호작용효과와 교락된다. 이때 서로 교락된 2인자 교호작용효과들을 분리하기 위하여 '음'의 설계생성자를 이용하여 또 다른 해 Ⅳ인 부분요인배치를 만들어 반사배열 실험을 위한 설계행렬을 구성할 수 있다.

4장의 패널 디스플레이를 위한 투명전극 재료를 만들기 위하여 인듐 주석 산화물 분말합성 소결밀도 최대화 사례를 다시 살펴보자. 설계생성자 D = ABC를 이용하여 구성한 2^{4-1}_{IV} 설계행렬과 소결밀도 데이터를 표 5.24와 그림 5.23에 나타내었다. 그림 5.23의 설계공간에는 두 개의 육면체 꼭짓점 16개 중에서 실험을 시행한 점에만 데이터를 표시했다.

표 5.24 2_{IV}^{4-1} 설계행렬과 소결밀도 데이터

실험점	A 농도	B 온도	C 시간	D = ABC 속도	소결밀도
1	−1	−1	−1	−1	92.7
2	1	−1	−1	1	98.5
3	−1	1	−1	1	94.4
4	1	1	−1	−1	96.1
5	−1	−1	1	1	94.5
6	1	−1	1	−1	93.2
7	−1	1	1	−1	93.9
8	1	1	1	1	95.6

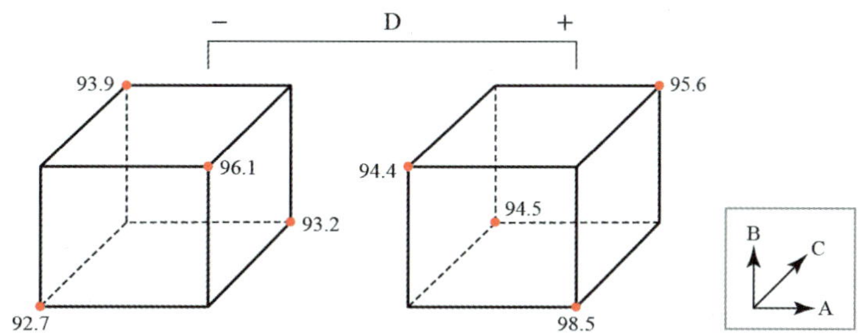

그림 5.23 2_{IV}^{4-1} 설계공간과 소결밀도 데이터

실험데이터를 이용하여 요인효과를 추정하면 표 5.25의 왼쪽과 같이 나타나는데, 사실 이 효과들은 오른쪽에 표시한 별명관계에 있는 효과들의 합이다.

표 5.25 2_{IV}^{4-1} 실험의 요인효과와 별명관계

효과 추정치	별명관계
$l_A = 1.975$	l_A = A + BCD
$l_B = 0.275$	l_B = B + ACD
$l_C = -1.125$	l_C = C + ABD
$l_D = 1.775$	l_D = D + ABC
$l_{AB} = -0.275$	l_{AB} = AB + CD
$l_{AC} = -1.775$	l_{AC} = AC + BD
$l_{BC} = 0.625$	l_{BC} = BC + AD

부분요인배치법을 쓸 때 요인효과를 구하는 방법은 완전요인배치법의 경우와 같다. 다만 요인효

과는 그 효과와 교락된 다른 요인효과와 섞여 있다는 것을 염두에 두어야 한다. 표 5.25를 보면 4개의 요인효과 A, C, D, AC가 중요하게 나타난다는 것을 알 수 있다. 해가 Ⅳ이므로 l_{AC}의 값 −1.775는 AC와 BD가 교락된 AC + BD 효과의 값임을 알 수 있다. 주효과 중에 A, C, D만 중요하고 B는 중요하지 않다. 그렇다면 두 개의 교호작용이 교락되어 있는 AC + BD 효과는 AC의 효과로 볼 수 있을까? 그렇지 않다. 효과의 유전성 원칙에 의해 어떤 교호작용을 구성하는 인자 중 하나만 유의해도 그 교호작용은 유의할 수 있으므로 BD 교호작용도 중요하게 나타날 수 있다.

1) 반사배열을 이용한 추가 실험과 분석

교락된 효과들을 분리하기 위하여, 초기 부분요인배치에서 실험하지 않은 나머지 반의 실험점에서 실험해야 하는데, 이러한 추가 실험점은 설계생성자 D = −ABC로 구성한 반사배열을 이용해야 한다. 반사배열의 설계행렬과 실험데이터를 표 5.26에 나타내었다.

표 5.26 2_{IV}^{4-1} 반사배열의 설계행렬과 소결밀도 데이터

실험점	A 농도	B 온도	C 시간	D = −ABC 속도	소결밀도
1	−1	−1	−1	1	94.6
2	1	−1	−1	−1	97.0
3	−1	1	−1	−1	93.0
4	1	1	−1	1	98.3
5	−1	−1	1	−1	92.2
6	1	−1	1	1	95.6
7	−1	1	1	1	94.9
8	1	1	1	−1	93.8

맨 마지막 열을 D의 열로 보면, AB 교호작용효과 열은 (+, −, −, +, +, −, −, +)이고, CD 교호작용효과 열은 (−, +, +, −, −, +, +, −)이다. 즉, AB열의 −, + 배열은 CD열과 정반대가 된다. 그러므로 반사배열에서 AB와 교락이 되는 것은 −CD이다. 교락된 모든 효과를 정리하면 다음과 같다.

$$A = -BCD,\ B = -ACD,\ C = -ABD,\ D = -ABC,$$
$$AB = -CD,\ AC = -BD,\ AD = -BC$$

2_{IV}^{4-1} 반사배열 실험데이터를 이용하여 추정한 요인효과와 별명관계를 표 5.27에 나타내었다. 표 5.25와 표 5.27을 결합한 결과는 표 5.28에 정리하였다.

표 5.27 2_{IV}^{4-1} 반사배열 실험의 요인효과와 별명관계

효과 추정치	별명관계
$l'_A = 2.50$	l'_A = A − BCD
$l'_B = 0.15$	l'_B = B − ACD
$l'_C = -1.60$	l'_C = C − ABD
$l'_D = 1.85$	l'_D = D − ABC
$l'_{AB} = -0.40$	l'_{AB} = AB − CD
$l'_{AC} = -1.35$	l'_{AC} = AC − BD
$l'_{BD} = -0.30$	l'_{BD} = BC − AD

표 5.28 두 개의 2_{IV}^{4-1} 부분요인배치 데이터를 결합한 결과

초기 2_{IV}^{4-1} 부분요인배치		반사배열 2_{IV}^{4-1} 부분요인배치	
효과 추정치	별명관계	효과 추정치	별명관계
$l_A = 1.975$	l_A = A + BCD	$l'_A = 2.500$	l'_A = A − BCD
$l_B = 0.275$	l_B = B + ACD	$l'_B = 0.150$	l'_B = B − ACD
$l_C = -1.125$	l_C = C + ABD	$l'_C = -1.600$	l'_C = C − ABD
$l_D = 1.775$	l_D = D + ABC	$l'_D = 1.850$	l'_D = D − ABC
$l_{AB} = -0.275$	l_{AB} = AB + CD	$l'_{AB} = -0.400$	l'_{AB} = AB − CD
$l_{AC} = -1.775$	l_{AC} = AC + BD	$l'_{AC} = -1.350$	l'_{AC} = AC − BD
$l_{BC} = 0.625$	l_{BC} = BC + AD	$l'_{BD} = -0.300$	l'_{BD} = BC − AD

표 5.28을 보면, 초기 2_{IV}^{4-1} 부분요인배치와 반사배열을 이용한 2_{IV}^{4-1} 부분요인배치 실험데이터를 각각 이용하여 구한 요인효과의 값은 주효과와 2인자 교호작용효과가 결합된 것이다. 그러므로 표 5.29에 정리한 것처럼 이들 효과값을 더하거나 빼서 2로 나누면 주효과와 2인자와 3인자 교호작용효과의 값을 독립적으로 파악할 수 있다. 표 5.29를 보면, 중요한 요인효과는 A, C, D, AC임을 알 수 있다.

표 5.29 두 개의 반사배열 결과를 결합한 요인효과 추정

효과	$\frac{1}{2}(l_i + l'_i)$	$\frac{1}{2}(l_i - l'_i)$
A	2.2375 → A	−0.2625 → BCD
B	0.2125 → B	0.0625 → ACD
C	−1.3625 → C	0.2375 → ABD
D	1.8125 → D	−0.0375 → ABC
AB	−0.3375 → AB	0.0625 → CD
AC	−1.5625 → AC	−0.2125 → BD
BC	0.1625 → BC	0.4625 → AD

복습문제 표 5.29에서 추정한 요인효과를 이용하여 엘보우그림을 그려라.

질문: 처음에는 실험 수를 반만 한다고 했는데, 처음에 2_{IV}^{4-1} 부분요인배치를 시행하고 데이터를 분석한 다음에 교락된 효과를 분리하기 위하여 반사배열을 이용하여 추가로 8회 실험을 시행했다. 그렇다면 처음부터 16회 완전요인배치를 하는 것에 비해 뭐가 나은가?

견해: 세 가지 점에서 이렇게 나누어 실험하는 것이 더 좋다.

① 우선 설사 실험을 16회 하더라도 같은 조건에서 하는 것보다는, 8회를 먼저 하고 어느 정도 시간이 지난 후에 다시 8회를 실험하는 것이 유연하게 실험장비를 이용하는 데 도움이 된다. 실험자가 8회 실험을 한 다음에 다른 급한 일을 먼저 할 수도 있고, 실험에 쓰이는 장비를 다른 팀에서 사용하겠다고 할 수도 있기 때문이다. 이렇게 16회 실험을 둘로 나누어서 하는 것이 한꺼번에 16회 실험을 하는 것과 다른 단 하나의 차이는 단지 4인자 교호작용 ABCD만 블록과 교락이 될 뿐이다. 즉, $2_{IV}^{4-1} + 2_{IV}^{4-1}$ 실험은 2개의 블록이 있는 2^4 완전요인배치법과 같다.

② 만일 16회 실험을 랜덤하게 실험하기로 하고 9번 정도 실험을 했는데, 더 이상 장비를 쓸 수 없게 된다면 이 9개의 데이터를 가지고 의미 있는 분석을 하기 어려울 수도 있다. 하지만 처음에 2_{IV}^{4-1} 부분요인배치 실험을 하고 나면, 그다음에 사정상 실험을 다 하지 못해도 잘 구성된 실험계획의 실험점에서 구한 데이터를 분석하여 실험영역 전반을 이해할 수 있다.

③ 만일 8회 실험을 시행하여 그냥 주효과 A, C만 유의하다고 판정되면 추가 반사배열 실험은 하지 않아도 된다. 그러므로 4개를 대상으로 요인배치를 하라고 하면 2_{IV}^{4-1} 부분요인배치를 먼저 하고, 실험데이터 분석을 한 결과를 보고 추후 나머지 2_{IV}^{4-1} 부분요인배치를 고려하는 것이 바람직하다.

5.9 2_{III}^{7-4} 실험데이터 분석과 반사배열 활용 사례

2수준 인자 7개가 있으면, $2^7 = 128$개의 실험조합이 있다. 2_{III}^{7-4} 부분요인배치는 2^7 완전요인배치의 $2^{-4} = 1/16$인 8번만 실험하는 설계이다. 해 III의 부분요인배치법을 이용하여 얻은 데이터를 분석하면, 주효과와 2인자 교호작용효과가 교락된다. 이렇게 교락된 주효과를 2인자 교호작용효과로부터 분리하려면 추가로 반사배열 실험을 해야 한다. 초기 실험의 설계행렬에서 −, + 부호를 모두 바꾸어서 해 III인 반사배열을 이용하여 추가 실험을 한 후에, 2개의 2_{III}^{7-4} 부분요인배치를 결합하면 해 IV의 부분요인배치 계획을 구성할 수 있어서, 모든 주효과를 2인자 교호작용효과로부터 분리하여 추정할 수 있다. 만일 어떤 인자 K의 주효과와 K가 포함된 2인자 교호작용효과를 파악하고 싶다면, K열의 −, + 부호를 바꾸어 설계행렬을 구성한 반사배열을 이용하면 된다.

화학공장의 용액 여과시간을 단축하기 위해 2_{III}^{7-4} 부분요인배치와 반사배열을 이용한 사례를 살펴보자. 1950년대에 어떤 기업의 화학공장이 미국 여러 지역에서 가동되고 있었는데, 여과 공정에 대략 40분 정도 시간이 소요되었다. 그런데 한 도시에 새 공장을 세웠는데, 여과시간이 거의 두 배로 증가했다. 주된 원인을 파악하기 위해 문제해결팀이 구성되어 다양한 가능성을 탐색하여 기존 공장과 새 공장의 차이를 살펴본 결과, 7개의 잠재적 인자를 파악했다. 이 인자들의 중요성에 대한 정확한 정보가 없고, 팀원 간에 중요한 인자에 대한 의견도 서로 달라서, 회의에서 언급된 7개의 인자를 대상으로 부분요인배치를 수행하기로 했다.

표 5.30에 용액 여과실험의 인자와 수준을 나타내었는데, 저수준(−)은 현행 조건이고, 고수준(+)은 새롭게 제안된 조건이다. 대기시간은 여과하기 전에 반응하도록 기다리는 시간을 의미한다. 표 5.31은 실험을 위한 설계행렬과 실험을 시행하여 측정한 여과시간, 각 열의 효과를 계산한 것이다.

표 5.30 용액 여과실험의 인자와 수준

인자	저수준(−1)	고수준(+1)
A: 물	저수지	우물
B: 원료 물질	기존	외부
C: 온도	상온	고온
D: 리사이클	포함	생략
E: 가성소다 투입	빨리	천천히
F: 여과 천	새것	쓰던 것
G: 대기시간	짧음	김

표 5.31 용액 여과실험 2_{III}^{7-4} 설계행렬과 여과시간

실험점	1 A	2 B	3 C	12 D	13 E	23 F	123 G	여과시간 (분)
1	−	−	−	+	+	+	−	68.4
2	+	−	−	−	−	+	+	77.7
3	−	+	−	−	+	−	+	66.4
4	+	+	−	+	−	−	−	81.0
5	−	−	+	+	−	−	+	78.6
6	+	−	+	−	+	−	−	41.2
7	−	+	+	−	−	+	−	68.7
8	+	+	+	+	+	+	+	38.7
합+	238.6	254.8	227.2	266.7	214.7	253.5	261.4	
합−	282.1	265.9	293.5	254.0	306.0	267.2	259.3	
효과	−10.9	−2.8	−16.6	3.2	−22.8	−3.4	0.5	

요인효과의 값들을 보면 A, C, E의 효과가 크게 나온다. A는 물의 종류이고, C는 온도, E는 소다 투입속도이다. 3개의 효과값이 모두 음수(−)이다. 어떤 인자의 효과가 음수라는 것은 고수준에서 반응값이 저수준의 경우보다 작다는 것이므로, 반응변수인 여과시간을 줄이려면 이들 인자는 모두 고수준을 선택해야 한다. 8회 실험을 통해 얻은 데이터를 분석하여 내린 결론은 '데운 우물물을 쓰고, 소다는 천천히 넣어야 한다는 것'이다. 여기서 우리는 부분요인배치법을 쓸 때 기억해야 할 문장이 있다. "부분요인배치법을 이용하여 얻은 데이터를 분석하여 유의한 요인효과를 파악하면 이들의 별명관계를 확인해야 한다." 표 5.32에 2_{III}^{7-4} 부분요인배치의 별명관계를 다시 나타내었다.

표 5.32 2_{III}^{7-4} 부분요인배치와 별명관계

실험점	A	B	C	D	E	F	G
1	−	−	−	+	+	+	−
2	+	−	−	−	−	+	+
3	−	+	−	−	+	−	+
4	+	+	−	+	−	−	−
5	−	−	+	+	−	−	+
6	+	−	+	−	+	−	−
7	−	+	+	−	−	+	−
8	+	+	+	+	+	+	+
별명관계	BD CE FG	AD CF EG	AE BF DG	AB EF CG	AC DF BG	BC DE AG	BE CD AF

중요하다고 파악한 3개 요인효과의 별명을 모두 더하여 보면, A + BD + CE + FG, C + AE + BF + DG, E + AC + DF + BG이다. 각 주효과에 3개의 교호작용이 붙어 있는데, 별명관계를 간략하게 나타내보자. 효과 유전성에 의해 2인자 교호작용효과가 유의하려면 일반적으로 교호작용을 구성하는 두 개 인자 중 최소한 하나의 인자에 해당하는 주효과는 유의하게 나와야 한다. 현재 B, D, F, G 주효과는 유의하지 않으므로 이들이 조합하여 만들어진 2인자 교호작용효과는 무시해도 된다. 그러므로 3개의 유의한 요인효과는 A + CE, C + AE, E + AC로 간단하게 나타낼 수 있다.

그렇다면 과연 실제로 어떤 요인효과가 중요하길래 8개의 실험데이터를 분석하여 이런 결과가 나왔는지를 추측해 보면, 실제로 중요한 요인효과는 ① A, C, E, ② A, C, AC, ③ A, AE, E, ④ CE, C, E 이렇게 네 가지 시나리오에서 나왔을 것으로 추측된다. 이 중에서 어느 것이 맞는 것인지 알기 위해서는 추가 정보가 필요한데, 이를 위하여 8회 반사배열 실험을 시행하여 교락된 요인효과를 분리해야 한다. 교락된 요인효과를 분리하기 위하여 표 5.31에 있는 56개의 −, + 부호를 정반대로 만든 반사배열의 설계행렬과, 이에 따라 측정한 여과시간 데이터 및 요인효과를 표 5.33에 나타내었다.

표 5.33 용액 여과실험 2_{III}^{7-4} 반사배열의 설계행렬과 여과시간

실험점	−1 A	−2 B	−3 C	−12 D	−13 E	−23 F	−123 G	여과시간 (분)
1	+	+	+	−	−	−	+	66.7
2	−	+	+	+	+	−	−	65.0
3	+	−	+	+	−	+	−	86.4
4	−	−	+	−	+	+	+	61.9
5	+	+	−	−	+	+	−	47.8
6	−	+	−	+	−	+	+	59.0
7	+	−	−	+	+	−	+	42.6
8	−	−	−	−	−	−	−	67.6
합+	243.5	238.5	280.0	253.0	217.3	255.1	230.2	
합−	253.5	258.5	217.0	244.0	279.7	241.9	266.8	
효과	−2.5	−5.0	15.8	2.3	−15.6	3.3	−9.1	

표 5.31과 표 5.33에서 구한 요인효과를 더하여 2로 나누고, 빼서 2로 나누면 요인효과를 구할 수 있다. 표 5.34에는 두 개의 2_{III}^{7-4} 설계행렬과 데이터를 통합한 16개의 데이터와, 이를 이용하여 계산한 요인효과를 나타내었다. 표 5.34의 여과시간을 나타낸 열 옆에 블록 열이 있는데, 이것은 두 번의 2_{III}^{7-4} 부분요인배치 실험이 서로 다른 시간대에 시행된 것이므로 이들을 자연스럽게 2개의 블록으로 구분한 것을 나타낸다.

표 5.34 용액 여과실험을 위한 두 개의 2^{7-4}_{III} 부분요인실험을 통합하여 얻은 요인효과

실험점	A	B	C	D	E	F	G	BD + CE + FG	AD + CF + EG	AE + BF + DG	AB + EF + CG	AC + DF + BG	BC + DE + AG	BE + CD + AF	블록	여과 시간
1	1	1	1	2	2	2	1	2	2	1	1	1	2	1	1	68.4
2	2	1	1	1	1	2	2	1	1	1	1	2	2	2	1	77.7
3	1	2	1	1	2	1	2	1	2	2	1	2	1	1	1	66.4
4	2	2	1	2	1	1	1	2	1	2	1	1	1	2	1	81.0
5	1	1	2	2	1	1	2	2	1	1	2	2	1	1	1	78.6
6	2	1	2	1	2	1	1	1	2	1	2	1	1	2	1	41.2
7	1	2	2	1	1	2	1	1	1	2	2	1	2	1	1	68.7
8	2	2	2	2	2	2	2	2	2	2	2	2	2	2	1	38.7
9	2	2	2	1	1	1	2	2	2	1	1	1	2	1	2	66.7
10	1	2	2	2	2	1	1	1	1	1	1	2	2	2	2	65.0
11	2	1	2	2	1	2	1	1	2	2	1	2	1	1	2	86.4
12	1	1	2	1	2	2	2	2	1	2	1	1	1	2	2	61.9
13	2	2	1	1	2	2	1	2	1	1	2	2	1	1	2	47.8
14	1	2	1	2	1	2	2	1	2	1	2	1	1	2	2	59.0
15	2	1	1	2	2	1	2	1	1	2	2	1	2	1	2	42.6
16	1	1	1	1	1	1	1	2	2	2	2	2	2	2	2	67.6
요인효과	−6.69	−3.89	−0.41	2.71	−19.21	−0.06	−4.31	0.46	−3.61	1.11	−16.16	4.84	−3.36	−4.19	−2.96	

처음 2^{7-4}_{III} 부분요인배치 실험을 하여 얻은 데이터를 분석한 다음, 추가로 모든 부호를 반대로 만들어 2^{7-4}_{III} 부분요인배치 실험을 하여 얻은 데이터를 분석한 결과 (A, C, E), (A, C, AC), (A, E, AE), (C, E, CE)의 4개의 시나리오 중 세 번째, 즉 요인효과 A, E, AE가 중요한 요인임을 알아냈다. 두 번에 걸친 실험계획과 분석 결과를 요약하면 다음과 같다. ① 화학공장의 용액 여과시간을 개선하기 위하여 반응변수에 영향을 미칠 수 있다고 생각하는 7개의 인자를 대상으로 2^{7-4}_{III} 부분요인실험을 했다. ② 실험을 하여 데이터를 분석한 결과, 주효과와 2인자 교호작용이 교락되어 있음을 고려하면 (A, C, E), (A, C, AC), (A, E, AE), (C, E, CE)의 4개의 시나리오가 가능하다는 것을 알고, 처음 2^{7-4}_{III} 부분요인실험 설계행렬의 부호를 모두 바꾸어 반사배열 2^{7-4}_{III} 부분요인실험을 했다. ③ 두 개의 2^{7-4}_{III} 부분요인실험을 분석한 결과, 요인효과 A, E, AE가 중요한 요인임을 알아냈다.

이제 이 사례의 실험계획과 분석 결과 활용에 관하여 좀 더 자세히 살펴보자.

① 처음 2^{7-4}_{III} 부분요인실험 결과, 중요한 인자는 A, C, E였다. 8회 실험데이터를 A, C, E를 대상으로 설계공간에 표현하면 그림 5.24와 같다. 8개의 데이터가 육면체의 8개 꼭짓점에 모두 나타나지 않고, 4개 꼭짓점에서만 각각 2개씩 나타난다. 즉, 8개의 여과시간 데이터를 A, C, E

를 대상으로 한 육면체에 투시하면 $2_{III}^{3-1} \times 2$, 즉 2_{III}^{3-1} 부분요인배치를 2회 반복실험한 결과로 나타난다. 이 그림에서 여과시간을 가장 많이 줄일 수 있는 조건은 '**높은 온도**의 **우물물**을 이용하여 **소다를 천천히** 넣는 것'이다.

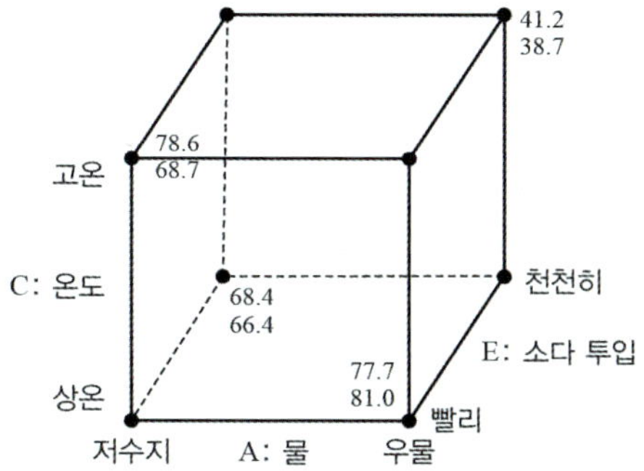

그림 5.24 여과실험 데이터의 3인자 표현: $2_{III}^{3-1} \times 2$

> **복습문제** 표 5.31의 설계행렬에서 A, C, E를 제외한 다른 인자들에 해당하는 열들을 모두 지우면 $2_{III}^{3-1} \times 2$ 형태로 나타남을 확인하라.

② 만일 여기서 실험을 그친다면 '**우물물**을 늘 **데워서** 쓰고 **소다를 천천히** 투입하는' 공정 운영을 할 것이다. 하지만 부분요인배치법을 활용할 때 주의사항인 '분석한 결과를 해석할 때 교락현상에 주의해야 한다'라는 원칙을 따라 한 걸음 더 나아가보자. 2_{III}^{3-1} 부분요인배치는 해가 III이라서 '주효과와 2인자 교호작용이 교락된다'라는 사실을 생각하면, A + CE, C + AE, E + AC가 유의한 것이고 이들 교락된 효과를 분리하기 위해 반사배열 실험이 필요하다는 것을 알 수 있다. 설계행렬의 부호를 모두 바꾼 반사배열 실험을 시행하고 두 개의 2_{III}^{3-1} 부분요인실험 데이터를 통합하여 분석한 결과, 인자 A(물)와 E(소다 투입속도)가 중요하고, 그들의 교호작용도 영향을 미친다는 것을 알게 되었다. 즉, C의 효과는 없는 것으로 나타났다. 따라서 우물물을 데울 필요 없이 '**우물물**을 이용하고 **소다를 천천히** 투입하면' 된다. 그림 5.25는 표 5.34의 16개 데이터를 인자 A와 E를 대상으로 한 설계공간에 나타낸 것이다.

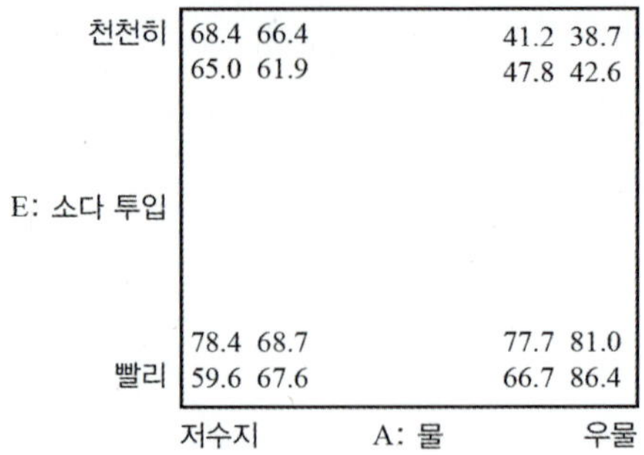

그림 5.25 여과실험 데이터를 중요한 2개 인자의 설계공간에 표현

③ 최적조건을 쓰면 여과시간이 어느 정도 줄어드는지 알아보자. A = −6.7, E = −19.2, AE = −16.2이다. 이것의 의미는 여과시간이 물(A)을 + 수준인 우물물을 씀으로써 6.7분 감소하고, 소다 투입(E)을 + 수준에 해당하도록 천천히 넣으면 19.2분이 줄어드는데, 둘 다 + 수준을 택하면 여과시간은 16.2분만큼 덤으로 더 감소한다는 것이다.

④ A와 E 인자 외에 다른 인자들의 수준은 어떻게 정해야 하는지 의논해 보자. 원료 물질(B)은 그 효과가 −4분이니까 + 수준인 외부에서 공급되는 것을 선택하는 것이 좋다. 다만 이 재료의 가격이 고가이면 가격 대비 여과시간의 4분 단축 효과를 함께 고려하여 경제성 평가를 한 다음에 수준을 정해야 한다. 온도(C)는 아무 상관이 없으므로 물은 상온에서 주어지는 것을 쓰면 된다. 리사이클(D)은 그 효과가 크지 않다. 여과 천(F)은 새것이든 쓰던 것이든 상관이 없으므로 낡아서 쓸 수 없을 때까지 사용하면 된다. 물을 가두는 대기시간(G)은 길면 좋으므로, 여과하는 일정에 지장이 없다면 고수준에 두는 것이 좋다. 이처럼 유의하지 않은 인자들에 대해서도 요인효과의 크기와 다른 사항을 고려하여 정하는 것이 바람직하다.

⑤ 중요한 인자의 최적조건인 '우물물을 쓰고 소다를 천천히 투입하도록' 공정을 바꾸어서 확인실험을 여러 번 시행한 결과, 여과시간이 예측한 것처럼 40분 안팎의 값으로 나와 실험이 성공적으로 마무리되어 이 공장에서는 새로운 조건이 적용되었다.

질문: 이 사례연구에서 반사배열을 하여 얻은 궁극적 장점은 무엇인가?

견해: 반사배열을 하기 전에는 온도(C)가 중요하고 그 최적조건이 '고온'이므로, **우물물을 계속 데워서** 썼을 것인데, 이렇게 했다면 시간과 자원 측면에서 상당한 낭비를 초래했을 것이다. 하지만 반사배열을 통해 온도가 중요하지 않다는 사실을 알게 됨으로써 물을 데우는 공정이 없어지므로 인력, 시간, 자원을 줄일 수 있다.

5.10* 2-수준 부분요인배치의 블로킹

완전요인배치의 경우와 마찬가지로 부분요인배치에서도 블로킹을 할 수 있다. 여러 개의 인자를 대상으로 적은 횟수의 실험을 하고자 하는데, 같은 환경에서 모든 실험을 할 수가 없을 때는 블로킹을 해야 한다. 부분요인배치법에 블로킹을 적용하려면 요인배치실험 일부만 시행하기 위한 것과 블로킹을 위한 2가지 형태의 정의관계가 별도로 필요하다.

예를 들어 2_{IV}^{6-2} 부분요인배치를 4개의 블록으로 나누는 실험계획을 해보자. 요인배치실험 일부만 시행하기 위한 정의관계는 I = 1235 = 1246 = 3456으로, 이는 다음과 같이 **5**를 **123**에, **6**을 **124**에 배치하는 것이다.

				(5)	(6)
1	2	3	4	123	124
−	−	−	−	−	−
+	−	−	−	+	+
−	+	−	−	+	+
+	+	−	−	−	−
−	−	+	−	+	−
+	−	+	−	−	+
−	+	+	−	−	+
+	+	+	−	+	−
−	−	−	+	−	+
+	−	−	+	+	−
−	+	−	+	+	−
+	+	−	+	−	+
−	−	+	+	+	+
+	−	+	+	−	−
−	+	+	+	−	−
+	+	+	+	+	+

이것을 4개의 블록으로 나누기 위한 블록인자로서 $B_1 = \mathbf{134}$, $B_2 = \mathbf{234}$를 쓰면, 그 둘의 합 $B_1B_2 = \mathbf{12}$도 블록과 교락이 된다. 블록과 교락되는 효과들을 보자. 어떤 교호작용을 블록과 교락시키면, 부분요인배치에서 정의관계를 구성하는 것들은 늘 함께 묶여 있으므로 이 교호작용과 앞서 정한 정의관계와의 곱도 블록과 교락이 된다. 블록과 교락되는 요인효과들은 다음과 같다.

- B_1: **134** × 1235 = **245**, **134** × 1246 = **236**, **134** × 3456 = **156**
  $\Rightarrow B_1 = \mathbf{134} = \mathbf{245} = \mathbf{236} = \mathbf{156}$
- B_2: **234** × 1235 = **145**, **234** × 1246 = **136**, **234** × 3456 = **256**
  $\Rightarrow B_2 = \mathbf{234} = \mathbf{145} = \mathbf{136} = \mathbf{256}$
- B_1B_2: **12** × 1235 = **35**, **12** × 1246 = **46**, **12** × 3456 = **123456**
  $\Rightarrow B_1B_2 = \mathbf{12} = \mathbf{35} = \mathbf{46} = \mathbf{123456}$

2_{IV}^{6-2} 부분요인배치를 4개의 블록으로 나누는 실험계획을 할 때, 15개 자유도는 다음과 같이 배분된다. 주효과 6개는 별도로 추정할 수 있다.

- 블록: 3개
- 주효과: 6개
- 서로 교락되는 2인자 교호작용효과: 6개(**13** = **25**, **14** = **26**, **15** = **23**, **16** = **24**, **34** = **56**, **36** = **45**)

표 5.35~5.37에 각각 8개, 16개, 32개 실험점을 이용하여 2^{k-p} 부분요인배치를 2^q개의 블록으로 나누는 방법을 제시하였다.

표 5.35에는 실험점의 수가 8개일 때, 4~6개의 인자를 2^q개의 블록으로 나누어 실험할 수 있는 부분요인배치를 나타내었다. $k = 4$, $p = 1$, $q = 1$일 때는 블록이 **12** 교호작용과 교락이 되는데, 모든 주효과는 독립적으로 구할 수 있다. $q = 2$일 때, 즉 4개의 블록으로 나눌 때는 **12**와 **13**, 그들의 곱인 **23** 교호작용이 블록과 교락되고, 모든 주효과는 독립적으로 구할 수 있다. 인자가 5개 또는 6개일 때는 주효과와 2인자 교호작용효과가 교락되어, 주효과는 독립적으로 구할 수 없다.

표 5.35 8개 실험점 2^{k-p} 부분요인배치를 2^q개의 블록으로 나누는 방법

k	p	q	설계생성자	블록 생성 교호작용	교락되지 않은 효과
4	1	1	4 = 123	B_1 = 12	모든 주효과
4	1	2	4 = 123	B_1 = 12, B_2 = 13	모든 주효과
5	2	1	4 = 12, 5 = 13	B_1 = 23	없음
6	3	1	4 = 12, 5 = 13, 6 = 23	B_1 = 123	없음

k: 인자 수, 2^{k-p}: 실험 수, 2^q: 블록 수

표 5.36에는 실험점의 수가 16개일 때, 5~9개의 인자를 2^q개의 블록으로 나누어 실험하는 부분요인배치를 나타내었다. 맨 아래쪽에 있는 것을 보면, 인자가 8개 있는 경우, 실험점을 $2^3 = 8$개의 블록으로 나누어도 8개의 주효과는 독립적으로 추정할 수 있다는 것을 알 수 있다.

표 5.36 16개 실험점 2^{k-p} 부분요인배치를 2^q개의 블록으로 나누는 방법

k	p	q	설계생성자	블록 생성 교호작용	교락되지 않은 추정 가능 효과
5	1	1	5 = 1234	B_1 = 12	모든 주효과, 2인자 교호작용(12 제외)
5	1	2	5 = 1234	B_1 = 12, B_2 = 13	모든 주효과, 14, 15, 24, 25, 34, 35, 45
5	1	3	5 = 123	B_1 = 14, B_2 = 24, B_3 = 34	모든 주효과
6	2	1	5 = 123, 6 = 124	B_1 = 134	모든 주효과
6	2	1	5 = 12, 6 = 134	B_1 = 13	3, 4, 6, 23, 24, 26, 35, 45, 56
6	2	2	5 = 123, 6 = 124	B_1 = 134, B_2 = 234	모든 주효과
6	2	2	5 = 12, 6 = 134	B_1 = 13, B_2 = 14	3, 4, 6, 23, 24, 26, 35, 45, 56
6	2	3	5 = 123, 6 = 124, 7 = 134	B_1 = 13, B_2 = 23, B_3 = 14	모든 주효과
7	3	1	5 = 123, 6 = 124, 7 = 134	B_1 = 234	모든 주효과
7	3	2	5 = 123, 6 = 124, 7 = 134	B_1 = 12, B_2 = 13	모든 주효과
7	3	3	5 = 123, 6 = 124, 7 = 134	B_1 = 12, B_2 = 13, B_3 = 14	모든 주효과
8	4	1	5 = 123, 6 = 124, 7 = 134, 8 = 234	B_1 = 12	모든 주효과
8	4	2	5 = 123, 6 = 124, 7 = 134, 8 = 234	B_1 = 12, B_2 = 13	모든 주효과
8	4	3	5 = 123, 6 = 124, 7 = 134, 8 = 234	B_1 = 12, B_2 = 13, B_3 = 14	모든 주효과

k: 인자 수, 2^{k-p}: 실험 수, 2^q: 블록 수

표 5.37 32개 실험점 2^{k-p} 부분요인배치를 2^q개의 블록으로 나누는 방법

k	p	q	설계생성자	블록 생성 교호작용	교락되지 않은 2인자 교호작용*
6	1	1	6 = 12345	B_1 = 123	모든 2인자 교호작용
6	1	2	6 = 12345	B_1 = 134, B_2 = 234	모든 2인자 교호작용(12 제외)
6	1	3	6 = 12345	B_1 = 135, B_2 = 235, B_3 = 145	모든 2인자 교호작용 (12, 34, 56 제외)
6	1	4	6 = 12345	B_1 = 12, B_2 = 13, B_3 = 14, B_4 = 15	없음
7	2	1	6 = 123, 7 = 1245	B_1 = 134	모든 2인자 교호작용 (12, 13, 16, 23, 26, 36 제외)
7	2	2	6 = 123, 7 = 1245	B_1 = 134, B_2 = 234	모든 2인자 교호작용 (12, 13, 16, 23, 26, 36 제외)
7	2	3	6 = 123, 7 = 1245	B_1 = 234, B_2 = 235, B_3 = 1345	14, 15, 17, 24, 25, 27, 34, 35, 37, 46, 56, 67
7	2	4	6 = 123, 7 = 145	B_1 = 12, B_2 = 13, B_3 = 14, B_4 = 15	없음
8	3	1	6 = 123, 7 = 124, 8 = 1345	B_1 = 125	15, 18, 25, 28, 35, 38, 45, 48, 56, 57, 58, 68, 78
8	3	2	6 = 123, 7 = 124, 8 = 1345	B_1 = 13, B_2 = 14	15, 18, 25, 28, 35, 38, 45, 48, 56, 57, 58, 68, 78
8	3	3	6 = 123, 7 = 124, 8 = 1345	B_1 = 13, B_2 = 23, B_3 = 14	15, 18, 25, 28, 35, 38, 45, 48, 56, 57, 58, 68, 78
8	3	4	6 = 123, 7 = 124, 8 = 135	B_1 = 12, B_2 = 13, B_3 = 14, B_4 = 15	없음
9	4	1	6 = 123, 7 = 124, 8 = 134, 9 = 2345	B_1 = 12	15, 19, 25, 29, 35, 39, 45, 49, 56, 57, 58, 59, 69, 79, 89
9	4	2	6 = 123, 7 = 124, 8 = 134, 9 = 2345	B_1 = 12, B_2 = 13	15, 19, 25, 29, 35, 39, 45, 49, 56, 57, 58, 59, 69, 79, 89
9	4	3	6 = 123, 7 = 124, 8 = 134, 9 = 2345	B_1 = 12, B_2 = 13, B_3 = 14	15, 19, 25, 29, 35, 39, 45, 49, 56, 57, 58, 59, 69, 79, 89
9	4	4	6 = 123, 7 = 124, 8 = 135, 9 = 145	B_1 = 12, B_2 = 13, B_3 = 14, B_4 = 15	없음

* 모든 주효과는 교락되지 않는다.

5.11 다수준 부분요인배치법

부분요인배치를 이용하면서 수준 수가 3개 이상인 경우를 다루어야 할 때가 있다. ① 인자가 계수형인 경우, ② 계량형 인자이지만 여러 수준의 값을 보아야 하는 경우에는 2수준 부분요인배치를 쓸 수는 없다.

5.11.1 3수준 부분요인배치법

계수인자의 수준 수가 3개인 경우나, 계량인자의 현행 운영조건을 개선하기 위하여 수준 값을 현재 조건보다 작은 쪽과 큰 쪽 모두 모색하려는 경우에 쓰인다. 표 5.38에 3수준 9실험점 설계행렬을 제시하였다. 4개의 열 중에 만일 앞의 2개 열만 이용하여 2개의 3수준 인자를 배치하면, 이것은 2인자 3수준 3^2 요인배치가 된다. 앞의 3개 열에 인자를 3개 배치하면 3^{3-1}_{III}, 4개 열에 인자를 모두 배치하면 3^{4-2}_{III} 부분요인배치가 되는데, 이러한 부분요인배치에서는 주효과가 2인자 교호작용과 교락되므로, 인자가 반응변수에 미치는 영향을 대략적으로만 파악할 수 있다.

표 5.38 3수준 9실험점 설계행렬

실험점	열 번호			
	1	2	3	4
1	0	0	0	0
2	0	1	1	1
3	0	2	2	2
4	1	0	1	2
5	1	1	2	0
6	1	2	0	1
7	2	0	2	1
8	2	1	0	2
9	2	2	1	0

표 5.39에는 3수준 27실험점 설계행렬을 제시하였다. 13개의 열이 있으므로 3수준 인자를 13개까지 배치할 수 있다. 앞의 3개 열에 인자를 배치하면 3^3 요인배치이다. 4개 열에 인자를 배치하면 3^{4-1}_{IV} 부분요인배치가 되어, 주효과는 독립적으로 추정할 수 있지만, 2인자 교호작용끼리 교락된다. 5개 이상 열을 이용하면 해가 Ⅲ인 부분요인배치가 되어, 주효과가 2인자 교호작용과 교락된다.

표 5.39 3수준 27실험점 설계행렬

실험점	열 번호												
	1	2	3	4	5	6	7	8	9	10	11	12	13
1	0	0	0	0	0	0	0	0	0	0	0	0	0
2	0	0	0	0	1	1	1	1	1	1	1	1	1
3	0	0	0	0	2	2	2	2	2	2	2	2	2
4	0	1	1	1	0	0	0	1	1	1	2	2	2
5	0	1	1	1	1	1	1	2	2	2	0	0	0
6	0	1	1	1	2	2	2	0	0	0	1	1	1
7	0	2	2	2	0	0	0	2	2	2	1	1	1
8	0	2	2	2	1	1	1	0	0	0	2	2	2
9	0	2	2	2	2	2	2	1	1	1	0	0	0
10	1	0	1	2	0	1	2	0	1	2	0	1	2
11	1	0	1	2	1	2	0	1	2	0	1	2	0
12	1	0	1	2	2	0	1	2	0	1	2	0	1
13	1	1	2	0	0	1	2	1	2	0	2	0	1
14	1	1	2	0	1	2	0	2	0	1	0	1	2
15	1	1	2	0	2	0	1	0	1	2	1	2	0
16	1	2	0	1	0	1	2	2	0	1	1	2	0
17	1	2	0	1	1	2	0	0	1	2	2	0	1
18	1	2	0	1	2	0	1	1	2	0	0	1	2
19	2	0	2	1	0	2	1	0	2	1	0	2	1
20	2	0	2	1	1	0	2	1	0	2	1	0	2
21	2	0	2	1	2	1	0	2	1	0	2	1	0
22	2	1	0	2	0	2	1	1	0	2	2	1	0
23	2	1	0	2	1	0	2	2	1	0	0	2	1
24	2	1	0	2	2	1	0	0	2	1	1	0	2
25	2	2	1	0	0	2	1	2	1	0	1	0	2
26	2	2	1	0	1	0	2	0	2	1	2	1	0
27	2	2	1	0	2	1	0	1	0	2	0	2	1

5.11.2 5수준과 7수준 부분요인배치법

인자의 수준 수가 3보다 크고 5, 7과 같은 소수(prime number)일 때, 여러 개의 인자를 실험에 고려하는 부분요인배치를 이용할 수 있다. 표 5.40은 5수준 25실험점 설계행렬로서, 열의 수가 6개이므로 5수준 인자를 6개까지 실험에 고려할 수 있다. 7수준 49실험점 설계행렬을 이용하면 7수준 인자를 8개 배치할 수 있다. 이렇게 많은 수의 수준을 고려한 설계행렬은 컴퓨터 시뮬레이션 실험을 할 때, 투입변수의 조건을 여러 개로 바꾸어 가면서 출력변수의 변화를 알고자 할 때 유용하게 쓰인다.

표 5.40 5수준 25실험점 설계행렬

실험점	1	2	3	4	5	6
1	0	0	0	0	0	0
2	0	1	1	2	3	4
3	0	2	2	4	1	3
4	0	3	3	1	4	2
5	0	4	4	3	2	1
6	1	0	1	1	1	1
7	1	1	2	3	4	0
8	1	2	3	0	2	4
9	1	3	4	2	0	3
10	1	4	0	4	3	2
11	2	0	2	2	2	2
12	2	1	3	4	0	1
13	2	2	4	1	3	0
14	2	3	0	3	1	4
15	2	4	1	0	4	3
16	3	0	3	3	3	3
17	3	1	4	0	1	2
18	3	2	0	2	4	1
19	3	3	1	4	2	0
20	3	4	2	1	0	4
21	4	0	4	4	4	4
22	4	1	0	1	2	3
23	4	2	1	3	0	2
24	4	3	2	0	3	1
25	4	4	3	2	1	0

표 5.40 설계행렬의 구성원리를 식 (5.3)에 나타냈는데, $x_{2+j} = x_1 + jx_2 (\mathrm{mod}\, 5)$의 의미는 설계행렬의 1번과 2번 열에 있는 숫자를 각각 x_1과 x_2라고 할 때, 이 둘을 이 식으로 더하여 5로 나눈 나머지를 수준 값으로 정하는 것이다. 예를 들어 $x_4 = x_1 + 2x_2 (\mathrm{mod}\, 5)$에 실험점 13의 $x_1 = 2$, $x_2 = 3$을 대입하면 $x_4 = x_1 + 2x_2 = 8$이고, 이것을 5로 나누면 나머지는 3이므로 $x_4 = x_1 + 2x_2 (\mathrm{mod}\ 5) = 3$이 되어 실험점 13의 4번째 열의 값이 3이다.

$$
\begin{aligned}
x_3 &= x_1 + x_2 \ \ (\mathrm{mod}\ 5) \\
x_4 &= x_1 + 2x_2 (\mathrm{mod}\ 5) \\
x_5 &= x_1 + 3x_2 (\mathrm{mod}\ 5) \\
x_6 &= x_1 + 4x_2 (\mathrm{mod}\ 5)
\end{aligned} \tag{5.3}
$$

복습문제 7수준 49실험점의 구성원리를 쓰고, 설계행렬을 구성하라.

5.12* 플래킷-버만 계획

5.12.1 플래킷-버만 계획의 구성과 설계행렬

플래킷과 버만은 주효과가 크게 나타나는 2수준 인자들을 파악하기 위한 선별실험에 활용할 수 있는 실험계획 방법을 개발하였다(Plackett and Burman, 1946). 2수준 인자들의 선별시험에 활용할 수 있는 2수준 부분요인배치 2^{k-p} 방법은 실험 수가 2의 지수(power)에 따라 결정되므로 4, 8, 16, 32, 64 등으로 정해져서, 16과 32 사이에 실험 수가 과도하게 벌어진다. 플래킷-버만 계획은 2수준 주효과 측면에서 직교하는 실험계획이고, 4의 배수인 4, 8, 12, 16, 20, 24, 28, 32 등의 실험점 수로 구성된 설계행렬이다. 여기서 실험 수가 2^{k-p} 형태로 나타나는 4, 8, 16, 32 계획의 경우에는 그 설계행렬이 2수준 부분요인배치와 같다.

플래킷-버만 계획을 구성하는 방법을 표 5.41에 제시한 실험 수 $n=12$인 경우를 예로 들어 살펴보자.

① 첫 번째 행은 + + − + + + − − − + −이다.

② 첫 번째 행에 있는 1~10번 열까지 부호를 두 번째 행의 2~11번 열에 채우고, 첫 번째 행의 11번째 부호를 두 번째 행의 1번에 배치한다.

③ 세 번째 행부터 열한 번째 행까지 바로 위의 행에 있는 1~10번 열까지의 부호를 해당 행의 2~11번 열에 채우고, 바로 위의 행에 있는 11번째 부호를 해당 행의 1번에 배치한다.

④ 맨 아래에 있는 열두 번째 행은 모두 −로 채운다.

표 5.41 플래킷-버만 계획: $n=12$

실험점	1	2	3	4	5	6	7	8	9	10	11
1	+	+	−	+	+	+	−	−	−	+	−
2	−	+	+	−	+	+	+	−	−	−	+
3	+	−	+	+	−	+	+	+	−	−	−
4	−	+	−	+	+	−	+	+	+	−	−
5	−	−	+	−	+	+	−	+	+	+	−
6	−	−	−	+	−	+	+	−	+	+	+
7	+	−	−	−	+	−	+	+	−	+	+
8	+	+	−	−	−	+	−	+	+	−	+
9	+	+	+	−	−	−	+	−	+	+	−
10	−	+	+	+	−	−	−	+	−	+	+
11	+	−	+	+	+	−	−	−	+	−	+
12	−	−	−	−	−	−	−	−	−	−	−

$n = 20$, 24일 때 플래킷-버만 계획의 첫 번째 행의 부호 배열은 다음과 같고, 이후 설계행렬 구성 과정은 $n = 12$인 경우와 동일하다. $n = 20$의 플래킷-버만 계획은 표 5.42에 나타내었다.

$n = 20 \;\Rightarrow\;$ + + − − + + + + − + − + − − − − + + −

$n = 24 \;\Rightarrow\;$ + + + + + − + − + + − − + + − − + − + − − − −

표 5.42 플래킷-버만 계획: $n = 20$

실험점	1	2	3	4	5	6	7	8	9	10	11	12	13	14	15	16	17	18	19
1	+	+	−	−	+	+	+	+	−	+	−	+	−	−	−	−	+	+	−
2	−	+	+	−	−	+	+	+	+	−	+	−	+	−	−	−	−	+	+
3	+	−	+	+	−	−	+	+	+	+	−	+	−	+	−	−	−	−	+
4	+	+	−	+	+	−	−	+	+	+	+	−	+	−	+	−	−	−	−
5	−	+	+	−	+	+	−	−	+	+	+	+	−	+	−	+	−	−	−
6	−	−	+	+	−	+	+	−	−	+	+	+	+	−	+	−	+	−	−
7	−	−	−	+	+	−	+	+	−	−	+	+	+	+	−	+	−	+	−
8	−	−	−	−	+	+	−	+	+	−	−	+	+	+	+	−	+	−	+
9	+	−	−	−	−	+	+	−	+	+	−	−	+	+	+	+	−	+	−
10	−	+	−	−	−	−	+	+	−	+	+	−	−	+	+	+	+	−	+
11	+	−	+	−	−	−	−	+	+	−	+	+	−	−	+	+	+	+	−
12	−	+	−	+	−	−	−	−	+	+	−	+	+	−	−	+	+	+	+
13	+	−	+	−	+	−	−	−	−	+	+	−	+	+	−	−	+	+	+
14	+	+	−	+	−	+	−	−	−	−	+	+	−	+	+	−	−	+	+
15	+	+	+	−	+	−	+	−	−	−	−	+	+	−	+	+	−	−	+
16	+	+	+	+	−	+	−	+	−	−	−	−	+	+	−	+	+	−	−
17	−	+	+	+	+	−	+	−	+	−	−	−	−	+	+	−	+	+	−
18	−	−	+	+	+	+	−	+	−	+	−	−	−	−	+	+	−	+	+
19	+	−	−	+	+	+	+	−	+	−	+	−	−	−	−	+	+	−	+
20	−	−	−	−	−	−	−	−	−	−	−	−	−	−	−	−	−	−	−

$n = 28$, 36, 44에 쓰이는 플래킷-버만 계획의 구성은 5.14절 들여다보기에 제시하였다.

이제 플래킷-버만 계획의 특징을 살펴보자. 이 계획은 2수준 부분요인배치법과 달리 주효과가 2수준 교호작용과 교락되는 형식이 아주 다르다. 2수준 부분요인배치법을 이용하면, 교호작용은 독립적으로 추정되거나 다른 효과들과 완전히 교락된다. 하지만 플래킷-버만 계획에서는 하나의 2인자 교호작용이 여러 열에 걸쳐 분산되어 교락된다. 그 결과 하나의 열에서 구한 주효과는 여러 개의 2인자 교호작용과 교락된다. 예를 들어 $n = 12$인 플래킷-버만 계획의 1~7번 열에 걸쳐 인자 A, B, C, D, E, F, G를 배치했다면, 1번 열에서 구한 요인효과의 별명관계는 다음과 같다.

$$A-\frac{1}{3}BC-\frac{1}{3}BD-\frac{1}{3}BE+\frac{1}{3}BF-\frac{1}{3}BG+\frac{1}{3}CD-\frac{1}{3}CE$$

$$-\frac{1}{3}CF+\frac{1}{3}CG+\frac{1}{3}DE+\frac{1}{3}DF-\frac{1}{3}DG-\frac{1}{3}EF-\frac{1}{3}EG-\frac{1}{3}FG \quad (5.4)$$

플래킷-버만 계획을 실제로 활용할 때 주의해야 할 점과 특징을 살펴보면 다음과 같다.

① 이 계획은 주로 확실하게 영향을 미치는 주효과만 선별하고자 할 때 이용한다.

② 인자를 배치하지 않은 열에서 오차를 추정할 수 있다. 예를 들어 $n=12$ 플래킷-버만 계획을 이용하여 1~6열에는 인자를 배치하고, 나머지 7~11열에는 배치하지 않으면 이 5개 열을 이용하여 오차를 추정할 수 있다. 실험오차를 추정하여 요인효과의 유의성을 판단하기 위해서는 검정의 효율을 어느 정도 보장하기 위해 오차의 자유도가 4 이상은 되는 것이 좋다. 그러려면 $n=12$ 계획에는 7개 인자, $n=20$ 계획에는 15개 인자까지 배치하는 것이 바람직하다.

5.12.2 플래킷-버만 계획의 실험데이터 분석방법과 사례

플래킷-버만 계획은 기본적으로 주효과를 크게 나타내는 인자를 선별하기 위한 실험계획이지만, 데이터를 분석한 결과 중요하게 나타나는 주효과의 수가 적으면, 중요한 인자 쪽으로 설계공간을 투시하여 교호작용을 파악할 수 있고, 후속 실험을 통해 중요한 요인효과를 더 정확하게 파악할 수 있다. 그림 5.26은 12개 열을 3개에, 그림 5.27은 4개 열로 투시할 때 나타나는 설계공간을 표현한 것이다. 그림 5.26은 2^3 요인배치와 2_{III}^{3-1} 부분요인배치가 합쳐진 모양이고, 그림 5.27은 추가 실험을 해야 요인효과를 제대로 파악할 수 있음을 보여준다.

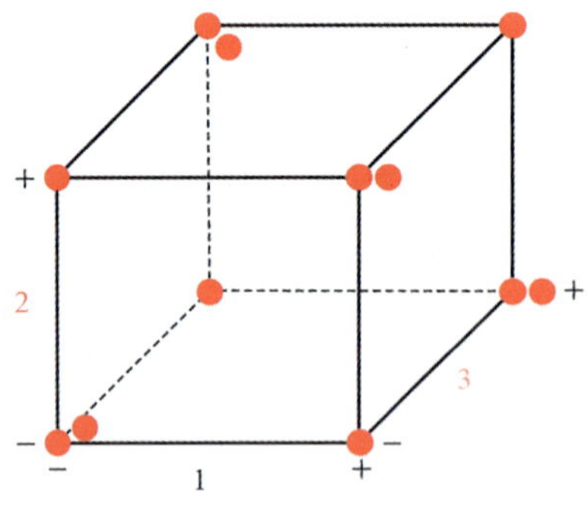

그림 5.26 $n=12$ 플래킷-버만 계획의 3차원 설계공간 투시

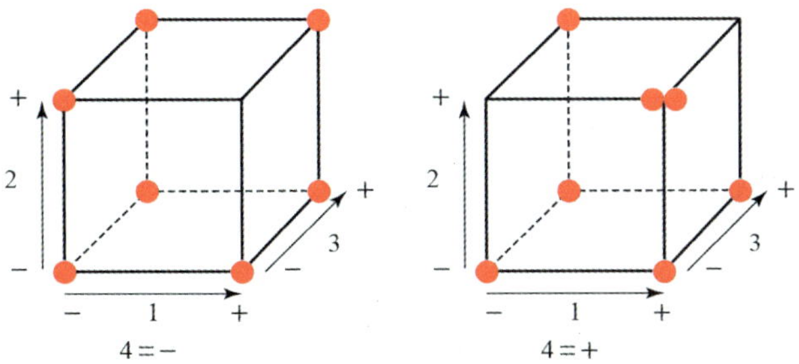

그림 5.27 $n=12$ 플래킷-버만 계획의 4차원 설계공간 투시

플래킷-버만 계획은 크게 나타나는 주효과를 추정하기 위한 실험계획으로서, 이 방법의 유효성은 교호작용은 무시할 수 있을 정도로 작다는 가정에 기반을 두고 있다. 하지만 추가분석을 통하여 더 적합한 모형을 추정할 수 있다. 두 가지 예를 통하여 플래킷-버만 계획의 실험데이터를 분석하여 가장 적합한 모형을 추정해 보자. 표 5.43은 화학공정의 반응률을 높이기 위해 5개의 인자 A(이송속도), B(촉매량), C(교반속도), D(온도), E(농도)가 반응률에 미치는 영향을 알아보기 위하여 $n=12$ 플래킷-버만 계획의 앞의 5개 열에 인자를 배치하고 반응변수인 반응률을 측정한 데이터이다(Box and Meyer, 1986). 요인효과를 구하고, 이들을 이용한 파레토그림과 엘보우그림을 각각 그림 5.28과 그림 5.29에 나타내었다. 이 그림을 보면 인자 B만 중요해 보인다.

표 5.43 화학반응 사례의 설계행렬과 데이터

A	B	C	D	E	반응률
+	–	+	–	–	56
+	+	–	+	–	93
–	+	+	–	+	67
+	–	+	+	–	60
+	+	–	+	+	77
+	+	+	–	+	65
–	+	+	+	–	95
–	–	+	+	+	49
–	–	–	+	+	44
+	–	–	–	+	63
–	+	–	–	–	63
–	–	–	–	–	61

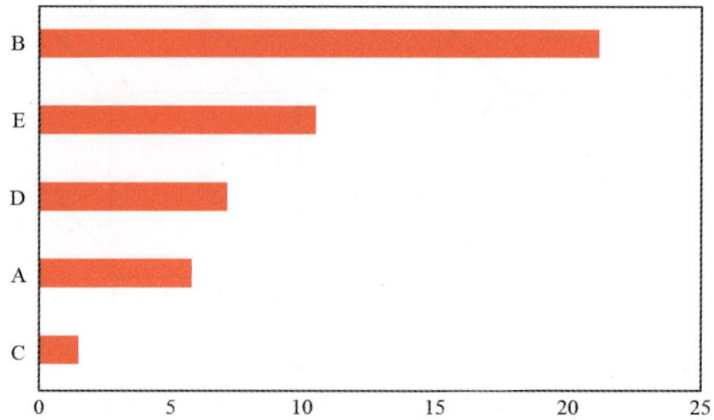

그림 5.28 화학반응 사례의 파레토그림

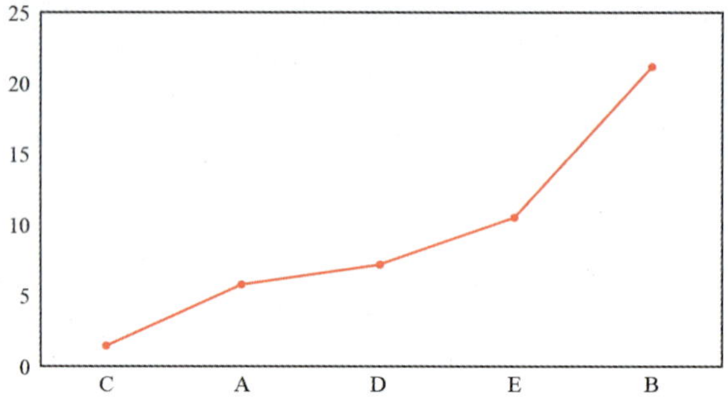

그림 5.29 화학반응 사례의 엘보우그림

플래킷-버만 계획은 교락현상이 복잡하므로 좀 더 분석하기 위하여, 모형에 어떤 항을 포함하는 것이 적합한지를 판정하는 기준으로써 결정계수 R^2, 수정결정계수 R^2_{adj}, 잔차의 표준편차 S를 이용하기로 한다.

$$R^2 = \frac{SS_R}{SS_T} = \frac{\sum_{i=1}^{n}(\hat{y}_i - \bar{y}_i)^2}{\sum_{i=1}^{n}(y_i - \bar{y}_i)^2} \tag{5.5}$$

$$R^2_{adj} = 1 - \frac{SS_E/(n-k-1)}{SS_T/(n-1)} = 1 - \frac{\sum_{i=1}^{n}(y_i - \hat{y}_i)^2/(n-k-1)}{\sum_{i=1}^{n}(y_i - \bar{y}_i)^2/(n-1)} \tag{5.6}$$

$$S = \sqrt{MS_{잔차}} = \sqrt{\sum_{i=1}^{n}(y_i - \hat{y}_i)^2/(n-k-1)} \tag{5.7}$$

R^2은 반응변수 데이터의 변동을 모형이 설명하는 비율인데, 이 값은 클수록 좋다. 하지만 이 값은 모형에 항을 추가할 때마다 증가하므로, 이것으로써 모형에 어떤 항을 넣을지를 판단하기는 적합하지 않다. 모형의 적합성을 평가하기 위하여, R^2을 보완한 기준이 R^2_{adj}이다. 또 다른 기준인 S는 반응변수 관측치와 모형에 의한 예측치의 차이를 제곱하여 더한 것을 자유도로 나눈 값의 제곱근이므로, 작을수록 좋다. 그러므로 모형을 선택할 때는 R^2_{adj}은 크고, S는 작은 것을 정한다.

인자 B만 모형에 포함할 때 잔차의 표준편차 $S = 11.41$이고, 결정계수 $R^2 = 50.82\%$, 수정결정계수 $R^2_{adj} = 45.90\%$이다. B에 다른 인자를 1개 더 추가하여 나온 결과는 표 5.44에, 2개를 추가한 결과는 표 5.45에 나타내었다. 표 5.44와 표 5.45에 있는 통계량 S, R^2, R^2_{adj}은 모형 인자들의 주효과와 2인자 교호작용으로 이루어진 모형의 적합성 통계량을 말한다. 최종적으로 선정한 것은 (B, D, E) 모형, 즉 주효과 B, D, E, BD, BE, DE로 이루어진 모형에 선정한 것인데, 여기서 유의하지 않은 BE를 제외하면 잔차의 표준편차 $S = 2.38$, 결정계수 $R^2 = 98.72\%$, 수정결정계수 $R^2_{adj} = 97.65\%$이다.

표 5.44 화학반응 사례의 2인자 모형의 적합성 통계량

모형 인자		S	R^2	R^2_{adj}
B	E	10.80	64.71%	51.48%
B	D	6.73	86.29%	81.15%
A	B	12.15	55.39%	38.66%
B	C	12.71	51.10%	32.76%

표 5.45 화학반응 사례의 3인자 모형의 적합성 통계량

모형 인자			S	R^2	R^2_{adj}
B	D	E	2.44	98.88%	97.53%
A	B	D	7.45	89.52%	76.95%
B	C	D	6.44	92.15%	60.90%

두 번째 사례 데이터를 분석해 보자. Hunter et al. (1982)은 항공기용 용접 수리 주조품의 피로수명에 영향을 미칠 수 있는 인자 7개를 대상으로 선별실험을 하기 위하여 2^{7-4}_{III} 부분요인배치 대신에 실험점 수 12개인 플래킷-버만 계획을 이용하여 반복 2회 피로수명을 관측하였다. 이 계획을 선정한 이유는 11개의 열 중에 7개에 인자를 배치하고, 나머지 4개 열에서 실험오차를 대략적으로 파악하기 위함이다. 실험에 고려한 인자는 A(초기 구조), B(비드 크기), C(압력 처리), D(열처리), E(냉각속도), F(표면처리), G(최종 처리)이다. 피로수명은 각 조건에서 부품이 파손될 때까지 회전수

(cycles)로 측정하였다. 실험데이터를 분석할 때 반응변수는 공정의 문제와 관련된 물리량을 취하는 것이 바람직하므로, 피로수명의 역수인 피로율(fatigue rate)을 이용하여 분석하기로 한다. 표 5.46에 설계행렬과 2회 실험하여 얻은 피로수명 평균의 로그함수와 피로율을 나타내었다. 피로율 데이터는 그 값이 아주 작아서 10^5을 곱한 것이다.

표 5.46 피로수명 실험의 설계행렬과 데이터

A	B	C	D	E	F	G	로그 (피로수명)	피로율
+	−	+	−	−	−	−	6.058	0.0875
+	+	−	+	−	−	−	4.733	1.8493
−	+	+	−	+	−	−	4.625	2.3714
+	−	+	+	−	+	−	5.899	0.1262
+	+	−	+	+	−	+	7.000	0.0100
+	+	+	−	+	+	−	5.752	0.1770
−	+	+	+	−	+	+	5.682	0.2080
−	−	+	+	+	−	+	6.607	0.0247
−	−	−	+	+	+	−	5.818	0.1521
+	−	−	−	+	+	+	5.917	0.1211
−	+	−	−	−	+	+	5.863	0.1371
−	−	−	−	−	−	−	4.809	1.5524

요인효과를 구하고, 이들을 이용한 파레토그림과 엘보우그림을 각각 그림 5.30과 그림 5.31에 나타내었다. 이 그림들을 보면 인자 F와 G가 중요해 보인다.

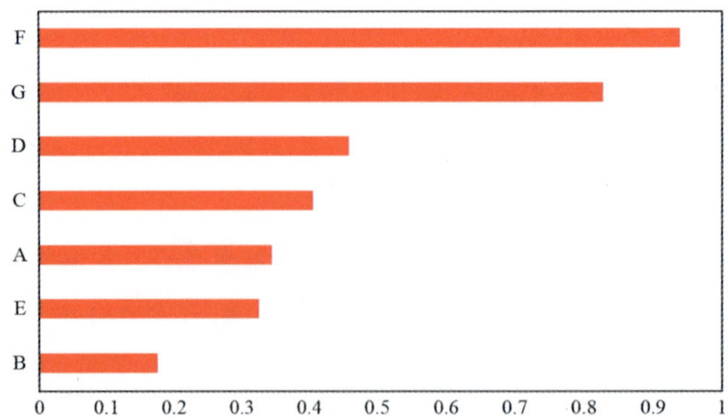

그림 5.30 피로수명 실험의 파레토그림

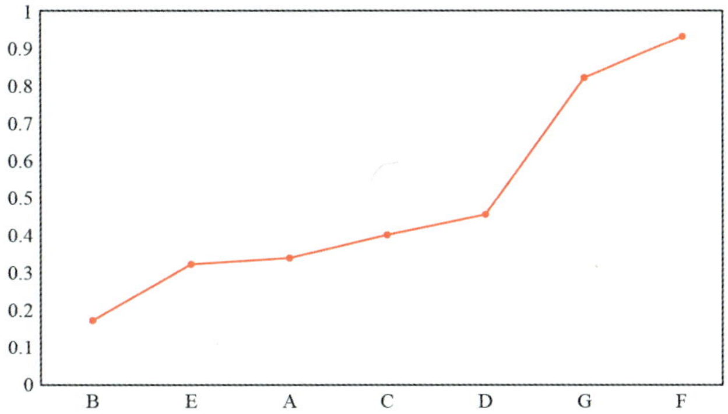

그림 5.31 피로수명 실험의 엘보우그림

> **복습문제** 렌스 방법을 이용하면 F와 G가 유의하게 되는 유의수준의 최솟값은 얼마인가?

인자 F와 G를 모형에 포함하면 모형 적합성 통계량은 $S = 0.2100$, $R^2 = 95.44\%$, $R^2_{adj} = 89.74\%$이다. 여기에 추가로 다른 인자를 하나 더 추가하여 나온 결과는 표 5.47에 나타내었다. 적합성 통계량이 가장 좋은 모형은 (B, F, G) 모형, 즉 주효과 B, F, G, BF, BG, FG로 이루어진 모형으로서 $S = 0.1569$, $R^2 = 98.41\%$, $R^2_{adj} = 96.50\%$이다.

표 5.47 피로수명 실험의 3인자 모형의 적합성 통계량

모형 인자			S	R^2	R^2_{adj}
D	F	G	0.1927	97.60%	94.72%
E	F	G	0.2645	95.48%	90.05%
C	F	G	0.1942	97.56%	94.64%
B	F	G	0.1569	98.41%	96.50%
A	F	G	0.2638	95.50%	90.10%

5.13 주요 혼합수준 직교배열

5~7개 인자를 가지고 실험을 계획하는데, 인자별로 3수준 실험을 하고자 5.11절에서 배운 대로 3수준 부분요인배치법을 이용한다면 기본적으로 27개의 실험점이 필요하다. 하지만 표 5.48에 제시한

$OA(2^1 \times 3^7)$ 직교배열을 이용하면 18개의 실험점만 이용해도 실험할 수가 있다. $OA(2^1 \times 3^7)$ 계획을 이용하면 2수준 인자 1개, 3수준 인자 7개를 배치할 수 있다. 1열과 2열에 배치한 인자들의 교호작용은 표 5.49와 같이 별도의 2원표로부터 독립적으로 구할 수 있다. 1번 열과 2번 열을 제외한 다른 열들의 교호작용은 여러 열에 일부분씩 퍼져 있다. 그러므로 여기서 소개하는 혼합수준 직교배열에서도 플래킷-버만 계획과 마찬가지로 한 열을 대표하는 주효과에는 여러 개의 교호작용이 일부분씩 교락되어 있다. 만일 1번 열과 2번 열을 조합하여 하나의 6수준 인자를 만들면, $OA(2^1 \times 3^7)$ 직교배열은 $OA(6^1 \times 3^6)$ 직교배열로 변환되어 6수준 인자 1개, 3수준 인자 6개를 대상으로 실험할 수 있다.

$OA(2^1 \times 3^7)$ 계획은 11장에서 배울 강건설계에서 자주 활용된다. 주된 이유는, 실험자가 제품이나 공정의 강건성을 확보하기 위하여 각 인자의 현재 조건보다 수준 값을 높이는 것이 좋은지, 낮추는 것이 좋은지 알 수 없을 때 3수준 실험을 해야 하는데, 18개의 실험점이 필요한 $OA(2^1 \times 3^7)$를 이용하면 최대 7개의 3수준 인자를 실험에 포함할 수 있다는 장점이 있기 때문이다.

표 5.50에는 $OA(2^{11} \times 3^{12})$ 직교배열표를 제시했는데, 36개의 실험점에 2수준 인자 11개, 3수준 인자 12개를 이용하여 실험할 수 있다. 이 계획은 컴퓨터 시뮬레이션 실험이나 장비의 파라미터를 조정(튜닝)할 때 유용하다. 예를 들어 새로운 장비를 도입했을 때, 공급자가 여러 파라미터의 기본값은 정하여 주지만, 사용자로서 사용환경에 맞게 가장 좋은 파라미터 값을 세팅하고자 한다. 이때 시행착오적인 방법을 쓸 것이 아니라, $OA(2^{11} \times 3^{12})$ 계획을 이용하면 36회의 실험으로 총 23개의 파라미터를 조정해 볼 수 있다.

표 5.48 $OA(2^1 \times 3^7)$ 직교배열표

실험점	열 번호							
	1	2	3	4	5	6	7	8
1	1	1	1	1	1	1	1	1
2	1	1	2	2	2	2	2	2
3	1	1	3	3	3	3	3	3
4	1	2	1	1	2	2	3	3
5	1	2	2	2	3	3	1	1
6	1	2	3	3	1	1	2	2
7	1	3	1	2	1	3	2	3
8	1	3	2	3	2	1	3	1
9	1	3	3	1	3	2	1	2
10	2	1	1	3	3	2	2	1
11	2	1	2	1	1	3	3	2
12	2	1	3	2	2	1	1	3
13	2	2	1	2	3	1	3	2
14	2	2	2	3	1	2	1	3
15	2	2	3	1	2	3	2	1
16	2	3	1	3	2	3	1	2
17	2	3	2	1	3	1	2	3
18	2	3	3	2	1	2	3	1

표 5.49 OA$(2^1 \times 3^7)$ 직교배열의 1열과 2열 배치인자의 교호작용 산출 2원표

X_1 \ X_2	1	2	3
1			
2			

표 5.50 OA$(2^{11} \times 3^{12})$ 직교배열표

실험점	열 번호																						
	1	2	3	4	5	6	7	8	9	10	11	12	13	14	15	16	17	18	19	20	21	22	23
1	1	1	1	1	1	1	1	1	1	1	1	1	1	1	1	1	1	1	1	1	1	1	1
2	1	1	1	1	1	1	1	1	1	1	1	2	2	2	2	2	2	2	2	2	2	2	2
3	1	1	1	1	1	1	1	1	1	1	1	3	3	3	3	3	3	3	3	3	3	3	3
4	1	1	1	1	1	2	2	2	2	2	2	1	1	1	1	2	2	2	2	3	3	3	3
5	1	1	1	1	1	2	2	2	2	2	2	2	2	2	2	3	3	3	3	1	1	1	1
6	1	1	1	1	1	2	2	2	2	2	2	3	3	3	3	1	1	1	1	2	2	2	2
7	1	1	2	2	2	1	1	1	2	2	2	1	1	2	3	1	2	3	3	1	2	2	3
8	1	1	2	2	2	1	1	1	2	2	2	2	2	3	1	2	3	1	1	2	3	3	1
9	1	1	2	2	2	1	1	1	2	2	2	3	3	1	2	3	1	2	2	3	1	1	2
10	1	2	1	2	2	1	2	2	1	1	2	1	1	3	2	1	3	2	3	2	1	3	2
11	1	2	1	2	2	1	2	2	1	1	2	2	2	1	3	2	1	3	1	3	2	1	3
12	1	2	1	2	2	1	2	2	1	1	2	3	3	2	1	3	2	1	2	1	3	2	1
13	1	2	2	1	2	2	1	2	1	2	1	1	2	3	1	3	2	1	3	3	2	1	2
14	1	2	2	1	2	2	1	2	1	2	1	2	3	1	2	1	3	2	1	1	3	2	3
15	1	2	2	1	2	2	1	2	1	2	1	3	1	2	3	2	1	3	2	2	1	3	1
16	1	2	2	2	1	2	2	1	2	1	1	1	2	3	2	1	1	3	2	3	3	2	1
17	1	2	2	2	1	2	2	1	2	1	1	2	3	1	3	2	2	1	3	1	1	3	2
18	1	2	2	2	1	2	2	1	2	1	1	3	1	2	1	3	3	2	1	2	2	1	3
19	2	1	2	2	1	1	2	2	1	2	1	1	2	1	3	3	3	1	2	2	1	2	3
20	2	1	2	2	1	1	2	2	1	2	1	2	3	2	1	1	1	2	3	3	2	3	1
21	2	1	2	2	1	1	2	2	1	2	1	3	1	3	2	2	2	3	1	1	3	1	2
22	2	1	2	1	2	2	2	1	1	1	2	1	2	2	3	3	1	2	1	1	3	3	2
23	2	1	2	1	2	2	2	1	1	1	2	2	3	3	1	1	2	3	2	2	1	1	3
24	2	1	2	1	2	2	2	1	1	1	2	3	1	1	2	2	3	1	3	3	2	2	1
25	2	1	1	2	2	2	1	2	2	1	1	1	3	2	1	2	3	3	1	3	1	2	2
26	2	1	1	2	2	2	1	2	2	1	1	2	1	3	2	3	1	1	2	1	2	3	3
27	2	1	1	2	2	2	1	2	2	1	1	3	2	1	3	1	2	2	3	2	3	1	1
28	2	2	2	1	1	1	1	2	2	1	2	1	3	2	2	2	1	1	3	2	3	1	3
29	2	2	2	1	1	1	1	2	2	1	2	2	1	3	3	3	2	2	1	3	1	2	1
30	2	2	2	1	1	1	1	2	2	1	2	3	2	1	1	1	3	3	2	1	2	3	2
31	2	2	1	2	1	2	1	1	1	2	2	1	3	3	3	2	3	2	2	1	2	1	1
32	2	2	1	2	1	2	1	1	1	2	2	2	1	1	1	3	1	3	3	2	3	2	2
33	2	2	1	2	1	2	1	1	1	2	2	3	2	2	2	1	2	1	1	3	1	3	3
34	2	2	1	1	2	1	2	1	2	2	1	1	3	1	2	3	2	3	1	2	2	3	1
35	2	2	1	1	2	1	2	1	2	2	1	2	1	2	3	1	3	1	2	3	3	1	2
36	2	2	1	1	2	1	2	1	2	2	1	3	2	3	1	2	1	2	3	1	1	2	3

5.14 들여다보기

(1) 부분요인배치법을 이용하면 일정 규모의 실험을 통해 많은 인자의 중요성 여부를 판단할 수 있다. 그러므로 적은 수의 실험으로 새로운 제품을 개발하거나 잘 운영되던 공정의 문제점을 파악하고자 할 때, 잠재적으로 고려하는 인자가 많다면 부분요인배치를 잘 쓰는 것이 필요하다.

(2) 2_R^{k-p} 부분요인배치 데이터 분석 결과, 중요한 인자의 수가 $(R-1)$보다 작으면, 이 실험은 이 중요한 인자로 이루어진 요인배치 실험으로 해석할 수 있다. 예를 들어 2_{III}^{3-1} 부분요인배치를 분석한 결과, A와 C가 중요하게 나온다면 A와 C에 관한 2^2 요인배치로 해석할 수 있다.

(3) 부분요인배치법에서 열의 일부에는 인자를 배치하지 않고 실험한 다음에, 나중에 특정 열에 관하여 반사배열을 할 때, 인자를 배치하지 않은 열에서는 어떤 정보를 얻을 수 있는지 알아보자. 예를 들어 5.7.3절에서 적용한 2_{III}^{5-2} 부분요인배치 표 5.23을 보면, 초기 2_{III}^{5-2} 부분요인배치에서 인자를 배치하지 않은 맨 뒤의 2개 열에서 각각 **23** + **45**, **25** + **34** 효과를 얻을 수 있다. 2_{III}^{5-2} 부분요인배치 반사배열을 통해서 얻은 교락된 효과가 초기 2_{III}^{5-2} 실험의 결과에 많이 다르게 나온다면, 초기 실험과 반사배열 실험의 환경이 다르다고 볼 수 있다. 만일 두 번의 2_{III}^{5-2} 실험 결과가 비슷하게 나온다면, 이들은 각각 **23** + **45**, **25** + **34** 효과의 추정치이다.

(4) 부분요인배치 데이터를 분석한 다음에, 반사배열을 반만 시행하는 절반 반사배열(semi-foldover)을 이용하면 경제적으로 실험할 수 있다. 이 방법은 일반 반사배열의 반만 추가로 실험하는 것이므로 예산이나 시간이 제한된 상황에서 실험자가 추정하고자 하는 주효과와 교호작용을 알 수 있다. 이 방법에 관한 자세한 사항은 Mee and Peralta(2000)를 참고하기를 바란다.

(5) 중앙점에서 반복실험을 포함한 부분요인배치로부터 얻은 데이터를 이용하여 중요한 요인효과를 선정할 때, 반복실험 데이터로부터 오차의 평균제곱을 구하고 분산분석을 수행하여 결정하는 것이 옳은지 살펴보자. ① 중앙점에서 최소한 5회 이상 반복실험을 시행하여 데이터를 얻는다면, 이 방법을 쓸 수 있다. 하지만 곡률효과의 유무를 판단하려고 중앙점에서 2, 3회 반복실험을 시행할 때는 렌스 방법을 이용하는 것이 좋다. ② 15회 이하의 적은 수의 실험으로 해가 III인 부분요인배치를 할 때 일반적인 렌스 방법으로는 중요한 요인효과를 선정하기가 쉽지 않다. 이런 경우에는 중앙점에서 5번 이상 반복실험을 하고 실험오차를 파악하여 요인효과를 선정하는 것이 바람직하다.

(6) 플래킷-버만 계획(PBD): ① 실험 수가 28, 36, 44의 경우에 PBD를 구성하는 원리는 Wu and Hamada(2009) 8장에 잘 설명되어 있다. ② PBD를 더 정확하게 분석하고 싶다면 Box and Meyer(1986)가 제안한 베이지안 접근법을 보기 바란다. ③ PBD의 일부 실험점을 선정하여 실험점보다 인자 수가 많을 때 쓰는 실험계획인 초포화설계(supersaturated design)를 이용할 수 있다. 이 방법은 한 번의 실험에 막대한 시간이나 비용이 필요할 때 쓰인다. 초포화설계에 관해서는 Lin(1993)을 참고하면 된다.

(7) 부분요인배치는 책에 따라, 상용 소프트웨어에 따라 기본적으로 제안된 것들이 다를 수 있다. 하지만 어떤 부분요인배치든지 이 책에서 제시한 구성원리를 따른다.

+연습문제

1 2_{III}^{5-2} 부분요인배치를 구성하기 위하여 설계생성자로 $X_4 = X_1X_3$, $X_5 = X_2X_3$을 이용한다면 (1) 정의관계, (2) 주효과와 2인자 교호작용을 대상으로 별명관계, (3) 설계행렬을 구하라.

2 표 5.6을 보면 2_{IV}^{6-2} 부분요인배치를 구성할 때, 설계생성자에 따라 '주효과나 다른 2인자 교호작용과 교락되지 않고' 추정 가능한 효과가 서로 다르다. 실험 상황에 따라 두 가지 생성자 중 어떤 생성자를 사용할 것인지 토의하라.

3 Hare(1988)는 건조 수프 패키지의 용량 변동을 줄이기 위하여 5개의 인자를 대상으로 시행한 2_{V}^{5-1} 부분요인배치 데이터를 제시하였다. 각 실험점에서 8시간 동안 생산한 패키지 120~150개를 랜덤하게 추출하여 패키지 무게를 측정하고, 이것의 표준편차를 구했다. 표 5.51에는 이 실험의 인자와 수준을, 표 5.52에는 설계행렬과 데이터를 나타내었다.

표 5.51 건조 수프 용량 실험의 인자와 수준

인자	저수준(−1)	고수준(+1)
X_1 : 채소기름 혼합 포트 수	1	2
X_2 : 혼합기 온도	낮음	상온
X_3 : 혼합 시간(s)	60	80
X_4 : 배치 무게(lb)	1,500	2,000
X_5 : 혼합과 포장 간 날짜(day)	7	1

표 5.52 건조 수프 용량 실험의 설계행렬과 데이터

X_1	X_2	X_3	X_4	X_5	표준편차
−	−	−	−	+	1.13
+	−	−	−	−	1.25
−	+	−	−	−	0.97
+	+	−	−	+	1.70
−	−	+	−	−	1.47
+	−	+	−	+	1.28
−	+	+	−	+	1.18

(계속)

표 5.52 건조 수프 용량 실험의 설계행렬과 데이터(계속)

X_1	X_2	X_3	X_4	X_5	표준편차
+	+	+	−	−	0.98
−	−	−	+	−	0.78
+	−	−	+	+	1.36
−	+	−	+	+	1.85
+	+	−	+	−	0.62
−	−	+	+	+	1.09
+	−	+	+	−	1.10
−	+	+	+	−	0.76
+	+	+	+	+	2.10

(1) 렌스 방법을 이용하여 유의수준 0.1에서 유의한 요인효과를 구하라.

(2) 표준편차의 로그함수를 대상으로 (1)의 분석을 다시 행하라. 두 가지 분석 결과에 차이가 있는가?

(3) 표준편차를 이용한 분석에서 중요한 주효과와 요인효과의 그림을 그려라.

(4) 중요한 요인효과를 대상으로 설계공간을 그려라.

(5) 잔차분석을 행하라.

(6) 패키지 용량의 변동을 더 줄이려면 추후 어떤 실험을 계획해야 하는가?

4 Hill and Demler(1970)는 화학회사 연구진이 염료의 수율을 개선하기 위하여 2수준 5개의 인자를 고려한 2^{5-2}_{III} 부분요인배치 실험데이터와 분석 결과를 소개하였다. 인자와 수준은 표 5.53에, 설계행렬과 데이터는 표 5.54에 나타내었다. 부분요인배치를 위한 설계생성자로는 $X_4 = X_1X_2X_3$, $X_5 = X_1X_3$을 이용하였다.

표 5.53 염료 수율개선 실험의 인자와 수준

인자	저수준(−1)	고수준(+1)
X_1 : 축합 온도(℃)	90	110
X_2 : 반응물 B의 양(cc)	29.3	39.1
X_3 : 용매량(cc)	125	175
X_4 : 축합 시간(hr)	16	24
X_5 : 반응물 E의 양(cc)	29	43.5

표 5.54 염료 수율개선 실험의 설계행렬과 데이터

X_1	X_2	X_3	X_4	X_5	수율
−	−	−	−	+	23.2
+	−	−	+	−	16.9
−	+	−	+	+	16.8
+	+	−	−	−	15.5
−	−	+	+	−	23.8
+	−	+	−	+	23.4
−	+	+	−	−	16.2
+	+	+	+	+	18.1

(1) 정의관계, 주효과와 2인자 교호작용을 대상으로 별명관계를 제시하라.

(2) 효과행렬을 구성하여 요인효과를 구하라.

(3) 어떤 효과가 중요하다고 볼 수 있는가?

(4) 분석 결과를 바탕으로 추후 실험을 계획하라.

5 Mauchauffée et al. (2008)은 사용하고 난 니켈-카드뮴(Ni-Cd) 배터리에서 발암 물질인 카드뮴을 선택적으로 회수하기 위하여 하데카노산나트륨을 침전제로 사용한 카드뮴 침전실험을 시행하였다. 5개의 인자를 대상으로 2^{5-2}_{III} 부분요인배치 실험점과 중앙점에서 4회 실험을 시행하였다. 인자와 수준은 표 5.55에, 설계행렬과 데이터는 표 5.56에 나타내었다.

표 5.55 니켈-카드뮴(Ni-Cd) 배터리 침전 최적화 실험의 인자와 수준

인자	저수준(−1)	중앙수준(0)	고수준(+1)
X_1 : Cd^{2+} 농도(mol L^{-1})	0.05	0.10	0.15
X_2 : 침전 pH	4.5	5.0	5.5
X_3 : 몰 비율	2.0	2.1	2.2
X_4 : 추가 시간(min)	60	90	120
X_5 : 용액 안정화 시간(min)	60	90	120

표 5.56 니켈-카드뮴(Ni-Cd) 배터리 침전 최적화 실험의 설계행렬과 데이터

실험점	실험순서	X_1	X_2	X_3	X_4	X_5	카드뮴
1	9	−1	−1	−1	−1	1	74.0
2	5	1	−1	−1	1	−1	82.0
3	10	−1	1	−1	1	−1	97.7
4	6	1	1	−1	−1	1	95.9
5	4	−1	−1	1	1	1	61.2
6	11	1	−1	1	−1	−1	92.3
7	8	−1	1	1	−1	−1	92.1
8	3	1	1	1	1	1	98.9
CP1	1	0	0	0	0	0	98.7
CP2	2	0	0	0	0	0	94.0
CP3	7	0	0	0	0	0	94.0
CP4	12	0	0	0	0	0	96.9

(1) 설계생성자, 정의관계, 주효과와 2인자 교호작용을 대상으로 별명관계를 제시하라.

(2) 중요한 요인효과는 어떤 것인가?

(3) 실험데이터에 기반한 최적조건과 이 조건에서 회수할 수 있는 카드뮴을 제시하라.

(4) 분석 결과를 바탕으로 추후 실험을 계획하라.

6 표 5.57은 4장 연습문제 4번의 5인자 사진식각 공정 실험에서 설계생성자 $X_4 = X_1X_2$, $X_5 = X_1X_3$을 이용한 2_{III}^{5-2} 부분요인배치에 해당하는 설계행렬과 반응변수인 최소선폭(CD)의 데이터를 나타낸 것이다.

표 5.57 사진식각 공정의 2_{III}^{5-2} 설계행렬과 데이터

실험점	X_1	X_2	X_3	X_4	X_5	CD
1	−1	−1	−1	1	1	3.34
2	1	−1	−1	−1	−1	3.49
3	−1	1	−1	−1	1	3.22
4	1	1	−1	1	−1	3.83
5	−1	−1	1	1	−1	3.93
6	1	−1	1	−1	1	3.45
7	−1	1	1	−1	−1	3.40
8	1	1	1	1	1	3.34

(1) 엘보우그림을 이용하여 중요한 요인효과를 결정하라.

(2) 주효과와 2인자 교호작용을 대상으로 별명관계를 밝혀라.

교락된 요인효과를 분리하려고 X_2 인자를 대상으로 반사배열을 구성하여 실험한 결과를 표 5.58에 나타내었다.

표 5.58 사진식각 공정의 2_{III}^{5-2} X_2 반사배열 설계행렬과 데이터

실험점	X_1	X_2	X_3	X_4	X_5	CD
1	1	−1	−1	1	1	3.67
2	−1	−1	−1	−1	−1	3.44
3	1	1	−1	−1	1	3.25
4	−1	1	−1	1	−1	3.76
5	1	−1	1	1	−1	3.92
6	−1	−1	1	−1	1	3.25
7	1	1	1	−1	−1	3.42
8	−1	1	1	1	1	3.44

(3) 초기 실험과 반사배열 실험데이터를 통합할 때, 정의관계는 어떻게 나타나는가?

(4) 표 5.57과 표 5.58의 통합된 데이터를 분석하면, 중요한 요인효과는 어떤 것인가?

(5) 통합 데이터를 분석한 결과를 표 5.57 데이터만 이용한 결과와 비교하라.

이번에는 표 5.57의 모든 열을 대상으로 한 반사배열을 이용하여 실험한 결과를 표 5.59에 나타내었다.

표 5.59 사진식각 공정의 2_{III}^{5-2} 모든 열 반사배열 설계행렬과 데이터

실험점	X_1	X_2	X_3	X_4	X_5	CD
1	1	1	1	−1	−1	3.42
2	−1	1	1	1	1	3.44
3	1	−1	1	1	−1	3.92
4	−1	−1	1	−1	1	3.41
5	1	1	−1	−1	1	3.25
6	−1	1	−1	1	−1	3.76
7	1	−1	−1	1	1	3.67
8	−1	−1	−1	−1	−1	3.44

(6) 초기 실험과 반사배열 실험데이터를 통합할 때, 정의관계는 어떻게 나타나는가?

(7) 표 5.57과 표 5.59의 통합된 데이터를 분석하면, 중요한 요인효과는 어떤 것인가?

(8) 통합 데이터를 분석한 결과를 표 5.57 데이터만 이용한 결과와 비교하라.

(9) 어떤 것을 반사배열로 선택하는지에 따라 결과가 달라지는가?

7 Costa and Pereira(2007)는 보일러의 연소 과정에서 배출되는 산소 비율을 최소화하기 위하여 9개의 인자를 고려한 2_{IV}^{9-4} 부분요인배치 실험데이터를 분석하였다. 인자 X_i를 숫자 i로 표시하면 4개의 설계생성자는 **6 = 2345, 7 = 1345, 8 = 1245, 9 = 1235**이다. 인자와 수준은 표 5.60에, 설계행렬과 데이터는 표 5.61에 나타내었다. 실험의 목적은 배출되는 기체의 산소 비율을 0.5% 이하로 줄이는 것이다.

표 5.60 보일러 연소실험의 인자와 수준

인자	저수준(−1)	고수준(+1)
X_1 : 3차 공기 흐름의 포트 개방 위치 A	6	10
X_2 : 2차 공기 흐름의 포트 개방 위치 B	5	8
X_3 : 2차 공기 흐름의 포트 개방 위치 A	10	13
X_4 : 2차 공기 흐름	35	41
X_5 : 액체 온도	126	129
X_6 : 3차 공기 흐름	23	27
X_7 : 3차 공기 흐름의 포트 개방 위치 B	6	10
X_8 : 1차 공기 흐름	19	23
X_9 : 버너 각도	−22	−15

표 5.61 보일러 연소실험의 설계행렬과 데이터

실험점	X_1	X_2	X_3	X_4	X_5	X_6	X_7	X_8	X_9	O_2
1	−1	−1	−1	−1	−1	1	1	1	1	1.98
2	1	−1	−1	−1	−1	1	−1	−1	−1	1.14
3	−1	1	−1	−1	−1	−1	1	−1	−1	0.72
4	1	1	−1	−1	−1	−1	−1	1	1	1.85
5	−1	−1	1	−1	−1	−1	−1	1	−1	1.16
6	1	−1	1	−1	−1	−1	1	−1	1	0.43
7	−1	1	1	−1	−1	1	−1	−1	1	1.36
8	1	1	1	−1	−1	1	1	1	−1	2.31
9	−1	−1	−1	1	−1	−1	−1	−1	1	1.57
10	1	−1	−1	1	−1	−1	1	1	−1	2.22
11	−1	1	−1	1	−1	1	−1	1	−1	3.54
12	1	1	−1	1	−1	1	1	−1	1	2.80
13	−1	−1	1	1	−1	1	1	−1	−1	2.30
14	1	−1	1	1	−1	1	−1	1	1	2.94
15	−1	1	1	1	−1	−1	1	1	1	2.56
16	1	1	1	1	−1	−1	−1	−1	−1	1.74
17	−1	−1	−1	−1	1	−1	−1	−1	−1	0.46
18	1	−1	−1	−1	1	−1	1	1	1	1.28
19	−1	1	−1	−1	1	1	−1	1	1	2.47
20	1	1	−1	−1	1	1	1	−1	−1	1.51
21	−1	−1	1	−1	1	1	1	−1	1	1.20
22	1	−1	1	−1	1	1	−1	1	−1	2.00
23	−1	1	1	−1	1	−1	1	1	−1	1.49
24	1	1	1	−1	1	−1	−1	−1	1	0.64
25	−1	−1	−1	1	1	1	1	1	−1	3.03
26	1	−1	−1	1	1	1	−1	−1	1	2.22
27	−1	1	−1	1	1	−1	1	−1	1	2.04
28	1	1	−1	1	1	−1	−1	1	−1	2.96
29	−1	−1	1	1	1	−1	−1	1	1	2.34
30	1	−1	1	1	1	−1	1	−1	−1	1.54
31	−1	1	1	1	1	1	−1	−1	−1	2.40
32	1	1	1	1	1	1	1	1	1	3.22

(1) 중요한 요인효과는 어떤 것인가?

(2) 최적조건을 선정하고, 이 조건에서 배출되는 기체의 산소 비율을 구하라.

(3) 분석 결과를 바탕으로 추후 실험을 계획하라.

8 Jones et al. (1995)은 용광로 내장재로 사용되는 세라믹 섬유 복합재의 진공 성형 공정을 개선하기 위하여 15가지의 인자를 대상으로 2_{III}^{15-11} 부분요인배치 실험을 시행하고, 이어서 반사배열 실험을 추가하여 2_{IV}^{15-10} 부분요인배치 실험데이터를 구성하였다. 반응변수는 내장재의 열적, 구조적 특성과 밀접한 관계에 있는 제품의 질량으로 정하였고, 이를 최소화하는 조건을 찾고자 한다. 인자와 수준은 표 5.62에, 설계행렬과 데이터는 표 5.63에 나타내었다.

표 5.62 진공 성형 공정개선 실험의 인자와 수준

인자	저수준(−1)	고수준(+1)
X_1 : 진공탱크의 유체	없음	가득
X_2 : 모듈 건조시간(hr)	4	8
X_3 : 섬유질 농도(950L당 lb)	10	14
X_4 : 진공 압력(Hg)	14	21
X_5 : 건조 지그 형태	소형	대형
X_6 : 진공 형성 시간(min)	2.0	2.5
X_7 : 바인더 농도(%)	7.5	12.5
X_8 : 섬유질 유형	M	F
X_9 : 금형 메쉬 크기	소	대
X_{10} : 추가 교반	없음	있음
X_{11} : 성형탱크 안 금형 위치	아래	위
X_{12} : 혼합 사이클	10초 간격	일정
X_{13} : 진공 건조시간(s)	10	30
X_{14} : 오븐 온도(℃)	150	250
X_{15} : 성형탱크 안 용액 수준	변동	일정

표 5.63 진공 성형 공정개선 실험의 설계행렬과 데이터

실험점	X_1	X_2	X_3	X_4	X_5	X_6	X_7	X_8	X_9	X_{10}	X_{11}	X_{12}	X_{13}	X_{14}	X_{15}	$\bar{y}$	$\ln(s^2)$
1	−1	−1	−1	−1	−1	−1	−1	−1	1	1	1	1	1	1	1	446.8	6.977
2	1	−1	−1	−1	1	1	1	−1	−1	−1	−1	−1	1	1	1	383.8	4.896
3	−1	1	−1	−1	1	1	−1	1	−1	−1	1	1	−1	−1	1	350.4	7.179
4	1	1	−1	−1	−1	−1	1	1	1	1	−1	−1	−1	−1	1	317.8	5.575
5	−1	−1	1	−1	1	−1	1	1	−1	1	−1	1	−1	1	−1	300.0	5.890
6	1	−1	1	−1	−1	1	−1	1	1	−1	1	−1	−1	1	−1	331.4	5.192
7	−1	1	1	−1	−1	1	1	−1	1	−1	−1	1	1	−1	−1	399.6	7.218
8	1	1	1	−1	1	−1	−1	−1	−1	1	1	−1	1	−1	−1	391.0	6.937
9	−1	−1	−1	1	−1	1	1	1	−1	1	1	−1	1	−1	−1	301.4	6.129
10	1	−1	−1	1	1	−1	−1	1	1	−1	−1	1	1	−1	−1	309.0	7.114
11	−1	1	−1	1	1	−1	1	−1	1	−1	1	−1	−1	1	−1	388.0	6.963
12	1	1	−1	1	−1	1	−1	−1	−1	1	−1	1	−1	1	−1	416.8	8.098
13	−1	−1	1	1	1	1	−1	−1	1	1	−1	−1	−1	−1	1	370.0	5.470
14	1	−1	1	1	−1	−1	1	−1	−1	−1	1	1	−1	−1	1	446.6	6.199
15	−1	1	1	1	−1	−1	−1	1	−1	−1	−1	−1	1	1	1	368.6	6.836
16	1	1	1	1	1	1	1	1	1	1	1	1	1	1	1	350.0	7.187
17	1	1	1	1	1	1	1	1	−1	−1	−1	−1	−1	−1	−1	301.6	7.016
18	−1	1	1	1	−1	−1	−1	1	1	1	1	1	−1	−1	−1	319.8	5.128
19	1	−1	1	1	−1	−1	1	−1	1	1	−1	−1	1	1	−1	415.8	5.763
20	−1	−1	1	1	1	1	−1	−1	−1	−1	1	1	1	1	−1	444.4	7.367
21	1	1	−1	1	−1	1	−1	−1	1	−1	1	−1	1	−1	1	455.6	6.414
22	−1	1	−1	1	1	−1	1	−1	−1	1	−1	1	1	−1	1	280.2	7.027
23	1	−1	−1	1	1	−1	−1	1	−1	1	1	−1	−1	1	1	365.2	7.085
24	−1	−1	−1	1	−1	1	1	1	1	−1	−1	1	−1	1	1	304.2	6.280
25	1	1	1	−1	1	−1	−1	−1	1	−1	−1	1	−1	1	1	368.6	4.367
26	−1	1	1	−1	−1	1	1	−1	−1	1	1	−1	−1	1	1	470.0	5.808
27	1	−1	1	−1	−1	1	−1	1	−1	1	−1	1	1	−1	1	378.4	6.500
28	−1	−1	1	−1	1	−1	1	1	1	−1	1	−1	1	−1	1	346.4	7.016
29	1	1	−1	−1	−1	−1	1	1	−1	−1	1	1	1	1	−1	428.2	7.471
30	−1	1	−1	−1	1	1	−1	1	1	1	−1	−1	1	1	−1	303.6	5.539
31	1	−1	−1	−1	1	1	1	−1	1	1	1	1	−1	−1	−1	456.8	4.327
32	−1	−1	−1	−1	−1	−1	−1	−1	−1	−1	−1	−1	−1	−1	−1	411.0	7.149

(1) 렌스 방법을 이용하여 평균에 영향을 미치는 요인효과를 구하라.

(2) 산포에 영향을 미치는 요인효과는 어떤 것인가?

(3) 평균과 산포에 영향을 미치는 요인효과를 대상으로, 입방체 그림을 각각 그려라.

(4) 종합 최적조건을 구하라.

(5) 분석 결과를 바탕으로 추후 실험을 계획하라.

9 Pignatiello and Ramberg(1985)는 트럭 판 스프링(leaf spring)의 곡면인 캠버(camber)를 형성하는 열처리 공정을 개선하기 위하여 5개의 인자를 대상으로 실험을 시행하였다. 열처리는 고온로에서 가열하고, 성형기로 가공한 다음, 기름 욕조에서 담금질하는 단계로 구성된다. 특성치는 하중이 없는 스프링의 높이, 즉 자유높이(free height)이고, 목푯값은 8인치이다. 실험의 목표는 자유높이의 변동은 최소화하면서 목푯값 8.0인치를 맞추는 것이다. 실험에 고려한 5개의 인자와 수준을 표 5.64에 나타내었는데, 이들은 여러 단계에서 선정되었다. 가열로 온도(X_1)와 가열 시간(X_2)은 가열 단계에서, 이송 시간(X_3)은 컨베이어가 스프링을 가열로에서 성형기로 운반하는 데 걸리는 시간, 유지 시간(X_4)은 스프링이 캠버를 성형하기 위해 고압 프레스에서 유지되는 시간, 그리고 담금질 오일 온도(X_5)는 담금질 단계에서 선정된 것이다. $X_1 \sim X_4$의 수준은 하나의 수치로 결정되지만, X_5의 수준은 담금질할 때 고정할 수가 없어서 범위로 주어진다. 실험의 설계행렬과 데이터는 표 5.65에 나타내었다.

표 5.64 판 스프링 자유높이 실험의 인자와 수준

인자	저수준(−1)	고수준(+1)
X_1 : 가열로 온도(°F)	1,840	1,880
X_2 : 가열 시간(s)	23	25
X_3 : 이송 시간(s)	10	12
X_4 : 유지 시간(s)	2	3
X_5 : 담금질 오일 온도(°F)	130~150	150~170

표 5.65 판 스프링 자유높이 실험의 설계행렬과 데이터

X_1	X_2	X_3	X_4	X_5	자유높이		
−	+	+	−	−	7.78	7.78	7.81
+	+	+	+	−	8.15	8.18	7.88
−	−	+	+	−	7.50	7.56	7.50
+	−	+	−	−	7.59	7.56	7.75
−	+	−	+	−	7.54	8.00	7.88
+	+	−	−	−	7.69	8.09	8.06
−	−	−	−	−	7.56	7.52	7.44
+	−	−	+	−	7.56	7.81	7.69
−	+	+	−	+	7.50	7.25	7.12
+	+	+	+	+	7.88	7.88	7.44
−	−	+	+	+	7.50	7.56	7.50
+	−	+	−	+	7.63	7.75	7.56
−	+	−	+	+	7.32	7.44	7.44
+	+	−	−	+	7.56	7.69	7.62
−	−	−	−	+	7.18	7.18	7.25
+	−	−	+	+	7.81	7.50	7.59

(1) 설계행렬을 보고, 이 실험의 설계생성자, 정의관계, 주효과와 2인자 교호작용을 대상으로 별명관계를 제시하라.

(2) 평균 자유높이에 영향을 미치는 요인효과를 구하라.

(3) 자유높이 산포에 영향을 미치는 요인효과를 구하라.

(4) 이 실험보다 더 높은 해를 갖는 설계행렬을 제안할 수 있는가?

(5) 이 실험계획과 (4)에서 제안하는 다른 실험계획의 장단점을 토의하라.

10 5.9절 사례에서 초기 2^{7-4}_{III} 실험을 시행한 후, 8개의 실험점을 구성하여 반사배열 실험을 하지 않고, (1) 4개의 점에서만 실험한다면, 어떤 실험점을 선택할 것인가? (2) 표 5.33에 있는 데이터 중 이렇게 선정한 4개의 점에 대응하는 것들을 이용하여 요인효과를 추정하라.

11 Young(1996)은 실험계획을 시행하여 새로 개발한 해치백 자동차의 조립공정에서 해치를 닫는 힘이 불안정한 문제의 원인을 파악하기로 하였다. 실험에 고려한 인자는 해치 개스킷 구성 요소인 스터퍼의 길이(Length), 위치(Position), 견고성(Firmness)이 명목값에서 벗어난 것이 원인일 것으로 추측하여, 이들 3가지 인자를 대상으로 실험하기로 했다. 현재까지는 이들 인자의 사양(specification)이 정해져 있지 않다. 수준은 조립공정에서 각 인자가 관찰된 값의 최솟값과 최댓값으로 정하였다. 실험계획은 2수준 3인자 8개의 실험점을 2개의 블록으로 나누고, 각 블록에서 2개의 반복실험을 시행하기로 하여 총 4개의 자동차를 실험에 활용하였다. 실험의 목적은 닫는 힘(y)에 영향을 미치는 요인을 파악하는 것이다. 중요한 요인이 파악되면 관련 인자의 사양을 조정하고자 한다. 표 5.66에 실험의 설계행렬과 데이터를 나타내었다.

표 5.66 해치백 자동차 실험의 설계행렬과 데이터

실험점	L	P	F	차	y
1	−	−	−	1	7.0
2	+	+	−	1	7.0
3	+	−	+	1	6.5
4	−	+	+	1	7.0
5	+	−	−	2	5.0
6	−	+	−	2	5.0
7	−	−	+	2	3.5
8	+	+	+	2	4.5
9	−	−	−	3	7.0
10	+	+	−	3	7.5
11	+	−	+	3	7.0
12	−	+	+	3	4.5
13	+	−	−	4	14.0
14	−	+	−	4	11.0
15	−	−	+	4	13.0
16	+	+	+	4	13.5

(1) 이 실험에 맞는 모형식을 써라.

(2) 분산분석을 수행하여 유의한 요인효과를 구하라.

(3) 실험오차의 크기를 추정하라.

(4) 해치를 닫는 힘의 변동을 줄이려면 추후 어떤 활동을 해야 하는가?

12 Hassana et al. (2016)은 생물학적 계면활성제인 람노리피드(rhamnolipid)의 생산성을 높이기 위하여 10개의 인자를 대상으로 한 플래킷-버만 실험계획(PBD)을 이용한 실험을 시행하였다. 람노리피드는 생분해성이 뛰어나고 독성이 낮아 환경친화적인 계면활성제로 주목받고 있다. 실험을 통해 분석할 반응변수는 슈도모나스(pseudomonas) 종의 두 가지 균주인 M2H2 1(y_1)과 M2H2 14(y_2)인데, 람노리피드의 생산성을 높이려면 이들 두 가지 균주를 가능한 한 많이 배양해야 한다. 반응변수의 측정 단위는 EU ml^{-1}(밀리리터당 유화 단위, emulsification unit per milliliter)이다. 이 실험의 인자와 수준은 표 5.67에, 설계행렬과 데이터는 표 5.68에 나타내었다. 표 5.68을 보면 13번 실험점의 수준이 모두 중앙수준(0)인데, 이는 PBD 실험을 하기 전의 초기조건이다.

표 5.67 계면활성제 생산 최적화 실험의 인자와 수준

인자	저수준(−1)	중앙수준(0)	고수준(+1)
A: 탄소원료	글리세린	야자유	포도당
B: 질소원료	유기	무기	무기
C: 탄소/질소 비율	10	34.5	60
D: 페놀 농도(mgl^{-1})	100	0	500
E: 황산제일철 농도(gl^{-1})	0.001	0.01	0.05
F: 황산마그네슘 농도(gl^{-1})	0.05	0.5	1
G: 초기 pH	5	7	8
H: 온도(℃)	30	37	42
J: 교반속도(rpm)	110	180	250
K: 추출 간격(day)	3	6	8

표 5.68 계면활성제 생산 최적화 실험의 설계행렬과 데이터

실험점	A	B	C	D	E	F	G	H	J	K	y_1	y_2
1	1	−1	1	−1	−1	−1	1	1	1	−1	528	245
2	1	1	−1	1	−1	−1	−1	1	1	1	0	0
3	−1	1	1	−1	1	−1	−1	−1	1	1	278	563
4	1	−1	1	1	−1	1	−1	−1	−1	1	189	68
5	1	1	−1	1	1	−1	1	−1	−1	−1	35	691
6	1	1	1	−1	1	1	−1	1	−1	−1	0	0
7	−1	1	1	1	−1	1	1	−1	1	−1	154	158
8	−1	−1	1	1	1	−1	1	1	−1	1	77	118
9	−1	−1	−1	1	1	1	−1	1	1	−1	143	157
10	1	−1	−1	−1	1	1	1	−1	1	1	375	669
11	−1	1	−1	−1	−1	1	1	1	−1	1	593	50
12	−1	−1	−1	−1	−1	−1	−1	−1	−1	−1	166	374
13	0	0	0	0	0	0	0	0	0	0	337	138

5.12.2절에서 제시한 플래킷-버만 실험데이터 분석방법을 이용하여,

(1) 두 개의 반응변수별로 가장 적합한 모형식을 각각 구하라.

(2) 반응변수별로 최적조건을 제시하고, 최적조건에서 반응변수 값을 예측하라.

(3) 분석 결과를 바탕으로 추후 실험을 계획하라.

+참고문헌

Box, G. E. P. (1992). George's Column: Sequential Experimentation and Sequential Assembly of Designs, *Quality Engineering*, 5(2), 321-330.

Box, G. E. P. and Hunter, J. S. (1961). The 2^{k-p} Fractional Factorial Designs, I, *Technometrics*, 3(3), 311-351.

Box, G. E. P. and Hunter, J. S. (1961). The 2^{k-p} Fractional Factorial Designs, II, *Technometrics*, 3(4), 449-458.

Box, G. E. P., Hunter, J. S., and Hunter, W. G. (2005). *Statistics for Experimenters: Design, Innovation, and Discovery*, 2nd Edition, John Wiley & Sons, NJ.

Box, G. E. P. and Meyer, R. D. (1986). An Analysis for Unreplicated Experiments, *Technometrics*, 28(1), 11-18.

Costa, N. and Pereira, Z. L. (2007). Decision-Making in the Analysis of Unreplicated Factorial Designs, *Quality Engineering*, 19(3), 215-225.

Daniel, C. (1976). *Applications of Statistics to Industrial Experimentation*, John Wiley & Sons, NY.

Drain, D. (1997). *Handbook of Experimental Methods for Process Improvement*, Chapman & Hall, NY.

Hare, L. B. (1988). In the Soup: A Case Study to Identify Contriutors to Filling Variability, *Journal of Quality Technology*, 20(1), 36-43.

Hassana, M., Essama, T., Yassina, A. S., and Salama, A. (2016). Optimization of Rhamnolipid Production by Biodegrading Bacterial Isolates Using Plackett-Burman Design, *International Journal of Biological Macromolecules*, 82, 573-579.

Hill, W. J. and Demler, W. R. (1970). More on Planning Experiments to Increase Research Efficiency, *Industrial and Engineering Chemistry*, 62(10), 60-65.

Hunter, G. B., Hodi, F. S., and Eager, T. W. (1982). High-Cycle Fatigue of Weld Repaired Cast Ti-6Al-4V, *Metallurgical Transactions*, 13A, 1589-1594.

Jones, K. F., Marrs, I., Young, J., and Townend, C. (1995). Investigation and Improvement of a Process for Vacuum-Formed Ceramic Fibre Composites, Using a Fractional 2^n Experimental Design, *Journal of Applied Statistics*, 22(4), 459-467.

Lawson, J. and Erjavec, J. (2017). *Basic Experimental Strategies and Data Analysis for Science and Engineering*, Chapman and Hall/CRC, NY.

Lin, D. K. J. (1993). A New Class of Supersaturated Designs, *Technometrics*, 35(1), 28-31.

López-Alvarez, T. and Aguirre-Torres, V. (1997). Improving Field Performance by Sequential Experimentation, A Successful Case Study in the Chemical Industry, *Quality Engineering*, 9(3), 391-403.

Mauchauffée, S., Meux, E., and Schneider, M. (2008). Selective Precipitation of Cadmium from Nickel Cadmium Sulphate Solutions Using Sodium Decanoate, *Separation and Purification Technology*, 62, 394-400.

Mee, R. V. and Peralta, M. (2000). Semifolding 2^{k-p} Designs, *Technometrics*, 42(2), 122-134.

Menon, A., Chakrabarti, S., and Nerella, N. (2002). Sequential Experimentation in Product Development. I, *Pharmaceutical Development and Technology*, 7(1), 33-41.

Moen, R. D., Nolan, T. W., and Provost, L. P. (2012). *Quality Improvement through Planned Experimentation*, McGraw-Hill, NY.

Montgomery, D. C. (2017). *Design and Analysis of Experiments*, 9th Edition, Wiley, NJ.

Pignatiello, J. J., Jr. and Ramberg, J. S. (1985). Discussion of "Off-line Quality Control, Parameter Design, and the Taguchi Mothod" by R. N. Kackar, *Journal of Quality Technology*, 17, 198-206.

Plackett, R. L. and Burman, J. P. (1946). The Design of Optimum Multifactorial Experiments, *Biometrika*, 33(4), 305-325.

Quinlan, J. (1985). Product Improvement by Application of Taguchi Methods, *Third Supplier Symposium on Taguchi Methods*, American Supplier Institute, Dearborn, 367-384.

Wu, C. F. J. and Hamada, M. S. (2009). *Experiments: Planning, Analysis, and Optimization*, 2nd Ed., Wiley, NJ.

Young, J. C. (1996). Blocking, Replication, and Randomization — The Key to Effective Experimentation: A Case Study, *Quality Engineering*, 9(2), 269-277.

6.

여러 가지 실험계획과 분석

6.1 짝을 이룬 비교실험계획

6.1.1 짝을 이룬 데이터 예제와 분석

두 가지 방법을 적용하여 데이터를 얻고 이들을 비교하는 분석방법은 3.1절에서 다루었다. 여기서는 각 방법에서 반복 데이터를 얻어 이들의 평균을 구하고 공통표준편차를 계산하여 검정하는 방법을 취한 것이다. 그런데 방법별로 서로 다른 단위들을 대상으로 실험하지 않고 각 단위에 두 가지 방법을 모두 적용하여 데이터를 얻는다면 어떻게 분석해야 할까? 더군다나 이런 실험 단위별로 특성치가 아주 다르게 나타난다면 어떻게 분석해야 할 것인가?

Lin et al. (1971)은 하수도 방류수를 시간대별로 채취하여 잔류염소량을 측정하였다. 지금까지는 L 방법을 이용하였는데, 측정하기가 더 간편하고 비용이 저렴한 M 방법을 생각하고 있다. 특정 시간대에 채취한 방류수를 두 가지 방법으로 측정하여 방법 간 차이가 있는지 확인하고자 한다. 특정 위치에서 시간대별로 8회 측정한 잔류염소량 데이터를 표 6.1에 나타내었다.

표 6.1 잔류염소량 데이터

샘플(i)	방법 L	방법 M	차이(d_i)
1	0.39	0.36	−0.03
2	0.84	1.35	0.51
3	1.76	2.56	0.80
4	3.35	3.92	0.57
5	4.69	5.35	0.66
6	7.70	8.33	0.63
7	10.52	10.70	0.18
8	10.92	10.91	−0.01

표 6.1을 보면 잔류염소량은 측정 시점에 따라 적게는 0.3, 많게는 10 이상이 되는 것도 있다. 이 실험은 3.1절에서 언급한 것처럼 두 개의 모집단에서 랜덤하게 샘플을 취하여 비교하는 실험과는 다르다. 방법별로 채취한 데이터를 동일 모집단에서 추출한 8개의 샘플로 볼 수는 없다. 각 샘플은 서로 독립적인 실험단위로 봐야 하므로, 각 샘플에서 구한 2개 함량의 차이 데이터를 분석해야 한다.

y_{i1}과 y_{i2}를 각각 i번째 단위에 1번(L 방법)과 2번(M 방법) 처리를 적용했을 때 얻은 데이터, 2개 처리 데이터의 차이 $d_i = y_{i1} - y_{i2}$의 평균과 분산을 $\bar{d}$, s_d^2이라고 하면, 검정통계량과 기각역은 다음과 같다.

- 검정통계량: $T_D = \dfrac{\bar{d}}{s_d / \sqrt{n}}$
- 기각역: $|T_D| > t_{(n-1,\ \alpha/2)}$

t-검정통계량을 이용하여 잔류염소량을 비교해 보자.

$$t_D = \frac{0.4138}{0.321 / \sqrt{8}} = \frac{0.4138}{0.1135} = 3.645$$

$t_{(n-1,\ \alpha/2)} = t_{(7,\ 0.025)} = 2.365$이므로 귀무가설을 기각한다. 즉, 방법 L과 M의 측정 결과는 다르다고 할 수 있다. t_D-값 3.645에 대응하는 p값은 $P(|t_7| > 3.645) = 0.008$이다.

6.1.2 데이터 분석 방법 비교

잔류염소량 측정실험 데이터를, 두 개의 모집단에서 각각 8개씩 샘플을 추출하여 비교하는 3.1절의 분석방법을 이용해 분석해 보자. $\bar{y}_j$, s_j^2을 각각 j번째 측정방법을 이용한 8개 데이터의 표본 평균과 분산이라고 하면, 두 개의 모집단의 분산이 서로 다르지 않다고 가정하여 합동분산을 이용할 수 있다.

- 검정통계량: $T_U = (\bar{y}_2 - \bar{y}_1) / \sqrt{s_p^2\left(\dfrac{1}{n_2} + \dfrac{1}{n_1}\right)}$
- 기각역: $|T_U| > t_{(2n-2,\ \alpha/2)}$

이 방법의 오차 자유도는 짝을 이룬 데이터 분석방법보다 크다. 데이터를 이용하여 검정통계량을 구하면

$$s_p^2 = \frac{(n_1-1)s_1^2 + (n_2-1)s_2^2}{n_1+n_2-2} = \frac{7 \times 17.811 + 7 \times 17.013}{14} = 17.412$$

$$t_U = \frac{5.435 - 5.021}{\sqrt{17.412\left(\dfrac{1}{8} + \dfrac{1}{8}\right)}} = 0.198$$

$t_{(2n-2,\ \alpha/2)} = t_{(14,\ 0.025)} = 2.145$이므로 귀무가설을 기각할 수가 없어서 두 개의 모집단을 비교하는 방법을 쓰면 두 가지 측정방법에 차이가 없다는 결론에 도달한다. t_U-값에 대응하는 p값은 $P(|t_{14}| > 0.198) = 0.848$이다. 잔류염소량 데이터를 '짝을 이룬 데이터'로 분석할 때와 '두 개의 모집단 추출 데이터'로 분석할 때를 별도로 다룬 분산분석표를 표 6.2와 표 6.3에 각각 나타내었다.

표 6.2 짝을 이룬 데이터로 수행한 분산분석표

요인	자유도	제곱합	평균제곱	F-값
샘플	7	243.404	34.772	668.69
방법	1	0.685	0.685	13.17
오차	7	0.361	0.052	

표 6.3 두 개의 모집단 추출 데이터로 간주한 분산분석표

요인	자유도	제곱합	평균제곱	F-값
방법	1	0.685	0.685	0.04
오차	14	243.765	17.412	

위의 예로부터 다음 사항을 알 수 있다.

① 서로 다른 측정 시점이나 위치를 블록이라고 보면, 블록(샘플) 간 변동의 영향을 제거할 수 있다. 짝을 이룬 데이터 분석방법은 블록 간 변동이 클 때 유용하다.

② 짝을 이루는 실험은 바로 다음 절에 나오는 랜덤화 블록계획에서 수준 수가 2개인 경우와 같다.

③ 만일 어떤 한 시점에 특정 위치에서 L 방법과 M 방법으로 각각 8번씩 샘플을 채취하여 측정한다면, 결과는 해당 시점, 특정 위치에서 두 가지 방법에 대한 비교가 될 것이다. 물론 실험결과를 제시할 때는 해당 시점, 채취 장소를 명확하게 밝혀야 한다.

6.2 랜덤화 블록계획

6.1절에서는 실험단위가 블록이 되는 2개의 처리 방법을 비교했는데, 본 절에서는 처리 방법이 3개 이상일 때 분석하는 방법을 다룬다.

6.2.1 랜덤화 블록계획 예

어느 지역에서 벼의 수확량을 높이기 위하여 3가지 비료의 효과를 알아보고자 한다. 그런데 이 지역은 고지대, 중간지대, 저지대가 있어서 각 지대에서 네 군데를 지정하여 벼를 심어서 가을에 수확량을 측정한다. 이런 식으로 처리를 비교하기 위하여 몇 개의 블록에서 실험하는 것을 랜덤화 블록계획(Randomized Block Design, RBD)이라고 한다.

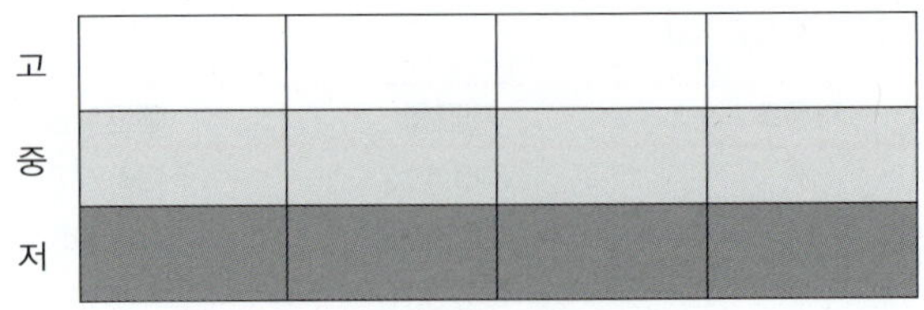

그림 6.1 벼 수확량 실험 설계공간

6.2.2 랜덤화 블록계획 데이터의 통계적 분석

1) 실험 전 데이터 모형

실험 전에 데이터가 다음과 같은 모형을 따를 거라고 가정한다. 즉, i번째 블록에 있는 j번째 처리에서 얻은 반응변수의 값 y_{ij}는 블록효과(α_i), 처리효과(τ_j)와 오차(ϵ_{ij})가 더해진 값으로 나올 것으로 가정하는 것이다. 앞선 벼 수확량의 예를 들면 수확량 y_{ij}는 지대효과(α_i), 비료의 효과(τ_j)와 오차(ϵ_{ij})가 합해진 값으로 나타나는 것이다.

$$y_{ij} = \eta + \alpha_i + \tau_j + \epsilon_{ij}, \quad i = 1, \cdots, b, \quad j = 1, \cdots, k \tag{6.1}$$

여기서, y_{ij}: i번째 블록에 있는 j번째 처리 측정치

α_i: i번째 블록의 효과

τ_j: j번째 처리의 효과

ϵ_{ij}: y_{ij}에 대응하는 오차로서, 서로 독립이며, $N(0, \sigma^2)$를 따른다고 가정한다.

2) 실험 후 데이터 표현

실험에서 얻은 데이터를 이용하여 실험 전에 가정한 모형의 모수 값을 추정하기 위하여 다음과 같이 데이터를 4개의 항으로 분류한다. 맨 나중에 있는 r_{ij}는 잔차(residual)이다.

$$\begin{aligned} y_{ij} &= \hat{\eta} + \hat{\alpha}_i + \hat{\tau}_j + r_{ij} \\ &= \bar{y}_{..} + (\bar{y}_{i.} - \bar{y}_{..}) + (\bar{y}_{.j} - \bar{y}_{..}) + (y_{ij} - \bar{y}_{i.} - \bar{y}_{.j} + \bar{y}_{..}) \end{aligned} \tag{6.2}$$

3) 제곱합(변동)의 분해

반응변수 y_{ij}에서 전체 평균 $\bar{y}_{..}$을 뺀 편차를 모두 제곱하여 더한 총제곱합은 다음과 같이 분해한다.

$$\sum_{i=1}^{b}\sum_{j=1}^{k}(y_{ij}-\bar{y}_{..})^2=\sum_{i=1}^{b}k(\bar{y}_{i.}-\bar{y}_{..})^2+\sum_{j=1}^{k}b(\bar{y}_{.j}-\bar{y}_{..})^2+\sum_{i=1}^{b}\sum_{j=1}^{k}(y_{ij}-\bar{y}_{i.}-\bar{y}_{.j}+\bar{y}_{..})^2 \quad (6.3)$$

$$SS_T=SS_b+SS_t+SS_r \quad (6.4)$$

4) 검정통계량

블록, 처리, 오차의 제곱합 SS_b, SS_t, SS_r을 각각 자유도 $(b-1), (k-1), (b-1)(k-1)$로 나누어 MS_b, MS_t, MS_r을 계산한 다음, 검정통계량을 구한다. 처리의 평균제곱 MS_t를 오차의 평균제곱인 MS_r로 나누고, 블록의 평균제곱 MS_b도 오차의 평균제곱인 MS_r로 나눈다. 처리의 경우에 H_0가 기각되면, 즉 처리 간에 차이가 있다고 판정이 나면, 처리의 여러 수준을 대상으로 3장에서 배운 다중비교를 할 수 있다. 다중비교를 위한 검정통계량과 튜키방법의 기각역은 각각 다음과 같다.

$$t_{ij}=\frac{\bar{y}_{.j}-\bar{y}_{i.}}{\sqrt{MSE(1/b+1/b)}} \quad (6.5)$$

$$|t_{ij}|>\frac{1}{\sqrt{2}}q_{k,(b-1)(k-1),\alpha} \quad (6.6)$$

블록의 경우에는 H_0가 기각되면, 블록에 따른 산포를 나타내는 분산이 어느 정도인지를 추정할 수 있다. 랜덤화 블록계획을 쓰는 이유는 알려진 블록이 요인효과에 미칠 수 있는 영향을 적극적으로 방지하여, 요인효과 추정의 정확성을 높이려는 것이다.

6.3 다수준 다인자 요인배치법

6.3.1 다수준 2인자 요인배치법

인자가 2개 있고, 반복이 있는 다수준 요인배치 데이터를 분석하는 데 필요한 사항을 단계적으로 살펴보자.

1) 실험 전 데이터 모형

a는 인자 A의 수준 수, b는 인자 B의 수준 수, n은 인자 A와 B의 각 수준조합에서 시행한 반복실험 수라고 하면, 인자 A의 i번째, B의 j번째 수준조합에서 l번째 반복 데이터는 다음과 같이 실험 전 데이터 모형인 구조식으로 나타낼 수 있다.

$$y_{ijl} = \mu + \alpha_i + \beta_j + \alpha\beta_{ij} + \varepsilon_{ijl}$$

$$\varepsilon_{ijl} \sim N(0, \sigma^2), \ \ i = 1, 2, \cdots, a, \ \ j = 1, 2, \cdots, b, \ \ l = 1, 2, \cdots, n \tag{6.7}$$

여기서, y_{ijl}: 인자 A의 i번째, B의 j번째 수준조합에서 l번째 반복 데이터

μ: y_{ijl}의 평균

α_i: 인자 A의 i번째 수준의 주효과

β_j: 인자 B의 j번째 수준의 주효과

$(\alpha\beta)_{ij}$: A_i, B_j 수준조합의 교호작용효과

ϵ_{ijl}: 실험오차

2) 실험 후 데이터 표현

실험을 시행하여 데이터를 얻고 나면, 이 데이터에 근거하여 여러 가지 관심 있는 값을 추정할 수 있는데, 데이터 y_{ijl}은 다음과 같이 평균, 2개의 주효과, 하나의 교호작용효과와 잔차의 합으로 표현할 수 있다.

$$\begin{aligned} y_{ijl} &= \hat{\mu} + \hat{\alpha}_i + \hat{\beta}_j + (\widehat{\alpha\beta})_{ij} + r_{ijl} \\ &= \bar{y}_{...} + (\bar{y}_{i..} - \bar{y}_{...}) + (\bar{y}_{.j.} - \bar{y}_{...}) + (\bar{y}_{ij.} - \bar{y}_{i..} - \bar{y}_{.j.} + \bar{y}_{...}) + (y_{ijl} - \bar{y}_{ij.}) \end{aligned}$$

여기서, y_{ijl}: 인자 A의 i번째 수준, B의 j번째 수준조합에서 l번째 반복 데이터

$\hat{\mu}$: y_{ijl}의 평균$(\bar{y}_{...})$

$\hat{\alpha}_i$: 인자 A의 i번째 수준의 주효과 추정치$(\bar{y}_{i..} - \bar{y}_{...})$

$\hat{\beta}_j$: 인자 B의 j번째 수준의 주효과 추정치$(\bar{y}_{.j.} - \bar{y}_{...})$

$(\widehat{\alpha\beta})_{ij}$: A_i, B_j 수준조합의 교호작용효과 추정치$(\bar{y}_{ij.} - \bar{y}_{i..} - \bar{y}_{.j.} + \bar{y}_{...})$

r_{ijl}: A_i, B_j 수준조합의 잔차$(y_{ijl} - \bar{y}_{ij.})$

3) 제곱합과 직교분해

데이터들이 관심 있는 값에서 어느 정도 흩어져 있는지를 나타내는 척도인 제곱합은 다음과 같이 구한다.

- 총제곱합: $SS_T = \sum_{i=1}^{a}\sum_{j=1}^{b}\sum_{l=1}^{n}(y_{ijl} - \bar{y}_{...})^2$

- 인자 A의 제곱합: $SS_A = \sum_i\sum_j\sum_l(\bar{y}_{i..} - \bar{y}_{...})^2 = bn\sum_{i=1}^{a}(\bar{y}_{i..} - \bar{y}_{...})^2$

- 인자 B의 제곱합: $SS_B = \sum_i\sum_j\sum_l(\bar{y}_{.j.} - \bar{y}_{...})^2 = an\sum_{j=1}^{b}(\bar{y}_{.j.} - \bar{y}_{...})^2$

- A와 B의 교호작용 제곱합:

  $$SS_{AB} = \sum_i\sum_j\sum_l(\bar{y}_{ij.} - \bar{y}_{i..} - \bar{y}_{.j.} + \bar{y}_{...})^2 = n\sum_{i=1}^{a}\sum_{j=1}^{b}(\bar{y}_{ij.} - \bar{y}_{i..} - \bar{y}_{.j.} + \bar{y}_{...})^2$$

- 잔차제곱합: $SS_E = \sum_{i=1}^{a}\sum_{j=1}^{b}\sum_{l=1}^{n}(y_{ijl} - \bar{y}_{ij.})^2$

총제곱합은 다음과 같이 총제곱합을 4개의 제곱합으로 분해할 수 있다. 이를 제곱합의 직교분해(orthogonal breakdown)라고 한다.

$$\begin{aligned} SS_T &= \sum_{i=1}^{a}\sum_{j=1}^{b}\sum_{l=1}^{n}(\bar{y}_{ijl} - \bar{y}_{...})^2 \\ &= \sum_{i=1}^{a}\sum_{j=1}^{b}\sum_{l=1}^{n}[(\bar{y}_{i..} - \bar{y}_{...}) + (\bar{y}_{.j.} - \bar{y}_{...}) + (\bar{y}_{ij.} - \bar{y}_{i..} - \bar{y}_{.j.} + \bar{y}_{...}) + (y_{ijl} - \bar{y}_{ij.})]^2 \\ &= SS_A + SS_B + SS_{AB} + SS_E \end{aligned}$$

이 제곱합들은 다음과 같이 풀어서 계산할 수 있다. 총합은 $T_{...} = \sum_i\sum_j\sum_l y_{ijl}$, 인자 A의 i번째 수준합은 $T_{i..} = \sum_j\sum_l y_{ijl}$, 인자 B의 j번째 수준합은 $T_{.j.} = \sum_i\sum_l y_{ijl}$, 수정항(Correction Factor, CF)은 $CF = \frac{T_{...}^2}{abn}$ 라고 하면

- 총제곱합: $SS_T = \sum_i\sum_j\sum_l y_{ijl}^2 - CF$

- 인자 A의 제곱합: $SS_A = \frac{\sum_i T_{i..}^2}{bn} - CF$

- 인자 B의 제곱합: $SS_B = \dfrac{\sum_j T_{.j.}^2}{an} - CF$
- A와 B의 교호작용 제곱합: $SS_{AB} = \left\{ \dfrac{\sum_i \sum_j T_{ij.}^2}{n} - CF \right\} - SS_A - SS_B$
- 오차 제곱합: $SS_E = SS_T - SS_A - SS_B - SS_{AB}$

4) 분산분석표

이렇게 제곱합을 구하면 자유도로 나누어 평균제곱을 계산하고, 표 6.4의 분산분석표를 만들어 각 요인의 유의성을 파악하기 위한 F-검정을 할 수 있다.

표 6.4 2인자 다수준 요인배치법의 분산분석표

요인	자유도	제곱합	평균제곱	F_0
A	$a-1$	SS_A	MS_A	$F_0 = \dfrac{MS_A}{MS_E}$
B	$b-1$	SS_B	MS_B	$F_0 = \dfrac{MS_B}{MS_E}$
A × B	$(a-1)(b-1)$	SS_{AB}	MS_{AB}	$F_0 = \dfrac{MS_{AB}}{MS_E}$
잔차	$ab(n-1)$	SS_E	MS_E	
합계	$abn-1$	SS_T		

농작물 재배에 관한 예를 통하여 2인자 다수준 요인배치 데이터를 분석해 보자. 배의 품종(A)과 비료(B)가 수확량에 미치는 영향을 알고자 한다. 품종은 2가지, 비료는 3가지를 고려하고, 18군데 경작지에서 수확한 것을 표 6.5에 나타내었다.

표 6.5 배 수확량 실험데이터: 2인자 다수준

구분	B_1	B_2	B_3
A_1	4, 7, 5	2, 3, 2	8, 7, 10
A_2	8, 8, 9	7, 8, 5	5, 6, 4

표 6.5 데이터의 수준조합별 합은 괄호 안에, 행과 열의 합은 맨 오른쪽과 맨 아래에 정리하여 표 6.6에 나타내었다.

표 6.6 배 수확량 실험데이터: 합 계산

구분	B_1	B_2	B_3	합
A_1	4, 7, 5 (16)	2, 3, 2 (7)	8, 7, 10 (25)	48
A_2	8, 8, 9 (25)	7, 8, 5 (20)	5, 6, 4 (15)	60
합	41	27	40	108

5) 실험 전 데이터 모형

$$y_{ijl} = \mu + \alpha_i + \beta_j + \alpha\beta_{ij} + \varepsilon_{ijl}$$

$$\varepsilon_{ijl} \sim N(0, \sigma^2), \quad i = 1, 2, \cdots, a, \quad j = 1, 2, \cdots, b, \quad l = 1, 2, \cdots, n$$

6) 제곱합 계산

실험데이터를 이용하여 분석하기 전에, 자유도를 먼저 살펴보자. 품종(A)은 $2 - 1 = 1$, 비료(B)는 $3 - 1 = 2$, 교호작용 AB는 $(2 - 1)(3 - 1) = 3$, 오차는 $6(3 - 1) = 12$개의 자유도를 갖는다. 총자유도는 18-1이다.

- 수정항: $CF = \dfrac{T_{...}^2}{abn} = \dfrac{(108)^2}{18} = 648$
- 총제곱합: $SS_T = \sum_i \sum_j \sum_l y_{ijl}^2 - CF = 744 - 648 = 96$
- 인자 A의 제곱합: $SS_A = \dfrac{\sum_i T_{i..}^2}{bn} - CF = \dfrac{48^2 + 60^2}{9} - 648 = 8.00$
- 인자 B의 제곱합: $SS_B = \dfrac{\sum_j T_{.j.}^2}{an} - CF = \dfrac{41^2 + 27^2 + 40^2}{6} - 648 = 20.33$
- A와 B의 교호작용 제곱합: $SS_{AB} = \left\{ \dfrac{\sum_i \sum_j T_{ij.}^2}{n} - CF \right\} - SS_A - SS_B$

$$= \left\{ \frac{16^2 + 25^2 + \cdots + 15^2}{3} - 648 \right\} - 8.00 - 20.33 = 50.34$$

- 오차 제곱합: $SS_E = SS_T - SS_A - SS_B - SS_{AB} = 96 - 8.00 - 20.33 - 50.34 = 17.33$

한인자 실험계획 측면에서 보자면 사실 $\left\{\frac{\sum_i \sum_j T_{ij.}^2}{n} - CF\right\}$는 6개 처리의 제곱합을 나타낸 것이라고 볼 수 있다. 그런데 본 실험에서는 2개의 인자를 대상으로 실험을 하였으므로 처리제곱합인 이것을 다시 세 부분인 SS_A, SS_B, SS_{AB}로 직교분해한 것이다. 주효과와 교호작용을 그림 6.2에 나타내었다.

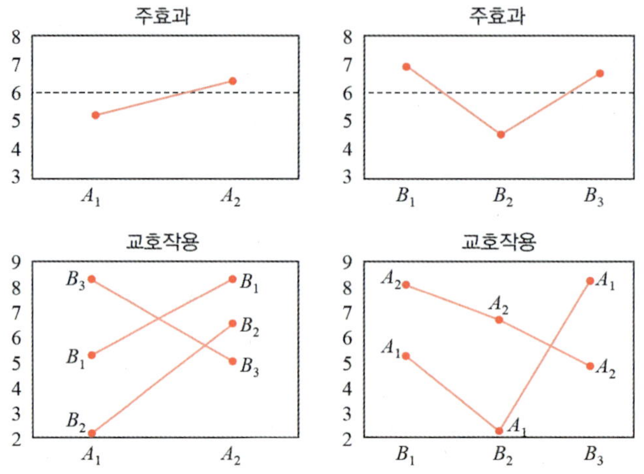

(a) 가로축: 인자 A (b) 가로축: 인자 B

그림 6.2 주효과와 교호작용

> **질문:** ① 어떤 비료(B)가 좋은가? ② 어떤 품종(A)이 좋은가? ③ 비료 2가 가장 나쁜가?
>
> **견해:** ① 말하기 어렵다. ② 주효과만 보면 A_2가 좋아 보이나, 교호작용 그림을 보면 그렇게 단정하기 어렵다. ③ 주효과를 보면 B_2가 가장 나빠 보이지만, 교호작용 그림 6.2(a)를 보면 A_2 품종을 쓴다면, B_2가 최악은 아니다.

4장의 교호작용 설명에서 밝힌 바와 같이 이처럼 교호작용이 크게 나타나면 실험 결과 해석은 주효과가 아니라 교호작용을 통해야 한다.

7) 다중비교

인자 B의 수준 수가 3개, 교호작용은 A와 B의 수준조합이 6개 있으므로 다중비교를 할 수 있다. 여기서는 최소유의차 검정과 튜키 검정을 모두 해보기로 한다.

(1) 최소유의차 검정

① 비료(인자 B)의 수준 간 검정:

$$\text{LSD} = t_{(Error_{df}, \alpha/2)} \sqrt{\frac{2MS_E}{ln}} = t_{(12, 0.025)} \sqrt{\frac{2 \times 1.44}{6}} = 2.179 \sqrt{\frac{2 \times 1.44}{6}} = 1.51$$

비료의 수준별 평균값이 6.83, 4.50, 6.67이므로 B_1과 B_2, B_2과 B_3 사이에는 차이가 있지만, B_1과 B_3는 차이가 없다.

② AB 교호작용의 각 수준조합 간 검정:

$$\text{LSD} = t_{(Error_{df}, \alpha/2)} \sqrt{\frac{2MS_E}{n}} = t_{(12, 0.025)} \sqrt{\frac{2 \times 1.44}{3}} = 2.179 \sqrt{\frac{2 \times 1.44}{3}} = 2.13$$

수준조합 평균 간 차이가 2.13보다 큰 것은 이들 간 차이가 있다고 판단한다.

(2) 튜키 검정

① 비료(인자 B)의 수준 간 검정:

$$\frac{1}{\sqrt{2}} q_{(k, Error_{df}, \alpha)} \sqrt{\frac{MS_E}{ln}} = q_{(3, 12, 0.05)} \sqrt{\frac{1.44}{6}} = 3.77 \sqrt{\frac{1.44}{6}} = 1.85$$

LSD 방법과 마찬가지로, 평균값의 차이가 1.85보다 큰 B_1과 B_2, B_2과 B_3가 차이가 있다고 판정한다.

② AB 교호작용의 각 수준조합 간 검정:

$$\frac{1}{\sqrt{2}} q_{(k, Error_{df}, \alpha)} \sqrt{\frac{MS_E}{ln}} = q_{(6, 12, 0.05)} \sqrt{\frac{1.44}{3}} = 4.75 \sqrt{\frac{1.44}{6}} = 3.29$$

수준조합 평균 간 차이가 3.29보다 큰 것은 이들 간 차이가 있다고 판단한다.

두 방법을 비교하면, 인자 B의 수준 간 비교는 크게 차이가 나지 않지만, AB 교호작용의 수준조합 간 비교는 차이가 크다. 이 경우에는 튜키 방법을 쓰는 것이 합리적이겠다.

복습문제 LSD 방법과 튜키방법을 각각 써서 차이가 있다고 판정되는 AB 교호작용의 수준조합을 판정하고, 결과를 비교하라.

6.3.2 다수준 3인자 요인배치 데이터 분산분석

1) 실험 전 데이터 모형

$$y_{ijkl} = \mu + \alpha_i + \beta_j + \gamma_k + (\alpha\beta)_{ij} + (\alpha\gamma)_{ik} + (\beta\gamma)_{jk} + (\alpha\beta\gamma)_{ijk} + \varepsilon_{ijkl}$$

$$\varepsilon_{ijkl} \sim N(0, \sigma^2),\ \ i = 1, 2, \cdots, a,\ \ j = 1, 2, \cdots, b,\ \ k = 1, 2, \cdots, c,\ \ l = 1, 2, \cdots, n$$

여기서, y_{ijkl}: 인자 A의 i번째, B의 j번째, C의 k번째 수준조합에서 l번째 반복 데이터

μ: y_{ijkl}의 평균

ϵ_{ijkl}: 실험오차

a, b, c: 각각 인자 A, B, C의 수준 수

n: 반복실험 수

2) 실험 후 데이터 표현

$$\begin{aligned} y_{ijkl} &= \hat{\mu} + \hat{\alpha}_i + \hat{\beta}_j + \hat{\gamma}_k + (\widehat{\alpha\beta})_{ij} + (\widehat{\alpha\gamma})_{ik} + (\widehat{\beta\gamma})_{jk} + (\alpha\widehat{\beta\gamma})_{ijk} + r_{ijkl} \\ &= \bar{y}_{....} + (\bar{y}_{i...} - \bar{y}_{....}) + (\bar{y}_{.j..} - \bar{y}_{....}) + (\bar{y}_{..k.} - \bar{y}_{....}) \\ &\quad + (\bar{y}_{ij..} - \bar{y}_{i...} - \bar{y}_{.j..} + \bar{y}_{....}) + (\bar{y}_{i.k.} - \bar{y}_{i...} - \bar{y}_{..k.} + \bar{y}_{....}) + (\bar{y}_{.jk.} - \bar{y}_{.j..} - \bar{y}_{..k.} + \bar{y}_{....}) \\ &\quad + (\bar{y}_{ijk.} - \bar{y}_{ij..} - \bar{y}_{i.k.} - \bar{y}_{.jk.} + \bar{y}_{i...} + \bar{y}_{.j..} + \bar{y}_{..k.} - \bar{y}_{...}) + (y_{ijkl} - \bar{y}_{ijk.}) \end{aligned}$$

여기서, y_{ijkl}: A의 i번째, B의 j번째, C의 k번째 수준조합 A_i, B_j, C_k의 l번째 반복 데이터

$\hat{\alpha}_i$: 인자 A의 i번째 수준 주효과 추정치

$\hat{\beta}_j$: 인자 B의 j번째 수준 주효과 추정치

$\hat{\gamma}_k$: 인자 C의 k번째 수준 주효과 추정치

$\widehat{\alpha\beta}_{ij}$: A_i, B_j의 교호작용효과 추정치

$\widehat{\alpha\gamma}_{ik}$: A_i, C_k의 교호작용효과 추정치

$\widehat{\beta\gamma}_{jk}$: B_j, C_k의 교호작용효과 추정치

$\alpha\widehat{\beta}\gamma_{ijk}$: A_i, B_j, C_k의 교호작용효과 추정치

r_{ijkl}: A_i, B_j, C_k 수준조합의 잔차

3) 제곱합 계산

- 총합: $T_{....} = \sum_i \sum_j \sum_k \sum_l y_{ijkl}$
- 인자 A의 i번째 수준합: $T_{i...} = \sum_j \sum_k \sum_l y_{ijkl}$
- 인자 B의 j번째 수준합: $T_{.j..} = \sum_i \sum_k \sum_l y_{ijkl}$
- 인자 C의 k번째 수준합: $T_{..k.} = \sum_i \sum_j \sum_l y_{ijkl}$
- 수정항: $CF = \dfrac{T_{....}^2}{abcn}$
- 총제곱합: $SS_T = \sum_i \sum_j \sum_k \sum_l y_{ijkl}^2 - CF$
- 인자 A의 제곱합: $SS_A = \dfrac{\sum_i T_{i...}^2}{bcn} - CF$
- 인자 B의 제곱합: $SS_B = \dfrac{\sum_j T_{.j..}^2}{acn} - CF$
- 인자 C의 제곱합: $SS_C = \dfrac{\sum_k T_{..k.}^2}{abn} - CF$
- A, B, C의 교호작용 제곱합:

$$SS_{AB} = \left\{ \frac{\sum_i \sum_j T_{ij..}^2}{cn} - CF \right\} - SS_A - SS_B$$

$$SS_{AC} = \left\{ \frac{\sum_i \sum_k T_{i.k.}^2}{bn} - CF \right\} - SS_A - SS_C$$

$$SS_{BC} = \left\{ \frac{\sum_j \sum_k T_{.jk.}^2}{an} - CF \right\} - SS_B - SS_C$$

$$SS_{ABC} = \left\{ \frac{\sum_i \sum_j \sum_k T_{ijk.}^2}{n} - CF \right\} - SS_A - SS_B - SS_C - SS_{AB} - SS_{AC} - SS_{BC}$$

- 오차 제곱합: $SS_E = SS_T - SS_A - SS_B - SS_C - SS_{AB} - SS_{AC} - SS_{BC} - SS_{ABC}$

4) 분산분석표

표 6.7 3인자 다수준 요인배치법의 분산분석표

요인	자유도	제곱합	F_0
A	$a-1$	SS_A	$F_0 = \frac{MS_A}{MS_E}$
B	$b-1$	SS_B	$F_0 = \frac{MS_B}{MS_E}$
C	$c-1$	SS_C	$F_0 = \frac{MS_C}{MS_E}$
A × B	$(a-1)(b-1)$	SS_{AB}	$F_0 = \frac{MS_{AB}}{MS_E}$
A × C	$(a-1)(c-1)$	SS_{AC}	$F_0 = \frac{MS_{AC}}{MS_E}$
B × C	$(b-1)(c-1)$	SS_{BC}	$F_0 = \frac{MS_{BC}}{MS_E}$
A × B × C	$(a-1)(b-1)(c-1)$	SS_{ABC}	$F_0 = \frac{MS_{ABC}}{MS_E}$
잔차	$abc(n-1)$	SS_E	
합계	$abcn-1$	SS_T	

6.3.3 5인자 요인배치법 적용사례

Inman et al. (1992)은 광학 방출 분광계(optical emission spectrometer)를 이용하여 강철에 포함된 화학성분 중 망간(Mn) 측정에 영향을 미치는 변수를 파악하기 위한 실험을 시행하였다. 인자와 수준은 표 6.8에 나타내었는데, 계량인자인 온도는 3수준, 계수형인 다른 4개의 인자 중 3개는 2수준, 하나는 3수준이다. 모든 수준조합은 $3 \times 2^3 \times 3 = 72$개이다. 72개 실험점의 설계행렬과 데이터를 표 6.9에 나타내었다.

표 6.8 망간(Mn) 성분 측정실험의 인자와 수준

인자	저수준(−1)	중앙수준(0)	고수준(+1)
X_1 : 실내온도(℃)	19	22	25
X_2 : 전극 팁	새것		일주일 사용
X_3 : 질화붕소 디스크	새것		한 달 사용
X_4 : 유리	깨끗함		일주일 사용
X_5 : 샘플 위치	약간 기울임	접선 방향	크게 기울임

표 6.9 망간(Mn) 성분 측정실험의 설계행렬과 데이터

X_1	X_2	X_3	X_4	X_5	Mn
−	−	−	−	−	0.9331
−	−	−	−	0	0.9253
−	−	−	−	+	0.9146
−	−	−	+	−	0.9214
−	−	−	+	0	0.9340
−	−	−	+	+	0.9272
−	−	+	−	−	0.8472
−	−	+	−	0	0.8435
−	−	+	−	+	0.8499
−	−	+	+	−	0.8417
−	−	+	+	0	0.8674
−	−	+	+	+	0.8417
−	+	−	−	−	0.9253
−	+	−	−	0	0.9301
−	+	−	−	+	0.9399
−	+	−	+	−	0.9399
−	+	−	+	0	0.9272
−	+	−	+	+	0.9488
−	+	+	−	−	0.8554
−	+	+	−	0	0.8463
−	+	+	−	+	0.8472
−	+	+	+	−	0.8517
−	+	+	+	0	0.8526
−	+	+	+	+	0.8300
0	−	−	−	−	0.8664
0	−	−	−	0	0.8879
0	−	−	−	+	0.8769
0	−	−	+	−	0.8729
0	−	−	+	0	0.8729
0	−	−	+	+	0.8683
0	−	+	−	−	0.7948
0	−	+	−	0	0.7870
0	−	+	−	+	0.7893
0	−	+	+	−	0.8035
0	−	+	+	0	0.8009
0	−	+	+	+	0.8009
0	+	−	−	−	0.8508
0	+	−	−	0	0.8545

(계속)

표 6.9 망간(Mn) 성분 측정실험의 설계행렬과 데이터(계속)

X_1	X_2	X_3	X_4	X_5	Mn
0	+	−	−	+	0.8739
0	+	−	+	−	0.8711
0	+	−	+	0	0.8536
0	+	−	+	+	0.8729
0	+	+	−	−	0.7810
0	+	+	−	0	0.7784
0	+	+	−	+	0.7913
0	+	+	+	−	0.7784
0	+	+	+	0	0.7836
0	+	+	+	+	0.7904
+	−	−	−	−	0.8711
+	−	−	−	0	0.8618
+	−	−	−	+	0.8591
+	−	−	+	−	0.8627
+	−	−	+	0	0.8692
+	−	−	+	+	0.8683
+	−	+	−	−	0.7810
+	−	+	−	0	0.7904
+	−	+	−	+	0.7893
+	−	+	+	−	0.8009
+	−	+	+	0	0.7793
+	−	+	+	+	0.7904
+	+	−	−	−	0.8618
+	+	−	−	0	0.8720
+	+	−	−	+	0.8729
+	+	−	+	−	0.8785
+	+	−	+	0	0.8674
+	+	−	+	+	0.8481
+	+	+	−	−	0.7887
+	+	+	−	0	0.7939
+	+	+	−	+	0.7956
+	+	+	+	−	0.7853
+	+	+	+	0	0.7844
+	+	+	+	+	0.7827

구할 수 있는 요인효과 중 주효과와 2차 교호작용까지만 모형에 포함하고, 3차 이상 교호작용효과들은 모두 작아서 오차항에 넣어 작성한 분산분석표를 표 6.10에 나타내었다.

표 6.10 주효과와 2차 교호작용효과를 포함한 분산분석표

요인	자유도	제곱합	평균제곱	F-값	p값
X_1	2	0.059517	0.029758	402.90	0.000
X_2	1	0.000104	0.000104	1.41	0.241
X_3	1	0.114067	0.114067	1,544.35	0.000
X_4	1	0.000025	0.000025	0.34	0.562
X_5	2	0.000001	0.000000	0.01	0.994
X_1X_2	2	0.000830	0.000415	5.62	0.007
X_1X_3	2	0.000088	0.000044	0.60	0.555
X_1X_4	2	0.000078	0.000039	0.52	0.595
X_1X_5	4	0.000250	0.000062	0.85	0.504
X_2X_3	1	0.000084	0.000084	1.14	0.292
X_2X_4	1	0.000063	0.000063	0.85	0.360
X_2X_5	2	0.000182	0.000091	1.23	0.302
X_3X_4	1	0.000002	0.000002	0.02	0.876
X_3X_5	2	0.000018	0.000009	0.12	0.885
X_4X_5	2	0.000142	0.000071	0.96	0.390
오차	45	0.003324	0.000074		
총계	71	0.178773			

결과적으로 망간 성분을 측정할 때 나타나는 변동에 크게 영향을 미치는 것은 실내온도(X_1)와 질화붕소 디스크(X_3)이다. X_1X_2 교호작용도 유의하지만, 그림 6.3을 보면 그 영향이 적어서 이것은 무시하기로 했다. 실험과 분석팀은 광학 방출 분광계의 측정변동을 줄여 능력을 측정 능력을 높이기 위하여, 실내온도를 지금보다 더 일정하게 유지해야 하고 질화붕소 디스크는 더 자주 교체하기로 하였다.

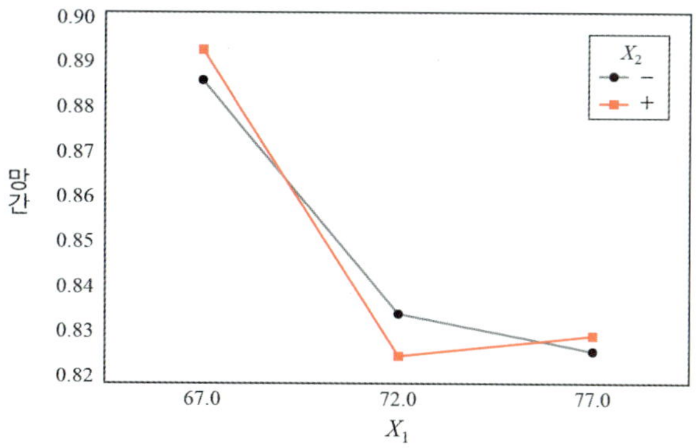

그림 6.3 유의한 교호작용효과

6.4 요인배치의 효율적 적용

6.4.1 열 병합법

2개 이상의 열을 병합하여 수준 수가 많은 새로운 인자를 만드는 방법이다. 가장 대표적인 것은 2수준 열을 2개 병합하여 4수준 인자를 하나 만드는 것이다. 이 외에 3수준 열 2개를 병합하여 9수준 인자를, 2수준 열과 3수준 열을 묶어 6수준 인자를 만드는 방법도 있다. 표 6.11에는 2수준 열 2개로 4수준 인자를 만드는 방법을 나타내었다. 즉, 2개의 2수준 열을 골라 그들의 (−, −), (+, −), (−, +), (+, +) 수준조합을 4수준 인자 A의 0, 1, 2, 3 수준으로 만드는 것이다. 이렇게 4수준 인자를 만들려면 2개의 열과 그들의 교호작용이 필요하다.

표 6.11 2수준 열 2개로 4수준 인자를 만드는 방법

1	2	12	A
−	−	+	0
+	−	−	1
−	+	−	2
+	+	+	3

이제 2^{5-1}_{IV} 부분요인배치 설계행렬을 이용하여, 해 IV인 $4^1 2^3$ 부분요인배치를 만드는 과정을 살펴보자. 설계생성자로 **5 = 134**를 이용하고, **1, 2**열에 4수준 인자 **A**를 배치하면 표 6.12의 우측에 있는 표와 같이 $4^1 2^3$ 부분요인배치 설계행렬을 만들 수 있다.

표 6.12 4수준 1인자, 2수준 3인자 실험계획: $2^{5-1}_{IV} \rightarrow 4^1 2^3$ FFD (해 IV)

1	2	3	4	5		A	3	4	5
−	−	−	−	−		0	−	−	−
+	−	−	−	+		1	−	−	+
−	+	−	−	−		2	−	−	−
+	+	−	−	+		3	−	−	+
−	−	+	−	+		0	+	−	+
+	−	+	−	−		1	+	−	−
−	+	+	−	+		2	+	−	+
+	+	+	−	−	⇒	3	+	−	−
−	−	−	+	+		0	−	+	+
+	−	−	+	−		1	−	+	−
−	+	−	+	+		2	−	+	+
+	+	−	+	−		3	−	+	−
−	−	+	+	−		0	+	+	−
+	−	+	+	+		1	+	+	+
−	+	+	+	−		2	+	+	−
+	+	+	+	+		3	+	+	+

표 6.13과 표 6.14에는 2^m4^1형과 2^m4^2형의 16개 실험점 최소저차교락 부분요인배치를 제시하였다. 표 6.14에서는 교락되지 않고 추정 가능한 효과는 없다.

표 6.13 2^m4^1형 16개 실험점 최소저차교락 부분요인배치 ($3 \le m \le 12$)

m	해	설계생성자	교락되지 않은 추정 가능 효과
3	Ⅳ	A, 3, 4, 5 = 134	A, 3, 4, 5
4	Ⅲ	A, 3, 4, 5 = 23, 6 = 134	4, 6
5	Ⅲ	A, 3, 4, 5 = 23, 6 = 24, 7 = 134	7
6	Ⅲ	A, 3, 4, 5 = 23, 6 = 24, 7 = 134, 8 = 1234	없음
7	Ⅲ	A, 3, 4, 5 = 13, 6 = 14, 7 = 23, 8 = 24, 9 = 124	없음
8	Ⅲ	A, 3, 4, 5 = 13, 6 = 14, 7 = 23, 8 = 24, 9 = 123, 10 = 124	없음
9	Ⅲ	A, 3, 4, 5 = 13, 6 = 23, 7 = 34, 8 = 123, 9 = 134, 10 = 234, 11 = 1234	없음
10	Ⅲ	A, 3, 4, 5 = 13, 6 = 14, 7 = 23, 8 = 34, 9 = 123, 10 = 134, 11 = 234, 12 = 1234	없음
11	Ⅲ	A, 3, 4, 5 = 13, 6 = 14, 7 = 23, 8 = 24, 9 = 34, 10 = 123, 11 = 134, 12 = 234, 13 = 1234	없음
12	Ⅲ	A와 나머지 12개 열 모두 이용	없음

표 6.14 2^m4^2형 16개 실험점 최소저차교락 부분요인배치 ($1 \le m \le 8$)

m	해	설계생성자
1	Ⅲ	A, B, 5 = 14
2	Ⅲ	A, B, 5 = 14, 6 = 23
3	Ⅲ	A, B, 5 = 14, 6 = 23, 7 = 234
4	Ⅲ	A, B, 5 = 14, 6 = 23, 7 = 124, 8 = 234
5	Ⅲ	A, B, 5 = 14, 6 = 23, 7 = 24, 8 = 124, 9 = 234
6	Ⅲ	A, B, 5 = 13, 6 = 14, 7 = 23, 8 = 24, 9 = 134, 10 = 234
7	Ⅲ	A, B, 5 = 13, 6 = 14, 7 = 23, 8 = 24, 9 = 124, 10 = 134, 11 = 234
8	Ⅲ	A, B, 5 = 13, 6 = 14, 7 = 23, 8 = 24, 9 = 124, 10 = 134, 11 = 234, 12 = 1234

6.4.2 더미법과 조합법

수준 수에 따라 이용할 수 있는 다양한 실험계획법이 있지만, 어느 하나 또는 둘 이상의 열에 있는 수준 수를 줄이거나, 3수준 열에 두 개의 2수준 인자를 배치하고 싶을 때가 있다. 이렇게 기존 실험계획을 변용하여 인자를 배치하는 방법을 5.11절에 있는 3_{III}^{4-2} 부분요인배치를 이용하여 알아본다. 여기서는 인자의 수준을 나타내는 숫자로써 1, 2, 3을 이용하기로 한다. 표 6.15에 3_{III}^{4-2} 부분요인배치를 이용한 더미법과 조합법을 나타내었는데, 굵은 숫자는 인자를 의미한다.

표 6.15 더미법과 조합법 예

(a) 3_{III}^{4-2} 부분요인배치					(b) 더미법					(c) 조합법				
실험점	열 번호				실험점	열 번호				실험점	열 번호			
	1	2	3	4		1	2	3	4		1	2	3	4
1	1	1	1	1	1	A_1	B_1	C_1	D_1	1	A_1E_1	B_1	C_1	D_1
2	1	2	2	2	2	A_1	B_2	C_2	D_2	2	A_1E_1	B_2	C_2	D_2
3	1	3	3	3	3	A_1	B_3	C_3	D_3	3	A_1E_1	B_3	C_3	D_3
4	2	1	2	3	4	A_2	B_1	C_2	D_3	4	A_1E_2	B_1	C_2	D_3
5	2	2	3	1	5	A_2	B_2	C_3	D_1	5	A_1E_2	B_2	C_3	D_1
6	2	3	1	2	6	A_2	B_3	C_1	D_2	6	A_1E_2	B_3	C_1	D_2
7	3	1	3	2	7	A_1'	B_1	C_3	D_2	7	A_2E_1	B_1	C_3	D_2
8	3	2	1	3	8	A_1'	B_2	C_1	D_3	8	A_2E_1	B_2	C_1	D_3
9	3	3	2	1	9	A_1'	B_3	C_2	D_1	9	A_2E_1	B_3	C_2	D_1
배치	A	B	C	D	배치	A	B	C	D	배치	AE	B	C	D

표 6.15(b)에 있는 더미법(dummy level technique)은 열에 배치하고자 하는 인자 A의 수준 수가 2개일 때, 1열에 있는 수준 3 위치에 수준 1이나 2를 배치하는 것이다. 이 표에는 수준 3 위치에 수준 1을 배치했는데, 그러면 A_1의 실험 수가 A_2의 두 배가 되므로 이 수준에서 반응변수의 값을 더 많이 알 수 있다. 만일 A_1이 현행 조건이라면 이 조건에서 데이터는 충분하게 있을 것이므로, 수준 3에 수준 2를 배치하여 새로운 조건인 A_2에서 더 많은 반응변수 측정치를 얻는 것이 좋다. 현행 조건이 별도로 없다면, 수준 3에 어느 수준을 배치할 것인지는 경제성이나 중요성을 고려하여 정하면 되겠다. 더미법을 이용하면 해당 인자의 수준이 서로 다르게 나타나므로 실험계획의 중요한 성질인 균형은 무너지지만, 다른 인자와의 수준조합은 같은 수만큼 나타나므로 직교성은 유지된다.

조합법(compound factor method)은 실험계획에서 가능한 열보다 더 많은 인자를 실험에 포함하고 싶을 때 이용한다. 표 6.15(c)는 첫 번째 열의 3개 수준을 이용하여 두 개의 인자 A와 E를 배치한 것이다. 사실 인자 A와 E를 2수준 요인배치를 하면 4개의 수준조합 A_1E_1, A_2E_1, A_1E_2, A_2E_2가 생긴다. 이 4개의 수준조합을 조합인자(compound factor) AE라는 한인자의 4개 수준이라고 생각하고, 4개 중에서 중요하다고 생각하는 3개만 골라 조합인자 AE에 실험에 배치한다. 4개의 수준조합에서 3개를 골라 A_1E_1, A_2E_1, A_1E_2를 조합인자 AE에 배치하면, 인자 A의 효과는 A_1E_1, A_2E_1에, E의 효과는 A_1E_1, A_1E_2에 대응하는 데이터로부터 각각 구할 수 있다. 조합법을 쓰면, 거기에 포함된 인자들의 교호작용은 알 수가 없다. 하지만 조합인자와 다른 열에 배치된 인자 간 직교성은 유지된다.

6.5 요인배치 변량모형

변량인자 모형은 인자의 수준이 특정 값으로 정해지는 것이 아니라, 모집단에서 랜덤하게 추출된 샘플에 랜덤하게 수준을 부여하여 해당 인자의 분산을 추정하는 데 이용한다. Kuti et al.(2004)은 냉동 완두콩의 '연두색' 판정을 위한 관능평가 측정시스템의 적합성을 분석하고 개선하기 위한 실험을 시행하였다. 수십 명의 작업자 중에서 랜덤하게 선정된 5명의 검사원이 냉동 완두콩을 까서 색깔이 어느 정도 녹색에 가까운지 평가하였다. 랜덤하게 10개의 가마니 선택하고, 각 가마니에서 3개의 완두콩을 랜덤하게 추출한다. 즉 검사원, 가마니, 완두콩 모두 랜덤하게 선택된 것이다.

반응변수는 냉동 완두콩의 '연두색' 정도를 판정한 점수인데, 작은 것은 1, 가장 높은 것은 10점이다. 즉, 진한 연두색이면 10점이고, 연두색에서 멀어질 때마다 점수가 떨어지다가, 누리끼리하면 1점을 부여한다. 같은 가마니에서 추출한 완두콩의 색은 서로 다르지 않다고 가정한다.

평가순서는 10개의 가마니에서 추출한 3개의 완두콩을 5명의 작업자 중 1명이 랜덤한 순서로 완두콩의 색깔 점수를 내고, 그다음 작업자들이 한 명씩 같은 방법으로 점수를 부여한다. 작업자들이 샘플을 보고 점수를 줄 것인데, 사람마다 매기는 점수 차가 크면 사람들의 관능평가 결과를 믿을 수 없다. 실험의 목적은 이런 상황에서 사람들의 평가 결과가 같은 사람이 같은 대상을 여러 번 평가할 때 그 값이 다른지, 검사원에 따라 평가 결과가 다르게 나타나는지를 아는 것이다.

표 6.16 완두콩의 관능평가 데이터

가마니 \ 검사원	1	2	3	4	5
1	4.3	4.9	3.3	5.3	4.4
	4.3	4.5	4.0	5.5	3.3
	4.1	5.3	3.4	5.7	4.7
2	6.0	5.3	4.5	5.9	4.7
	4.9	6.3	4.2	5.5	4.9
	6.0	5.9	4.7	6.3	4.6
3	2.4	2.5	2.3	3.1	2.4
	3.9	3.0	2.8	2.7	1.3
	1.9	3.9	2.6	4.6	2.2
4	7.4	8.2	6.4	6.8	6.0
	7.1	7.9	5.9	7.3	6.1
	6.4	7.1	6.9	7.0	6.7
5	5.7	6.3	5.4	6.1	5.9
	5.8	5.7	5.4	6.2	6.5
	5.8	6.0	6.1	7.0	4.9
6	2.2	2.4	1.7	3.4	1.7
	3.0	1.8	2.1	4.0	1.7
	2.1	3.3	1.1	3.3	2.1
7	1.2	1.5	1.2	0.9	0.7
	1.3	2.4	0.8	1.2	1.3
	0.9	3.1	1.1	1.9	1.6
8	4.2	4.8	4.5	4.6	3.2
	3.0	4.5	4.7	4.9	4.6
	4.8	4.8	4.7	4.8	4.3
9	8.0	8.6	9.0	9.4	8.8
	9.0	7.7	6.7	9.0	7.9
	8.9	9.2	8.1	9.1	7.6
10	5.0	4.8	3.9	5.5	3.8
	5.4	5.0	3.4	4.9	4.6
	2.8	5.2	4.1	3.9	5.5

실험을 시행하기 전 모형은 식 (6.8)과 같다. 이 모형은 고정인자 모형과 동일하다. 하지만 변량인자 모형의 경우에는 α_i와 β_j는 특정한 수준의 효과가 아니므로 그 값은 의미가 없다.

$$y_{ijl} = \eta + \alpha_i + \beta_j + \omega_{ij} + \epsilon_{ijl}, \quad i = 1, \cdots, a, \quad j = 1, \cdots, b, \quad l = 1, \cdots, n$$
$$\epsilon_{ijl} \sim N(0, \sigma^2) \tag{6.8}$$

랜덤하게 추출된 i번째 가마니의 효과를 α_i, 랜덤하게 선정된 j번째 검사원의 효과를 β_j, 그들의 교호작용을 w_{ij}로 표시했기 때문에 이들의 분산만이 의미가 있다. 즉, 식 (6.8)에서 $\alpha_i, \beta_j, w_{ij}$는 변량인자의 효과이므로 다음과 같이 3개 효과의 분산을 추정하는 것이 의미가 있다.

$$\begin{aligned} &\alpha_i \sim N(0, \sigma_A^2), \ \ i = 1, \cdots, a \\ &\beta_i \sim N(0, \sigma_B^2), \ \ j = 1, \cdots, b \\ &\omega_{ij} \sim N(0, \sigma_{A\times B}^2), \ \ i = 1, \cdots, a, \ \ j = 1, \cdots, b \end{aligned} \tag{6.9}$$

데이터의 분산은 다음과 같이 4개의 분산의 합으로 나타난다.

$$Var(y_{ijl}) = \sigma_A^2 + \sigma_B^2 + \sigma_{A\times B}^2 + \sigma^2 \tag{6.10}$$

변량모형의 분산분석표를 표 6.17에 나타내었다.

표 6.17 변량모형의 분산분석표

요인	자유도	제곱합	평균제곱	평균제곱의 기댓값
A	$a-1$	$bn\sum_{i=1}^{a}(\bar{y}_{i..} - \bar{y}_{...})^2$	$\frac{SS_A}{a-1}$	$\sigma^2 + nb\sigma_A^2 + n\sigma_{A\times B}^2$
B	$b-1$	$an\sum_{j=1}^{b}(\bar{y}_{.j.} - \bar{y}_{...})^2$	$\frac{SS_B}{b-1}$	$\sigma^2 + na\sigma_B^2 + n\sigma_{A\times B}^2$
A × B	$(a-1)(b-1)$	$n\sum_{i=1}^{a}\sum_{j=1}^{b}(\bar{y}_{ij.} - \bar{y}_{i..} - \bar{y}_{.j.} + \bar{y}_{...})^2$	$\frac{SS_{A\times B}}{(a-1)(b-1)}$	$\sigma^2 + n\sigma_{A\times B}^2$
잔차	$ab(n-1)$	$\sum_{i=1}^{a}\sum_{j=1}^{b}\sum_{l=1}^{n}(y_{ijl} - \bar{y}_{ij.})^2$	$\frac{SS_E}{ab(n-1)}$	σ^2
합계	$abn-1$	$\sum_{i=1}^{a}\sum_{j=1}^{b}\sum_{l=1}^{n}(y_{ijl} - \bar{y}_{...})^2$		

변량인자 A, B의 분산이 의미 있게 크게 나타나는지를 평가하기 위한 검정통계량은 분산분석표의 평균제곱 기댓값을 보면 다음과 같이 주어짐을 알 수 있다.

$$\begin{aligned} &F_A = MS_A / MS_{A\times B} \\ &F_B = MS_B / MS_{A\times B} \\ &F_{A\times B} = MS_{A\times B} / MS_E \end{aligned} \tag{6.11}$$

또한 평균제곱 기댓값을 보면, 다음과 같이 분산요소를 추정할 수 있다.

$$\hat{\sigma}_E^2 = MS_E$$

$$\hat{\sigma}_A^2 = (MS_A - MS_{A\times B})/bn$$

$$\hat{\sigma}_B^2 = (MS_B - MS_{A\times B})/an$$

$$\hat{\sigma}_{A\times B}^2 = (MS_{A\times B} - MS_E)/n \tag{6.12}$$

완두콩 관능평가 데이터의 분산분석표를 표 6.18에 나타내었다.

표 6.18 완두콩 관능평가 데이터의 분산분석표

요인	자유도	제곱합	평균제곱	F-값
가마니(A)	9	612.395	68.04	189.0
검사원(B)	4	25.488	6.37	17.7
A × B	36	12.965	0.36	1.06
잔차	100	34.140	0.34	
합계	149	684.988		

부록의 〈표 A.4〉에 있는 F-분포표를 보면 $F_{(9,36;0.01)} = 2.96$, $F_{(4,36;0.01)} = 3.91$이므로 변량인자 '가마니'와 '검사원'의 분산은 유의수준 0.01에서 유의함을 알 수 있다. 이에 따라 $a=10$, $b=5$, $n=3$이므로, 잔차, 가마니(A)와 검사원(B)의 분산요소는 각각 다음과 같이 구할 수 있다.

$$\hat{\sigma}_E^2 = 0.34,\quad \hat{\sigma}_A^2 = \frac{68.04 - 0.36}{5\times 3} = 4.51,\quad \hat{\sigma}_B^2 = \frac{6.37 - 0.36}{10\times 3} = 0.20 \tag{6.13}$$

6.6 라틴방격계획

4수준 라틴방격(Latin Square)이란 표 6.19와 같이 4개의 행과 열로 구성되는 $4\times 4 = 16$개의 셀에 문자가 들어가는데, 각 열과 행에는 4개의 문자가 하나씩만 나타나는 구성표를 말한다. 표 6.19는 기본 라틴방격을 나타낸다. 가운데 부분에 있는 문자의 배열은, 첫 줄에 A, B, C, D를 쓰고, 그다음 줄에는 A를 빼고 B, C, D를 먼저 쓰고 맨 나중에 A를 추가한다. 줄이 내려갈 때마다 이런 식의 과정을 되풀이한다.

표 6.19 크기 4인 기본 라틴방격

구분	1	2	3	4
가	A	B	C	D
나	B	C	D	A
다	C	D	A	B
라	D	A	B	C

네 가지 종류 타이어의 마모 정도를 비교하려고 하는데, 타이어의 마모에 영향을 줄 수 있는 환경 요소인 블록인자로서 자동차의 종류, 타이어 장착 위치를 고려하고자 한다. 특정 자동차만을 대상으로 실험하여 분석한 결과는 다른 차종에도 적용된다고 말하기 어렵고, 타이어의 마모 정도는 앞쪽, 뒤쪽, 왼쪽, 오른쪽 등 장착 위치에 따라 다를 수 있다. 따라서 승용차 종류와 장착 위치에 따른 영향을 고려하여 종합적인 마모정도를 비교하려고 한다. 4개의 타이어 종류, 4개의 차종, 4개의 부착 위치를 고려해야 하므로 총 $4 \times 4 \times 4 = 4^3 = 64$회의 실험을 해야 하는데, 실험 규모를 16회로 줄여서 마모실험을 하고자 한다.

- 타이어 종류: A, B, C, D
- 자동차 종류: 가, 나, 다, 라
- 장착 위치: FL(앞.좌), FR(앞.우), RL(뒤.좌), RR(뒤.우)

표 6.20과 같이 실험을 계획한다. 이 표는 기본 라틴방격에서 처음에 'FL'과 'RL' 열을, 그다음에 '나'와 '라' 행을 바꾼 것이다. 이 실험계획은 다음과 같은 특징이 있다.

- 총 실험 수가 16회이므로 타이어가 16개가 필요하다.
- 모든 행이나 열에 A, B, C, D가 각각 한 번씩 나타난다.
- 모든 차에 4가지 종류 타이어가 한 번씩 쓰인다.
- 모든 장착 위치에도 4가지 종류 타이어를 한 번씩 부착된다.
- 실험 위치를 랜덤하게 정하기 위해 행의 위치나 열의 위치를 바꿀 수 있다.

표 6.20 라틴방격을 이용한 실험계획

자동차 \ 위치	FL	FR	RL	RR
가	C	B	A	D
나	B	A	D	C
다	A	D	C	B
라	D	C	B	A

표 6.20의 실험계획에 따라 타이어를 그림 6.4와 같이 부착하여 실험한 결과를 표 6.21에 나타내었다.

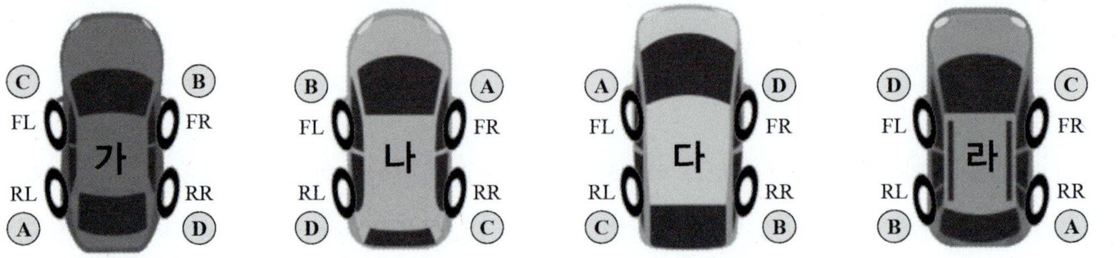

그림 6.4 라틴방격을 이용한 타이어 마모실험 설계 시각화

표 6.21 라틴방격을 이용한 타이어 마모실험 데이터

자동차 \ 위치	FL	FR	RL	RR
가	69	61	110	68
나	65	79	78	99
다	78	48	97	67
라	52	77	76	85

1) 실험 전 데이터 모형 (타이어 마모실험)

데이터 = 평균 + 자동차 효과 + 장착 위치 효과 + 타이어 효과 + 오차

$$y_{ijl} = \eta + \alpha_i + \beta_j + \tau_l + \epsilon_{ijl}, \quad i, j, l = 1, 2, 3, 4 \tag{6.14}$$

여기서, l: $(i,\ j)$셀에 있는 문자(타이어 종류)

α_i: i번째 행의 효과(자동차의 효과)

β_j: j번째 열의 효과(장착 위치의 효과)

τ_l: l번째 문자의 효과(타이어의 효과)

ϵ_{ijl}: $N(0, \sigma^2)$을 따르는 오차항

2) 실험 전 데이터 모형 (k개의 수준)

$$y_{ijl} = \eta + \alpha_i + \beta_j + \tau_l + \epsilon_{ijl}, \quad i, j, l = 1, 2, \cdots, k \tag{6.15}$$

여기서, l: (i, j)셀에 있는 문자

α_i: i번째 행의 효과

β_j: j번째 열의 효과

τ_l: l번째 문자의 효과

ϵ_{ijl}: $N(0, \sigma^2)$을 따르는 오차항

3) 실험 후 데이터 표현

$$\begin{aligned} y_{ijl} &= \hat{\eta} + \hat{\alpha}_i + \hat{\beta}_j + \hat{\tau}_l + r_{ijl} \\ &= \bar{y}_{...} + (\bar{y}_{i..} - \bar{y}_{...}) + (\bar{y}_{.j.} - \bar{y}_{...}) + (\bar{y}_{..l} - \bar{y}_{...}) + (y_{ijl} - \bar{y}_{i..} - \bar{y}_{.j.} - \bar{y}_{..l} + 2\bar{y}_{...}) \end{aligned} \tag{6.16}$$

4) 변동의 분해

k^2개의 데이터가 나타나는 (i, j, l)의 집합을 S로 나타내면 개별 데이터 y_{ijl}에서 전체 평균 $\bar{y}_{...}$을 뺀 편차를 제곱하여 더한 총제곱합은 다음과 같이 분해할 수 있다.

$$\begin{aligned} \sum_{(i,j,l)\in S} (y_{ijl} - \bar{y}_{...})^2 &= \sum_{i=1}^{k} k(\bar{y}_{i..} - \bar{y}_{...})^2 + \sum_{j=1}^{k} k(\bar{y}_{.j.} - \bar{y}_{...})^2 + \sum_{l=1}^{k} k(\bar{y}_{..l} - \bar{y}_{...})^2 \\ &\quad + \sum_{(i,j,l)\in S} (y_{ijl} - \bar{y}_{i..} - \bar{y}_{.j.} - \bar{y}_{..l} + 2\bar{y}_{...})^2 \end{aligned} \tag{6.17}$$

k수준 라틴방격계획을 이용한 분산분석표를 표 6.22에 나타내었다.

표 6.22 라틴방격계획의 분산분석표

요인	자유도	제곱합
행 블록	$k-1$	$\sum_{i=1}^{k} k(\bar{y}_{i..} - \bar{y}_{...})^2$
열 블록	$k-1$	$\sum_{j=1}^{k} k(\bar{y}_{.j.} - \bar{y}_{...})^2$
인자	$k-1$	$\sum_{l=1}^{k} k(\bar{y}_{..l} - \bar{y}_{...})^2$
오차	$(k-1)(k-2)$	$\sum_{(i,j,l)\in S} (y_{ijl} - \bar{y}_{i..} - \bar{y}_{.j.} - \bar{y}_{..l} + 2\bar{y}_{...})^2$
총	k^2-1	$\sum_{(i,j,l)\in S} (y_{ijl} - \bar{y}_{...})^2$

타이어 마모실험 데이터의 전체 평균 $\bar{y}_{...} = 75.56$이고, 데이터를 이용하여 계산한 결과는 표 6.23에, 분산분석표는 표 6.24에 나타내었다. 분산분석 결과를 보면 타이어 종류에 따라 마모정도가 다르고, 장착 위치에 따라서도 마모에 차이가 있다. 하지만 자동차 종류는 마모에 영향을 미친다고 볼 수 없다.

표 6.23 타이어 마모실험 인자의 수준별 평균 계산 결과

구분	자동차				장착 위치				타이어			
	가	나	다	라	FL	FR	RL	RR	A	B	C	D
마모 데이터	69	65	78	52	69	61	110	68	110	61	69	68
	61	79	48	77	65	79	78	99	79	65	99	78
	110	78	97	76	78	48	97	67	78	67	97	48
	68	99	67	85	52	77	76	85	85	76	77	52
평균	77.00	80.25	72.50	72.50	66.00	66.25	90.25	79.75	88.00	67.25	85.50	61.50

표 6.24 타이어 마모실험의 분산분석표

요인	자유도	제곱합	평균제곱	F-값	$F_{(3,6;0.05)}$
자동차	3	171.19	57.06	1.53	4.76
장착 위치	3	1,645.69	548.56	14.70	4.76
타이어	3	2,081.19	693.73	18.59	4.76
오차	6	223.87	37.31		
합계	15	4,121.94			

그레코-라틴방격계획에 대한 설명은 다음과 같다.

라틴방격계획은 k수준 인자 3개를 이용하는데, 이 중 2개는 블록인자, 1개는 처리인자이다. k수준 인자 4개를 고려할 수 있는 계획이 그레코-라틴방격계획(Graeco-Latin Square Designs)이다.

그레코-라틴방격의 구성과 용도는 다음과 같다.

- 표 6.25와 같이 서로 직교하는 2개의 라틴방격을 조합한 것이다.
- 이 계획은 k수준 부분요인배치와 같다.
- 하나의 처리인자와 3개의 블록인자 또는 2개의 처리인자와 2개의 블록인자를 고려한 실험에 이용할 수 있다. 즉 A, B, C, D로 표현이 되는 것을 처리인자로, $\alpha, \beta, \gamma, \delta$는 추가 블록인자로 보고 타이어 실험에 적용한다면, 추가 블록인자로 날짜를 고려할 수 있다. 날짜별로 습도나 노면 상태가 다르면 날짜를 블록인자로 추가하는 것이다.

표 6.25 그레코-라틴방격계획의 실험설계

Aα	Bβ	Cγ	Dδ
Bδ	Cα	Dβ	Aγ
Cγ	Dδ	Aα	Bβ
Dβ	Aγ	Bδ	Cα

이 계획의 구성 방법은 ① 알파벳은 첫 줄에 A, B, C, D를 배치하고, 그다음 줄은 B부터 시작한다. ② 그리스문자는 첫 줄에 $\alpha, \beta, \gamma, \delta$, 그다음 줄은 δ부터 시작한다.

실험 전 데이터 모형은 다음과 같다.

$$y_{ijlm} = \eta + \alpha_i + \beta_j + \tau_l + \omega_m + \epsilon_{ijlm} \tag{6.18}$$

여기서, α_i: i번째 행의 효과

β_j: j번째 열의 효과

τ_l: 알파벳문자의 효과

w_m: 그리스문자의 효과

ϵ_{ijlm}: $N(0, \sigma^2)$을 따르는 오차항

실험을 시행한 후 데이터 표현은 다음과 같고, 제곱합을 구하면 분산분석표를 표 6.26과 같이 나타낼 수 있다. 평균제곱은 제곱합을 자유도로 나누면 되고, F-검정은 해당 인자의 평균제곱을 오차의 평균제곱으로 나누어 시행하면 된다.

$$\begin{aligned} y_{ijlm} &= \hat{\eta} + \hat{\alpha}_i + \hat{\beta}_j + \hat{\tau}_l + \hat{\omega}_m + r_{ijlm} \\ &= \overline{y}_{....} + (\overline{y}_{i...} - \overline{y}_{....}) + (\overline{y}_{.j..} - \overline{y}_{....}) + (\overline{y}_{..l.} - \overline{y}_{....}) + (\overline{y}_{...m} - \overline{y}_{....}) \\ &\quad + (y_{ijlm} - \overline{y}_{i...} - \overline{y}_{.j..} - \overline{y}_{..l.} - \overline{y}_{...m} + 3\overline{y}_{....}) \end{aligned} \tag{6.19}$$

표 6.26 그레코-라틴방격계획의 분산분석표

요인	자유도	제곱합
행	$k-1$	$k\sum_{i=1}^{k}(\bar{y}_{i...}-\bar{y}_{....})^2$
열	$k-1$	$k\sum_{j=1}^{k}(\bar{y}_{.j..}-\bar{y}_{....})^2$
라틴문자	$k-1$	$k\sum_{l=1}^{k}(\bar{y}_{..l.}-\bar{y}_{....})^2$
그리스문자	$k-1$	$k\sum_{m=1}^{k}(\bar{y}_{...m}-\bar{y}_{....})^2$
오차	$(k-3)(k-1)$	뺄셈으로 계산
총	k^2-1	$\sum_{(i,j,l,m)\in S}(y_{ijlm}-\bar{y}_{....})^2$

질문: 라틴방격계획, 그레코-라틴방격계획을 이용할 때, 최소 수준 수는 각각 몇 개인가?

견해: 가설검정을 하려면 오차항이 있어야 하고 오차항의 자유도가 4 이상이 되는 것이 바람직하므로, 수준 수가 라틴방격계획은 4, 그레코-라틴방격계획은 5 이상은 되어야 한다.

6.7 분할법

6.7.1 분할법의 기원과 특징

분할법(split-plot design)은 애초에 피셔(Fisher)와 예이츠(Yates)가 농업실험에 도입한 방법이다. 그림 6.5는 3개의 벼 품종(V)과 2개의 비료(F)를 인자로 삼아 수확량을 관찰하기 위하여 4개의 구획에 6.2절에 배운 랜덤화 블록계획 실험을 배치한 것이다. 이 그림에서 V_i는 i번째 벼의 품종, F_j는 j번째 비료종류를 나타낸다. 4개의 구획을 정하여 각 구획지를 6등분하고 품종과 비료의 수준조합을 랜덤하게 정하여 구획에 할당한 것인데, 블록(구획) 내 6개의 농지는 환경이 일정하다고 본다.

구획 1	V_1, F_1	V_3, F_2	V_3, F_1	V_2, F_1	V_1, F_2	V_2, F_2
구획 2						
구획 3						
구획 4						

그림 6.5 랜덤화 블록계획의 실험설계

그림 6.5와 같이 배치하여 실험하면 실험단위인 처리가 '품종과 비료의 수준조합'이 되는 랜덤화 블록계획이 된다. 하지만 만일 같은 구획에 있는 땅이라고 하더라도 왼쪽과 오른쪽의 환경이 서로 다르다면 어떻게 할 것인가? 그때는 각 구획의 왼쪽 3개의 작은 구획과 오른쪽 3개의 구획을 우선 나누어, 이들을 큰 구획(whole plot) 2개로 분류하여 비료(F)의 수준을 먼저 랜덤하게 정하고, 큰 구획 내 3개의 작은 구획(split-plot)에 품종(V)을 랜덤하게 배치한다(그림 6.6). 이런 실험배치 방법이 분할법이다. 비료(F)를 큰 구획 인자, 품종(V)을 작은 구획 인자라고 부른다.

구획 1	F_1, V_2	F_1, V_3	F_1, V_1	F_2, V_3	F_2, V_1	F_2, V_2
구획 2						
구획 3						
구획 4						

그림 6.6 분할법의 개념

분할법을 이용한 실험으로 데이터를 얻으면, 분산분석을 요인배치법과는 달리 수행해야 한다. 우선 랜덤화를 두 번에 걸쳐 나누어서 했으므로 큰 구획 오차(whole plot error)와 작은 구획 오차(split-plot error)가 별도로 생기고, 큰 구획 오차는 작은 구획 오차보다 크게 나타난다. 위 실험에서 큰 구획에서 구할 수 있는 요인효과는 비료(F), 블록(B), 그 둘 간의 교호작용인 $F \times B$이다. 여기서 $F \times B$는 비료의 효과가 블록에 따라 달라지는 정도이므로 큰 구획의 실험오차가 된다. 작은 구획의 요인효과는 품종(V), $F \times V$, $B \times V$, $B \times F \times V$이고, 블록과 교락된 2개의 효과인 $B \times V$, $B \times F \times V$이 합쳐져서 작은 구획의 오차를 구성한다.

분할법(split-plot design)은 애초에 '농지의 구획(plot)을 나눈다(split)'라는 의미에서 나온 용어라서 농업실험에 국한된 방법이라고 생각할 수 있으나, 공업실험에도 잘 적용된다. 농업실험과 마찬가지로, 공업실험에서도 분할법을 쓰면 실험을 경제적이고 편리하게 수행할 수 있다. 농업실험에서 구획(plot)이라는 용어를 썼지만, 공업실험에서는 단위(unit)라는 용어를 쓰는 것이 더 적합해 보여서 이런 실험방법의 명칭을 'split-unit design'이라고 하고 큰 구획 인자를 큰 단위 인자(whole unit factor), 작은 구획 인자를 작은 단위 인자(split-unit factor)라고 부르기도 한다. 하지만 과거부터 쓰던 관행으로 여전히 'split-plot design'이라는 용어도 쓰이고 있다.

공업실험에 분할법이 얼마나 유용하게 쓰일 수 있는지 플라스틱 강도 실험의 사례를 살펴보자. Kowalski and Potcner(2003)는 플라스틱의 강도를 높이기 위하여 A는 굽는 온도, B는 첨가물의 양, C는 젓는 속도, D는 공정 시간의 4개 인자로 각 2수준, 총 16회 실험을 고려하였다. 일반적인 요인배치 실험을 하게 되면 16개의 처리조합을 랜덤한 순서로 실험하게 된다. ① 실험의 방법을 보면 우선 B, C, D에 대하여 2수준으로 8개의 시편을 각각 2개씩 16개 만들고, ② 온도 A를 반영하기 위하여 8개의 시편은 온도 A의 − 수준, 다른 8개는 + 수준에 두고 그림 6.7처럼 그것들을 하나씩 오븐에 넣어서 구워야 한다. 이런 방법으로는 시간이 아주 오래 걸리게 된다.

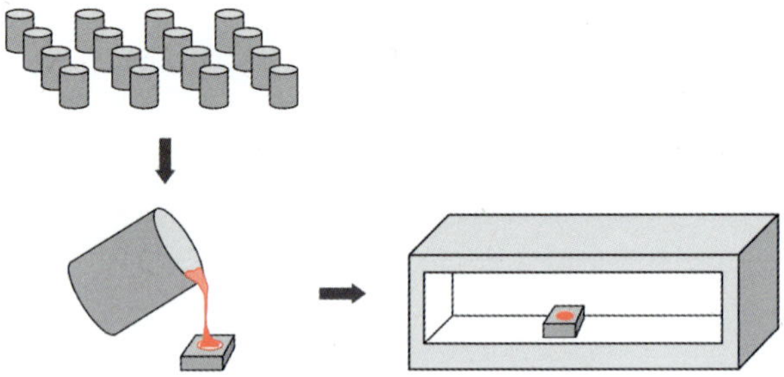

그림 6.7 완전 랜덤화 요인실험

두 번째 방법은 어차피 한 번 오븐에 구울 때, 8개를 동시에 구울 수 있으니, 처음 B, C, D에 대해 만든 시편 8개 한 세트를 오븐에 넣어 온도 150℃에서 굽고, 그것들을 꺼낸 다음 나머지 세트를 다시 오븐에 넣어 다른 온도 180℃로 굽는 것이다. 이렇게 하면 시간이 1/8로 줄어든다. 이 경우는 인자 A는 다른 3개의 인자들과 구분하여 반영된다. 실험순서는 ① 온도(A)의 수준을 랜덤하게 정하고, ② 정해진 온도에서 나머지 3개의 인자를 반영하여 마련한 8개의 시편의 위치는 오븐 안에서 랜덤하게 정하는 것이다. 이러면 간편하고도 경제적으로 실험할 수 있다. 이처럼 편의성과 경제성을 도모하기 위하여 랜덤화를 2단계에 걸쳐서 시행하는 것이 공업실험에 분할법을 이용하는 것이다.

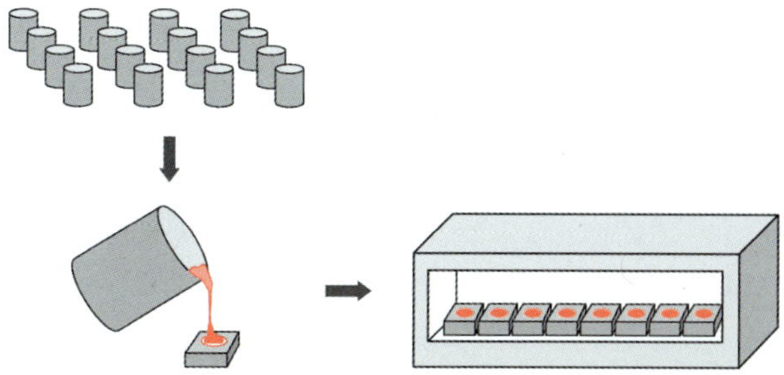

그림 6.8 분할법을 이용한 실험

6.7.2 분할법 활용 사례

Potcner and Kowalski(2004)는 가공 목재의 방수성 실험을 위하여 두 개의 인자를 이용하여 실험하고자 한다. 2수준 인자 A는 목재를 화학적, 물리적으로 전처리하는 방법이고, 4수준 인자 B는 목재에 착색하는 방법이다. 이것을 완전 랜덤화 방법으로 실험을 하고자 하면 다음의 표 6.27과 같은 순서로 실험하는 것이다. 랜덤하게 정한 순서에 따라 처음에 A_1B_2, 그다음에 A_2B_4, … 순서로 실험하려면, 매번 전처리와 착색을 조합한 작업을 수행해야 하므로 시간이 많이 소요된다.

표 6.27 완전 랜덤화 방법을 이용한 가공 목재의 방수성 실험

실험순서	1	2	3	4	5	6	7	8
전처리(A)	A_1	A_2	A_2	A_1	A_2	A_1	A_1	A_2
착색(B)	B_2	B_4	B_1	B_1	B_3	B_4	B_3	B_2

실험 시간을 줄이고 편리하게 시행할 수 있는 분할법을 이용하는 것은, 그림 6.9와 표 6.28과 같이 큰 단위(unit)의 목재를 대상으로 랜덤한 순서로 전처리를 하고, 그다음에 전처리한 목재를 4개로 나누어 작은 단위를 대상으로 서로 다르게 착색하는 것이다. 즉, 크게 랜덤하게 정한 순서대로 전처리하고, 그다음 전처리한 큰 단위를 다시 작은 단위로 쪼개어 랜덤한 순서로 착색한다.

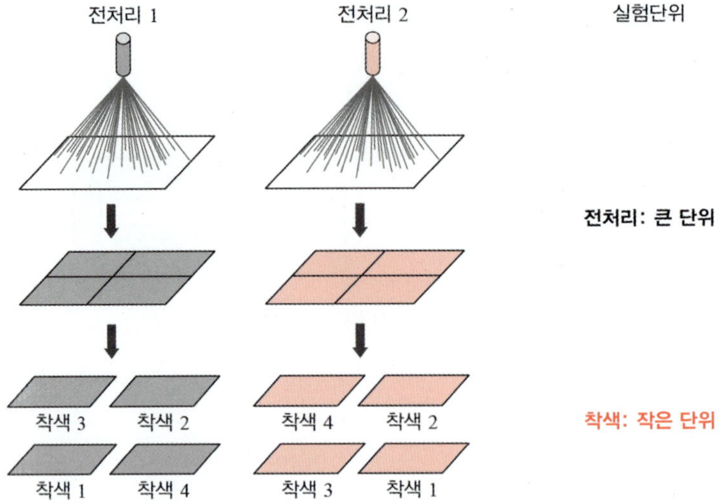

그림 6.9 분할법을 이용한 가공 목재의 방수성 실험

표 6.28 가공 목재의 방수성 실험: 분할법

전처리 A_1				전처리 A_2			
B_3	B_2	B_4	B_1	B_4	B_2	B_1	B_3

이제 분할법을 이용하여 이 실험을 3회 반복하여 시행하고자 한다. 큰 단위에 2개의 큰 목재판이 있어야 하므로 총 6개의 큰 목재판이 필요하다. 우선 큰 목재판 2개를 랜덤하게 선택하고, 전처리를 랜덤한 순서로 두 가지 방법으로 수행한 다음, 각 목재판을 4등분으로 쪼개어 4가지 착색 방법을 랜덤하게 정하여 적용하면 된다. 이 실험에서 큰 단위 인자는 전처리 방법(A)이고, 작은 단위 인자는 착색 방법(B)이다.

목재 가공 방수성 실험을 시행하기 위한 설계행렬과 실험하여 얻은 방수성 데이터를 표 6.29에 나타내었다. 큰 단위 목재는 3번 반복을 했으므로 총 6개가 있는데 이들을 번호를 매겨 나열했다. 전처리(A)는 큰 단위 각각에 어떤 전처리를 수행할 것인지를 나타내는 것이며, 착색(B)은 큰 단위를 4개로 쪼개어 구분한 작은 단위에 착색할 방법을 나타낸다. 실험순서는 '반복'을 보면 된다. 즉, 반복 1은 큰 단위 목재 4번과 1번이니까, 이들 큰 단위 목재를 꺼내어 각각 전처리를 2수준과 1수준에 맞추어 시행하고 각각을 4등분으로 쪼개어 착색을 표에 있는 랜덤한 순서로 실행한다.

표 6.29 가공 목재의 방수성 실험데이터

큰 단위 목재	전처리(A)	착색(B)	반복	방수성
4	2	2	1	53.5
4	2	4	1	32.5
4	2	1	1	46.6
4	2	3	1	35.4
5	2	4	2	44.6
5	2	1	2	52.2
5	2	3	2	45.9
5	2	2	2	48.3
1	1	3	1	40.8
1	1	1	1	43.0
1	1	2	1	51.8
1	1	4	1	45.5
2	1	2	2	60.9
2	1	4	2	55.3
2	1	3	2	51.1
2	1	1	2	57.4
6	2	1	3	32.1
6	2	4	3	30.1
6	2	2	3	34.4
6	2	3	3	32.2
3	1	1	3	52.8
3	1	3	3	51.7
3	1	4	3	55.3
3	1	2	3	59.2

1) 가공 목재의 방수성 실험: 요인배치 분석

만일 이런 방식으로 실험한 것을 일반요인배치 방법으로 분석하면 어떻게 되는지 살펴보자. 우선 실험 전 데이터 모형은 다음과 같이 표현될 것이다.

$$y_{ijp} = \eta + \alpha_i + \beta_j + (\alpha\beta)_{ij} + \epsilon_{ijp}, \quad i = 1, \cdots, k, \quad j = 1, \cdots, m, \quad p = 1, \cdots, n \qquad (6.20)$$

표 6.29 데이터를 이용해 분산분석을 수행하면 그 결과는 표 6.30과 같다. 주효과 A는 유의하고, 주효과 B와 교호작용효과 AB는 유의하지 않게 나온다. 과연 이것이 맞는지는 나중에 확인하도록 한다.

표 6.30 가공 목재의 방수성 실험의 분산분석표: 요인배치법으로 분석

요인	자유도	제곱합	평균제곱	F-값
A	1	782.04	782.04	13.49
B	3	266.00	88.67	1.53
A × B	3	62.79	20.93	0.36
오차	16	927.88	57.99	
합계	23	2,038.72		

이번에는 사례데이터를 분할법으로 분석해 보자.

2) 가공 목재의 방수성 실험: 랜덤화 방법 확인

'전처리'(인자 A)에는 큰 단위의 목재판이 랜덤화 단위이고, '착색'(인자 B)은 이미 전처리한 큰 단위 목재판을 4개로 나눈 작은 단위의 조각 목재판이 랜덤화 단위이며, 큰 단위 랜덤화 인자(A)와 작은 단위 랜덤화 인자(B)에 적용해야 할 오차는 다르게 적용되어야 한다.

실험을 반복했으므로 우선 반복을 하나의 인자로 생각해 보자. 24개의 데이터를 모형으로 표현해 보자. r은 반복에 따른 변량효과, α는 전처리 효과, β는 착색 효과로 나타내면 주효과 3개, 2인자 교호작용 3개, 3인자 교호작용 하나를 추정할 수 있다. 두 단계 랜덤화를 강조하기 위해 큰 단위의 효과와 작은 단위 효과 사이에는 '⋮' 표시했다. r_p는 반복에 따른 변량효과이고, r_p가 포함된 다른 교호작용효과도 변량효과를 나타낸다.

3) 실험 전 분할법의 데이터 모형

$$y_{ijp} = \eta + r_p + \alpha_i + (r\alpha)_{pi} \ \vdots + \beta_j + (\alpha\beta)_{ij} + (r\beta)_{pj} + (r\alpha\beta)_{pij},$$

$$i = 1, \cdots, k, \ \ j = 1, \cdots, m, \ \ p = 1, \cdots, n \qquad (6.21)$$

분할법을 이용한 실험데이터를 분석할 때는 '큰 단위'(whole unit)와 '작은 단위'(subunit)로 항들을 구분하여야 하는데, 표 6.31에 큰 단위와 작은 단위 항들을 구분하여 나타내었다.

표 6.31 분할법 모형에서 큰 단위와 작은 단위 항의 구분

큰 단위와 관련된 항		작은 단위와 관련된 항	
r_p	p번째 반복의 효과	β_j	인자 B의 j 수준의 주효과
α_i	인자 A의 i 수준의 주효과	$(\alpha\beta)_{ij}$	(A, B)가 (i, j)일 때 교호작용효과
$(r\alpha)_{pi}$	(반복, A)가 (p, i)일 때 교호작용효과	$(r\beta)_{pj}$	(반복, B)가 (p, j)일 때 교호작용효과
		$(r\alpha\beta)_{pij}$	(반복, A, B)가 (p, i, j)일 때 교호작용효과

큰 단위를 보면, 반복과 전처리의 주효과, 그들 간 교호작용이 있는데, 반복과 전처리의 교호작용이라는 것은 전처리의 효과가 반복에 따라 달라지는 정도이므로 큰 단위의 오차이다. 작은 단위에는 착색, 착색과 전처리의 교호작용, 착색과 반복의 교호작용, 3개 인자의 3인자 교호작용이 있다. 여기서 착색 × 반복은 착색 효과가, 전처리×착색×반복은 전처리 × 착색 교호작용이 반복에 따라 달라지는 정도이므로 작은 단위의 오차항은 이들 교호작용의 합으로 이루어진다.

$$\text{큰 단위 오차항: } (r\alpha)_{pi} \sim N(0, \sigma_{\epsilon 1}^2)$$
$$\text{작은 단위 오차항: } (r\beta)_{pj} + (r\alpha\beta)_{pij} \sim N(0, \sigma_{\epsilon 2}^2) \tag{6.22}$$

4) 오차제곱합의 계산

$$SS_{whole} = SS_{r\times A},\ SS_{sub} = SS_{r\times B} + SS_{r\times A\times B} \tag{6.23}$$

큰 단위의 오차는 반복과 인자 A의 교호작용이고, 작은 단위의 오차는 반복과 인자 B의 교호작용과 3인자 교호작용의 합이다.

5) 변동의 분해

분할법에 맞게 변동을 분해하면 다음과 같다.

$$SS_T = SS_r + SS_A + SS_{whole}\ \vdots\ + SS_B + SS_{A\times B} + SS_{sub} \tag{6.24}$$

6) 검정통계량

큰 단위에 있는 인자 A의 주효과에 대한 검정통계량의 분모는 큰 단위 오차항의, 작은 단위에 있는 인자 B와 AB 교호작용효과를 검정하기 위한 검정통계량은 작은 단위 오차항의 평균제곱을 분모로 쓴다.

$$F_A = \frac{MS_A}{MS_{whole}} \tag{6.25}$$

$$F_B = \frac{MS_B}{MS_{sub}} \tag{6.26}$$

$$F_{A\times B} = \frac{MS_{A\times B}}{MS_{sub}} \tag{6.27}$$

7) 분할법 분산분석표

표 6.32 분할법 분산분석표

요인	자유도	제곱합	평균제곱	F-값
반복	$n-1$	SS_r	MS_r	$\frac{MS_r}{MS_{whole}}$
A	$k-1$	SS_A	MS_A	$\frac{MS_A}{MS_{whole}}$
큰 단위 오차	$(k-1)(n-1)$	SS_{whole}	MS_{whole}	
B	$m-1$	SS_B	MS_B	$\frac{MS_B}{MS_{sub}}$
A × B	$(k-1)(m-1)$	$SS_{A\times B}$	$MS_{A\times B}$	$\frac{MS_{A\times B}}{MS_{sub}}$
작은 단위 오차	$k(m-1)(n-1)$	SS_{sub}	MS_{sub}	

8) 가공 목재의 방수성 실험데이터 분석

우선 큰 단위 데이터를 분석하기 위해 큰 단위의 데이터 합을 구해야 한다.

표 6.33 큰 단위 데이터 요약표

구분	반복 1	반복 2	반복 3	합계
A_1	181.1	224.7	219.0	624.8
A_2	168.0	191.0	128.8	487.8
합계	349.1	415.7	347.8	1,112.6

큰 단위에 있는 제곱합을 구하는 것을 식 (6.28)에 나타내었다. A의 제곱합을 구할 때 12로 나누는 이유는 A의 한 수준에서 12개의 데이터를 합한 값을 이용하여 구하기 때문이다.

$$SS_A = \{(624.8)^2 + (487.8)^2\}/12 - (1{,}112.6)^2/24 = 782.04$$

$$SS_r = \{(349.1)^2 + (415.7)^2 + (347.8)^2\}/8 - (1{,}112.6)^2/24 = 376.99$$

$$SS_{r\times A} = \{(181.1)^2 + \cdots + (128.8)^2\}/4 - (1{,}112.6)^2/24 - SS_r - SS_A = 398.37 \qquad (6.28)$$

교호작용의 계산은 6개의 합 각각을 제곱하여 4로 나눈 다음에 수정항을 빼고, 다시 반복과 A의 제곱합을 뺀다. 그 이유는 처음 항에 반복과 A의 제곱합의 내용이 포함되어 있기 때문이다. 이 내용은 6.3절을 참조하기를 바란다.

9) 자유도

주효과의 자유도는 (수준 수 − 1), 교호작용효과의 자유도는 교호작용을 구성하는 인자들의 자유도의 곱으로 구하고, 작은 단위 오차 자유도는 총자유도에서 다른 요인들의 자유도를 빼서 구할 수 있다.

10) 분산분석표

표 6.30을 보면, 분할법으로 실험하여 얻은 데이터를 요인배치로 얻은 것으로 간주하여 분석하면 인자 A가 유의한 것으로 나왔다. 하지만 분할법에 맞게 분석하면, 유의수준 $\alpha = 0.05$에서 $F_{(1, 2; 0.05)} = 18.51$이므로 A는 유의하지 않고, $F_{(3, 12; 0.05)} = 3.49$라서 B는 유의하지만, A × B는 유의하지 않다(표 6.34).

표 6.34 가공 목재의 방수성 실험의 분산분석표: 분할법으로 분석

요인	자유도	제곱합	평균제곱	F−값
반복	2	376.99	188.50	0.95
A	1	782.04	782.04	3.93
큰 단위 오차	2	398.37	199.19	
B	3	266.00	88.67	6.98
A × B	3	62.79	20.93	1.65
작은 단위 오차	12	152.52	12.71	
합계	23	2,038.72		

사실 일반 실험자들은 분할법으로 실험을 하고 분석은 요인배치 방법으로 하는 경우가 흔하다. 이런 현상은 실험자들이 랜덤화 방법에 관하여 주의를 기울이지 않고 편의성이나 경제성을 고려하여 분할법 방식으로 실험하고 실험데이터는 요인배치 방법으로 분석함으로써 나타나는 현상이다.

질문: ① 수준을 바꾸기 어려운 인자가 2개일 때, ② 큰 단위, 중간 단위, 작은 단위의 3가지 있을 때도 분할법을 쓸 수 있는가?

견해: 모두 가능하다.

6.8 계층적 분산요소의 추정

6.8.1 배치 간 변동과 배치 내 변동의 추정 실험

2년간 보관한 수지 베어링의 압축강도(kgf/cm^2)에 차이가 있는지 알아보기 위하여 200개의 보관함(배치) 중 그림 6.10과 같이 10개를 랜덤하게 선정하고, 각각에서 2개의 베어링을 추출하여 압축강도를 시험하여 측정하였다. 실험을 하기 전, i번째 배치의 j번째 측정치를 y_{ij}, i번째 배치의 효과를 B_i, i번째 배치의 j번째 측정치 효과(오차)를 E_{ij}라고 하고, 총변동을 σ_T^2, 배치 간 변동을 σ_B^2, 배치 내 변동(오차변동)을 σ_E^2라고 하면, 실험 전 데이터 모형과 그로부터 얻는 분산식은 다음과 같다.

$$y_{ij} = \mu + B_i + E_{ij} \quad \Rightarrow \quad \sigma_T^2 = \sigma_B^2 + \sigma_E^2 \tag{6.29}$$

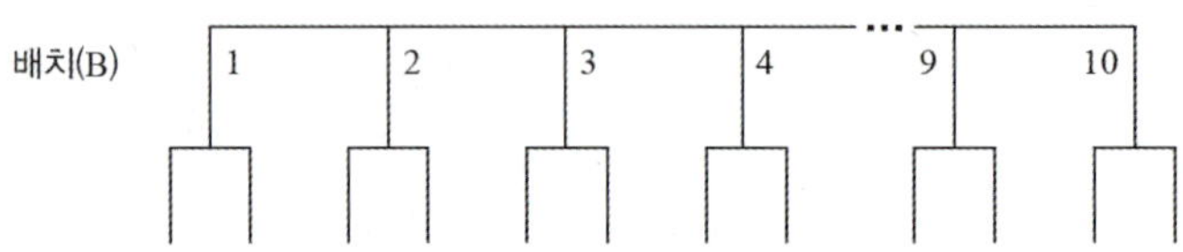

그림 6.10 배치 간 변동과 배치 내 변동을 추정하기 위한 실험의 설계공간

수지 베어링 압축강도의 배치 간 변동과 배치 내 변동을 산정하기 위한 실험데이터는 표 6.35에 나타내었다.

이 데이터로부터 배치 간 변동(산포)과 배치 내 변동(산포)이 어느 정도인지 알아보고자 한다. 배치변동은 i번째 배치에서 측정한 두 개의 강도 평균값($\overline{y_i}$)을 전체 평균($\overline{\overline{y}}$)에서 뺀 20개의 편차를 제곱하여 더한 것을 배치제곱합 SS_B로, 오차변동은 i번째 배치의 j번째 측정치(y_{ij})를 그 배치의 평균값($\overline{y_i}$)에서 뺀 20개의 편차를 제곱하여 더한 것을 오차제곱합 SS_E로 나타내기로 한다. 이 실험에서 오차는 샘플링오차와 측정오차를 모두 포함하고 있다.

$$SS_B = \sum_{i=1}^{10}\sum_{j=1}^{2}(\overline{y}_{i.} - \overline{y}_{..})^2 = \sum_{i=1}^{10} 2 \times (\overline{y}_{i.} - \overline{y}_{..})^2 \tag{6.30}$$

$$SS_E = \sum_{i=1}^{10}\sum_{j=1}^{2}(y_{ij} - \overline{y}_{i.})^2 \tag{6.31}$$

표 6.35 배치 간, 배치 내 변동을 추정하기 위한 실험데이터

배치 i	반복 j	y_{ij}	$\bar{y}_{i.}$	$\sum_{j=1}^{2}(y_{ij}-\bar{y}_{i.})^2=(y_{i1}-y_{i2})^2/2$	$\sum_{j=1}^{2}(\bar{y}_{i.}-\bar{y}_{..})^2=2\times(\bar{y}_{i.}-\bar{y}_{..})^2$
1	1	1,212.4	1,212.2	0.080	9.680
	2	1,212.0			
2	1	1,210.0	1,210.2	0.045	0.045
	2	1,210.3			
3	1	1,210.5	1,210.5	0.000	0.500
	2	1,210.5			
4	1	1,211.3	1,211.4	0.005	3.645
	2	1,211.4			
5	1	1,207.0	1,206.9	0.020	19.220
	2	1,206.8			
6	1	1,209.7	1,209.7	0.000	0.180
	2	1,209.7			
7	1	1,211.4	1,211.4	0.005	3.645
	2	1,211.3			
8	1	1,206.6	1,206.7	0.020	21.780
	2	1,206.8			
9	1	1,211.6	1,211.7	0.005	5.445
	2	1,211.7			
10	1	1,209.5	1,209.5	0.000	0.500
	2	1,209.5			
합계		$T_{..}=$ 24,200.0		SS_E = 0.1800	SS_B = 64.640

데이터 합 $T_{i.}=\sum_{j=1}^{2}y_{ij}$, $T_{..}=\sum_{i=1}^{10}\sum_{j=1}^{2}y_{ij}=\sum_{i=1}^{10}T_{i.}$을 이용하면, 각 요인의 제곱합은 다음과 같이 계산할 수 있다.

$$SS_B=\sum_{i=1}^{10}T_{i.}^2/2-T_{..}^2/20 \tag{6.32}$$

$$SS_E=\sum_{i=1}^{10}\left\{\sum_{j=1}^{2}y_{ij}^2-T_{i.}^2/2\right\} \tag{6.33}$$

표 6.35의 데이터를 이용하여 배치제곱합과 오차제곱합을 구하면, 표 6.35에도 나와 있듯이, $SS_B = 64.640$, $SS_E = 0.1800$이다. SS_B와 SS_E를 각각 자유도 9와 10으로 나누면 다음과 같이 평균제곱 MS_B와 MS_E를 구할 수 있다.

$$MS_B=SS_B/9=7.1822 \tag{6.34}$$

$$MS_E = SS_E / 10 = 0.0180 \tag{6.35}$$

배치변동을 나타내는 평균제곱 MS_B에는 배치 간 변동과 배치 내 변동이 함께 포함되어 있고, 기댓값 $E(MS_B) = \sigma_E^2 + 2\sigma_B^2$이다. 오차변동의 평균제곱 MS_E의 기댓값은 바로 배치 내 변동인 σ_E^2이다. 표 6.36에 이러한 실험데이터를 분석한 분산분석표를 나타내었다.

표 6.36 배치 간 변동과 배치 내 변동 추정 실험의 분산분석표

요인	자유도	제곱합(SS)	평균제곱(MS)	$E(MS)$
B: 배치	9	64.64	7.1822	$\sigma_E^2 + 2\sigma_B^2$
E: 오차	10	0.18	0.0180	σ_E^2
합계	19	64.82		

$E(MS_B) = \sigma_E^2 + 2\sigma_B^2$, $E(MS_E) = \sigma_E^2$로부터, 다음과 같이 MS_B와 MS_E를 배치 간 변동과 배치 내 변동의 추정치인 $\hat{\sigma}_B^2$와 $\hat{\sigma}_E^2$를 구하는 데 이용할 수 있다.

$$MS_B = 7.1822 = \hat{\sigma}_E^2 + 2\hat{\sigma}_B^2, \ MS_E = 0.0180 = \hat{\sigma}_E^2 \tag{6.36}$$

식 (6.36)을 이용하면, $\hat{\sigma}_B^2$와 $\hat{\sigma}_E^2$를 다음과 같이 계산할 수 있다.

$$\hat{\sigma}_E^2 = 0.0180, \ \hat{\sigma}_B^2 = \frac{MS_B - MS_E}{2} = \frac{7.1822 - 0.0180}{2} = 3.5821 \tag{6.37}$$

식 (6.29)로부터 시험 전 총변동(σ_T^2)은 배치 간 변동(σ_B^2)과 배치 내 변동(σ_E^2)의 합으로 이루어짐을 알 수 있는데, 실험 후 얻은 데이터를 분석한 결과, 다음과 같이 분산식을 구성할 수 있다.

$$\hat{\sigma}_T^2 = \hat{\sigma}_B^2 + \hat{\sigma}_E^2 = 3.5821 + 0.0180 = 3.6001 \tag{6.38}$$

이로부터 두 개의 분산요소가 전체 변동에서 차지하는 비율은 다음과 같다. 즉, 전체 변동 99.5%가 배치 간 차이로 나타난 것이고, 배치 내 오차로 나타난 변동은 0.5%에 불과하다. 그러므로 수지 베어링을 보관하면서 압축강도 값의 변동을 줄이려면 배치 간 산포를 줄일 방안을 마련해야 한다.

$$\frac{\hat{\sigma}_B^2}{\hat{\sigma}_T^2} = \frac{3.5821}{3.6001} = 0.995, \quad \frac{\hat{\sigma}_E^2}{\hat{\sigma}_T^2} = \frac{0.0180}{3.6001} = 0.005 \tag{6.39}$$

그림 6.11은 압축강도 실험데이터를 배치별로 묶어 나타낸 그림이다. 배치(B)의 변동성은 총평균선과 상자 사이 거리로, 배치 내 오차(E)의 변동성은 각 상자의 세로 길이로 확인할 수 있다.

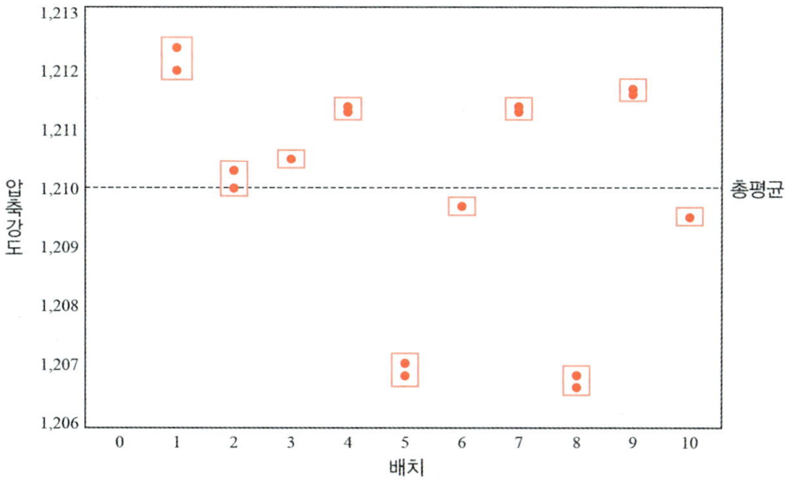

그림 6.11 배치 간 변동과 배치 내 변동 추정 실험 결과 시각화

> **복습문제** 이 실험에서 오차는 샘플링오차와 측정오차를 모두 포함하고 있는데, 만일 이들 오차를 분리하여 파악하려면 어떤 식의 실험을 해야 하는가?

6.8.2 3요인 지분실험법

앞선 6.8.1절에는 분산요소가 2개 있는 실험을 시행한 결과를 분석했다. 이런 식의 실험을 계층으로 나눈다고 하여 계층실험법(hierarchical design), 또는 상위의 계층에서 가지를 쳐서 하위의 수준이 나온다고 하여 지분실험법(nested design)이라고 부른다. 이 절에서는 분산요소가 3개의 계층으로 이루어지는 실험에 관해 알아보려고 한다. 그림 6.12에 3개의 요인으로 구성된 지분실험법의 설계공간을 나타내었다. 이 실험에 관하여 좀 더 알아보면, ① 요인 A의 수준 수(n_A)는 10 이상이 되어야 한다. 그래야 인자 A의 자유도가 최소한 9가 된다. ② 요인 A의 각 수준에서 요인 B의 수준은 랜덤하게 결정되고, 요인 C의 수준은 요인 B의 각 수준에서 랜덤하게 결정된다. ③ 요인 A의 1수준에서 나온 B_1 수준과 요인 A의 2수준에서 나온 B_1 수준은 서로 다르다.

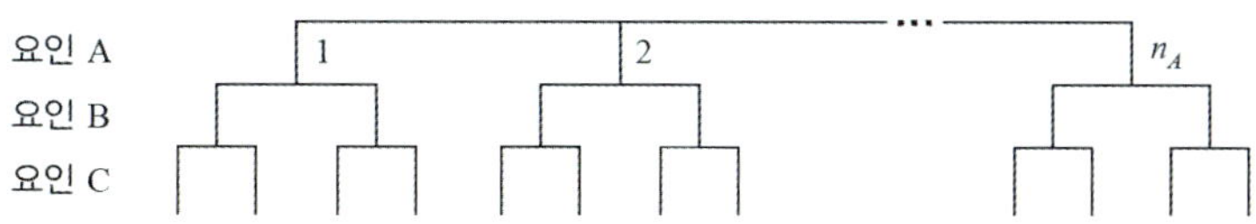

그림 6.12 3요인 지분실험법의 설계공간

실험을 하기 전 데이터 모형은 다음과 같다.

$$y_{ijk} = \mu + A_i + B_{ij} + C_{ijk} \tag{6.40}$$

데이터 합 $T_{ij.} = \sum_k y_{ijk}$, $T_{i..} = \sum_j T_{ij.}$, $T_{...} = \sum_i T_{i..}$을 이용하면 각 요인의 제곱합은 다음과 같이 구할 수 있고, 분산분석표는 표 6.37과 같다.

$$SS_C = \sum_i \sum_j \left\{ \sum_k y_{ijk}^2 - T_{ij.}^2/2 \right\}$$

$$SS_B = \sum_i \sum_j \left\{ T_{ij.}^2/2 - T_{i..}^2/4 \right\}$$

$$SS_A = \sum_i T_{i..}^2/4 - T_{...}^2/4n_A \tag{6.41}$$

표 6.37 3요인 지분실험법의 분산분석표

요인	자유도	제곱합(SS)	평균제곱(MS)	$E(MS)$
A	$n_A - 1$	SS_A	MS_A	$\sigma_C^2 + 2\sigma_B^2 + 4\sigma_A^2$
B	n_A	SS_B	MS_B	$\sigma_C^2 + 2\sigma_B^2$
C	$2n_A$	SS_C	MS_C	σ_C^2

A 기계부품은 일정한 압축강도를 유지해야 한다. 압축강도의 산포를 파악하기 위하여 생산된 200개의 배치 중에서 10개를 랜덤하게 고르고, 각 배치에서 2개의 부품을 다시 랜덤하게 선정한다. 2명의 작업자가 디지털 측정기를 이용하여 각 부품의 압축강도를 잰다. 디지털 측정기를 이용하므로 한 작업자가 같은 부품을 잴 때는 측정오차는 발생하지 않는다고 가정하여 한 번씩만 측정하도록 했다. 작업자 간에는 부품의 강도를 재기 위하여 세팅하는 작업에서 차이가 발생할 수도 있다고 본다. 이 실험을 통하여 측정된 압축강도의 산포가 배치 간, 배치 내 부품 간, 측정하는 작업자 간 산포 중 어느 쪽에서 크게 나타나는지 알아보고자 한다. 실험을 하기 전 분산요소의 모형은 A(배치), B(부품), C(작업자) 요소에 관하여 다음과 같이 쓸 수 있다.

$$y_{ijk} = \mu + A_i + B_{ij} + C_{ijk} \tag{6.42}$$

표 6.38은 10개의 배치, 각 배치에서 2개의 부품, 각 부품을 2명의 작업자가 측정한 압축강도 데이터이다.

표 6.38 부품의 압축강도 측정실험 데이터

배치 i	부품 j	작업자 k	y_{ijk}	y_{ijk}^2	$T_{ij.}$	$T_{ij.}^2$	$T_{i..}$	$T_{i..}^2$
1	1	1	4.05	16.40	8.12	65.93	16.30	265.69
		2	4.07	16.56				
	2	1	4.07	16.56	8.18	66.91		
		2	4.11	16.89				
2	1	1	4.07	16.56	8.18	66.91	16.31	266.02
		2	4.11	16.89				
	2	1	4.07	16.56	8.13	66.10		
		2	4.06	16.48				
3	1	1	4.11	16.89	8.22	67.57	16.37	267.98
		2	4.11	16.89				
	2	1	4.05	16.40	8.15	66.42		
		2	4.10	16.81				
4	1	1	4.07	16.56	8.16	66.59	16.20	262.44
		2	4.09	16.73				
	2	1	3.99	15.92	8.04	64.64		
		2	4.05	16.40				
5	1	1	4.07	16.56	8.15	66.42	16.29	265.36
		2	4.08	16.65				
	2	1	4.04	16.32	8.14	66.26		
		2	4.10	16.81				
6	1	1	3.99	15.92	7.97	63.52	16.05	257.60
		2	3.98	15.84				
	2	1	4.04	16.32	8.08	65.29		
		2	4.04	16.32				
7	1	1	4.09	16.73	8.09	65.45	16.06	257.92
		2	4.06	16.00				
	2	1	3.97	15.76	7.97	63.52		
		2	4.02	16.00				
8	1	1	4.05	16.00	7.98	63.68	15.97	255.04
		2	3.98	15.84				
	2	1	4.00	16.00	7.99	63.84		
		2	3.99	15.92				
9	1	1	4.04	16.32	8.04	64.64	16.15	260.82
		2	4.00	16.00				
	2	1	4.03	16.24	8.11	65.77		
		2	4.08	16.65				
10	1	1	4.08	16.65	8.19	67.08	16.34	267.00
		2	4.11	16.89				
	2	1	4.07	16.56	8.15	66.42		
		2	4.08	16.65				
합계			162.17	657.54		1,315.06		2,630.05

그림 6.13은 부품의 압축강도 측정 데이터를 설계공간으로 표시하여 나타낸 것이다.

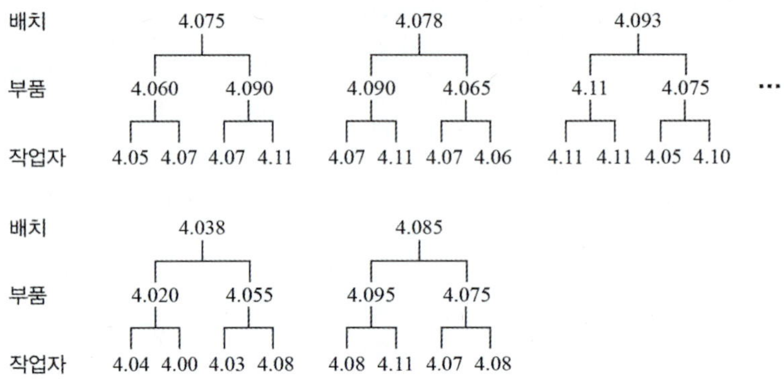

그림 6.13 설계공간에 부품의 압축강도 측정실험 데이터 표시

식 (6.41)을 이용하여 배치, 부품, 작업자 제곱합을 구하면, $SS_A \approx 0.03420$, $SS_B \approx 0.01783$, $SS_C \approx 0.01375$이다. 표 6.39에 부품의 압축강도 측정실험 분산분석표를 나타내었다.

표 6.39 부품의 압축강도 측정실험 분산분석표

요인	자유도	제곱합(SS)	평균제곱(MS)	$E(MS)$
A: 배치	9	0.03420	0.00380	$\sigma_C^2 + 2\sigma_B^2 + 4\sigma_A^2$
B: 부품	10	0.01783	0.00178	$\sigma_C^2 + 2\sigma_B^2$
C: 작업자	20	0.01375	0.00069	σ_C^2

표 6.39의 $E(MS)$로부터 다음과 같이 3가지 분산요소의 값을 추정할 수 있다.

$$\hat{\sigma}_C^2 = 0.00069$$

$$\hat{\sigma}_B^2 = \frac{MS_B - MS_C}{2} = \frac{0.00178 - 0.00069}{2} = 0.00055$$

$$\hat{\sigma}_A^2 = \frac{MS_A - MS_B}{4} = \frac{0.00380 - 0.00178}{4} = 0.00051 \tag{6.43}$$

식 (6.42)로부터 시험 전 총변동(σ_T^2)은 배치 간 변동(σ_A^2), 부품 변동(σ_B^2), 작업자 변동(σ_C^2)의 합으로 이루어짐을 알 수 있는데, 실험 후 얻은 데이터를 분석한 결과, 다음과 같이 분산식을 구성할 수 있다.

$$\hat{\sigma}_T^2 = \hat{\sigma}_A^2 + \hat{\sigma}_B^2 + \hat{\sigma}_C^2 = 0.00051 + 0.00055 + 0.00069 = 0.00175 \tag{6.44}$$

3개의 분산요소가 전체 변동에서 차지하는 비율은 다음과 같다. 작업자 변동이 39.43%로서 가장 크지만, 다른 변동들도 무시할 수 없을 정도로 크다는 것을 알 수 있다. 그러므로 부품의 압축강도 변동을 줄이기 위해서는 배치 간, 배치 내, 측정자에 의한 산포를 모두 줄이기 위한 개선활동을 해야 한다.

$$\frac{\hat{\sigma}_C^2}{\hat{\sigma}_T^2} = \frac{0.00069}{0.00175} = 0.3943$$

$$\frac{\hat{\sigma}_B^2}{\hat{\sigma}_T^2} = \frac{0.00055}{0.00175} = 0.3143$$

$$\frac{\hat{\sigma}_A^2}{\hat{\sigma}_T^2} = \frac{0.00051}{0.00175} = 0.2914 \tag{6.45}$$

그림 6.14는 부품의 압축강도 측정실험 데이터를 시각적으로 표현한 그림이다. 가운데 수평선은 총평균, 상자는 배치를, 상자 내 선은 부품을, 선의 두 개의 점은 작업자를 나타낸다. 배치(A)의 변동성은 총평균선과 상자의 가운데 위치 사이 거리로, 배치 내 부품(B)의 변동성은 상자 내 두 선의 평균값의 차이로, 작업자(C) 변동은 선의 길이로 확인할 수 있다.

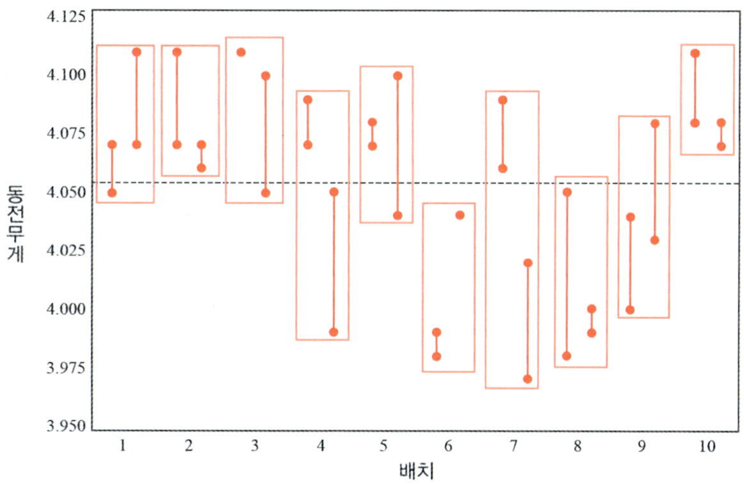

그림 6.14 부품의 압축강도 측정실험 결과의 시각화

6.8.3 4요인 지분실험법

화학제품 생산을 위해 입고된 분말 A의 수분함량을 측정하고자 한다. 1,000개의 로트에서 랜덤하게 15개를 선정하고, 각 로트에서 샘플을 2개씩 채취하여 2명의 화학자가 2개 샘플의 수분함량을 반복하여 분석한 것을 기록하였다. 이렇게 실험하면, 실험을 하기 전 데이터 모형은 다음과 같이 나타낼 수 있다.

$$y_{ijk} = \mu + L_i + S_{ij} + C_{ijk} + A_{ijkl} \tag{6.46}$$

여기서, μ: 전체 평균

L_i: 전체 평균(μ) 대비 i번째 로트의 효과(로트의 평균 − μ)

S_{ij}: i번째 로트 평균 대비 j번째 샘플의 효과(j번째 샘플의 평균 − i번째 로트 평균)

C_{ijk}: i번째 로트 j번째 샘플 평균 대비 화학자 k의 효과

A_{ijkl}: i번째 로트 j번째 샘플에 대한 화학자 k의 평균 대비 l번째 분석값의 차이

식 (6.46)에 기반하여 분산요소는 다음과 같이 나타낼 수 있다.

$$\sigma^2 = \sigma_L^2 + \sigma_S^2 + \sigma_C^2 + \sigma_A^2 \tag{6.47}$$

그림 6.15는 4개 요인의 변동 크기를 추정하기 위한 실험의 설계공간을 나타낸 것이다.

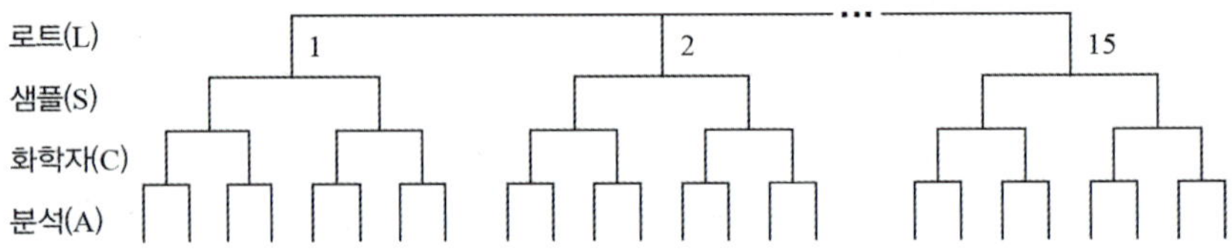

그림 6.15 4요인 지분실험법의 설계공간

데이터 합 $T_{ijk.} = \sum_l y_{ijkl}$, $T_{ij..} = \sum_k T_{ijk.}$, $T_{i...} = \sum_j T_{ij..}$, $T_{....} = \sum_i T_{i...}$ 을 이용하면 각 요인의 제곱합은 다음과 같이 구할 수 있다.

$$SS_A = \sum_i \sum_j \sum_k \left[\sum_l y_{ijkl}^2 - T_{ijk.}^2/2 \right]$$

$$SS_C = \sum_i \sum_j \left[\sum_k T_{ijk.}^2/2 - T_{ij..}^2/4 \right]$$

$$SS_S = \sum_i \left[\sum_j T_{ij..}^2/4 - T_{i...}^2/8 \right]$$

$$SS_L = \sum_i T_{i...}^2/8 - T_{....}^2/8n_A \tag{6.48}$$

표 6.40에 수분함량 측정실험을 시행하여 구한 데이터를 나타내었다.

표 6.40 수분함량 측정실험 데이터

로트	샘플	화학자 1		화학자 2	
1	1	3.2	3.2	2.8	3.0
	2	2.6	3.0	3.8	3.2
2	1	1.6	1.8	1.4	1.6
	2	1.6	1.6	1.4	1.6
3	1	3.0	3.0	1.6	1.0
	2	3.2	2.6	2.2	2.0
4	1	3.2	3.4	3.0	3.8
	2	1.6	1.6	3.4	3.8
5	1	3.6	4.4	3.8	4.6
	2	4.0	4.0	3.6	4.6
6	1	9.6	8.6	8.4	8.6
	2	9.4	9.2	9.6	10.2
7	1	8.2	8.8	9.4	8.8
	2	8.0	7.8	8.6	8.0
8	1	3.4	3.0	3.0	3.2
	2	2.2	2.6	2.6	2.6
9	1	4.2	4.8	4.4	4.2
	2	3.8	3.8	4.2	4.6
10	1	2.4	2.4	2.2	2.2
	2	3.2	2.8	2.0	2.4
11	1	2.4	3.2	2.8	2.4
	2	2.4	2.8	2.2	2.0
12	1	3.6	5.0	4.0	3.0
	2	1.4	3.0	2.4	2.4
13	1	3.2	3.2	3.4	3.4
	2	3.0	3.0	3.6	3.4
14	1	2.6	3.0	2.6	2.6
	2	2.8	2.8	2.0	2.4
15	1	3.2	3.4	3.0	3.2
	2	2.4	2.8	2.2	2.2

이 데이터를 이용하여 제곱합을 구하고, 자유도를 계산하여 평균제곱을 구한 것을 분산분석표로 나타내면 표 6.41과 같다.

표 6.41 수분함량 측정오차 실험의 분산분석표

요인	자유도	제곱합(SS)	평균제곱(MS)	$E(MS)$
L: 로트	14	534.53	38.18	$\sigma_A^2+2\sigma_C^2+4\sigma_S^2+8\sigma_L^2$
S: 샘플	15	11.60	0.77	$\sigma_A^2+2\sigma_C^2+4\sigma_S^2$
C: 화학자	30	12.45	0.42	$\sigma_A^2+2\sigma_C^2$
A: 반복	60	7.74	0.13	σ_A^2

표 6.41의 $E(MS)$로부터 다음과 같이 4가지 분산요소의 값을 추정할 수 있다.

$$\hat{\sigma}_A^2 = 0.13$$

$$\hat{\sigma}_C^2 = \frac{MS_C - MS_A}{2} = \frac{0.42 - 0.13}{2} = 0.145$$

$$\hat{\sigma}_S^2 = \frac{MS_S - MS_C}{4} = \frac{0.77 - 0.42}{4} = 0.0875$$

$$\hat{\sigma}_L^2 = \frac{MS_L - MS_S}{8} = \frac{38.13 - 0.77}{8} = 4.67 \tag{6.49}$$

식 (6.49)의 추정값을 이용하면 총변동은 다음과 같이 추정할 수 있다.

$$\hat{\sigma}_T^2 = \hat{\sigma}_A^2 + \hat{\sigma}_C^2 + \hat{\sigma}_S^2 + \hat{\sigma}_L^2 = 0.13 + 0.145 + 0.0875 + 4.67 = 5.0325 \tag{6.50}$$

$\frac{\hat{\sigma}_L^2}{\hat{\sigma}_T^2} = \frac{4.67}{5.0325} = 0.927$, 즉 전체 변동의 약 93% 이상이 로트(L)의 산포로 나타나는 것이고, 다른 3개의 분산요소는 전체 변동에 거의 영향을 미치지 않는다.

그림 6.16은 수분함량 측정실험 결과를 상대도수 그래프로 나타낸 것이다. 오른쪽에 다른 데이터들과 동떨어진 이상치로 보이는 것들이 있는데, 이들은 6번과 7번 로트의 수분함량 데이터이다.

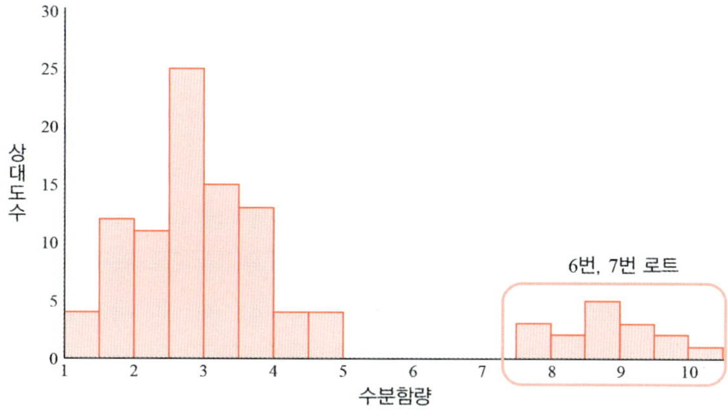

그림 6.16 수분함량 측정실험 결과 상대도수 그래프

만일 6번과 7번 로트에서 이렇게 함량이 특별히 높게 나오는 원인을 규명하고, 향후 이러한 일이 발생하지 않을 수 있도록 조치할 수 있으면 이 데이터들을 제외하고 분산분석을 다시 수행할 수 있는데, 이 내용은 연습문제로 두었다,

6.9 미끄럼 수준 실험데이터 분석

미끄럼 수준(sliding level)은 어떤 인자의 수준을 설정할 때, 다른 인자의 수준에 따라 서로 다르게 정하는 것을 말한다. 화학반응에서 시간과 온도가 동시에 높으면 위험해지고, 함께 낮으면 반응이 일어나지 않는다면, 수준을 둘 다 낮추거나 높이는 쪽은 피하고, 표 6.42와 그림 6.17처럼 온도(℃)에 따라 시간(분)의 수준을 달리 정해야 한다. 이때 먼저 수준을 정하는 '온도'와 같은 인자를 '미끄럼틀 인자', 온도의 수준에 따라 수준 설정이 달라지는 '시간'과 같은 인자를 '미끄럼 인자'라고 한다.

표 6.42 미끄럼 수준 설정

온도 \ 시간		저수준	고수준
저수준	120	40	60
고수준	150	20	40

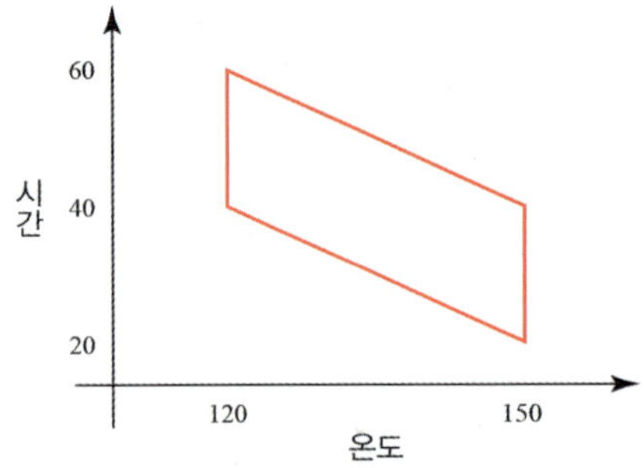

그림 6.17 미끄럼 수준을 이용한 설계공간

미끄럼 수준을 이용하면 실험 전에 실험 결과가 좋지 않을 것이라고 예상되는 영역을 피할 수 있다. 또한 그림 6.17에서 만일 미끄럼 수준을 이용하지 않고, 온도와 시간의 수준을 각각 (120, 150), (20, 60)으로 정하여 2^2 요인배치를 했다고 하면, (온도, 시간)이 둘 다 높은 (150, 60)에서 특성값은 좋지 않게 나올 것이다. 즉, 둘 다 높였을 때 역시너지 효과가 나온다는 것인데, 이것이 전형적인 교호작용이다. 미끄럼 수준을 이용하면 이와 같이 인자 간 교호작용을 줄이거나 없앨 수 있다.

미끄럼 수준을 쓰기 위하여 미끄럼 인자와 미끄럼틀 인자를 정해야 하는데, 위의 예는 어떤 것을 정해도 문제가 없지만, 그렇지 않은 때도 있다. 예를 들어 용액을 저어서 반응을 촉진하는 공정에서 용액의 점도(viscosity)와 젓는 속도(stirring speed)를 생각해 보자. 용액의 점도를 미끄럼틀 인자, 속도를 미끄럼 인자로 삼는 것은 자연스럽지만, 거꾸로 속도를 먼저 정하고, 그에 따라 점도를 정하는 것은 상당히 어색하다. 이번에는 두 개의 인자 중 하나는 계수인자이고 다른 하나는 계량인자라고 하자. 이때는 당연히 계수인자를 미끄럼틀 인자로 삼는 것이 좋다. 거꾸로 계량인자를 미끄럼틀 인자로 삼으면, 그 수준에 맞게 계수인자의 수준을 설정하는 것은 몹시 어렵기 때문이다. 그림 6.17과 같이 미끄럼 수준을 정하면, 온도와 시간의 원래 수준과 코딩된 수준은 표 6.43과 같이 표시할 수 있다.

표 6.43 미끄럼 수준의 코딩

온도		시간	
원래 수준	코딩 수준	원래 수준	코딩 수준
120	−1	40	0
		60	+1
150	+1	20	−1
		40	0

표 6.44는 미끄럼틀 인자는 온도이고 시간이 미끄럼 인자인 2수준 2인자 반복 2회 미끄럼 수준 실험의 설계행렬이다. 왼쪽의 행렬은 온도가 120으로 낮을 때 시간의 수준은 (40, 60)으로, 150으로 높을 때는 시간을 (20, 40)으로 삼은 것이다. 이것을 코딩된 수준으로 나타낸 것이 오른쪽 행렬이다.

표 6.44 $2^2 \times 2$ 요인배치 미끄럼 수준 방법의 설계행렬

온도	시간
120	40
120	60
150	20
150	40
120	40
120	60
150	20
150	40

X_1	X_2
−1	0
−1	+1
+1	−1
+1	0
−1	0
−1	+1
+1	−1
+1	0

이와 같은 방법으로 미끄럼 수준 실험을 하면 ① 애초에 교호작용은 구할 수가 없다. 교호작용은 설계공간이 직사각형 형태로 나타날 때만 가능하다. ② 오른쪽에 있는 X_1열과 X_2열의 수준을 각각 곱하여 더해보면 −4가 되어, 이 둘이 직교하지 않는다는 것을 알 수 있다. ③ 실험 횟수가 8이니 7개의 자유도가 나온다. 우선 4개의 조건에서 반복 2회 실험을 했으므로 오차의 자유도는 4이고, 나머지는 X_1의 효과, X_2의 1차와 2차 효과이다. 설계변수 '시간'의 수준은 20, 40, 60으로 3개가 있다. 1차 효과는 반응변수의 값을, 가장 낮은 수준에 '−1', 가운데에 '0', 가장 높은 수준에 '1'을 각각 곱하여 구한다. 그러므로 X_2의 1차 효과는 표 6.44의 오른쪽에 있는 X_2열을 그대로 이용하면 된다. 2차 효과는 저수준(−1)과 고수준(+1)에는 1, 가운데 수준(0) 데이터에는 −2를 각각 곱하여 더한다. 이렇게 수준 수가 3개 있을 때, (저수준, 가운데 수준, 고수준)별로 반응변수 값에, 1차 효과는 (−1, 0, 1)을, 2차 효과는 (1, −2, 1)을 각각 곱하여 구한다. 반응변수 값에 곱하는 계수 벡터에 있는 값들을 더하면 모두 0이 되는 효과를 대비(contrast)라고 한다. 이 두 개의 벡터 (−1, 0, 1)과 (1, −2, 1)을 곱하면 $(-1)(1)+(0)(-2)+(1)(1)=0$이므로 서로 직교한다. 이렇게 서로 직교하는 X_2의 열들을 이용하여 표 6.45에 $2^2 \times 2$ 요인배치의 미끄럼 수준 방법의 효과행렬을 나타내었다.

표 6.45 $2^2 \times 2$ 요인배치 미끄럼 수준 방법의 효과행렬

X_1	X_2	X_2^2
−1	0	−2
−1	+1	1
+1	−1	1
+1	0	−2
−1	0	−2
−1	+1	1
+1	−1	1
+1	0	−2

이제 미끄럼 수준 방법을 이용한 반복 2회 2^3 요인배치실험 데이터를 분석해 보자. 자동차 문과 창문 유리를 밀봉하는 데 쓰이는 고무 소재의 접착력을 향상하기 위하여 3개의 인자인 온도, 속도, 접착제 두께를 이용하여 접착력을 높이기 위한 실험을 시행하였다. 그런데 속도가 느린데 온도가 높으면 과열되고, 속도는 빠른데 온도가 낮으면 열전달이 충분하지 않다. 따라서 속도를 미끄럼틀 인자, 온도를 미끄럼 인자로 삼아 실험을 계획하였다. 표 6.46은 속도에 따른 온도의 미끄럼 수준 설정을, 그림 6.18은 미끄럼 수준을 이용한 설계공간이다.

표 6.46 접착력 실험의 미끄럼 수준 설정

속도 \ 온도		저수준	고수준
저수준	30	200	210
고수준	60	210	220

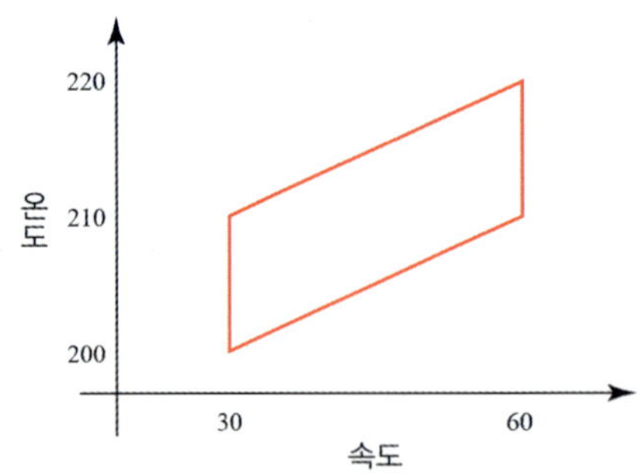

그림 6.18 접착력 실험의 미끄럼 수준을 이용한 설계공간

속도가 30일 때 온도의 수준은 (200, 210), 60일 때는 (210, 220)으로 설정했으므로, 온도 값 (200, 210, 220)을 코딩된 변수 X_1의 수준으로는 (−1, 0, +1)로 표시한다. 표 6.47은 인자를 코딩된 단위로 나타낸 것이다. 표 6.48에는 반응변수인 접착력과 효과행렬을 나타내었다.

표 6.47 접착력 실험의 코딩된 수준을 이용한 설계행렬

X_1	X_2	X_3
−1	−1	−1
0	−1	−1
0	+1	−1
+1	+1	−1
−1	−1	+1
0	−1	+1
0	+1	+1
+1	+1	+1

표 6.48 접착력 실험의 효과행렬과 데이터

X_1	X_2	X_3	X_1^2	X_1X_3	X_2X_3	$X_1^2X_3$	접착력	
−1	−1	−1	1	1	1	−1	52	61
0	−1	−1	−2	0	1	2	23	24
0	+1	−1	−2	0	−1	2	13	23
+1	+1	−1	1	−1	−1	−1	11	13
−1	−1	+1	1	−1	−1	1	118	107
0	−1	+1	−2	0	−1	−2	77	89
0	+1	+1	−2	0	1	−2	29	46
+1	+1	+1	1	1	1	1	29	30

앞서 언급했듯이 미끄럼 수준 실험을 하면 요인효과 중 일부는 직교하지 않으므로, 모형식을 추정하기 위해서는 회귀분석을 이용해야 한다. 회귀분석을 이용하여 중요한 항으로 구성한 모형과 적합성 통계량은 다음과 같다. 미끄럼 수준 방법을 이용하여 데이터를 얻고, 분석하여 구한 모형은 적절하게 추정되었다고 볼 수 있다.

$$\hat{y} = 48.63 - 19.13X_1 - 12.75X_2 + 19.06X_3 + 4.04X_1^2 - 9.81X_2X_3 \quad (6.51)$$

$$S = 6.153,\ R^2 = 97.87\%,\ R^2_{adj} = 96.80\% \quad (6.52)$$

6.10 결측치가 있는 데이터 분석

실험을 통하여 제품개발이나 공정개선을 도모할 때, 결측치가 발생하는 경우가 자주 발생한다. 결측치는 기록 오류, 실험 시료나 장비의 문제, 시간 부족 등으로 데이터가 빠진 경우와 해당 실험점의 실험조건에서 제품의 필요한 형상이나 성능을 확보하지 못하는 경우로 구분할 수 있다.

6.10.1 오류나 자원 부족으로 인한 결측치 추정

실험을 시행했지만 데이터 기록이 없거나, 실험 시료에 문제가 있어서 그 데이터를 믿을 수 없거나, 실험을 더 해야 하는데 실험 자원이 부족하거나, 장비 고장으로 더 이상 실험을 진행할 수 없는 경우에, 해당 결측치 칸에 값을 추정하여 실험데이터를 분석하는 방법을 살펴보자. 우선 반복실험에서는 결측이 발생하면, 해당 실험조건의 나머지 데이터의 평균값을 이용하면 된다.

반복이 없는 랜덤화 블록계획, 라틴방격법, 일반 요인배치법에서 결측치가 발생하면, 오차제곱합이 최소가 되도록 결측치를 추정하여 분석한다. 반복이 없는 2수준 요인배치에서는 오차항을 구할 수 없으므로 최고차 교호작용의 효과가 0이 되도록 결측치를 추정한다. 예를 들어 A, B, C 3개의 인자를 대상으로 반복이 없는 2수준 3인자 요인배치의 어느 실험점에서 결측이 발생하면, 3인자 교호작용인 ABC 효과가 0이 되도록 결측치를 추정하는 것이다. 반복이 없는 2수준 부분요인배치법을 이용할 때는 결측치 추정을 위하여 어떤 요인효과를 희생할지 결정하기가 쉽지 않다. 어떤 경우든 결측치를 추정한 수만큼 자유도는 줄어든다.

만일 결측치가 발생했지만, 추가 실험을 할 수만 있다면 결측치가 발생한 실험점에서 실험을 다시 수행하여 데이터를 얻는 것이 가장 좋은 방법이다. 물론 이때에는 기존 실험과 추가 실험의 환경에 차이가 발생할 수 있으므로 블록 효과의 발생 여부를 판단하기 위하여 기존 실험에서 시행한 다른 실험점에서도 실험을 수행하여 실험환경에 차이가 발생하는지를 확인해야 할 것이다.

6.10.2 해당 조건의 데이터를 얻을 수 없는 경우

결측치가 발생한 실험점 자체에 문제가 있어서 이 실험점의 조건에서 필요한 데이터를 얻을 수 없는 경우에는, 데이터를 얻을 수 있지만 다른 사정으로 결측이 발생한 것이 아니기 때문에 6.10.1절의 방법을 이용할 수 없다. 이런 결측은 흔히 개발하고자 하는 소재, 부품이 원하는 기본 형상이나 성능을 갖추지 못하여 발생한다. 이런 경우에는 결측치를 제외한 나머지 데이터 자체를 이용하여 실험영역 내에서 최적조건을 선정하거나 반응변수를 개선하기 위한 방향을 모색해야 한다. 인자들이 계량변수이면, 해당 결측치를 제외하고 활용할 수 있는 데이터를 이용하여 회귀분석 등 통계적 방법을 쓸 수 있는데, 이 경우 체계적 실험계획에서 보장하는 균형이나 직교성 등이 확보되지 않는다. 계수형 인자가 많은 경우에는 성능이 좋지 못하여 데이터를 구할 수 없는 조건들은 피하고, 결과가 잘 나오는 조건들에서 나타나는 공통점을 찾아 최적조건을 정할 수도 있다.

표 6.49는 Box et al. (2005)에 있는 의약품 패키지의 밀봉(sealing)을 잘하기 위하여 3개의 설계변수와 2개의 잡음인자를 고려하여 실험한 결과를 약간 수정하여 변재현(2021)에 제시된 데이터이다. 설계변수는 종이 공급자(PS), 고체 함량(SC), 실린더(CY), 오븐 온도(OT), 라인 속도(LS)이고, 잡음변수는 봉인온도(ST)와 머무름시간(SD) 2개를 고려했다. 5개의 설계변수를 대상으로 2_{III}^{5-2} 부분요인배치법을 이용하고, 이들 각각의 조건에서 잡음은 3×2 요인배치를 이용하여 반영하였다. 각 설계변수 조건별로 잡음을 반영한 6개의 밀봉결함(defective seal) 수를 나타내었는데, '*'로 표시된 것은 그 조건에서 데이터를 얻을 수 없다는 것을 나타낸다. 데이터를 보면, 밀봉결함 수가 적게 나오는 설계는 3, 5, 6번이고, 이들 실험점의 공통점은 (CY, LS) = (+, +)이다. 밀봉결함 수를 최소화하기 위해서는 실린더(CY)와 생산 속도(LS)는 둘 다 + 수준을 선정한다. 다른 3개의 인자인 종이공급업자(PS), 고체 함량(SC), 오븐 온도(OT)는 경제성이나 편의성 등 다른 측면을 고려하여 정하면 되는데, 이것은 제품개발자나 공정을 운영하는 엔지니어에게는 그만큼 인자의 수준 결정에 유연성을 부여하는 것이다. 물론 이러한 최적조건에서 잡음변수들의 수준을 다양하게 변화시켜 가면서 확인실험을 하여 밀봉결함 수가 적게 나오는지를 파악할 필요가 있다.

표 6.49 밀봉결함 실험의 설계행렬과 데이터

제품 설계	설계변수					잡음변수						
	PS	SC	CY	OT	LS	ST	−	0	+	−	0	+
						SD	−	−	−	+	+	+
1	+	−	−	+	+		8	4	*	0	*	7
2	+	−	−	+	−		*	*	*	*	*	*
3	−	−	+	−	+		0	2	0	1	0	0
4	−	−	+	−	−		7	1	1	2	0	4
5	+	+	+	−	+		0	0	0	2	0	1
6	−	+	+	+	+		2	0	0	1	0	1
7	−	+	−	+	−		9	1	0	4	5	1
8	+	+	−	−	−		2	1	3	3	0	0

강건설계를 시행하면서 설계변수들의 특정 조건에서 잡음을 반영한 데이터가 나오지 않을 때 처리하는 사례 연구는 11.6절에 제시하였다.

6.11 들여다보기

(1) 분할법을 이용할 때는 큰 단위의 반복실험을 해야 한다. 그렇지 않으면 큰 단위의 오차의 크기를 알 수 없어서 큰 단위에 배치된 인자의 효과를 추정할 수 없다.

(2) 불완전 균형블록계획(balanced incomplete block design)은 블록의 크기가 작아 처리조합을 모두 감당할 수 없을 때 쓰는 방법이다. '균형이 잡혀 있다'라는 것은 어떤 두 개의 처리 짝도 각 블록에서 같은 횟수만큼 나타난다는 의미이다. 표 6.50에 실험은 'ㅇ' 표시가 된 곳에서 하는데, 모든 처리 짝은 균형 있게 2번씩 나타난다. 예를 들어 (A, B) 짝은 블록 3, 4번째 행에서 나타난다. 표를 보면 알겠지만, 블록별로 나타나는 처리가 서로 다르므로 블록효과와 처리효과를 독립적으로 추정할 수 없다. 불완전 균형블록계획 데이터를 분석하는 방법은 Montgomery(2017)와 Wu and Hamada(2009)를 참고하기를 바란다.

표 6.50 불완전 균형블록계획과 실험데이터

블록 \ 처리	A	B	C	D
G1	○		○	○
G2		○	○	○
G3	○	○	○	
G4	○	○		○

(3) 미끄럼 수준과 에너지 총량: 미끄럼 수준을 말할 때, 미끄럼틀 인자와 미끄럼 인자의 수준을 곱하면 에너지 총량이 되는 경우에는 에너지 총량이라는 단일 인자의 수준을 고려할 수도 있다. 예를 들어 표 6.38에서 온도와 시간의 곱을 반영하는 에너지 총량으로 생각할 수 있는 것이다. 하지만, 두 개의 인자를 구분하여 고려하는 것이 각 인자의 영향력을 별도로 파악할 수 있다고 본다.

(4) 최적화 실험계획(optimal design): 컴퓨터 계산 능력의 발달로 실험 영역에 제한이 있거나 교락된 효과를 분리하기 위한 추가 실험을 할 때 최적화 실험계획을 활용하는 알고리즘이 개발되어 있고, 통계 소프트웨어에서도 이 방법을 제공하고 있다. ① 최적화 실험계획은 모형식 계수 $\hat{\beta}$의 분산인 $\sigma^2(X^TX)^{-1}$을 줄이려는 한 가지 방법으로써, 효과행렬 X를 이용한 행렬식인 $|X^TX|$를 최대화하는 실험점을 정하는 방법이다. ② 알고리즘은 실험을 할 수 있는 영역이 제한되거나 혼합물실험에서, 실험 횟수가 주어지면 그에 따라 최적화 기준을 적용하여 실험점을 제시한다. ③ 부분요인배치법을 시행하여 교락된 효과가 중요하다고 판단되면, 이들 교락된 효과를 분리하기 위해 최소한의 추가 실험을 하고자 할 때 이용할 수 있다. 이때 추가 실험점의 수는 교락된 효과의 수에 따라 달라진다. ④ 이 방법을 쓸 때는 주의해야 한다. 최적화 실험계획의 성능은 가정한 모형에 따라 달라진다. 즉, 가정한 모형이 유효하지 않으면, 이 방법을 이용한 계획은 더 이상 최적이 아니다. 그러므로 이 방법은 다른 방법을 쓸 수 없을 때만 고려하는 것이 바람직하다.

+연습문제

1 표 6.51은 생산라인별로, 촉매(A)의 첨가량을 A_1(1.0%), A_2(1.5%), A_3(2.0%), A_4(2.5%)로 변화시켜 가면서 얻은 화학제품의 수율 데이터(%)이다.

표 6.51 첨가량에 따른 수율 데이터

생산라인	A_1	A_2	A_3	A_4
1	84.3	87.3	89.5	90.0
2	83.9	86.8	89.8	91.1
3	84.2	87.2	90.1	90.2

(1) 분산분석을 하여, 촉매 첨가량이 수율에 영향을 미치는지 검정하라.

(2) 생산라인을 블록이라고 보면, 블록 효과가 있는가?

(3) 촉매의 첨가량을 증가시킬수록 수율이 높아진다고 할 수 있는가?

(4) 첨가량을 증가시켜도 유의한 차이가 발생하지 않는 구간이 있는지 확인하라.

2 Wu and Hamada(2009)는 브레이크 서보 밸브 본체의 상단에 금속 삽입물을 고정하기 위해, 고온으로 성형된 플라스틱 링의 고장 하중(failure load) 값을 최대화하기 위한 4수준 1인자, 2수준 4인자 실험계획을 소개하였다. 표 6.52에는 고장 하중 실험을 위한 인자와 수준을, 표 6.53에는 이 실험의 설계행렬과 하중 데이터를 나타내었다.

표 6.52 고장 하중 실험을 위한 인자와 수준

인자	저수준(−1)			고수준(+1)
A: 온도(℃)	180	200	220	240
B: 시간(s)	8			15
C: 배치 번호	1			2
D: 최대 힘(kN)	6			7
E: 힘 변화율(kN/초)	4			1

표 6.53 고장 하중 실험을 위한 설계행렬과 데이터

실험점	인자					하중	
	A	B	C	D	E		
1	0	−	−	−	−	1.9	1.8
2	0	−	+	+	+	2.4	2.3
3	1	−	−	−	−	2.2	2.3
4	1	−	+	+	+	2.6	2.3
5	2	−	−	−	+	2.5	2.4
6	2	−	+	+	−	3.2	2.8
7	3	−	−	−	+	2.9	3.0
8	3	−	+	+	−	3.6	3.5
9	0	+	−	+	−	2.7	2.8
10	0	+	+	−	+	2.7	2.6
11	1	+	−	+	−	3.0	2.8
12	1	+	+	−	+	3.1	2.8
13	2	+	−	+	+	3.0	3.4
14	2	+	+	−	−	3.2	3.3
15	3	+	−	+	+	3.8	4.4
16	3	+	+	−	−	4.2	4.2

(1) 이 실험의 설계생성자와 정의관계를 확인하라.

(2) 이 실험에서 주효과나 2인자 교호작용과 교락 없이 구할 수 있는 효과를 밝혀라.

(3) 분산분석을 실시하여 유의한 요인효과를 구하라.

(4) 최적조건과 이 조건에서 실패 하중의 예측치를 구하라.

3 Taguchi(1987)는 탄소분말 저항값의 변화율(%)을 측정하고, 이 변화율을 최소화하는 조건을 찾기 위하여 표 6.54에 나타난 바와 같이, 3수준 인자 2개, 2수준 인자 3개 등 5개의 인자를 고려하였다. 가능한 최소한의 점에서 실험하고자 9회 실험의 설계행렬을 대상으로 더미법과 조합법을 동시에 적용하여 실험한 표 6.55 데이터를 분석하였다.

표 6.54 탄소분말 실험을 위한 인자와 수준

인자	저수준(−1)	중앙수준(0)	고수준(+1)
A: 원료	현행		변경
B: 세척	없음		있음
C: 온도(℃)	1,000	1,100	1,200
D: 후처리 시간(hr)	1	2	3
E: 첨가제	없음		있음

표 6.55 탄소분말 실험을 위한 설계행렬과 데이터

실험점	(AB)	C	D	E	저항값 변화율(%)	
	1	2	3	4		
1	11	1	1	1	11	9
2	11	2	2	2	5	7
3	11	3	3	1′	5	3
4	21	1	2	1′	22	25
5	21	2	3	1	17	14
6	21	3	1	2	10	10
7	12	1	3	2	8	11
8	12	2	1	1′	9	8
9	12	3	2	1	5	5

(1) 분산분석을 실시하여 유의한 요인효과를 구하라.

(2) 최적조건과 이 조건에서 저항값 변화율의 예측치를 구하라.

4 Moolman(2016)은 패키지 상품 판매량을 높이려고 5가지 디자인이 판매량에 미치는 영향을 알아보기 위하여, 표 6.56에 나타낸 것처럼 상품 판매에 영향을 줄 수 있는 환경요소(블록인자)인 요일(행), 상점(열), 판매대 높이(그리스문자)를 고려한 그레코 라틴방격 실험계획을 이용한 실험데이터를 제시하였다. 판매량을 가운데 셀들의 괄호 안에 표시하였다.

표 6.56 패키지 상품 디자인 실험을 위한 설계행렬과 데이터

요일 \ 상점	1	2	3	4	5
Mon.	Eα(238)	Cδ(228)	Bγ(158)	Dϵ(188)	Aβ(74)
Tues.	Dδ(149)	Bβ(220)	Aα(92)	Cγ(169)	Eϵ(282)
Wed.	Bϵ(222)	Eγ(295)	Dβ(104)	Aδ(54)	Cα(213)
Thur.	Cβ(187)	Aϵ(66)	Eδ(242)	Bα(122)	Dγ(90)
Fri.	Aγ(65)	Dα(118)	Cϵ(279)	Eβ(278)	Bδ(176)

(1) 분산분석을 실시하여 디자인에 따라 판매량이 다른지 검정하라.

(2) 디자인에 따라 판매량이 다르다면, 다중비교를 실시하라.

5 Kowalski and Potcner(2003)는 6.7.1절에 언급한 것처럼, 플라스틱의 강도를 높이기 위하여 A를 굽는 온도, B를 첨가물의 양, C를 젓는 속도, D를 공정 시간의 4개 인자로 각 2수준, 총 16회 실험을 반복 2회 시행하였다. 총 32개 실험데이터를, 처음 B, C, D에 대해 만든 시편 8개 한 세트를 오븐에 넣어 온도의 한 수준에서 굽고, 그것들을 꺼낸 다음 나머지 3개의 세트를 다시 오븐에 넣어 온도를 맞추어 실험하는 분할법을 이용하여 표 6.57의 데이터를 얻었다.

표 6.57 플라스틱 강도 실험의 설계행렬과 데이터

실험점	A 온도	B 첨가물	C 젓는 속도	D 시간	강도
1	1	1	−1	−1	51.9
2	1	1	−1	1	66.8
3	1	1	1	−1	66.2
4	1	1	1	1	70.8
5	1	−1	1	−1	61.3
6	1	−1	1	1	68.5
7	1	−1	−1	1	59.5
8	1	−1	−1	−1	58.5
9	−1	1	−1	−1	57.4
10	−1	1	−1	1	57.5
11	−1	−1	1	−1	56.5

(계속)

표 6.57 플라스틱 강도 실험의 설계행렬과 데이터(계속)

실험점	A 온도	B 첨가물	C 젓는 속도	D 시간	강도
12	−1	1	1	1	63.9
13	−1	−1	1	1	56.4
14	−1	1	1	−1	58.1
15	−1	−1	−1	1	53.2
16	−1	−1	−1	−1	59.5
17	−1	−1	−1	−1	66.6
18	−1	−1	−1	1	63.9
19	−1	1	1	−1	62.6
20	−1	1	1	1	63.2
21	−1	−1	1	−1	56.1
22	−1	1	−1	1	63.3
23	−1	−1	1	1	62.7
24	−1	1	−1	−1	65.0
25	1	−1	−1	−1	59.5
26	1	−1	−1	1	64.2
27	1	−1	1	1	68.0
28	1	−1	1	−1	58.6
29	1	1	−1	−1	65.6
30	1	1	1	1	73.3
31	1	1	−1	1	61.5
32	1	1	1	−1	64.0

(1) 분산분석을 실시하여 중요한 요인효과를 파악하라.

(2) 만일 이 데이터를 완전요인배치 데이터로 분석하면 어떤 결과가 나오는가? 그 결과는 (1)의 분할법 방법으로 분석한 결과와 다른가?

(3) 최적조건과 이 조건에서 강도의 예측치를 구하라.

6 품질공학 과목을 수강하는 학생들을 대상으로 마이크로미터를 이용하여 다양한 지름을 갖는 동전들을 재는 측정시스템을 평가하기 위한 실험을 하여 표 6.58과 같은 실습 데이터를 얻었다.

표 6.58 동전측정 실습 데이터

부품 \ 측정자	A	B	C
1	22.838	22.837	22.839
	22.839	22.845	22.839
2	22.774	22.773	22.786
	22.780	22.774	22.771
3	22.882	22.884	22.883
	22.893	22.901	22.886
4	22.736	22.733	22.736
	22.736	22.739	22.731
5	22.842	22.842	22.841
	22.841	22.842	22.842
6	22.583	22.585	22.581
	22.586	22.523	22.582
7	22.762	22.755	22.758
	22.757	22.770	22.755
8	22.832	22.832	22.837
	22.836	22.831	22.830
9	22.743	22.732	22.750
	22.750	22.720	22.733
10	22.805	22.807	22.806
	22.806	22.793	22.811

(1) 분산분석표를 작성하라.

(2) 오차변동과 측정자변동의 크기를 나타내는 분산 추정치를 각각 구하라.

(3) 측정자변동이 전체 변동에서 차지하는 비율은 얼마인가?

7 6.8.3절의 화학제품 생산을 위해 입고된 분말 A의 수분함량을 측정하는 4요인 지분실험법 문제에서 데이터 분석 후 이상치로 나타난 6번과 7번 로트에서 수분함량이 높게 나오는 원인을 파악하여 향후 재발 방지 조처를 했다면, 이 데이터를 제외하고 다음과 같은 추가분석을 수행하라.

(1) 6번과 7번 로트 데이터를 제외한 히스토그램을 그려라.

(2) 분산분석을 하라.

(3) 각 요인의 분산성분을 구하라.

(4) 총변동에서 로트 변동이 차지하는 비율은 얼마인가?

+참고문헌

변재현 (2021). "결측치가 있는 실험계획 데이터의 분석 방법에 관한 소고", 대한산업공학회지, 제47권, 제3호, 321-325.

Box, G. E. P. (1996). Quality Quandaries: Split Plot Experiments, *Quality Engineering*, 8(3), 515-520.

Box, G. E. P., Hunter, J. S., and Hunter, W. G. (2005). *Statistics for Experimenters: Design, Innovation, and Discovery*, 2nd Edition, Wiley, NJ.

Inman, J., Ledolter, J., Lenth, R. V., and Niemi, L. (1992). Two Case Studies Involving an Optical Emission Spectrometer, *Journal of Quality Technology*, 24(1), 27-36.

Kowalski, S. M. and Potcner, K. J. (2003). How To Recognize A Split-Plot Experiment, *Quality Progress*, 36(11), 60-66.

Kuti, T., Hegyi, A., and Kemény, S. (2004). Analysis of Sensory Data of Different Food Products by ANOVA, *Chemometrics and Intelligent Laboratory Systems*, 72, 253-257.

Lawson, J. and Erjavec, J. (2017). *Basic Experimental Strategies and Data Analysis for Science and Engineering*, CRC Press, Taylor & Francis Group.

Lin, S., Hullinger, D. L., and Evans, R. L. (1971). Selection of a Method to Determine Residual Chlorine in Sewage Effluents, *Water and Sewage Works*, 118, 360-364.

Montgomery, D. C. (2017). Design and Analysis of Experiments, 9th Edition, Wiley, NJ.

Moolman, W. H. (2016). The Graeco-Latin Square and Hyper Graeco-Latin Square Designs, *Journal of Mathematics and Statistical Science*, 6(8), 211-220.

Phadke, M. S. (1989). *Quality Engineering Using Roust Design*, Prentice-Hall, NJ.

Potcner, K. J. and Kowalski, S. M. (2004). How To Analyze A Split-Plot Experiment, *Quality Progress*, 37(12), 67-74.

Taguchi, G. (1987). *Systems of Experimental Design*, Vol. 1, UNIPUB/Kraus International Publications, NY.

Wu, C. F. J. and Hamada, M. S. (2009). *Experiments: Planning, Analysis, and Optimization*, 2nd Edition, Wiley, NJ.

7.

실험계획을 위한 기초 회귀분석

7.1 서론

회귀분석은 프로세스의 입력변수가 출력변수에 미치는 영향을 수리적 관계식으로 나타내는 방법이다. 입력변수는 흔히 독립변수로, 출력변수는 반응변수 또는 종속변수로 표현하기도 한다. 이 장에서는 실험계획 데이터를 분석하는 데 필요한 회귀분석의 기초 내용을 중점적으로 다룬다. 계량인자를 이용하여 실험을 계획하고 실행하여 데이터를 얻은 후, 이것을 분석하면 개발하거나 개선하고자 하는 프로세스/시스템을 적절히 설명하는 모형을 수립할 수 있다. 실험계획 데이터를 분석하여 선정하는 모형은 본질적으로 수집된 데이터들의 변화를 간결하게 관계식으로 요약한 것으로서, 독립변수인 인자와 반응변수 사이의 관계성을 설명하는 데 유용하다.

실험계획을 통하여 얻은 데이터 분석에서 회귀분석을 이용하는 목적은 변수 간의 관련성을 규명하기 위하여 어떤 수학적 모형을 가정하고($y = f(\boldsymbol{x}) + \epsilon$), 측정된 데이터를 대상으로 통계적 분석 방법으로 이 모형을 추정하여($\hat{y} = \hat{f}(\boldsymbol{x})$), 필요한 예측을 하거나 관심 있는 통계적 추론을 수행하는 것이다. 회귀분석을 수행하기 전에 산점도를 그려 변수 간 개략적인 관련성을 확인한 다음, 모형 개발은 간단한 것부터 시작하는 것이 좋다.

실험데이터를 이용한 회귀분석 절차는 다음과 같다.

① 실험의 목적을 기술한다.
② 실험 대상 프로세스를 정의하고 입력변수와 출력변수를 정한다.
③ 실험계획을 통해 데이터를 수집한다.
④ 산점도를 그린다.
⑤ 분산분석을 수행하여 중요한 요인효과를 파악한다.
⑥ 중요한 요인효과를 이용하여 회귀모형을 구한다.
⑦ 회귀모형을 이용하여 실험의 목적과 연계한 조치를 한다.

산점도와 회귀분석의 용도는 다음과 같다.

① 중요한 입력변수 발견과 이들이 출력변수에 미치는 영향력 파악
② 주어진 입력변수의 특정 값에서 출력변수 값 예측
③ 반응변수를 최적화하는 중요한 입력변수의 값 결정
④ 출력변수를 일정 범위 내에 유지하기 위한 입력변수의 변동 범위 설정

세 가지 예제 또는 사례를 통해 실험데이터를 이용한 회귀분석 방법을 살펴보자.

1) 예제 7.1: 스퍼터링 증착공정의 $2^3 \times 2$ 요인배치 실험(4.3절의 예제)

아르곤 가스를 웨이퍼 기판에 스퍼터링 방법으로 증착하는 공정에서 증착면의 표면거칠기를 줄이고자 3개의 인자를 대상으로 2수준, 2회 반복실험한 예제이다. 인자와 수준은 표 7.1, 설계행렬과 표면거칠기 데이터는 표 7.2에 각각 나타내었다. 이 실험을 통하여 반응변수인 표면거칠기를 가능한 한 작게 만드는 조건을 찾고자 한다.

표 7.1 스퍼터링 증착 공정의 인자와 수준

인자	저수준(−1)	고수준(+1)
X_1 : 온도(℃)	300	500
X_2 : 전력(W)	200	600
X_3 : 압력(mTorr)	5	9

표 7.2 스퍼터링 증착 공정의 설계행렬과 반응변수

X_1 온도	X_2 전력	X_3 압력	표면거칠기	
			반복 1	반복 2
−1	−1	−1	30	34
1	−1	−1	46	43
−1	1	−1	42	40
1	1	−1	43	44
−1	−1	1	77	82
1	−1	1	51	61
−1	1	1	71	81
1	1	1	53	64

실험데이터를 분석한 결과, 주효과 X_1과 X_3, 2인자 교호작용효과 X_1X_3이 중요하게 나타났고, 이들을 대상으로 16개의 데이터를 그림 7.1의 설계공간에 나타내었다.

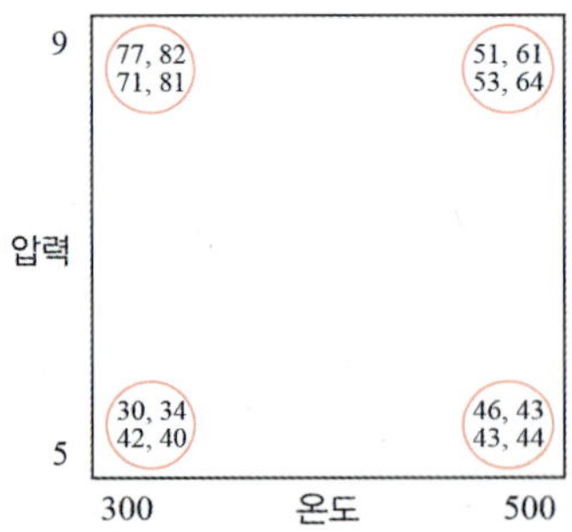

그림 7.1 스퍼터링 증착 공정 데이터의 설계공간 표현

실험의 목적은 표면거칠기를 최소화하는 것이므로 (온도, 압력) = (300, 500), 즉 $(X_1, X_3) = (-1, -1)$이 최적조건이다. 이후 관심사는 최적조건에서 반응변수의 평균과 개별 반응데이터의 신뢰구간을 구하는 것이다.

2) 실험사례 7.2: 일인자 다수준 종이 헬리콥터 실험

종이 헬리콥터의 날개폭, 허리길이, 몸통길이를 고정한 상태에서, 날개길이에 따른 낙하시간의 변화를 회귀모형으로 표현하고자 한다. 종이 헬리콥터의 모양과 치수는 그림 7.2에, 날개길이를 5수준으로 바꾸어가면서 반복 4회 실험한 결과는 표 7.3에 나타내었다.

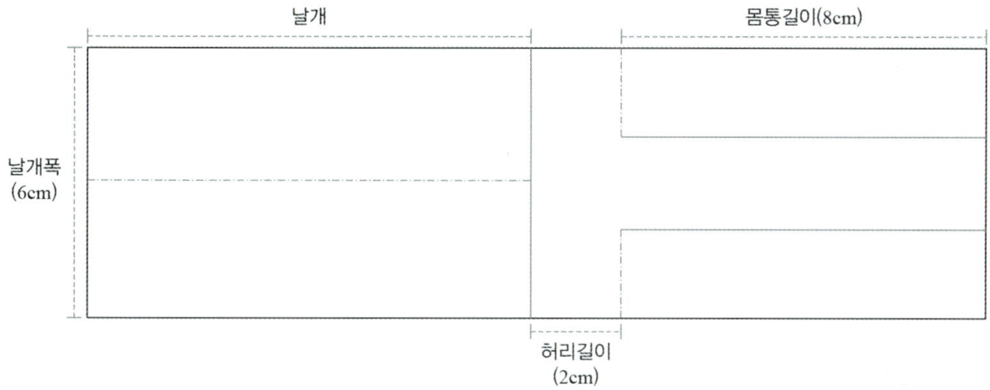

그림 7.2 종이 헬리콥터

표 7.3 종이 헬리콥터 실험데이터

반복 \ 날개길이	8	9	10	11	12
1	3.01	3.17	3.35	3.48	3.49
2	2.95	3.22	3.42	3.54	3.69
3	2.88	3.34	3.29	3.49	3.62
4	2.96	3.28	3.47	3.60	3.58

실험데이터를 이용하여 낙하시간(y)을 날개길이(x)에 따른 모형으로 표현하여 다음의 질문에 답하고자 한다. ① 1차, 2차, 3차 모형 중 어떤 모형이 적합한가? ② 날개길이 12cm에서 평균 낙하시간과 개별 낙하시간의 신뢰구간은 어떻게 되는가?

3) 사례 7.3: 숏피닝 사례

Nam et al. (2016)은 항공기 주요 부품의 강도(intensity)를 높이기 위하여 작은 구슬 알갱이로 부품 표면을 때리는 숏피닝(shot peening) 실험을 시행하였다. 숏피닝 공정과 숏피닝 후 금속 표면을 그림 7.3에, 인자와 수준은 표 7.4에, 설계행렬과 데이터는 표 7.5에 나타내었다.

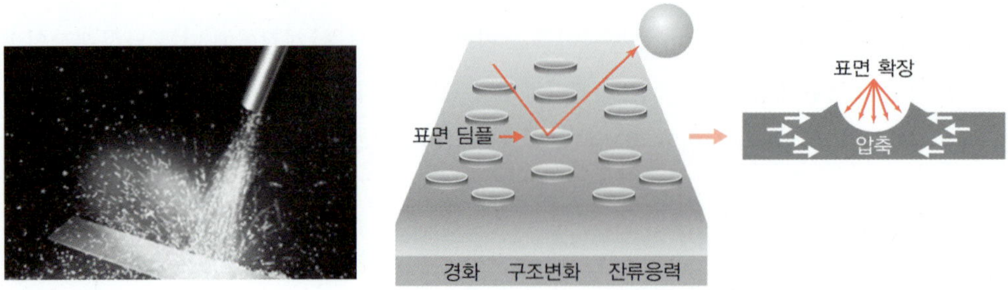

그림 7.3 숏피닝 공정과 부품

표 7.4 숏피닝 공정의 인자와 수준

인자	저수준(−1)	중앙수준(0)	고수준(+1)
노즐 거리(mm)	50	100	150
압력(kg/cm^2)	2	3	4
접촉 각도(°)	30	45	60
노출시간(s)	60	120	180

표 7.5 숏피닝 공정의 설계행렬과 데이터

실험점	X_1	X_2	X_3	X_4	강도
1	−1	−1	0	0	0.0098
2	−1	1	0	0	0.0135
3	1	−1	0	0	0.0057
4	1	1	0	0	0.0095
5	0	0	−1	−1	0.0054
6	0	0	−1	1	0.0070
7	0	0	1	−1	0.0102
8	0	0	1	1	0.0119
9	0	0	0	0	0.0096
10	0	0	0	0	0.0096
11	−1	0	−1	0	0.0097
12	−1	0	1	0	0.0137

(계속)

표 7.5 숏피닝 공정의 설계행렬과 데이터(계속)

실험점	X_1	X_2	X_3	X_4	강도
13	1	0	−1	0	0.0052
14	1	0	1	0	0.0098
15	0	−1	0	−1	0.0059
16	0	−1	0	1	0.0073
17	0	1	0	−1	0.0096
18	0	1	0	1	0.0111
19	0	0	0	0	0.0096
20	0	0	0	0	0.0095
21	−1	0	0	−1	0.0113
22	−1	0	0	1	0.0126
23	1	0	0	−1	0.0070
24	1	0	0	1	0.0087
25	0	−1	−1	0	0.0046
26	0	−1	1	0	0.0090
27	0	1	−1	0	0.0077
28	0	1	1	0	0.0124
29	0	0	0	0	0.0095
30	0	0	0	0	0.0094

이 데이터를 이용하여 회귀분석을 할 때, 관심사는 인자의 특정 조건에서 반응변수의 평균과 개별 반응데이터의 신뢰구간을 구하는 것이다.

7.2 산점도

산점도(scatter plot)는 두 변수 간 관련성을, 행렬 산점도(matrix scatter plot)는 여러 변수 간 관련성을 한꺼번에, 볼 수 있는 시각적 데이터 표현 방법이다. 산점도 또는 행렬 산점도를 보면 변수 간의 상관관계를 볼 수 있는데, 일반적으로 이러한 상관관계가 바로 인과관계로 이어지는 것은 아니다. 즉, 어떤 변수가 증가함에 따라 다른 변수가 항상 증가(또는 감소)하는 것은 아니라는 것이다. 하지만 실험계획에서는 입력변수인 인자의 수준을 의도적으로 변경해 가면서 출력변수의 변화를 측정하므로, 상관관계가 곧 인과관계를 의미한다. 산점도를 이용한 그래프 분석 절차는 다음과 같다.

① 점들이 분포된 모양으로부터 관계성을 파악한다.

② 변수 간 관계가 직선인지 곡선인지 검토한다. 만일 곡선관계이면 추후 회귀분석을 할 때 고차항을 추가하여 곡선회귀분석을 수행한다.

③ 이상치를 확인하여 측정, 계산, 기록 오류에 의한 데이터는 제거한다.

④ 데이터의 층별 가능성을 검토한다. 데이터 수집 시간과 장소, 수집 방법, 수집 프로세스의 환경에 차이가 있으면 별도의 데이터셋으로 구분하여 분석하는 것이 맞다.

그림 7.4는 상관계수의 제곱인 결정계수의 값과 각 수준의 반복 수에 따른 산점도를 보여준다.

$R^2 = 0.98$

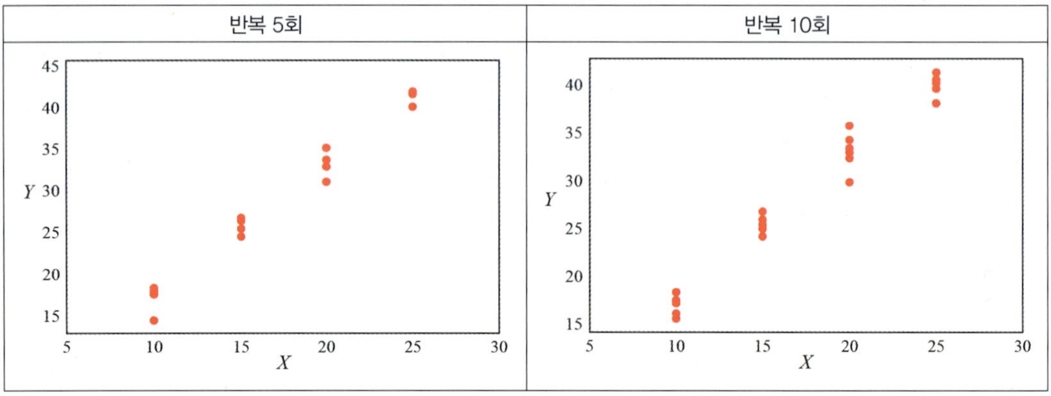

$R^2 = 0.90$

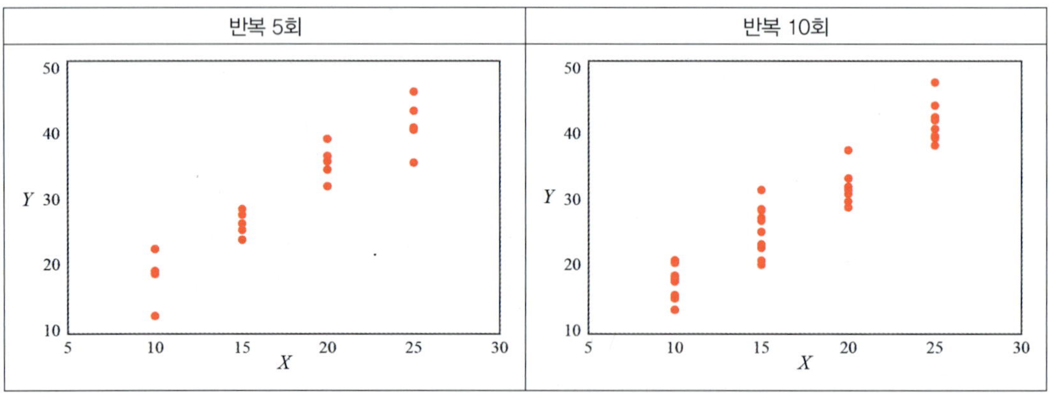

(계속)

$R^2 = 0.70$

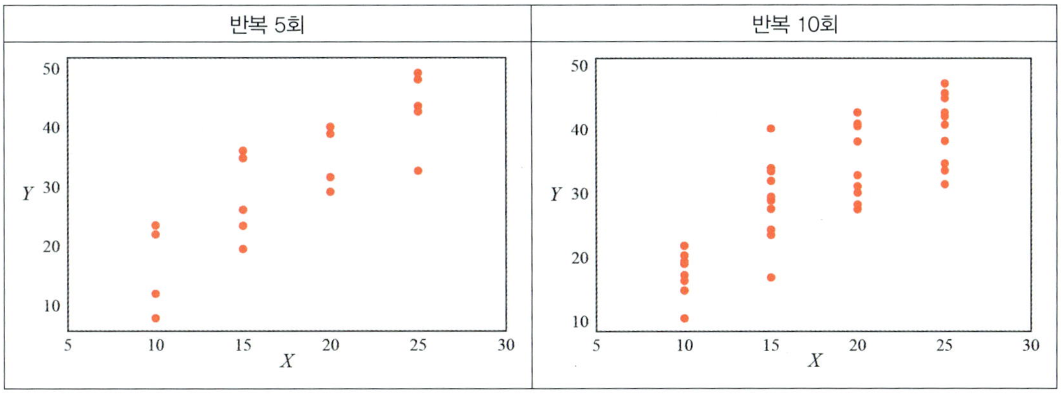

그림 7.4 결정계수와 실험 반복 수에 따른 산점도 변화

기본 산점도로는 변수 간 관련성이 없어 보이지만, 층별을 하면 관련성이 나타나는 경우가 있다. 그림 7.5를 보면 온도가 변함에 따라 강도의 차이가 없어서 강도가 온도의 영향을 받지 않는 것처럼 보인다. 하지만 생산라인에 따라 이 그림을 층별하여 나타낸 그림 7.6에서는, 라인 1에서는 독립변수인 온도가 증가함에 따라 종속변수인 강도 값이 증가하다가 감소하고, 라인 2에선 온도가 강도에 영향을 미치지 않으며, 라인 3을 보면 온도가 높아짐에 따라 강도가 계속 증가함을 알 수 있다.

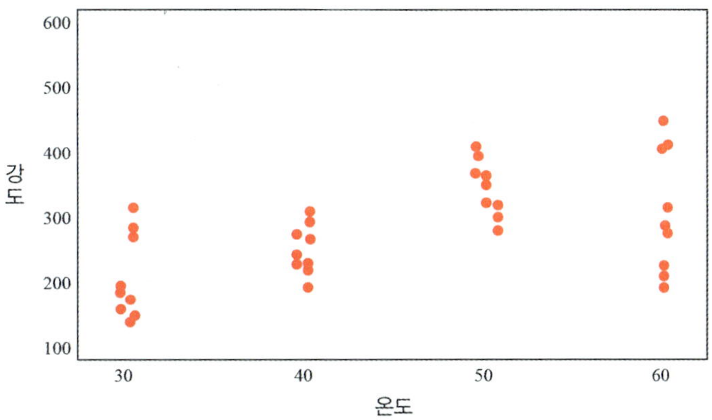

그림 7.5 온도와 강도의 기본 산점도

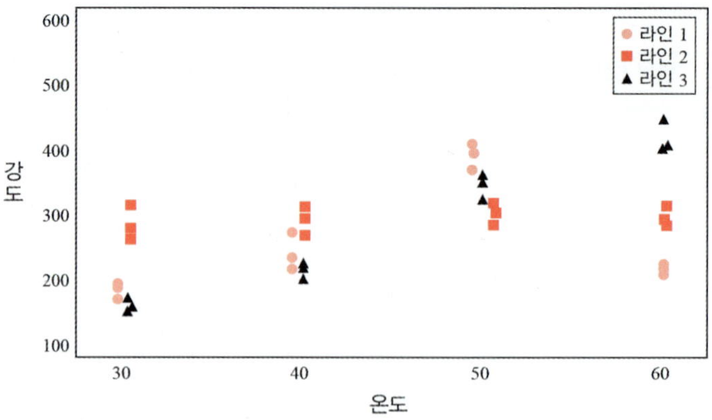

그림 7.6 온도와 강도의 산점도: 층별

예제 7.1의 스퍼터링 증착공정의 인자 수준과 반응변수 데이터를 그림 7.7에 행렬 산점도로 나타내었다. 이 그림을 보면 전력(X_2)의 수준에 따라 반응변수인 표면거칠기는 거의 영향을 받지 않음을 알 수 있다.

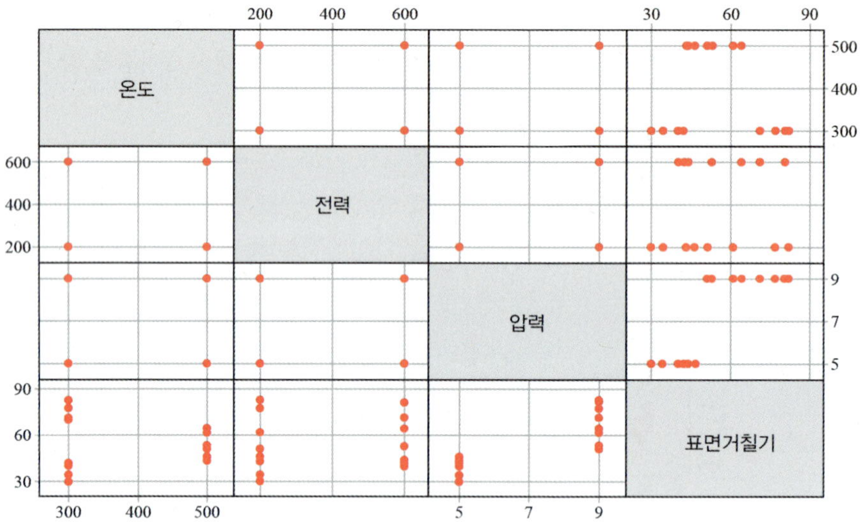

그림 7.7 스퍼터링 증착공정의 인자 수준과 반응변수 데이터의 행렬 산점도

표 7.3에 있는 종이 헬리콥터 실험데이터를 이용한 산점도를 그림 7.8에 나타내었다. 날개길이가 낙하시간에 미치는 영향은 직선보다는 곡선 형태일 것이라는 느낌이 든다.

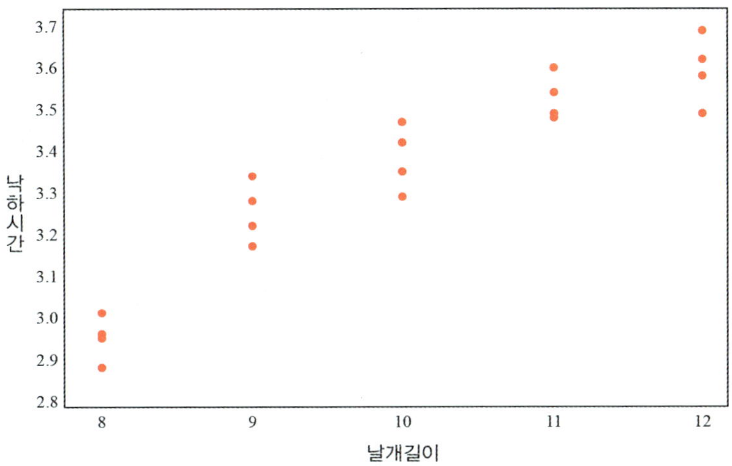

그림 7.8 종이 헬리콥터 실험데이터 산점도

사례 7.3 숏피닝 공정의 인자 수준과 반응변수 데이터의 행렬 산점도를 그림 7.9에 나타내었다. 이 그림을 보면 시간(X_4)이 강도에 미치는 영향이 가장 작음을 알 수 있다.

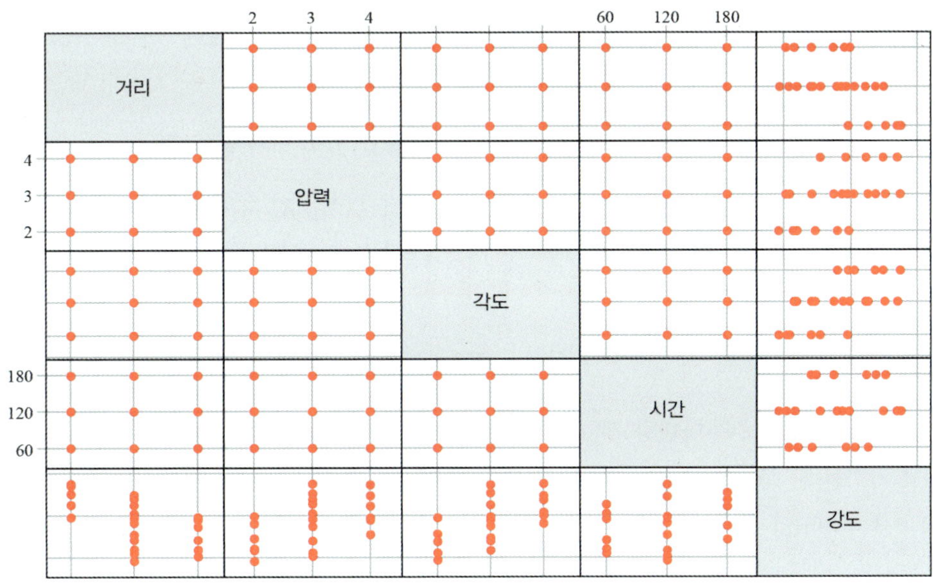

그림 7.9 숏피닝 공정의 인자 수준과 반응변수 데이터의 행렬 산점도

7.3 다중선형회귀분석

k개의 독립변수 $X_1, X_2, \cdots, X_k$가 종속변수 y에 미치는 영향을 알아보기 위하여 n번 실험하여 얻은 데이터는 다중선형회귀 모형식 (7.1)로 나타낼 수 있다. 오차항 ϵ_i는 서로 독립이면서 $N(0, \sigma^2)$을 따른다.

$$y_i = \beta_0 + \beta_1 X_{i1} + \beta_2 X_{i2} + \cdots + \beta_k X_{ik} + \epsilon_i,\ \ i = 1, 2, \cdots, n \tag{7.1}$$

1) 실험 전 데이터 표현

다중선형회귀모형을 행렬과 벡터로 표현해 보자. k개의 변수를 대상으로 모형을 생각하고 n개의 관측치를 나열하면, 식 (7.2)로 나타낼 수 있다.

$$\begin{aligned} y_1 &= \beta_0 \cdot 1 + \beta_1 X_{11} + \beta_2 X_{12} + \cdots + \beta_k X_{1k} + \epsilon_1 \\ y_2 &= \beta_0 \cdot 1 + \beta_1 X_{21} + \beta_2 X_{22} + \cdots + \beta_k X_{2k} + \epsilon_2 \\ &\vdots \\ y_n &= \beta_0 \cdot 1 + \beta_1 X_{n1} + \beta_2 X_{n2} + \cdots + \beta_k X_{nk} + \epsilon_n \end{aligned} \tag{7.2}$$

벡터와 행렬을 식 (7.3)과 같이 정의하면, 식 (7.2)는 식 (7.4)로 나타낼 수 있다.

$$\boldsymbol{y} = \begin{bmatrix} y_1 \\ y_2 \\ \vdots \\ y_n \end{bmatrix},\ \boldsymbol{\beta} = \begin{bmatrix} \beta_0 \\ \beta_1 \\ \vdots \\ \beta_k \end{bmatrix},\ \boldsymbol{\epsilon} = \begin{bmatrix} \epsilon_1 \\ \epsilon_2 \\ \vdots \\ \epsilon_n \end{bmatrix},\ \boldsymbol{X} = \begin{bmatrix} 1 & X_{11} & X_{12} & \cdots & X_{1k} \\ 1 & X_{21} & X_{22} & \cdots & X_{2k} \\ \vdots & \vdots & \vdots & & \vdots \\ 1 & X_{n1} & X_{n2} & \cdots & X_{nk} \end{bmatrix} \tag{7.3}$$

$$\boldsymbol{y} = \boldsymbol{X\beta} + \boldsymbol{\epsilon} \tag{7.4}$$

여기서 오차항 벡터 $\boldsymbol{\epsilon}$은 다변량 정규분포(Multi-Variate Normal distribution) MVN($\mathbf{0}$, σ^2I)를 따른다고 가정한다. 즉, $\boldsymbol{\epsilon}$의 평균과 분산-공분산 행렬(variance-covariance matrix)은 다음과 같다고 가정하는 것이다.

$$E(\boldsymbol{\epsilon}) = \begin{bmatrix} 0 \\ 0 \\ \vdots \\ 0 \end{bmatrix},\quad Var(\boldsymbol{\epsilon}) = \begin{bmatrix} \sigma^2 & 0 & \cdots & 0 \\ 0 & \sigma^2 & \cdots & 0 \\ 0 & \vdots & & \vdots \\ 0 & 0 & \cdots & \sigma^2 \end{bmatrix} \tag{7.5}$$

분산-공분산 행렬을 보면, 대각선의 값은 모두 σ^2이고 대각선에 있지 않은 것들의 값은 모두 0이다.

이는 각 관측치 오차 ϵ_i의 분산은 σ^2이고, 관측치 간 공분산 $Cov(\epsilon_i, \epsilon_j) = 0,\ i \neq j$, 즉 관측치끼리는 서로 독립이라는 것을 말한다.

2) 실험 후 회귀모형 추정

모형식 (7.3)에 있는 계수벡터 β는 식 (7.6)처럼 오차항의 제곱을 가장 작게 만드는 최소제곱법을 이용하여 추정한다.

$$\text{Min} \sum_{i=1}^{n} \epsilon_i^2 = \sum_{i=1}^{n} [y_i - (\beta_0 + \beta_1 X_{i1} + \beta_2 X_{i2} + \cdots + \beta_k X_{ik})]^2 \tag{7.6}$$

식 (7.6)을 최소화하는 추정량을 벡터로 표시하면 다음과 같다.

$$\hat{\boldsymbol{\beta}} = (\boldsymbol{X}^T \boldsymbol{X})^{-1} \boldsymbol{X}^T \boldsymbol{y} \tag{7.7}$$

식 (7.7)에서 구한 계수의 추정치를 이용하면, 추정된 회귀모형은 식 (7.8)과 같다.

$$\hat{y} = \hat{\beta}_0 + \hat{\beta}_1 X_1 + \hat{\beta}_2 X_2 + \cdots + \hat{\beta}_k X_k \tag{7.8}$$

i번째 점에서 반응변수의 실제 관측치(y_i)와 회귀식의 값($\hat{y}_i$)의 차이가 작을수록 모형은 데이터를 잘 표현하게 된다. i번째 데이터의 잔차(residual)는 다음 식으로 구한다.

$$r_i = y_i - \hat{y}_i = y_i - (\hat{\beta}_0 + \hat{\beta}_1 X_{i1} + \hat{\beta}_2 X_{i2} + \cdots + \hat{\beta}_k X_{ik}) \tag{7.9}$$

잔차제곱합(Sum of Squares due to Error, SS_E)과 잔차의 평균제곱(Mean Squared Error, MS_E)은 식 (7.10)과 식 (7.11)로 구할 수 있다.

$$SS_E = \sum_{i=1}^{n} r_i^2 = \sum_{i=1}^{n} (y_i - \hat{y}_i)^2 \tag{7.10}$$

$$s^2 = MS_E = \frac{SS_E}{n-k-1} = \frac{1}{n-k-1} \sum_{i=1}^{n} (y_i - \hat{y}_i)^2 \tag{7.11}$$

3) 추정된 회귀계수의 정확성

$\hat{\boldsymbol{\beta}} = (\boldsymbol{X}^T \boldsymbol{X})^{-1} \boldsymbol{X}^T \boldsymbol{y}$이고, $\boldsymbol{y} = \boldsymbol{X}\boldsymbol{\beta} + \boldsymbol{\epsilon},\ \boldsymbol{\epsilon} \sim \text{MVN}(\boldsymbol{0},\ \sigma^2 \text{I})$이므로 회귀계수 벡터 $\hat{\boldsymbol{\beta}}$의 평균과 분산-공분산 행렬은 각각 식 (7.12)와 식 (7.13)과 같다.

$$E(\hat{\boldsymbol{\beta}}) = E\left[(\boldsymbol{X}^T \boldsymbol{X})^{-1} \boldsymbol{X}^T (\boldsymbol{X}\boldsymbol{\beta} + \boldsymbol{\epsilon})\right] = \boldsymbol{\beta} \tag{7.12}$$

$$Var(\hat{\boldsymbol{\beta}}) = \sigma^2(\boldsymbol{X}^T\boldsymbol{X})^{-1} \tag{7.13}$$

오차의 분산인 σ^2은 잔차의 평균제곱 MS_E로 추정할 수 있으므로 분산-공분산 행렬의 추정치는 식 (7.14)로 구할 수 있다.

$$\widehat{Var}(\hat{\boldsymbol{\beta}}) = MS_E(\boldsymbol{X}^T\boldsymbol{X})^{-1} = s^2(\boldsymbol{X}^T\boldsymbol{X})^{-1} \tag{7.14}$$

$\hat{\beta}_j$의 표준오차(Standard Error, SE)를 $SE(\hat{\beta}_j)$라고 하면, 이는 식 (7.14)의 (j + 1)번째 대각원소(diagonal element)값의 제곱근으로 구할 수 있다. β_j에 대한 $100(1-\alpha)\%$ 신뢰구간은 다음과 같다.

$$\hat{\beta}_j \pm t_{n-k-1,\alpha/2} \cdot SE(\hat{\beta}_j) \tag{7.15}$$

예를 들어, 반복이 없는 2^3 요인배치를 이용하여 세 개의 변수 X_1, X_2, X_3의 1차항으로 모형을 구성하여 보자. 코딩된 수준을 이용하면, 4장에서 본 효과행렬처럼 식 (7.16)과 같은 모형행렬(model matrix)을 이용할 수 있다.

$$\boldsymbol{X} = \begin{bmatrix} 1 & -1 & -1 & -1 \\ 1 & 1 & -1 & -1 \\ 1 & -1 & 1 & -1 \\ 1 & 1 & 1 & -1 \\ 1 & -1 & -1 & 1 \\ 1 & 1 & -1 & 1 \\ 1 & -1 & 1 & 1 \\ 1 & 1 & 1 & 1 \end{bmatrix} \tag{7.16}$$

$$\boldsymbol{X}^T = \begin{bmatrix} 1 & 1 & 1 & 1 & 1 & 1 & 1 & 1 \\ -1 & 1 & -1 & 1 & -1 & 1 & -1 & 1 \\ -1 & -1 & 1 & 1 & -1 & -1 & 1 & 1 \\ -1 & -1 & -1 & -1 & 1 & 1 & 1 & 1 \end{bmatrix} \text{이므로}$$

$$\boldsymbol{X}^T\boldsymbol{X} = \begin{bmatrix} 8 & 0 & 0 & 0 \\ 0 & 8 & 0 & 0 \\ 0 & 0 & 8 & 0 \\ 0 & 0 & 0 & 8 \end{bmatrix} \text{이고, } (\boldsymbol{X}^T\boldsymbol{X})^{-1} = \begin{bmatrix} 1/8 & 0 & 0 & 0 \\ 0 & 1/8 & 0 & 0 \\ 0 & 0 & 1/8 & 0 \\ 0 & 0 & 0 & 1/8 \end{bmatrix} \text{이다.}$$

$$\boldsymbol{X}^T\boldsymbol{y} = \begin{bmatrix} \sum y_i \\ \sum x_{i1}y_i \\ \sum x_{i2}y_i \\ \sum x_{i3}y_i \end{bmatrix} = \begin{bmatrix} y_1+y_2+y_3+y_4+y_5+y_6+y_7+y_8 \\ -y_1+y_2-y_3+y_4-y_5+y_6-y_7+y_8 \\ -y_1-y_2+y_3+y_4-y_5-y_6+y_7+y_8 \\ -y_1-y_2-y_3-y_4+y_5+y_6+y_7+y_8 \end{bmatrix} \text{이므로}$$

$$\hat{\boldsymbol{\beta}} = \begin{bmatrix} \hat{\beta}_0 \\ \hat{\beta}_1 \\ \hat{\beta}_2 \\ \hat{\beta}_3 \end{bmatrix} = \begin{bmatrix} 1/8 & 0 & 0 & 0 \\ 0 & 1/8 & 0 & 0 \\ 0 & 0 & 1/8 & 0 \\ 0 & 0 & 0 & 1/8 \end{bmatrix} \begin{bmatrix} y_1+y_2+y_3+y_4+y_5+y_6+y_7+y_8 \\ -y_1+y_2-y_3+y_4-y_5+y_6-y_7+y_8 \\ -y_1-y_2+y_3+y_4-y_5-y_6+y_7+y_8 \\ -y_1-y_2-y_3-y_4+y_5+y_6+y_7+y_8 \end{bmatrix}$$

$$= \begin{bmatrix} (y_1+y_2+y_3+y_4+y_5+y_6+y_7+y_8)/8 \\ (-y_1+y_2-y_3+y_4-y_5+y_6-y_7+y_8)/8 \\ (-y_1-y_2+y_3+y_4-y_5-y_6+y_7+y_8)/8 \\ (-y_1-y_2-y_3-y_4+y_5+y_6+y_7+y_8)/8 \end{bmatrix} \text{이다.}$$

이 결과는 4장에서 구한 $\hat{\beta}_0 = \bar{y}$, $\hat{\beta}_j = \dfrac{X_j\text{의 효과}}{2} = \dfrac{\bar{y}(X_j^+) - \bar{y}(X_j^-)}{2}$와 일치한다. 이 예의 $\hat{\boldsymbol{\beta}}$의 분산-공분산 행렬을 구해보면 $Var(\hat{\boldsymbol{\beta}}) = \sigma^2\begin{bmatrix} 1/8 & 0 & 0 & 0 \\ 0 & 1/8 & 0 & 0 \\ 0 & 0 & 1/8 & 0 \\ 0 & 0 & 0 & 1/8 \end{bmatrix}$, $\widehat{Var}(\hat{\boldsymbol{\beta}}) = s^2\begin{bmatrix} 1/8 & 0 & 0 & 0 \\ 0 & 1/8 & 0 & 0 \\ 0 & 0 & 1/8 & 0 \\ 0 & 0 & 0 & 1/8 \end{bmatrix}$이므로 $\hat{\beta}_j$의 표준오차는 다음과 같다.

$$SE(\hat{\beta}_j) = \sqrt{s^2 \cdot \frac{1}{8}}$$

요인배치법을 이용하면 모형행렬의 각 열이 직교하기 때문에 분산-공분산 행렬의 대각에 있지 않은 원소의 값은 모두 0이다. 이 성질 때문에 $\hat{\boldsymbol{\beta}}$의 값을 구하기가 아주 편하고, 독립변수가 종속변수에 미치는 영향의 기울기에 해당하는 $\hat{\beta}_j$들을 서로 독립적으로 추정할 수 있다.

4) 회귀모형을 이용한 반응변수 값의 추정과 예측

독립변수의 한 점에서 종속변수를 여러 번 측정할 때 나타나는 반응치의 평균(기댓값)을 '평균반응치'라고 하고, 독립변수의 한 점에 대응하는 종속변수의 값은 오차를 품은 확률변수로 나타나는데, 이를 '개별반응치'라고 한다.

5) 평균반응치의 추정

독립변수의 특정 값 $\boldsymbol{x}_0 = (x_{01}, x_{02}, \cdots, x_{0k})^T$에서 반응변수 평균($\mu_{y|\boldsymbol{x}_0}$)의 추정치는 다음과 같다.

$$\hat{\mu}_{y|\boldsymbol{x}_0} = \boldsymbol{x}_0^T\hat{\boldsymbol{\beta}} = \hat{\beta}_0 + \hat{\beta}_1 x_{01} + \hat{\beta}_2 x_{02} + \cdots + \hat{\beta}_1 x_{0k} \tag{7.17}$$

이 추정치의 분산 추정치는 식 (7.18)과 같다.

$$\widehat{Var}(\hat{\mu}_{y|\boldsymbol{x}_0}) = s^2 \cdot \boldsymbol{x}_0^T(\boldsymbol{X}^T\boldsymbol{X})^{-1}\boldsymbol{x}_0 \tag{7.18}$$

반응변수 추정치 평균($\hat{\mu}_{y|\boldsymbol{x}_0}$)에 대한 표준오차 $SE(\hat{\mu}_{y|\boldsymbol{x}_0})$는 식 (7.19)로 구할 수 있다.

$$SE(\hat{\mu}_{y|\boldsymbol{x}_0}) = \sqrt{s^2 \boldsymbol{x}_0^T (\boldsymbol{X}^T \boldsymbol{X})^{-1} \boldsymbol{x}_0} \tag{7.19}$$

$\boldsymbol{x}_0$에서 평균 반응치의 $100(1-\alpha)\%$ 신뢰구간은 다음과 같다.

$$\boldsymbol{x}_0^T \hat{\beta} \pm t_{n-k-1,\alpha/2} \cdot SE(\hat{\mu}_{y|\boldsymbol{x}_0}) \tag{7.20}$$

6) 개별반응치의 예측

독립변수의 특정 값 $\boldsymbol{x}_0 = (x_{01}, x_{02}, \cdots, x_{0k})^T$에서 개별 반응변수 값($y_0$)의 추정치와 이것의 분산 추정치는 다음과 같다.

$$\hat{y}_0 = \boldsymbol{x}_0^T \hat{\boldsymbol{\beta}} = \hat{\beta}_0 + \hat{\beta}_1 x_{01} + \hat{\beta}_2 x_{02} + \cdots + \hat{\beta}_1 x_{0k} \tag{7.21}$$

$$\widehat{Var}(\hat{y}_0) = s^2(1 + \boldsymbol{x}_0^T (\boldsymbol{X}^T \boldsymbol{X})^{-1} \boldsymbol{x}_0) \tag{7.22}$$

$\hat{y}_0$에 대한 표준오차 $SE(\hat{y}_0)$는 다음과 같다.

$$SE(\hat{y}_0) = \sqrt{s^2(1 + \boldsymbol{x}_0^T (\boldsymbol{X}^T \boldsymbol{X})^{-1} \boldsymbol{x}_0)} \tag{7.23}$$

$\boldsymbol{x}_0$에서 개별 반응변수 값(y_0)의 $100(1-\alpha)\%$ 신뢰구간은 다음과 같다.

$$\boldsymbol{x}_0^T \hat{\beta} \pm t_{n-k-1,\alpha/2} \cdot SE(\hat{y}_0) \tag{7.24}$$

식 (7.20)과 식 (7.24)의 두 가지 예측구간은 특히 확인실험 결과를 평가할 때 유용하다. 요인배치 또는 부분요인배치 실험 데이터를 분석한 다음에 실험자가 관심 있는 실험조건에서 확인실험을 하여 데이터를 얻은 후, 반응변수의 평균값과 개별반응치가 각각 그에 대응하는 신뢰구간 안에 모두 포함되면 분석 과정이 적합하다고 평가할 수 있다.

7) 모형의 적합성 평가

실험데이터를 분석하여 얻은 모형식의 적합성을 평가하는 척도를 살펴보자. 우선 개별데이터가 평균으로부터 어느 정도 흩어져 있는지를 나타내는 편차인 $(y_i - \bar{y})$의 제곱합인 총변동(SS_T)을 오차변동(SS_E)과 회귀식에 의한 변동(SS_R)으로 분해한다.

$$\sum_{i=1}^{n}(y_i - \bar{y})^2 = \sum_{i=1}^{n}(y_i - \hat{y}_i)^2 + \sum_{i=1}^{n}(\hat{y}_i - \bar{y})^2$$

$$SS_T = SS_E + SS_R \tag{7.25}$$

성능을 나타내는 지표로는 우선 다음 식으로 나타낸 평균제곱오차의 제곱근(Root Mean Squared Error, RMSE)이 쓰이는데, 이는 잔차의 표준편차이다.

$$\text{RMSE} = \sqrt{\frac{\sum (y_i - \hat{y}_i)^2}{n-k-1}} \tag{7.26}$$

회귀모형의 결정계수(coefficient of determination)도 쓸 수 있는데, 이 지표는 반응치에 영향을 거의 미치지 않는 항이라고 할지라도 모형에 추가되면 결정계수의 값은 증가하는 단점이 있다.

$$R^2 = \frac{SS_R}{SS_T} = 1 - \frac{SS_E}{SS_T} \tag{7.27}$$

R^2의 단점을 보완할 수 있는 지표로서 수정결정계수(adjusted coefficient of determination) R^2_{adj}이 있는데, 이 지표는 영향력이 없는 항이 모형에 들어가면 그 값이 오히려 감소한다.

$$R^2_{adj} = 1 - \frac{SS_E/(n-k-1)}{SS_T/(n-1)} \tag{7.28}$$

식 (7.28)을 보면 분자는 오차의 평균제곱인 MS_E이고, 분모는 총제곱합을 자유도로 나눈 것으로 '총 평균제곱(Total Mean Square, MS_T)'이라고 부를 수 있다. 즉, R^2이 SS_E와 SS_T의 비율을 1에서 뺀 것이라면, R^2_{adj}은 MS_E와 MS_T의 비율을 1에서 뺀 것이다. 모형에 어떤 항이 추가되면 MS_E의 분자인 SS_E가 줄어들지만, 분모인 $(n-k-1)$도 줄어든다. 그러므로 수정결정계수 R^2_{adj}을 모형 선택기준으로 삼으면, 어떤 항이 모형에 추가되면서 얻는 SS_E 감소를 통한 이득이 자유도가 하나 더 늘어나는 손실보다 크지 않을 때만 그 항이 모형에 포함된다.

실험계획에서 다중선형회귀모형은 다양하게 이용할 수 있다. 이 방법은 독립변수가 선형이 아니더라도 모형에 들어갈 모수를 선형으로 표시할 수 있으면 쓸 수 있다. 독립변수 측면에서 선형이 아니더라도 모수 측면에서 선형으로 표현할 수 있으면 된다.

(1) 교호작용이 포함된 모형

$$y_i = \beta_0 + \beta_1 X_{i1} + \beta_2 X_{i2} + \beta_3 X_{i3} + \beta_{12} X_{i1} X_{i2} + \beta_{13} X_{i1} X_{i3} + \beta_{23} X_{i2} X_{i3} + \epsilon_i \tag{7.29}$$

식 (7.29)는 $X_{i1}X_{i2}$를 X_{i4}로, $X_{i1}X_{i3}$를 X_{i5}, $X_{i2}X_{i3}$를 X_{i6}으로 바꾸어 표현하면, 식 (7.30)처럼 6개의 변수를 대상으로 한 다중선형회귀모형으로 표현할 수 있다.

$$y_i = \beta_0 + \beta_1 X_{i1} + \beta_2 X_{i2} + \beta_3 X_{i3} + \beta_4 X_{i4} + \beta_5 X_{i5} + \beta_6 X_{i6} + \epsilon_i \tag{7.30}$$

(2) 다항회귀 모형

$$y_i = \beta_0 + \beta_1 X_i + \beta_2 X_i^2 + \beta_3 X_i^3 + \epsilon_i \tag{7.31}$$

식 (7.31)은 X_i^2을 X_{i2}, X_i^3을 X_{i3}으로 바꾸어 표현하면, 식 (7.32)처럼 3개의 변수를 대상으로 한 다중선형회귀모형으로 표현할 수 있다.

$$y_i = \beta_0 + \beta_1 X_{i1} + \beta_2 X_{i2} + \beta_3 X_{i3} + \epsilon_i \tag{7.32}$$

(3) 교호작용과 2차항이 포함된 모형

$$y_i = \beta_0 + \beta_1 X_{i1} + \beta_2 X_{i2} + \beta_{12} X_{i1} X_{i2} + \beta_{11} X_{i1}^2 + \beta_{22} X_{i2}^2 + \epsilon_i \tag{7.33}$$

식 (7.33)은 $X_{i1}X_{i2}$를 X_{i3}, X_{i1}^2을 X_{i4}, X_{i2}^2을 X_{i5}로 바꾸어 표현하면, 식 (7.34)처럼 5개의 변수를 대상으로 한 다중선형회귀모형으로 표현할 수 있다.

$$y_i = \beta_0 + \beta_1 X_{i1} + \beta_2 X_{i2} + \beta_3 X_{i3} + \beta_4 X_{i4} + \beta_5 X_{i5} + \epsilon_i \tag{7.34}$$

(4) 가능한 비선형인 회귀모형

$$y_i = {X_{i1}}^{\beta_1} \bullet e^{-\beta_2 X_{i2}} \tag{7.35}$$

식 (7.35)는 양변에 ln(밑이 e인 자연로그)을 취하면, 식 (7.36)처럼 변경할 수 있고, $\ln y_i$는 z_i, $\ln X_{i1}$은 W_{i1}로 바꾸어 표현하면, 식 (7.37)처럼 2개의 변수를 대상으로 한 다중선형회귀모형으로 표현할 수 있다.

$$\ln y_i = \beta_1 \ln X_{i1} - \beta_2 X_{i2} \tag{7.36}$$

$$z_i = \beta_1 W_{i1} - \beta_2 X_{i2} \tag{7.37}$$

(5) 가능하지 않은 비선형인 회귀모형

하지만 모수 β_1, β_2에 관하여 식 (7.38)과 같은 비선형인 회귀모형은 다중선형회귀모형으로 표현할 수 없다.

$$y_i = \frac{X_{i1}}{\beta_1}(1 - e^{-\beta_2 X_{i2}}) + \epsilon_i \tag{7.38}$$

7.4 $2^3 \times 2$ 요인배치 데이터 분석

예제 7.1의 요인배치 데이터 분석 결과, 3개의 요인효과 X_1, X_3, X_1X_3만 중요하므로 이들을 대상으로 $2^3 \times 2$ 실험데이터를 모형식 (7.39)로 표현할 수 있고, 이를 바탕으로 계수 벡터의 추정치 $\hat{\beta}$와 $\hat{\beta}$의 분산-공분산 행렬 추정치를 다음과 같이 구할 수 있다.

$$y_i = \beta_0 + \beta_1 X_{i1} + \beta_3 X_{i3} + \beta_{13} X_{i1} X_{i3} + \epsilon_i, \quad i = 1, 2, \cdots, n \tag{7.39}$$

$$\boldsymbol{X} = \begin{array}{c} \quad\; X_1 \quad X_3 \quad X_1X_3 \\ \begin{bmatrix} 1 & -1 & -1 & 1 \\ 1 & 1 & -1 & -1 \\ 1 & -1 & -1 & 1 \\ 1 & 1 & -1 & -1 \\ 1 & -1 & 1 & -1 \\ 1 & 1 & 1 & 1 \\ 1 & -1 & 1 & -1 \\ 1 & 1 & 1 & 1 \\ 1 & -1 & -1 & 1 \\ 1 & 1 & -1 & -1 \\ 1 & -1 & -1 & 1 \\ 1 & 1 & -1 & -1 \\ 1 & -1 & 1 & -1 \\ 1 & 1 & 1 & 1 \\ 1 & -1 & 1 & -1 \\ 1 & 1 & 1 & 1 \end{bmatrix} \end{array}, \qquad \boldsymbol{y} = \begin{bmatrix} 30 \\ 46 \\ 42 \\ 43 \\ 77 \\ 51 \\ 71 \\ 53 \\ 34 \\ 43 \\ 40 \\ 44 \\ 82 \\ 61 \\ 81 \\ 64 \end{bmatrix}$$

$$\hat{\boldsymbol{\beta}} = (\boldsymbol{X}^T\boldsymbol{X})^{-1}\boldsymbol{X}^T\boldsymbol{y} = \begin{bmatrix} \hat{\beta}_0 \\ \hat{\beta}_1 \\ \hat{\beta}_3 \\ \hat{\beta}_{13} \end{bmatrix} = \begin{bmatrix} 53.88 \\ -3.25 \\ 13.63 \\ -7.00 \end{bmatrix}$$

$$\widehat{Var}(\hat{\boldsymbol{\beta}}) = MS_E(\boldsymbol{X}^T\boldsymbol{X})^{-1} = s^2(\boldsymbol{X}^T\boldsymbol{X})^{-1} = (4.9032)^2 \begin{bmatrix} 0.0625 & 0 & 0 & 0 \\ 0 & 0.0625 & 0 & 0 \\ 0 & 0 & 0.0625 & 0 \\ 0 & 0 & 0 & 0.0625 \end{bmatrix}$$

$$= 24.0414 \begin{bmatrix} 0.0625 & 0 & 0 & 0 \\ 0 & 0.0625 & 0 & 0 \\ 0 & 0 & 0.0625 & 0 \\ 0 & 0 & 0 & 0.0625 \end{bmatrix}$$

1) 평균반응치의 추정

표면거칠기를 최소화하기 위한 조건은 $(X_1, X_3) = (-1, -1)$이다. 모형식 (7.39)에 근거하여, 최적 조건에서 평균반응치에 관한 신뢰구간을 구해보자. 절편과 X_1X_3 교호작용효과를 포함한 벡터를 이용하여 다음과 같이 전개할 수 있다.

$$\boldsymbol{x}_0 = \begin{bmatrix} 1 \\ -1 \\ -1 \\ 1 \end{bmatrix}$$

$$s^2 = 24.0414,\ (\boldsymbol{X}^T\boldsymbol{X})^{-1} = \begin{bmatrix} 0.0625 & 0 & 0 & 0 \\ 0 & 0.0625 & 0 & 0 \\ 0 & 0 & 0.0625 & 0 \\ 0 & 0 & 0 & 0.0625 \end{bmatrix}$$

$$\begin{aligned} SE(\hat{\mu}_{y|\boldsymbol{x}_0}) &= \sqrt{s^2\boldsymbol{x}_0^T(\boldsymbol{X}^T\boldsymbol{X})^{-1}\boldsymbol{x}_0} \\ &= \sqrt{24.0414\,[1\ \ -1\ \ -1\ \ \ 1]\begin{bmatrix} 0.0625 & 0 & 0 & 0 \\ 0 & 0.0625 & 0 & 0 \\ 0 & 0 & 0.0625 & 0 \\ 0 & 0 & 0 & 0.0625 \end{bmatrix}\begin{bmatrix} 1 \\ -1 \\ -1 \\ 1 \end{bmatrix}} \\ &= \sqrt{24.0414 \times 0.2500} = \sqrt{6.0104} = 2.4516 \end{aligned}$$

$$t_{16-3-1,\,0.05/2} = t_{12,0.025} = 2.179,\ \ \hat{\beta} = \begin{bmatrix} 53.88 \\ -3.25 \\ 13.63 \\ -7.00 \end{bmatrix}$$

$$\begin{aligned} \boldsymbol{x}_0^T\hat{\beta} \pm t_{n-k-1,\alpha/2} \cdot SE(\hat{\mu}_{y|\boldsymbol{x}_0}) &= [1\ \ -1\ \ -1\ \ \ 1]\begin{bmatrix} 53.88 \\ -3.25 \\ 13.63 \\ -7.00 \end{bmatrix} \pm t_{12,0.025} \cdot 2.4516 \\ &= 36.500 \pm 2.179 \times 2.4516 = (31.1580, 41.8420) \end{aligned}$$

최적조건 $(X_1, X_3) = (-1, -1)$에서 확인실험을 시행하여, 데이터 평균이 위 구간에 포함되면 최적조건에 재현성이 있다고 판단한다.

2) 개별반응치의 추정

이번에는 최적조건 $(X_1, X_3) = (-1, -1)$에서 개별반응치에 관한 신뢰구간을 구해보자.

$$\begin{aligned} SE(\hat{y}_0) &= \sqrt{s^2(1 + \boldsymbol{x}_0^T(\boldsymbol{X}^T\boldsymbol{X})^{-1}\boldsymbol{x}_0)} \\ &= \sqrt{24.0414\left(1 + [1\ \ -1\ \ -1\ \ \ 1]\begin{bmatrix} 0.0625 & 0 & 0 & 0 \\ 0 & 0.0625 & 0 & 0 \\ 0 & 0 & 0.0625 & 0 \\ 0 & 0 & 0 & 0.0625 \end{bmatrix}\begin{bmatrix} 1 \\ -1 \\ -1 \\ 1 \end{bmatrix}\right)} \\ &= \sqrt{24.0414 \times 1.2500} = \sqrt{30.0518} = 5.4820 \end{aligned}$$

$$t_{16-3-1,0.05/2} = t_{12,0.025} = 2.179,\ \hat{\beta} = \begin{bmatrix} 53.88 \\ -3.25 \\ 13.63 \\ -7.00 \end{bmatrix}$$

$$\boldsymbol{x}_0^T\hat{\boldsymbol{\beta}} \pm t_{n-k-1,\alpha/2} \cdot SE(\hat{y}_0) = [1 \quad -1 \quad -1 \quad 1]\begin{bmatrix} 53.88 \\ -3.25 \\ 13.63 \\ -7.00 \end{bmatrix} \pm t_{12,0.025} \cdot 5.4820$$

$$= 36.500 \pm 2.179 \times 5.4820 = (24.5547, 48.4453)$$

최적조건 $(X_1, X_3) = (-1, -1)$에서 확인실험을 시행하여, 개별데이터가 위 구간에 포함되면 최적조건에 재현성이 있다고 판단한다.

이러한 요인배치실험 데이터를 회귀분석에 적용하여 분석하는 것은 부분요인배치 데이터에도 그대로 적용된다. 다만 이때는 요인효과 간 교락현상을 이해하고 주의하는 것이 필요하다.

7.5 한인자 다수준 실험데이터의 회귀분석

실험사례 7.2에서 제시한 일인자 다수준 종이 헬리콥터 실험데이터를 분석해 보자. 그림 7.10과 그림 7.11에는 이 실험데이터의 산점도에 직선식과 2차 곡선식을 각각 적합한 그림을 나타내었다.

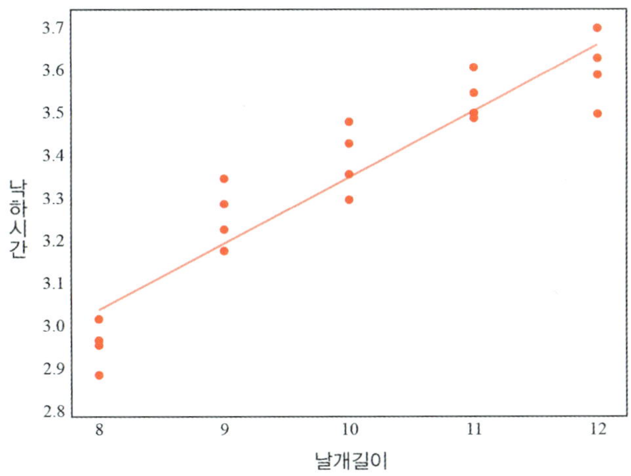

그림 7.10 종이 헬리콥터 실험데이터의 직선식 적합

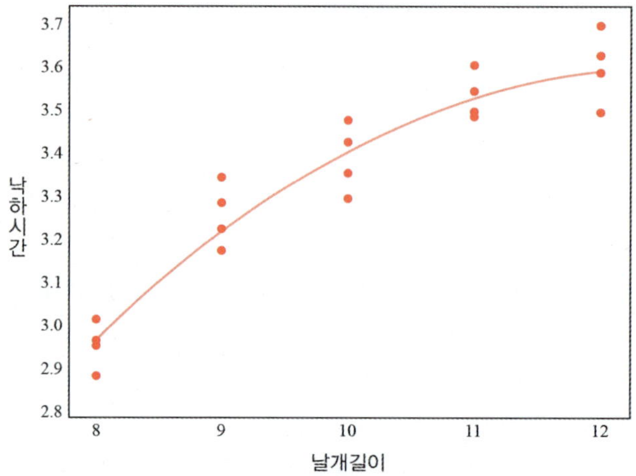

그림 7.11 종이 헬리콥터 실험데이터의 2차 곡선 적합

두 개의 그림을 보면, 낙하시간은 날개길이에 따른 직선식보다는 2차 곡선식으로 적합하는 것이 더 좋다고 보인다. 적합성 통계량으로 비교하면, 직선식으로 적합할 때 $S=0.089$, $R^2=87.4\%$, $R_{adj}^2=86.7\%$이고, 2차 곡선식을 쓸 때 $S=0.069$, $R^2=92.7\%$, $R_{adj}^2=91.9\%$로 나타나, 1차식보다 2차식이 더 좋다는 것을 알 수 있다. 참고로 이 데이터를 3차 곡선식으로 적합하면 $S=0.070$, $R^2=93.0\%$, $R_{adj}^2=91.7\%$이다. 2차식을 이용하면 낙하시간(Y_i)은 날개길이(X_i)에 관하여 식 (7.40)으로 표현할 수 있다.

$$y_i=\beta_0+\beta_1 X_i+\beta_2 X_i^2+\epsilon_i,\quad i=1,2,\cdots,n \tag{7.40}$$

2차 곡선식으로 적합하기 위해 최소제곱법으로 모형계수 벡터 추정치와 추정된 모형계수 벡터의 분산-공분산 행렬 추정치를 다음과 같이 구한다.

$$
\boldsymbol{X}=\begin{bmatrix} 1 & X_1 & X_1^2 \\ 1 & X_2 & X_2^2 \\ 1 & X_2 & X_3^2 \\ \vdots & \vdots & \vdots \\ 1 & X_{20} & X_{20}^2 \end{bmatrix}=\begin{array}{c} \begin{matrix} \quad & X & X^2 \end{matrix} \\ \begin{bmatrix} 1 & 8 & 64 \\ 1 & 8 & 64 \\ 1 & 8 & 64 \\ 1 & 8 & 64 \\ 1 & 9 & 81 \\ 1 & 9 & 81 \\ 1 & 9 & 81 \\ 1 & 9 & 81 \\ 1 & 10 & 100 \\ 1 & 10 & 100 \\ 1 & 10 & 100 \\ 1 & 10 & 100 \\ 1 & 11 & 121 \\ 1 & 11 & 121 \\ 1 & 11 & 121 \\ 1 & 11 & 121 \\ 1 & 12 & 144 \\ 1 & 12 & 144 \\ 1 & 12 & 144 \\ 1 & 12 & 144 \end{bmatrix} \end{array}, \quad \boldsymbol{y}=\begin{bmatrix} 3.01 \\ 2.95 \\ 2.88 \\ 2.96 \\ 3.17 \\ 3.22 \\ 3.34 \\ 3.28 \\ 3.35 \\ 3.42 \\ 3.29 \\ 3.47 \\ 3.48 \\ 3.54 \\ 3.49 \\ 3.60 \\ 3.49 \\ 3.69 \\ 3.62 \\ 3.58 \end{bmatrix}
$$

$$
\hat{\boldsymbol{\beta}}=(\boldsymbol{X}^T\boldsymbol{X})^{-1}\boldsymbol{X}^T\boldsymbol{y}=\begin{bmatrix} \hat{\beta}_0 \\ \hat{\beta}_1 \\ \hat{\beta}_{11} \end{bmatrix}=\begin{bmatrix} -1.409 \\ 0.807 \\ -0.033 \end{bmatrix}
$$

$$
\widehat{Var}(\hat{\boldsymbol{\beta}})=MS_E(\boldsymbol{X}^T\boldsymbol{X})^{-1}=s^2(\boldsymbol{X}^T\boldsymbol{X})^{-1}=(0.0693)^2\begin{bmatrix} 174.050 & -35.250 & 1.750 \\ -35.250 & 7.168 & -0.357 \\ 1.750 & -0.357 & 0.018 \end{bmatrix}
$$

$$
=0.0048\begin{bmatrix} 174.050 & -35.250 & 1.750 \\ -35.250 & 7.168 & -0.357 \\ 1.750 & -0.357 & 0.018 \end{bmatrix}
$$

1) 평균반응치의 추정

$x=12$일 때, $\boldsymbol{x}_0=\begin{bmatrix} 1 \\ 12 \\ 144 \end{bmatrix}$이고, $s^2=0.0048$, $(\boldsymbol{X}^T\boldsymbol{X})^{-1}=\begin{bmatrix} 174.050 & -35.250 & 1.750 \\ -35.250 & 7.168 & -0.357 \\ 1.750 & -0.357 & 0.018 \end{bmatrix}$이므로,

$$
SE(\hat{\mu}_{y|\boldsymbol{x}_0})=\sqrt{s^2\boldsymbol{x}_0^T(\boldsymbol{X}^T\boldsymbol{X})^{-1}\boldsymbol{x}_0}=\sqrt{0.0048\,[1 \;\; 12 \;\; 144]\begin{bmatrix} 174.050 & -35.250 & 1.750 \\ -35.250 & 7.168 & -0.357 \\ 1.750 & -0.357 & 0.018 \end{bmatrix}\begin{bmatrix} 1 \\ 12 \\ 144 \end{bmatrix}}
$$

$$
=\sqrt{0.0048\times 3.698}=\sqrt{0.01775}=0.1332
$$

$$t_{20-2-1,\,0.05/2} = t_{17,0.025} = 2.11,\ \hat{\beta} = \begin{bmatrix} -1.409 \\ 0.807 \\ -0.033 \end{bmatrix}$$

$$\boldsymbol{x}_0^T\hat{\beta} \pm t_{n-k-1,\alpha/2} \cdot SE(\hat{\mu}_{y|\boldsymbol{x}_0}) = [1\ \ 12\ \ 144]\begin{bmatrix} -1.409 \\ 0.807 \\ -0.033 \end{bmatrix} \pm t_{17,0.025} \cdot 0.1332$$

$$= 3.523 \pm 2.11 \times 0.1332 = (3.242, 3.804)$$

날개길이(x)가 12cm인 종이 헬리콥터 낙하실험을 하면, 평균 낙하시간은 위 구간에 포함될 것이다.

2) 개별반응치의 추정

$x = 12$일 때,

$$SE(\hat{y}_0) = \sqrt{s^2(1 + \boldsymbol{x}_0^T(\boldsymbol{X}^T\boldsymbol{X})^{-1}\boldsymbol{x}_0)}$$

$$= \sqrt{0.0048\left(1 + [1\ \ 12\ \ 144]\begin{bmatrix} 174.050 & -35.250 & 1.750 \\ -35.250 & 7.168 & -0.357 \\ 1.750 & -0.357 & 0.018 \end{bmatrix}\begin{bmatrix} 1 \\ 12 \\ 144 \end{bmatrix}\right)}$$

$$= \sqrt{0.0048 \times 4.698} = \sqrt{0.02255} = 0.1502$$

$$t_{20-2-1,\,0.05/2} = t_{17,0.025} = 2.11,\ \hat{\beta} = \begin{bmatrix} -1.409 \\ 0.807 \\ -0.033 \end{bmatrix}$$

$$\boldsymbol{x}_0^T\hat{\beta} \pm t_{n-k-1,\alpha/2} \cdot SE(\hat{y}_0) = [1\ \ 12\ \ 144]\begin{bmatrix} -1.409 \\ 0.807 \\ -0.033 \end{bmatrix} \pm t_{17,0.025} \cdot 0.1502$$

$$= 3.523 \pm 2.11 \times 0.1502 = (3.206, 3.840)$$

날개길이(x)가 12cm인 종이 헬리콥터 낙하실험을 하면, 개별 낙하시간이 위 구간에 포함될 것이다.

한인자 다수준 실험에서 2차항을 모형에 포함하면, 그 항은 1차항 수준 값을 제곱하여 이용하게 되는데, 이러한 값이 아주 크면 계산에 오류가 발생할 수 있다. 이런 경우에는 수준 값을 코딩하여 쓰는 것이 좋겠다. 예를 들어 5수준이면 가장 작은 값부터 시작하여 −2, −1, 0, 1, 2로 코딩하는 것이다.

7.6 실험계획 데이터의 다중선형회귀분석 적용사례

표 7.5에 있는 숏피닝 공정의 설계행렬과 데이터를 이용하여 모형식을 단계적으로 추정하고, 추정된 모형식을 이용하여 필요한 추가 분석을 하는 방법을 다음과 같이 단계적으로 살펴보자. ① 우선 설계행렬로부터 1차 효과, 2인자 교호작용효과, 2차 효과를 포함한 모형행렬을 이용하여 모형의 계수값을 구한다. ② 작은 계수값을 나타내는 항은 제외하여 적합 통계량인 S는 작게 하고 R^2_{adj}은 크게 만드는 모형을 선정한다. ③ 선정된 모형을 이용하여 입력변수의 특정 점에서 평균반응치와 개별반응치를 구한다.

7.6.1 모든 항을 모형에 포함한 분석

우선 4개의 1차 효과, 6개의 2인자 교호작용효과, 4개의 2차 효과를 포함한 모형행렬을 만들어서 계수벡터를 구한다.

$$\begin{array}{ccccccccccccccc} & X_1 & X_2 & X_3 & X_4 & X_1X_2 & X_1X_3 & X_1X_4 & X_2X_3 & X_2X_4 & X_3X_4 & X_1^2 & X_2^2 & X_3^2 & X_4^2 \end{array}$$

$$\boldsymbol{X} = \begin{bmatrix}
1 & -1 & -1 & 0 & 0 & 1 & 0 & 0 & 0 & 0 & 0 & 1 & 1 & 0 & 0 \\
1 & -1 & 1 & 0 & 0 & -1 & 0 & 0 & 0 & 0 & 0 & 1 & 1 & 0 & 0 \\
1 & 1 & -1 & 0 & 0 & -1 & 0 & 0 & 0 & 0 & 0 & 1 & 1 & 0 & 0 \\
1 & 1 & 1 & 0 & 0 & 1 & 0 & 0 & 0 & 0 & 0 & 1 & 1 & 0 & 0 \\
1 & 0 & 0 & -1 & -1 & 0 & 0 & 0 & 0 & 0 & 1 & 0 & 0 & 1 & 1 \\
1 & 0 & 0 & -1 & 1 & 0 & 0 & 0 & 0 & 0 & -1 & 0 & 0 & 1 & 1 \\
1 & 0 & 0 & 1 & -1 & 0 & 0 & 0 & 0 & 0 & -1 & 0 & 0 & 1 & 1 \\
1 & 0 & 0 & 1 & 1 & 0 & 0 & 0 & 0 & 0 & 1 & 0 & 0 & 1 & 1 \\
1 & 0 & 0 & 0 & 0 & 0 & 0 & 0 & 0 & 0 & 0 & 0 & 0 & 0 & 0 \\
1 & 0 & 0 & 0 & 0 & 0 & 0 & 0 & 0 & 0 & 0 & 0 & 0 & 0 & 0 \\
1 & -1 & 0 & -1 & 0 & 0 & 1 & 0 & 0 & 0 & 0 & 1 & 0 & 1 & 0 \\
1 & -1 & 0 & 1 & 0 & 0 & -1 & 0 & 0 & 0 & 0 & 1 & 0 & 1 & 0 \\
1 & 1 & 0 & -1 & 0 & 0 & -1 & 0 & 0 & 0 & 0 & 1 & 0 & 1 & 0 \\
1 & 1 & 0 & 1 & 0 & 0 & 1 & 0 & 0 & 0 & 0 & 1 & 0 & 1 & 0 \\
1 & 0 & -1 & 0 & -1 & 0 & 0 & 0 & 0 & 1 & 0 & 0 & 1 & 0 & 1 \\
1 & 0 & -1 & 0 & 1 & 0 & 0 & 0 & 0 & -1 & 0 & 0 & 1 & 0 & 1 \\
1 & 0 & 1 & 0 & -1 & 0 & 0 & 0 & 0 & -1 & 0 & 0 & 1 & 0 & 1 \\
1 & 0 & 1 & 0 & 1 & 0 & 0 & 0 & 0 & 1 & 0 & 0 & 1 & 0 & 1 \\
1 & 0 & 0 & 0 & 0 & 0 & 0 & 0 & 0 & 0 & 0 & 0 & 0 & 0 & 0 \\
1 & 0 & 0 & 0 & 0 & 0 & 0 & 0 & 0 & 0 & 0 & 0 & 0 & 0 & 0 \\
1 & -1 & 0 & 0 & -1 & 0 & 0 & 1 & 0 & 0 & 0 & 1 & 0 & 0 & 1 \\
1 & -1 & 0 & 0 & 1 & 0 & 0 & -1 & 0 & 0 & 0 & 1 & 0 & 0 & 1 \\
1 & 1 & 0 & 0 & -1 & 0 & 0 & -1 & 0 & 0 & 0 & 1 & 0 & 0 & 1 \\
1 & 1 & 0 & 0 & 1 & 0 & 0 & 1 & 0 & 0 & 0 & 1 & 0 & 0 & 1 \\
1 & 0 & -1 & -1 & 0 & 0 & 0 & 0 & 1 & 0 & 0 & 0 & 1 & 1 & 0 \\
1 & 0 & -1 & 1 & 0 & 0 & 0 & 0 & -1 & 0 & 0 & 0 & 1 & 1 & 0 \\
1 & 0 & 1 & -1 & 0 & 0 & 0 & 0 & -1 & 0 & 0 & 0 & 1 & 1 & 0 \\
1 & 0 & 1 & 1 & 0 & 0 & 0 & 0 & 1 & 0 & 0 & 0 & 1 & 1 & 0 \\
1 & 0 & 0 & 0 & 0 & 0 & 0 & 0 & 0 & 0 & 0 & 0 & 0 & 0 & 0 \\
1 & 0 & 0 & 0 & 0 & 0 & 0 & 0 & 0 & 0 & 0 & 0 & 0 & 0 & 0
\end{bmatrix}$$

$$\hat{\beta} = (\boldsymbol{X}^T\boldsymbol{X})^{-1}\boldsymbol{X}^T\boldsymbol{y}$$

$$= [\hat{\beta}_0 \ \hat{\beta}_1 \ \hat{\beta}_2 \ \hat{\beta}_3 \ \hat{\beta}_4 \ \hat{\beta}_{12} \ \hat{\beta}_{13} \ \hat{\beta}_{14} \ \hat{\beta}_{23} \ \hat{\beta}_{24} \ \hat{\beta}_{34} \ \hat{\beta}_{11} \ \hat{\beta}_{22} \ \hat{\beta}_{33} \ \hat{\beta}_{44}]^T$$

$$= [0.00953 \quad -0.00206 \quad 0.00179 \quad 0.00228 \quad 0.00077 \quad 0.00003 \quad 0.00015 \quad 0.00010 \quad 0.00008 \quad 0.00003 \quad 0.00003 \quad 0.00069 \quad -0.00061 \quad -0.00055 \quad -0.00038]^T$$

이 중에서 X_1X_2, X_2X_3, X_2X_4, X_3X_4의 계수는 아주 작으므로 이들 항은 제외하여 적합 통계량인 S는 작게, R^2_{adj}은 크게 만드는 축소된 모형을 수립했다.

7.6.2 축소된 모형

X_1X_2, X_2X_3, X_2X_4, X_3X_4항을 제외한 모형행렬을 이용하여 분석한 결과는 다음과 같다.

$$\boldsymbol{X} = \begin{array}{c} \begin{array}{ccccccccccc} & X_1 & X_2 & X_3 & X_4 & X_1X_3 & X_1X_4 & X_1^2 & X_2^2 & X_3^2 & X_4^2 \end{array} \\ \begin{bmatrix} 1 & -1 & -1 & 0 & 0 & 0 & 0 & 1 & 1 & 0 & 0 \\ 1 & -1 & 1 & 0 & 0 & 0 & 0 & 1 & 1 & 0 & 0 \\ 1 & 1 & -1 & 0 & 0 & 0 & 0 & 1 & 1 & 0 & 0 \\ 1 & 1 & 1 & 0 & 0 & 0 & 0 & 1 & 1 & 0 & 0 \\ 1 & 0 & 0 & -1 & -1 & 0 & 0 & 0 & 0 & 1 & 1 \\ 1 & 0 & 0 & -1 & 1 & 0 & 0 & 0 & 0 & 1 & 1 \\ 1 & 0 & 0 & 1 & -1 & 0 & 0 & 0 & 0 & 1 & 1 \\ 1 & 0 & 0 & 1 & 1 & 0 & 0 & 0 & 0 & 1 & 1 \\ 1 & 0 & 0 & 0 & 0 & 0 & 0 & 0 & 0 & 0 & 0 \\ 1 & 0 & 0 & 0 & 0 & 0 & 0 & 0 & 0 & 0 & 0 \\ 1 & -1 & 0 & -1 & 0 & 1 & 0 & 1 & 0 & 1 & 0 \\ 1 & -1 & 0 & 1 & 0 & -1 & 0 & 1 & 0 & 1 & 0 \\ 1 & 1 & 0 & -1 & 0 & -1 & 0 & 1 & 0 & 1 & 0 \\ 1 & 1 & 0 & 1 & 0 & 1 & 0 & 1 & 0 & 1 & 0 \\ 1 & 0 & -1 & 0 & -1 & 0 & 0 & 0 & 1 & 0 & 1 \\ 1 & 0 & -1 & 0 & 1 & 0 & 0 & 0 & 1 & 0 & 1 \\ 1 & 0 & 1 & 0 & -1 & 0 & 0 & 0 & 1 & 0 & 1 \\ 1 & 0 & 1 & 0 & 1 & 0 & 0 & 0 & 1 & 0 & 1 \\ 1 & 0 & 0 & 0 & 0 & 0 & 0 & 0 & 0 & 0 & 0 \\ 1 & 0 & 0 & 0 & 0 & 0 & 0 & 0 & 0 & 0 & 0 \\ 1 & -1 & 0 & 0 & -1 & 0 & 1 & 1 & 0 & 0 & 1 \\ 1 & -1 & 0 & 0 & 1 & 0 & -1 & 1 & 0 & 0 & 1 \\ 1 & 1 & 0 & 0 & -1 & 0 & -1 & 1 & 0 & 0 & 1 \\ 1 & 1 & 0 & 0 & 1 & 0 & 1 & 1 & 0 & 0 & 1 \\ 1 & 0 & -1 & -1 & 0 & 0 & 0 & 0 & 1 & 1 & 0 \\ 1 & 0 & -1 & 1 & 0 & 0 & 0 & 0 & 1 & 1 & 0 \\ 1 & 0 & 1 & -1 & 0 & 0 & 0 & 0 & 1 & 1 & 0 \\ 1 & 0 & 1 & 1 & 0 & 0 & 0 & 0 & 1 & 1 & 0 \\ 1 & 0 & 0 & 0 & 0 & 0 & 0 & 0 & 0 & 0 & 0 \\ 1 & 0 & 0 & 0 & 0 & 0 & 0 & 0 & 0 & 0 & 0 \end{bmatrix} \end{array}$$

$$
\begin{aligned}
\hat{\beta} &= (\boldsymbol{X}^T\boldsymbol{X})^{-1}\boldsymbol{X}^T\boldsymbol{y} \\
&= [\hat{\beta}_0 \ \ \hat{\beta}_1 \ \ \hat{\beta}_2 \ \ \hat{\beta}_3 \ \ \hat{\beta}_4 \ \ \hat{\beta}_{13} \ \ \hat{\beta}_{14} \ \ \hat{\beta}_{11} \ \ \hat{\beta}_{22} \ \ \hat{\beta}_{33} \ \ \hat{\beta}_{44}]^T \\
&= [0.00953 \quad -0.00206 \quad 0.00179 \quad 0.00228 \quad 0.00077 \quad 0.00015 \\
&\qquad 0.00010 \quad 0.00069 \quad -0.00061 \quad -0.00055 \quad -0.00038]^T
\end{aligned} \tag{7.41}
$$

계수벡터의 추정치를 이용하면 모형식은 다음과 같다.

$$
\begin{aligned}
\hat{y} &= 0.00953 - 0.00206x_1 + 0.00179x_2 + 0.00228x_3 + 0.00077x_4 + 0.00015x_1x_3 \\
&\quad + 0.00010x_1x_4 + 0.00069x_{11}^2 - 0.00061x_{22}^2 - 0.00055x_{33}^2 - 0.00038x_{44}^2
\end{aligned} \tag{7.42}
$$

$$
\widehat{Var}(\hat{\boldsymbol{\beta}}) = MS_E(\boldsymbol{X}^T\boldsymbol{X})^{-1} = s^2(\boldsymbol{X}^T\boldsymbol{X})^{-1}
$$

$$
= (0.00016)^2 \begin{bmatrix}
0.167 & 0 & 0 & 0 & 0 & 0 & 0 & -0.083 & -0.083 & -0.083 & -0.083 \\
0 & 0.083 & 0 & 0 & 0 & 0 & 0 & 0 & 0 & 0 & 0 \\
0 & 0 & 0.083 & 0 & 0 & 0 & 0 & 0 & 0 & 0 & 0 \\
0 & 0 & 0 & 0.083 & 0 & 0 & 0 & 0 & 0 & 0 & 0 \\
0 & 0 & 0 & 0 & 0.083 & 0 & 0 & 0 & 0 & 0 & 0 \\
0 & 0 & 0 & 0 & 0 & 0.250 & 0 & 0 & 0 & 0 & 0 \\
0 & 0 & 0 & 0 & 0 & 0 & 0.250 & 0 & 0 & 0 & 0 \\
-0.083 & 0 & 0 & 0 & 0 & 0 & 0 & 0.146 & 0.021 & 0.021 & 0.021 \\
-0.083 & 0 & 0 & 0 & 0 & 0 & 0 & 0.021 & 0.146 & 0.121 & 0.021 \\
-0.083 & 0 & 0 & 0 & 0 & 0 & 0 & 0.021 & 0.021 & 0.146 & 0.021 \\
-0.083 & 0 & 0 & 0 & 0 & 0 & 0 & 0.021 & 0.021 & 0.021 & 0.146
\end{bmatrix}
$$

7.6.3 반응치의 추정

$(X_1, X_2, X_3, X_4) = (1, -1, 0, 1)$에서 모형식 (7.42)에 근거하여, 평균반응치와 개별반응치에 관한 신뢰구간을 구해보자. 절편과 식 (7.42)에 있는 교호작용효과와 2차 효과를 포함한 벡터는 다음과 같다.

$$
\boldsymbol{x}_0 = (1, -1, 0, 1, 0, -1, 0, 1, 0, 1, 0)^T \tag{7.43}
$$

식 (7.41)의 계수벡터, $s^2 = (0.00016)^2$과 다음의 역행렬을 이용하여 추정한다.

$$
(\boldsymbol{X}^T\boldsymbol{X})^{-1} = \begin{bmatrix}
0.167 & 0 & 0 & 0 & 0 & 0 & 0 & -0.083 & -0.083 & -0.083 & -0.083 \\
0 & 0.083 & 0 & 0 & 0 & 0 & 0 & 0 & 0 & 0 & 0 \\
0 & 0 & 0.083 & 0 & 0 & 0 & 0 & 0 & 0 & 0 & 0 \\
0 & 0 & 0 & 0.083 & 0 & 0 & 0 & 0 & 0 & 0 & 0 \\
0 & 0 & 0 & 0 & 0.083 & 0 & 0 & 0 & 0 & 0 & 0 \\
0 & 0 & 0 & 0 & 0 & 0.250 & 0 & 0 & 0 & 0 & 0 \\
0 & 0 & 0 & 0 & 0 & 0 & 0.250 & 0 & 0 & 0 & 0 \\
-0.083 & 0 & 0 & 0 & 0 & 0 & 0 & 0.146 & 0.021 & 0.021 & 0.021 \\
-0.083 & 0 & 0 & 0 & 0 & 0 & 0 & 0.021 & 0.146 & 0.121 & 0.021 \\
-0.083 & 0 & 0 & 0 & 0 & 0 & 0 & 0.021 & 0.021 & 0.146 & 0.021 \\
-0.083 & 0 & 0 & 0 & 0 & 0 & 0 & 0.021 & 0.021 & 0.021 & 0.146
\end{bmatrix}
$$

1) 평균반응치의 추정

$$SE(\hat{\mu}_{y|\boldsymbol{x}_0}) = \sqrt{s^2\boldsymbol{x}_0^T(\boldsymbol{X}^T\boldsymbol{X})^{-1}\boldsymbol{x}_0}$$
$$= \sqrt{(0.00016)^2 \times 0.5833} = 0.000122$$

$$t_{30-10-1,\,0.05/2} = t_{19,0.025} = 2.093$$

$$\boldsymbol{x}_0^T\hat{\boldsymbol{\beta}} \pm t_{n-k-1,\,\alpha/2} \cdot SE(\hat{\mu}_{y|\boldsymbol{x}_0}) = \boldsymbol{x}_0^T\hat{\boldsymbol{\beta}} \pm t_{19,0.025} \cdot 0.000122$$
$$= 0.01386 \pm 2.093 \times 0.000122 = (0.01361, 0.01412)$$

2) 개별반응치의 추정

$$SE(\hat{y}_0) = \sqrt{s^2(1 + \boldsymbol{x}_0^T(\boldsymbol{X}^T\boldsymbol{X})^{-1}\boldsymbol{x}_0)}$$
$$= \sqrt{(0.00016)^2 \times 1.5833} = 0.000201$$

$$t_{30-10-1,\,0.05/2} = t_{19,0.025} = 2.093$$

$$\boldsymbol{x}_0^T\hat{\boldsymbol{\beta}} \pm t_{n-k-1,\,\alpha/2} \cdot SE(\hat{y}_0) = \boldsymbol{x}_0^T\hat{\boldsymbol{\beta}} \pm t_{19,0.025} \cdot 0.000201$$
$$= 0.01386 \pm 2.093 \times 0.000201 = (0.01344, 0.01428)$$

7.7 들여다보기

(1) 식 (7.13)을 보면, 회귀계수 벡터 $\hat{\boldsymbol{\beta}}$의 분산-공분산 행렬은 $Var(\hat{\boldsymbol{\beta}}) = \sigma^2(\boldsymbol{X}^T\boldsymbol{X})^{-1}$이고, 이것의 추정치는 식 (7.14)에 나타낸 바와 같이 $\widehat{Var}(\hat{\boldsymbol{\beta}}) = s^2(\boldsymbol{X}^T\boldsymbol{X})^{-1}$이다. 결국 $\hat{\boldsymbol{\beta}}$의 정확성은 행렬 X^TX와 실험오차의 크기 s^2에 달려 있다. 요인배치 실험데이터를 쓰면, X^TX와 $(X^TX)^{-1}$의 주대각선이 아닌 요소들(off-diagonal elements)이 0인 대각행렬(diagonal matrix)이 되어 $\hat{\boldsymbol{\beta}}$를 구성하는 계수 $\hat{\beta}_i$가 서로 독립이다. 이때는 어떤 항이 모형에 들어가거나 제외될 때 다른 항의 $\hat{\beta}_i$는 영향을 받지 않는다. 하지만 식 (7.40)과 같은 하나의 변수를 대상으로 한 다항회귀나 식 (7.42)와 같이 다중회귀모형에서 변수의 제곱항이 모형에 들어가면 행렬 X^TX와 $(X^TX)^{-1}$은 더 이상 대각행렬이 되지 않아서 ① $\hat{\beta}_i$의 신뢰구간을 독립적으로 구하기보다는 동시 신뢰영역(simultaneous confidence region)으로 추정하는 것이 맞고, ② 모형에서 하나의 항이 빠지거나 들어갈 때, 다른 항의 계수는 달라진다.

(2) 모형의 적합성 평가: ① 모형식이 얼마나 데이터를 잘 표현하는가에 관한 기준으로는, 개별데이터와 평균으로부터의 편차를 모형식이 설명하는 비율을 나타내는 결정계수(R^2)를 기본적으로 쓴다. ② 7.3절에서 밝힌 바와 같이, 모형식을 구성하면서 어떤 항을 포함할 것인지 아닌지에 관한 판단은 수정결정계수(R_{adj}^2)와 평균제곱오차의 제곱근(RMSE)을 고려한다. ③ 다양한 데이터를 분석해 본 결과, R_{adj}^2을 가장 크게, RMSE를 가장 작게 만드는 모형식은 대부분 일치한다.

(3) 특성치가 막이 입혀짐, 입혀지지 않음, 회로가 작동함, 작동하지 않음 등으로, 연속변수가 아니라 2가지 결과로 나타나는 범주형일 때는 로지스틱 회귀분석을 이용한다(전치혁 등, 2023; Montgomery et al., 2021).

(4) 실험계획법에서, 상관분석과 회귀분석의 추가 용도는 대용 특성을 찾는 것이다. 주요 특성치를 직접 측정하기 어려울 때, 가능한 한 정확하게 이 특성치와 비례하는 대용 특성을 반응변수로 삼아 최적화하는 조건을 찾고자 하는 것이다. 이를 위하여 주요 특성치와 반응변수로 이용할 대용 특성 간 관계식을 추정하기 위해 회귀분석을 이용할 수 있다.

+연습문제

1 표 3.8 콘크리트 내구성 실험데이터를 이용하여,

(1) 회귀식을 도출하고, 회귀식의 결정계수를 구하라.

(2) 공기량이 12.5%일 때, 평균반응치를 추정하고, 평균반응치와 개별반응치의 95% 신뢰구간을 각각 구하라.

2 표 3.10 식각률 실험데이터를 이용하여,

(1) 선형과 2차 회귀식을 각각 도출하고, 각 회귀식의 RMSE, R^2, R^2_{adj}을 각각 구하라.

(2) 전압이 190W일 때, 선형과 2차 회귀식을 이용하여 별도로 평균반응치, 평균반응치와 개별반응치의 95% 신뢰구간을 각각 구하라.

3 표 4.36 사진식각 공정 실험데이터를 이용하여 구한 모형식에서, 최소선폭(CD)을 3.75에 맞추기 위한 인자들의 조건에서 평균반응치와 개별반응치의 95% 신뢰구간을 각각 구하라.

4 표 5.54 염료의 수율개선 실험데이터를 분석하여,

(1) 중요한 요인효과를 대상으로 코딩된 변수와 원래 변수를 대상으로 모형식을 각각 구하라.

(2) 실험데이터에 근거한 최적조건에서 평균반응치와 개별반응치의 95% 신뢰구간을 각각 구하라.

5 표 5.61 보일러 연소실험데이터를 분석하여,

(1) 중요한 요인효과를 대상으로 코딩된 변수와 원래 변수를 대상으로 모형식을 각각 구하라.

(2) 최적조건에서 평균반응치와 개별반응치의 95% 신뢰구간을 각각 구하라.

6 표 6.48의 미끄럼 수준을 이용한 접착력 실험데이터를 분석하여,

(1) 중요한 요인효과를 대상으로 코딩된 변수와 원래 변수를 대상으로 모형식을 각각 구하라.

(2) 최적조건을 구하고, 이 조건에서 평균반응치, 평균반응치와 개별반응치의 95% 신뢰구간을 각각 구하라.

+참고문헌

전치혁, 정민근, 이혜선 (2023). 공학응용통계, 3개정판, 도서출판 홍릉.

Drain, D. (1997). *Handbook of Experimental Methods for Process Improvement*, Chapman & Hall, NY.

Montgomery, D. C., Peck, E. A., and Vining, G. G. (2021). *Introduction to Linear Regression Analysis*, 6th Ed., Wiley, NJ.

Nam, Y. -S., Jeon, U., Yoon, H. -K., Shin, B. -C., and Byun, J. -H. (2016). "Use of Response Surface Methodology for Shot Peening Process Optimization of an Aircraft Structural Part", *International Journal of Advanced Manufacturing Technology*, 87(9), 2967-2981.

8.

반응표면계획과 분석

8.1 반응표면계획 개요: 순차적 실험과 영역 탐색

8.1.1 농업실험과 공업실험의 차이

실험계획법은 1920년대에 피셔(Fisher)에 의해 개발되어, 주로 농업실험과 유전학 실험에 적용되기 시작하였다. 처음에는 작물 재배에 영향을 미치는 여러 인자들의 영향을 복합적으로 파악하기 위해 요인배치법이 개발되어 랜덤화의 중요성이 강조되고, 이어서 구획을 정하여 실험하다 보니 블로킹을 하게 되었다. 농작물은 같은 시기에 씨를 뿌리거나 심기 때문에 동시에 병렬로 실험할 수 있고, 실험의 결과를 알려면 몇 달 또는 몇 년이 걸릴 정도로 상당한 기간이 소요된다.

1940년대 중반부터 산업화가 급격하게 진행되면서 공업실험에 실험계획법을 활용하게 되었는데, 공업실험은 농업실험과 다른 특징이 있다. 공업실험에서는 같은 장치에서 연이어 실험하고 짧은 시간 안에 실험 결과를 알 수 있으므로 보통 몇 분, 몇 시간이나, 늦어도 며칠이면 실험 결과를 받을 수 있다. 물론 실험을 시행한 이후, 정밀한 측정장비를 이용할 때 추가 시간이 소요되기도 한다. 효율적 공업실험은 실험을 계획하여 랜덤한 순서에 따라 실험을 시행한 다음, 그 분석 결과를 이용하여 순차적으로 실험하는 것이다. 공업실험에 실험계획을 본격적으로 적용하게 된 것은, 1948년 조지 박스(George Box)가 영국 왕립화학산업에서 일하면서 시작되었다. 그는 부분요인배치법을 이용한 선별실험으로 주요 인자를 파악한 다음, 이들 인자를 대상으로 최대경사경로를 따라 반응값을 향상하는 실험을 수행하여 실험실 실험에서 상당한 효과를 보였다. 실험실에서 화학자들이 고유지식에 근거하여 개발된 화합물의 초기 수율이 20%이던 것을 요인배치와 최대경사경로 방법을 이용하여 70~80% 정도로 개선했다.

8.1.2 순차적 실험과 반응표면방법

반응표면방법(Response Surface Methodology, RSM)은 실험자가 실험을 통하여 프로세스나 시스템의 반응변수(특성치)와 투입변수(인자) 간 관계를 연구하여 시스템의 행태를 이해하고 반응변수를 최적화하기 위한 실험전략으로서, 실험점을 선정하고 실험데이터를 분석하여 경험적 모형을 추정하는 방법이다. 기본적으로 반응변수와 투입변수가 모두 계량변수일 때 적용할 수 있다. 이 방법은 체계적 실험을 통하여 최적 영역에 다다르고, 최적 영역에서 반응변수의 행태를 추정한 다음, 최적조건을 선정하여 그 결과를 검증하는 것인데, 일반적으로 다음과 같이 4단계를 따른다.

① 부분요인배치법을 이용하여 여러 개의 인자에서 중요한 인자를 선별한다. 이미 소수의 주요 인자가 파악되어 있다면 이 과정은 생략할 수 있다.
② 선별한 주요 인자를 대상으로 요인배치 실험을 시행하여 반응변수 값이 개선되는 방향을 찾아 그쪽으로 이동해가면서 실험한다.
③ 최적조건과 가까운 영역에 도달하면 좀 더 자세한 모형을 얻기 위한 실험을 시행하고, 이 모형에 근거하여 최적조건을 정한다.
④ 최적조건에서 실제로 예상되는 만큼의 반응변수 값을 얻을 수 있는지 확인실험을 실시한다.

반응표면방법 절차를 좀 더 자세히 알아보자. 투입변수(인자)의 실험공간을 효율적으로 탐색하기 위하여 최적 영역과 멀리 떨어진 곳에서는 1차 모형(first-order model)을 이용하여 순차적으로 특성치가 나아지는 방향으로 나아간다. 최적조건에 근접한 지역에 이르러 1차 모형을 이용한 개선이 더 이상 이루어지지 않으면, 2차 또는 그 이상의 고차모형에 근거한 모형을 추정하고 최적조건을 구해야 한다. 그림 8.1은 2개의 인자를 대상으로 순차적 실험을 이용한 반응표면방법의 절차를 나타낸다. 영역 ①에서 시작하여 영역 ②에 이른 다음, 다시 더 나아지는 방향을 찾아 영역 ③에 다다르면, 좀 더 자세한 실험을 하여 최적조건을 탐색하는 것이다.

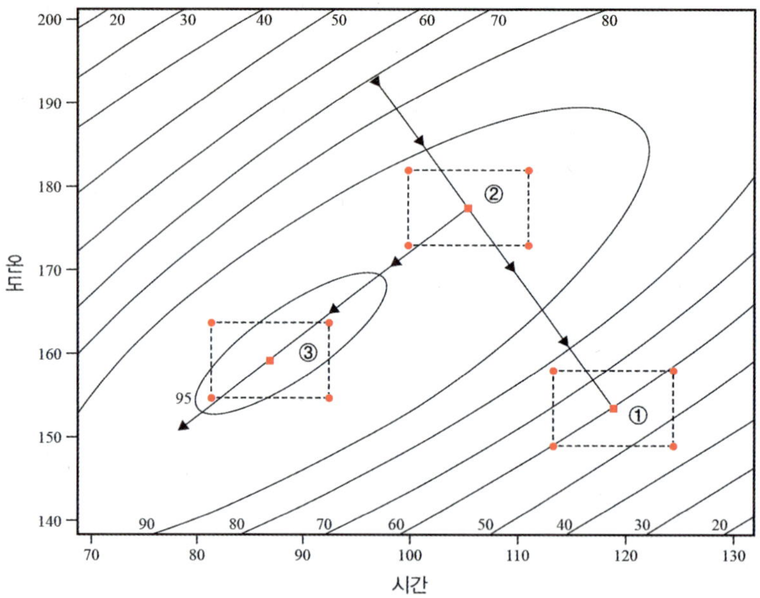

그림 8.1 순차적 반응표면탐색 예시

반응표면방법에서 중요하게 고려해야 하는 사항은 적은 수의 실험으로 인자와 특성치 간의 관계를 가장 근접하게 표현할 수 있는 실험계획을 선정하는 것이다. 최적조건에 근접한 다음에 반응표면을 2차 모형으로 적합하기 위한 반응표면계획(response surface design)에는 여러 가지 종류가 있으나 보통 중심합성계획(Central Composite Design, CCD)과 박스-벤켄 계획(Box-Behnken Design, BBD)이 널리 쓰인다. 반응표면 실험을 수행하여 얻은 데이터로부터 유용한 정보를 얻는 과정을 반응표면분석(response surface analysis)이라고 한다.

1) RSM을 이용한 순차적 실험과 등산의 유사점

지리산을 등반하는 것을 예로 들어보자. 그림 8.2를 보면, 화엄사에서 출발하여 올라갈 때 시간이 갈수록 고도가 전반적으로 높아지는데, 노고단까지 가서도 계속 같은 방향으로 가면 고도가 낮아질 것이다. 그러면 노고단 주변의 지형을 탐색하여 고도가 높아지는 다른 방향인 능선을 따라 명선봉에 이르고, 여기서도 같은 방향으로 더 나아가면 고도가 낮아진다. 다시 주변 지형을 보면, 천왕봉에 이르는 새 능선이 나타난다. 천왕봉 방향을 향하여 쭉 올라가다가 천왕봉 부근에 이르러서도 직진하면 이번에도 고도가 낮아질 것이다. 이 주변을 더 자세하게 탐색하면 최고점인 천왕봉을 찾을 수 있다.

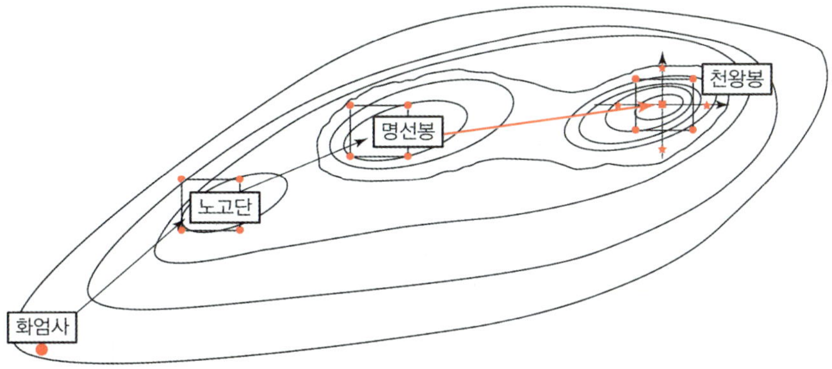

그림 8.2 지리산 천왕봉에 이르는 경로

8.2 순차적 반응표면 탐색

8.2.1 중앙점 추가 2수준 요인배치 실험의 용도

2수준 실험을 하면 실험 수는 적게 나오는 장점이 있지만, 인자별로 두 수준 간 값의 차이로부터 선형효과(1차 효과)는 구할 수 있지만, 곡률효과는 알 수가 없다. 2수준 요인배치를 수행하면서, 3수준 요인배치보다 적은 실험 횟수로 실험영역 내에서 곡률효과(curvature effect)가 있는지에 파악하고 싶을 때가 있다. 4.11절에서 설명한 바와 같이 2수준 요인배치법에 중앙점에서 3개 이상 반복실험을 추가하여 실험하면, 실험오차를 개략적으로 추정하고 요인배치 실험영역 내에서 곡률효과가 있는지를 파악할 수 있다. 곡률효과의 존재 여부에 따라 다음과 같이 후속 실험을 정할 수 있다.

① 곡률효과가 없으면, 반응변수가 나아지는 방향인 최대경사경로(Path of Steepest Ascent, PSA)를 구하여 그 방향으로 나아가면서 실험을 시행한다.

② 곡률효과가 있다고 판단되면, 이러한 곡률효과가 어떤 인자에서 나오는지를 알기 위하여 축점(axial points)과 중앙점을 추가하는 실험을 시행한다.

그림 8.3에 2수준 요인배치법에 중앙점을 추가하여 실험하고, 최대경사경로를 따라가다가, 곡률효과가 나타나면 축점을 추가하는 순차적 반응표면 탐색의 예를 나타내었다.

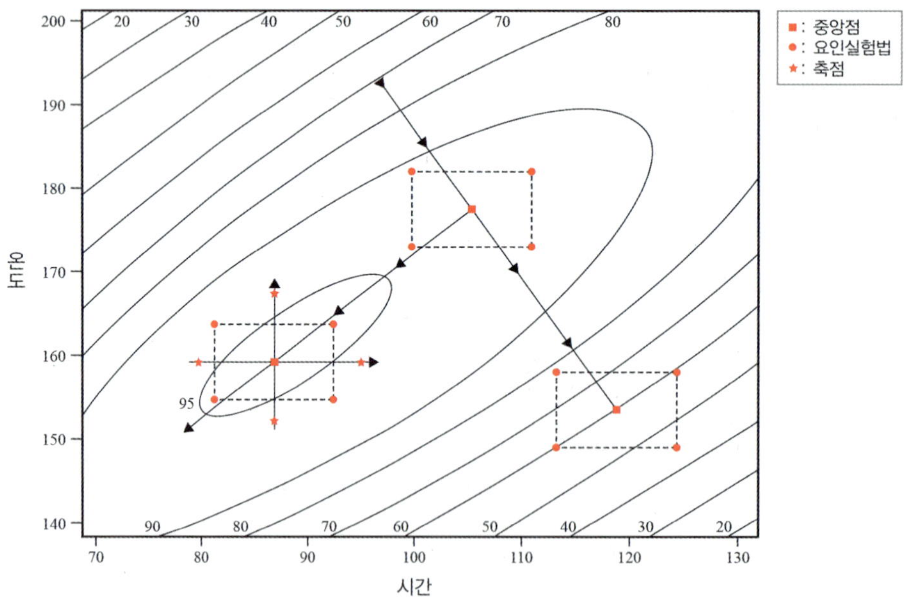

그림 8.3 최대경사경로를 이용한 순차적 반응표면 탐색

8.2.2 최대경사경로

최대경사경로는 1차 실험데이터 분석 결과 곡률효과는 없으며 주효과만 유의하게 나올 때, 1차 모형에 근거하여 반응변수 값이 가장 가파르게 개선되는 방향을 말한다. 이 방향은 같은 거리를 이동할 때 반응변수의 값이 (최대화가 목적인 경우) 가장 크게 변하는, 등고선에 직각인 방향이다. 그림 8.4에 최대경사경로의 예를 나타내었다.

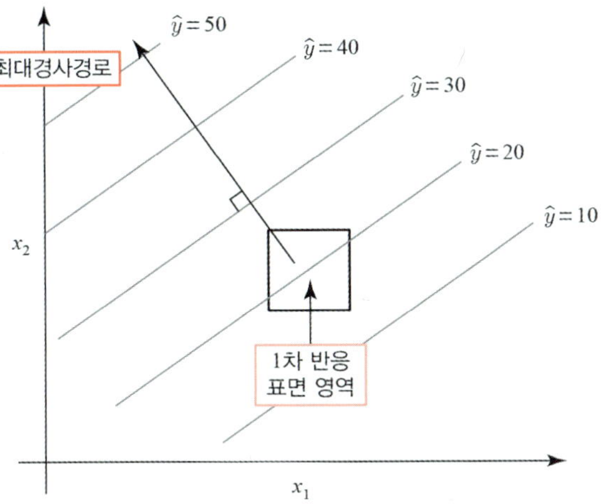

그림 8.4 최대경사경로 예

k개의 인자가 있을 때, 최대경사경로를 구하는 절차는 다음과 같다.

① 데이터를 분석하여 코딩된 변수 x_i를 대상으로 1차 모형을 구한다. 이때 교호작용은 무시한다.

② 모형식의 각 계수(b_i)를 절댓값이 가장 큰 계수인 $b_{\max}$로 나눠 최대경사의 방향벡터 $\left(\frac{b_1}{b_{\max}}, \frac{b_2}{b_{\max}}, \cdots, \frac{b_k}{b_{\max}}\right)$를 구한다. 이 벡터가 바로 등고선에 직각인 방향이다.

③ 최대경사경로를 탐색하기 위해 요인배치 실험의 중앙점 (0, 0)에서 최대경사 방향벡터에 따라 $\left(\frac{b_1}{b_{\max}}, \frac{b_2}{b_{\max}}, \cdots, \frac{b_k}{b_{\max}}\right) \times \Delta$만큼씩 이동하면서 실험하여 반응변수 값을 측정한다. 실험점 간의 간격 Δ는 요인배치 실험 결과를 보고 실험자가 적절하게 선정한다.

④ 최대경사 방향벡터는 코딩된 변수로 작성된 것이다. 코딩된 변수 x_i는 원래 변수 X_i를 이용하여 $x_i = \frac{X_i - X_{i0}}{D_i}$ 식으로 구한다. 여기서 X_{i0}은 X_i의 중앙값, D_i는 X_i의 수준 간 간격의 1/2이다. $X_i = X_{i0} + D_i \times x_i$이므로, 원래 변수를 이용하면 $\left(\frac{b_1}{b_{\max}} \times D_1, \frac{b_2}{b_{\max}} \times D_2, \cdots, \frac{b_k}{b_{\max}} \times D_k\right) \times \Delta$

만큼씩 순차적으로 이동하며 실험을 시행하고, 그 결과 나오는 반응변수의 값을 구해 나간다.

질문: 만일 데이터 분석 결과 교호작용도 중요하게 나타나면 어떻게 하는가?

견해: ① 교호작용이 유의하지만, 주효과에 비하여 영향이 적으면, 무시하고 최대경사경로를 계산하여 이 방향으로 이동하고, ② 교호작용이 심하면, 직선상 경로가 아니라 영향을 미치는 인자를 대상으로 영역으로 이동한다. 예를 들어 3개의 인자와 그들의 일부 교호작용이 유의하면, 반응변수가 나아지는 방향으로 이동하여 2^3 요인배치 실험을 하는 것이다.

예제 8.1 화학회사의 실험연구팀이 전환율(conversion)을 높이기 위한 실험을 수행하고자 한다. 시간과 온도를 대상으로 현재 운영하는 공정 조건인 중앙점에서 반복실험 수가 3개인 2수준 요인배치 실험을 시행하였다. 현재 공정조건의 시간과 온도는 각각 30분과 120℃이다. 설계행렬과 설계공간을 표 8.1과 그림 8.5에 각각 제시하였다.

표 8.1 2인자 중앙점 실험의 설계행렬

시간	온도	x_1	x_2	전환율(y)
28	115	−1	−1	64.2
32	115	1	−1	70.9
28	125	−1	1	69.4
32	125	1	1	77.5
30	120	0	0	72.5
30	120	0	0	71.0
30	120	0	0	71.9

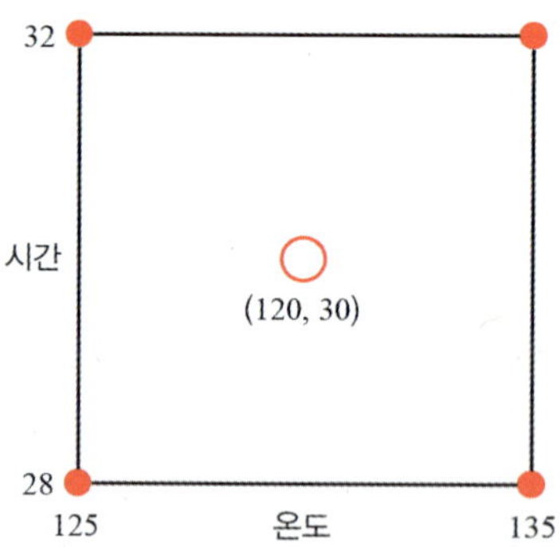

그림 8.5 2인자 중앙점 실험의 설계공간

① 데이터를 분석하면 곡률효과는 없고, 주효과만 유의하여 모형식은 코딩한 변수로 표현하면 $\hat{y} = 71.1 + 3.70x_1 + 2.95x_2$이다.

② 코딩된 변수를 이용한 모형에서 구한 방향벡터는 $\left(\frac{3.70}{3.70}, \frac{2.95}{3.70}\right) = (1,\ 0.8)$이다.

③ $\Delta = 1$로 정하여, 표 8.2 좌측에 코딩된 변수의 이동경로를 표시하였다.

④ 코딩된 변수 x_1과 x_2를 원래 변수인 시간과 온도로 나타내기 위하여 변수변환 식 $x_1 = \frac{\text{시간} - 30}{2}$, $x_2 = \frac{\text{온도} - 120}{5}$으로부터 $D_1 = 2$, $D_2 = 5$가 되고, 원래 변수를 대상으로 한 방향벡터는 $(1 \times 2, 0.8 \times 5) = (2, 4)$이다. 원래 변수를 이용한 이동경로는 표 8.2 우측에 시간과 온도로 표시하였다.

표 8.2 최대경사경로 실험 예

경로 실험점	x_1	x_2	시간	온도	전환율(y)
중앙점	0	0.0	30	120	
s	1	0.8	2	4	
중앙점 + s	1	0.8	32	124	72.4
중앙점 + $2s$	2	1.6	34	128	74.7
중앙점 + $3s$	3	2.4	36	132	77.5
중앙점 + $4s$	4	4.2	38	136	80.5
중앙점 + $5s$	5	5.0	40	140	78.2
중앙점 + $6s$	6	5.8	42	145	74.3

표 8.2를 보면 최대경사경로를 따라가다가 4번째 지점인 (시간, 온도) = (38, 136)에서 전환율이 가장 높고, 경로를 따라 더 나아가면 떨어진다. 그러므로 반응표면 탐색의 다음 단계는 (시간, 온도) = (38, 136)을 중앙점으로 삼고, 그 주변에 2수준 실험을 다시 시행하여 데이터를 얻고 분석하는 것이다.

질문: 최대경사경로로 가다가 어떤 변수의 값이 더 이상 진행할 수 없는 한계에 다다르면 어떻게 하는가?

견해: 그 변수의 수준은 한곗값에 고정하고 다른 변수들로만 최대경사경로를 구성하여 탐색한다. 예를 들어 최대경사경로에 이용하는 변수 중 온도는 장비 수명을 생각하여 180을 넘어갈 수 없는데, 어느덧 180까지 가면 온도를 제외한 다른 변수들로 구성된 최대경사경로로 계속 나아가는 것이다.

8.2.3 순차적 반응표면 탐색 예제

최대경사경로를 이용하여 순차적 실험을 시행하는 과정을 예를 들어 살펴보자. 공정의 수율을 높이기 위해 시간과 온도를 대상으로 2수준 요인실험을 시행한다(표 8.3).

표 8.3 1차 요인실험의 인자와 수준

인자	저수준(−1)	중앙수준(0)	고수준(+1)
시간	115	120	125
온도	140	145	150

반복 없는 2수준 실험을 하면서, 곡률효과가 있는지 파악하기 위해 중앙점에서 반복 3회의 추가 실험을 했고, 설계행렬과 수율 데이터를 표 8.4에 나타내었다.

표 8.4 1차 요인실험의 설계행렬 및 반응변수 값

번호	실험순서	x_1	x_2	수율
1	7	−1	−1	46.6
2	1	1	−1	25.0
3	6	−1	1	60.9
4	5	1	1	42.9
5	2	0	0	42.6
6	4	0	0	47.8
7	3	0	0	42.4

수율 데이터를 분석하면 곡률효과는 없고 시간과 온도의 주효과만 유의하여 코딩된 변수 x_i로 모형식을 구하면 다음과 같다.

$$\hat{y} = 44.03 - 9.90x_1 + 8.05x_2 \tag{8.1}$$

코딩된 변수를 이용한 모형에서 구한 방향벡터는 $\left(\frac{-9.90}{|-9.90|}, \frac{8.05}{|-9.90|}\right) = (-1,\ 0.8)$이다. $\Delta = 1$로 정하면 $x_1 = \frac{\text{시간} - 120}{5}$, $x_2 = \frac{\text{온도} - 145}{5}$ 변환식으로부터 원래 변수를 대상으로 한 방향벡터는 $(-1 \times 5,\ 0.8 \times 5) = (-5,\ 4)$이다. 최대경사경로를 탐색한 결과는 표 8.5로 나타내었다.

표 8.5 1차 최대경사경로 탐색

구분	코딩된 변수		원래 변수		수율
	x_1	x_2	시간	온도	
중앙점	0	0.0	120	145	
s	−1	0.8	−5	4	
중앙점 + s	−1	0.8	115	149	58.4
중앙점 + 2s	−2	1.6	110	153	71.3
중앙점 + 3s	−3	2.4	105	157	75.6
중앙점 + 4s	−4	3.2	100	161	82.6
중앙점 + 5s	−5	4.0	95	165	88.7
중앙점 + 6s	−6	4.8	90	169	85.8
중앙점 + 7s	−7	5.6	85	173	80.6

중앙점 + 5s 지점인 (시간, 온도) = (95, 165)에서 수율이 가장 높으므로, 다음 단계에서는 (시간, 온도) = (95, 165)를 중앙점으로 삼고, 2수준 요인배치 실험을 한다(표 8.6).

표 8.6 2차 요인실험의 인자와 수준

인자	저수준(−1)	중앙수준(0)	고수준(+1)
시간	90	95	100
온도	155	165	175

표 8.6에서 정한 2수준 요인배치에 중앙점에서 반복 3회 실험을 추가한 설계행렬과 수율 데이터를 표 8.7에 나타내었다.

표 8.7 2차 요인실험의 설계행렬 및 반응변수 값

번호	실험순서	x_1	x_2	수율
1	2	−1	−1	89.7
2	5	1	−1	80.9
3	4	−1	1	86.0
4	1	1	1	76.4
5	7	0	0	84.7
6	3	0	0	82.8
7	6	0	0	85.3

수율 데이터를 분석한 결과 이번에도 유의수준 0.1에서 2개의 주효과만 유의하고, 코딩된 변수 x_i로 모형식을 구하면 다음과 같다.

$$\hat{y} = 83.69 - 4.60x_1 - 2.05x_2 \tag{8.2}$$

코딩된 변수를 이용한 모형에서 구한 방향벡터는 $\left(\frac{-4.60}{|-4.60|}, \frac{-2.05}{|-4.60|}\right) = (-1, \ -0.45)$이고, $x_1 = \frac{\text{시간} - 95}{5}, x_2 = \frac{\text{온도} - 165}{10}$ 변환식으로부터 원래 변수를 대상으로 한 방향벡터는 $(-1 \times 5, 0.45 \times 10) \approx (-5, \ -4)$이다. 최대경사경로를 탐색한 결과는 표 8.8에 나타내었다.

표 8.8 2차 최대경사경로 탐색

구분	코딩된 변수		원래 변수		수율
	x_1	x_2	시간	온도	
중앙점	0	0.00	95	165	
s	−1	−0.45	−5	−4	
중앙점 + s	−1	−0.45	90	161	90.0
중앙점 + 2s	−2	−0.90	85	157	91.6
중앙점 + 3s	−3	−1.35	80	153	95.1
중앙점 + 4s	−4	−1.80	75	149	92.4
중앙점 + 5s	−5	−2.25	70	145	86.9

중앙점+3s 위치에 있는 (시간, 온도) = (80, 153)에서 수율이 가장 높다. (시간, 온도) = (80, 153)을 중앙점으로 두고, 2수준 요인배치 실험을 한다(표 8.9).

표 8.9 3차 요인실험의 인자와 수준

인자	저수준(−1)	중앙수준(0)	고수준(+1)
시간	70	80	90
온도	143	153	163

중앙점에서 반복 3회 추가한 2수준 요인배치 실험을 위한 설계행렬과 수율 데이터를 표 8.10에 나타내었다.

표 8.10 3차 요인실험의 설계행렬 및 반응변수 값

번호	실험순서	x_1	x_2	수율
1	4	−1	−1	89.2
2	6	1	−1	80.4
3	5	−1	1	87.8
4	3	1	1	86.8
5	1	0	0	92.9
6	7	0	0	92.9
7	2	0	0	92.4

표 8.10의 데이터를 이용하여 분석한 결과, 유의수준 0.05에서 주효과, 교호작용효과뿐만 아니라 곡률효과도 유의하게 나왔다. 따라서 축점을 추가하고 중앙점에서도 3회 반복하여 실험하여 그 결과를 표 8.11에 나타내었다. 축점을 정하는 방법은 8.6.2절에서 설명하기로 한다. 이렇게 중앙점과 축점을 추가한 실험과 기존 중앙점을 포함한 요인배치 실험을 통합하면 2개의 블록으로 구성된 중심합성계획이 된다. 1번 블록은 표 8.10에 있는 초기 요인배치와 중앙점 실험이고, 2번 블록은 추가로 실험한 중앙점과 축점 실험이다. 추가 실험을 할 때 중앙점에서도 실험한 이유는 실험한 시간대가 다른 2개의 블록 간에 실험환경에 차이가 있는지 확인하기 위함이다.

표 8.11 축점을 추가한 설계행렬 및 반응변수 값

번호	실험순서	블록	x_1	x_2	수율
1	4	1	−1	−1	89.2
2	6	1	1	−1	80.4
3	5	1	−1	1	87.8
4	3	1	1	1	86.8
5	1	1	0	0	92.9
6	7	1	0	0	92.9
7	2	1	0	0	92.4
8	13	2	−1.41	0	87.4
9	8	2	1.41	0	86.7
10	10	2	0	−1.41	83.9
11	11	2	0	1.41	87.5
12	9	2	0	0	90.1
13	14	2	0	0	91.0
14	12	2	0	0	92.3

표 8.11의 데이터를 분석하여 유의한 요인으로 구성한 모형은 다음과 같고, 모형의 적합성을 나타내는 통계량은 S는 1.4270, R^2은 90.58%, R^2_{adj}은 84.69%이다.

$$\hat{y} = 91.934 - 1.352x_1 - 1.263x_2 - 2.530x_1^2 - 3.209x_2^2 + 1.950x_1x_2 \quad (8.3)$$

식 (8.3)을 이용한 등고선도(contour plot)를 그림 8.6에 나타내었다.

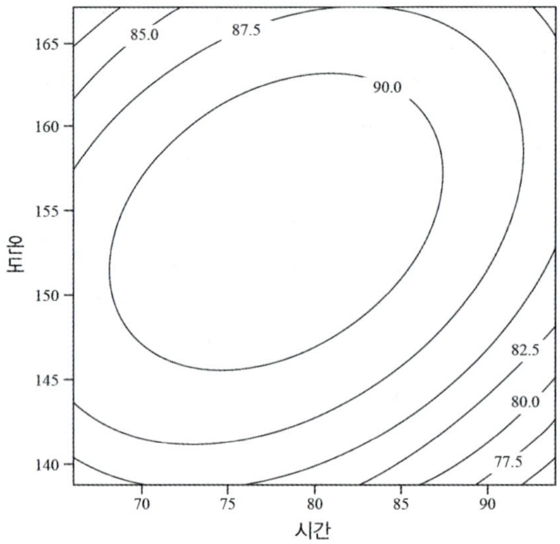

그림 8.6 중심합성계획 데이터를 이용한 등고선도

최적조건은 코딩된 단위로 $(x_1, x_2) = (-0.214, 0.128)$이고, 이 조건에서 수율의 예측값은 92.163이다. 최적조건을 원래 변수로 나타내면 (시간, 온도) = (77.86, 154.28)이다. 순차적 실험을 통한 반응표면 탐색과정을 그림 8.7에 나타내었다.

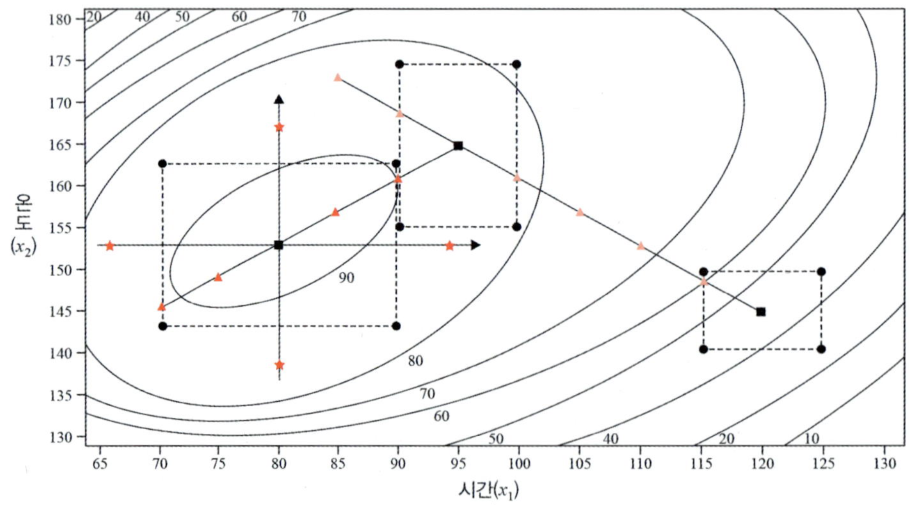

그림 8.7 순차적 반응표면 탐색과정

8.2.4 탐색 범위를 좁혀가는 접근방법

요인배치 실험데이터를 분석한 모형에 근거하여 최대경사경로를 이용하는 방법은 요인배치 영역의 밖으로 나가는 것이다. 이와 반대로 영역을 좁혀가면서 탐색을 하는 방법도 쓸 수 있다. 그림 8.8은 탐색영역을 좁혀가며 최소화하는 과정을 나타낸다. 처음에 코딩된 수준인 −1과 1수준에서 실험을 하여 ①과 ② 데이터를 얻는다. −1과 1 수준으로 정한 영역을 벗어날 수 없으므로, 더 나은 영역을 탐색하기 위해 가운데인 0 수준에서 실험한다. 여기서 얻은 데이터가 ③인데, 여전히 ② 데이터값이 더 작다. 이번에는 0과 1 수준의 한가운데인 0.5 수준에서 실험하여 ④ 데이터를 얻는 식으로 실험을 해나가는 것이다.

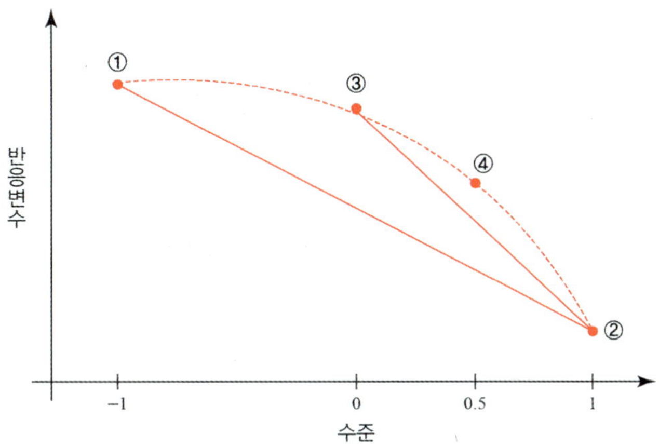

그림 8.8 1차원 구간을 좁혀가는 접근방법

인자가 2개 있으면 그림 8.9와 같이 2차원 영역을 탐색한다. 반응변수를 최대화하기 위하여 맨 처음에 가장 넓은 공간인 시간 (80, 125), 온도 (145, 175) 영역을 탐색한다. (시간, 온도) = (80, 145) 조건에서 반응변수의 값이 가장 크므로, 그다음 탐색 영역은 시간과 온도가 둘 다 작은 쪽인 전체 영역의 1/4에 해당하는 왼/아래쪽인 시간 (80, 102.5), 온도 (145, 160) 영역을 탐색한다. 실험하여 얻은 데이터를 분석하여 (시간, 온도) = (80, 160) 조건에서 반응변수의 값이 가장 크게 나타나서, 이번에는 다시 영역을 줄여서 시간 (80, 91.25), 온도 (152.5, 160) 영역을 탐색한다.

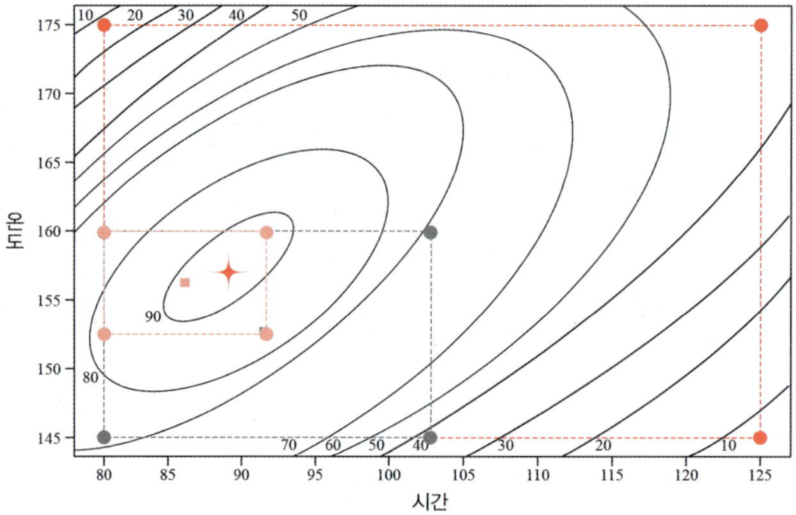

그림 8.9 2차원 영역을 좁혀가는 접근방법

3개의 인자를 대상으로 범위를 좁혀가는 방법을 생각해 보자(그림 8.10). 3개의 인자를 코딩된 변수 x_1, x_2, x_3으로 표시하고, 각 변수의 -1, $+1$ 수준에서 2^3 요인배치점에서 실험하니 ①번으로 표시된 $(x_1, x_2, x_3) = (+1, +1, -1)$ 조건이 가장 좋았다. 2단계 실험은 이 점에서 전체 영역의 안쪽으로 실험을 한다. 실험 결과, ②번인 $(x_1, x_2, x_3) = (0, +1, 0)$ 조건이 가장 나았다. 다음 3단계 실험은 이 점에서 2단계 실험영역의 안쪽으로 실험을 시행한다.

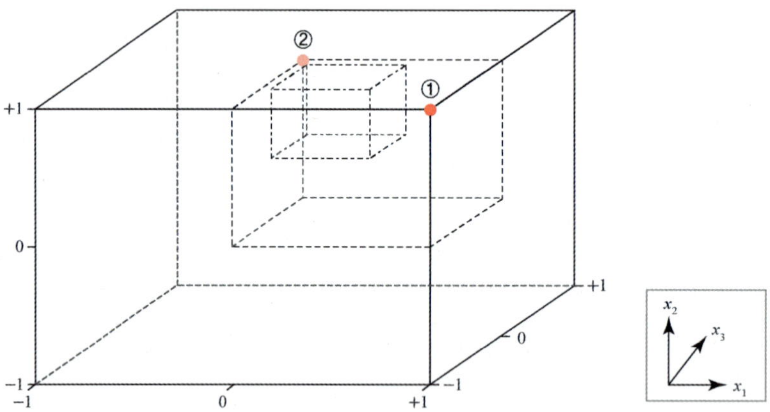

그림 8.10 3차원 영역을 좁혀가는 접근방법

복습문제 그림 8.10의 2단계와 3단계 실험의 실험점 8개의 조건을 각각 나타내라.

이렇게 탐색 범위를 좁혀가는 방법은 어떤 때 쓰일까? 기존 최대경사경로 방법은 기존 공정을 차근히 개선해 나아갈 때 또는 제품개발에서 이미 찾은 가능한 초기조건을 기반으로 조금씩 움직이는 것이다. 탐색 범위를 좁혀가는 방법은 제품개발단계 초기에 인자의 어떤 범위에서 기본성능을 확보할 수 있는지 알 수 없을 때, 인자의 수준 범위를 가능한 한 넓게 잡아서 실험하고 전체 실험영역의 안쪽으로 탐색해 나아갈 때 유용한 방법이다.

8.3 2차 반응표면계획법의 기원

8.3.1 실험실과 양산실험의 차이

8.1절에서 언급한 바와 같이 박스는 화학자들이 화합물을 실험실에서 최초 개발할 때 고유지식에 근거하여 20%밖에 나오지 않던 수율을 요인배치와 최대경사경로 방법을 이용하여 70~80% 정도로 높였다. 이에 자신감을 얻은 박스는 실험실에서 유용하다고 판명이 난 요인배치법을 양산에 적용하기로 하였다. 그는 아직 수율 40%를 내는 데 그치고 있는 중간 합성물 양산공정의 수율을 높이기 위해, 양산공정을 대상으로 8회 실험을 할 수 있도록 평소 친분이 있는 화학자인 율(Phillip Youle) 박사에게 양산 담당자들을 설득해 달라고 부탁했다. 하지만 정해진 일정에 따라 합성물을 생산해야 하는 양산공정에서 생산일정을 중단하고 실험계획을 적용하는 것은 아주 어려웠다. 박스의 간곡한 부탁을 받은 율 박사가 양산공정 담당자들에게 여러 차례 부탁하여 어렵게 실험을 시행했다. 데이터를 얻어 분석한 결과는 의외로 아주 이상했다. 3가지 인자의 주효과는 모두 미미하고, 2인자 교호작용은 모두 크게 나왔는데, 이것은 효과의 유전성을 완전히 위반하는 결과였다.

8.3.2 중심합성계획법 개발의 동기

박스는 이 결과를 보고 처음에는 당황했지만, 고민 끝에 아마도 2차 효과, 즉 곡률효과가 있을 것으로 판단하여 2차 모형을 구할 수 있는 3수준 실험이 필요하다고 생각하였다. 하지만 박스의 얘기를 들은 율 박사는 "3개의 인자를 대상으로 인자별로 3수준 실험을 하면, $3^3 = 27$회 실험을 해야 하는데 그건 불가능하다. 지난번 8번의 실험도 공정담당자들에게 어렵게 부탁하여 할 수 있었던 것인데, 27회 실험을 하자고 공정담당자를 설득하는 것은 안 된다"라고 했다. 박스는 기존 요인배치 실험 결과를 그대로 이용하면서 인자별로 2개씩 6개의 축점(axial point)과 중앙점 1개, 총 7개의 추가 실험을 제안하였다. 율 박사가 그러면 2차 모형을 알 수 있겠냐고 물었을 때, 박스는 "아마도 가능할 것"이라고 답했는데, 이것이 바로 중심합성계획법의 시초이다. 그림 8.11은 3인자 중심합성계획을 나타낸다.

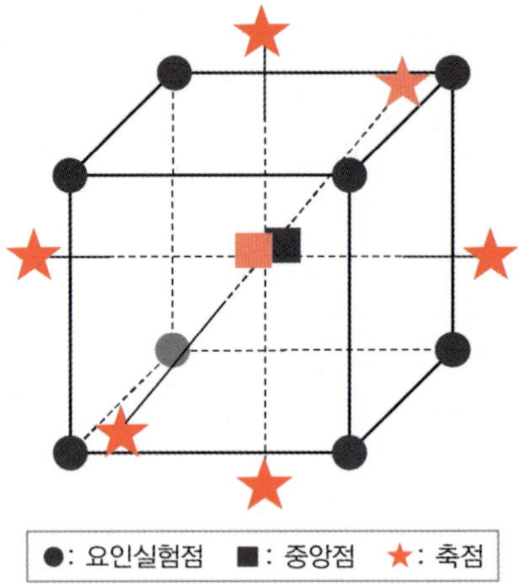

그림 8.11 3인자 중심합성계획

나중에 박스는 최초 2수준 3인자 요인배치 실험 결과, 주효과는 아주 작고, 2인자 교호작용만 크게 나온 이유를 생각해 보았는데, 그것은 상승능선(rising ridge) 쪽 영역에서 실험하면 당연히 나올 수 있는 현상임을 알게 되었다. 그림 8.12는 상승능선 영역에서 실험한 2수준 2인자 요인배치 실험 결과를 나타낸다.

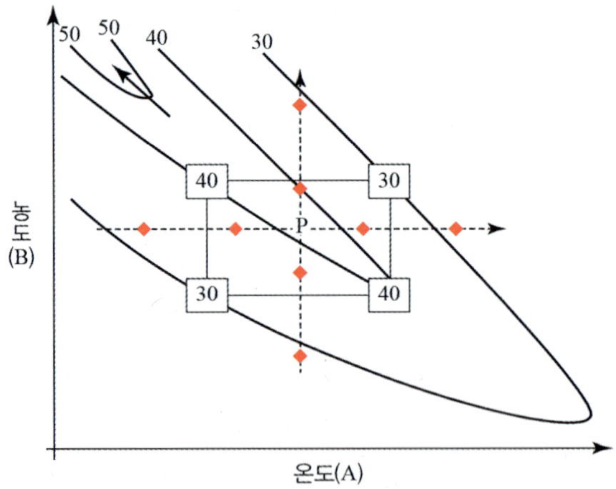

그림 8.12 2인자 대상 등고선

현재 실험조건이 P에 있고, 반응변수인 전환율을 높이고자 2수준 2인자 요인배치를 실험한 결과, 전환율은 온도와 농도가 둘 다 낮거나 높을 때 30이고, 어느 한쪽만 높을 때는 40이다. 결과가 이렇게 나오면 주효과는 0이고, 교호작용은 -10이다. 즉, 주효과는 아주 작고, 교호작용은 아주 크다. 이런 경우에 축점을 추가하는 실험을 하면, 상승능선 모양의 반응표면을 알 수 있다.

만일 이런 반응표면에서 한번에 한인자 실험을 했다면 어떤 결과를 얻는지 살펴보자. 우선 P를 중심으로 온도를 변화시켜 볼 것이다. 좌우로 5개의 점에서 했다고 치면, 현재 P 점이 여전히 가장 나을 것이다. 이번에는 농도에 따른 변화를 알아보기 위하여 P 점을 중심으로 위아래로 5개의 점을 시도한다. 그러면 P 조건이 가장 나은 조건이라고 판단하여 실험을 종료할 것이다.

8.4 2차 반응표면의 추정과 분석

8.4.1 2차 반응표면 추정

인자가 3개 있을 때, 실험데이터를 이용하여 추정한 반응변수와 인자 간 반응표면은 다음과 같이 1차 모형, 교호 모형, 2차 모형에 따라 다르게 추정할 수 있다.

$$1\text{차 모형: } \hat{y} = b_0 + b_1x_1 + b_2x_2 + b_3x_3 \tag{8.4}$$

$$\text{교호 모형: } 1\text{차 모형} + b_{12}x_1x_2 + b_{13}x_1x_3 + b_{23}x_2x_3 \tag{8.5}$$

$$2\text{차 모형: 교호 모형} + b_{11}{x_1}^2 + b_{22}{x_2}^2 + b_{33}{x_3}^2 \tag{8.6}$$

순차적 실험을 통하여 반응변수 값이 개선되는 방향으로 실험을 시행할 때 초반에는 2수준 완전요인배치나 부분요인배치를 이용하여 데이터를 얻어, 1차 모형이나 교호 모형에 근거하여 나아간다. 최적조건과 가까운 영역에 도달하면 좀 더 자세한 모형을 얻기 위하여 중심합성계획 등을 이용한 실험데이터를 분석하여 추정한 반응표면은 보통 2차 모형인데, 일반적으로 최적 영역의 실험이 비교적 좁은 범위에서 시행되면 2차 모형으로 적합해도 충분하다. k개의 인자가 있을 때, 최적조건과 가까운 영역에서 실험을 계획하여 얻은 데이터를 분석한 2차 모형은 다음과 같다.

$$\hat{y} = b_0 + \sum_{i=1}^{k} b_i x_i + \sum_{i<j}^{k} b_i b_j x_i x_j + \sum_{i=1}^{k} b_{ii} x_i^2 \tag{8.7}$$

식 (8.7)을 미분하여 얻은 값을 2차 반응표면의 정상점(stationary point)이라고 하는데, 정상점 주변의 반응표면 모양은 실험데이터를 새로운 좌표계를 이용하여 해석하는 정준분석(canonical analysis)을 통하여 잘 알 수 있다.

8.4.2* 2차 반응표면의 정준분석: 2인자

인자가 2개일 때, 2차 반응표면을 이해하기 위한 정준분석을 수행하는 과정을 차례로 살펴보자. 정준분석은 다음과 같이 정상점의 반응변수 값 $\hat{y}_s$, 2개의 고윳값 λ_1, λ_2를 이용하여 간단하게 표현하는 것이다.

$$\hat{y} = b_0 + b_1x_1 + b_2x_2 + b_{12}x_1x_2 + b_{11}x_1^2 + b_{22}x_2^2$$

$$\Rightarrow \hat{y} - \hat{y}_s = \lambda_1 z_1^2 + \lambda_2 z_2^2 \tag{8.8}$$

간단한 예제를 이용하여 정준분석을 설명하기로 한다. 중간 화합물을 생산하는 데 영향을 미치는 인자는 시간과 농도이다. 표 8.12에 중심점이 4개인 반응표면계획의 설계행렬과 반응변수인 수율 데이터를 나타내었다.

표 8.12 2차 반응표면계획의 설계행렬과 데이터

실험점	시간(x_1)	농도(x_2)	수율(y)
1	−1	−1	40.86
2	1	−1	81.53
3	−1	1	70.08
4	1	1	73.26
5	−1.414	0	47.15
6	1.414	0	75.36
7	0	−1.414	65.30
8	0	1.414	72.62
9	0	0	75.53
10	0	0	83.05
11	0	0	80.34
12	0	0	78.60

표 8.12의 설계행렬을 이용한 효과행렬과 데이터를 표 8.13에 나타내었다.

표 8.13 2차 반응표면계획의 효과행렬과 데이터

실험점	x_1	x_2	$x_1 x_2$	x_1^2	x_2^2	y
1	−1	−1	1	1	1	40.86
2	1	−1	−1	1	1	81.53
3	−1	1	−1	1	1	70.08
4	1	1	1	1	1	73.26
5	−1.414	0	0	2	0	47.15
6	1.414	0	0	2	0	75.36
7	0	−1.414	0	0	2	65.30
8	0	1.414	0	0	2	72.62
9	0	0	0	0	0	75.53
10	0	0	0	0	0	83.05
11	0	0	0	0	0	80.34
12	0	0	0	0	0	78.60

표 8.13의 효과행렬과 데이터를 이용하여 7.3절의 최소제곱법으로 모형식의 계수를 추정하면 모형식은 다음 식으로 구할 수 있다.

$$\hat{y} = 79.38 + 10.47x_1 + 3.91x_2 - 9.37x_1x_2 - 8.73x_1^2 - 4.88x_2^2 \tag{8.9}$$

복습문제 표 8.13의 효과행렬을 이용하여 모형식 (8.9)를 얻을 수 있음을 확인하라.

먼저 식 (8.9)를 미분하여 0이 되는 점인 정상점 (x_{1s}, x_{2s})을 구해보자. 식 (8.9)를 x_1, x_2로 각각 편미분하여 둘 다 0이 되도록 연립방정식 (8.10)을 풀면 $x_{1s} = 0.7935$, $x_{2s} = -0.3611$이고 이 값들을 식 (8.9)에 대입하면, 정상점에서 반응변수 값 $\hat{y}_s = 82.8278$이다.

$$\begin{aligned} \frac{\partial \hat{y}}{\partial x_1} &= 10.47 - 9.37x_2 - 17.46x_1 = 0 \\ \frac{\partial \hat{y}}{\partial x_2} &= 3.91 - 9.37x_1 - 9.76x_2 = 0 \end{aligned} \tag{8.10}$$

모형식을 간단하게 표현하기 위해 고윳값을 계산해야 하는데, 모형식의 계수를 이용한 행렬 B를 구성하고, B의 고유벡터(eigenvector)로 구성된 2×2 행렬 M을 다음과 같이 표시한다.

$$B = \begin{bmatrix} b_{11} & b_{12}/2 \\ b_{12}/2 & b_{22} \end{bmatrix}, \; M = \begin{bmatrix} m_{11} & m_{12} \\ m_{21} & m_{22} \end{bmatrix} = \begin{bmatrix} M_1 \\ M_2 \end{bmatrix} \tag{8.11}$$

$BM = \lambda M$을 만족하는 M의 열은 B의 표준화된 고유벡터로 구성되는데, 이들 벡터는 서로 직교하므로, 다음을 만족한다.

$$M^T M = M M^T = I \tag{8.12}$$

$BM - \lambda M = M(B - \lambda I) = 0$을 다음과 같이 전개한 2차 방정식을 만족하는 해가 바로 고윳값이다.

$$|B - \lambda I| = \begin{vmatrix} b_{11} - \lambda & b_{12}/2 \\ b_{12}/2 & b_{22} - \lambda \end{vmatrix} = 0 \ \Rightarrow \ (b_{11} - \lambda)(b_{22} - \lambda) - (b_{12}/2)^2 = 0 \tag{8.13}$$

식 (8.9)의 계수를 이용하면, $B = \begin{bmatrix} b_{11} & b_{12}/2 \\ b_{12}/2 & b_{22} \end{bmatrix} = \begin{bmatrix} -8.73 & -4.685 \\ -4.685 & -4.88 \end{bmatrix}$이므로, 다음과 같이 전개된 2차 방정식을 풀면 $\lambda_1 = -11.87$, $\lambda_2 = -1.74$이다.

$$|B - \lambda I| = \begin{vmatrix} -8.73 - \lambda & -4.685 \\ -4.685 & -4.88 - \lambda \end{vmatrix} = 0$$

$$\Rightarrow (-8.73 - \lambda)(-4.88 - \lambda) - (-4.685)^2 = 0 \tag{8.14}$$

고윳값을 이용하면, 식 (8.9)의 모형식은 다음과 같이 간단하게 나타낼 수 있다. 이 식을 보면, 반응변수가 정상점으로부터 같은 거리만큼 하강하려면, z_2 방향으로는 더 멀리 가야 한다.

$$\hat{y} = \hat{y}_s + \lambda_1 z_1^2 + \lambda_2 z_2^2 = 82.828 - 11.87 z_1^2 - 1.74 z_2^2 \tag{8.15}$$

이제 고유벡터를 이용하여 (x_1, x_2) 좌표계를 새로운 (z_1, z_2) 좌표계로 전환해 보자. 기존 좌표계를 새로운 좌표계로 표현하기 위하여 다음과 같이 고유벡터의 행을 이용한다.

$$z_i = m_{i1}(x_1 - x_{1s}) + m_{i2}(x_2 - x_{2s}),\ i = 1, 2 \tag{8.16}$$

식 (8.16)은 벡터와 행렬로 표시하면 다음과 같다.

$$\begin{bmatrix} z_1 \\ z_2 \end{bmatrix} = \begin{bmatrix} m_{11} & m_{12} \\ m_{21} & m_{22} \end{bmatrix} \begin{bmatrix} x_1 - x_{1s} \\ x_2 - x_{2s} \end{bmatrix} \tag{8.17}$$

고윳값 λ_1에 대응하는 고유벡터를 구해보자. $M(B - \lambda I) = 0$ 식의 첫 번째 행만 전개하면, $[m_{11}\ m_{12}] \begin{bmatrix} b_{11} - \lambda_1 & b_{12}/2 \\ b_{12}/2 & b_{22} - \lambda_1 \end{bmatrix} = [0\ \ 0]$이다. 모형식 (8.9)의 계수와 $\lambda_1 = -11.87$을 이용하면, 다음과 같은 방정식을 얻는다.

$$[m_{11}\ m_{12}] \begin{bmatrix} -8.73 + 11.87 & -4.685 \\ -4.685 & -4.88 + 11.87 \end{bmatrix} = [m_{11}\ m_{12}] \begin{bmatrix} 3.14 & -4.685 \\ -4.685 & 6.99 \end{bmatrix} = [0\ \ 0] \tag{8.18}$$

이것을 풀어쓰면 다음 식과 같은데, 이 식들을 만족하는 단일한 해는 없다.

$$\begin{aligned} 3.14m_{11} - 4.685m_{12} &= 0 \\ -4.685m_{11} + 6.99m_{12} &= 0 \end{aligned} \tag{8.19}$$

이 식 (8.19)의 두 번째 식을 이용하면, m_{12}는 다음과 같이 m_{11}의 식으로 나타난다.

$$m_{12} = \frac{4.685}{6.99}m_{11} = 0.6702\,m_{11} \tag{8.20}$$

방향을 나타내는 벡터를 표준화하기 위해 $m_{11}^2 + m_{12}^2 = 1$을 추가하여 식 (8.20)과 함께 계산하면, $\sqrt{1^2 + (0.6702)^2} = 1.2038$이므로 m_{11}과 m_{12}는 각각 다음과 같다.

$$m_{11} = \frac{1}{1.2038} = 0.831,\ m_{12} = \frac{0.6702}{1.2038} = 0.557 \tag{8.21}$$

식 (8.12)에 나타낸 바와 같이, M의 두 행은 서로 직교하므로, $m_{21} = 0.557$, $m_{22} = -0.831$을 얻는다. 2개의 고유벡터를 행렬로 표현하면 다음과 같다.

$$M = \begin{bmatrix} 0.831 & 0.557 \\ 0.557 & -0.831 \end{bmatrix} \tag{8.22}$$

복습문제 식 (8.22)를 이용하여 $M^T M = M M^T = I$ 임을 밝혀라.

복습문제 $M(B - \lambda I) = 0$ 식의 두 번째 행 $[m_{21}\ m_{22}]\begin{bmatrix} b_{11} - \lambda_1 & b_{12}/2 \\ b_{12}/2 & b_{22} - \lambda_1 \end{bmatrix} = [0\ \ 0]$을 전개하여, 고윳값 $\lambda_2 = -1.74$에 대응하는 고유벡터의 값이 $m_{21} = 0.557$, $m_{22} = -0.831$임을 밝혀라.

$x_{1s} = 0.7935$, $x_{2s} = -0.3611$이므로 고유벡터를 이용하여 (x_1, x_2) 좌표계를 (z_1, z_2) 좌표계로 전환하면 다음과 같다.

$$\begin{aligned} z_1 &= 0.831(x_1 - 0.7935) + 0.557(x_2 + 0.3611) \\ z_2 &= 0.557(x_1 - 0.7935) - 0.831(x_2 + 0.3611) \end{aligned} \tag{8.23}$$

식 (8.23)을 이용하여 (x_1, x_2) 좌표계와 (z_1, z_2) 좌표계를 동시에 보여주는 등고선 그림을 그림 8.13에 나타내었다.

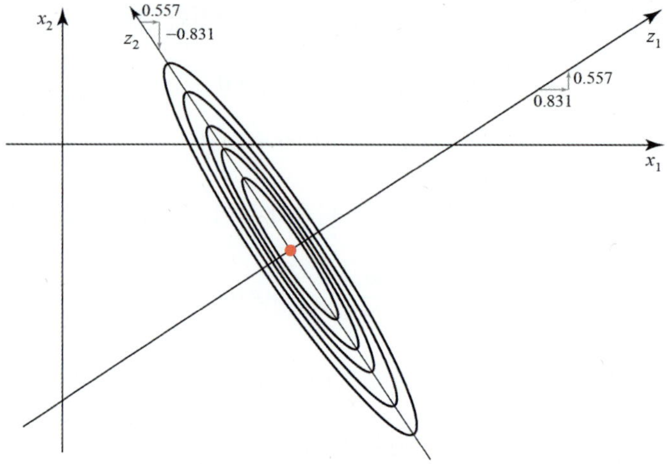

그림 8.13 2가지 좌표계를 이용한 2인자 반응표면 등고선 그림

2인자 정준분석을 설명한 것을 요약하면 다음과 같다.

① 반응표면 데이터를 이용하여 (x_1, x_2) 좌표계의 모형식과 정상점을 구하고 $\hat{y}_s$를 계산한다.

② $|B-\lambda I|=0$을 만족하는 고윳값 λ_1, λ_2를 구하고, 새로운 (z_1, z_2) 좌표계의 모형식을 구성한다.

③ 표준화된 고유벡터를 구하여 (x_1, x_2) 좌표계를 (z_1, z_2) 좌표계로 전환한다.

④ (x_1, x_2) 좌표계와 (z_1, z_2) 좌표계를 동시에 보여주는 등고선 그림을 그려 인자 값의 변화에 따른 반응변수 값의 변화를 확인한다.

8.4.3* 2차 반응표면의 정준분석: 일반식

인자가 k개 있을 때 정준분석 과정을 간단히 정리해 보자. 모형식은 다음과 같다.

$$\hat{y} = b_0 + \sum_{i=1}^{k} b_i x_i + \sum_{i=1}^{k} b_{ij} x_i x_j + \sum_{i=1}^{k} b_{ii} x_i^2 \tag{8.24}$$

$$\hat{y} = b_0 + \boldsymbol{x}^T \boldsymbol{b} + \boldsymbol{x}^T \boldsymbol{B} \boldsymbol{x} \tag{8.25}$$

$$\boldsymbol{x}^T = \begin{bmatrix} x_1 \\ x_2 \\ \vdots \\ x_k \end{bmatrix}, \boldsymbol{b} = \begin{bmatrix} b_1 \\ b_2 \\ \vdots \\ b_k \end{bmatrix}, \boldsymbol{B} = \begin{bmatrix} b_{11} & \frac{1}{2}b_{12} & \cdots & \frac{1}{2}b_{1k} \\ \frac{1}{2}b_{12} & b_{22} & \cdots & \frac{1}{2}b_{2k} \\ \vdots & \vdots & & \vdots \\ \frac{1}{2}b_{1k} & \frac{1}{2}b_{2k} & \cdots & b_{kk} \end{bmatrix} \tag{8.26}$$

위 모형식의 $\hat{y}$를 $\boldsymbol{x}$로 미분하면, 다음과 같이 정상점 $\boldsymbol{x}_s$를 구할 수 있다.

$$\frac{\partial \hat{y}}{\partial \boldsymbol{x}} = \boldsymbol{b} + 2\boldsymbol{B}\boldsymbol{x} = 0 \quad \Rightarrow \quad \boldsymbol{x}_s = -\frac{1}{2}\boldsymbol{B}^{-1}\boldsymbol{b} \tag{8.27}$$

정상점 $\boldsymbol{x}_s$에서 추정한 반응변수 값을 $\hat{y}_s$, $\boldsymbol{B}$는 모형식의 계수를 이용한 행렬, $\boldsymbol{M}$은 고유벡터, $\boldsymbol{\Lambda}$는 k개의 고윳값으로 구성된 대각행렬이라고 하면, 모형식 (8.24)와 식 (8.25)는 새로운 좌표계 $\boldsymbol{z} = (z_1, z_2, \cdots, z_k)$를 이용하면 다음과 같이 전개된다.

$$\begin{aligned} \hat{y} &= \hat{y}_s + \boldsymbol{z}^T\boldsymbol{M}^T\boldsymbol{B}\boldsymbol{M}\boldsymbol{z} \\ &= \hat{y}_s + \boldsymbol{z}^T\boldsymbol{\Lambda}\boldsymbol{z} \\ &= \hat{y}_s + \sum_{i=1}^{k}\lambda_i z_i^2 \end{aligned} \tag{8.28}$$

8.5 2차 반응표면의 모양

정준분석을 통하여 구한 고윳값을 보고 등고선의 모양이 다르게 나타남을 알 수 있다. 우선 그림 8.13을 보면, 등고선이 정상점에서 z_1쪽 방향으로는 가파르게, z_2 방향으로는 완만하게 내려감을 알 수 있다. 인자가 2개인 경우에 고윳값에 따라 반응표면 등고선의 형태는 다음과 같이 달라진다.

① 정상점은 λ_1, λ_2가 둘 다 양수이면 최소점, 둘 다 음수이면 최대점, 부호가 다르면 안장점(saddle point)이 된다.

② $\lambda_1 = \lambda_2$이면 등고선은 원이다.

③ $|\lambda_1| > |\lambda_2|$이면 타원형의 등고선이 된다.

④ $|\lambda_1| > |\lambda_2|$이고, λ_2가 0에 가까우면, 정상점의 능선을 따라 있는 조건은 모두 최적해에 가깝다. 이런 경우에는 경제적 측면을 고려하여 최적해 띠(optimal band)에 있는 다양한 공정조건 중 경제성이나 편의성 등 다른 기준을 고려하여 가장 좋은 점을 최종 공정조건으로 선정할 수 있다.

⑤ 정상점이 현 실험영역에 없으면, 반응표면은 상승능선(rising ridge) 또는 경사진 능선(sloping ridge)이다. 이것을 보고 최적조건이 있는 방향을 알 수 있다.

1) 2차 반응표면과 등고선의 모양

그림 8.14에 2인자 반응표면의 모양을 등고선과 함께 4가지로 나타내었다. (a)는 안정된 반응표면이고 정상점이 최대점이다. (b)는 두 개의 고윳값 중 하나가 0에 가깝고, 최댓값을 이루는 띠가 점선으로 표시되어 있고, 이를 정상 능선(stationary ridge)이라고도 부른다. (c)는 최대점이 실험영역을 벗어나 있는 경사진 능선(sloping ridge)을 나타낸다. 아직 정상에 도달하지 못했기 때문에 그 쪽으로 실험을 시행하여 정상점을 찾아야 한다. (d)는 말안장 모양인데 정상점이 최소도 최대도 아니다. 이때는 주효과는 작고 교호작용만 크게 나온다.

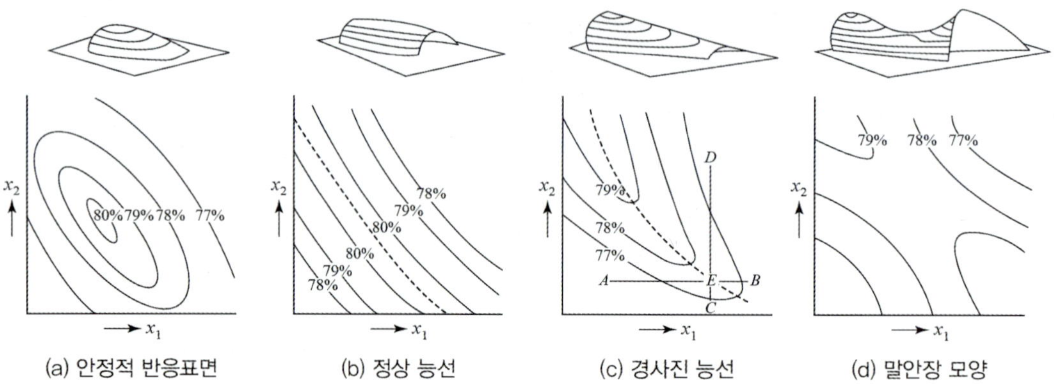

그림 8.14 반응표면의 4가지 형태 (실험 전)

반응표면의 형태가 그림 8.14처럼 나타낼 때, 실험영역을 정하여 실험을 시행한 다음 데이터를 분석하여 2차 모형으로 추정하면 그림 8.15와 같은 반응표면과 등고선을 그릴 수 있다.

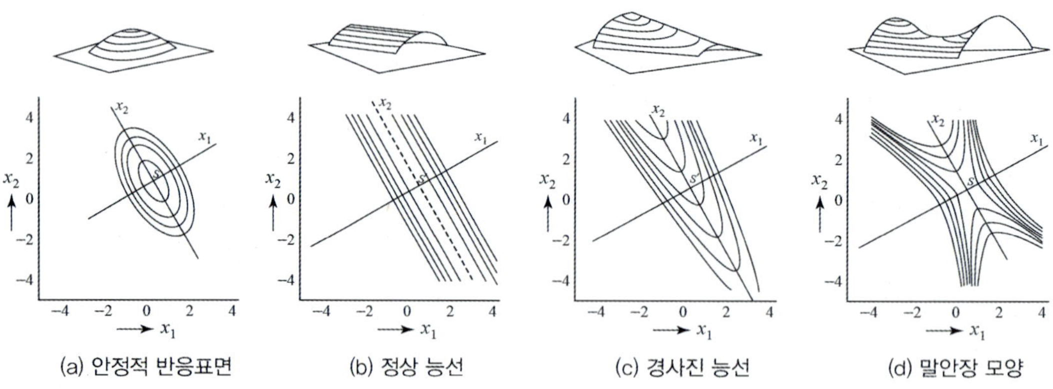

그림 8.15 추정된 반응표면의 4가지 형태 (실험 후)

경사진 능선이 나오는 그림 8.15(c)는 말안장 모양의 네 귀퉁이 중 어느 한쪽이거나 그림 8.16과 같이 정상점을 포함하지 않은 영역에서 실험했을 때 나타난다.

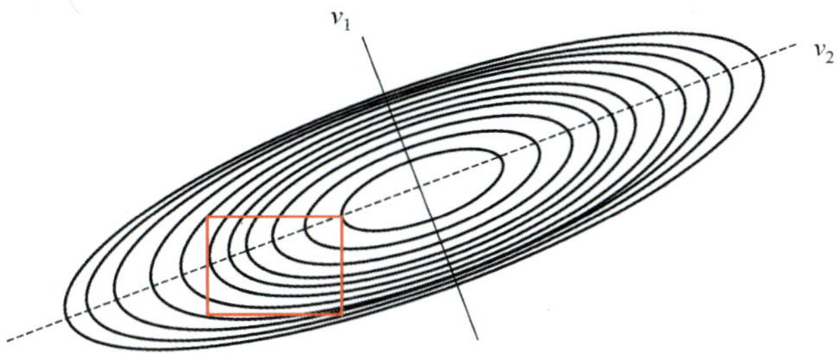

그림 8.16 경사진 능선이 나오는 경우

두 개의 고윳값 중 하나가 아주 작은 경우에 관하여 좀 더 살펴보자. 그림 8.17과 같이 A, B, C 조건에서 반응치에 별 차이가 없다고 하자. 이럴 때는 정상점인 A를 선택할 수도 있지만, 다음 2가지를 고려하여 다른 조건을 선택할 수 있다.

① 생산시간: 생산시간을 줄이면 고객에게 여유 있게 제품을 납품할 수 있을뿐더러 생산을 하는 데 필요한 장비 사용시간이나 에너지를 절감할 수 있다. 이렇게 생산시간을 줄이는 것이 필요하다면 공정조건 B를 선택하는 것이 타당하다.

② 재료비용: 화합물의 농도를 결정하는 성분의 비용이 과다하여 이것을 가능한 한 적게 사용하는 것이 필요하다면, 농도를 최대한 낮출 수 있는 C를 선택하는 것이 타당하다.

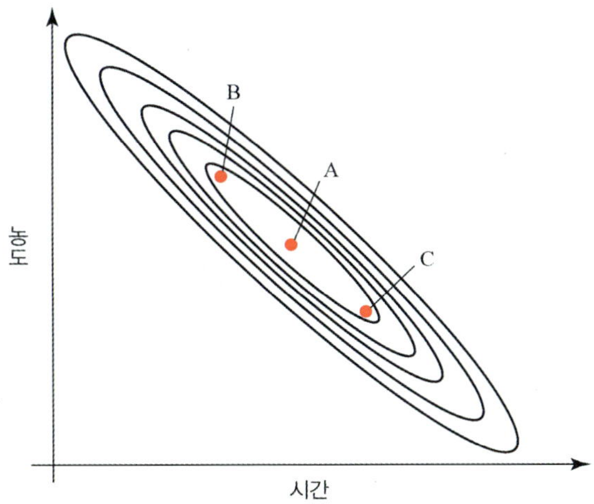

그림 8.17 타원형 등고선

지금까지 2개의 인자를 대상으로 정준분석을 했는데, 이 내용은 인자 수가 3개 이상일 때도 바로 적용된다. 고윳값을 보고, 적합한 반응표면과 등고선의 형태를 유추하고 합리적 의사결정을 할 수 있어야 한다.

8.6 반응표면계획 일반

8.6.1 예측분산

실험을 계획하고 시행하여 얻은 데이터를 가장 잘 표현하는 경험적 모형을 구하고 이 모형을 이용하여 어떤 점에서 반응변수 값을 예측하고자 할 때, 예측분산 $Var(\hat{y})$는 작을수록 좋다. 계수벡터의 추정치를 $\boldsymbol{b}$라고 하면, $\boldsymbol{x}_0$에서 y의 예측치는 $\hat{y} = \boldsymbol{x}_0'\boldsymbol{b}$이다. 그러면 예측치의 분산은 다음 식에서 알 수 있듯이, 오차 분산 σ^2, 반응변수를 추정하고자 하는 점 $\boldsymbol{x}_0$와 효과행렬 X의 함수이다. 그런데 실험하기 전에는 최적조건의 위치를 알 수가 없다. 그러므로 실험영역 전체에서 예측분산이 안정되도록 실험을 계획하는 것이 필요하다.

$$\boldsymbol{y} = X\boldsymbol{\beta} + \boldsymbol{\epsilon},\ \boldsymbol{b} = (X'X)^{-1}X'\boldsymbol{y},\ Cov(\boldsymbol{b}) = \sigma^2(X'X)^{-1} \tag{8.29}$$

$$\hat{y} = \boldsymbol{x}_0'\boldsymbol{b},\ Var(\hat{y}) = \sigma^2\boldsymbol{x}_0'(X'X)^{-1}\boldsymbol{x}_0 \tag{8.30}$$

$\boldsymbol{x}_0$가 실험영역 내에서 어느 위치에 있든 관계없이 예측분산이 실험영역 전체에서 일정하게 나오도록 예측분산의 안정성을 도모하려면 효과행렬의 바탕인 설계행렬을 잘 구성해야 한다. 예측분산을 실험오차의 분산 σ^2으로 나누고, 총 실험 횟수 N을 곱한 것인 $NVar(\hat{y})/\sigma^2$을 표준화 예측분산(Scaled Prediction Variance, SPV)이라고 하고, 이것으로써 예측분산의 안정성을 평가한다.

실험영역 내 다양한 점에서 SPV 값이 어떻게 나타나는지 보기 위하여, 먼저 반복이 없는 2수준 2인자 주효과 모형인 $y = \beta_0 + \beta_1x_1 + \beta_2x_2 + \epsilon$을 실험하기 전 모형으로 고려하기로 하면, 다음과 같이 다양한 점에서 SPV를 구할 수 있다(그림 8.18).

$$X = \begin{bmatrix} 1 & -1 & -1 \\ 1 & 1 & -1 \\ 1 & -1 & 1 \\ 1 & 1 & 1 \end{bmatrix},\ X'X = \begin{bmatrix} 4 & 0 & 0 \\ 0 & 4 & 0 \\ 0 & 0 & 4 \end{bmatrix},\ (X'X)^{-1} = \begin{bmatrix} 1/4 & 0 & 0 \\ 0 & 1/4 & 0 \\ 0 & 0 & 1/4 \end{bmatrix}\text{을 이용하면,}$$

$$\boldsymbol{x}_{01} = \begin{pmatrix} 1 \\ 1 \\ 1 \end{pmatrix}\text{일 때, } SPV = 4 \times (1,\ 1,\ 1)\begin{bmatrix} 1/4 & 0 & 0 \\ 0 & 1/4 & 0 \\ 0 & 0 & 1/4 \end{bmatrix}\begin{bmatrix} 1 \\ 1 \\ 1 \end{bmatrix} = 3$$

원점 $\boldsymbol{x}_{02}=\begin{pmatrix}1\\0\\0\end{pmatrix}$일 때, $SPV=4\times(1,\ 0,\ 0)\begin{bmatrix}1/4&0&0\\0&1/4&0\\0&0&1/4\end{bmatrix}\begin{bmatrix}1\\0\\0\end{bmatrix}=1$

$\boldsymbol{x}_{03}=\begin{pmatrix}1\\0\\1\end{pmatrix}$일 때, $SPV=4\times(1,\ 0,\ 1)\begin{bmatrix}1/4&0&0\\0&1/4&0\\0&0&1/4\end{bmatrix}\begin{bmatrix}1\\0\\1\end{bmatrix}=2$

$\boldsymbol{x}_{04}=\begin{pmatrix}1\\1/2\\1/2\end{pmatrix}$일 때, $SPV=4\times(1,\ 1/2,\ 1/2)\begin{bmatrix}1/4&0&0\\0&1/4&0\\0&0&1/4\end{bmatrix}\begin{bmatrix}1\\1/2\\1/2\end{bmatrix}=1.5$

실험영역 밖이기는 하지만, 참고로 $\boldsymbol{x}_{05}=\begin{pmatrix}1\\\sqrt{2}\\0\end{pmatrix}$에서는 $SPV=4\times(1,\ \sqrt{2},\ 0)$ $\begin{bmatrix}1/4&0&0\\0&1/4&0\\0&0&1/4\end{bmatrix}\begin{bmatrix}1\\\sqrt{2}\\0\end{bmatrix}=3$이다.

이제 실험 후 데이터를 얻은 후 추정한 모형식 $\hat{y}=b_0+b_1x_1+b_2x_2$를 이용하여 예측분산을 알아보자. 우선 모수 추정치는 다음과 같다.

$$b_0=\frac{1}{4}(y_1+y_2+y_3+y_4)$$

$$b_1=\frac{1}{4}(-y_1+y_2-y_3+y_4)$$

$$b_2=\frac{1}{4}(-y_1-y_2+y_3+y_4)$$

이러한 계수 추정치들은 서로 독립이므로 예측치 $\hat{y}$의 분산은 다음과 같이 구할 수 있다.

$$Var(\hat{y})\ =\ Var(b_0)+x_1^2Var(b_1)+x_2^2Var(b_2) \tag{8.31}$$

식 (8.31)에서 $Var(b_0)=Var(b_1)=Var(b_2)=\frac{1}{4}\sigma^2$이므로, 예측분산 $Var(\hat{y})$와 표준화 예측분산 SPV는 각각 다음과 같이 구할 수 있다.

$$Var(\hat{y})=\frac{\sigma^2(1+x_1^2+x_2^2)}{4}=\frac{\sigma^2(1+r^2)}{4} \tag{8.32}$$

$$SPV=\frac{4\ Var(\hat{y})}{\sigma^2}=1+x_1^2+x_2^2=1+r^2 \tag{8.33}$$

식 (8.32)와 식 (8.33)에서 $r^2=x_1^2+x_2^2$은 점 (x_1,x_2)가 중심으로부터 떨어진 거리이다. 주효과 모형을 이용한 예측 분산과 SPV는 중심으로부터 거리의 함수로 나타난다.

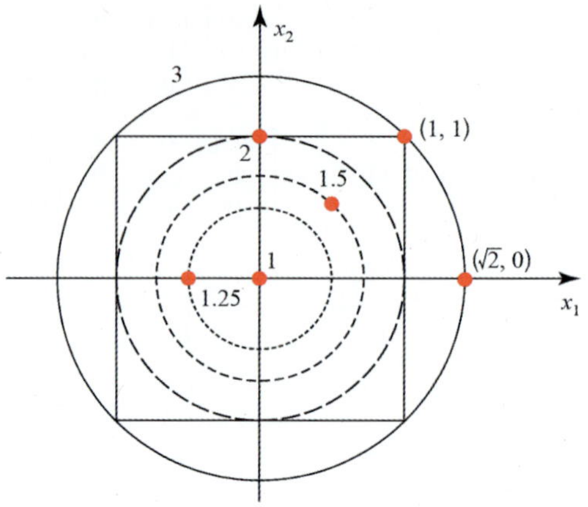

그림 8.18 표준화 예측분산(SPV)과 회전성

이제 다음과 같이 추정한 2차 모형의 예측분산과 SPV를 알아보자.

$$\hat{y} = b_0 + b_1 x_1 + b_2 x_2 + b_{12} x_1 x_2 + b_{11} x_1^2 + b_{22} x_2^2 \tag{8.34}$$

절편, 주효과 2개, 교호작용효과, 2차 효과 2개로 구성한 효과행렬 X와 이것을 이용하여 구한 $X'X$, $(X'X)^{-1}$은 각각 다음과 같이 구할 수 있다.

$$X = \begin{bmatrix} 1 & -1 & -1 & 1 & 1 & 1 \\ 1 & 1 & -1 & -1 & 1 & 1 \\ 1 & -1 & 1 & -1 & 1 & 1 \\ 1 & 1 & 1 & 1 & 1 & 1 \\ 1 & -1.414 & 0 & 0 & 2.000 & 0 \\ 1 & 1.414 & 0 & 0 & 2.000 & 0 \\ 1 & 0 & -1.414 & 0 & 0 & 2.000 \\ 1 & 0 & 1.414 & 0 & 0 & 2.000 \\ 1 & 0 & 0 & 0 & 0 & 0 \\ 1 & 0 & 0 & 0 & 0 & 0 \\ 1 & 0 & 0 & 0 & 0 & 0 \\ 1 & 0 & 0 & 0 & 0 & 0 \\ 1 & 0 & 0 & 0 & 0 & 0 \end{bmatrix}$$

$$X'X = \begin{bmatrix} 13.00 & 0 & 0 & 0 & 8.00 & 8.00 \\ 0 & 8.00 & 0 & 0 & 0 & 0 \\ 0 & 0 & 8.00 & 0 & 0 & 0 \\ 0 & 0 & 0 & 4.00 & 0 & 0 \\ 8.00 & 0 & 0 & 0 & 12.00 & 4.00 \\ 8.00 & 0 & 0 & 0 & 4.00 & 12.00 \end{bmatrix}$$

$$(X'X)^{-1} = \begin{bmatrix} 0.200 & 0 & 0 & 0 & -0.100 & -0.100 \\ 0 & 0.125 & 0 & 0 & 0 & 0 \\ 0 & 0 & 0.125 & 0 & 0 & 0 \\ 0 & 0 & 0 & 0.250 & 0 & 0 \\ -0.100 & 0 & 0 & 0 & 0.144 & 0.019 \\ -0.100 & 0 & 0 & 0 & 0.019 & 0.144 \end{bmatrix}$$

몇 개의 점에서 예측분산 $Var(\hat{y}) = \boldsymbol{x}_0'(X'X)^{-1}\boldsymbol{x}_0\sigma^2$과 $SPV = NVar(\hat{y})/\sigma^2$을 구해보자.

$$\boldsymbol{x}_{01} = (1, -1, -1,\ 1,\ 1,\ 1)' \Rightarrow Var(\hat{y}) = 0.626\sigma^2 \Rightarrow SPV = 8.138$$

$$\text{원점 } \boldsymbol{x}_{02} = (1,\ 0,\ 0,\ 0,\ 0,\ 0)' \Rightarrow Var(\hat{y}) = 0.200\sigma^2 \Rightarrow SPV = 2.600$$

$$\boldsymbol{x}_{03} = (1,\ 1/2,\ 1/2,\ 1/4,\ 1/4,\ 1/4)' \Rightarrow Var(\hat{y}) = 0.198\sigma^2 \Rightarrow SPV = 2.574$$

$$\boldsymbol{x}_{04} = (1,\ 0,\ 1,\ 0,\ 0,\ 1)' \Rightarrow Var(\hat{y}) = 0.269\sigma^2 \Rightarrow SPV = 3.497$$

$$\boldsymbol{x}_{05} = (1,\ 1.414,\ 0,\ 0,\ 2,\ 0)' \Rightarrow Var(\hat{y}) = 0.625\sigma^2 \Rightarrow SPV = 8.125$$

8.6.2 회전성

안정된 예측분산을 이루기 위한 요건 중 하나가 회전성(rotatability)이다. 회전성은 실험영역의 중심으로부터 같은 거리에 있는 두 지점의 예측분산(prediction variance)은 방향과 관계없이 같은 값을 가지는 성질을 말한다. 그림 8.18을 보면 중심에서 같은 거리에 있는 점들의 표준화 예측분산(SPV)인 $NVar(\hat{y})/\sigma^2$은 방향과 관계없이 일정하다. $NVar(\hat{y})/\sigma^2$은 중심에서는 1, 중심으로부터 거리가 $1/2, 1, \sqrt{2}$로 늘어남에 따라 각각 1.5, 2, 3으로 커지지만, 같은 거리에 있는 점들의 예측분산은 방향에 상관없이 일정하게 나온다. 회전성을 갖는 실험계획을 회전계획(rotatable design)이라고 하는데, 회전계획의 예측분산은 실험영역의 중심으로부터 거리의 함수이고 방향의 함수는 아니다. 그러므로 인자가 2개인 경우, 예측분산의 등고선은 동심원이 된다. 실험을 시행하기 전에 실험영역의 어느 위치가 최적점인지 알 수 없으므로 회전성은 반응표면방법에서 아주 유용한 특성이다. 1차 모형의 회전성 요건은 다음과 같다.

① $\sum_{u=1}^{n} x_{iu} = 0,\ \ i = 1, 2, \cdots, k$

② $\sum_{u=1}^{n} x_{iu}x_{ju} = 0,\ \ j = 1, 2, \cdots, k,\ \ i \neq j$

③ $\sum_{u=1}^{n} x_{iu}^2 = n$

여기서 n은 중앙점을 제외한 실험점의 수이다. 요인배치, 부분요인배치 실험은 위의 세 가지 조건을 모두 만족하므로 회전성을 갖는다.

2차 모형을 적합하기 위한 실험계획의 회전성 요건은 다음과 같다(Box and Hunter, 1957). ①과 ②의 요건은 2차항이 아닌 열들이 직교한다는 것이다.

① $\sum_{u=1}^{n} x_{iu}x_{ju} = 0, \;\; i \neq j$

② $\sum_{u=1}^{n} x_{iu}x_{ju}x_{lu} = 0, \;\; l = 1, 2, \cdots, k, \;\; i \neq j \neq l$

③ $\sum_{u=1}^{n} x_{iu}^4 / \sum_{u=1}^{n} x_{iu}^2 x_{ju}^2 = 3, \;\; i \neq j$

표 8.14에 있는 중앙점에서 5번 실험한 2인자 중심합성계획의 효과행렬을 대상으로 회전성을 확보하기 방법을 알아보자. 회전성 요건 중 처음 2개는 만족한다. $\sum_{u=1}^{n} x_{iu}^4 = 4 + 2\alpha^4$, $\sum_{u=1}^{n} x_{iu}^2 x_{ju}^2 = 4$이므로 요건 ③을 만족하기 위해서는 $(4+2\alpha^4) = 3 \times 4$로부터 $\alpha = 4^{1/4} = \sqrt{2}$이다.

표 8.14 2인자 중심합성계획의 효과행렬

x_1	x_2	$x_1 x_2$	x_1^2	x_2^2
−1	−1	1	1	1
1	−1	−1	1	1
−1	1	−1	1	1
1	1	1	1	1
$-\alpha$	0	0	α^2	0
α	0	0	α^2	0
0	$-\alpha$	0	0	α^2
0	$-\alpha$	0	0	α^2
0	0	0	0	0
0	0	0	0	0
0	0	0	0	0
0	0	0	0	0
0	0	0	0	0

2^{k-p} 요인실험점을 이용하여 중심합성계획을 하면, $\sum_{u=1}^{n} x_{iu}^4 = 2^{k-p} + 2\alpha^4$, $\sum_{u=1}^{n} x_{iu}^2 x_{ju}^2 = 2^{k-p}, i \neq j$이므로, 요건 ③을 만족하는 식은 $2^{k-p} + 2\alpha^4 = 3 \times 2^{k-p}$이다. 이로부터 중심으로부터 축점까지의 거리는 다음과 같이 구할 수 있다.

$$\alpha = 2^{(k-p)/4} \tag{8.35}$$

식 (8.35)를 이용하면 완전요인배치를 요인실험점으로 쓸 때, 즉 $p = 0$일 때, 회전성을 만족하는 중심으로부터 축점까지 길이 α는 $k = 2, 3, 4$일 때 각각 1.414, 1.682, 2.0이다. $k = 5$일 때 요인실험점으로 2_V^{5-1}을 쓰면 α는 2.0이다.

8.6.3 중앙점의 실험 수

실험영역에서 예측 분산을 일정하게 만들려면, 중심에서 방향과 관계없이, 그리고 거리와 관계없이 예측분산이 일정하게 나와야 한다. 8.6.2절에서 다룬 회전성은 방향과 관계없는 안정성을 보장한다. 이제 중심으로부터의 거리와 무관하게 일정한 예측분산이 나오도록 하려면 중앙점의 실험 수를 잘 정해야 한다. 표 8.15의 맨 우측에 중심으로부터 거리와 관계없이 안정된 예측분산 값을 보장하는 중앙점의 반복실험 수 n_c를 나타내었다.

표 8.15 중심합성계획의 실험점

인자의 개수	요인실험점	축점	총 실험 횟수	α	n_c
2	4	4	$8+n_c$	1.414	5
3	8	6	$14+n_c$	1.682	6
4	16	8	$24+n_c$	2.000	7
5	32	10	$42+n_c$	2.378	10
5(1/2 반복)	16	10	$26+n_c$	2.000	6

그림 8.19는 2_V^{5-1} 부분요인배치를 이용한 중심합성계획(CCD)에서 중앙점의 반복실험 수 n_c에 따른 SPV를 나타낸다. 이 그림을 보면 n_c는 최소한 3 이상은 되어야 한다는 것을 알 수 있다.

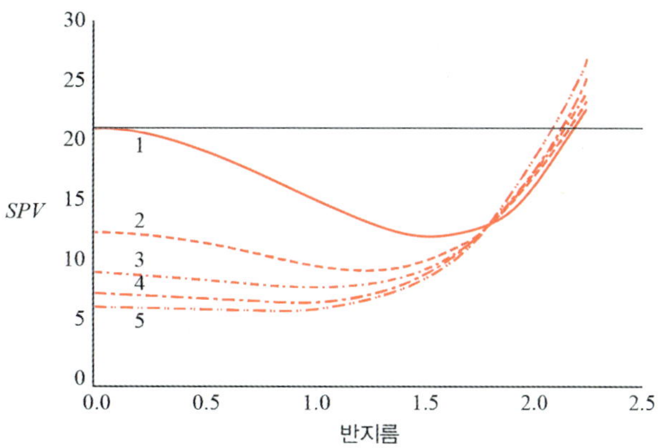

그림 8.19 2_V^{5-1} 부분요인배치를 이용한 CCD에서 중앙점의 실험 수에 따른 SPV

8.7 중심합성계획

중심합성계획(CCD)의 기원은 8.3절에 기술하였다. CCD는 2차 모형을 적합하기 위해 가장 널리 사용되는 반응표면계획으로서 다음과 같은 경우에 활용할 수 있다.

① 4.11절에서 배운 바와 같이, 중앙점에서 반복실험한 2수준 요인배치실험 데이터를 분석하여 곡률효과가 있다고 판단되면 이는 곡률효과가 존재한다는 것만 알려주는 것이지, 그 효과가 어떤 인자로부터 생겼는지는 알 수 없다. 이를 분명하게 파악하기 위하여 축점과 중앙점을 추가하면 중심합성계획이 된다.

② 처음부터 2차 모형을 추정하기 위해, 요인실험점, 축점, 중앙점에서 실험할 수도 있다.

둘 중에는 ①을 이용하는 것이 바람직하다. 만일 중앙점이 있는 요인배치실험을 하여 곡률효과가 없다고 판단이 되면 굳이 축점을 포함한 2차 실험은 할 필요가 없기 때문이다.

1) 중심합성계획의 모양

그림 8.20에 2인자와 3인자 중심합성계획을 나타내었다. 처음에 중앙점(■)을 추가한 요인실험점(●)에서 실험하고, 곡률효과가 있다고 판단이 축점(★)과 중앙점(□)을 추가한 후속실험을 한다. 후속실험에서도 중앙점을 추가하는 이유는 1차 실험을 시행하여 시간이 지난 후에 2차 실험을 하는 것이므로 두 실험 간에 환경변화가 있는지 확인하기 위한 것이다. '중심합성'이라는 용어는 1차, 2차 실험을 할 때 모두 중심(중앙)점에서 실험하여 이들을 합성한다는 의미에서 나온 것이다.

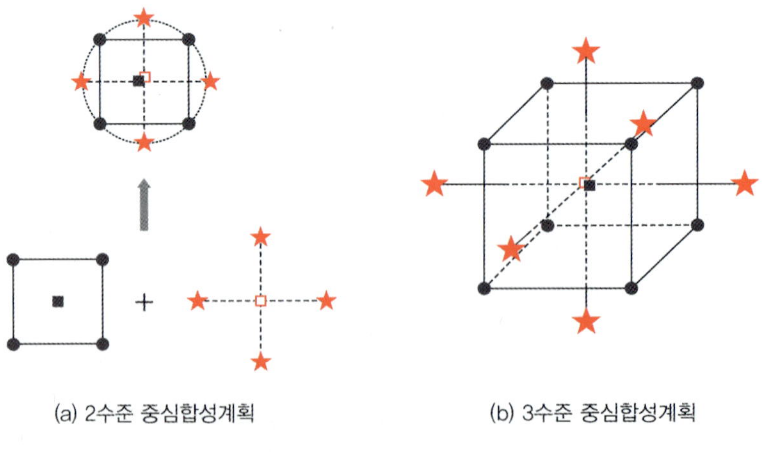

(a) 2수준 중심합성계획　　　　(b) 3수준 중심합성계획

그림 8.20 순차적 실험을 통한 2수준과 3수준 중심합성계획

표 8.16과 그림 8.21에 3인자 중심합성계획의 구성 요소를 설계행렬과 설계공간에 나타내었다. 구성 요소는 2수준 요인실험점, 축점, 중앙점으로 분류된다.

표 8.16 3인자 중심합성계획의 구성 요소와 설계행렬

실험점	X_1	X_2	X_3	실험점 분류
1	−1	−1	−1	요인 실험점
2	1	−1	−1	
3	−1	1	−1	
4	1	1	−1	
5	−1	−1	1	
6	1	−1	1	
7	−1	1	1	
8	1	1	1	
9	−1.682	0	0	축점
10	1.682	0	0	
11	0	−1.682	0	
12	0	1.682	0	
13	0	0	−1.682	
14	0	0	1.682	
15	0	0	0	중앙점
16	0	0	0	
17	0	0	0	
18	0	0	0	
19	0	0	0	
20	0	0	0	

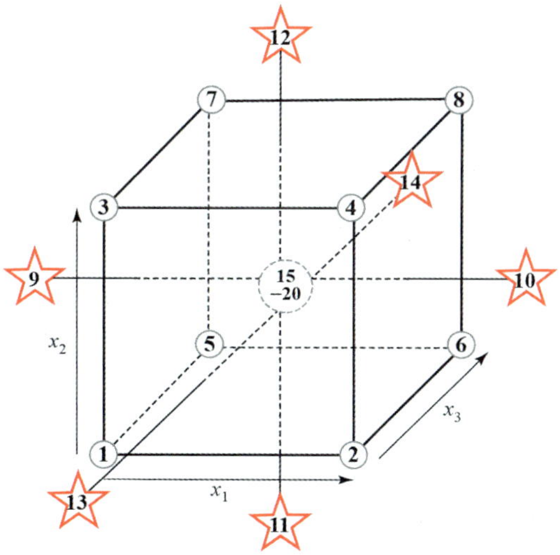

그림 8.21 3인자 중심합성계획의 설계공간

중심합성계획 구성 요소의 역할은 다음과 같다.

① 요인실험점: 선형효과(1차 효과)와 2인자 교호작용효과를 추정하는 데 쓰인다.

② 축점: 2차항을 추정하는 데 사용된다. 만약 축점이 없다면, 2차항의 합인 $\sum_{i=1}^{k}\beta_{ii}$만 추정할 수 있다.

③ 중앙점: 중앙점에서 반복실험을 하므로 순수 실험오차를 알 수 있고, 축점과 더불어 2차항을 추정할 때 이용한다.

중심합성계획을 이용하는 경우, 축점의 수준 값을 원래 변수로 환산하는 것을 3인자 예를 통해 알아보자. 반응변수가 증착률(deposition rate)이고, 인자는 온도(x_1), 압력(x_2), 가스 비율(x_3)이다. 원래 변수의 요인배치 수준을 표 8.17에 나타내었다.

표 8.17 증착률 실험의 인자와 수준

인자	저수준(−1)	중앙수준(0)	고수준(+1)
온도	400	500	600
압력	40	55	70
가스 비율	3.0	4.5	6.0

원래 변수를 낮은 수준은 −1, 높은 수준은 +1로 환산하기 위한 코딩된 변수 x_1, x_2, x_3는 다음 식으로 구할 수 있다.

$$x_1 = (\text{온도} - 500) \,/\, 100$$
$$x_2 = (\text{압력} - 55) \,/\, 15$$
$$x_3 = (\text{가스 비율} - 4.5) \,/\, 1.5$$

이 식을 이용하여 축점에서 원래 변수의 값을 구한 것을 표 8.18에 나타내었다. 표 8.18에서 ±1.682에 해당하는 원래 변수의 수준은 소수점까지 정확하게 맞출 필요는 없다. 예를 들어 온도는 각각 332, 668로, 압력은 30, 80으로 각각 맞추면 된다. 온도를 10단위로 세팅하는 것이 편하다면 330, 670으로 맞춰도 된다. 또한 만일 ±1.682에 해당하는 수준까지 넓히는 것이 어렵다면 좁혀도 된다. 예를 들어 실험장비 온도를 650까지만 올릴 수 있다면 온도의 다섯 수준을 (350, 400, 500, 600, 650)으로 두고 실험할 수 있다. 이때는 물론 회전성은 조금 어긋난다.

표 8.18 증착률 실험의 수준

x_i	−1.682	−1.000	0.000	1.000	1.682
온도	331.8	400.0	500.0	600.0	668.2
압력	29.8	40.0	55.0	70.0	80.2
가스 비율	2.0	3.0	4.5	6.0	7.0

2) 면중심 합성계획

이 계획은 곡률효과가 있어서 축점을 추가하는 실험을 할 때 요인실험 영역을 벗어날 수 없을 때나, 처음부터 요인실험점으로 설정된 영역 내에서 실험하고자 할 때 이용한다. 면중심 합성계획(Face-Centered Central Composite Design, CCF)은 일반적인 CCD와는 다르게 중심에서 축점까지의 거리 $\alpha = 1$이므로, 회전성을 갖고 있지 않다. 이 방법을 쓰면 SPV 측면에서 중앙점에서 실험 횟수가 2개면 충분하다(Myers et al., 2016). 다만 중앙점의 반복실험을 어느 정도 하는 것이 순수 실험오차를 아는 데는 도움이 되므로, 만일 실험오차가 아주 작은 경우가 아니라면 3개 이상 할 수도 있다. 그림 8.22와 그림 8.23은 각각 2인자와 3인자 일반 중심합성계획과 면중심 합성계획을 나타낸다.

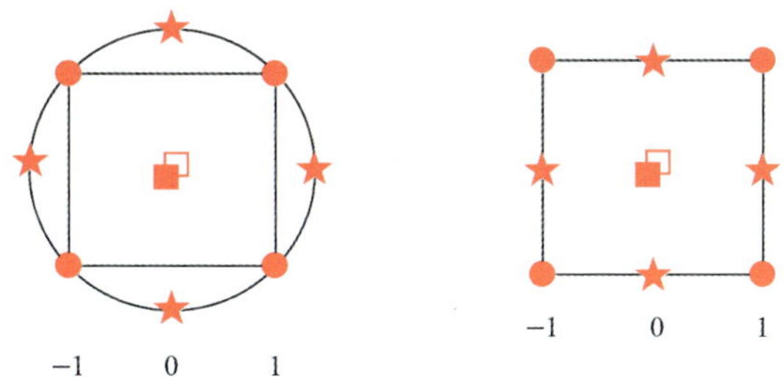

(a) 일반 CCD (b) 면중심 CCF

그림 8.22 2인자 일반 CCD와 CCF

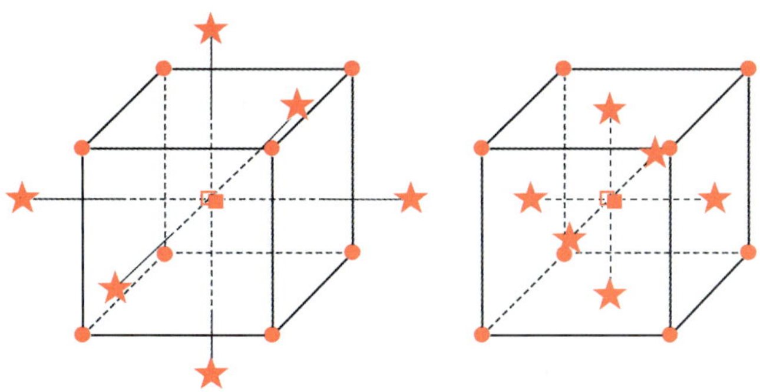

(a) 일반 CCD (b) 면중심 CCF

그림 8.23 3인자 일반 CCD와 CCF

8.8 순차적 실험과 중심합성계획 사례

Hu et al. (2003)은 아연과 니켈을 결합하여 부식과 열에 강한 표면을 만드는 전기 도금 코팅 방법인 아연/니켈(Zn/Ni) 증착물을 도금하여 수소 발생 능력을 최적화하기 위해, 전기 도금 변수를 대상으로 순차적 실험을 진행하였다. 반응변수는 수소 발생 능력과 비례하는 수소발생 전류 밀도이고, 이를 최대화해야 한다.

8.8.1 2_V^{5-1} 부분요인배치법 실험과 분석

반응변수에 영향을 미치리라 기대되는 공정변수와 수준을 표 8.19에 나타내었다.

표 8.19 아연/니켈 증착 사례의 공정변수와 수준

공정변수	저수준(−1)	고수준(+1)
x_1 : 온도(℃)	20.0	50.0
x_2 : 증착 전류 밀도(A m^{-2})	500.0	2,500.0
x_3 : pH	9.0	13.0
x_4 : Zn/Ni 이온 비율	0.5	1.5
x_5 : TEPA 농도(M)	0.4	0.8

5개의 공정변수를 대상으로 16회 실험을 시행할 수 있는 2_V^{5-1} 부분요인배치를 이용한 설계행렬과 수소발생 전류 밀도 데이터를 표 8.20에 나타내었다.

복습문제 수소발생 전류 밀도 데이터를 이용하여 주효과와 2인자 교호작용효과를 구하라.

표 8.20의 수소발생 전류 밀도 데이터의 요인효과를 구하고, 시각적으로 분석한 엘보우그림과 파레토그림을 그림 8.24와 그림 8.25에 각각 나타내었다. 그림 8.24의 엘보우그림을 보면 중요한 효과가 x_3, x_4, x_5 임을 알 수 있고, 그림 8.25에서 이 3개의 주효과는 렌스 방법을 이용한 분석 결과 유의수준 0.10에서 유의한 효과이다.

표 8.20 아연/니켈 증착 사례의 설계행렬과 수소발생 전류 밀도 데이터

실험점	공정변수					전류 밀도 (mA cm^{-2})
	x_1	x_2	x_3	x_4	x_5	
1	−1	−1	−1	−1	1	6
2	1	−1	−1	−1	−1	25
3	−1	1	−1	−1	−1	39
4	1	1	−1	−1	1	8
5	−1	−1	1	−1	−1	91
6	1	−1	1	−1	1	51
7	−1	1	1	−1	1	56
8	1	1	1	−1	−1	87
9	−1	−1	−1	1	−1	39
10	1	−1	−1	1	1	15
11	−1	1	−1	1	1	39
12	1	1	−1	1	−1	107
13	−1	−1	1	1	1	88
14	1	−1	1	1	−1	116
15	−1	1	1	1	−1	93
16	1	1	1	1	1	115

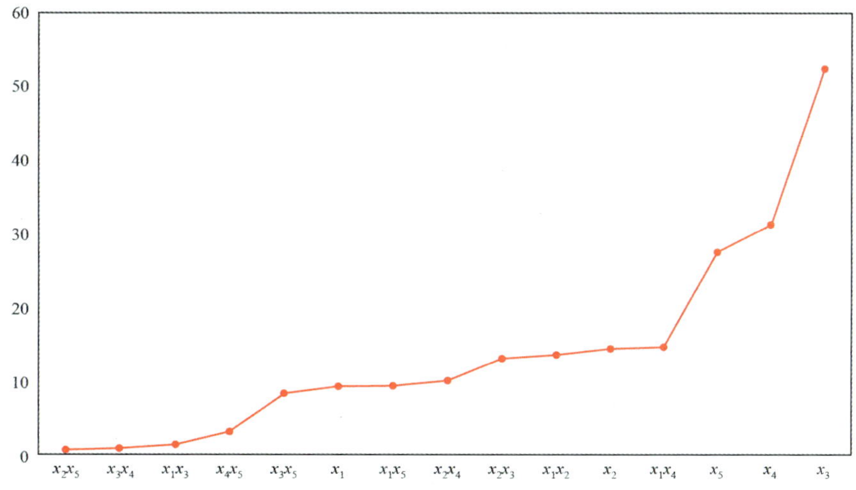

그림 8.24 아연/니켈 증착 사례의 요인효과에 대한 엘보우그림

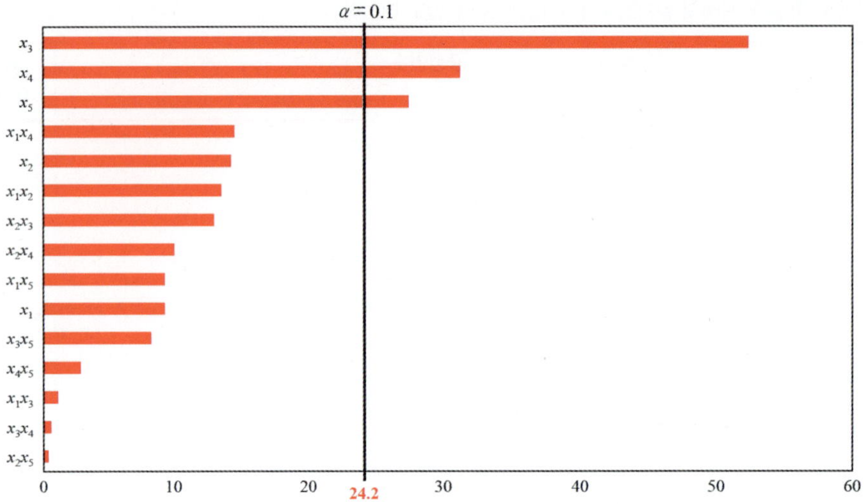

그림 8.25 아연/니켈 증착 사례의 요인효과에 대한 파레토그림

> **복습문제** 렌즈 방법을 이용하여 주효과 x_3, x_4, x_5가 유의수준 0.10에서 유의한 효과임을 밝혀라.

그림 8.26에 주효과 그림을 나타내었다. 중요한 공정변수인 x_3, x_4, x_5 외에 x_1과 x_2는 반응변수를 높이기 위해 + 수준에 고정한다. 중요한 3개의 변수 x_3, x_4, x_5를 코딩된 단위로 구성한 모형식은 다음과 같다.

$$\hat{y} = 61.0 + 26.2x_3 + 15.6x_4 - 13.7x_5 \tag{8.36}$$

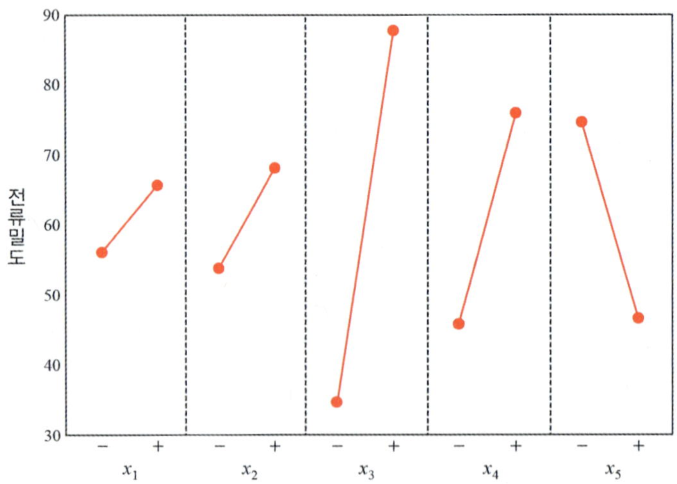

그림 8.26 아연/니켈 증착 사례의 2_{V}^{5-1} 부분요인배치 실험의 주효과 그림

8.8.2 최대경사경로 실험과 분석

식 (8.36)을 이용한 모형에서 구한 방향벡터는 다음과 같다.

$$\left(\frac{26.2}{|26.2|}, \frac{15.6}{|26.2|}, \frac{-13.7}{|26.2|}\right) = (1, 0.59, -0.53) \approx (1, 0.5, -0.5) \tag{8.37}$$

$\Delta = 0.250$으로 정하여, 시작점 $(x_3, x_4, x_5) = (-0.250, -0.125, -0.250)$에서 표 8.21과 같이 $\boldsymbol{s} = (0.250, 0.125, -0.125)$만큼씩 실험점을 이동한다. 코딩된 변수 x_3, x_4, x_5를 원래 변수 값으로 나타내기 위하여 변수변환 식 $x_3 = \frac{X_C - 11}{2}$, $x_4 = \frac{X_D - 1.0}{0.5}$, $x_5 = \frac{X_E - 0.6}{0.2}$으로부터 $D_3 = 2$, $D_4 = 0.5$, $D_5 = 0.2$를 확인하였다. 따라서 원래 변수를 이용한 이동경로는 $\boldsymbol{s} = (0.250 \times 2, 0.125 \times 0.5, -0.125 \times 0.2) = (0.5, 0.063, -0.025)$이고, 이를 표 8.21 우측에 정리하여 나타냈다.

표 8.21 아연/니켈 증착 사례의 1차 최대경사경로 실험

구분	코딩된 변수			원래 변수			전류 밀도 (mA cm^{-2})
	x_3	x_4	x_5	X_C	X_D	X_E	
시작점	−0.250	−0.125	−0.250	10.5	0.938	0.600	
$\boldsymbol{s}$	0.250	0.125	−0.125	0.5	0.063	−0.025	
시작점 + $\boldsymbol{s}$	0.000	0.000	−0.125	11.0	1.000	0.575	65
시작점 + 2$\boldsymbol{s}$	0.250	0.125	−0.250	11.5	1.063	0.550	69
시작점 + 3$\boldsymbol{s}$	0.500	0.250	−0.375	12.0	1.125	0.525	81
시작점 + 4$\boldsymbol{s}$	0.750	0.375	−0.500	12.5	1.188	0.500	90
시작점 + 5$\boldsymbol{s}$	1.000	0.500	−0.625	13.0	1.250	0.475	100
시작점 + 6$\boldsymbol{s}$	1.250	0.625	−0.750	13.5	1.313	0.450	70
시작점 + 7$\boldsymbol{s}$	1.250	0.750	−0.875	13.5	1.375	0.425	67
시작점 + 8$\boldsymbol{s}$	1.250	0.875	−1.000	13.5	1.438	0.400	61

반응변수 값이 점차 증가하다가 시작점 + 5$\boldsymbol{s}$에서 시작점 + 6$\boldsymbol{s}$로 넘어갈 때 급격히 감소한다. 이는 변수 pH(x_3) 값이 13.0을 초과하여 발생한 결과이다. 따라서 pH 값은 13.0으로 고정한다.

실험연구팀은 pH 값은 13.0으로 고정하고 두 번째 최대경사경로를 탐사하기로 하였다. 이번에는 시작점을 $(x_4, x_5) = (-0.375, 0.250)$에 두고, 앞선 최대경사경로 탐색에서 시도한 것처럼 $\boldsymbol{s} = (0.125, -0.125)$만큼 실험점을 이동하였다.

표 8.22 아연/니켈 증착 사례의 2차 최대경사경로 실험

구분	코딩된 변수		원래 변수		전류 밀도 (mA cm^{-2})
	x_4	x_5	X_D	X_E	
시작점	−0.375	0.250	0.813	0.650	
s	0.125	−0.125	0.063	−0.025	
시작점 + s	−0.250	0.125	0.875	0.625	92
시작점 + 2s	−0.125	0.000	0.938	0.600	99
시작점 + 3s	0.000	−0.125	**1.000**	**0.575**	**111**
시작점 + 4s	0.125	−0.250	1.063	0.550	104
시작점 + 5s	0.250	−0.375	1.125	0.525	99
시작점 + 6s	0.375	−0.500	1.188	0.500	94
시작점 + 7s	0.500	−0.625	1.250	0.475	100
시작점 + 8s	0.625	−0.750	1.313	0.450	90
시작점 + 9s	0.750	−0.875	1.375	0.425	95
시작점 + 10s	0.875	−1.000	1.438	0.400	95

반응변수 값이 최대인 조건은 시작점 + 3s 위치에 있는 $(X_D, X_E) = (1.000, 0.575)$이다. 이 조건을 중앙점으로 삼아 CCD 실험을 진행하기로 하였다.

8.8.3 중심합성계획과 분석

표 8.23에 중심합성계획을 위한 공정변수와 수준을, 표 8.24에 설계행렬과 반응변수 데이터를 나타내었다.

표 8.23 아연/니켈 증착 사례의 중심합성계획 공정변수와 수준

공정변수	저수준(−1)	중앙수준(0)	고수준(+1)
X_D	0.500	1.000	1.500
X_E	0.375	0.575	0.775

표 8.24 아연/니켈 증착 사례의 중심합성계획 설계행렬과 데이터

실험점	공정변수 x_4	공정변수 x_5	전류 밀도 (mA cm^{-2})
1	−1	−1	107
2	1	−1	87
3	−1	1	116
4	1	1	98
5	$-\sqrt{2}$	0	119
6	$\sqrt{2}$	0	92
7	0	$-\sqrt{2}$	92
8	0	$\sqrt{2}$	99
9	0	0	110
10	0	0	110
11	0	0	109

표 8.24의 데이터를 분석하여 잔차의 표준편차인 S는 작게, 수정결정계수 R^2_{adj}은 크게 만드는 항을 포함한 모형식은 다음과 같다. 이 모형식의 적합성 통계량은 $S = 1.776$, $R^2 = 98.3\%$, $R^2_{adj} = 97.16\%$이다.

$$\hat{y} = 109.67 - 9.52x_4 + 3.74x_5 - 1.71x_4^2 - 6.71x_5^2 \tag{8.38}$$

모형식 (8.38)을 이용하여 구한 최적조건은 코딩된 단위로 $(x_4,\ x_5) = (-1.414,\ 0.271)$이고, 원래 변수 값은 $(X_D,\ X_E) = (0.293,\ 0.629)$이다. 이때 반응변수 추정치($\hat{y}$)는 120.24이다. 식 (8.38)을 이용한 등고선 그림을 그림 8.27에 나타내었다.

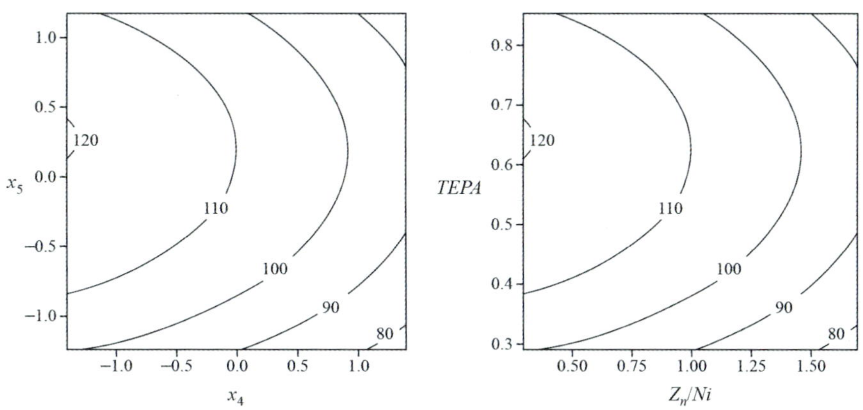

(a) 코딩된 변수 사용 (b) 원래 변수 사용

그림 8.27 아연/니켈 증착 사례의 중심합성계획 등고선 그림

아연/니켈 증착의 수소 발생 능력을 최적화하기 위한 순차적 실험의 최종 최적조건은 $(X_A,\ X_B,\ X_C,\ X_D,\ X_E) = (50.0,\ 2{,}500.0,\ 13.0,\ -1.41,\ 0.27)$이다.

모형식 (8.38)을 이용하여 정준분석을 시행하였다. 정준분석을 위하여 X_D, X_E의 코딩된 변수를 각각 x_1, x_2로 쓰기로 한다. 우선 코딩된 변수로 정상점은 $(x_1, x_2) = (-2.784, 0.279)$이고, 정상점에서 반응변수 추정값 $\hat{y}_s = 123.44$이다. 정준분석을 행하여 얻은 고윳값은 $\lambda_1 = -1.71$, $\lambda_2 = -6.71$이고, 고유벡터를 이용한 행렬을 구하면 다음과 같다.

$$M = \begin{bmatrix} 1 & 0 \\ 0 & 1 \end{bmatrix} \tag{8.39}$$

(x_1, x_2) 좌표계를 (z_1, z_2) 좌표계로 전환하면 $z_1 = x_1 + 2.784$, $z_2 = x_2 - 0.279$이고, 정준분석을 통한 (z_1, z_2) 좌표계를 이용한 모형식은 다음과 같다.

$$\hat{y} = \hat{y}_s + \lambda_1 z_1^2 + \lambda_2 z_2^2 = 123.44 - 1.71\, z_1^2 - 6.71\, z_2^2 \tag{8.40}$$

그림 8.28에 (x_1, x_2) 좌표계와 (z_1, z_2) 좌표계를 동시에 보여주는 등고선 그림을 나타내었다. 실험한 영역이 정상점과 떨어져 있는데, 추후 실험은 코딩된 변수를 기준으로 하면 x_1의 수준을 더 낮은 쪽으로 잡아서 (x_1, x_2)를 대상으로 한 요인실험을 우선 시행하는 것이 바람직하다.

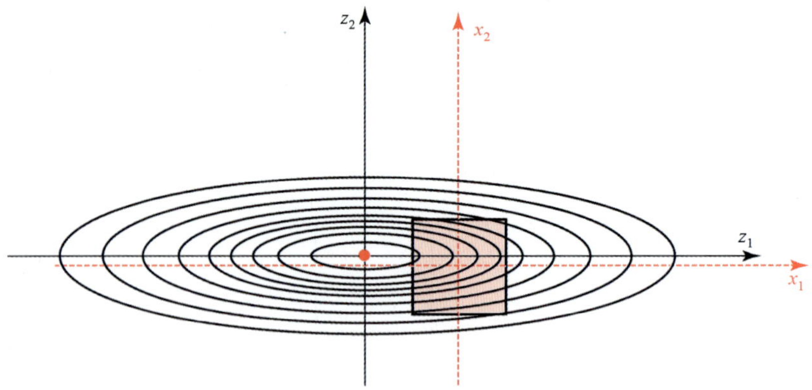

그림 8.28 아연/니켈 증착 사례의 정준분석 등고선 그림

8.9 박스-벤켄 계획

중심합성계획이 1951년 발표되고 10년 뒤 1961년에 박스는 벤켄과 함께 2차 반응표면을 탐색하기 위한 박스-벤켄 계획(Box-Behnken Design, BBD)을 제안하였다. 인자가 3개인 박스-벤켄 계획의 설계행렬을 표 8.25에 나타내었다. 표 8.25를 보면, 1~4번 실험점에서 X_3는 가운데 수준인 '0'에 두고, X_1과 X_2에 대해서 2^2 요인실험점을 구성한 것이다. 5~8번과 9~12번 실험점은 각각 X_2와 X_1을 가운데 수준에 두고 나머지 2개의 인자를 대상으로 2^2 요인실험점을 구성한 것이다. 중앙점에서 시행하는 3회 반복실험은 13~15번 실험점에 나타내었다.

표 8.25 3인자 박스-벤켄 계획 설계행렬

실험점	X_1	X_2	X_3
1	−1	−1	0
2	−1	1	0
3	1	−1	0
4	1	1	0
5	−1	0	−1
6	−1	0	1
7	1	0	−1
8	1	0	1
9	0	−1	−1
10	0	−1	1
11	0	1	−1
12	0	1	1
13	0	0	0
14	0	0	0
15	0	0	0

3인자 BBD 설계공간을 그림 8.29에 나타내었다. 윗면, 옆면, 아랫면의 모서리 가운뎃점 12개와 실험영역의 중앙점에서 3회 실험을 한다. 12개의 모서리 가운뎃점을 매끄럽게 연결하면 구(sphere) 모양이 나오는데, 이 구는 육면체를 포함하지도 않고, 육면체에 포함되지도 않는다.

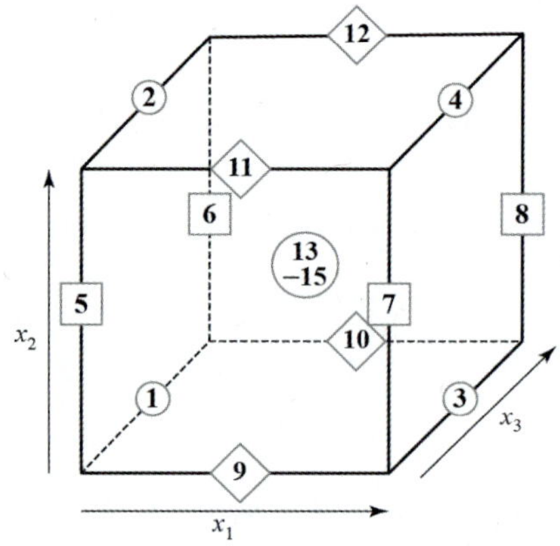

그림 8.29 3인자 박스-벤켄 계획 설계공간

박스-벤켄 계획은 실험영역이 요인배치 영역을 벗어날 수 없고 처음부터 2차 모형을 추정하고 싶을 때 중심합성계획의 대안으로 쓸 수 있다. 중심합성계획은 축점이 요인배치 영역을 벗어난다. 예를 들어 표 8.18의 증착률 실험 예에서 축점에 해당하는 온도가 668인데, 만일 온도가 애초에 정한 고수준인 600을 넘어갈 때 장비의 수명이 짧아질 수 있다면 668을 쓸 수가 없고 온도의 가장 높은 수준은 600으로 정해야 하는 것이다. BBD는 실험의 어떤 꼭짓점에서 실험할 수 없을 때도 유용하게 쓸 수 있다. 예를 들어 온도, 압력, 시간이 실험에서 고려한 인자이고, 이들 3개의 인자가 모두 고수준일 때 화학반응이 격렬하여 정상적인 반응물을 구할 수 없다면 이러한 꼭짓점을 회피하는 BBD가 CCD의 대안이 된다.

BBD의 특징을 다음과 같이 정리할 수 있다.

① 각 인자의 3수준에서 실험한다. 반면 CCD는 인자별로 5개 수준에서 실험한다.

② 예측 분산 측면에서 보면, 중앙점에서는 3회 반복으로 충분하다.

③ 회전성을 갖거나 인자 수에 따라서는 '거의' 회전성을 확보한다. 인자 수가 4개인 경우는 완전한 회전성을 갖고, 3, 5개일 때는 거의 회전성을 갖는다.

④ 중앙점이 있는 요인배치 실험을 이용하는 순차적 실험에는 적용할 수 없고, 애초부터 2차 모형에 근거한 분석을 하고자 할 때 이용한다.

⑤ 최적조건이 인자들의 끝부분인 −1 또는 1 수준에 있지 않고 실험영역의 내부에 있을 때 유용하다. 그러므로 실험의 수준을 정할 때 넓게 정하여 최적조건이 실험영역 내에서 나오도록 하는 것이 바람직하다. 각 인자의 −1 또는 1 수준조합, 즉 꼭짓점은 실험영역에 포함되지 않는다.

박스-벤켄 계획의 구성원리는 인자 수가 3개, 4개, 5개 있을 때, 각각 다음과 같다. 중간에 있는 점선들은 블록 구분을 의미한다. 인자 수가 4개와 5개일 때 블록으로 나누어 실험할 수 있는 박스-벤켄 계획은 8.11.1절에 별도로 나타내었다.

$$\begin{bmatrix} \pm1 & \pm1 & 0 \\ \pm1 & 0 & \pm1 \\ 0 & \pm1 & \pm1 \\ 0 & 0 & 0 \end{bmatrix} \tag{8.41}$$

$$\left[\begin{array}{cccc} \pm1 & \pm1 & 0 & 0 \\ 0 & 0 & \pm1 & \pm1 \\ 0 & 0 & 0 & 0 \\ \hline \pm1 & 0 & 0 & \pm1 \\ 0 & \pm1 & \pm1 & 0 \\ 0 & 0 & 0 & 0 \\ \hline \pm1 & 0 & \pm1 & 0 \\ 0 & \pm1 & 0 & \pm1 \\ 0 & 0 & 0 & 0 \end{array}\right] \tag{8.42}$$

$$\left[\begin{array}{ccccc} \pm1 & \pm1 & 0 & 0 & 0 \\ 0 & 0 & \pm1 & \pm1 & 0 \\ 0 & \pm1 & 0 & 0 & \pm1 \\ \pm1 & 0 & \pm1 & 0 & 0 \\ 0 & 0 & 0 & \pm1 & \pm1 \\ \hline 0 & \pm1 & \pm1 & 0 & 0 \\ \pm1 & 0 & 0 & \pm1 & 0 \\ 0 & 0 & \pm1 & 0 & \pm1 \\ \pm1 & 0 & 0 & 0 & \pm1 \\ 0 & \pm1 & 0 & \pm1 & 0 \\ 0 & 0 & 0 & 0 & 0 \end{array}\right] \tag{8.43}$$

n_c를 중심점의 수라고 하고, BBD와 CCD의 실험 횟수를 비교해 보자. 인자 수가 3개이면, BBD는 $12 + n_c$이고 CCD는 $14 + n_c$가 된다. 인자 수가 3개이고 애초부터 2차 모형을 고려하고 있고 최적조건이 영역 내부에 있을 것으로 생각하면, BBD가 유용하다. 인자 수가 4개이면, BBD와 CCD 모두 실험 수가 $24 + n_c$이다. 5인자의 경우, BBD는 $40 + n_c$인데, CCD는 요인실험점을 2_{V}^{5-1} 부분요인배치를 이용한다면 $26 + n_c$로 많이 줄어든다. 이때는 꼭짓점에서 실험하는 것에 문제가 없다면 CCD가 유용하다.

8.10 3수준 요인배치 반응표면계획

2수준 실험을 하면 선형효과(1차 효과)만 알 수 있다. 2차 효과를 파악하려면 그림 8.30에 나타나 있듯이 최소한 3수준 실험을 해야 한다. 3수준 이상 실험을 해야만 가운데 부분이 위로 또는 아래로 볼록한지 파악할 수가 있다.

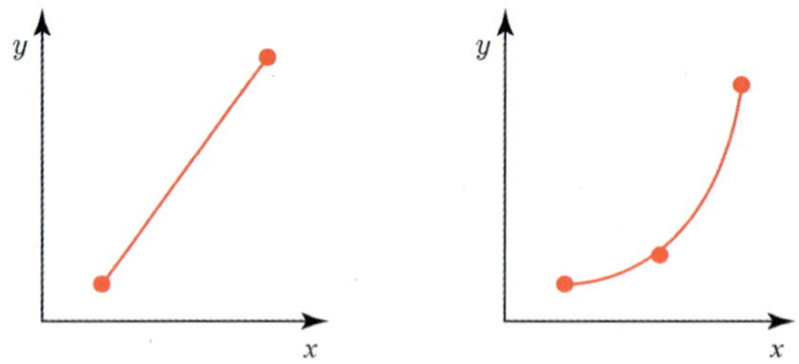

그림 8.30 2수준과 3수준 실험의 차이

8.10.1 3^3 요인배치를 이용한 반응표면계획

3수준 3인자를 위한 3^3 요인배치 설계공간을 그림 8.31에 나타내었다. 3^3 요인배치의 실험점 수는 27개로서 2^3 요인배치보다 19개의 실험점이 더 필요하다. 3개의 인자를 대상으로 실험을 하면 다음과 같이 절편과 9개의 계수, 총 10개의 모수를 추정할 수 있다.

$$\hat{y} = b_0 + b_1x_1 + b_2x_2 + b_3x_3 + b_{12}x_1x_2 + b_{13}x_1x_3 + b_{23}x_2x_3 + b_{11}x_1^2 + b_{22}x_2^2 + b_{33}x_3^2 \qquad (8.44)$$

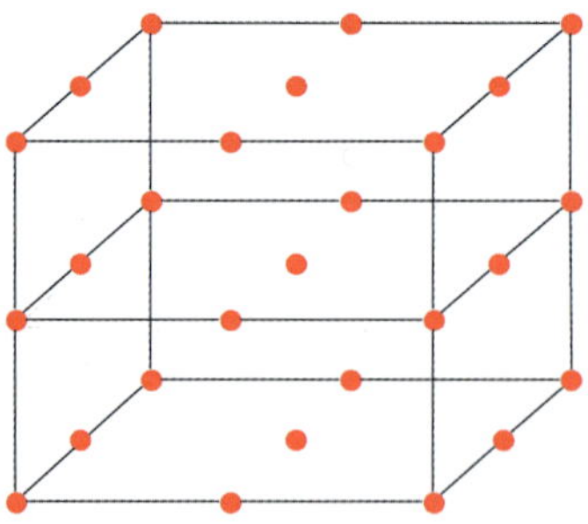

그림 8.31 3^3 요인배치 설계공간

10개의 모수를 추정하기 위하여 27회의 실험을 하는 것은 분명 경제적이지 않다. 이 외에도 3^3 요인배치의 단점이 두 가지가 더 있다. 3^3 요인배치는 회전성이 없는 실험계획이고, *SPV* 측면에서는 3인자 면중심 합성계획보다 좋지 않다. 3^3 요인배치의 단점을 보완한 반응표면계획은 그림 8.29에 제시한 박스-벤켄 계획과 그림 8.32에 있는 3인자 면중심 합성계획이다. 3^3 요인배치에 비해, 박스-벤켄 계획은 회전성이 있고 실험 수가 12개 적으며, 면중심 합성계획은 순차적 실험이 가능하고 실험 횟수가 7개 적다. 실험환경에 맞는 적절한 실험계획을 선정하면 되겠다.

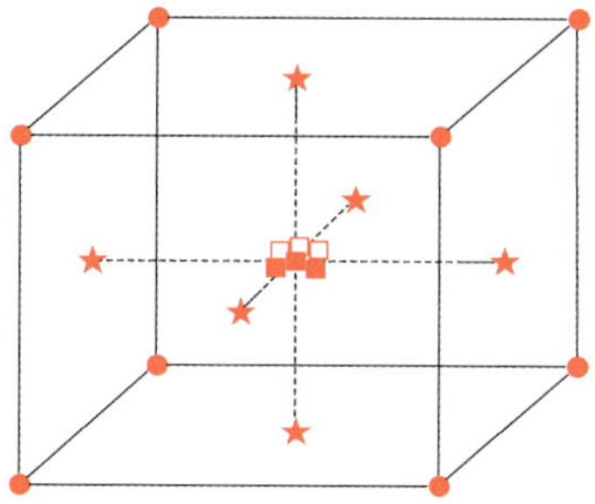

그림 8.32 3인자 면중심 합성계획 설계공간

8.10.2 9개의 실험점을 갖는 3수준 실험계획

8.10.1절에 3^3 요인배치를 쓰기가 힘든 이유를 기술하였는데, 9개의 실험점을 갖는 3수준 실험계획과 그것을 보완한 실험계획을 살펴보자. 그림 8.33은 2인자 3수준 실험계획과 2인자 면중심 합성계획(CCF)을 비교한 것이다. 그림 8.33(a)에 있는 3^2 요인배치 실험은 CCF에서 중앙점 1개인 경우와 일치한다. 그림 8.33(b)처럼 '2^2 요인배치 + 중앙점' 실험을 하고, 곡률효과가 파악되면 '면중심 축점 + 중앙점' 실험을 하는 순차적 실험은 회전성은 없지만 3수준 범위에서 효율적으로 쓸 수 있는 실험계획이다. 이때 실험오차를 파악하기 위하여 매번 중앙점에서 반복실험을 할 수 있다.

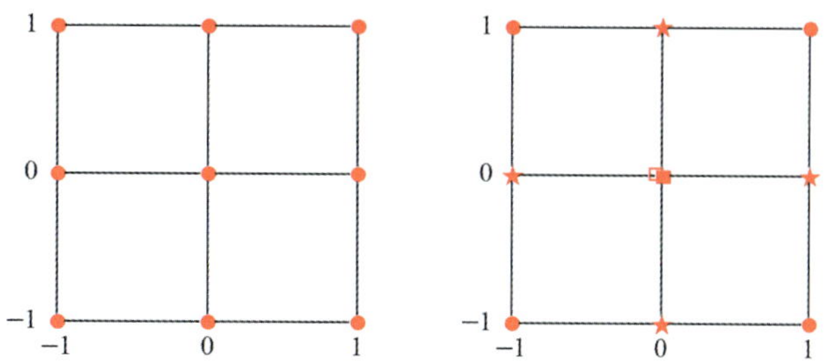

(a) 3^2 요인배치　　(b) 2인자 CCF

그림 8.33 3^2 요인배치와 2인자 CCF의 비교

5.11.1절에 있는 3^{4-2} 부분요인배치를 이용하면, 4개의 인자를 대상으로 3수준 실험을 할 수 있다. 수준을 0, 1, 2로 표시한 9개의 실험점을 표 8.26에 나타내었다. 여기서 X_3과 X_4는 식 (8.45)를 이용하여 수준을 정한 것이다. 1차와 2차 효과가 모두 다른 효과들과 교락되어 있으므로 모형식을 구성하는 것은 무리가 있고, 대략적인 경향만 간단히 파악할 수 있다.

$$X_3 = X_1 + X_2 \pmod 3$$
$$X_4 = X_1 + 2X_2 \pmod 3 \qquad (8.45)$$

표 8.26 4인자 3수준 설계행렬

실험점	X_1	X_2	X_3	X_4
1	0	0	0	0
2	0	1	1	3
3	0	2	2	1
4	1	0	1	1
5	1	1	2	0
6	1	2	0	2
7	2	0	2	2
8	2	1	0	1
9	2	2	1	0

8.11 2차 반응표면계획의 블로킹

2차 반응표면계획에서는 회귀모형 내에 있는 블록효과가 모형의 중요한 계수에 영향을 미치지 않도록 하는 직교 블로킹을 이용한다.

8.11.1 2차 반응표면계획의 직교 블로킹

중심합성계획(CCD)의 직교 블로킹의 기본 원칙은 요인실험점은 블록으로 나눌 수 있지만, 축점은 항상 같은 블록에 배치해야 한다는 것이다. 직교 블로킹 방법은 다음과 같다.

① 2개의 블록을 이용하고 싶으면, '요인실험점 + 중앙점'을 1번 블록, '축점 + 중앙점'을 2번 블록에 배치한다.

② 블록이 3개인 경우에는, '축점 + 중앙점'을 한 블록에, '요인배치 + 중앙점'은 2개의 블록에 나누어 배치한다.

표 8.27에 3인자 CCD를 3개의 블록으로 나눈 것을 나타내었다.

표 8.27 3개의 블록을 이용한 3인자 CCD

블록 1

X_1	X_2	X_3
−1	−1	−1
1	1	−1
1	−1	1
−1	1	1
0	0	0
0	0	0

블록 2

X_1	X_2	X_3
1	−1	−1
−1	1	−1
−1	−1	1
1	1	1
0	0	0
0	0	0

블록 3

X_1	X_2	X_3
$-\alpha$	0	0
α	0	0
0	$-\alpha$	0
0	α	0
0	0	$-\alpha$
0	0	α
0	0	0
0	0	0

박스-벤켄 계획의 직교 블로킹은 인자의 수가 4개 또는 5개인 경우에만 가능한데, 4인자는 3개의 블록에, 5인자는 2개의 블록에 배치할 수 있다. 표 8.28에 3개의 블록을 이용한 4인자, 표 8.29에 2개의 블록을 이용한 5인자 BBD를 각각 나타내었다.

표 8.28 3개의 블록을 이용한 4인자 BBD

블록 1

X_1	X_2	X_3	X_4
−1	−1	0	0
−1	1	0	0
1	−1	0	0
1	1	0	0
0	0	−1	−1
0	0	−1	1
0	0	1	−1
0	0	1	1
0	0	0	0
0	0	0	0

블록 2

X_1	X_2	X_3	X_4
−1	0	−1	0
−1	0	1	0
1	0	−1	0
1	0	1	0
0	−1	0	−1
0	−1	0	1
0	1	0	−1
0	1	0	1
0	0	0	0
0	0	0	0

블록 3

X_1	X_2	X_3	X_4
−1	0	0	−1
−1	0	0	1
1	0	0	−1
1	0	0	1
0	−1	−1	0
0	−1	1	0
0	1	−1	0
0	1	1	0
0	0	0	0
0	0	0	0

표 8.29 2개의 블록을 이용한 5인자 BBD

블록 1

X_1	X_2	X_3	X_4	X_5
−1	−1	0	0	0
−1	1	0	0	0
1	−1	0	0	0
1	1	0	0	0
0	0	−1	−1	0
0	0	−1	1	0
0	0	1	−1	0
0	0	1	1	0
0	−1	0	0	−1
0	−1	0	0	1
0	1	0	0	−1
0	1	0	0	1
−1	0	−1	0	0
−1	0	1	0	0
1	0	−1	0	0
1	0	1	0	0
0	0	0	−1	−1
0	0	0	−1	1
0	0	0	1	−1
0	0	0	1	1
0	0	0	0	0
0	0	0	0	0

블록 2

X_1	X_2	X_3	X_4	X_5
0	−1	−1	0	0
0	−1	1	0	0
0	1	−1	0	0
0	1	1	0	0
−1	0	0	−1	0
−1	0	0	1	0
1	0	0	−1	0
1	0	0	1	0
0	0	−1	0	−1
0	0	−1	0	1
0	0	1	0	−1
0	0	1	0	1
−1	0	0	0	−1
−1	0	0	0	1
1	0	0	0	−1
1	0	0	0	1
0	−1	0	−1	0
0	−1	0	1	0
0	1	0	−1	0
0	1	0	1	0
0	0	0	0	0
0	0	0	0	0

8.11.2 블로킹을 이용한 박스-벤켄 계획 사례

Nam et al. (2015)은 작은 구슬 알갱이로 항공기의 주요 부품 표면을 때리는 숏피닝(shot peening)을 통하여 미세경도(micro-hardness)를 높이고 잔류응력(residual stress)을 낮추는 실험을 시행하였다. 그림 8.34는 숏피닝 공정과 숏피닝을 거친 금속 표면을 나타낸다.

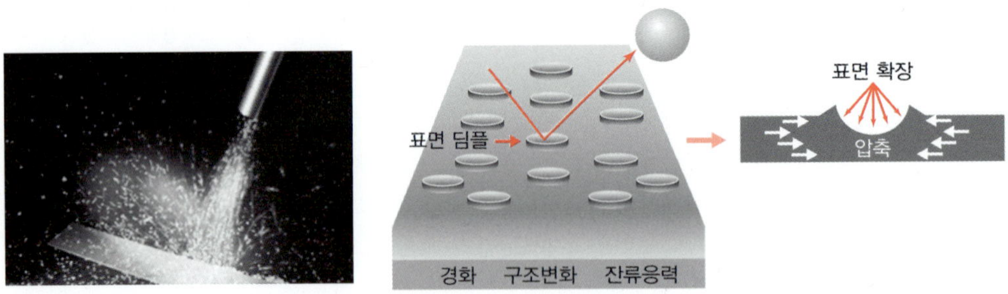

그림 8.34 숏피닝 공정과 부품

실험을 시행하기 전에 2차 효과가 있을 것으로 예상하여 BBD를 활용하기로 했는데, 장비의 활용 시간에 제한이 있어서 한 세트의 실험을 10회 넘기기가 어려우므로 총 30회의 실험을 3개의 블록으로 나누어 실험을 시행하였다. 숏피닝 공정의 인자와 수준을 표 8.30에, 설계행렬과 데이터를 표 8.31에 나타내었다.

표 8.30 숏피닝 공정의 인자와 수준

인자	저수준(−1)	중앙수준(0)	고수준(+1)
노즐 거리(mm)	50	100	150
압력(kg/cm^2)	2	3	4
접촉 각도(°)	30	45	60
노출시간(s)	60	120	180

표 8.31 숏피닝 공정의 설계행렬과 데이터

실험점	블록	X_1	X_2	X_3	X_4	미세경도	잔류응력
1	1	−1	−1	0	0	170.0	−285.2
2	1	1	−1	0	0	161.6	−228.5
3	1	−1	1	0	0	173.0	−299.2
4	1	1	1	0	0	167.4	−286.0
5	1	0	0	−1	−1	161.8	−222.7
6	1	0	0	1	−1	170.2	−289.2
7	1	0	0	−1	1	164.0	−265.6
8	1	0	0	1	1	173.4	−290.1
9	1	0	0	0	0	168.0	−281.2
10	1	0	0	0	0	170.2	−270.9
11	2	−1	0	0	−1	170.0	−299.9
12	2	1	0	0	−1	163.0	−254.6
13	2	−1	0	0	1	174.6	−294.8
14	2	1	0	0	1	166.8	−273.2
15	2	0	−1	−1	0	162.0	−217.9
16	2	0	1	−1	0	166.0	−275.4
17	2	0	−1	1	0	166.8	−276.8
18	2	0	1	1	0	174.8	−319.8
19	2	0	0	0	0	168.2	−280.5
20	2	0	0	0	0	169.4	−297.2
21	3	−1	0	−1	0	171.8	−284.0
22	3	1	0	−1	0	160.6	−218.9
23	3	−1	0	1	0	174.0	−300.7
24	3	1	0	1	0	167.8	−280.2
25	3	0	−1	0	−1	162.0	−231.9
26	3	0	1	0	−1	167.4	−283.2
27	3	0	−1	0	1	163.6	−254.5
28	3	0	1	0	1	171.8	−299.1
29	3	0	0	0	0	168.6	−283.2
30	3	0	0	0	0	171.0	−279.6

잔류응력 데이터를 분석하여 수정결정계수 R^2_{adj} 을 최대화하는 모형식은 다음과 같다. 이 모형의 적합성 통계량인 $R^2 = 96.58\%$이고, $R^2_{adj} = 93.79\%$이다.

$$\begin{aligned}\hat{y} = &-282.1 + 18.53x_1 - 22.33x_2 - 22.69x_3 - 7.98x_4 - 10.88x_1x_2 \\ &-11.15x_1x_3 - 5.93x_1x_4 + 10.50x_3x_4 + 6.00x_2^2 + 8.02x_3^2 + 5.84x_4^2\end{aligned} \tag{8.46}$$

질문: 3개의 블록으로 나누어 실험했는데, 만일 블록 간에 차이가 있으면 모형에 어떤 영향을 미치는가?

견해: 직교 블로킹을 했으므로 각 블록에서 모형식의 절편만 변화가 있고, 모형식의 다른 계수에는 변화가 없다.

미세경도 데이터를 분석하는 것은 연습문제로 남겨두었다. 이 사례는 두 개의 반응변수가 있어서 미세경도는 크게, 잔류응력은 작게 해야 하는데, 이처럼 두 개 이상의 반응변수를 동시에 최적화하는 방법은 10장에서 다룬다.

8.12 들여다보기

(1) 반응표면방법의 가장 큰 용도는 시스템/프로세스의 반응변수를 중요한 요인으로 모형화하여 최적화하는 것이지만, 흥미 영역에서 시스템 행태를 반응표면으로 표현하거나, 잡음인자에 대한 반응변수의 민감도를 파악할 때도 쓰인다.

(2) 최대경사경로와 교호작용: 1차식에 근거한 최대경사경로(PSA)를 이용하여 반응변수가 개선되는 방향으로 이동해 나아가는 방법은 분명 효율적이다. 하지만 만약 교호작용이 있으면 어떻게 해야 하는가? ① 교호작용이 주효과에 비해 작으면, 예를 들어 절댓값 기준으로 1/3보다 작으면 무시하고 1차식으로 PSA를 정하여 적용한다. ② 무시할 수 없으면, PSA를 쓰기보다는, 반응변수가 개선되는 영역으로 이동하여 요인배치를 시행하는 것을 추천한다.

(3) 요인배치와 2차 반응표면계획에서 모형을 선정하는 방법은 달라야 한다. 요인배치에서는 효과행렬에서 요인효과 열끼리 서로 직교하므로, 각 요인효과의 항은 서로 독립적으로 추정할 수 있어서 개별적으로 항에 넣을 것인지 아닌지를 결정한다. 하지만 2차 반응표면계획을 이용한 효과행렬에서는 요인효과 열끼리 서로 직교하지 않으므로, 각 항은 서로 독립이 아니다. 그러므로

이것을 이용하여 얻은 데이터를 분석할 때는 개별 항의 p값을 보고 독립적으로 판단할 것이 아니라 모형에 포함된 항들 전체의 적합성을 봐야 한다. 그리하여 수정결정계수나 잔차들의 표준편차(MSE의 제곱근)를 보고 어떤 항을 모형식에 넣을 것인지 제외할 것인지를 판단하는 것이 맞다.

(4) 양산공정의 운영조건은 최적이라는 보장이 없고, 설사 최적의 공정조건을 구했다고 하더라도 생산을 진행하는 과정에서 그 최적조건은 이동하게 마련이다. 양산공정을 지속적으로 개선하는 방법으로써 박스가 제안한 진화적 조업법(Evolutionary Operation, EVOP)이 있다. 이 방법은 제품을 개발하여 초기 양산공정을 안정화하는 데에도 쓸 수 있다. 이 방법을 실제 공정에 반영할 때는, 기존 틀에 얽매이지 말고 유연하게 적용할 필요가 있다.

(5) 중심합성계획을 보면, 각 변수의 축 방향 양쪽으로 축점을 추가하여 실험하도록 한다. 하지만 변수의 한 방향만 개선의 여지가 있으면, Box et al.(2005)이 제안한 비대칭 합성계획(Asymmetric Composite Design, ACD)을 이용하여 한쪽으로만 축점을 추가하는 방법을 써서 실험 수를 줄일 수 있다.

(6) 8.2.4절의 탐색 범위를 좁혀가는 접근방법에 관한 추가 의견: ① 만일 어느 단계에서 가장 나은 실험점이 영역의 끝부분이 아니고 가운데 있으면 그 점을 중앙점으로 두고 주변에 요인배치 실험을 할 수도 있다. ② 좁혀가는 방법에서 다양한 변이가 가능하다. 줄일 때 반보다 더 작게, 점이 아니라 선이나 면을 공유하며 줄일 수도 있다. ③ 이 방법은 전자 부품, 재료, 전지, 반도체 메모리 등 첨단제품을 개발할 때, 우선 기본성능이 나오는 조건을 알아내기 위한 초기 개발 과정에서 유용하게 쓸 수 있다. 최대경사경로를 이용하는 방법은 기본적으로 작동 가능한 조건이 있고 이 조건을 개선해 나가는 것이다. 하지만 첨단기술/제품의 경우에는, 작동 가능한 조건을 우선 찾아야 하므로, 처음에 각 변수의 범위를 가능한 한 넓게 잡은 후에 실험영역 내에서 작동이 가능한 또는 기본 물성이 나오는 조건을 탐색하는 것이다.

1 자일리톨 결정화는 질감과 외관에 영향을 주어 무설탕 사탕이나 껌을 생산하는 데 이용된다. 자일리톨을 결정화하는 방법은 합성 용액을 과포화 상태까지 농축하고, 과포화 용액을 냉각한 다음, 원심분리를 통해 결정을 분리하여, 최종 여과하는 단계로 구성된다. Faveri et al.(2004)은 자일리톨의 초기 과포화도(X_1)와 냉각 온도(X_2)가 합성 용액으로부터 자일리톨을 결정화하는 수율과 순도(purity degree)에 미치는 영향을 분석했다. 실험계획은 3수준 2인자 9개의 실험점에 중앙점 실험 1회를 추가했는데, 이는 중앙점에서 반복 데이터가 있는 면중심 합성계획과 같다. 인자와 수준은 표 8.32에, 설계행렬과 데이터는 표 8.33에 각각 나타내었다.

표 8.32 자일리톨 결정화 실험의 인자와 수준

인자	저수준(−1)	중앙수준(0)	고수준(+1)
X_1 : 자일리톨 과포화 수준(g/l)	582	656	730
X_2 : 냉각 온도(℃)	−10	−5	0

표 8.33 자일리톨 결정화 실험의 설계행렬과 데이터

실험점	X_1	X_2	y_1	y_2
1	−1	−1	0.38	0.92
2	1	−1	0.60	0.89
3	−1	1	0.20	0.98
4	1	1	0.45	0.93
5	−1	0	0.31	1.00
6	1	0	0.56	1.00
7	0	−1	0.44	0.95
8	0	1	0.34	0.97
9	0	0	0.38	1.00
10	0	0	0.39	0.99

(1) 수율과 순도를 대상으로 각각 적합한 모형식을 구하라.

(2) 반응변수별 최적조건을 각각 구하라.

(3) 수율과 순도를 둘 다 높여야 한다면, 추후 실험의 방향을 토의하라.

2 모세관 전기영동(Capillary Electrophoresis, CE)을 이용한 암페타민(amphetamine)의 카이랄 분리는 암페타민의 거울상 이성질체인 에난티오머(enantiomers)를 분리하는 방법이다. 이는 암페타민의 각 이성질체의 상대적인 양을 정량화하고 분석하여, 약물의 효과를 이해하는 데 유용하고 규제 요건을 충족시키기 위해 임상 및 법의학적 분석에서 중요한 역할을 한다. Varesio et al.(1997)은 5개의 인자를 대상으로 2_{V}^{5-1}을 이용한 면중심합성계획을 이용하여 암페타민의 카이랄 분리를 최적화하기 위한 실험을 시행하였다. 반응변수로는 암페타민 에난티오머의 분리도(y_1 ↑), 전체 키랄 분리의 품질을 나타내기 위해 개별 에난티오머 분리의 합에 해당하는 총분리도(y_2 ↑), 분석 시간(y_3, 단위: 분 ↓), 전기영동 동안 생성된 전력(y_4, 단위: W ↓)을 고려하였다. 각 반응변수에서 ↑은 최대화, ↓은 최소화가 목적임을 나타낸다. 암페타민 실험의 인자와 수준은 표 8.34에, 설계행렬과 데이터는 표 8.35에 각각 나타내었다.

표 8.34 암페타민 실험의 인자와 수준

인자	저수준(−1)	중앙수준(0)	고수준(+1)
X_1 : 완충액 농도(mM)	50	100	150
X_2 : 완충액 pH	2.5	3.0	3.5
X_3 : 키랄 선택제 농도(mM)	10	25	40
X_4 : 모세관 온도(℃)	20	30	40
X_5 : 적용 전압(kV)	15	20	25

표 8.35 암페타민 실험의 설계행렬과 데이터

실험점	인자					반응변수			
	X_1	X_2	X_3	X_4	X_5	y_1	y_2	y_3	y_4
1	−1	−1	−1	−1	1	1.29	11.11	26.15	0.55
2	1	−1	−1	−1	−1	1.08	10.09	46.42	0.45
3	−1	1	−1	−1	−1	0.72	6.72	30.52	0.13
4	1	1	−1	−1	1	1.29	12.25	23.98	1.18
5	−1	−1	1	−1	−1	1.77	9.47	52.30	0.19
6	1	−1	1	−1	1	2.24	12.99	39.31	1.25
7	−1	1	1	−1	1	1.84	9.82	27.63	0.39
8	1	1	1	−1	−1	1.96	10.28	65.19	0.35
9	−1	−1	−1	1	−1	0.72	6.08	43.11	0.21
10	1	−1	−1	1	1	0.76	9.08	17.72	1.85

(계속)

표 8.35 암페타민 실험의 설계행렬과 데이터(계속)

실험점	인자					반응변수			
	X_1	X_2	X_3	X_4	X_5	y_1	y_2	y_3	y_4
11	−1	1	−1	1	1	0.66	6.53	13.24	0.58
12	1	1	−1	1	−1	0.75	6.57	27.39	0.48
13	−1	−1	1	1	1	1.77	8.95	28.18	0.63
14	1	−1	1	1	−1	1.49	9.50	51.44	0.54
15	−1	1	1	1	−1	1.21	5.56	30.30	0.15
16	1	1	1	1	1	1.85	9.93	24.14	1.38
17	0	0	0	0	0	1.55	9.40	31.94	0.58
18	0	0	0	0	0	1.73	10.06	31.56	0.57
19	−1	0	0	0	0	1.36	8.19	27.12	0.31
20	1	0	0	0	0	1.74	11.24	36.86	0.82
21	0	−1	0	0	0	1.85	11.49	35.98	0.70
22	0	1	0	0	0	1.40	8.67	28.59	0.52
23	0	0	−1	0	0	0.95	8.56	25.30	0.60
24	0	0	1	0	0	1.78	9.95	36.94	0.55
25	0	0	0	−1	0	1.77	11.85	43.25	0.48
26	0	0	0	1	0	1.44	8.56	29.42	0.64
27	0	0	0	0	−1	1.36	8.46	44.28	0.31
28	0	0	0	0	1	1.70	11.32	26.60	0.90

(1) 각 반응변수를 대상으로 적합한 모형식을 구하라.

(2) 반응변수별 최적조건을 각각 구하라.

3 항공기 생산 협력업체는 항공기 알루미늄 부품의 부식을 예방하고 표면 경도를 높여 금속 표면의 마모를 줄이기 위한 크롬산 아노다이징(anodizing) 실험을 시행하였다. 크롬산 아노다이징은 크롬산을 전해질로 사용하여 얇은 산화층을 형성함으로써 알루미늄의 원래 치수를 크게 변경하지 않으면서도 충분히 표면층을 보호하고, 페인트나 접착제를 더 잘 붙게 하며, 표면의 균열을 쉽게 탐지하여 항공기의 구조적 결함을 조기에 발견하는 데 유용하다. 인자는 온도, 전압, 시간이고, 반응변수는 황(S)과 구리(Cu)의 함량인데, 이 실험에서는 황은 작고, 구리는 크게 만드는 조건을 찾고자 한다. 현재 조건을 중앙에 두고 3인자 3수준을 실험을 시행했는데, 인자와 수준은 표 8.36에, 설계행렬과 데이터는 표 8.37에 나타내었다.

표 8.36 아노다이징 실험의 인자와 수준

인자	저수준(−1)	중앙수준(0)	고수준(+1)
X_1 : 온도(℃)	33	40	45
X_2 : 전압(V)	20	40	50
X_3 : 시간(min)	35	45	55

표 8.37 아노다이징 실험의 설계행렬과 데이터

실험점	X_1	X_2	X_3	S	Cu
1	−1	−1	−1	0.79	1.59
2	−1	−1	0	1.18	1.20
3	−1	−1	1	1.16	1.16
4	−1	0	−1	0.66	1.34
5	−1	0	0	1.00	1.03
6	−1	0	1	0.19	1.47
7	−1	1	−1	0.43	1.45
8	−1	1	0	0.52	1.29
9	−1	1	1	0.42	1.23
10	0	−1	−1	1.02	1.46
11	0	−1	0	1.21	1.03
12	0	−1	1	1.26	0.99
13	0	0	−1	0.73	1.23
14	0	0	0	1.02	0.91
15	0	0	1	1.17	0.56
16	0	1	−1	0.41	0.96
17	0	1	0	0.41	0.99
18	0	1	1	0.48	0.87
19	1	−1	−1	0.99	1.12
20	1	−1	0	1.23	0.98
21	1	−1	1	1.30	0.74
22	1	0	−1	1.22	0.78
23	1	0	0	1.42	0.69
24	1	0	1	1.35	0.61
25	1	1	−1	0.43	0.87
26	1	1	0	0.61	0.68
27	1	1	1	0.80	0.93

(1) 각 반응변수를 대상으로 적합한 모형식을 구하라.

(2) 반응변수별 최적조건을 각각 구하라.

(3) 만일 이 실험을 면중심 합성계획을 이용했더라면 각 반응변수의 모형식과 최적조건은 어떻게 달라질 것인가? 중앙점 3회 데이터는 S는 1.01, 1.02, 0.99, Cu는 0.93, 0.91, 0.90을 얻었다고 가정하여 분석하라.

(4) 중앙점 3회 데이터 S는 1.01, 1.02, 0.99, Cu는 0.93, 0.91, 0.90을 얻었다고 가정하고, 실험을 박스-벤켄 계획으로 시행했다면 결과는 어떻게 달라질 것인가?

(5) 3^3 요인배치실험, 면중심 합성계획, 박스-벤켄 계획 데이터를 이용한 분석 결과를 보고, 각 방법의 장단점을 토의하라.

4 김수진과 변재현(2023)은 2단계 방전가공(Electrical Discharge Machining, EDM)의 표면거칠기를 최소화하고, 공구마모와 가공시간을 줄이기 위하여 3인자 박스-벤켄 계획에 의한 실험을 시행하였다. 방전가공은 황삭(roughing)과 정삭(finishing)으로 이루어지며, 각각 3단계로 실시하는데, 단계별로 전류값의 차이를 둘 수 있다. 표 8.38에 3개의 인자인 황삭 전류 차(Roughing Current Difference, RCD)와 정삭 전류 차(Finishing Current Difference, FCD), 그리고 작업물과 전극 간 간격(gap)의 수준을 제시하였고, 박스-벤켄 계획 설계행렬과 3개의 반응변수 데이터는 표 8.39에 나타내었다.

표 8.38 방전가공 실험의 인자와 수준

인자	저수준(−1)	중앙수준(0)	고수준(+1)
X_1 : RCD(A)	0 (14 → 14 → 14)	2 (16 → 14 → 12)	4 (18 → 14 → 10)
X_2 : FCD(A)	0 (5 → 5 → 5)	1 (6 → 5 → 4)	2 (7 → 5 → 3)
X_3 : gap(mm)	0.04	0.07	0.10

표 8.39 방전가공 실험의 설계행렬과 데이터

표준순서	실험순서	인자			반응변수		
		RCD (A)	FCD (A)	gap (mm)	표면거칠기 (μm)	공구마모 (mm)	가공시간 (min)
1	2	0	0	0.07	4.36	0.065	11.35
2	7	4	0	0.07	4.63	0.088	13.28
3	6	0	2	0.07	2.97	0.067	11.80
4	10	4	2	0.07	4.31	0.096	12.75
5	1	0	1	0.04	3.81	0.071	12.32
6	9	4	1	0.04	3.68	0.140	16.01
7	13	0	1	0.10	3.95	0.082	14.33
8	8	4	1	0.10	3.73	0.076	12.25
9	15	2	0	0.04	4.60	0.063	10.49
10	4	2	2	0.04	3.20	0.060	11.54
11	14	2	0	0.10	7.64	0.045	8.68
12	3	2	2	0.10	3.50	0.061	10.29
13	11	2	1	0.07	4.01	0.067	12.63
14	12	2	1	0.07	4.11	0.070	11.46
15	5	2	1	0.07	3.93	0.072	12.23

(1) 각 반응변수를 대상으로 적합한 모형식을 구하라.

(2) 모형식을 이용하여 최적조건을 구하라. [단, RCD와 FCD는 정수값(integer)으로 정한다.]

5 표 8.31에 있는 숏피닝 공정의 미세경도 데이터를 이용하여,

(1) 적합한 모형식, 적합성 통계량인 R^2과 R^2_{adj}을 각각 구하라.

(2) 미세경도를 가장 높이는 조건을 구하라.

+참고문헌

김수진, 변재현 (2023). "A Case Study on the Use of Box-Behnken Design to Improve an Electrical Discharge Machining", 대한산업공학회지, 제49권, 제4호, 369-378.

Box, G. E. P. (1999). Quality Quandaries: The Invention of the Composite Design, *Quality Engineering*, 12(1), 119-122.

Box, G. E. P. and Draper, N. R. (1987). *Empirical Model Building and Response Surfaces*, Wiley, NJ.

Box, G. E. P. and Hunter, J. S. (1957). Multifactor Experimental Designs for Exploring Response Surfaces, *Annals of Mathematical Statistics*, 28, 195-241.

Box, G. E. P., Hunter, J. S., and Hunter, W. G. (2005). *Statistics for Experimenters: Design, Innovation, and Discovery*, 2nd Edition, Wiley, NJ.

De Faveri, D., Torre, P., Perego, P., and Converti, A. (2004). Optimization of Xylitol Recovery by Crystallization from Synthetic Solutions Using Response Surface Methodology, *Journal of Food Engineering*, 61(3), 407-412.

Hu, C. -C., Tsay, C. H., and Bai, A. (2003). Optimization of the Hydrogen Evolution Activity on Zinc/Nickel Deposits Using Experimental Strategies, *Electrochimica Acta*, 48(7), 907-918.

Montgomery, D. C. (2017). *Design and Analysis of Experiments*, 9th Edition, Wiley, NJ.

Montgomery, D. C., Peck, E. A., and Vining, G. G. (2021). *Introduction to Linear Regression Analysis*, 6th Edition, Wiley, NJ.

Myers, R. H., Montgomery, D. C., and Anderson-Cook, C. M. (2016). *Response Surface Methodology: Process and Product Optimization Using Designed Experiments*, 4th Edition, Wiley, NJ.

Nam, Y. -S., Jeong, Y. I., Shin, B. -C., and Byun, J. -H. (2015). Enhancing Surface Layer Properties of an Aircraft Aluminum Alloy by Shot Peening Using Response Surface Methodology, *Materials & Design*, 83, 566-576.

Varesio E., Gauvrit J. -Y., Longeray R., Lantéri P., and Veuthey J. -L. (1997). Central Composite Design in the Chiral Analysis of Amphetamines by Capillary Electrophoresis, *Electrophoresis*, 18(6), 931-937.

Wu, C. F. J. and Hamada, M. S. (2009). *Experiments: Planning, Analysis, and Optimization*, 2nd Edition, Wiley, NJ.

9.

혼합물실험계획

9.1 혼합물실험계획 개요

몇 개의 성분으로 만들어진 혼합물(mixture)에 관한 실험에서 어떤 성분이 반응변수에 영향을 미치는지 파악하고, 최적 혼합비율을 찾고자 하는 실험계획을 혼합물실험계획(mixture design)이라 한다. 혼합물을 대상으로 실험계획을 수립하고자 하면, 요인배치법을 그대로 적용할 수가 없다. 요인배치법에서는 각 인자의 수준을 독립적으로 설정할 수 있지만, 혼합물실험에서 인자에 해당하는 성분비율은 다른 성분과 독립적으로 정할 수가 없다. 예를 들어 3개의 성분 X_1, X_2, X_3을 섞어서 나오는 혼합물의 특성 변화를 보고자 할 때, 한 성분비율 X_1을 늘리면(줄이면) 다른 성분비율은 줄여야(늘려야) 한다. 이때 X_2, X_3 중 어느 성분의 비율을 줄여야 하는지 결정하기가 쉽지 않다.

q개의 성분(ingredient, component)이 있고 X_i를 i번째 성분의 비율이라고 하면, 이러한 성분으로 구성된 혼합물은 다음과 같은 관계식을 만족해야 한다.

$$\sum_{i=1}^{q} X_i = X_1 + X_2 + \cdots + X_q = 1 \quad (X_i \geq 0, \ \ i = 1, 2, \cdots, q) \tag{9.1}$$

즉, 각 성분비율은 0 이상이고, 모든 성분의 비율을 합하면 1(100%)이다. 합이 1이 되어야 하는 제약식 때문에 혼합물실험계획의 설계공간은 일반적인 요인배치와 다르게 나타난다. 관계식 $X_1 + X_2 + \cdots + X_q = 1$을 만족하는 점 $(X_1, X_2, \cdots, X_q)$의 집합을 $(q-1)$차원 심플렉스(simplex)라고 한다. 혼합성분이 2개 또는 3개일 때의 요인배치와 혼합물실험의 실험공간 비교는 그림 9.1에, 혼합성분이 4개일 때의 심플렉스 실험공간은 그림 9.2에 나타내었다.

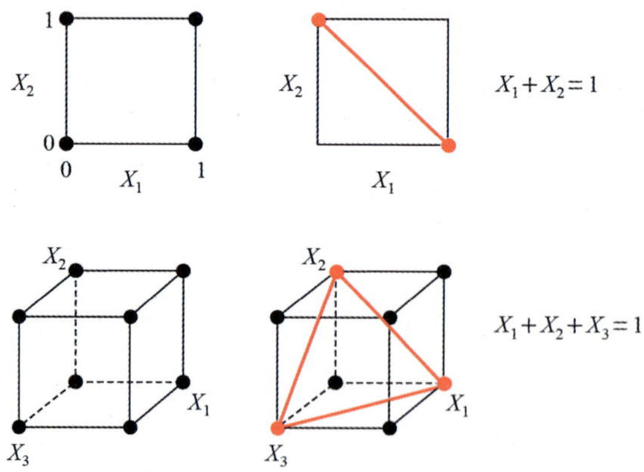

그림 9.1 요인배치와 혼합물실험계획의 설계공간 비교

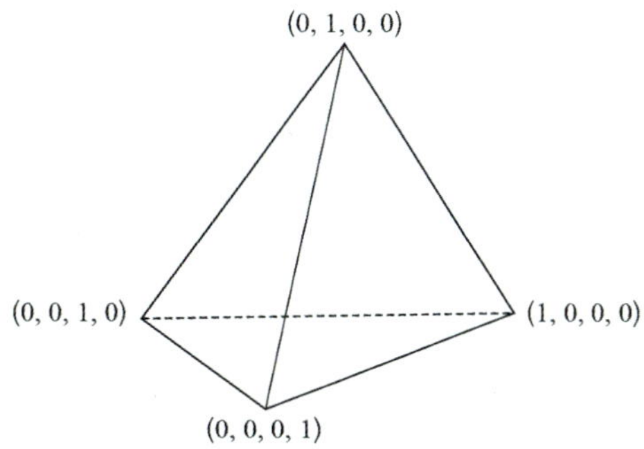

그림 9.2 4가지 성분의 혼합물실험계획 설계공간

9.1.1 혼합물실험계획 모형

각 성분의 혼합비율을 더하면 1이 되는 혼합물실험의 특수성으로부터 일반 회귀모형보다 간단하게 혼합물실험의 모형을 표현할 수 있다. 예를 들어 2개 성분 혼합물의 2차 모형은 다음과 같다.

$$y = \beta_0' + \beta_1' X_1 + \beta_2' X_2 + \beta_{12}' X_1 X_2 + \beta_{11}' X_1^2 + \beta_{22}' X_2^2 + \epsilon \tag{9.2}$$

제약식 $X_1 + X_2 = 1$을 이용하면 제곱항은 다음과 같이 표현할 수 있다.

$$X_1^2 = X_1(1 - X_2) = X_1 - X_1X_2,\ X_2^2 = X_2(1 - X_1) = X_2 - X_1X_2 \tag{9.3}$$

식 (9.3)을 식 (9.2)의 모형에 대입한 후 정리하면 다음과 같다.

$$y = \beta_1 X_1 + \beta_2 X_2 + \beta_{12} X_1 X_2 + \epsilon \tag{9.4}$$

식 (9.2)의 β_0'은 $\beta_0'(X_1 + X_2)$로 쓸 수 있으므로, 식 (9.4)에 있는 $\beta_1 = \beta_0' + \beta_1' + \beta_{11}'$, $\beta_2 = \beta_0' + \beta_2' + \beta_{22}'$, $\beta_{12} = \beta_{12}' - \beta_{11}' - \beta_{22}'$이다. 같은 방법으로, 3가지 성분으로 구성된 혼합물 2차 모형은 다음과 같이 표현할 수 있다.

$$y = \beta_1 X_1 + \beta_1 X_2 + \beta_1 X_3 + \beta_{12} X_1 X_2 + \beta_{13} X_1 X_3 + \beta_{23} X_2 X_3 + \epsilon \tag{9.5}$$

일반적으로 q개의 혼합성분 비율과 반응변수 간의 관계를 표현하기 위해 쓰이는 모형은 다음 4가지이다.

① 선형 모형(linear model): $y = \sum_{i=1}^{q} \beta_i X_i + \epsilon$

② 2차 모형(quadratic model): $y = \sum_{i=1}^{q} \beta_i X_i + \sum_{i=1}^{q-1} \sum_{j=i+1}^{q} \beta_{ij} X_i X_j + \epsilon$

③ 특수 3차 모형(special cubic model):

$$y = \sum_{i=1}^{q} \beta_i X_i + \sum_{i=1}^{q-1} \sum_{j=i+1}^{q} \beta_{ij} X_i X_j + \sum_{i=1}^{q-2} \sum_{j=i+1}^{q-1} \sum_{k=j+1}^{q} \beta_{ijk} X_i X_j X_k + \epsilon$$

④ 완전 3차 모형(full cubic model):

$$y = \sum_{i=1}^{q} \beta_i X_i + \sum_{i=1}^{q-1} \sum_{j=i+1}^{q} \beta_{ij} X_i X_j + \sum_{i=1}^{q-2} \sum_{j=i+1}^{q-1} \sum_{k=j+1}^{q} \beta_{ijk} X_i X_j X_k + \sum_{i=1}^{q-1} \sum_{j=i+1}^{q} \gamma_{ij} X_i X_j (X_i - X_j) + \epsilon$$

성분이 3개인 경우, 4가지 모형식은 다음과 같다.

① 선형 모형: $y = \beta_1 X_1 + \beta_1 X_2 + \beta_1 X_3 + \epsilon$

② 2차 모형: $y = \beta_1 X_1 + \beta_1 X_2 + \beta_1 X_3 + \beta_{12} X_1 X_2 + \beta_{13} X_1 X_3 + \beta_{23} X_2 X_3 + \epsilon$

③ 특수 3차 모형: $y = \beta_1 X_1 + \beta_1 X_2 + \beta_1 X_3 + \beta_{12} X_1 X_2 + \beta_{13} X_1 X_3 + \beta_{23} X_2 X_3 + \beta_{123} X_1 X_2 X_3 + \epsilon$

④ 완전 3차 모형: $y = \beta_1 X_1 + \beta_1 X_2 + \beta_1 X_3 + \beta_{12} X_1 X_2 + \beta_{13} X_1 X_3 + \beta_{23} X_2 X_3 + \beta_{123} X_1 X_2 X_3$
$\gamma_{12} X_1 X_2 (X_1 - X_2) + \gamma_{13} X_1 X_3 (X_1 - X_3) + \gamma_{23} X_2 X_3 (X_2 - X_3) + \epsilon$

1) 모형식의 해석

혼합물실험에서 얻은 데이터를 분석하여 모형식을 구하고 나서, 식의 계수값의 의미를 두 개의 성분변수가 있는 경우에 관하여 설명한다.

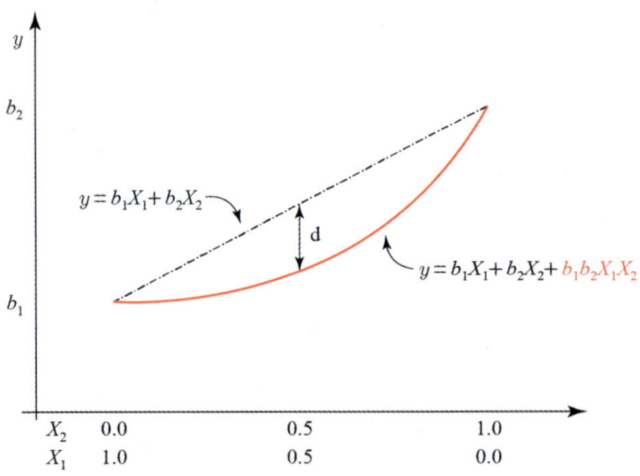

그림 9.3 2성분 모형식의 해석

그림 9.3에서 b_1과 b_2는 각각 성분변수 중 X_1과 X_2만 100% 있을 때 예상되는 y의 값이다. 선형 모형과 2차 모형의 차이 값인 d는 $X_1 = 1/2, X_2 = 1/2$를 2차 모형과 선형 모형에 각각 대입할 때 나

타나는 반응변수 값의 차이이므로 $d = b_{12}/4$가 되고, 이것은 모형이 선형으로부터 얼마나 벗어났는가에 관한 척도이다. 이 값이 작으면 선형식을 쓰면 되고, 무시할 만큼 작지 않으면 2차 모형을 쓰는 것이 좋다.

3개의 성분변수가 있고 $b_2 > b_3 > b_1$ 일 때, $b_{12} > 0, b_{13} < 0$ 이면 반응표면은 그림 9.4처럼 나타난다.

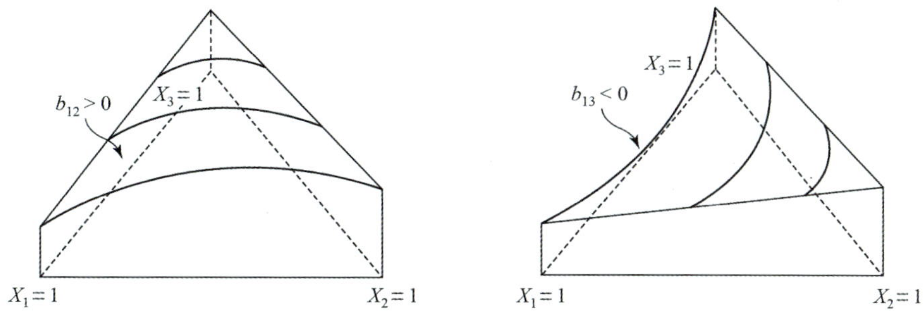

그림 9.4 3성분 2차 모형의 2차항 해석

9.1.2 혼합물실험계획의 형태

변수가 3개인 경우를 예로 들어 살펴보자. 각 변수(성분비율)에 제약이 없으면 다음 그림 9.5처럼 심플렉스인 3각형으로 이루어지고, 각 꼭짓점 X_i는 i번째 성분만 100%로 이루어지는 조건이다.

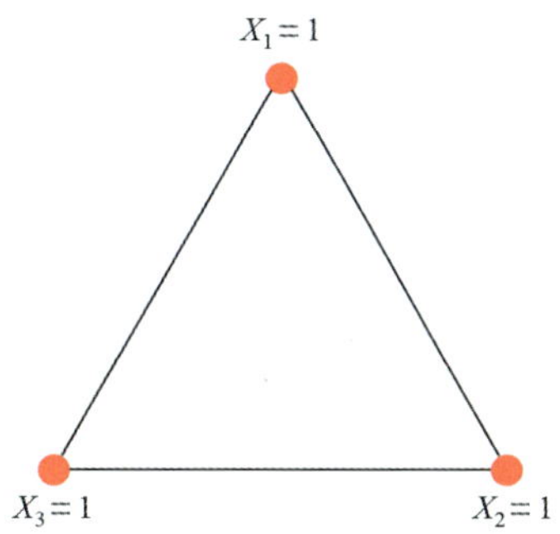

그림 9.5 3성분 심플렉스

이번에는 제약식이 있는 경우를 보자. 제약식에 따라 심플렉스를 그대로 유지할 수도 있고, 심플렉스가 아닌 설계공간이 되기도 한다. 그림 9.6은 제약식을 반영하는 데도 심플렉스를 유지하는 3가지 경우를 나타낸다.

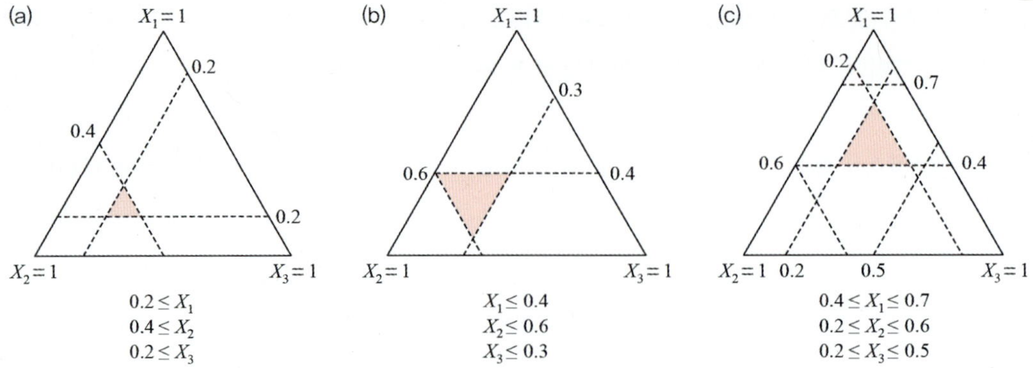

그림 9.6 제약이 있는 심플렉스 설계공간

제약식이 있으면 더 이상 심플렉스를 유지하지 못할 수도 있다. 그림 9.7은 제약식으로 인하여 심플렉스를 유지할 수 없는 경우를 나타낸다.

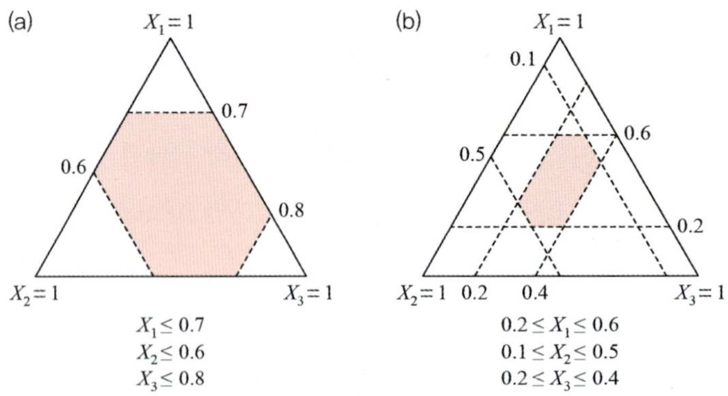

그림 9.7 제약이 있는 비 심플렉스 설계공간

9.2 심플렉스 혼합물실험계획과 분석

9.2.1 혼합물실험을 위한 계획과 분석

저차의 모형을 가정하여 혼합물실험을 할 때, 현재 가정한 모형으로 데이터를 충분히 설명할 수 있는지를 판단할 수 있는 적합결여(Lack of Fit, *LOF*) 검정을 하여 고차의 항이 필요한지를 결정한다. 3개의 성분을 대상으로 우선 1차 모형을 추정하기 위해 혼합물실험을 계획하면서 적합결여 검정을 하고 싶을 때, 표 9.1과 그림 9.8과 같이 각 꼭짓점과 3회 중앙점 실험을 계획한다.

표 9.1 1차 모형 추정을 위한 혼합물실험 설계행렬

실험번호	X_1	X_2	X_3	반응변수
1	1	0	0	y_1
2	0	1	0	y_2
3	0	0	1	y_3
4	1/3	1/3	1/3	$y_{123(1)}$
5	1/3	1/3	1/3	$y_{123(2)}$
6	1/3	1/3	1/3	$y_{123(3)}$

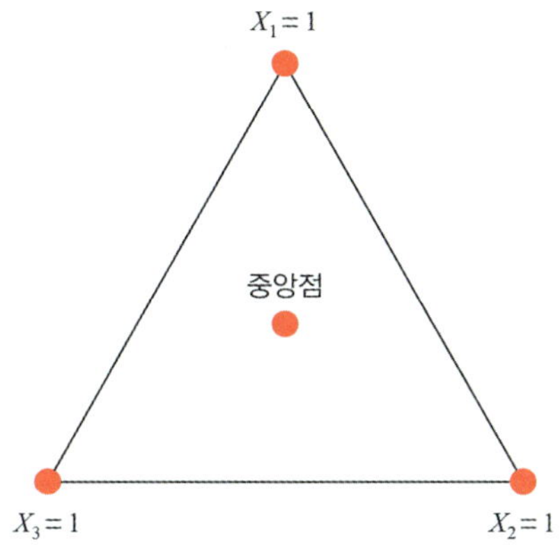

그림 9.8 1차 모형 추정을 위한 혼합물실험 설계공간

실험데이터를 이용하여 모형식 $\hat{y} = b_1X_1 + b_2X_2 + b_3X_3$을 추정할 수 있다. 여기서 계수는 다음과 같이 추정한다.

$$b_1 = y_1,\ b_2 = y_2,\ b_3 = y_3 \tag{9.6}$$

만일 중앙점인 (1/3, 1/3, 1/3)에서 모형식 (9.6)을 이용한 예측값과 이 점에서 얻은 3개의 반응치의 평균에 차이가 크면 적합결여가 있다고, 즉 1차 모형으로는 반응변수를 충분히 설명할 수 없다고 판단한다. S_{LOF}^2을 적합결여(LOF) 분산, S_{PE}^2를 순수 실험오차(Pure Error, PE) 분산이라고 하자. 중앙점에서 3개의 반복 데이터 평균 $\bar{y}_{123}$, 중앙점에서 모형식을 이용한 예측치 $\hat{y}_{123}$을 이용하여 $S_{LOF}^2 = 3(\bar{y}_{123} - \hat{y}_{123})^2$, $S_{PE}^2 = \sum_{i=1}^{3}(y_{123(i)} - \bar{y}_{123})^2/(3-1)$을 계산하여 적합결여 검정을 수행할 때,

$F_0 = S^2_{LOF}/S^2_{PE}$는 $F(1,2)$ 분포를 따른다. F_0 값이 기각역 경계치 $F_{(1,2;\alpha)}$와 비교하여 더 크면 적합결여가 있다고 판단한다.

2차 모형을 추정하기 위해 혼합물실험을 계획하면서 적합결여 검정을 하고 싶을 때는, 표 9.2와 그림 9.9와 같이 각 꼭짓점, 두 점을 연결한 직선의 한가운데 점과 중앙점에서 3회 반복 시행하는 실험계획을 이용한다.

표 9.2 2차 모형 추정을 위한 혼합물실험 설계행렬

실험번호	X_1	X_2	X_3	반응변수
1	1	0	0	y_1
2	0	1	0	y_2
3	0	0	1	y_3
4	1/2	1/2	0	y_{12}
5	1/2	0	1/2	y_{13}
6	0	1/2	1/2	y_{23}
7	1/3	1/3	1/3	$y_{123(1)}$
8	1/3	1/3	1/3	$y_{123(2)}$
9	1/3	1/3	1/3	$y_{123(3)}$

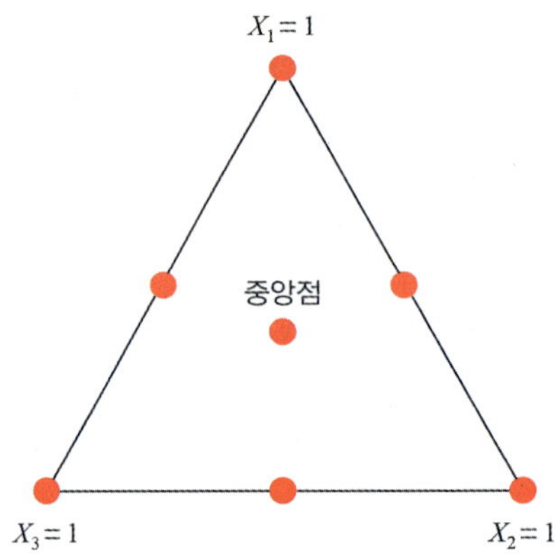

그림 9.9 2차 모형 추정을 위한 혼합물실험 설계공간

이런 실험을 하면, 계수를 구할 때 실험데이터의 일부를 이용하여 다음과 같이 근사 모형식을 추정할 수 있다.

$$\hat{y} \approx b_1X_1 + b_2X_2 + b_3X_3 + b_{12}X_1X_2 + b_{13}X_1X_3 + b_{23}X_2X_3 + b_{123}X_1X_2X_3 \quad (9.7)$$

1차항의 계수는 $b_1 = y_1$, $b_2 = y_2$, $b_3 = y_3$으로 추정하고, 2차항의 계수를 추정하기 위해 $X_1 = 1/2$, $X_2 = 1/2$, $X_3 = 0$을 모형식 (9.7)에 대입하면, $y_{12} = b_1/2 + b_2/2 + b_{12}/4$로부터 다음과 같이 b_{12}를 추정한다.

$$b_{12} = 4y_{12} - 2(y_1 + y_2) \tag{9.8}$$

식 (9.7)에 $(X_1, X_2, X_3) = (1/2,\ 0,\ 1/2),\ (0,\ 1/2,\ 1/2),\ (1/3,\ 1/3,\ 1/3)$을 차례로 대입하면 다음과 같이 계수값 추정치를 얻을 수 있다.

$$b_{13} = 4y_{13} - 2(y_1 + y_3),\ b_{23} = 4y_{23} - 2(y_2 + y_3)$$
$$b_{123} = 27\bar{y}_{123} - 12(y_{12} + y_{13} + y_{23}) + 3(y_1 + y_2 + y_3) \tag{9.9}$$

*LOF*가 있어서 2차 모형으로 데이터를 충분히 설명하지 못하면, 중앙점인 (1/3, 1/3, 1/3)에서 모형식을 이용한 예측값과 이 점에서 얻은 3개의 반응치의 평균에 차이가 클 것이다. 그러면 특수 3차항을 추가해야 한다.

특수 3차 모형을 추정할 수 있는 4인자 실험계획을 표 9.3에 나타내었다.

표 9.3 4성분 혼합물실험 설계행렬

실험번호	X_1	X_2	X_3	X_4	반응변수
1	1	0	0	0	y_1
2	0	1	0	0	y_2
3	0	0	1	0	y_3
4	0	0	0	1	y_4
5	1/2	1/2	0	0	y_{12}
6	1/2	0	1/2	0	y_{13}
7	1/2	0	0	1/2	y_{14}
8	0	1/2	1/2	0	y_{23}
9	0	1/2	0	1/2	y_{24}
10	0	0	1/2	1/2	y_{34}
11	1/3	1/3	1/3	0	y_{123}
12	1/3	1/3	0	1/3	y_{124}
13	1/3	0	1/3	1/3	y_{134}
14	0	1/3	1/3	1/3	y_{234}
15	1/4	1/4	1/4	1/4	$y_{1234(1)}$
16	1/4	1/4	1/4	1/4	$y_{1234(2)}$
17	1/4	1/4	1/4	1/4	$y_{1234(3)}$

실험 횟수는 17개이고, 실험번호 1~4는 1차항, 5~10은 2차항, 11~14는 특수 3차항을 추정하기 위한 것이고, 15~17은 중앙점에서 3번 반복실험하는 점이다. 계수는 다음과 같이 추정한다.

$$b_i = y_i$$

$$b_{ij} = 4y_{ij} - 2(y_i + y_j)$$

$$b_{ijk} = 27y_{ijk} - 12(y_{ij} + y_{ik} + y_{jk}) + 3(y_i + y_j + y_k) \tag{9.10}$$

표 9.4 5성분 혼합물실험 설계행렬

실험번호	X_1	X_2	X_3	X_4	X_5	반응변수
1	1	0	0	0	0	y_1
2	0	1	0	0	0	y_2
3	0	0	1	0	0	y_3
4	0	0	0	1	0	y_4
5	0	0	0	0	1	y_5
6	1/2	1/2	0	0	0	y_{12}
7	1/2	0	1/2	0	0	y_{13}
8	1/2	0	0	1/2	0	y_{14}
9	1/2	0	0	0	1/2	y_{15}
10	0	1/2	1/2	0	0	y_{23}
11	0	1/2	0	1/2	0	y_{24}
12	0	1/2	0	0	1/2	y_{25}
13	0	0	1/2	1/2	0	y_{34}
14	0	0	1/2	0	1/2	y_{35}
15	0	0	0	1/2	1/2	y_{45}
16	1/3	1/3	1/3	0	0	y_{123}
17	1/3	1/3	0	1/3	0	y_{124}
18	1/3	1/3	0	0	1/3	y_{125}
19	1/3	0	1/3	1/3	0	y_{134}
20	1/3	0	1/3	0	1/3	y_{135}
21	1/3	0	0	1/3	1/3	y_{145}
22	0	1/3	1/3	1/3	0	y_{234}
23	0	1/3	1/3	0	1/3	y_{235}
24	0	1/3	0	1/3	1/3	y_{245}
25	0	0	1/3	1/3	1/3	y_{345}
26	1/5	1/5	1/5	1/5	1/5	$y_{12345(1)}$
27	1/5	1/5	1/5	1/5	1/5	$y_{12345(2)}$
28	1/5	1/5	1/5	1/5	1/5	$y_{12345(3)}$

표 9.4에는 5인자를 대상으로 특수 3차 모형을 추정할 수 있는 실험계획을 나타내었다. 실험번호 1~5는 1차항, 6~15는 2차항, 16~25는 특수 3차항을 추정하기 위한 것이고, 26~28은 중앙점에서 3번 반복실험하는 점이다. 계수는 다음과 같이 구한다.

$$\begin{aligned} b_i &= y_i \\ b_{ij} &= 4y_{ij} - 2(y_i + y_j) \\ b_{ijk} &= 27y_{ijk} - 12(y_{ij} + y_{ik} + y_{jk}) + 3(y_i + y_j + y_k) \end{aligned} \quad (9.11)$$

1) 성분변수의 주효과 추정

성분변수 X_i의 주효과는 X_i가 1일 때와 0일 때 차이임으로 다음과 같이 구할 수 있다.

$$E_i = b_i - \frac{\sum_{j \neq i} b_j}{q-1}$$

예를 들어 3개의 인자를 대상으로 실험하여, 모형식 $\hat{y} = 40X_1 + 50X_2 + 60X_3$을 얻었다면, 그림 9.10으로부터 X_1의 효과는 삼각형의 아래 왼쪽 $(X_1, X_2, X_3) = (1, 0, 0)$의 반응변수 값 40에서 X_2와 X_3을 연결하는 선의 가운데 위치인 0으로 표시된 $(X_1, X_2, X_3) = (0, 1/2, 1/2)$의 값인 (50 + 60) / 2를 뺀 값이다. X_2와 X_3의 효과도 비슷한 방법으로 다음과 같이 구할 수 있다.

$$\begin{aligned} E_1 &= 40 - \frac{50+60}{2} = -15 \\ E_2 &= 50 - \frac{40+60}{2} = 0 \\ E_3 &= 60 - \frac{40+50}{2} = 15 \end{aligned} \quad (9.12)$$

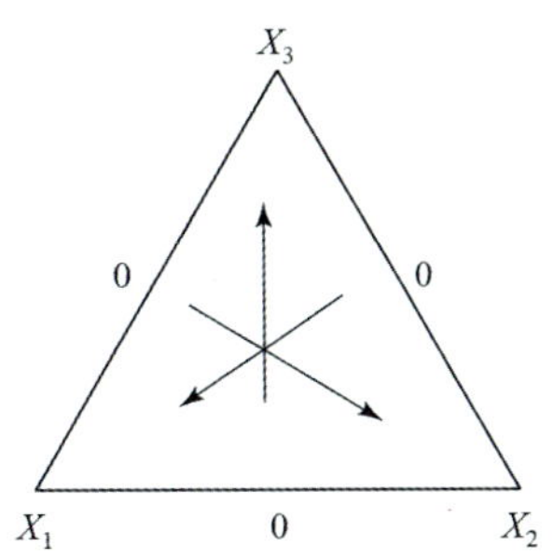

그림 9.10 3인자 혼합물실험계획의 효과 추정

9.2.2 두 가지 성분의 혼합물실험데이터 통계적 분석

두 가지 화합물을 섞어서 가공한 물질의 압축강도 y를 높이기 위한 표 9.5의 설계행렬과 데이터를 이용하여 통계적으로 분석하는 방법을 알아보자. 여기서 X_1과 X_2는 각각 첫 번째와 두 번째 성분의 혼합비율이다.

표 9.5 두 가지 화합물 설계행렬과 데이터

X_1	X_2	y
1.00	0.00	10.0
0.75	0.25	14.7
0.50	0.50	15.8
0.25	0.75	18.9
0.00	1.00	20.0

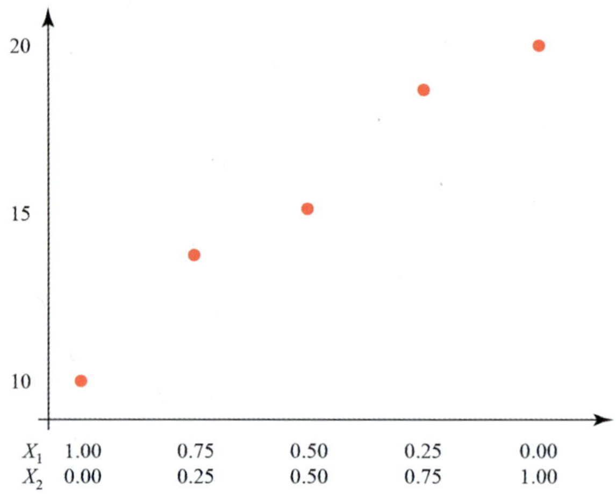

그림 9.11 두 가지 화합물 설계공간과 데이터

설계행렬과 데이터로부터 다음과 같은 계산 절차를 거쳐 모형식을 도출한다.

$$X = \begin{bmatrix} 1.00 & 0.00 \\ 0.75 & 0.25 \\ 0.50 & 0.50 \\ 0.25 & 0.75 \\ 0.00 & 1.00 \end{bmatrix},\ \boldsymbol{y} = \begin{bmatrix} 10.0 \\ 14.7 \\ 15.8 \\ 18.9 \\ 20.0 \end{bmatrix},$$

$$X'X = \begin{bmatrix} 1.875 & 0.625 \\ 0.625 & 1.875 \end{bmatrix},\ (X'X)^{-1} = \begin{bmatrix} 0.6 & -0.2 \\ -0.2 & 0.6 \end{bmatrix},$$

$$X'\boldsymbol{y} = \begin{bmatrix} 33.65 \\ 45.75 \end{bmatrix},\ \boldsymbol{b} = \begin{bmatrix} 11.04 \\ 20.72 \end{bmatrix}$$

계수벡터로부터, 모형식은 $\hat{y} = 11.04X_1 + 20.72X_2$이다.

분산분석을 통하여 모형식의 유의성을 검정해 보자. 표 9.6에 설계행렬, 데이터와 예측값, 편차와 제곱합을 정리하고, 이를 이용하여 작성한 분산분석표를 표 9.7에 제시하였다. $F_{(1,3;0.01)} = 34.12$이므로, 모형식은 유의수준 1%에서 유의하다.

표 9.6 두 가지 성분 화합물 데이터 분석: 1차 모형

X_1	X_2	y_i	$\hat{y}_i$	$(y_i - \bar{\bar{y}})^2$	$(\hat{y}_i - \bar{\bar{y}})^2$	$(y_i - \hat{y}_i)^2$
1.00	0.00	10.0	11.04	34.5744	23.426	1.082
0.75	0.25	14.7	13.46	1.3924	5.856	1.538
0.50	0.50	15.8	15.88	0.0064	0.000	0.006
0.25	0.75	18.9	18.30	9.1204	5.856	0.360
0.00	1.00	20.0	20.72	16.9744	23.426	0.518
		$\bar{\bar{y}} = 15.88$	합:	62.0680	58.564	3.504

표 9.7 두 가지 성분 화합물실험의 분산분석표: 1차 모형

요인	자유도	제곱합	평균제곱	F_0
모형	1	58.864	58.864	50.14
오차	3	3.504	1.168	
총	4	62.068		

이어서 결정계수와 수정결정계수를 다음과 같이 구하였다.

$$R^2 = \frac{SSR}{SST} = \frac{58.864}{62.068} = 94.35\%$$

$$R^2_{adj} = 1 - \frac{SSE/(n-p)}{SST/(n-1)} = 1 - \frac{3.504/3}{62.068/4} = 92.47\% \tag{9.13}$$

이번에는 표 9.5의 데이터를 이용하여 2차 모형을 구해보았다. X_1X_2항을 추가한 모형행렬과 데이터를 이용하여 1차 모형을 적합할 때와 같은 절차를 거쳤다.

$$\begin{matrix} & X_1 & X_2 & X_1X_2 \end{matrix}$$
$$X = \begin{bmatrix} 1.0000 & 0.0000 & 0.0000 \\ 0.7500 & 0.2500 & 0.1875 \\ 0.5000 & 0.5000 & 0.2500 \\ 0.2500 & 0.7500 & 0.1875 \\ 0.0000 & 1.0000 & 0.0000 \end{bmatrix}, \quad \boldsymbol{y} = \begin{bmatrix} 10.0 \\ 14.7 \\ 15.8 \\ 18.9 \\ 20.0 \end{bmatrix},$$

$$X'X = \begin{bmatrix} 1.8750 & 0.6250 & 0.3125 \\ 0.6250 & 1.8750 & 0.3125 \\ 0.3125 & 0.3125 & 0.1328 \end{bmatrix}, \quad (X'X)^{-1} = \begin{bmatrix} 0.8857 & 0.0857 & -2.2857 \\ 0.0857 & 0.8857 & -2.2857 \\ -2.2857 & -2.2857 & 18.2857 \end{bmatrix},$$

$$X'\boldsymbol{y} = \begin{bmatrix} 33.65 \\ 45.75 \\ 10.25 \end{bmatrix}, \ \boldsymbol{b} = \begin{bmatrix} 10.297 \\ 19.977 \\ 5.943 \end{bmatrix}$$

모형식은 $\hat{y} = 10.297X_1 + 19.977X_2 + 5.943X_1X_2$ 이다. 표 9.8의 데이터와 계산 결과를 이용하여 분산분석표를 표 9.9에 나타내었다. $F_{(2,2;0.05)} = 19.00$이므로 2차 모형은 유의수준 0.05에서 유의하다.

표 9.8 두 가지 성분 화합물 데이터 분석: 2차 모형

X_1	X_2	y_i	$\hat{y}_i$	$(y_i - \bar{\bar{y}})^2$	$(\hat{y}_i - \bar{\bar{y}})^2$	$(y_i - \hat{y}_i)^2$
1.00	0.00	10.0	10.297	34.5744	31.170	0.088
0.75	0.25	14.7	13.831	1.3924	4.198	0.755
0.50	0.50	15.8	16.629	0.0064	0.552	0.677
0.25	0.75	18.9	18.671	9.1204	7.790	0.052
0.00	1.00	20.0	19.977	16.9744	16.785	0.001
		$\bar{\bar{y}}$ = 15.88	합:	62.0680	60.495	1.573

표 9.9 두 가지 성분 화합물실험의 분산분석표: 2차 모형

요인	자유도	제곱합	평균제곱	F_0
모형	2	60.495	30.248	38.458
오차	2	1.573	0.787	
총	4	62.068		

결정계수와 수정결정계수는 다음과 같다.

$$R^2 = \frac{SSR}{SST} = \frac{60.495}{62.068} = 97.47\%$$

$$R^2_{adj} = 1 - \frac{SSE/(n-p)}{SST/(n-1)} = 1 - \frac{1.573/2}{62.068/4} = 94.93\% \tag{9.14}$$

선형 모형과 2차 모형의 적합성을 비교한 것을 정리하여 표 9.10에 나타내었다. 2차 모형의 수정결정계수가 선형 모형의 값보다 더 크므로 2차 모형을 선택한다.

표 9.10 두 가지 성분 화합물실험의 결정계수 비교

구분	선형 모형	2차 모형
R^2	0.9435	0.9747
R^2_{adj}	0.9247	0.9493

9.3 혼합물을 위한 심플렉스 계획법의 종류

9.3.1 심플렉스 격자배열법

심플렉스 격자배열법(simplex lattice design)은 심플렉스의 모든 영역에 실험점을 균일하게 배치하는 방법이다. $\{q, m\}$ 심플렉스 격자배열법은, q개의 성분이 있고, 각 성분 X_i를 m개의 동등한 간격으로 나누어 X_i의 수준을 $X_i = 0, 1/m, 2/m, \cdots, (m-1)/m$, 1로 설정하고, q개 성분의 모든 가능한 혼합비율 조건에서 실험을 시행하는 계획이다. 그림 9.12에 $q = 3$일 때, 3가지 종류의 심플렉스 격자배열법을 나타내었다.

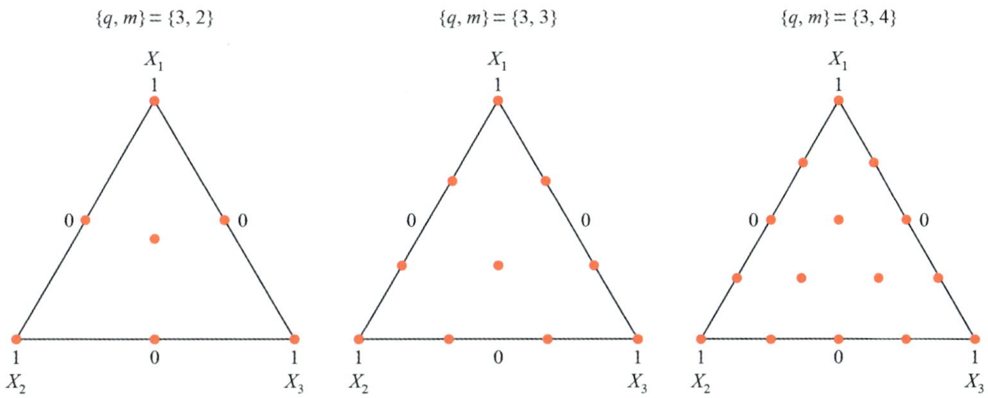

그림 9.12 심플렉스 격자배열법 설계공간: $q = 3$

9.3.2 심플렉스 중심배열법

심플렉스 중심배열법(simplex centroid design)은 심플렉스 격자배열법을 보완하여 만들어진 실험계획으로서, 혼합성분이 q개 있을 때, $(2^q - 1)$개의 실험점을 다음과 같이 구성한다.

① q개의 심플렉스 꼭짓점: $(1, 0, 0, \cdots, 0), (0, 1, 0, \cdots, 0), \cdots, (0, 0, 0, \cdots, 0, 1)$

② i개의 성분이 $1/i$씩 동등한 비율을 갖는 실험점:

$i = 2$: $(1/2, 1/2, 0, \cdots, 0), (1/2, 0, 1/2, 0, \cdots, 0), \cdots, (0, 0, \cdots, 0, 1/2, 1/2)$

$\vdots$

$i = q-1$: $[1/(q-1), 1/(q-1), \cdots, 1/(q-1), 0], \cdots, [0, 1/(q-1), \cdots, 1/(q-1)]$

③ 모든 성분이 동등한 비율을 갖는 중심점: $(1/q, 1/q, \cdots, 1/q)$

혼합성분이 3개일 때 심플렉스 중심배열법을 표 9.11과 그림 9.13에 나타내었다.

표 9.11 심플렉스 중심배열법 설계행렬: $q = 3$

실험번호	혼합성분			반응치
	X_1	X_2	X_3	y
1	1	0	0	y_1
2	0	1	0	y_2
3	0	0	1	y_3
4	1/2	1/2	0	y_{12}
5	1/2	0	1/2	y_{13}
6	0	1/2	1/2	y_{23}
7	1/3	1/3	1/3	y_{123}

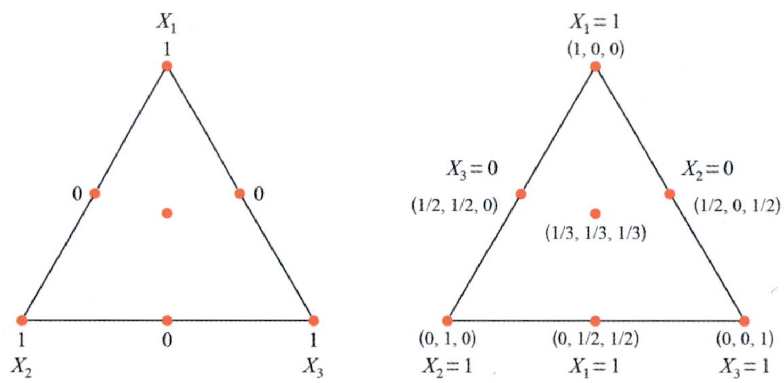

그림 9.13 심플렉스 중심배열법 설계공간: $q = 3$

축점이 추가된 심플렉스 중심배열법을 그림 9.14에 나타내었는데, 기호 ⊙로 표시한 축점은 중앙점과 꼭짓점을 연결하는 선의 한가운데 위치한다. 이 방법을 이용하면 축점을 제외한 다른 점의 데이터를 이용하여 적합한 모형을 가지고, 축점에서 얻은 관측치와 모형을 이용한 축점의 예측치를 비교하여 적합결여가 있는지를 확인할 수 있다.

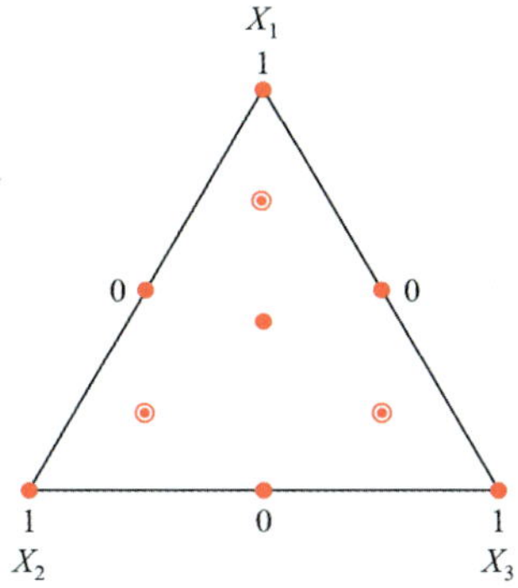

그림 9.14 축점이 추가된 심플렉스 중심배열법 설계공간: $q = 3$

> **복습문제** 그림 9.14의 설계공간에 대응하는 설계행렬을 구하라.

9.4 심플렉스를 이용한 혼합물실험계획과 분석 사례

Koons and Wilt(1985)는 2개의 물질인 접목된 폴리부타디엔(grafted polybutadiene, X_1)과 스타이렌아크릴로니트릴(styreneacrylonitrile, X_2)을 이용하여 아크릴로니트릴-부타디엔-스타이렌(Acrylonitrile-Butadiene-Styrene, ABS)을 혼련하는(formulate) 공정을 개선하는 실험을 시행하였다. ABS는 플라스틱 파이프에 들어가는 물질인데, 최근 ASTM 규격을 만족하는 물성을 갖는 파이프를 개발하기 위하여 X_1과 X_2로 구성된 혼합물에 콜타르 피치(coal-tar pitch, X_3)를 첨가하는 것이 좋은지를 파악하기 위한 혼합물실험을 시행하기로 하였다. 프로젝트팀에서는 관련 정보를 검토하고 토론을 거쳐 3개 성분이 만족해야 할 제약조건을 다음과 같이 정하였다. 반응변수는 항복강도(yield strength)이고, 측정 단위는 psi이다.

$$
\begin{aligned}
0.45 \le X_1 \le 0.70 \\
0.30 \le X_2 \le 0.55 \\
0.00 \le X_3 \le 0.25
\end{aligned}
\qquad (9.15)
$$

식 (9.15)를 만족하는 영역인 설계공간은 그림 9.15에, 2차 모형을 적합하기 위한 설계행렬과 실험을 통해 구한 데이터는 표 9.12에 나타내었다.

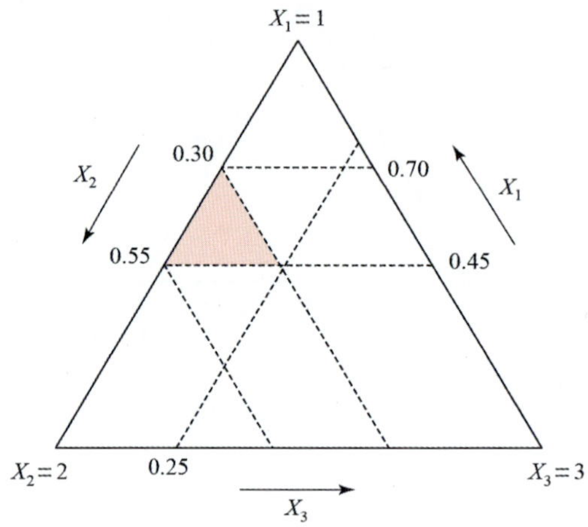

그림 9.15 플라스틱 파이프 개발실험을 위한 설계공간

표 9.12 플라스틱 파이프 개발실험을 위한 설계행렬과 데이터

실험점	X_1	X_2	X_3	항복강도	
1	0.700	0.300	0.000	4,350	(y_1)
2	0.450	0.550	0.000	6,080	(y_2)
3	0.450	0.300	0.250	5,065	(y_3)
4	0.575	0.425	0.000	5,280	(y_{12})
5	0.575	0.300	0.125	5,080	(y_{13})
6	0.450	0.425	0.125	5,740	(y_{23})
7	0.533	0.383	0.083	5,239	$(y_{123(1)})$
8	0.533	0.383	0.083	5,410	$(y_{123(2)})$
9	0.533	0.383	0.083	5,369	$(y_{123(3)})$

복습문제 표 9.12의 설계행렬에 나타난 실험점을 그림 9.15에 표시하라.

1) 의사성분의 활용

그림 9.15에 음영으로 표시된 실험영역은 또 다른 심플렉스를 이루는데, 이것은 따로 떼어내 성분값을 다시 설정하여 살펴보는 것이 좋다. 이것은 마치 요인배치법에서 원래 변수를 코딩된 변수로

변환하는 것과 비슷하다. 이렇게 성분에 제약이 있을 때 그러한 제약을 만족하는 영역을 별도로 살펴보기 위하여 성분의 값을 다시 설정한 변수를 의사성분(pseudocomponents)이라고 한다. 이렇게 의사성분을 이용하여 분석한 다음에 모형을 해석할 때는 원래 성분으로 다시 바꾸어야 한다. 플라스틱 파이프 개발실험 사례를 통해 의사성분을 만드는 방법을 살펴보자. X_i 성분의 하한을 L_i라고 하고, 이러한 하한 성분들의 합 $L=\sum_{i=1}^{q}L_i$를 구하면, X_i의 의사성분 X_i'은 다음 식으로 정의한다.

$$X_i' = \frac{1-L_i}{1-L} \tag{9.16}$$

식 (9.16)으로부터 $1-\sum_{i=1}^{3}L_i = 1-(0.45+0.30+0.00) = 0.25$이므로 의사성분은 다음과 같다.

$$X_1' = \frac{X_1-0.45}{0.25},\ X_2' = \frac{X_2-0.30}{0.25},\ X_3' = \frac{X_3-0.00}{0.25} \tag{9.17}$$

표 9.13에 의사성분을 이용하여 플라스틱 파이프 개발실험의 설계행렬과 데이터를 다시 나타내었다.

표 9.13 의사성분을 이용한 플라스틱 파이프 개발실험의 설계행렬과 데이터

실험점	X_1'	X_2'	X_3'	항복강도	
1	1.000	0.000	0.000	4,350	(y_1)
2	0.000	1.000	0.000	6,080	(y_2)
3	0.000	0.000	1.000	5,065	(y_3)
4	0.500	0.500	0.000	5,280	(y_{12})
5	0.500	0.000	0.500	5,080	(y_{13})
6	0.000	0.500	0.500	5,740	(y_{23})
7	0.333	0.333	0.333	5,239	$(y_{123(1)})$
8	0.333	0.333	0.333	5,410	$(y_{123(2)})$
9	0.333	0.333	0.333	5,369	$(y_{123(3)})$

2) 모형 적합성 확인

이제 의사성분을 이용하여 1차 모형부터 시작하여, 모형을 구성해 나가기로 한다. $b_1=y_1=4{,}350$, $b_2=y_2=6{,}080$, $b_3=y_3=5{,}065$이므로 이 3개의 데이터를 이용한 1차 근사 모형식은 다음과 같다.

$$\hat{y} \approx b_1X_1' + b_2X_2' + b_3X_3' = 4{,}350X_1' + 6{,}080X_2' + 5{,}065X_3' \tag{9.18}$$

세 개의 의사성분이 두 개만 0.5 값을 갖는 실험점인 4, 5, 6번에서 실제 관측치와 식 (9.18)을 이용하여 구한 예측치를 보고 그 차이 값을 계산하여 표 9.14에 나타내었다.

표 9.14 의사성분을 이용한 분석: 1차 모형

실험점	X_1'	X_2'	X_3'	관측치 (y)	예측치 ($\hat{y}$)	차이 ($y-\hat{y}$)
1	1.000	0.000	0.000	4,350	4,350	0
2	0.000	1.000	0.000	6,080	6,080	0
3	0.000	0.000	1.000	5,065	5,065	0
4	0.500	0.500	0.000	5,280	5,215	65
5	0.500	0.000	0.500	5,080	4,708	372
6	0.000	0.500	0.500	5,740	5,573	167

4번 실험점에서 관측치와 1차 모형을 이용한 예측치 간 차이가 작으므로 $X_1'X_2'$항을 모형에 추가하지 않고, 5번과 6번 실험점은 그 차이가 커서 $X_1'X_3'$항과 $X_2'X_3'$항을 모형에 추가한다. $b_{13} = 4y_{13} - 2(y_1 + y_3) = 1{,}490$, $b_{23} = 4y_{23} - 2(y_2 + y_3) = 670$이므로, 2차 근사 모형은 다음과 같다. 실제 관측치와 식 (9.19)로부터 구한 예측치를 보고 그 차이 값을 계산하여 표 9.15에 나타내었다.

$$\hat{y} \approx 4{,}350X_1' + 6{,}080X_2' + 5{,}065X_3' + 1{,}490X_1'X_3' + 670X_2'X_3' \tag{9.19}$$

표 9.15 의사성분을 이용한 분석: 2차 모형

실험점	X_1'	X_2'	X_3'	관측치 (y)	예측치 ($\hat{y}$)	차이 ($y-\hat{y}$)
1	1.000	0.000	0.000	4,350	4,350	0
2	0.000	1.000	0.000	6,080	6,080	0
3	0.000	0.000	1.000	5,065	5,065	0
4	0.500	0.500	0.000	5,280	5,215	65
5	0.500	0.000	0.500	5,080	5,080	0
6	0.000	0.500	0.500	5,740	5,740	0
7	0.333	0.333	0.333	5,239	5,405	−166
8	0.333	0.333	0.333	5,410	5,405	5
9	0.333	0.333	0.333	5,369	5,405	−36

식 (9.19)를 이용하여 적합결여 검정을 해보자. $\bar{y}_{123} = 5{,}339$, $\hat{y}_{123} = 5{,}405$, $n_c = 3$이므로 $S_{LOF}^2 = n_c(\bar{y}_{123} - \hat{y}_{123})^2 = 3 \times (5{,}339 - 5{,}405)^2 = 13{,}068$이고, 순수실험오차($PE$)는 다음과 같다.

$$S_{PE}^2 = \sum_{i=1}^{n_c} (y_{123(i)} - \bar{y}_{123})^2 / (n_c - 1)$$
$$= \{(5{,}239-5{,}339)^2 + (5{,}410-5{,}339)^2 + (5{,}369-5{,}339)^2\}/(3-1) = 7{,}970.5 \qquad (9.20)$$

적합결여 검정을 위한 $F_0 = \dfrac{S_{LOF}^2}{S_{PE}^2} = \dfrac{13{,}068}{7970.5} = 1.64$이고, $F_{(1,2;0.05)} = 18.51$이므로, H_0를 기각할 수 없다. 즉, 적합결여가 없으므로 2차 모형이 적합하다고 판단한다.

3) 모형식 계수 추정

X_1', X_2', X_3', $X_1'X_3'$, $X_2'X_3'$항으로 구성된 모형식을 추정해 보자.

$$X = \begin{bmatrix} 1.000 & 0.000 & 0.000 & 0.000 & 0.000 \\ 0.000 & 1.000 & 0.000 & 0.000 & 0.000 \\ 0.000 & 0.000 & 1.000 & 0.000 & 0.000 \\ 0.500 & 0.500 & 0.000 & 0.000 & 0.000 \\ 0.500 & 0.000 & 0.500 & 0.250 & 0.000 \\ 0.000 & 0.500 & 0.500 & 0.000 & 0.250 \\ 0.333 & 0.333 & 0.333 & 0.111 & 0.111 \\ 0.333 & 0.333 & 0.333 & 0.111 & 0.111 \\ 0.333 & 0.333 & 0.333 & 0.111 & 0.111 \end{bmatrix}, \quad \boldsymbol{y} = \begin{bmatrix} 4{,}350 \\ 6{,}080 \\ 5{,}065 \\ 5{,}280 \\ 5{,}080 \\ 5{,}740 \\ 5{,}239 \\ 5{,}410 \\ 5{,}369 \end{bmatrix},$$

$$\boldsymbol{b} = (\boldsymbol{X}^T\boldsymbol{X})^{-1}\boldsymbol{X}^T\boldsymbol{y} = \begin{bmatrix} 4{,}365 \\ 6{,}095 \\ 5{,}075 \\ 1{,}274 \\ 454 \end{bmatrix}$$

추정된 2차 모형식은 다음과 같고, 적합성 통계량 $R^2 = 98.6\%$, $R_{adj}^2 = 97.2\%$이다.

$$\hat{y} = 4{,}365\, X_1' + 6{,}095\, X_2' + 5{,}075\, X_3' + 1{,}274\, X_1'X_3' + 454\, X_2'X_3' \qquad (9.21)$$

의사성분을 원래 성분으로 나타낸 모형식은 다음과 같다.

$$\hat{y} = 4{,}365\left(\frac{X_1 - 0.45}{0.25}\right) + 6{,}095\left(\frac{X_2 - 0.30}{0.25}\right) + 5{,}075\left(\frac{X_3 - 0.00}{0.25}\right)$$
$$+ 1{,}274\left(\frac{X_1 - 0.45}{0.25}\right)\left(\frac{X_3 - 0.00}{0.25}\right) + 454\left(\frac{X_2 - 0.30}{0.25}\right)\left(\frac{X_3 - 0.00}{0.25}\right)$$
$$= -15{,}171 + 17{,}460\, X_1 + 24{,}380\, X_2 + 8{,}948\, X_3 + 20{,}384\, X_1X_3 + 7{,}264\, X_2X_3 \qquad (9.22)$$

4) 분석 결과 시각화

식 (9.22)를 이용하여 등고선도를 그리면 그림 9.16과 같다. 반응변수인 항복강도를 가장 크게 만드는 조건은 $X_1 = 0.45$, $X_2 = 0.55$, $X_3 = 0$이다.

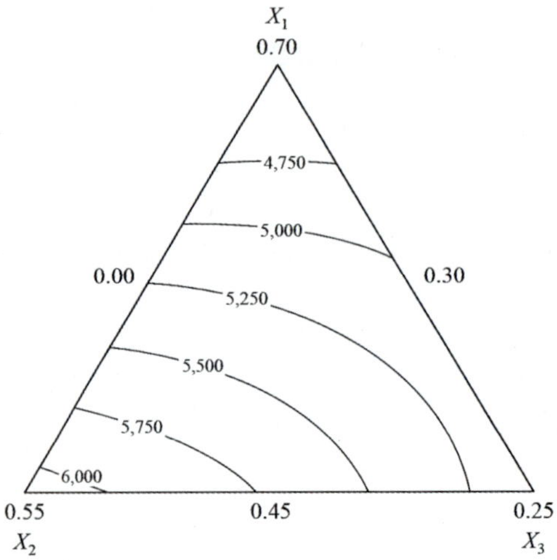

그림 9.16 항복강도 최대화 실험의 등고선도

식 (9.22)를 이용한 관측치(y)와 예측치($\hat{y}$) 산점도를 그림 9.17에 나타내었다.

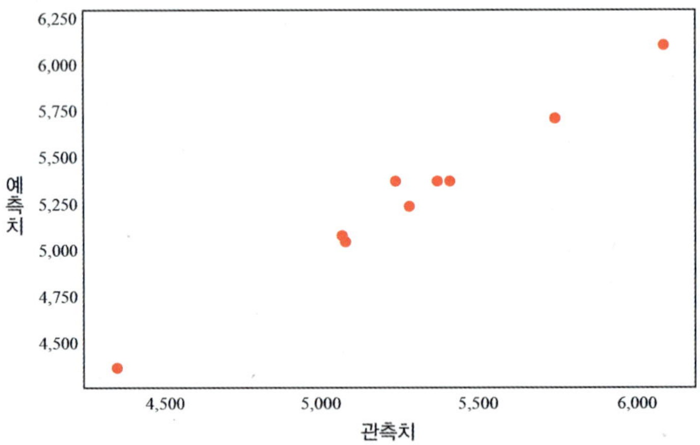

그림 9.17 관측치와 예측치

9.5 심플렉스가 아닌 형태의 혼합물실험계획과 분석

9.5.1 제약이 있는 혼합물실험계획

성분비율에 제약이 있고 실험 가능한 영역이 심플렉스 형태를 이루지 않을 때 사용하는 방법에는 꼭짓점계획법(Extreme Vertices Design, XVERT)과 이것을 개선한 수정 꼭짓점계획법(Modified XVERT Mixture Screening Designs, MXMSDs)이 있다. XVERT는 제한된 영역의 꼭짓점을 이용하여 실험을 계획하는 것으로서, 다음 절차를 따른다.

① 성분의 상한에서 하한을 뺀 값에 순위를 매긴 후 가장 작은 값을 가지는 성분부터 순서대로 나열하여 $X_1, X_2, \cdots, X_q$로 다시 정의한다.

② $X_1, \cdots, X_{q-1}$을 대상으로 그들의 상한과 하한을 수준으로 삼아서 2^{q-1}개의 수준조합으로 실험계획을 생성하고, q번째 성분인 X_q의 수준은 모든 성분비율의 합이 1이 되도록 계산된 값으로 입력한다.

③ X_q 열에 입력된 값이 X_q의 상한 또는 하한을 벗어나면 $X_1, X_2, \cdots, X_{q-1}$의 값을 조절한다.

MXMSDs는 XVERT를 수정한 것인데, q번째 성분의 비율이 상한 또는 하한을 벗어날 때 $X_1, X_2, \cdots, X_{q-1}$의 값을 계산하는 방법이 XVERT와 다르다. XVERT에서는 q번째 성분비율을 계산하기 위해 나머지 $(q-1)$개의 성분을 모두 고려하지만, MXMSDs에서는 우선 X_{q-1}열에 입력된 값을 조절하여 제약조건을 만족하도록 X_{q-1}의 수준 값을 정한다. 만일 X_{q-1}의 값을 조절하여도 제약조건을 만족하지 않으면 그다음 성분인 X_{q-2}의 값을 조절한다. 이러한 방법을 순차적으로 적용하여 제약조건을 만족하도록 한다.

9.5.2 꼭짓점계획법

혼합물실험에서 제약식이 심플렉스 형태로 나타나지 않을 때 이용하는 꼭짓점계획법을 다음과 같은 제약식이 있는 예를 통해 살펴보자. 이 제약식을 그림 9.18의 설계공간에 나타내었다.

$$
\begin{aligned}
0.2 &\le X_1 \le 0.6 \\
0.1 &\le X_2 \le 0.6 \\
0.1 &\le X_3 \le 0.5
\end{aligned}
\tag{9.23}
$$

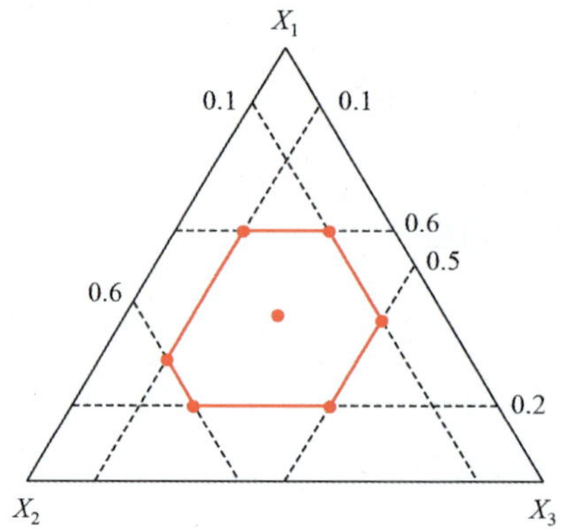

그림 9.18 꼭짓점계획법을 위한 설계공간

실험에 활용할 꼭짓점계획법의 설계행렬을 MXMSDs 절차를 따라 정리하면 표 9.16과 같다. 맨 아래 실험점 7에, 6개의 가능한 꼭짓점 좌표의 평균값 (0.38, 0.33, 0.28)을 중앙점으로 추가하였다.

표 9.16 꼭짓점계획법을 위한 설계행렬

실험점	X_1	X_2	X_3
1	0.20	0.60	0.20
2	0.30	0.60	0.10
3	0.60	0.30	0.10
4	0.60	0.10	0.30
5	0.40	0.10	0.50
6	0.20	0.30	0.50
7	0.38	0.33	0.28

표 9.16의 설계행렬을 설계공간에 실험점 번호를 부여한 것을 그림 9.19에 나타내었다.

식 (9.23)은 의사성분 X_1', X_2', X_3'을 이용하면 다음 제약식과 같이 나타낼 수 있다.

$$
\begin{aligned}
0 &\le X_1' \le 0.667 \\
0 &\le X_2' \le 0.833 \\
0 &\le X_3' \le 0.667
\end{aligned}
\tag{9.24}
$$

표 9.16의 꼭짓점계획법 설계행렬을 이용하면, 기본적으로 2차 모형까지 추정할 수 있다. 특수 3차 모형을 추정하려면 실험점을 추가해야 한다.

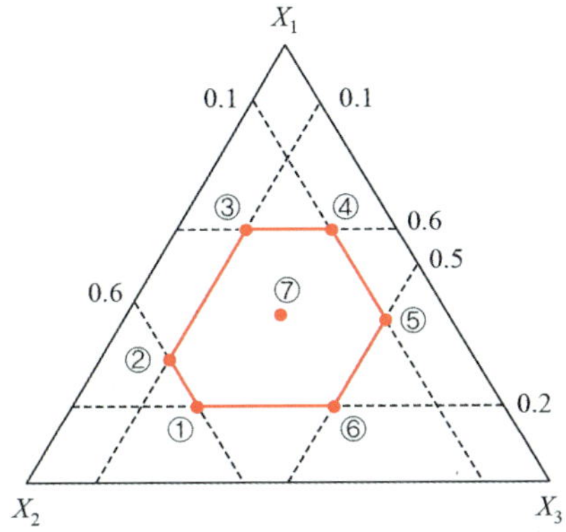

그림 9.19 꼭짓점계획법을 위한 설계공간: 실험점 번호 표시

9.5.3 꼭짓점계획법 적용사례

McLean and Anderson(1966)은 조명탄의 휘도(illumination)를 높이기 위하여 다음과 같이 4가지 성분을 이용한 실험을 시행하였다. 휘도의 단위는 1,000칸델라(candles)이다.

- X_1: 마그네슘(magnesium)
- X_2: 초산나트륨(sodium nitrate)
- X_3: 스트론튬 나트륨(strontium nitrate)
- X_4: 접착제(binder)

4가지의 혼합성분에 대한 제약은 다음과 같다. 4가지 성분을 이용한 설계행렬과 데이터를 표 9.17에, 설계공간을 그림 9.20에 나타내었다. 휘도 데이터 분석은 연습문제로 남겨두었다.

$$\begin{aligned} &0.40 \le X_1 \le 0.60,\ 0.15 \le X_2 \le 0.50 \\ &0.15 \le X_3 \le 0.50,\ 0.04 \le X_4 \le 0.08 \end{aligned} \tag{9.25}$$

표 9.17 조명탄 실험의 설계행렬과 휘도 데이터

실험점	X_1	X_2	X_3	X_4	휘도	실험점 종류
1	0.40	0.1000	0.4700	0.030	75	꼭짓점
2	0.40	0.1000	0.4200	0.080	180	꼭짓점
3	0.60	0.1000	0.2700	0.030	195	꼭짓점
4	0.60	0.1000	0.2200	0.080	300	꼭짓점
5	0.40	0.4700	0.1000	0.030	145	꼭짓점

(계속)

표 9.17 조명탄 실험의 설계행렬과 휘도 데이터(계속)

실험점	X_1	X_2	X_3	X_4	휘도	실험점 종류
6	0.40	0.4200	0.1000	0.080	230	꼭짓점
7	0.60	0.2700	0.1000	0.030	220	꼭짓점
8	0.60	0.2200	0.1000	0.080	350	꼭짓점
9	0.50	0.1000	0.3450	0.055	220	면중심(1, 2, 3, 4)
10	0.50	0.3450	0.1000	0.055	260	면중심(5, 6, 7, 8)
11	0.40	0.2725	0.2725	0.055	190	면중심(1, 2, 5, 6)
12	0.60	0.1725	0.1725	0.055	310	면중심(3, 4, 7, 8)
13	0.50	0.2350	0.2350	0.030	260	면중심(1, 3, 5, 7)
14	0.50	0.2100	0.2100	0.080	410	면중심(2, 4, 6, 8)
15	0.50	0.2225	0.2225	0.055	425	중앙점

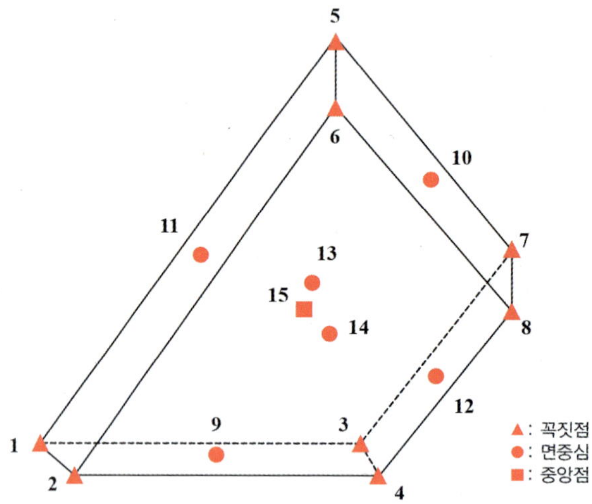

그림 9.20 조명탄 실험의 설계공간과 실험점

9.6 공정변수가 포함된 혼합물실험계획

혼합물(mixture)을 구성하는 성분변수 외에 온도, 압력, 시간 등 공정변수도 반응변수에 영향을 미치는 경우가 일반적이다. 이들 성분변수와 공정변수가 서로 독립적으로 반응변수에 영향을 미치면, 성분변수와 공정변수를 별도로 구분하여 실험하면 된다. 하지만 이들이 서로 연관되어 반응변수에 영향을 미칠 수 있다면, 성분변수와 공정변수를 동시에 고려하는 실험을 해야 한다.

9.6.1 복합 실험계획

이처럼 성분변수와 공정변수를 동시에 고려하는 혼합물실험은 '혼합물실험계획 ⊗ 공정변수 실험계획'과 같이 '곱'의 형태를 띤다.

1) 3개 성분변수 중심배열법 ⊗ 3수준 2인자 공정변수 요인배치

3개의 성분변수와 3수준 2인자 요인배치 공정변수를 이용한 복합 실험계획의 개념을 그림 9.21에, 설계공간을 그림 9.22에 63개의 실험점으로 나타내었다. 이 실험계획으로 추정할 수 있는 관계식은 다음과 같다. 여기서 X_i는 성분변수이고, Z_i는 공정변수이다.

$$\begin{aligned} E(y) = {} & \beta_1^0 X_1 + \beta_2^0 X_2 + \beta_3^0 X_3 + \beta_{12}^0 X_1 X_2 + \beta_{13}^0 X_1 X_3 + \beta_{23}^0 X_2 X_3 + \beta_{123}^0 X_1 X_2 X_3 \\ & + (\beta_1^1 X_1 + \beta_2^1 X_2 + \beta_3^1 X_3) Z_1 + (\beta_1^2 X_1 + \beta_2^2 X_2 + \beta_3^2 X_3) Z_2 \\ & + \beta_0^{12} Z_1 Z_2 + \beta_0^{11} Z_1^2 + \beta_0^{22} Z_2^2 \end{aligned} \tag{9.26}$$

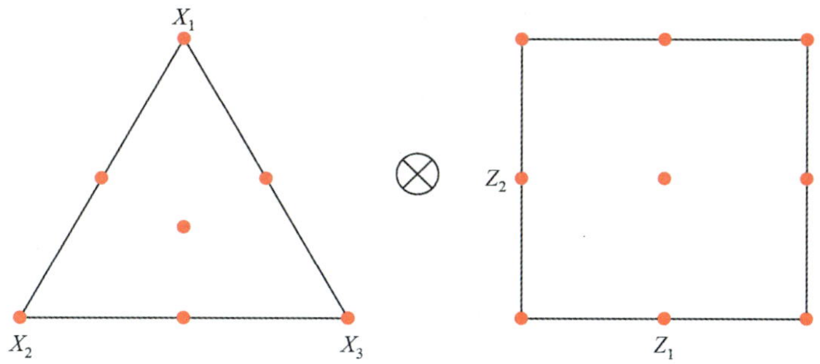

그림 9.21 3개 성분변수와 3수준 2인자 공정변수의 복합 실험계획의 개념

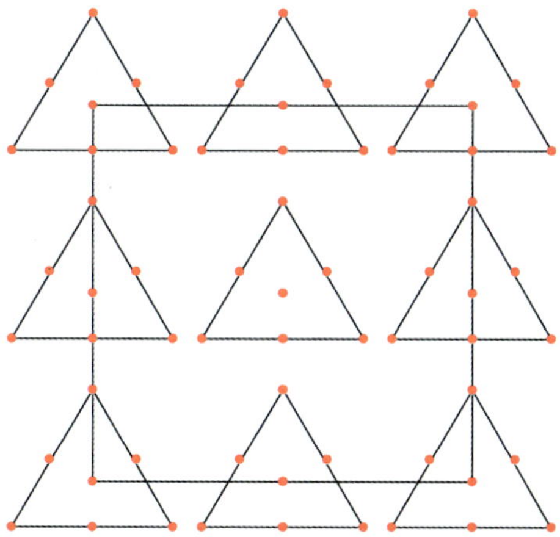

그림 9.22 3개 성분변수와 3수준 2인자 공정변수의 복합 실험계획의 설계공간 (63개 실험점)

2) 3개 성분변수 중심배열법 ⊗ 2수준 2인자 공정변수 요인배치

3개의 성분변수 중심배열법과 2수준 2인자 공정변수 요인배치를 이용한 복합 실험계획의 설계공간을 그림 9.23에, 설계행렬을 표 9.18에 각각 나타내었다.

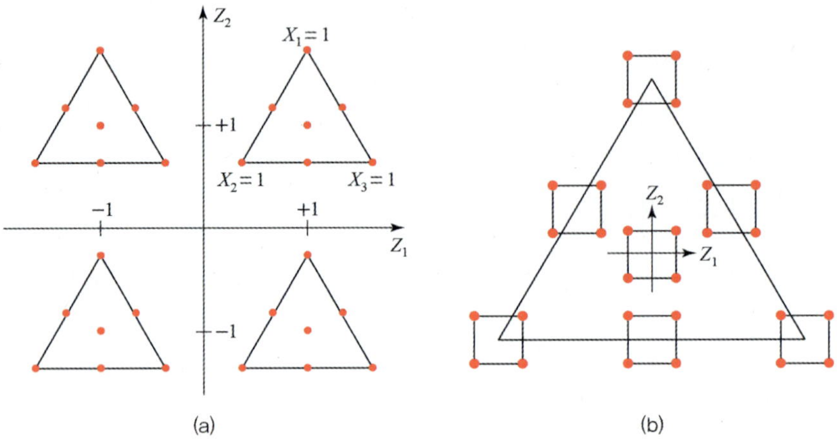

그림 9.23 3개 성분변수와 2수준 2인자 공정변수의 복합 실험계획 (28개 실험점)

표 9.18 3개 성분변수와 2수준 2인자 공정변수의 복합 실험계획 설계행렬 (28개 실험점)

실험점	성분변수			공정변수	
	X_1	X_2	X_3	Z_1	Z_2
1	1	0	0	−1	−1
2	0	1	0	−1	−1
3	0	0	1	−1	−1
4	0.5	0.5	0	−1	−1
5	0.5	0	0.5	−1	−1
6	0	0.5	0.5	−1	−1
7	0.333	0.333	0.333	−1	−1
8	1	0	0	1	−1
9	0	1	0	1	−1
10	0	0	1	1	−1
11	0.5	0.5	0	1	−1
12	0.5	0	0.5	1	−1
13	0	0.5	0.5	1	−1
14	0.333	0.333	0.333	1	−1
15	1	0	0	−1	1
16	0	1	0	−1	1
17	0	0	1	−1	1

(계속)

표 9.18 3개 성분변수와 2수준 2인자 공정변수의 복합 실험계획 설계행렬(계속)

실험점	성분변수			공정변수	
	X_1	X_2	X_3	Z_1	Z_2
18	0.5	0.5	0	−1	1
19	0.5	0	0.5	−1	1
20	0	0.5	0.5	−1	1
21	0.333	0.333	0.333	−1	1
22	1	0	0	1	1
23	0	1	0	1	1
24	0	0	1	1	1
25	0.5	0.5	0	1	1
26	0.5	0	0.5	1	1
27	0	0.5	0.5	1	1
28	0.333	0.333	0.333	1	1

복습문제 그림 9.23과 표 9.18의 복합실험계획을 이용할 때, 추정할 수 있는 모형식을 기술하라.

3) 3개 성분변수 중심배열법 ⊗ 2수준 3인자 공정변수 요인배치

그림 9.24에 3개 성분변수 중심배열법과 2수준 3인자 공정변수 요인배치를 결합한 복합 실험계획을 나타내었다.

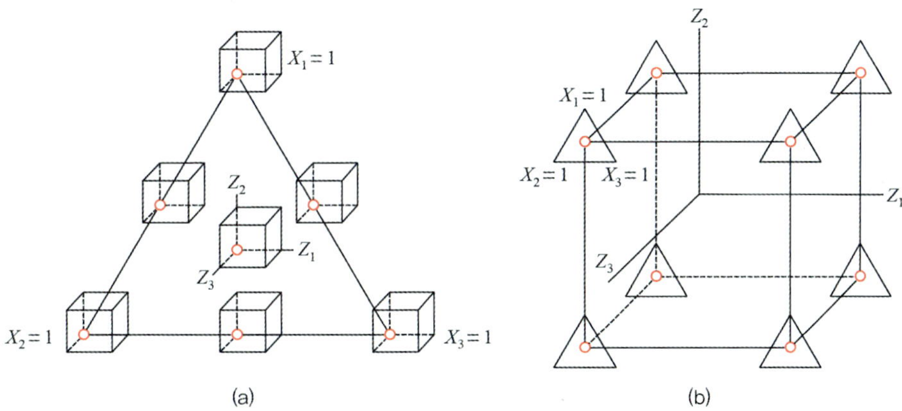

그림 9.24 3개 성분변수와 2수준 3인자 공정변수의 복합 실험계획 (56개 실험점)

복습문제 그림 9.24의 복합실험계획을 이용할 때, 추정할 수 있는 모형식을 기술하라.

9.6.2 축소된 실험계획

성분변수와 공정변수를 복합하여 실험하고자 하면 실험점이 아주 많아진다. 일부 효과를 희생하면서 실험 수를 줄일 수 있는 계획을 두 가지 예를 통해 살펴보자.

1) 3개 성분변수 중심배열법 ⊗ 2수준 3인자 공정변수 2_{III}^{3-1} 부분요인배치

그림 9.25에 3개 성분변수 중심배열법과 3개의 공정변수를 2_{III}^{3-1} 부분요인배치에 배치한 복합 실험계획을 나타내었다. (a)나 (b)를 쓸 때, 추정할 수 있는 모형식에 다소 차이가 있다.

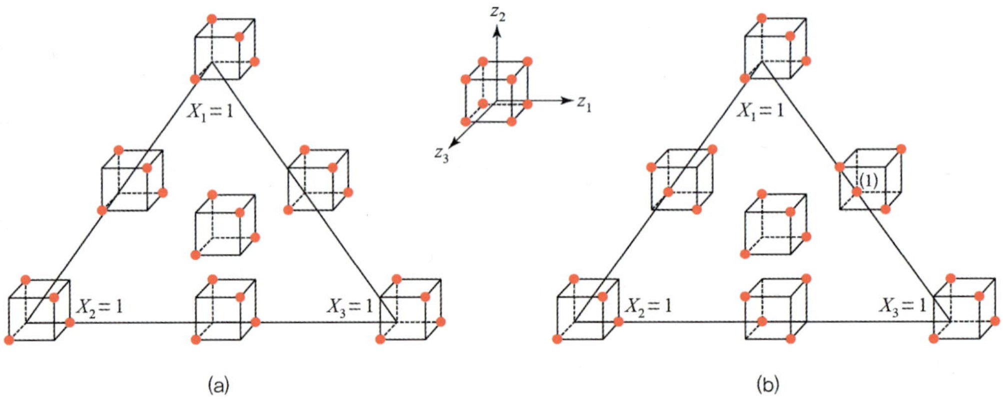

그림 9.25 3개 성분변수와 2_{III}^{3-1} 공정변수 부분요인배치 실험계획 (28개 실험점)

2) 축소된 3개 성분변수와 3수준 2인자 공정변수 실험계획

그림 9.22를 보면, 3개 성분변수와 3수준 2인자 공정변수 요인배치를 복합하여 실험할 때 63개의 실험점이 생긴다. 그림 9.26에 23개 실험점으로 3개 성분변수와 3수준 2인자 공정변수를 복합하여 실험할 수 있는 설계공간을 나타내었다. 이 계획을 이용하면 모형식 (9.26)에서 $\beta_{123}^{0}X_1X_2X_3$을 제외한 다른 항들은 모두 추정할 수 있다. 그림 9.26에서 3^2 요인배치는 면중심 합성계획이고 각 점에서 1개 이상의 균형 잡힌 실험점들이 있으므로, 공정변수의 1차 효과 2인자 교호작용효과, 2차 효과를 알 수 있다. ②, ③은 꼭짓점, ④, ⑤는 선의 중심, ⑥, ⑦, ⑧, ⑨는 중앙점이므로 만일 두 개의 공정변수 중 하나만 유의하다면, 유의한 쪽으로 투사하면 3개의 성분변수로 구성된 심플렉스 중심배열법이 3개 생긴다.

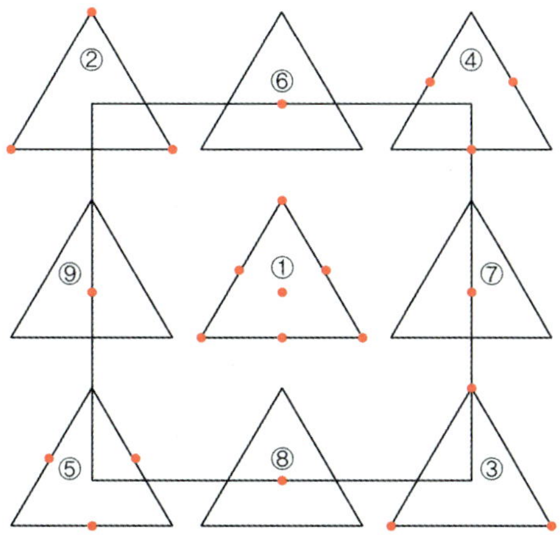

그림 9.26 축소된 3개 성분변수와 2인자 공정변수의 복합 실험계획 (23개 실험점)

복습문제 그림 9.26에 있는 복합실험계획의 설계행렬을 구하라.

질문: 공정변수가 포함된 혼합물실험계획이 복잡해 보이는데, 다른 방법은 없는가?

견해: 공정변수와 성분변수 간 교호작용이 크게 나타나지 않는다면, 이들 두 가지 부류의 변수를 대상으로 하는 실험은 각각 독립적으로 시행하는 것이 바람직하다.

9.7 들여다보기

(1) 한번에 한인자(OFAT) 방식으로 혼합물실험을 하는 연구자들이 다른 성분의 수준을 어떻게 조정하는지 알아보자. 즉, 어느 한 성분의 비율을 높이면, 다른 성분의 비율을 낮추어야 하는데, 어떤 성분의 비율을 낮추는지 확인해 보자. 이후에 혼합물실험계획을 활용하면 어떤 장점이 있는지 실제로 실험해 보기 바란다.

(2) 제약식이 있을 때, 제약식을 만족하는 실험영역이 어떤 경우에 심플렉스가 유지되는지 탐구해 보자.

(3) 제약식을 만족하는 실험영역은 다양한 형태로 나타날 수 있으므로 꼭짓점계획법 외에, 6.11절 들여다보기 (4)에서 언급한 최적화 실험계획을 쓸 수 있다. 이때에는 어떤 혼합물실험계획 모형을 쓸 것인지에 따라 최적화 실험계획으로 구성하는 실험점이 달라진다.

(4) 확인실험: 혼합물실험을 시행하여 최적조건을 찾은 다음, 어떤 성분의 가격이 비싸면, 그 성분의 비율을 낮추어도 원하는 특성치 값을 얻을 수 있는지 알기 위하여 추가 실험을 하는 것이 바람직하다.

(5) 혼합물실험에서 상한과 하한의 결정: 이것은 실험자가 처한 상황에 따라 달라진다. ① 만일 예비실험이나 지금까지 실험연구를 통하여 어느 정도 좋은 조건이 있거나, 기존 최적조건이 있지만 새로운 더 나은 조건을 찾고자 한다면, 기존 조건을 중심으로 일정 부분 이동된 한계를 설정하면 된다. ② 최초의 신제품 개발실험이라면, 가능한 한 넓게 잡는다. 물론 이때 위험을 초래할 수 있거나, 장비의 수명을 줄일 수 있는 영역은 피해야 한다.

(6) 혼합물 양산공정을 진행하면서 지속적으로 더 나은 혼합물실험 조건을 찾기 위해서는 혼합물실험에 진화적 조업법을 적용한 Byun and Kim(2014)을 참고하기를 바란다.

(7) 치수나 공차의 합이 정해져 있는 경우에는, 치수나 공차(tolerance)를 배분하는 문제에도 혼합물실험계획을 이용하면 실험 수를 줄일 수 있다. 합이 정해져 있으면, 어떤 변수의 값을 독립적으로 조정할 수 없다. 연습문제에서 치수배분 실습문제를 다루기로 한다.

+연습문제

1 McLean and Anderson(1966)은 4개의 성분을 배합하여 조명탄의 휘도(illumination)를 최대화하기 위한 실험을 시행하였다. 실험에 고려한 성분변수는 마그네슘(X_1), 아질산나트륨(X_2), 아질산스트론튬(X_3), 접착제(X_4)인데, 이들의 성분비율은 다음과 같은 상한과 하한이 있다. 이러한 제약조건을 만족하면서 2차항으로 구성된 모형을 추정하기 위한 꼭짓점계획법의 설계행렬과 데이터를 표 9.19에 나타내었다.

$$\begin{aligned} 0.40 &\le X_1 \le 0.60 \\ 0.10 &\le X_2 \le 0.50 \\ 0.10 &\le X_3 \le 0.50 \\ 0.03 &\le X_4 \le 0.08 \end{aligned} \tag{9.27}$$

표 9.19 조명탄 실험의 설계행렬과 데이터

실험점	X_1	X_2	X_3	X_4	휘도
1	0.4000	0.4700	0.1000	0.0300	145
2	0.4000	0.1000	0.4700	0.0300	75
3	0.6000	0.2700	0.1000	0.0300	220
4	0.6000	0.1000	0.2700	0.0300	195
5	0.4000	0.4200	0.1000	0.0800	230
6	0.4000	0.1000	0.4200	0.0800	180
7	0.6000	0.2200	0.1000	0.0800	350
8	0.6000	0.1000	0.2200	0.0800	300
9	0.4000	0.2725	0.2725	0.0550	190
10	0.5000	0.1000	0.3450	0.0550	220
11	0.5000	0.3450	0.1000	0.0550	260
12	0.5000	0.2350	0.2350	0.0300	260
13	0.6000	0.1725	0.1725	0.0550	310
14	0.5000	0.2100	0.2100	0.0800	410
15	0.5000	0.2225	0.2225	0.0550	425

(1) 꼭짓점, 면의 중심점, 전체 중심점의 실험번호를 각각 나타내라.

(2) 가장 적합한 모형식을 제시하라.

(3) 최적조건과 이 조건에서 휘도의 예상치를 구하라.

2 변재현 등(2014)은 LNG 운반선의 보냉재용 속경화 고기능성 접착제를 개발하기 위하여 혼합물실험계획을 적용하였다. 속경화 접착제의 개발공정은 교반기를 통한 플라스크 내 물질 교반 → 온도 제어기를 이용해 플라스크 내 반응 온도 제어 → 진공펌프를 통하여 감압과 냉각 콘덴서를 이용한 불순물 응축의 3단계 절차를 따른다. 실험에서 주요한 특성은 전단강도(shear strength), 점도(viscosity), 인장강도(tensile strength)인데, 본 실험에서는 인장강도를 측정하기 위한 접착제 시편이 충분히 준비되지 않아서 인장강도와 연관성이 있는 경도(hardness)를 분석 대상으로 삼았다. 개발실험에서 고려한 3개의 반응변수와 그 특성, 목푯값과 상한 또는 하한의 값을 표 9.20에 표시하였는데, 점도는 상한과 하한 안에만 들면 되므로 별도의 목푯값을 표시하지 않았다. 혼합물실험을 통한 접착제의 성능향상을 위하여 우선 강도와 작업성을 확보할 수 있는 점도를 유지할 수 있도록 베이스 폴리올(base polyol)의 함량은 전체 혼합물의 45%로 고정하였다. 반응변수에 영향을 미치는 화합물인 3가지 폴리올과 글리콜 성분의 합은 55%가 된다. 성분변수의 상한과 하한은 현재 조건을 중심으로 ±5% 정도로 정했다. 일반적인 혼합물실험계획은 성분변수에 대한 제약조건을 사전에 알고, 그에 맞추어 실험영역을 구성한다. 하지만 본 연구에서는 이러한 제약조건을 사전에 파악하기가 쉽지 않아서, 일단 사전 실험을 통하여 접착제의 성능이 어느 정도 확보가 되는 성분변수들의 조건을 파악한 후에 그 조건 주변의 영역을 탐색하는 방법을 이용하였다. 4가지 성분변수와 그들의 상한과 하한을 표 9.21에 나타내었다. 개발팀은 성분변수들의 제약조건을 만족하면서 모형은 2차항까지 추정할 수 있도록, 중심점을 추가한 꼭짓점계획법에 따라 실험하기로 하였다. 설계행렬과 데이터는 표 9.22에 나타내었다. 표의 세 번째 열에 있는 점유형에서, 0은 중앙점, 1은 꼭짓점이고, 2는 2중혼합, 즉 4개의 변수 중 2개는 제약조건의 하한 또는 상한과 같고, 다른 2개의 변수는 각각 다른 2개 변수의 상 · 하한의 중간값을 갖는 것을 말한다. 실험을 시행함에 있어서, 각 실험조건에서 제시한 성분 비율을 정확하게 맞추는 것이 어려웠는데, 실험을 수행하는 과정에서 가능한 한 정확하게 맞추기로 하였다.

표 9.20 접착제 개발실험의 반응변수의 목적과 제약조건

반응변수	목적	하한	목푯값	상한
전단강도(MPa)	최대화	10	20	–
점도(cps)	구간 내	15,000	–	18,000
경도(D)	최대화	70	75	–

표 9.21 접착제 개발실험의 성분변수와 상 · 하한

성분	현재 조건	하한	상한
X_1: 폴리올 2	0.15	0.10	0.20
X_2: 폴리올 3	0.10	0.05	0.15
X_3: 폴리올 4	0.20	0.15	0.25
X_4: 글리콜	0.10	0.05	0.15

표 9.22 접착제 개발실험의 설계행렬과 데이터

표준순서	실험순서	점유형	X_1	X_2	X_3	X_4	전단강도	점도	경도
6	1	1	0.20	0.05	0.25	0.05	13.26	12,800	76
8	2	2	0.10	0.10	0.25	0.10	16.25	26,550	76
10	3	2	0.20	0.05	0.20	0.10	14.29	19,800	76
15	4	2	0.15	0.10	0.15	0.15	14.62	36,250	76
16	5	2	0.20	0.10	0.20	0.05	11.43	10,000	71
17	6	2	0.15	0.15	0.20	0.05	10.69	10,850	70
18	7	2	0.15	0.10	0.25	0.05	12.99	11,500	75
9	8	2	0.10	0.10	0.20	0.15	13.20	47,700	77
1	9	1	0.20	0.05	0.15	0.15	15.28	32,350	75
19	10	0	0.15	0.10	0.20	0.10	13.81	20,450	76
3	11	1	0.20	0.15	0.15	0.05	8.27	8,250	62
14	12	2	0.15	0.15	0.15	0.10	10.65	17,250	72
11	13	2	0.15	0.05	0.25	0.10	14.41	23,750	76
12	14	2	0.15	0.05	0.20	0.15	13.82	43,750	77
7	15	2	0.10	0.15	0.20	0.10	11.10	15,500	68
13	16	2	0.20	0.10	0.15	0.10	11.83	22,450	72
5	17	1	0.10	0.15	0.25	0.05	10.76	13,500	72
4	18	1	0.10	0.05	0.25	0.15	14.72	100,000	78
2	19	1	0.10	0.15	0.15	0.15	13.53	10,050	75

(1) 각 반응변수를 대상으로 적합한 모형식을 구하라.

(2) 반응변수별 최적조건과 그 조건에서 반응변수의 예측치를 각각 구하라.

3 혼합물실험계획을 치수 배분 문제에 적용한 실습문제를 소개한다. 종이 헬리콥터를 만들어 낙하시간을 최대화하는 조건을 찾기 위하여 그림 9.27과 같이 설계하여 실습을 진행하였다. 날개폭을 1.5cm, 전체 길이를 20cm로 고정하고, 전체 길이를 날개길이 L_1, 허리길이 L_2, 몸통길이 L_3의 3개 변수로 배분하는 실험을 시행하고자 한다. 3개의 변수 값의 합이 20cm가 되는 것 외에, 종이 헬리콥터가 문제없이 회전할 수 있도록 각 치수에는 다음과 같이 제약을 둔다.

$$
\begin{aligned}
&8 \le L_1 \le 10 \\
&1 \le L_2 \le 3 \\
&9 \le L_3 \le 11 \\
&L_1 + L_2 + L_3 = 20
\end{aligned} \tag{9.28}
$$

식 (9.28)은 다음의 식 (9.29)와 같이 비율로 표시할 수 있다.

$$
\begin{aligned}
&0.40 \le X_1 \le 0.50 \\
&0.05 \le X_2 \le 0.15 \\
&0.45 \le X_3 \le 0.55 \\
&X_1 + X_2 + X_3 = 20
\end{aligned} \tag{9.29}
$$

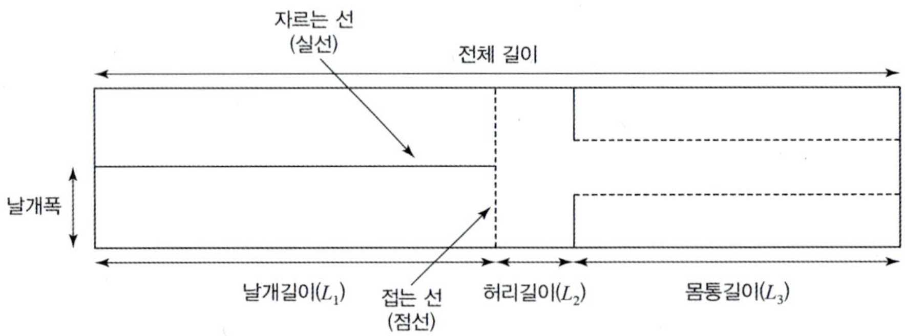

그림 9.27 종이 헬리콥터 설계도

식 (9.29)를 만족하는 영역을 구성하여, 축점이 추가된 심플렉스 중심배열법 설계행렬과 데이터를 표 9.23에 나타내었다.

표 9.23 설계행렬과 낙하시간 데이터

실험점	설계변수			낙하시간			
	날개	허리	몸통	1회	2회	3회	평균
1	0.50	0.05	0.45	3.60	3.70	3.75	3.68
2	0.40	0.15	0.45	2.79	2.93	2.91	2.88
3	0.40	0.05	0.55	3.21	3.09	3.04	3.11
4	0.45	0.10	0.45	3.38	3.37	3.26	3.34
5	0.45	0.05	0.50	3.49	3.40	3.40	3.43
6	0.40	0.10	0.50	2.94	3.02	2.94	2.97
7	0.43	0.08	0.48	3.22	3.26	3.08	3.19
8	0.47	0.07	0.47	3.34	3.36	3.31	3.34
9	0.42	0.12	0.47	2.83	3.00	2.88	2.90
10	0.42	0.07	0.52	3.24	3.37	3.20	3.27

(1) 설계공간에 표 9.23의 실험점을 나타내라.

(2) 가장 적합한 모형식을 구하라.

(3) 낙하시간을 가장 길게 만드는 최적조건을 구하라.

(4) 실험데이터와 예측치 간 산점도를 그려라.

(5) 추후 어떤 실험을 할 것인지 토의하라.

+참고문헌

변재현, 서판석, 신지은, 이륜규, 염지현 (2014). "혼합물실험계획과 다수 반응변수 최적화를 통한 속경화 초저온접착제 개발 사례", 품질경영학회지, 제42권, 제4호, 757-768.

Byun, J. -H. and Kim, C. -H. (2014). A Simplex Evolutionary Operation for Mixture Production Processes, *Quality Engineering*, 26(4), 383-391.

Cornell, J. (2002). *Experiments with Mixtures*, 3rd Edition, Wiley, NJ.

Koons, G. F. and Wilt, M. H. (1985). Design and Analysis of an ABS Pipe Compound Experiment, in *Experiments in Industry: Design, Analysis, and Interpretation of Results*, edited by R. D. Snee, L. B. Hare, and R. Trout, 111-117.

Lawson, J. and Erjavec, J. (2017). *Basic Experimental Strategies and Data Analysis for Science and Engineering*, CRC Press, Taylor & Francis Group.

McLean, R. A. and Anderson, V. L. (1966). Extreme Vertices Design of Mixture Experiments, *Tehnometrics*, 8(3), 447-454.

Montgomery, D. C. (2017). *Design and Analysis of Experiments*, 9th Edition, Wiley, NJ.

Piepel, G. F. (1990). Screening Designs for Constrained Mixture Experiments Derived from Classical Screening Designs, *Journal of Quality Technology*, 22(1), 23-33.

Smith, W. F. (2005). *Experimental Design for Formulation*, SIAM, PA.

Snee, R. D. and Marquardt, D. W. (1974). Extreme Vertices Designs for Linear Mixture Models, *Tehnometrics*, 16(3), 447-454.

10.

다수반응변수의 최적화

10.1 서론

지금까지 하나의 반응변수를 대상으로 실험을 계획하고 분석하는 방법에 관하여 다루었다. 하지만 제품 또는 공정을 개발하거나 개선하고자 할 때 일반적으로 다수의 성능특성을 고려해야 한다. 이렇게 여러 개의 특성과 이들로부터 나오는 반응변수들을 동시에 고려하기 위해서는 우선 각 반응변수를 대상으로 데이터를 분석하여 모형식을 적합하고, 이들을 최적화해야 한다. 그런데 문제는 두 개의 반응변수 y_1과 y_2가 있다고 할 때, y_1에 맞추어 온도를 높이면 y_2가 나빠질 수 있는 것이다. 이렇게 반응변수별로 인자의 최적조건이 서로 충돌하기 때문에, 실험을 계획하거나 반응변수들을 동시에 최적화하는 것이 어렵다.

제품/공정 개발자들은 다수의 성능특성을 일정 수준으로 확보하기 위해 시행착오를 통하여 막대한 자원과 시간을 투입하는 경우가 허다했다. 여러 개의 반응변수를 동시에 최적화하기 위하여 초기 실험계획을 전략적으로 구성하지 못하고, 여러 개의 성능특성 중 하나만 고려하여 실험을 계획한다든지, 주요한 성능특성은 모두 고려하지만 한정된 수의 인자만 고려하는 것이다. 실험을 시행하고 난 후 고려한 인자와 실험영역에서 만족할 만한 제품 또는 공정조건을 구할 수 있으면 다행이지만 그렇지 않으면 실험을 통한 연구개발 기간이 한없이 길어질 수 있다. 실험연구자들은 이런 상황에서 주로 문제가 되는 성능특성을 최적화하기 위하여 추가 실험을 수행한다. 그런데 이러한 실험을 통하여 해당 성능특성은 개선할 수 있겠지만, 기존에 만족스러운 다른 특성은 나빠질 수 있다.

하지만 체계적으로 이 문제를 해결하기 위한 노력도 이루어지고 있는데, 예를 들어 고품질의 신약을 개발하고 제조하기 위하여 다수의 성능특성을 확보하려는 방법이 연구되고 있다. 다수반응변수 최적화를 위한 방법론 측면의 연구는 실험을 통하여 데이터를 얻고 반응변수별로 적합한 모형을 얻은 후에, 이러한 모형에 근거하여 다수반응변수를 절충 최적화하는 분야에 집중되어 있다. 몇 가지 방법이 제시되었으나 실험자들이 쉽게 이용할 수 있는 대표적 방법은 반응변수별 등고선을 하나의 그림에 나타내어 바람직한 영역을 찾는 중첩등고선 그림을 이용하는 방법과 반응변수 간에 절충 최적조건을 구하는 호감도함수를 이용하는 방법이 있다.

실험계획과 데이터 분석 절차가 계획 → 분석 → 최적화의 3단계로 이루어져 있다고 생각하면, 중첩등고선 그림이나 호감도함수를 이용하는 방법은 마지막 단계인 최적화에 관한 것이다. 이러한 방법으로 절충 최적조건에서 어떤 반응변수의 예측치가 여전히 만족스럽지 못할 때가 있다. 그러므로 다수반응변수를 동시에 최적화하기 위해서는 계획단계에서부터 최적화 방법을 생각해야 한다. 본 장에서는 다수반응변수를 최적화를 위하여 선별실험계획, 분석 후 순차적 실험계획, 절충 최적조건을 구하는 내용을 모두 다루고자 한다. 중요한 성능특성을 모두 고려하여 애초에 실험계획을 어떻게 설계할 것인지, 데이터 분석 후 반응변수의 수준 향상을 위하여 순차적 실험을 어떻게 시행할 것인지, 다수반응변수를 최적화하고 난 이후에 특정 반응변수가 여전히 만족스럽지 못할 때는 어떤 방법으로 이를 보완할 것인지에 관한 내용을 사례 중심으로 살펴보고자 한다.

10.2 중첩등고선 그림의 활용

이 방법은 다수 반응변수를 추정한 모형의 등고선을 하나의 2차원 그림에 중첩하여 나타냄으로써 반응변수별 바람직한 범위를 동시에 만족하는 영역을 찾는 것이다. 이 방법의 장점은 인자들이 반응변수에 미치는 영향을 시각화하여 인자들의 조건을 선정하는 데 도움이 되고, 선택 가능한 범위를 시각적으로 알 수 있다. 그림 10.1에 중첩등고선 그림을 예시로 들었다.

중첩등고선 그림을 이용하는 방법은 기본적으로 인자가 2개인 경우에만 가능한데, 인자가 3개 이상이면, 2개를 제외한 나머지 인자들의 수준을 어떤 특정 값에 세팅하면 쓸 수 있다. 반응변수들의 범위를 만족하는 영역이 두 군데 이상 나오면 그들을 모두 나타낼 수 있다.

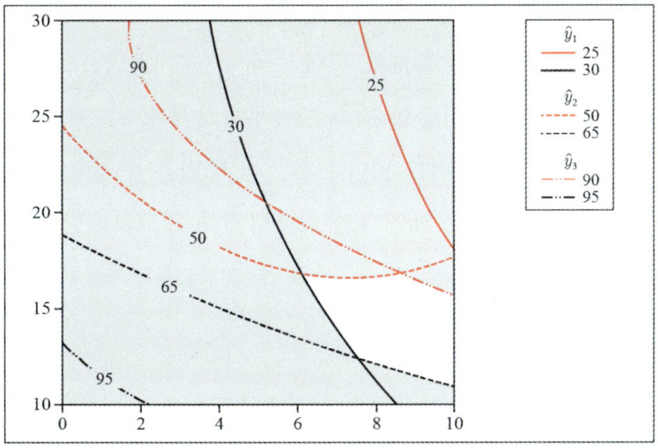

그림 10.1 중첩등고선도 예

질문: 공통영역이 없을 때는 어떻게 할 것인가?

견해: ① 반응변수별 바람직한 영역을 완화하여 다시 그린다. ② 그래도 안 되면, 지금 고려하고 있는 인자만으로 바람직한 영역을 구할 수 없으므로 다른 인자를 포함하여 실험을 계획하고 다시 시행하여 얻은 데이터를 분석한다.

질문: 반응변수에 영향을 미치는 인자 수가 3개 이상일 때, 2개를 제외한 인자들의 값을 고정하고 2차원 그림을 그려야 하는데, 이들의 값은 어디에 둘 것인가?

견해: ① 가운데 수준에 둔다. ② 가장 중요하게 생각하는 반응변수를 최적화하는 데 맞춘다. ③ 반응변수별로 인자의 최적수준이 서로 충돌하면 충돌하는 조건의 중간으로 정한다. ④ 최소, 가운데, 최대 수준을 대상으로 모두 시도한다.

10.3 호감도함수를 이용한 다수반응변수 최적화 방법

앞선 10.2절에서 살펴본 중첩등고선 그림은 반응변수들의 모형식을 그대로 이용하여 하나의 그림에 등고선 그림으로 그려 반응변수 동시최적화를 도모하는 방법이다. 호감도함수를 이용하는 방법은 이와는 달리 여러 반응변수를 하나의 측도(measure)로 통합하고, 이것을 최대화하여 절충 최적조건을 찾는 방법이다. 반응변수들은 서로 단위가 다르고, 추구하는 방향도 다르다. 즉, 반응변수에 따라 최대화, 최소화, 또는 특정 목푯값 달성 등 실험 목표가 다르다. 호감도함수 방법은 우선 각 단위와 최대, 최소, 또는 목푯값을 다르게 지향하는 반응변수들을 각각 호감도라는 개별 측도로 바꾸고 이러한 호감도들을 종합호감도라는 측도로 통합하여 이것을 최대화하도록 인자들의 조건을 정하는 방법이다. 이 방법은 인자 수나 반응변수의 수에 무관하게 쓸 수 있으므로 중첩등고선 그림을 이용하는 방법보다 사용할 수 있는 범위가 넓다. 다만 이 방법은 수치해석적 방법으로 최적조건을 찾아야 하므로 전문 통계 프로그램이나 패키지를 이용하거나 프로그래밍 언어로 직접 만들어 적용해야 한다.

10.3.1 호감도함수

우선 모형식을 이용하여 개별호감도함수를 산출해 보자. 반응변수별로 크게, 작게, 또는 목푯값을 달성하는 등 바람직한 방향에 따라 한계를 정한다. 모형식으로 구한 반응변수 $\hat{y}$를 크게 하고자 할 때, 목표하는 최댓값이 T이고, 아무리 작아도 L 이상은 되어야 한다면, 다음 식으로 개별호감도 d를 계산한다.

$$d = \begin{cases} 0 & (\hat{y} < L) \\ \left\{ \dfrac{U-\hat{y}}{U-T} \right\}^r & (L \le \hat{y} \le T) \\ 1 & (\hat{y} > T) \end{cases} \tag{10.1}$$

인자들의 어떤 조건에서 $\hat{y}$의 값이 L 이하이면 호감도 d는 0이고, T보다 크면 1이다. 식 (10.1)에서 가중지수(weight) r의 값을 조정함으로써 호감도함수를 다양한 형태로 변화시킬 수 있다. $r=1$이면 반응변수가 L에서 T에 가까운 만큼 그에 선형적으로 비례하여 d의 값은 증가한다. L과 T를 정했지만, 호감도를 높이기 위해서 반응변수의 값이 '실험의 목푯값'에 보다 가까워야 한다면 r 값을 1보다 크게 정할 수 있다. 반응변수가 L보다 크기만 해도 어느 정도 호감도를 보장하고 싶을 때는 1보다 작은 r 값을 쓸 수 있다. r 값에 따른 개별호감도함수를 그림 10.2에 나타내었다.

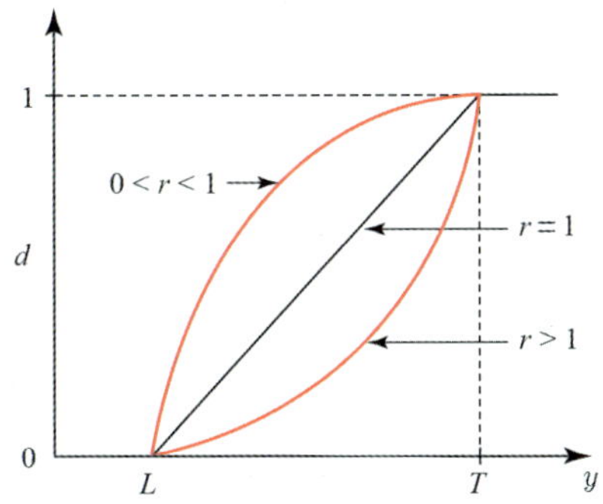

그림 10.2 클수록 좋은 특성의 호감도함수

반응변수 $\hat{y}$을 작게 하고자 할 때, 목표하는 최솟값이 T이고, 아무리 커도 U 이하는 되어야 할 때, 개별호감도 d는 다음과 같고, 그 모양을 그림 10.3에 나타내었다.

$$d = \begin{cases} 1 & (\hat{y} < T) \\ \left\{ \dfrac{U-\hat{y}}{U-T} \right\}^r & (T \le \hat{y} \le U) \\ 0 & (\hat{y} > U) \end{cases} \tag{10.2}$$

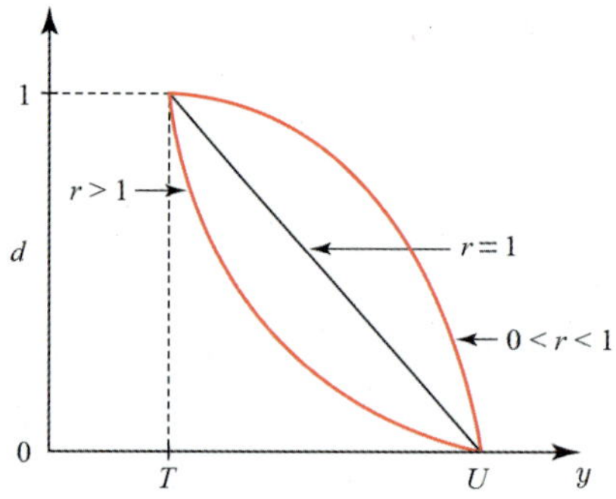

그림 10.3 작을수록 좋은 특성의 호감도함수

반응변수 $\hat{y}$를 특정 목푯값 T에 맞추고자 하고, 그 값이 아무리 작아도 L 이상, 커도 U 이하는 되어야 할 때, 개별호감도 d는 다음과 같고, 호감도함수 모양은 그림 10.4와 같다.

$$d = \begin{cases} 0 & (y < L) \\ \left(\dfrac{y-L}{T-L}\right)^{r_1} & (L \leq y \leq T) \\ \left(\dfrac{U-y}{U-T}\right)^{r_2} & (T \leq y \leq U) \\ 0 & (y > U) \end{cases} \tag{10.3}$$

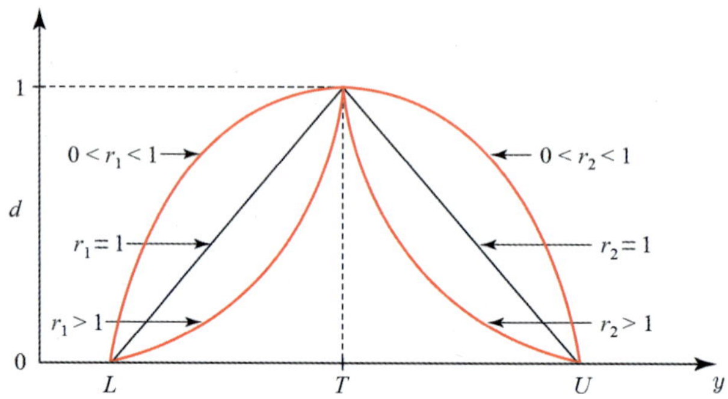

그림 10.4 목푯값이 있는 특성의 호감도함수

이렇게 개별호감도함수를 구한 다음, 종합호감도를 구하게 된다. 종합호감도를 구하는 방법을 2개의 반응변수를 대상으로 살펴보자. y_1은 수율이라서 커야 하고 $L = 95\%$, $T = 99\%$이다. y_2는 불순물 함량이라서 작아야 하는데, $U = 1\%$이고, $T = 0.1\%$이다. 실험을 계획하고 데이터를 얻어 모형식 $\hat{y}_1$과 $\hat{y}_2$를 구했다. 어떤 조건 $\boldsymbol{x}_0$에서 $\hat{y}_1 = 99\%$, $\hat{y}_2 = 1.1\%$이면 $d_1 = 1.0$, $d_2 = 0$이 된다.

만일 두 개의 호감도 d_1과 d_2의 산술평균인 $D=(d_1+d_2)/2$를 쓰면 어떻게 될까? $D=(1+0)/2=0.5$가 되어 이 조건의 호감도는 0.5가 된다. 이것은 앞서 한곗값 L과 U를 정할 때 밝힌 내용과 어긋난다. 즉, 다른 반응변수인 수율 값이 좋아도 불순물 함량이 1%를 넘어가면 그 조건은 쓸 수 없다는 전제와 다른 결과이다. 불순물 함량이 1%를 초과하면 그 조건의 호감도는 0이 되어야 한다. 그래서 호감도함수 방법에서는 종합호감도를 구할 때 산술평균이 아니라 기하평균 $D=(d_1d_2)^{1/2}$를 쓰는데, 이것을 쓰면 반응변수 중 어느 하나라도 0이면 종합호감도는 0이 된다. m개의 반응변수가 있을 때, 호감도함수 방법을 쓰는 일반적 절차는 다음과 같다.

① 실험에서 고려하는 주요 반응변수를 나열하고, 각 변수에서 추구하는 방향과 목푯값, 하한, 상한을 정한다.

② 반응변수들에 영향을 미칠 만한 인자들을 대상으로 실험계획을 정하고 설계행렬을 작성하여 랜덤한 순서대로 실험을 시행한다.

③ 실험데이터를 이용하여 반응변수별로 모형식을 구한다.

$\Rightarrow\ \hat{y}_1=\hat{f}_1(\boldsymbol{x}), \hat{y}_2=\hat{f}_2(\boldsymbol{x}), \cdots, \hat{f}_m(\boldsymbol{x})$

④ 반응변수별로 개별호감도 $d_1, d_2, \cdots, d_m$을 구하고, 이로부터 종합호감도함수 D를 산출한다.

$\Rightarrow\ D=(d_1d_2\cdots d_m)^{1/m}$

⑤ 실험영역 내에서 종합호감도 D를 최대화하는 조건 $\boldsymbol{x}^*$를 구한다.

복습문제 두 개의 반응변수가 있어서 개별호감도를 구했다. 개별호감도가 다음의 세 가지 경우에 산술평균과 기하평균을 각각 구하라.

(1) $d_1=1.0,\ d_2=0$

(2) $d_1=0.5,\ d_2=0.5$

(3) $d_1=0.9,\ d_2=0.1$

질문: 만일 어떤 실험조건에서 실험한 결과, 여러 위치에서 데이터를 측정하여 가능한 한 산포는 줄이고, 평균은 목푯값에 일치하도록 하고자 한다면 어떻게 해야 하는가?

견해: 평균과 산포가 둘 다 중요할 경우, 각 실험점에서 평균과 산포척도를 각각 구하여 이들을 별도의 반응변수로 간주하여 분석한다. 산포는 작게 만들고, 평균은 목푯값에 맞추기 위하여 호감도함수 방법을 이용할 수 있다.

가중지수에 따라 호감도함수가 달라지는 현상을 좀 더 살펴보자. 만일 불순물 함량 y_2의 $U = 1\%$이고, $T = 0.1\%$이다. 그런데 불순물 함량이 규격으로 정한 1% 이하의 어떤 값이든 만족스럽다면, 이때 가중지수를 다음과 같이 작게 부여하여 호감도함수 식을 조정할 수 있다.

$$d_2 = \left(\frac{1.0 - \hat{y}_2}{1.0 - 0.1}\right)^{1/10} \tag{10.4}$$

만일 불순물 함량의 한계치를 1%로 두긴 했으나, 가능한 한 0.1%에 가까이 가야 한다면, 이때 다음과 같이 큰 가중지수를 쓴다.

$$d_2 = \left(\frac{1.0 - \hat{y}_2}{1.0 - 0.1}\right)^{5} \tag{10.5}$$

지수가 달라지면 호감도함수의 모양도 크게 달라진다. 그림 10.5는 불순물 함량의 상한이 1%, 목표가 0.1%일 때, 반응변수인 불순물 함량의 호감도가 지수에 따라 달라지는 모양을 나타낸다. 어떤 실험점에서 $\hat{y}_2 = 0.5\%$라고 하자. 호감도 d_2는 가중지수 r이 1일 때는 약 0.56이지만, 0.1일 때는 0.93, 5일 때는 0.05 정도이다.

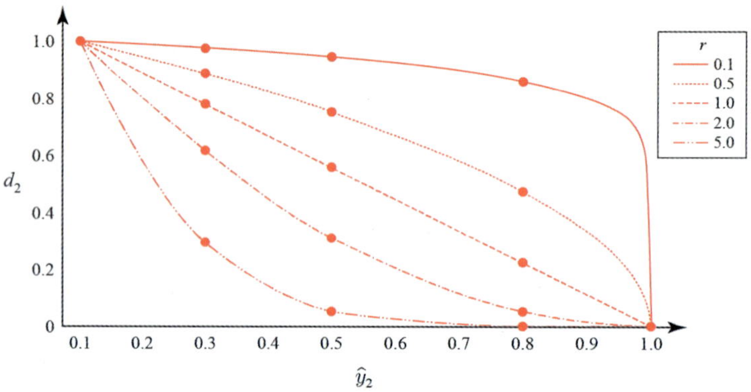

그림 10.5 가중지수에 따라 달라지는 호감도함수 모양

반응변수 간 상대적 중요성을 고려하여 종합호감도함수 D를 다르게 설정할 수 있다. 앞선 수율과 불순물 함량 예에서, 불순물 함량이 수율보다 2배 더 중요하다면 종합호감도는 다음과 같이 산출할 수 있다.

$$D = (d_1 d_2^2)^{1/3} \tag{10.6}$$

m개의 반응변수가 있을 때, 반응변수 y_i의 중요도지수가 w_i이면, 종합호감도함수 D를 계산하는 식은 다음과 같다.

$$D = (d_1^{w_1} d_2^{w_1} \cdots d_m^{w_m})^{1/\sum w_i} \tag{10.7}$$

10.3.2 호감도함수 적용 예

다수 특성치를 갖는 반도체의 사진식각(photolithography) 공정의 사례를 살펴보자. 그림 10.6에 사진식각 공정을 7개의 단계로 표현했는데, 이 중에서 현상할 때, 3개의 반응변수인 최소선폭, 측면 경사, 레지스트 두께를 동시에 최적화하고자 한다. 최소선폭과 레지스트 두께는 목푯값이 있고, 측면 경사는 작게 해야 한다. 반응변수별 목표와 한계를 표 10.1에 나타내었다.

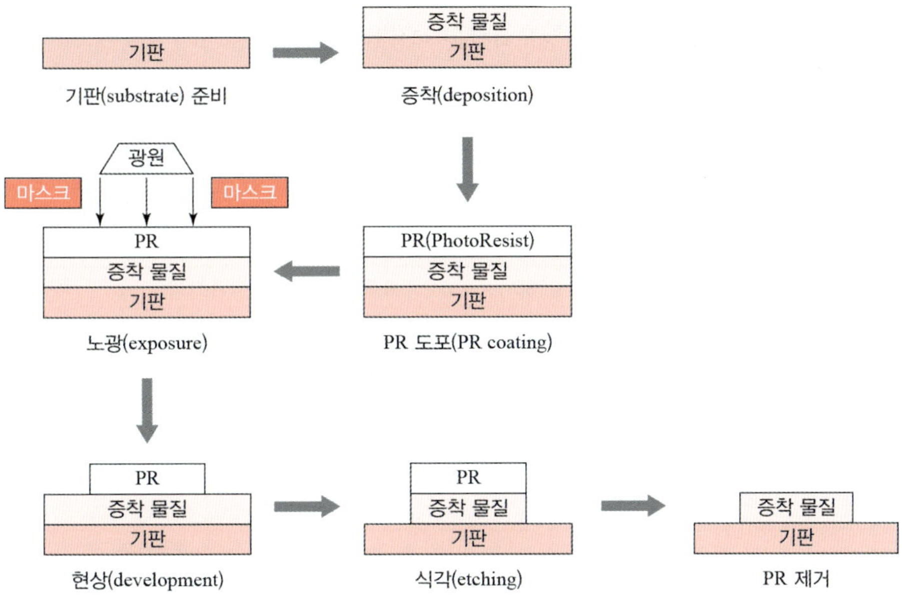

그림 10.6 사진식각 공정

표 10.1 사진식각 공정의 반응변수 목표와 한계

반응변수	목적	하한	목표	상한
최소선폭(μm)	목푯값	1.90	1.95	2.00
측면 경사	최소화		3.00	3.50
레지스트 두께(μm)	목푯값	1.20	1.25	1.30

이들 반응변수에 영향을 미치는 인자와 수준은 표 10.2에 나타내었다.

표 10.2 사진식각 공정의 인자와 수준

인자	저수준(−1)	고수준(+1)
온도(℃)	110	130
진공(Torr)	130	380
체류시간(s)	55	70

3개의 인자를 코딩된 변수로 만들기 위한 변환식은 다음과 같다.

$$x_1 = (\text{온도} - 120)/10$$

$$x_2 = (\text{진공} - 255)/125$$

$$x_3 = (\text{시간} - 62.5)/7.5 \qquad (10.8)$$

식 (10.8)을 이용하면, 3인자 중심합성계획법을 이용할 때 인자별로 5개 수준에 해당하는 원래 변수의 수준 값은 표 10.3과 같이 구할 수 있다. 3개의 인자를 대상으로 중심합성계획법을 이용하기 위한 설계행렬과 실험을 시행한 후, 3개의 반응변수를 측정한 것을 표 10.4에 나타내었다.

표 10.3 사진식각 공정의 인자별 수준 값

x_i	−1.682	−1.000	0.000	1.000	1.682
온도	103	110	120	130	137
진공	45	130	255	380	465
시간	50	55	62.5	70	75

표 10.4 사진식각 공정의 설계행렬과 데이터

실험점	인자			반응변수		
	온도	진공	체류시간	최소선폭 (y_1)	측면 경사 (y_2)	레지스트 두께 (y_3)
1	110	130	55.0	2.004	2	1.289
2	130	130	55.0	2.392	4	1.245
3	110	380	55.0	1.936	3	1.313
4	130	380	55.0	2.461	3	1.261
5	110	130	70.0	1.884	1	1.294
6	130	130	70.0	2.312	5	1.243
7	110	380	70.0	1.960	2	1.287
8	130	380	70.0	2.468	3	1.250

(계속)

표 10.4 사진식각 공정의 설계행렬과 데이터(계속)

실험점	인자			반응변수		
	온도	진공	체류시간	최소선폭 (y_1)	측면 경사 (y_2)	레지스트 두께 (y_3)
9	103	255	62.5	2.019	1	1.307
10	137	255	62.5	2.810	4	1.234
11	120	45	62.5	2.137	4	1.261
12	120	465	62.5	1.899	4	1.276
13	120	255	50.0	2.053	3	1.284
14	120	255	75.0	2.019	2	1.271
15	120	255	62.5	2.139	1	1.265
16	120	255	62.5	2.111	2	1.278
17	120	255	62.5	2.023	3	1.272
18	120	255	62.5	2.010	2	1.276
19	120	255	62.5	2.096	2	1.276
20	120	255	62.5	2.050	3	1.278

8장에서 설명한 반응표면계획으로 얻은 데이터를 이용하여 모형을 선정하는 방법에 따라 3개의 반응변수별로 수정결정계수 R^2_{adj}이 커지고 잔차의 표준편차 S가 작아지는 방향으로 모형을 다음과 같이 구성하였다.

$$\hat{y}_1 = 2.0525 + 0.2328x_1 + 0.1268x_1^2 \tag{10.9}$$

$$\hat{y}_2 = 2.29 + 0.882x_1 - 0.073x_2 - 0.625x_1x_2 + 0.597x_2^2 \tag{10.10}$$

$$\hat{y}_3 = 1.273 - 0.0225x_1 + 0.0048x_2 - 0.0041x_3 - 0.0050x_2x_3 \tag{10.11}$$

반응변수 최소선폭(y_1)의 모형식 (10.9)를 보면 최소선폭은 온도에만 영향을 받고 있다. 모형식의 결정계수 $R^2 = 93.24\%$, 수정결정계수 $R^2_{adj} = 92.44\%$, 잔차의 표준편차 $S = 0.0645$이다. 경사(y_2) 모형식 (10.10)의 $R^2 = 78.70\%$, $R^2_{adj} = 73.01\%$, $S = 0.5863$이고, 레지스트 두께(y_3) 모형식 (10.11)의 $R^2 = 96.13\%$, $R^2_{adj} = 95.10\%$, $S = 0.0045$이다. 측면 경사(y_2) 모형식의 R^2과 R^2_{adj}의 값이 다른 반응변수의 경우보다 작은데, 표 10.4를 보면 측면 경사 측정을 단지 5개의 정숫값으로 제한한 것이 영향을 준 것으로 보인다. 이는 그림 10.7에 있는 각 반응변수의 관측치와 적합치 그림으로도 나타난다.

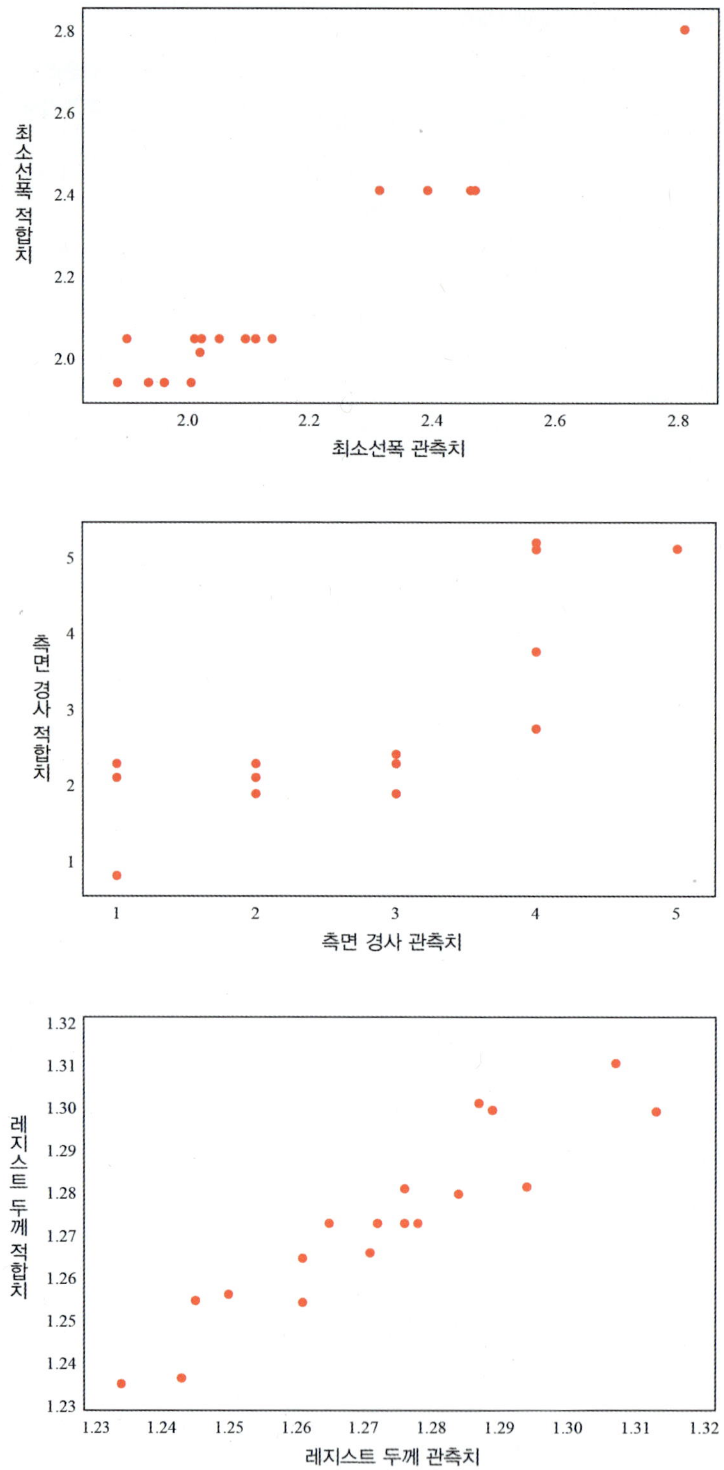

그림 10.7 사진 식각공정의 3가지 반응변수의 관측치와 적합치 그림

반응변수별로 개별호감도 d_1, d_2, d_3를 다음과 같이 산정하고, 이들을 이용하여 종합호감도함수 $D = (d_1 d_2 d_3)^{1/3}$을 최대화하는 절충 최적조건을 구한다.

$$d_1 = \begin{cases} 0 & (\hat{y}_1 < 1.90) \\ \dfrac{\hat{y}_1 - 1.90}{1.95 - 1.90} & (1.90 \le \hat{y}_1 \le 1.95) \\ \dfrac{2.00 - \hat{y}_1}{1.95 - 1.90} & (1.95 \le \hat{y}_1 \le 2.00) \\ 0 & (\hat{y}_1 > 2.00) \end{cases} \tag{10.12}$$

$$d_2 = \begin{cases} 1 & (\hat{y}_2 < 3.0) \\ \dfrac{3.5 - \hat{y}_2}{3.5 - 3.0} & (3.0 \le \hat{y}_2 \le 3.5) \\ 0 & (\hat{y}_2 > 3.5) \end{cases} \tag{10.13}$$

$$d_3 = \begin{cases} 0 & (\hat{y}_3 < 1.20) \\ \dfrac{\hat{y}_3 - 1.20}{1.25 - 1.20} & (1.20 \le \hat{y}_3 \le 1.25) \\ \dfrac{1.30 - \hat{y}_3}{1.30 - 1.25} & (1.25 \le \hat{y}_3 \le 1.30) \\ 0 & (\hat{y}_3 > 1.30) \end{cases} \tag{10.14}$$

그림 10.8은 미니탭을 이용하여 구한 절충 최적조건 그림이다. SAS JMP나 Design Expert를 이용해도 이렇게 그림으로 표현된 절충 최적조건을 구할 수 있다. 소프트웨어에 따라 최적조건은 다소 다르게 나올 수 있다.

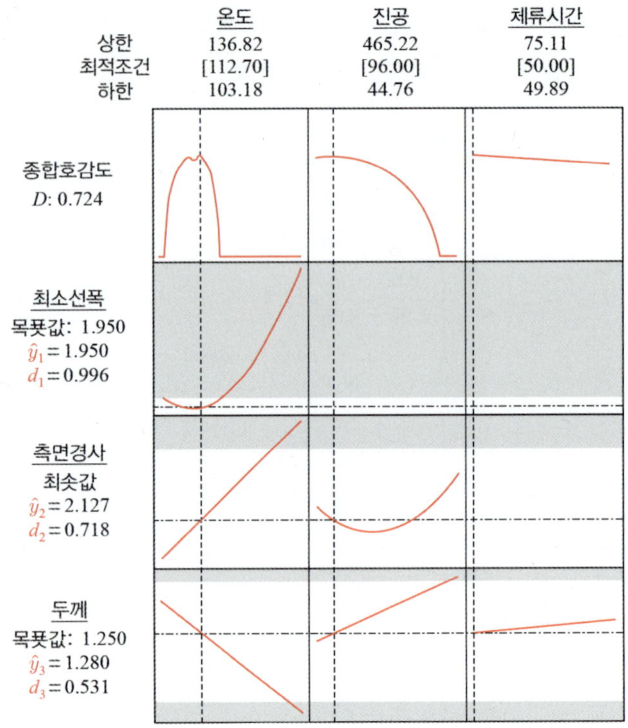

그림 10.8 사진식각 공정 실험 결과의 동시최적화

최적조건은 온도 112.7, 진공 96, 시간 50이고, 이 조건에서 예측되는 반응변수별 호감도와 종합호감도는 표 10.5와 같다.

표 10.5 사진식각 공정의 절충 최적조건, 예측치와 호감도

인자와 수준			반응변수	예측치	개별호감도	종합호감도
온도	진공	시간				
112.7	96	50	선폭	1.9502	0.996	
			경사	2.2170	0.718	0.7244
			두께	0.2795	0.531	

만일 y_1이 다른 반응변수보다 2배 더 중요하다면, 종합호감도함수는 $D = (d_1^2 d_2 d_3)^{1/4}$를 이용할 수 있다.

10.3.3 호감도함수 방법과 중첩등고선 그림의 조합

호감도함수와 중첩등고선 그림을 함께 이용하는 방법을 살펴보자. 호감도함수 방법을 이용하면 절충 최적조건을 제시한다. 하지만 절충 최적조건이 어느 정도 안정적인지를 파악하려면 그 조건 주변에서 반응변수들은 어떤 값을 가지는지 알아야 하는데, 이때 중첩등고선 그림이 도움이 된다. 앞선 10.2절에서 본 바와 같이 중첩등고선을 이용하는 것은 기본적으로 2개의 인자를 대상으로 한다. 본 예와 같이 인자가 3개이면, 다른 하나는 어떤 값에 고정해야 하는데 이 값을 어디에 고정할 것인가? 바로 호감도함수 방법을 이용하여 도출한 최적조건에 두는 것이다. 이 예에서는 중첩등고선 그림을 ① 온도와 진공을 이용하려면 체류시간은 50에, ② 온도와 체류시간으로 보려면 진공은 96에, ③ 진공과 체류시간을 대상으로 하려면 온도는 112.7에 각각 두고 중첩등고선 그림을 그려서 보는 것이다. 물론 그렇게 한 다음에 수준을 고정하는 인자의 값을 어느 정도 이동하면서 볼 수도 있다.

복습문제 표 10.5의 절충 최적조건을 이용하여 3개의 중첩등고선 그림을 그리시오.

10.4 다수반응변수 최적화 사례

Nam et al. (2015)은 항공기 주요 부품의 피로 강도(fatigue strength)를 높이기 위해 숏피닝 공정 실험을 통하여 미세경도(micro-hardness)를 높이고 잔류응력(residual stress)을 낮추기 위한 실험을 시행했다. 미세경도를 증가시키면 균열 전파를 지연시키고, 압축 잔류응력을 낮추면 균열 폐쇄 응력이 증가하여 균열 전파의 구동력을 줄이고 피로 균열의 시작을 효과적으로 지연시킬 수 있다. 숏피닝의 전반적인 효과를 이론적으로 파악하기는 힘들어서, 두 개의 반응변수에 영향을 미치리라고 기대되는 4개의 인자를 대상으로 실험하여 최적조건을 알아보고자 한다.

실험을 하기 전 2차 효과가 있을 것으로 예상하여 박스-벤켄 계획을 선정하고, 장비 이용시간 제한 때문에 한 세트의 실험을 10회 넘기기가 어려워서 총 30회의 실험을 3개의 블록으로 나누어 시행하였다. 반응변수의 특성, 목표, 상한 · 하한을 표 10.6에, 숏피닝 공정 인자와 수준은 표 10.7에, 실험을 위한 설계행렬과 실험을 시행하여 측정한 미세경도와 잔류응력 데이터는 표 10.8에 나타내었다.

표 10.6 숏피닝 공정 반응변수의 목표와 상한/하한

반응변수	특성	하한	목표	상한
y_1 : 미세경도(Hv)	최대화	165	180	
y_2 : 잔류응력(MPa)	최소화		−350	−200

표 10.7 숏피닝 공정의 인자와 수준

인자	저수준(−1)	중앙수준(0)	고수준(+1)
X_1 : 노즐 거리(mm)	50	100	150
X_2 : 압력(kg/cm^2)	2	3	4
X_3 : 접촉 각도(°)	30	45	60
X_4 : 노출시간(s)	60	120	180

표 10.8 숏피닝 공정의 설계행렬과 데이터

실험점	블록	X_1	X_2	X_3	X_4	미세경도	잔류응력
1	1	−1	−1	0	0	170.0	−285.2
2	1	1	−1	0	0	161.6	−228.5
3	1	−1	1	0	0	173.0	−299.2
4	1	1	1	0	0	167.4	−286.0
5	1	0	0	−1	−1	161.8	−222.7
6	1	0	0	1	−1	170.2	−289.2
7	1	0	0	−1	1	164.0	−265.6
8	1	0	0	1	1	173.4	−290.1
9	1	0	0	0	0	168.0	−281.2
10	1	0	0	0	0	170.2	−270.9
11	2	−1	0	0	−1	170.0	−299.9
12	2	1	0	0	−1	163.0	−254.6
13	2	−1	0	0	1	174.6	−294.8
14	2	1	0	0	1	166.8	−273.2
15	2	0	−1	−1	0	162.0	−217.9
16	2	0	1	−1	0	166.0	−275.4
17	2	0	−1	1	0	166.8	−276.8
18	2	0	1	1	0	174.8	−319.8
19	2	0	0	0	0	168.2	−280.5
20	2	0	0	0	0	169.4	−297.2
21	3	−1	0	−1	0	171.8	−284.0
22	3	1	0	−1	0	160.6	−218.9
23	3	−1	0	1	0	174.0	−300.7
24	3	1	0	1	0	167.8	−280.2
25	3	0	−1	0	−1	162.0	−231.9
26	3	0	1	0	−1	167.4	−283.2
27	3	0	−1	0	1	163.6	−254.5
28	3	0	1	0	1	171.8	−299.1
29	3	0	0	0	0	168.6	−283.2
30	3	0	0	0	0	171.0	−279.6

실험데이터를 이용하여 잔차의 표준편차는 가장 작게, 수정결정계수는 가장 크게 하는 미세경도(y_1)와 잔류응력(y_2)에 대한 모형식을 다음과 같이 구하였다.

$$\hat{y}_1 = 169.046 - 3.850x_1 + 2.867x_2 + 3.400x_3 + 1.650x_4 + 1.250x_1x_3 + 1.000x_2x_3 - 1.453x_2^2 - 1.178x_4^2 \tag{10.15}$$

$$\hat{y}_2 = -282.076 + 18.533x_1 - 22.325x_2 - 22.692x_3 - 7.983x_4 - 10.875x_1x_2 - 11.150x_1x_3 - 5.925x_1x_4 + 10.500x_3x_4 + 5.998x_2^2 + 8.023x_3^2 + 5.836x_4^2 \tag{10.16}$$

복습문제 식 (10.15)와 모형식 (10.16)의 잔차의 표준편차, 결정계수, 수정결정계수를 구하시오.

미세경도(y_1)와 잔류응력(y_2)에 관한 모형식을 이용하여 호감도함수 방법으로 구한 절충 최적조건은 표 10.9에 나타내었다.

표 10.9 숏피닝 실험의 절충 최적조건, 예측치와 호감도

인자와 수준				반응변수	예측치	호감도	종합호감도
거리	압력	각도	시간				
50	4	60	130	미세강도	177.7	0.847	0.7809
				잔류응력	−308.0	0.720	

복습문제 잔류응력이 미세경도보다 2배 더 중요할 때 절충 최적조건을 구하시오.

이제 호감도함수 방법과 중첩등고선 그림을 함께 이용하여 반응변수의 절충 최적영역을 탐색해 보자. 그림 10.9~10.14에 4개의 인자 중 두 개를 고정하고 다른 두 개의 인자를 이용하여 미세강도 ≥ 175, 잔류응력 ≤ -310의 범위를 나타내는 중첩등고선을 나타내었다. 각 그림에서 가로축과 세로축 외에 다른 인자들의 고정값은 표 10.9에 있는 최적 절충조건에서 구한 수준이다. 이 그림들은 절충 최적영역을 시각적으로 파악하는 데 도움이 된다.

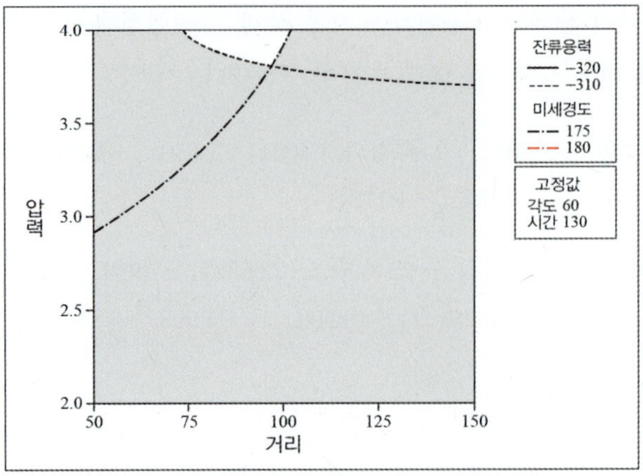

그림 10.9 (거리, 압력) 중첩등고선 그림: 각도 60, 시간 130

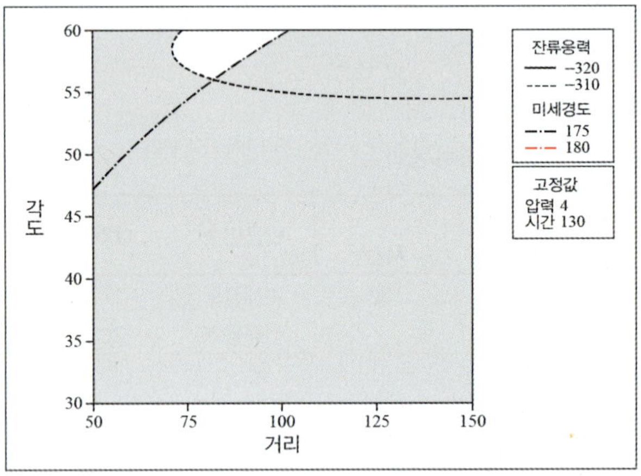

그림 10.10 (거리, 각도) 중첩등고선 그림: 압력 4, 시간 130

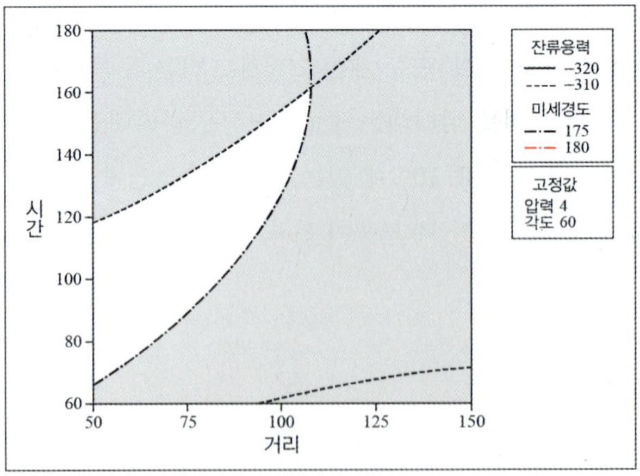

그림 10.11 (거리, 시간) 중첩등고선 그림: 압력 4, 각도 60

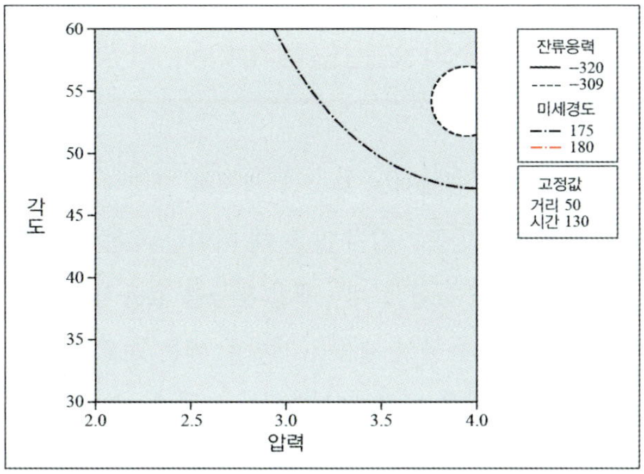

그림 10.12 (압력, 각도) 중첩등고선 그림: 거리 50, 시간 130

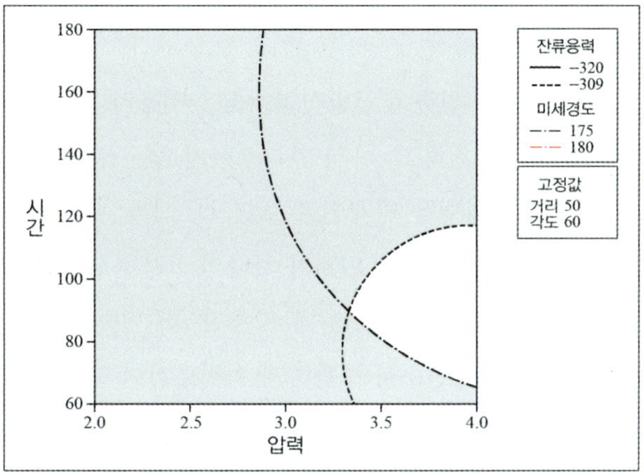

그림 10.13 (압력, 시간) 중첩등고선 그림: 거리 50, 각도 60

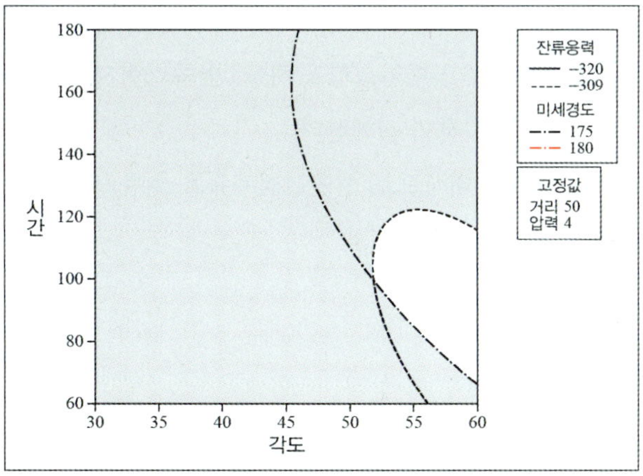

그림 10.14 (각도, 시간) 중첩등고선 그림: 거리 50, 압력 4

10.5 다수반응변수의 선별실험계획과 최적화

다수반응변수를 동시에 최적화하기 위해서는 분석과 최적화 단계에만 머물 것이 아니라 계획단계도 포함해야 한다. 절충 최적조건이 만족스럽지 않을 때 어떠한 후속실험을 해야 하는지, 실험 초기부터 어떤 인자들을 포함해야 실험을 통한 설계 · 개발 활동을 효율적으로 수행할 수 있을지 충분히 생각해야 한다. 특히 첨단 기술을 이용하여 제품을 개발할 때는 주요 기능에 관하여 안정된 품질을 확보하면서 가능한 한 신속하게 개발을 완료해야 한다. 본 절에서는 초기 실험 단계에서부터 적은 수의 실험으로도 주요 성능특성과 잠재적 인자들을 모두 고려하여 효율적으로 실험을 수행할 수 있는 선별실험방법을 제시한다. 초기의 변수선별 단계에서 잠재적 인자와 다수의 반응변수를 모두 고려한 실험을 계획하고 분석함으로써 유용한 정보를 습득하여 추후 실험에 적용하면 적은 수의 실험으로 실험의 목적을 달성할 수 있다.

다수의 반응변수 문제를 해결하기 위하여 선별실험계획을 적용하고, 데이터 분석 결과에 따라 인자를 분류한 후, 인자별로 수준을 선정하고, 아직 만족스럽지 않은 반응변수를 개선하기 위해서 후속실험을 계획하여 적용한다. 접근방법을 단계별로 보면, ① 선별실험을 계획하여 실행한 후 반응변수별로 영향을 미치는 인자를 선별한다. ② 인자가 하나의 반응변수에만 영향을 미치면 '특정인자(specific factors)', 두 개 이상의 반응변수에 영향을 미치면 '공통인자(common factors)'로 분류한다. 공통인자는 다시 영향을 주는 반응변수와 무관하게 최적조건이 일치하는 경우 '비충돌 공통인자(non-conflicting common factors)', 일치하지 않으면 '충돌 공통인자(conflicting common factors)'로 세분화한다. ③ 특정인자, 비충돌 공통인자는 반응변수를 가장 좋게 하는 수준을 최적조건으로 결정하고, 충돌 공통인자는 그 수준에 따른 반응변수들의 값을 보고 종합적으로 판단하거나 반응변수별 모형식을 구하고 중첩등고선 그림이나 호감도함수 방법을 이용하여 절충 최적조건을 도출한다. ④ 최적조건이 만족스럽다면 확인실험을 하고, 만족스럽지 않은 반응변수가 있다면 이것을 개선하기 위하여 추후 실험을 계획하여 시행한다.

10개의 인자와 5개의 반응변수를 대상으로 선별실험계획을 적용하여 얻은 데이터를 분석한 결과의 한 예를 표 10.10에 나타내었다.

표 10.10 다수반응변수 선별실험 결과 예

반응변수	인자									
	x_1	x_2	x_3	x_4	x_5	x_6	x_7	x_8	x_9	x_{10}
y_1	↑			↓			○			
y_2		↑	↑			○				
y_3	↓		↑		○					○
y_4			↑	↑						
y_5	↓	↑						○	○	

$x_1 \sim x_4$: 공통인자(화살표는 바람직한 방향)
$x_5 \sim x_{10}$: 특정인자

표 10.10을 자세히 설명하면 다음과 같다.

① 우선 선별실험 결과, 반응변수별로 영향을 주는 인자를 파악한다. 예를 들어 y_1은 x_1, x_4, x_7의 영향을 받는다.

② 선별실험 결과를 두 종류로 나눈다. 표 10.10을 보면, x_1부터 x_4까지는 영향을 미치는 반응변수가 2개 이상이므로 이들은 공통인자이고, 이 중에서 x_2와 x_3는 비충돌 공통인자, x_1과 x_4는 충돌 공통인자이다. x_5부터 x_{10}까지의 인자는 한 반응변수에만 영향을 미치므로 특정인자이다. 특정인자는 한 가지 반응변수만 고려하면 되므로, 대응되는 반응변수의 바람직한 방향에 맞게 값을 정하면 된다. 공통인자의 수준 값을 정하는 문제는 두 가지 경우로 나누어 볼 수 있다. 우선 공통인자가 둘 이상의 반응변수에 영향을 미치는데, 영향을 받는 모든 반응변수에 대해 바람직한 방향이 같다면 고민할 필요가 없다. 예를 들어 x_2가 '온도'인데, 이것이 y_2과 y_5에 영향을 미친다. 온도를 높이는 것이 이 두 개의 반응변수에 모두 바람직하면 고민할 필요 없이 온도는 고수준에 정하면 된다. 이런 인자가 '비충돌 공통인자'이다. 문제는 충돌을 일으키는 공통인자이다. x_1이 '시간'이고, y_1, y_3, y_5에 영향을 미치는데, y_1을 보면 시간을 늘려야 하지만, y_3와 y_5 측면에서 보면 시간을 낮추어야 하는 것이다.

③ 특정인자나 비충돌 공통인자의 값은 가장 좋은 조건에 두고, 충돌 공통인자를 대상으로 반응변수별로 모형식을 구하고, 호감도함수 방법 등 절충 최적조건을 구하는 방법을 이용하여 최적조건을 구한다.

④ 최적화 후 여전히 만족스럽지 못한 반응변수가 있다면, 해당 반응변수를 개선하는 방향으로 후속실험을 해야 한다. 후속실험에서 특정인자와 비충돌 공통인자는 각각 더 나은 방향으로 추가 실험을 시행하고, 충돌 공통인자의 추가 실험 방향은 만족도가 가장 낮거나 중요한 반응변수를 우선 고려한다.

⑤ 그래도 실험목적이 달성되지 않으면 다른 인자들을 고려하여 선별실험을 하고 ①부터 다시 시작한다. 이때 우리가 이미 최적화한 특정인자나 비충돌 공통인자는 가장 좋은 조건에 둔다. 이어서 충돌 공통인자들과 추가된 인자들을 대상으로 선별실험을 시행하면 되겠다.

10.6 다수반응변수의 선별실험계획과 최적화 사례

10.6.1 실험 개요

멜라민의 아미노기와 폼알데하이드(Formaldehyde, FA)의 부가 축합반응에 의해 합성되는 멜라민 수지의 잔존 폼알데하이드 함량을 일정 수준 이하로 유지하기 위한 실험을 시행하였다(변재현 등, 2017). 멜라민 수지는 멜라민의 아미노기와 폼알데하이드와의 부가 축합반응에 의해 제조되는 아미노계 열경화성수지이다. 이 수지는 표면경도가 크고 내열성, 내약품성, 내수성 및 전기적 성질이 우수하여 성형수지, 접착제, 도료, 화장판 제조에 널리 사용되고 있다. 특히 표면광택과 착색성이 우수하여 식기류 제조에 널리 사용된다. 멜라민 수지 합성 중 폼알데하이드 사용량은 멜라민 수지의 최종 물성에 지대한 영향을 미친다. 일반적으로 멜라민에 대한 폼알데하이드의 몰비가 클수록 경도 및 인장강도가 큰 수지를 제조할 수 있다. 그러나 폼알데하이드는 1급 발암물질로서 이를 과도하게 사용하여 생기는 잔류 폼알데하이드는 인체에 유해하다. 따라서 폼알데하이드가 적정 수준보다 높으면 이를 저감할 수 있는 공정 조건을 파악하는 것이 필요하다. 본 사례는 선별실험계획을 이용하여 멜라민 합성수지의 FA 함량을 줄이기 위한 다수반응변수 최적화 방법을 적용한 것이다.

멜라민 알데하이드 축합물의 합성 및 안정화 조건을 연구하여 발포체 형성에 적합한 축합물 제조 기술을 개발하였는데, FA 함량이 기준치를 초과하여 이를 낮추기 위한 실험을 수행하면서, 이 특성치 외에 인장강도(tensile strength), 연신율(elongation), 압축변형률(compression set) 등 3가지 특성도 동시에 고려해야 한다. 여기서 압축변형률은 시험규격 KSM 6518인 시료를 압축온도 70℃로 22시간 동안 시험편 두께의 25%까지 압축하고, 압축 해제 후 30분 동안 방치하여 두께를 잴 때 시험체가 영구적으로 변형된 정도를 측정한 값이다. 이러한 4개의 반응변수에 영향을 미치리라 기대되는 잠재 인자를 7개 선정하였는데, 이들은 투입횟수(no. of injections), 부가 pH(addition pH), 축합 pH(condensation pH), 부가온도, 축합온도, 멜라민비율(melamine ratio) 및 몰비(mole ratio)이다. 가능한 적은 수의 실험으로써 7개 인자가 반응변수에 미치는 영향을 파악하기 위한 선별실험을 계획하고 인자별로 2수준 실험을 수행하였다. 2수준을 갖는 7개의 인자를 대상으로

해 Ⅳ인 부분요인배치법에 근거한 선별실험을 표 10.12와 같이 16회 랜덤하게 수행하였다. 실험의 목표는 잔존 FA 양을 최소화하고 물리적 요구사항을 확보하는 것인데, 구체적으로는 다음 목표를 달성하려고 한다.

- FA 함량: $\leq 0.3\%$
- 인장강도: $\geq 1\text{kgf/cm}^2$
- 연신율: $\geq 20\%$
- 압축변형률: $\leq 5\%$

10.6.2 선별실험계획과 데이터 분석

7인자 2수준, 16회 실험을 위하여 2_{IV}^{7-3} 부분요인배치법을 이용하기로 하였다. 인자와 수준은 표 10.11에, 설계행렬은 표 10.12에, 데이터는 표 10.13에 나타내었다.

표 10.11 멜라민 수지 합성 선별실험의 인자와 수준

인자	내용	저수준(−1)	고수준(+1)
X_1 : 투입횟수	멜라민 투입 횟수	1	2
X_2 : 부가 pH	부가반응 시 pH	9.5	10.0
X_3 : 축합 pH	축합반응 시 pH	8	9
X_4 : 부가온도	부가반응 온도	80	85
X_5 : 축합온도	축합반응 온도	80	85
X_6 : 멜라민비율	멜라민과 요소(urea) 간 몰비	0.8	1.0
X_7 : 몰비	멜라민 대비 폼알데하이드 몰비	2.7	3.0

표 10.12 멜라민 수지 합성 선별실험의 설계행렬

실험점	X_1	X_2	X_3	X_4	X_5	X_6	X_7
1	1	9.5	8	80	80	0.8	2.7
2	2	9.5	8	80	85	0.8	3.0
3	1	10.0	8	80	85	1.0	2.7
4	2	10.0	8	80	80	1.0	3.0
5	1	9.5	9	80	85	1.0	3.0
6	2	9.5	9	80	80	1.0	2.7
7	1	10.0	9	80	80	0.8	3.0
8	2	10.0	9	80	85	0.8	2.7

(계속)

표 10.12 멜라민 수지 합성 선별실험의 설계행렬(계속)

실험점	X_1	X_2	X_3	X_4	X_5	X_6	X_7
9	1	9.5	8	85	80	1.0	3.0
10	2	9.5	8	85	85	1.0	2.7
11	1	10.0	8	85	85	0.8	3.0
12	2	10.0	8	85	80	0.8	2.7
13	1	9.5	9	85	85	0.8	2.7
14	2	9.5	9	85	80	0.8	3.0
15	1	10.0	9	85	80	1.0	2.7
16	2	10.0	9	85	85	1.0	3.0

복습문제 표 10.12에 있는 2_{IV}^{7-3} 부분요인배치법 설계행렬을 이용할 때, 별명관계를 밝혀라.

이 사례 데이터를 분석하면, 주효과 7개, 교락된 2인자 교호작용효과 7개, 교락된 3인자 교호작용효과 1개를 추정할 수 있다. 이들을 모두 이용하여 반응변수별 중요한 요인을 선정하는 것은 참고문헌을 보기 바라며, 여기서는 우선 주효과 7개를 고려하여 분석하기로 한다. 7인자 2수준 부분요인배치법으로 실험하여 구한 데이터를 이용하여 반응변수별로 7개의 주효과가 마치는 영향을 파악하기 위한 주효과도, 파레토그림, 엘보우그림을 그림 10.15~10.18에 나타내었다. 먼저 FA 함량에 대해서는 3개의 그림을 통하여 중요한 인자를 구분해 내기가 힘들었는데, 실험담당자들이 논의하여 몰비, 멜라민비율, 축합온도, 부가온도를 영향을 미치는 인자로 판단하였다. 인장강도의 경우에는 투입횟수와 멜라민비율, 연신율에는 부가 pH와 축합 pH, 압축변형률에는 멜라민비율, 축합온도, 축합 pH 순으로 영향을 미쳤다.

표 10.13 멜라민 수지 합성 선별실험의 반응변수 데이터

실험점	1	2	3	4	5	6	7	8	9	10	11	12	13	14	15	16
FA 함량	0.66	0.68	0.42	0.6	0.61	0.65	0.71	0.6	0.65	0.44	0.66	0.68	0.51	0.62	0.46	0.61
인장강도	1.2	1.2	1.2	2.1	1.3	2.1	1.5	2.0	1.9	2.3	1.6	1.9	1.0	1.3	1.9	1.8
연신율	10.0	7.4	12.2	18.6	13.5	19.9	18.7	41.0	10.1	1.9	17.1	16.9	17.1	11.9	32.1	21.4
압축변형률	4.2	5.4	5.2	5.8	5.8	6.2	2.3	7.2	7.4	8.3	6.3	3.6	3.3	2.1	3.1	5.4

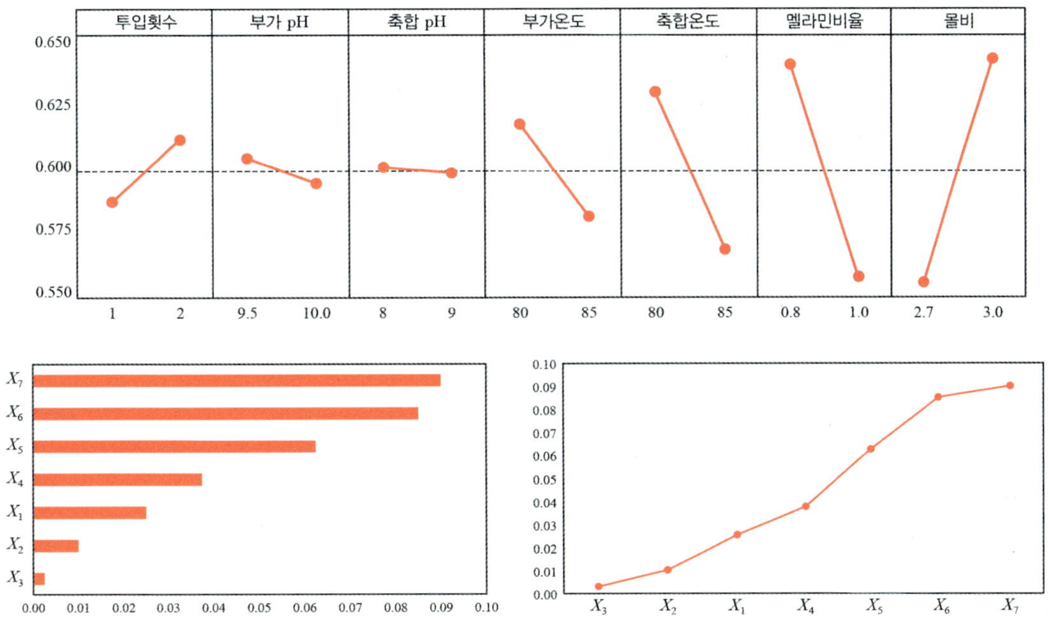

그림 10.15 FA 함량의 주효과, 파레토, 엘보우그림

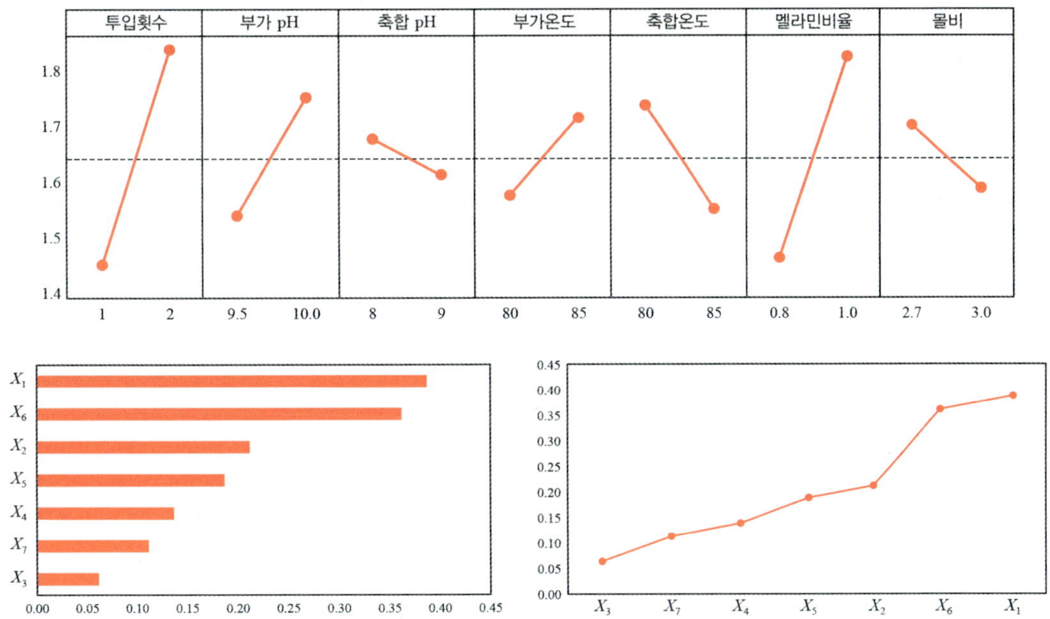

그림 10.16 인장강도의 주효과, 파레토, 엘보우그림

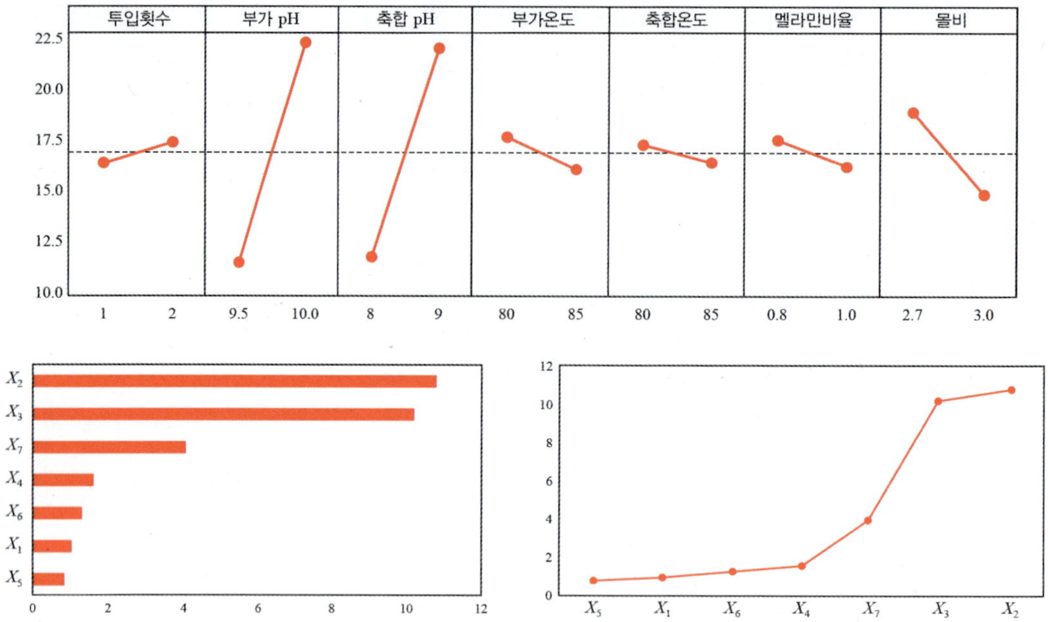

그림 10.17 연신율의 주효과, 파레토, 엘보우그림

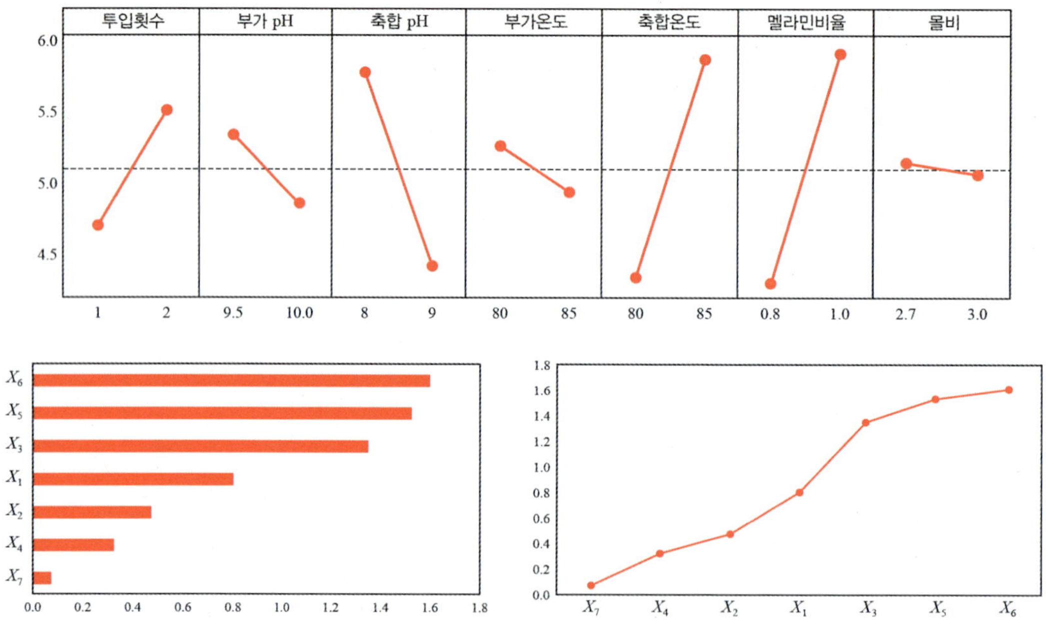

그림 10.18 압축변형률의 주효과, 파레토, 엘보우그림

각 반응변수에 인자가 미치는 영향에 관한 종합적 결과를 표 10.14에 나타내었다. 표의 왼쪽에 있는 반응변수 칸에 있는 화살표 ↑와 ↓는 각각 해당 반응변수를 크게 하는 것이 좋은지 아니면 작게 하는 것이 좋은지를 나타내는 것이다. 예를 들어 'FA 함량↓'는 FA 함량은 작을수록 좋다는 의미이다. 표 10.14에는 또한 어떤 인자가 반응변수에 미치는 영향이 강하면 '●', 보통이면 '◎', 약하면 '○' 기호로 표시하였다. 인자와 반응변수가 만나는 셀의 화살표는 반응변수의 목적에 맞는 해당 인자의 바람직한 방향성을 나타낸다. FA 함량과 멜라민비율이 만나는 셀에 있는 '◎↑' 표시는 FA 함량을 줄이기 위해서는 멜라민비율을 높여야 한다는 뜻이다. 반응변수 간 상대적 중요성을 나타내는 중요도지수를 정함에 있어서, 실험연구자들이 토의하여 FA 함량이 다른 반응변수들보다 5배 더 중요하다고 결정하였다. 표 10.14를 보면 X_1, X_2, X_4, X_7은 특정인자, X_3은 비충돌 공통인자, X_5와 X_6은 충돌 공통인자임을 알 수 있다. 예를 들어 X_3(축합 pH)는 인장강도와 연신율에 영향을 미치는데, 이를 증가시키면 인장강도와 연신율이 모두 높아지므로 비충돌 공통인자가 된다. 반면 X_6(멜라닌 비율)은 FA 함량, 인장강도, 압축변형률에 영향을 주는데, FA 함량과 인장강도를 개선하려면 X_6을 늘려야 하지만, 압축변형률을 낮추려면 이를 줄여야 한다. 그러므로 X_6은 충돌 공통인자가 되는 것이다. 특정인자나 비 충돌 공통인자의 값은 실험영역 내에서는 화살표 방향으로 세팅하면 된다. 만일 추가로 반응변수를 더 좋게 만들어야 한다면, 이들의 수준을 화살표 방향으로 이동하여 추가 실험을 할 수 있다. 문제는 충돌 공통인자이다. 아직 성능이 미흡한 반응변수를 개선하기 위한 추후 실험에서 이러한 충돌 공통인자의 수준은 선별실험 결과를 보고 설정해야 할 것이다.

표 10.14 멜라민 수지 합성 선별실험의 인자 구분과 개선방향

중요도	반응변수	인자						
		특정	특정	공통	특정	공통	공통	특정
		X_1	X_2	X_3	X_4	X_5	X_6	X_7
		투입횟수	부가 pH	축합 pH	부가온도	축합온도	멜라민비율	몰비
5	FA 함량↓				○↑	○↑	◎↑	◎↓
1	인장강도↑	◎↑					◎↑	
1	연신율↑		●↑	●↑				
1	압축변형률↓			◎↑		◎↓	◎↓	

선별실험 데이터를 분석하여 정한 조건을 표 10.15에 나타내었다. 선별실험의 선정 조건에서 4개의 성능특성에 관한 실험목표가 달성될 수 있는지를 살펴보자. 표 10.13을 보면, 우선 인장강도는 16개의 모든 실험조건에서 1.0 이상이라서 요구조건을 만족한다. 표 10.14로부터 연신율에 영향을 미치는 변수는 특정인자 X_2와 비충돌 공통인자 X_3이므로 이들은 둘 다 높은 수준으로 정할 수 있다. X_2(부가 pH)와 X_3(축합 pH)을 대상으로 그린 연신율에 관한 입방체 그림을 그림 10.19에 나타냈는데, (X_2, X_3)을 모두 높은 수준인 (10.0, 9.0)에 세팅하면 연신율의 값은 27.3으로서 요구조건인 20 이상을 확보할 수 있을 것으로 예측된다. 압축변형률에 영향을 주는 변수인 X_3(축합 pH), X_5(축합온도), X_6(멜라민비율)을 대상으로 그린 입방체 그림을 그림 10.20에 나타내었는데, 압축변형률 측면의 최적조건인 (X_3, X_5, X_6) = (9.0, 85, 1.0)에서 압축변형률의 예측치는 5.99%이다. 이는 압축변형률의 요구조건인 5.0% 이하를 만족하지 못하는 수치이다. 가장 중요한 특성치인 FA 함량의 경우, 영향력이 큰 3개의 인자인 X_5(축합온도), X_6(멜라민비율), X_7(몰비)를 대상으로 그림 10.21에 입방체 그림을 나타내었다. 이 그림을 보면 8개의 모든 조건에서 FA 함량의 요구수준인 0.3% 이하인 것은 없으므로, FA 함량을 낮추는 조건을 찾기 위한 실험이 필요하다.

표 10.15 멜라민 수지 합성 선별실험의 최적조건

인자	투입횟수	부가 pH	축합 pH	부가온도	축합온도	멜라민비율	몰비
선정 수준	2	10.0	9.0	85	85	1.0	2.7

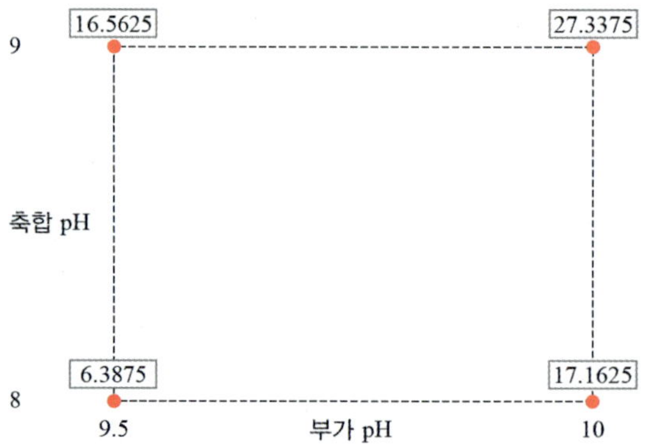

그림 10.19 연신율에 관한 입방체 그림

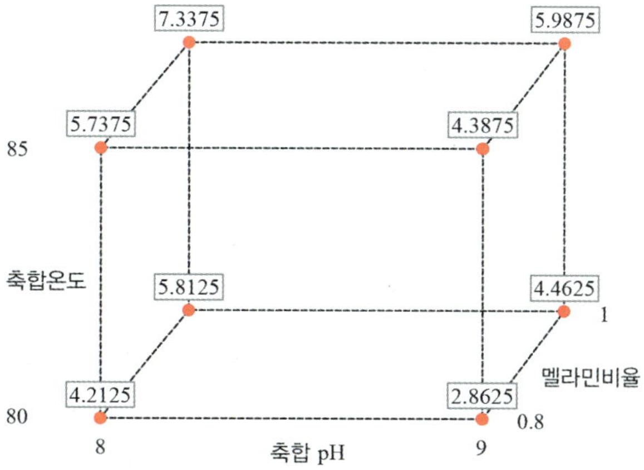

그림 10.20 압축변형률에 관한 입방체 그림

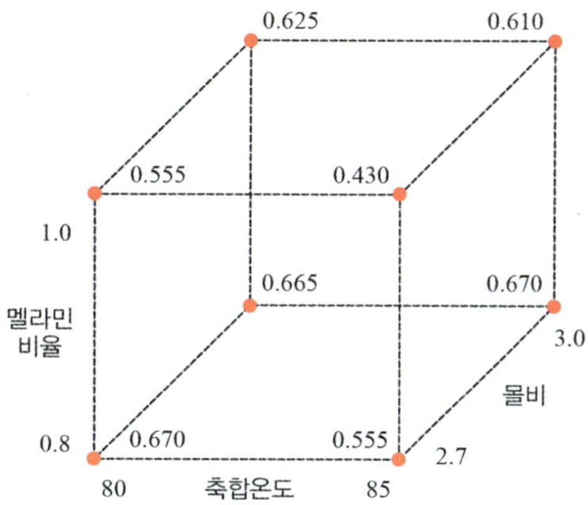

그림 10.21 FA 함량에 관한 입방체 그림

10.6.3 후속실험계획, 데이터 분석과 해석

선별실험 데이터를 분석한 결과, 가장 중요한 반응변수인 FA 함량을 감소하는 방향으로 추후 실험을 진행하기로 하였다. FA 함량에 영향을 미치는 인자들은 부가온도, 축합온도, 멜라민비율, 몰비이다. 그런데 표 10.14를 보면 멜라민비율을 더 늘리면 FA 함량은 줄어들지만, 압축변형률은 악화한다. 멜라민비율을 더 증가하면 '압축변형률' 특성이 규격을 벗어날 수 있으므로 이것은 1.0에 고정하고 후속실험에서는 제외한다. 3개의 인자를 대상으로 실행하는 2^3 요인배치 후속실험의 설계행렬은 FA 함량을 줄일 수 있는 방향으로 설정하기 위하여 표 10.14를 근거로 부가온도와 축합온도는 높이고, 몰비는 낮추는 방향으로 표 10.16과 같이 정하였다.

표 10.16 멜라민 수지 합성 후속실험 설계행렬

실험점	부가온도	축합온도	몰비
1	85	85	2.4
2	90	85	2.4
3	85	90	2.4
4	90	90	2.4
5	85	85	2.7
6	90	85	2.7
7	85	90	2.7
8	90	90	2.7

후속실험 데이터를 표 10.17에 나타내었다. 표 10.16의 1번 조건에서는 발포가 되지 않아서 인장강도와 연신율을 측정할 수 없으므로 '0'을 부여하였다. 이 조건에서는 3개의 인자가 모두 낮은 수준이다. 이 결과로부터 몰비가 2.4일 때, 부가온도와 축합온도가 둘 다 85일 때는 발포되지 않는다는 사실을 알게 되었다.

표 10.17 멜라민 수지 합성 후속실험 데이터

실험점	1	2	3	4	5	6	7	8
FA 함량	0.26	0.26	0.28	0.25	0.30	0.42	0.33	0.41
인장강도	0*	1.11	1.71	1.57	1.76	1.20	1.48	1.51
연신율	0*	20.1	29.5	29.3	27.6	22.3	34.0	27.6
압축변형률	3.26	4.18	5.79	5.85	3.09	5.41	6.29	6.24

후속실험 데이터를 이용하여 그린 주효과는 그림 10.22에, 효과값이 크게 나타난 부가온도와 몰비의 교호작용효과는 그림 10.23에 나타내었다.

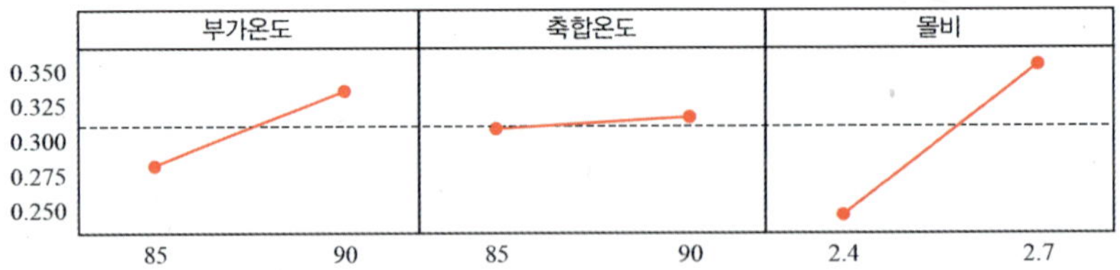

그림 10.22 후속 실험의 FA 함량 주효과 그림

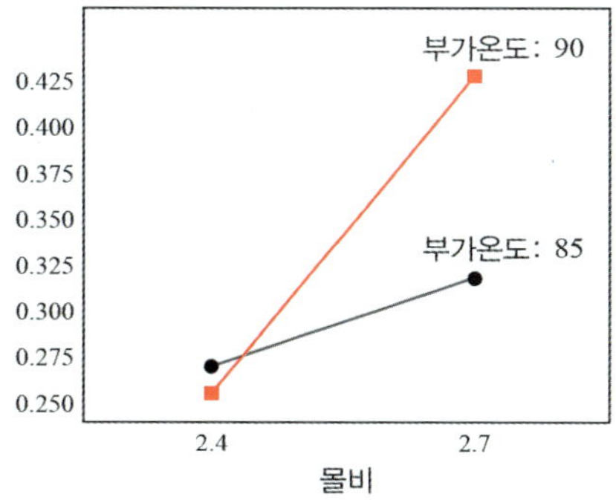

그림 10.23 후속 실험의 FA 함량 교호작용 그림

후속실험에서 고려한 3개의 인자 중 축합온도는 중요하지 않으므로 부가온도와 몰비가 FA 함량에 미치는 영향에 관한 입방체 그림을 그림 10.24에 그렸는데, 부가온도는 높고, 몰비는 낮은 수준에서 FA 함량 값이 가장 작게 나온다는 것을 알 수 있다. 이 조건에서 시행한 두 번의 확인실험 결과를 표 10.18에 나타내었는데, 이 조건에서 실험의 목표인 FA 함량 $\le$ 0.3%, 인장강도 $\ge$ 1kgf/cm^2, 연신율 $\ge$ 20%, 압축변형률 $\le$ 5%를 모두 만족한다. 표 10.18을 보면, 두 번 실험하여 측정한 인장강도와 연신율의 산포가 비교적 크다는 것이 눈이 뜨인다.

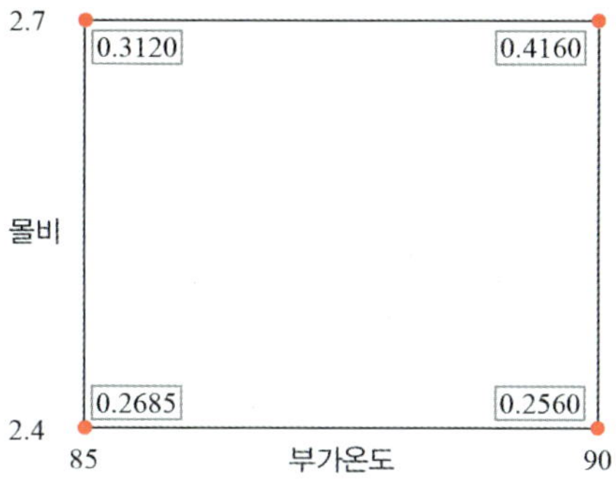

그림 10.24 후속 실험의 FA 함량 입방체도

표 10.18 멜라민 수지 합성의 확인실험 결과

최적수준		반응변수			
부가온도	몰비	FA 함량	인장강도	연신율	압축변형률
90	2.4	0.26	1.11	20.07	3.30
		0.25	1.57	29.29	4.00
평균		0.26	1.34	24.68	3.69

10.7 들여다보기

(1) 10.6절의 사례에서는, 요인효과의 상대적 크기를 비교하여 중요한 인자를 선별했다. 만일 중앙점에서 4회 정도 반복실험을 시행했다면, 통계적 관점에서 유의한 요인효과를 정할 수 있었을 것이다.

(2) 호감도함수 방법을 이용한 동시최적화를 하여 절충 최적조건을 제시하는 데 그치지 않고 좀 수고스럽지만, 중첩등고선도를 함께 보면 최적조건이 어느 만큼 안정적인지를 알 수 있다. 예를 들어 최대화하고자 하는 반응변수의 값이 절충 최적조건에서 50인데, 이 반응변수가 45에서 50 사이가 아주 좁게 나온다면 이 조건은 안정적이지 못한 것이고, 만일 그 구간이 넓다면 절충 최적조건이 좀 이동해도 문제가 없는 안정된 조건이다. 여기에 신뢰구간까지 고려하여 중첩등고선도를 그리면 절충 최적조건의 안정성을 더 잘 표현할 수 있다.

(3) 최종적으로 얻은 데이터를 이용하여 절충 최적조건을 찾는 방법에 더하여 선별실험계획을 쓰는 근본적인 이유: 3개의 반응변수를 다룰 때 반응변수별로 3개 정도의 인자만 고려한다고 해보자. 그렇게 해서 절충 최적조건이 마음에 들지 않으면 재실험해야 하는데, 이때 문제가 되는 반응변수를 해결하더라도 변경된 인자의 수준조합에서 이미 좋았던 다른 반응변수가 나빠질 수 있다. 다수반응변수를 다루는 실험을 시작할 때, 어떤 반응변수이건 간에 영향을 미칠 가능성이 있는 인자들을 모두 반영하자는 것이다. 10.6절의 사례는 7인자 16회 실험을 하는 2_{IV}^{7-3} 부분요인배치법을 이용하여 실험함으로써 초기부터 운신의 폭을 넓힌 예이다.

(4) 반응변수별로 만족스러울 만한 영역을 정하고, 그러한 영역을 동시에 만족하는 인자의 범위를 찾을 수 없는 경우에, 우선 1개 또는 2개 정도의 반응변수를 제외하고 나머지 반응변수의 영역을 만족하는 조건 범위를 찾는다. 아직 만족스럽지 않은 반응변수를 대상으로 지금까지 고려하지 않은 인자 중에서 기존 고려된 반응변수에는 영향을 미치지 않는 것들을 탐색하여 개선한다. 전문적 지식, 실험 경험을 통하여 알 수 없으면, 이런 것들을 인자로 삼아 선별실험을 시행한다.

(5) 여러 개 반응변수 중 합 · 부 판정과 관계된 특성치가 있을 때 분석 방법: 해당 특성치에서 '합격'에 해당하는 데이터만 골라 이들을 분석한다.

(6) 요인효과의 유의성을 파악할 수 있는 다른 방법: 중앙점에서 반복실험, 예를 들어 4번 정도 실험을 하였다면 오차의 크기를 어느 정도 알 수 있고, 이것을 이용하여 유의성 검정을 할 수 있다.

(7) 호감도 함수를 이용하여 여러 개의 반응변수를 동시에 최적화하는 것은 다양한 방법을 쓸 수 있다. ① 프로그래밍에 익숙한 사람은 10.3절에 있는 내용을 바탕으로 프로그램을 짜서 수행할 수 있고, ② 미니탭, Design Expert, SAS JMP 등 소프트웨어를 이용할 수도 있다.

+연습문제

1 Derringer and Suich(1980)는 타이어 표면의 고무 패턴인 트레드 화합물을 개발하면서 4가지 반응변수를 동시에 최적화하기 위해, 3개의 인자인 수화 실리카(X_1), 실레인 냉각제(X_2), 황의 함량(X_3)을 대상으로 3인자 중심합성계획법을 이용하여 실험을 시행하였다. 이 실험의 인자와 수준은 표 10.19에, 4개의 반응변수에 관한 내용은 표 10.20에, 설계행렬과 반응변수 데이터는 표 10.21에 나타내었다.

표 10.19 타이어 트레드 화합물실험의 인자와 수준

인자	저수준(−1)	현 수준	고수준(+1)
X_1 : 수화 실리카	0.7	1.2	1.7
X_2 : 실레인 냉각제	40.0	50.0	60.0
X_3 : 황의 함량	1.8	2.3	2.8

표 10.20 타이어 트레드 화합물실험의 반응변수 목적, 한계와 목푯값

반응변수	목적	하한	목표	상한
y_1 : 마모지수	최대화	120	200	
y_2 : 200% 계수	최대화	1,000	2,000	
y_3 : 파단 시 신장강도	목푯값	400	500	600
y_4 : 경도	목푯값	60.0	67.5	70.0

표 10.21 타이어 트레드 화합물실험의 설계행렬과 데이터

실험점	X_1	X_2	X_3	y_1	y_2	y_3	y_4
1	−1	−1	−1	101	1,340	470	61
2	1	−1	−1	126	1,640	420	63
3	−1	1	−1	117	1,023	570	70.5
4	1	1	−1	138	2,270	310	74.5
5	−1	−1	1	98	680	580	66
6	1	−1	1	132	1,230	420	69
7	−1	1	1	132	780	295	78
8	1	1	1	139	1,580	380	76
9	−1.682	0	0	102	1,070	620	61
10	1.682	0	0	154	1,650	290	64
11	0	−1.682	0	103	720	520	61
12	0	1.682	0	163	1,540	380	65

(계속)

표 10.21 타이어 트레드 화합물실험의 설계행렬과 데이터(계속)

실험점	X_1	X_2	X_3	y_1	y_2	y_3	y_4
13	0	0	−1.682	116	2,230	520	75
14	0	0	1.682	124	1,962	290	71
15	0	0	0	145	1,300	380	73
16	0	0	0	133	1,230	380	72.5
17	0	0	0	140	1,196	415	72
18	0	0	0	142	1,240	410	73
19	0	0	0	145	1,260	395	74
20	0	0	0	142	1,344	397	74.5

(1) 4개의 반응변수를 대상으로 각각 적합한 모형식을 구하라.

(2) 인자 X_3을 -1, 0, 1에 각각 고정한 후, 4개의 반응변수의 범위를 설정하여 다양한 중첩등고선을 구하라.

(3) 호감도함수 방법을 이용하여 4개의 반응변수를 동시에 최적화하는 절충 최적조건을 제시하라.

2 자일리톨 결정화 실험을 시행한 데이터를 분석하여 구한 8장의 연습문제 1번의 수율과 순도 데이터를 이용하여,

(1) 반응변수별로 적합한 모형식을 구하라.

(2) $0.5 \le y_1 \le 0.6, 0.97 \le y_2 \le 1.0$을 만족하는 중첩등고선을 구하라.

(3) 호감도함수 방법으로 2개의 반응변수를 동시에 최적화하는 절충 최적조건을 제시하라.

3 Zidan et al. (2007)은 천연물질 면역억제제인 사이클로스포린(CyA)의 자가 나노에멀션화 약물전달시스템(Self-anoemulsified Drug Delivery Systems, SNEDDS)을 최적화하기 위하여 3개의 인자를 대상으로 박스-벤켄 계획을 이용한 실험을 시행하였다. 실험의 인자와 수준은 표 10.22에, 6개 반응변수의 목적, 한계와 목푯값은 표 10.23에, 설계행렬과 데이터는 표 10.24에 나타내었다. 반응변수 중에 y_3과 y_5는 하한을 넘기면 만족스러우므로 가중지수를 0.1로 정하였다.

표 10.22 SNEDDS 실험의 인자와 수준

인자	저수준(−1)	중앙수준(0)	고수준(+1)
X_1 : 추가 유화제 양(mg)	20	50	80
X_2 : 추가 중쇄지방산 양(mg)	30	50	70
X_3 : 유성성(oily phase) 첨가량	10	30	50

표 10.23 SNEDDS 실험의 반응변수 목적, 한계와 목푯값

반응변수	목적	하한	목표	상한	가중지수
y_1 : 입자크기(nm)	최대화	50	90		1
y_2 : 탁도(NTU)	최대화	50	100		1
y_3 : 5분 후 방출된 CyA의 누적 백분율(%)	최대화	40	45		0.1
y_4 : 10분 후 방출된 CyA의 누적 백분율(%)	최대화	80	100		1
y_5 : 유화 속도(%/min)	최대화	7	10		0.1
y_6 : 지연 시간(min)	최소화		3	5	1

표 10.24 SNEDDS 실험의 설계행렬과 데이터

실험점	X_1	X_2	X_3	y_1	y_2	y_3	y_4	y_5	y_6
1	20	30	30	40.5	73.5	19.92	98.2	9.57	3.25
2	80	30	30	16.8	28.3	25.60	71.5	7.21	3.25
3	20	70	30	87.0	235.0	44.42	102.9	9.00	4.50
4	80	70	30	11.3	14.4	47.68	100.8	9.57	5.25
5	20	50	10	44.5	38.8	42.29	102.3	9.98	4.25
6	80	50	10	7.2	23.0	18.13	87.8	10.63	2.75
7	20	50	50	88.3	278.0	29.70	83.8	9.80	4.25
8	80	50	50	14.5	24.4	43.18	95.3	7.95	3.00
9	50	30	10	10.3	28.7	18.23	95.7	9.47	3.25
10	50	70	10	34.2	10.8	53.90	107.0	9.46	6.75
11	50	30	50	9.8	72.1	32.12	82.3	9.32	4.75
12	50	70	50	49.2	35.2	39.80	100.3	9.69	5.50
13	50	50	30	32.6	15.1	40.20	99.3	9.00	3.65
14	50	50	30	35.1	15.5	32.49	96.4	9.34	3.25
15	50	50	30	37.8	17.3	42.30	102.0	8.93	3.25

(1) 반응변수별로 적합한 모형식을 구하라.

(2) 호감도함수 방법으로 6개의 반응변수를 동시에 최적화하는 절충 최적조건을 제시하라.

4 금속산화물 반도체인 CMOS 트랜지스터 성능을 최적화하기 위하여 2_{V}^{5-1} 부분요인배치 실험을 시행하였다. 반응변수는 이 장치가 모든 기능시험을 통과할 수 있는 최대 주파수(y_1)와 대기상태에서 소모되는 전류(y_2)인데, y_1은 80 이상, y_2는 30 이하가 되는 조건을 구하고자 한다. 인자와 수준은 표 10.25에, 설계행렬과 데이터는 표 10.26에 나타내었다.

표 10.25 CMOS 트랜지스터 성능 최적화 실험의 인자와 수준

인자	저수준(−1)	고수준(+1)
X_1 : n-tip 임플란트 용량	4.18	4.22
X_2 : p-well 주입 에너지	23.0	25.0
X_3 : p-well 주입 용량	11.7	11.8
X_4 : 필드 산화막 한계치수	4.2	5.0
X_5 : 폴리실리콘 한계치수	2.5	3.0

표 10.26 CMOS 트랜지스터 성능 최적화 실험의 설계행렬과 데이터

X_1	X_2	X_3	X_4	X_5	y_1	y_2
−1	−1	−1	−1	1	71	16.6
1	−1	−1	−1	−1	74	16.4
−1	1	−1	−1	−1	72	4.0
1	1	−1	−1	1	67	12.1
−1	−1	1	−1	−1	75	55.3
1	−1	1	−1	1	72	59.0
−1	1	1	−1	1	69	39.6
1	1	1	−1	−1	73	47.4
−1	−1	−1	1	−1	75	10.5
1	−1	−1	1	1	73	25.9
−1	1	−1	1	1	70	9.3
1	1	−1	1	−1	71	12.2
−1	−1	1	1	1	69	59.9
1	−1	1	1	−1	76	59.1
−1	1	1	1	−1	74	42.8
1	1	1	1	1	69	43.8

(1) 렌스 방법을 이용하여 두 개의 반응변수에 영향을 미치는 요인효과를 구하라.

(2) 중요한 요인효과를 대상으로 효과 그림을 그려라.

(3) 요인효과를 특정인자, 비충돌 공통인자, 충돌 공통인자로 구분하라.

(4) y_1이 80 이상, y_2가 30 이하가 되는 조건이 있는가? 만일 없다면 추후 실험계획을 구상하라.

5 10.4절의 숏피닝 공정에서 제시한 미세경도를 높이고 잔류응력을 낮추기 위한 숏피닝 실험데이터를 바탕으로, 호감도함수 방법을 이용하여 미세경도와 잔류응력을 동시에 최적화하는 조건을 구하고자 한다. 높여야 하는 미세경도의 하한은 165, 목표는 180이고, 낮추어야 하는 잔류응력의 상한은 −200, 목표는 −350이다.

(1) 각 반응변수의 호감도 함수 가중지수는 1, 상대적 중요성이 같을 때, 동시최적화 조건을 구하라.

(2) 반응변수의 호감도함수 가중지수는 그대로이지만, 잔류응력이 미세경도보다 2배 더 중요할 때, 최적조건은 어떠한가?

6 Varesio et al.(1997)의 사례를 분석한 8장의 연습문제 2번의 분석 결과를 이용하여,

(1) 실험의 목표가 $\hat{y}_1 > 1.5$, $\hat{y}_3 < 20$분, $\hat{y}_4 < 1.0$W라는 제약조건을 만족하면서, $\hat{y}_2$를 최대화하는 것이라면, 호감도함수 접근법을 어떻게 적용할 것인지 토의하라.

(2) 호감도함수 접근법을 이용한 동시최적화 조건을 구하라.

7 3개의 반응변수를 대상으로 2단계 방전가공 최적화를 위한 8장의 연습문제 4번에서 구한 모형식을 이용하여 3개의 반응변수를 동시에 최적화하기 위한 호감도함수 방법을 적용하고자 한다. 3개의 반응변수는 모두 작게 만들려고 하는데, 표면거칠기, 공구마모, 가공시간의 (상한값, 목푯값)은 각각 (6, 3)μm, (0.1, 0.05)mm, (15, 10)min이다.

(1) 3개 반응변수의 중요도가 같을 때, 호감도함수 접근법을 이용하여 절충 최적조건을 구하라.

(2) 표면거칠기가 다른 반응변수에 비해 3배 중요하다면 절충 최적조건은 어떻게 되는가?

8 LNG 운반선 보냉재용 속경화 고기능성 접착제를 개발을 위한 9장의 연습문제 2번에서 3개의 반응변수에 적합한 모형식에 근거하여 호감도함수 방법을 활용한 동시최적화를 하려고 한다. 반응변수들의 특성과 제약조건은 표 9.20에 나타나 있다. 점도의 경우에는 그 값이 상한과 하한 안에 있으면 되므로 호감도함수의 가중지수를 0.1로 정하였다.

(1) 반응변수의 상대적 중요성이 같을 때, 동시최적화 조건을 구하라.

(2) 전단강도가 다른 특성보다 더 중요하므로 전단강도의 중요도지수를 2로 높이면, 동시최적화 조건은 어떻게 되는가?

9 전도성 페이스트에 사용되는 고순도의 은 분말을 생산하기 위한 4장의 연습문제 1번을 분석한 모형식을 이용하여,

(1) 실험의 목적인 밀도는 14g/cm^3 이하, 표면적은 0.3~0.6cm^2/g을 유지할 수 있는 영역을 온도의 수준을 8, 24, 40으로 바꾸어 가면서 (암모늄, 교반 속도)의 중첩등고선 그림으로 구하라.

(2) 표면적의 영역을 0.4~0.5cm^2/g로 좁히면, 중첩등고선 그림은 어떻게 달라지는가?

(3) 인자들의 세팅된 값을 공정에서 유지하는 것이 어렵다면, 실험 목적을 달성하기 위한 공정 조건을 제시하라.

+참고문헌

김수진, 변재현 (2023). "A Case Study on the Use of Box-Behnken Design to Improve an Electrical Discharge Machining", 대한산업공학회지, 제49권, 제4호, 369-378.

변재현, 이기창, 서판석, 곽경환, 장성일 (2017). "선별실험계획을 활용한 신제품의 다수품질특성 확보 방안 — 사례연구를 중심으로", 대한산업공학회지, 제43권, 제2호, 128-134.

De Faveri, D., Torre, P., Perego, P., and Converti, A. (2004). Optimization of Xylitol Recovery by Crystallization from Synthetic Solutions Using Response Surface Methodology, *Journal of Food Engineering*, 61(3), 407-412.

Derringer, G. and Suich, R. (1980). Simultaneous Optimization of Several Response Variables, *Journal of Quality Technology*, 12(4), 214-219.

Derringer, G. (1994). A Balancing Act: Optimizing a Product's Properties, *Quality Progress*, 27(6), 51-58.

Drain, D. (1997). *Handbook of Experimental Methods for Process Improvement*, Chapman & Hall, NY.

Johnson, L. and McNeilly, K. (2011). Results May Vary: How Factorial Experimentation Can Reduce Variation and Improve Quality, *Quality Progress*, 44(5), 42-48.

Montgomery, D. C. (2017). *Design and Analysis of Experiments*, 9th Edition, Wiley, NJ.

Myers, R., Montgomery, D. C., and Anderson-Cook, C. M. (2016). *Response Surface Methodology*, 4th Edition, Wiley, NJ.

Nam, Y. -S., Jeong, Y. I., Shin, B. -C., and Byun, J. -H. (2015). Enhancing Surface Layer Properties of an Aircraft Aluminum Alloy by Shot Peening Using Response Surface Methodology, *Materials & Design*, 83, 566-576.

Varesio E., Gauvrit J. -Y., Longeray R., Lantéri P., and Veuthey J. -L. (1997). Central Composite Design in the Chiral Analysis of Amphetamines by Capillary Electrophoresis, *Electrophoresis*, 18(6), 931-937.

Zidan, A. S., Sammour, O. A., Hammad, M. A., Megrab, N. A., Habib, M. J., and Khan, M. A. (2007). Quality by Design: Understanding the Formulation Variables of a Cyclosporine A Self-nanoemulsified Drug Delivery Dystems by Box-Behnken Design and Desirability Function, *International Journal of Pharmaceutics*, 332, 55-63.

11.

강건성 확보를 위한 실험계획

11.1 강건설계의 이해

강건설계는 기술개발, 제품 및 공정설계 또는 공정개선에 있어서, 제품 성능변동의 원인(잡음)을 제거하지 않고, 제품의 성능이 이러한 잡음에 둔감하도록 제품 또는 공정 설계변수의 최적조건을 찾는 것이다. 강건설계 방법은 기존의 통계적 접근방식에 공학적 방법론을 접목하여, 제품이 다양한 조건에서 사용되는 동안 설계 사양대로 작동하도록 제품의 기능을 저해하는 요소들의 영향을 최소화하고, 제품/공정에 요구되는 기능을 최소 비용으로 달성하도록 만드는 것이다. 강건설계의 목적은 ① 개발기간의 단축, ② 제품과 공정설계의 최적화, ③ 사용자 환경에서 기능 안정화, ④ 기술개발의 선행성, 범용성, 재현성을 확보하는 것이다. 강건설계를 추진하기 위해서는 먼저 제품의 기능과 성능을 평가하는 특성을 선정하고, 이러한 성능특성(품질특성, 반응변수, 평가특성)에 영향을 미치는 잡음을 확인한다. 이어서 실험을 계획하고 시행한 후 그 결과를 분석하여 저비용으로 짧은 기간에 고품질의 제품을 개발하거나 공정을 개선한다. 전통적인 실험계획법이 반응변수와 인자 간 관계를 파악하는 데 중점을 두었다면, 강건설계는 잡음에 영향을 받지 않는 제품/프로세스의 최적조건을 찾는 것이다.

11.1.1 강건설계의 기원과 확산

1950년대 초에 일본의 타일 제조사인 이나 세이토(Ina Seito) 사가 유럽에서 당시에는 엄청난 금액인 2백만 달러를 들여 고가의 터널가마를 새로 구매했다. 가마의 길이는 80m였고, 가마 안에는 타일들을 쌓아 놓은 대차가 궤도를 따라 천천히 움직일 때 버너들이 가마 온도를 높여 타일들을 구워냈다. 그러나 이 새 가마는 규격 치수의 타일들을 생산해 내지 못했다. 대차의 외곽 부분에 쌓였던 40% 이상의 타일 치수가 불량이고, 내부의 타일들도 겨우 규격 내에 들 수 있는 수준이었다(그림 11.1의 '개선 전 분포'). 대차 내의 타일들이 받는 열의 불균형이 치수, 즉 두께의 차이를 가져오는 근본 원인으로서, 이러한 가마 안 온도의 산포가 타일 치수에 커다란 변동을 일으키고 있었다(그림 11.2). 가마를 재설계하여 문제를 해결하려면 막대한 추가 비용이 소요되므로 가마 속의 위치에 상관없이 규격 내 타일을 만들어 낼 수 있도록 실험을 통해서 원료 배합의 최적조건을 찾아내기로 하였다.

타일의 품질특성인 타일 두께의 규격은 10.00 ± 0.15mm, 즉 (9.85, 10.15)mm이고, 타일 제조과정은 개략적으로 '재료분쇄와 혼합 → 성형 → 1차 하소 → 유약 바르기 → 2차 하소'를 거친다. 타일 치수의 변동을 개선하기 위하여 타일의 원료 배합 시, 구성성분의 양을 조절함으로써 이 문제를 해결할 수 있으리라는 점에 착안하여 여러 성분의 비율이나 첨가제 입자의 크기 등을 설계변수로 삼아 실험을 수행하였다. 실험데이터를 분석한 결과, 석회석의 함량을 현행 1%에서 5%로 증가시킴으로써 현재의 가마를 그대로 사용하고서도 타일 크기의 변동을 크게 줄일 수 있음을 알아내었다(그림 11.1의 '개선 후 분포'). 석회석은 값싸게 구할 수 있는 원료였으므로 이 회사는 매우 경제적이고 손쉬운 방법으로 고질적인 품질 문제를 해결할 수 있었다.

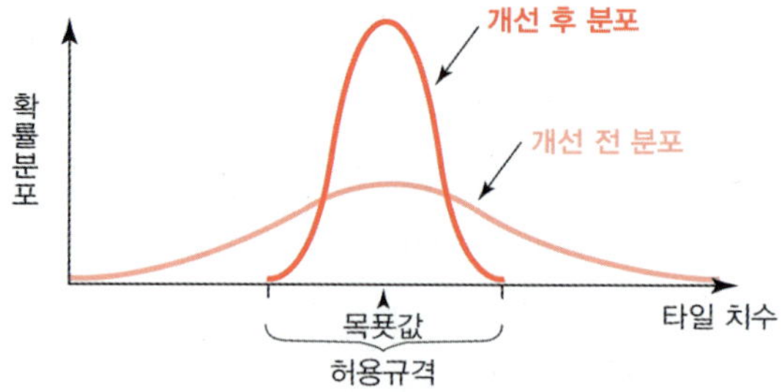

그림 11.1 타일 치수의 분포

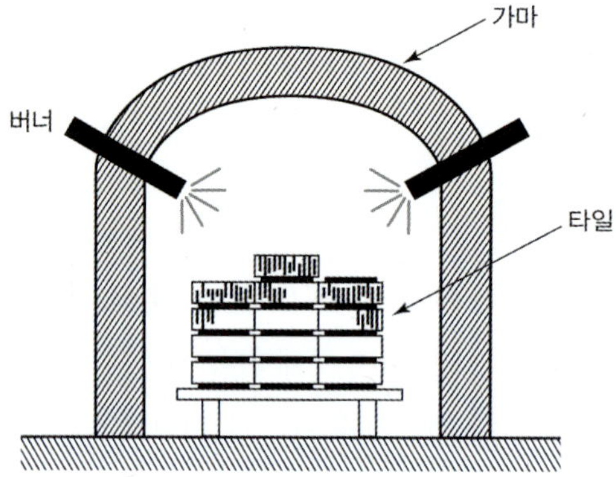

그림 11.2 타일 제조 가마의 모형도

일반적으로 잡음에 대한 대응책은 크게 두 가지로 나누어 볼 수 있다. 첫째는 잡음을 제거 또는 통제하려는 직접적인 방법이며, 다음은 간접적 또는 우회적인 방법인, 잡음을 있는 그대로 놔둔 상태에서 성능특성이 잡음에 둔감하도록(잡음이 있어도 성능특성의 산포가 심하지 않도록) 제품이나 공정을 설계하는 것이다. 위의 타일 제조 문제를 보면, 현재의 가마를 성능이 더 좋은 새로운 가마로 교체한다거나 좀 더 엄격하게 온도를 제어하는 방법을 마련하는 것은 직접적인 대응책이며, 원료 배합의 구성비를 바꾸어 산포를 개선하는 것은 우회적인 대응책이다. 일반적으로 직접적인 대응책은 큰 비용과 노력이 필요하거나 기술적으로 불가능할 때가 많다. 반면에 제품 및 공정의 적절한 설계를 통한 우회적 대응책은 대부분 경우에 직접적인 것보다 훨씬 경제적이며 기술적으로도 적용하기가 쉽다. 다구치(Taguchi)가 제시한 강건설계 방법은 이와 같은 간접적, 우회적 대응책을 위한 체계적인 방법이다. 강건설계 방법은 타일 산포를 개선한 사례 이후, 기계, 전기 · 전자, 재료 등의 다양한 공정에 적용되었다.

다구치는 일본 전기통신연구소에 근무하면서 강건설계 개념을 정립하고, 1951년 실험계획법 책을 저술했는데, 이 책을 보고 앞서 설명한 대로 일본의 타일제조 업체가 다구치의 강건설계 방법을 이용하여 타일 변동의 문제를 해결하였다. 다구치는 1954년 인도 통계대학원(Indian Statistical Institute, ISI)의 마할라노비스 교수의 초청으로 인도를 방문하여 그의 방법을 20여 개의 실험 과제에 적용했으나 그리 성공하지는 못했다. 주된 이유는 이 당시 인도에서는 통계적 방법을 주로 농업이나 인구조사에 적용했기 때문이다. 인도는 대부분의 공산품을 주로 영국에서 수입했고, 제조업이라고 해도 단순 조립에 머물러 있었으므로 다구치의 방법을 쓰기가 어려웠다. 나중에 1970년대 초에 다구치가 인도를 다시 방문했을 때는 인도에 제품 생산을 하는 제조업체가 일부 있었고, 이 업체들은 저비용 고품질 제품을 개발하는 데 주안점을 두었으므로 다구치 방법을 성공적으로 적용할 수 있었다.

다구치 방법(Taguchi method)으로 불린 강건설계 방법이 미국에 알려진 것은 1980년대 초이다. 그가 1970년대 후반에 미국의 AT&T 벨 연구소에서 무료로 강의했고, 몇 명의 공대 출신 연구원들이 그의 방법을 이용하여 반도체의 만성적인 품질 문제를 해결하는 데 괄목할 만한 성과를 냈다. 이후 미국의 자동차 산업계에서 다구치의 강건설계 방법을 적용하여 큰 효과를 보았고, 급기야 다구치는 미국으로 건너가 처음에는 포드자동차의 협력업체 교육기관의 책임자로 있다가, 나중에 미국 협력업체 기관(American Supplier Institute, ASI)을 설립하여 그의 방법을 교육하고 기업 컨설팅을 수행했다. 반도체와 자동차 등 핵심 제조업에서 다양한 성공 사례가 나오고 나서, 다구치의 강건설계 방법은 자연스럽게 전 세계로 확산하였다. 1985년 품질개선기법을 소개하는 미국 품질협회(American Society for Quality, ASQ)의 품질기술저널(Journal of Quality Technology, JQT)에 다구치의 강건설계 방법이 소개된 이후 연구자들이 이 방법에 관심을 기울이기 시작했고, 이후 이 방법의 적합성에 관한 논쟁이 시작되었다. 잡음에 둔감한 설계조건을 선정한다는 그의 철학에는 모두가 동감한다. 하지만 이런 조건을 찾기 위하여 그가 제안한 신호대잡음비(Signal-to-Noise Ratio, SN비)라는 척도에 관해서는 비관적이었다. 1992년 ASQ에서 발간하는 테크노메트릭스(Technometrics)에 이 방법에 관한 패널토의(Panel Discussion) 논문이 나온 이후, 강건설계 방법에 관한 논쟁은 거의 없다. 다만 여전히 통계적 방법에 익숙하지 않은 공학도들은 SN비를 그대로 쓰고, 통계학자들은 이 방법이 옳지 않다고 생각하여 다른 방법을 제시한다.

11.1.2 잡음과 변동, 변동감소 전략

전통적 실험계획에서 오차는 실험환경의 문제이다. 실험을 통하여 알고 싶은 설계변수만의 효과를 파악하기 위하여, 실험에서 고려하지 않은 다른 요소들은 일정하게 유지하거나, 실험환경의 변화가 예상되면 블로킹 등의 방법으로 이러한 요소들이 실험 결과에 영향을 미치지 않도록 통제한다. 반면에, 강건설계의 목적은 잡음에 둔감한(강건한) 설계변수의 조건을 찾는 것이므로, 강건설계에서는 잡음변수의 영향이 반영되도록 실험에서 고려하거나, 잡음이 반영된 데이터를 얻고자 한다. 제품개발과 제조 프로세스에서 성능특성에 영향을 미치는 잡음변수는 다양하다. 가장 흔히 나타날 수 있는 잡음변수들을 보면 다음과 같다.

① 프로세스 인자 수준 값의 변동
② 제품변수 세팅 값의 규격 내 변동
③ 실내 온도, 습도, 분진, 진동 등 환경변수
④ 제품이나 공정에 가해지는 외부 부하
⑤ 단위공정에 영향을 미치는 앞 공정의 변동
⑥ 단위 간 또는 공간 변동, 예를 들면, 반응로 내 웨이퍼의 위치와 웨이퍼 내 위치
⑦ 고객의 사용조건에서 나타나는 변동
⑧ 제품 특성에 영향을 줄 수 있는 시간, 일, 월, 계절 등 시간에 따른 변동
⑨ 제품의 사용기간이 길어지면서 발생하는 노후화

개발된 제품이 생산되어 고객이 사용할 때, 성능특성의 변동이 가장 큰 문제인데, 변동을 줄이기 위한 노력을 통하여 프로세스는 간단해지고, 불량품이 줄어들며, 비용은 절감된다. 그런데 주요 특성의 변동은 잡음의 변동으로 인하여 생긴다. 우선 주요 특성의 변동을 줄이는 방법을 살펴보자.

1) 변동을 줄이는 방법

첫째, 검사를 통하여 주요 특성이 규격을 벗어나거나 필요한 성능에 미치지 못하는 제품을 제외하는 것이다. 이 방법은 문제의 원인인 잡음을 파악하여 문제를 해결하는 것이 아니므로, 문제는 반복적으로 일어나고 품질비용이 많이 소요된다. 둘째, 관리도를 이용하여 프로세스를 관찰하고 진단하는 것이다. 관리도를 통해 이상상태를 가능한 한 신속하게 탐지하여 그 원인을 파악하고 문제를 해결하여 관리상태를 유지한다. 하지만 공정이 관리상태에 있으면서도 공정능력이 좋지 않으면, 규격을 만족하지 못하는 제품이 많이 발생한다. 셋째, 4장과 5장에서 배운 블로킹 방법을 통하여 실험의 분석 결과를 개선할 수 있다. 하지만 이 방법은 잡음을 실제로 줄이거나 잡음 원인을 제거하는 방법은

아니다. 블록 효과가 크게 나타나면, 이러한 변동을 일으키는 숨어 있는 변수를 파악하여 제어해야 한다. 넷째, 잡음변수의 산포를 줄이는 것이다. 비용을 들여 기계를 교체하거나, 고가의 부품을 쓰거나, 온도 등 공정변수를 제어하거나, 제품의 공차를 더 엄격하게 정하여 잡음의 변동 자체를 줄이는 활동이다. 다섯째, 실험을 통하여 제품이나 공정이 잡음에 강건하도록 설계변수의 최적 수준을 찾는 강건설계(파라미터 설계)를 수행하는 것이다. 강건설계는 추가 비용을 들이지 않고 가장 강력하게 잡음으로 인한 변동을 줄이는 방법이다.

이제 강건설계 방법의 필요성을 몇 개의 그림을 통해 살펴보자. 그림 11.3은 설계변수(X)가 X_1 수준에 있을 때 잡음(Z)의 변동에 따른 반응변수(y)의 산포를 나타낸 것이다. 그런데 성능특성의 규격하한(Lower Specification Limit, LSL)과 규격상한(Upper Specification Limit, USL)이 그림 11.4처럼 있다면, 빗금 친 부분에 나타난 (LSL, USL) 규격을 벗어나는 제품은 버려야 한다. 사전에 이러한 제품을 만들지 않으려면, 성능특성 규격을 벗어나는 부분과 대응하는, 잡음의 빗금 친 부분을 잘라내야 한다. 만일 공정제어를 통하여 잡음분포의 산포를 그림 11.5의 Z_1에서 Z_2로 줄일 수 있다면 성능특성이 규격 내에 들어오게 할 수 있다. 하지만 이렇게 잡음을 잘라내거나 잡음의 산포를 줄이기 위하여 제어하는 데는 비용이 든다. 강건설계 방법은 그림 11.6처럼 잡음을 통제하거나 제어하지 않고 그대로 두면서 체계적 실험을 시행하여 분석한 다음, 설계변수의 수준을 X_1에서 X_2로 바꾸어 성능특성이 규격을 만족하도록 하는 것이다.

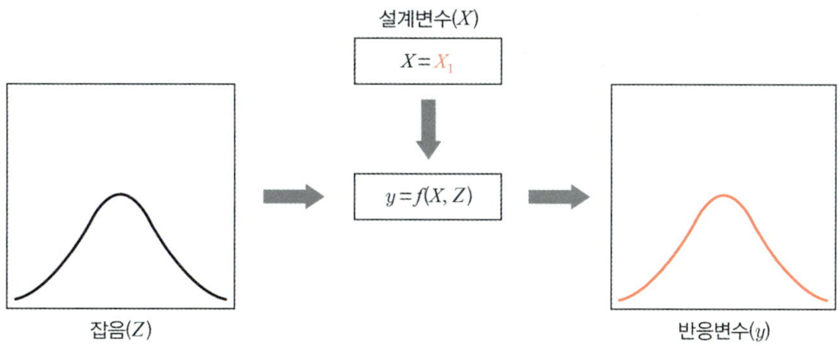

그림 11.3 잡음이 반응변수에 미치는 영향: $X = X_1$

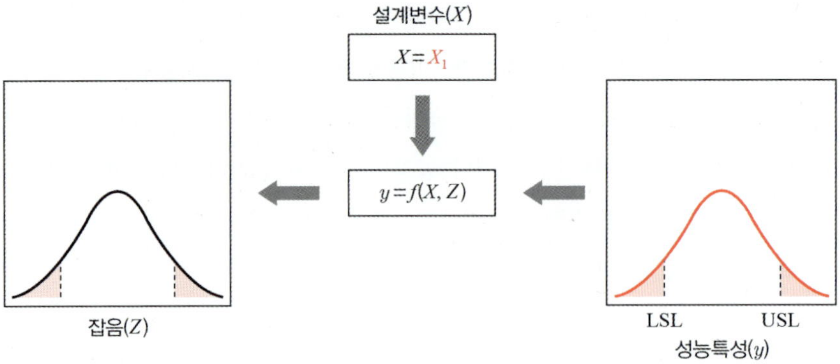

그림 11.4 성능특성을 규격에 맞추기 위한 잡음 관리: $X = X_1$

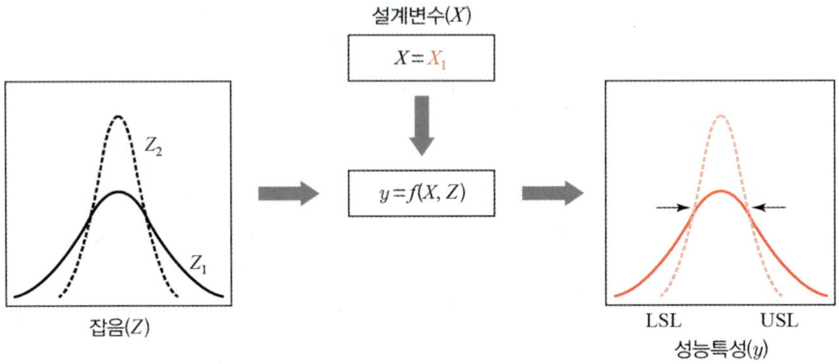

그림 11.5 성능특성을 규격에 맞추기 위한 잡음 제어: $Z = Z_1 \rightarrow Z = Z_2$

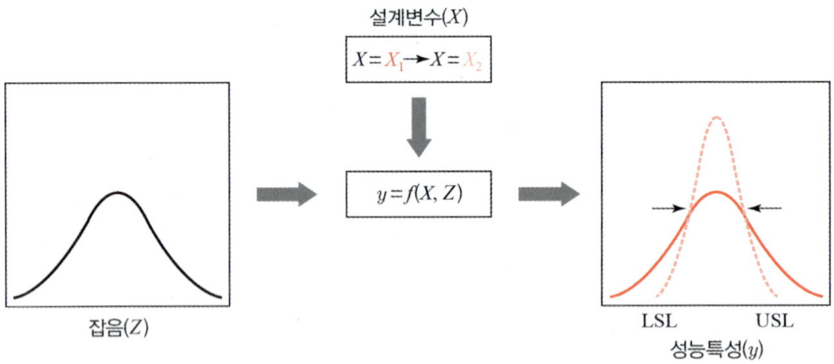

그림 11.6 성능특성을 규격에 맞추기 위한 강건설계: $X = X_1 \rightarrow X = X_2$

2) 변동감소를 위한 파라미터 설계

특별히 구분하지는 않지만, 일반적으로 강건설계라는 용어는 다분히 잡음에 둔감한(강건한) 설계를 지칭하는 포괄적인 용어이고, 실험을 통하여 강건한 조건을 찾는 구체적인 방법으로는 '파라미터 설계'를 쓰는 경향이 있다. 설계변수와 잡음변수 간의 교호작용을 이용하여 반응변수의 산포를 줄이기 위한 설계변수의 수준 선정을 설계변수와 잡음변수 간 교호작용을 통해 살펴보자. y를 성능특성, X를 설계변수 벡터, Z를 잡음변수 벡터라고 하면, X와 Z가 y에 미치는 영향은 $y = f(X, Z)$ 식으로 표현할 수 있다. 2개의 설계변수 X_1, X_2와 하나의 잡음변수 Z를 고려할 때, 이 식의 가장 간단한 모형은 다음과 같이 나타낼 수 있다.

$$y = \mu + \alpha X_1 + \beta Z + \gamma X_2 Z + \epsilon = \mu + \alpha X_1 + (\beta + \gamma X_2) Z + \epsilon \tag{11.1}$$

파라미터 설계는 식 (11.1)에 있는 '$\beta + \gamma X_2$'를 최소화하도록 X_2의 값을 정하는 것이고, 실험영역 내에서 이 값은 결국 설계변수 X_2와 잡음변수 Z의 교호작용 그림에서 Z의 수준과 관계없이 y의 값이 일정하게 유지되는 X_2의 수준 값이다.

이번에는 그림을 통해 파라미터 설계의 원리를 살펴보자. 그림 11.7과 그림 11.8은 설계변수와 반응변수 간 비선형성(nonlinearity)을 활용하여 잡음에 강건한 설계변수의 수준을 정하는 원리를 나타낸다. 우선 그림 11.7은 설계변수가 잡음을 포함하고 있는 경우로서, 설계변수 X는 부품이나 공정변수의 명목값(nominal value)이고, 잡음변수는 명목값의 허용차(tolerance)이다. 예를 들면, 온도를 명목값 120℃로 세팅했는데, 실제로 적용되는 온도는 120℃가 아니고 허용차 ±2℃인 잡음이 반영되어 120±2℃에 나타나는 것이다. 그림 11.8은 설계변수와 무관한 잡음(a)이 일정한 분포로 나타나 반응변수 y에 영향을 미치는 경우이다. 그림 11.7과 그림 11.8 모두 잡음의 산포가 성능특성의 산포에 직접적인 영향을 미치는데, 설계변수의 수준이 X_1에서 X_2로 바뀌면 잡음이 작동하더라도 성능특성의 변동이 현저히 줄어든다. 즉, X_2가 잡음에 강건한 수준이다.

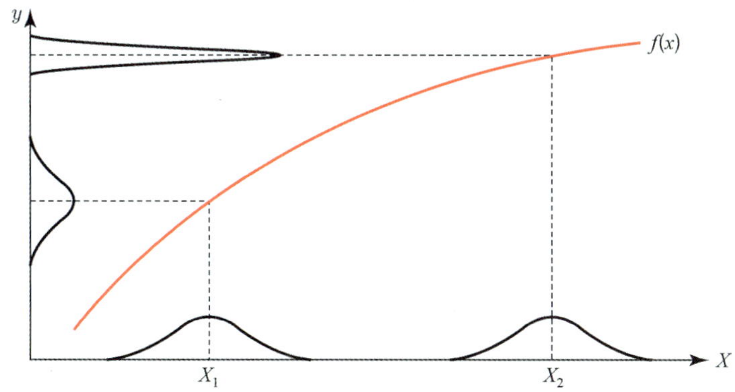

그림 11.7 설계변수(X)와 반응변수(y) 간 비선형성: 설계변수에 잡음 포함

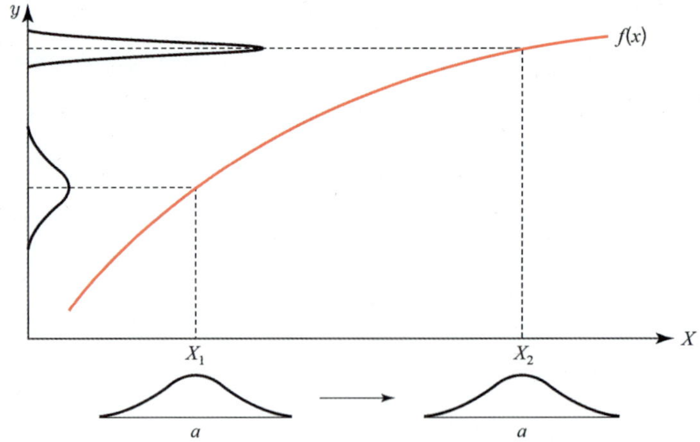

그림 11.8 설계변수(X)와 반응변수(y) 간 비선형성: 별도의 잡음(a)

그림 11.9는 설계변수와 반응변수의 비선형성을 이용하는 방법을 전원공급 회로의 예를 통하여 보여준다. 처음에 트랜지스터 이득(transistor gain)의 값이 A_1인 트랜지스터를 이용하면 목푯값이 t 볼트인 출력전압이 규격을 벗어나는 것들이 발생한다. 트랜지스터를 생산한 후 검사를 하여, 출력전압이 규격에 맞는 것들만 골라내면 나머지 것들은 폐기하게 되어 손실이 발생한다. 그림에서 이득의 값이 A_2인 트랜지스터를 이용하면, 산포가 줄어들어서 출력전압이 규격에 들어온다. 이러한 현상이 발생한 이유는 무엇인가? 바로 트랜지스터 이득과 출력전압의 관계식이 그림에 나타난 것처럼 비선형이고, 이 관계식의 기울기가 A_1에서는 급해서 출력전압의 산포가 커지고, A_2에서는 완만하여 전압의 산포가 작게 나타나는 것이다. 문제는 A_2를 이용하면 산포는 작아지지만, 평균값이 $t+\delta$ 볼트가 되어 우리가 원하는 목푯값인 t 볼트에서 멀어진다는 것이다. 이 문제를 해결하기 위하여 출력전압의 평균에만 영향을 미치는 부품인 분할 저항(dividing resistor)을 B_1에서 B_2로 조정하면, 전압을 t 볼트에 맞출 수 있다. 이 논의의 핵심은 어떻게 하면 특성치에 비선형적인 영향을 미치는 인자를 찾아내는가 하는 것이다. 본 전원회로의 경우처럼 트랜지스터 이득과 출력전압의 관계식이 알려져 있다면 이러한 비선형 관계식을 보고 강건한 설계조건을 찾을 수 있지만, 어떤 인자가 이러한 관계성을 가지는지 모를 때에는 실험을 통하여 그러한 인자를 알아내야 하는데, 이를 위하여 강건설계를 위한 실험계획을 시행해야 한다.

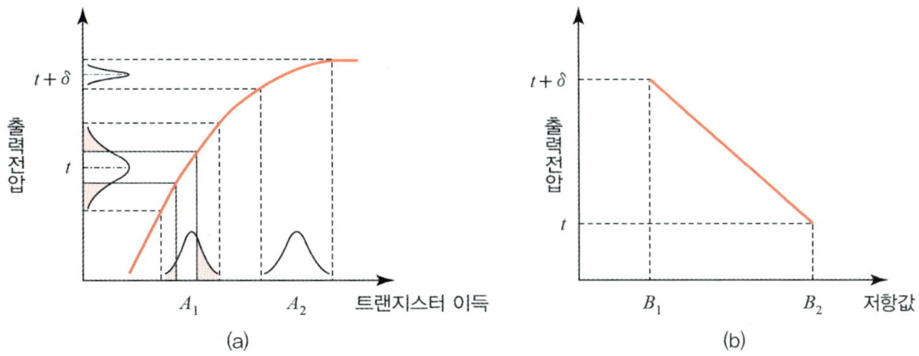

그림 11.9 전원공급 회로

11.1.3 강건설계의 특징

다구치는 개발과 설계단계에서 제품과 공정의 품질을 향상하기 위해서는 실험계획법이 중요한 방법임을 다양한 사례를 통하여 입증했다. 그러나 문제를 해결하기 위해 그가 제시한 통계적 분석방법은 비효율적이고 번거롭다. 분석방법이 비효율적이라는 것은, 어렵게 얻은 데이터가 완전하게 활용되지 않고, 중요한 효과가 간과될 수 있으며, 실험자가 비효율성을 보완하기 위해 더 비용이 많이 드는 실험을 실행해야 할 수도 있음을 의미한다. 다구치의 아이디어를 이해하고 받아들이는 것은 좋지만, 그 아이디어를 구현하는 데에는 더 간단하고 적합한 방법을 사용하는 것이 바람직하다.

강건설계에서는 실험의 '오차' 대신 '잡음'이라는 용어를 사용하는데, 이것은 그가 강건설계 개념을 처음 생각하고 적용한 분야가 통신공학이라는 것이 영향을 미친 것으로 보인다. 통신공학에서는 입력을 신호와 잡음으로 구분하고 가능한 잡음은 줄이고 선호를 크게 만들고자 노력한다. 실험계획의 창시자인 피셔(Fisher)가 농작물 재배에 영향을 주는 원인을 외부 환경변화에 두었다면, 다구치는 이 외에도 제품이나 공정 등 내부에서도 실험에 영향을 주는 원인이 있음을 고려했다. 그래서 제품변수 또는 공정변수 값의 차이, 제품의 사용기간 동안 진행되는 노후화, 제품을 만드는 과정뿐만 아니라 출시되어 사용되는 동안 외부 환경의 변화도 잡음으로 고려하여 실험에 반영하고자 했다.

다구치가 개발한 강건설계가 전통적 실험계획과 다른 중요한 차이는 교호작용에 관한 견해이다. 설계변수의 어떤 수준조합에서 반응변수의 예측값을 전체 평균에서 중요한 설계변수의 주효과만 반영되는 가법모형(additive model)으로 설명할 수 있으면, 모형을 활용하기가 좋다. 강건설계를 통하여 수립한 가법모형에 따라 확인실험을 한 결과가 예상되는 값과 크게 다르면, 이것은 어떤 교호작용이 영향을 미치고 있다고 봐야 한다. 제품개발 또는 공정개선을 위한 소규모 실험에서 교호작용이 중요한 요인으로 나타나면, 이는 실제 양산공정에서도 상당히 좋지 않은 영향을 일으킬 수 있다. 교호작용이 있다는 것은 그만큼 제조환경이나 제품 사용 여건에 따라 성능특성이 달라질 수 있음을 의미한다. 그리고 반응변수와 설계변수를 잘 선정하면 중요한 요인으로 구성된 모형이 실제 현상을 잘 표현하는 가법모형으로 구성할 수 있다. 물론 실험 상황에 따라서 실험자의 지식과 경험으로 인자 간 교호작용이 있을 거라고 생각하면, 이를 확인할 수 있도록 실험을 계획할 수 있다.

설계변수 간 교호작용을 구할 수 있도록 실험을 계획하여 시행했는데, 교호작용이 실제로 중요하게 나타나면, 실험 결과를 쉽게 예측할 수도 없고, 재현하기도 어려우며, 시스템/프로세스의 성능특성을 일정하게 유지하기도 힘들다. 이렇게 교호작용이 중요한 요인으로 나타나면, 모형의 가법성을 높이기 위하여 반응변수를 적절하게 선정했는지, 교호작용이 예상되는 설계변수들이 있는지, 변수의 수준 설정에 있어서 1장과 6장에서 배운 미끄럼 수준을 이용하는 것이 필요한지를 살피고, 작동원리에 관한 공학적 이해도 확인해야 한다.

11.2 강건설계의 거시적 관점

11.2.1 품질과 손실

전통적으로 품질은 소비자 측면과 생산자 측면에서 정의되었다. 주란(Juran)은 '용도에 적합한 것', 크로스비(Crosby)는 '요구사항 또는 도면에 표시된 규격에 부합되는 정도'로 품질을 정의한다. 주란의 정의는 소비자의 입장은 강조되어 있으나 지나치게 포괄적이고 품질의 개념이 정량화되어 있지 않다는 단점이 있다. 반면에 크로스비의 정의는 품질의 개념을 정량화할 수 있다는 점에서 일단 바람직하다. 즉, 제품이 규격에 맞는가, 맞지 않는가를 봐서 양 · 불량을 결정할 수 있으며, 또한 현재의 공정에서 생산되는 제품의 불량률을 계산하여 품질수준을 정할 수 있다. 그러나 이 크로스비의 정의는 생산자의 입장은 강조되어 있으나 소비자의 관점이 반영되어 있지 않다는 점에 문제가 있다. 규격에 맞는 제품이라고 해서 모두 같은 정도의 적합도를 갖는 것은 아니다. 소비자는 단지 규격에 맞느냐 맞지 않느냐로 제품을 선택하지 않으며, 가능한 한 선택범위 내에서 가장 높은 적합도를 갖는 제품을 선택하기 마련이다. 따라서 크로스비의 정의는 현재와 같은 경쟁적 시장구조에서 생산자가 품질에 대해 매우 안이한 자세를 갖게 할 우려가 있다.

다구치는 품질특성이 규격 내에 있더라도 목푯값에서 벗어나면 좋지 않게 보고, 품질을 '제품이 출하되어 사용되는 동안 특성의 변동 또는 해로운 부작용으로 인해 발생하는 사회적 손실'이라고 정의하였다. 이러한 정의는 품질을 바람직한 가치가 아니라 손실이라는 척도로 본다는 점에서 처음에는 좀 어색하다. 그렇다면 이 '사회적 손실'은 어디에서 연유하는 것인가? 다음과 같은 상황을 고려해 보자. 어떤 소재 가공업체 A는 소재를 생산하여 B 업체에 공급하고, B 업체는 최종제품을 생산하여 소비자에게 판매한다. 일반적인 사용환경에서는 문제가 없었으나, 환경이 좋지 않거나 노후화로 인하여 제품에 문제가 발생하여 소수의 소비자에게 치명적 손실 또는 상해를 입혔다. B 업체가 원인 규명을 위한 분석을 했는데, 분석 결과 A 업체에서 납품한 소재에 문제가 있다고 판정되었다면, A 업체는 그동안 누려왔던 명성이 한순간에 무너질 것이다. 그러므로 다구치가 품질을 '사회적 손실'로 제안한 것은 경쟁이 심하고 제품 품질의 문제가 기업에 치명적인 영향을 미치는 현대사회에 잘 맞는다고 볼 수 있다.

1) 품질손실의 개념

전통적으로 품질손실(quality loss)의 개념은 그림 11.10(a)처럼 규격하한(LSL)과 규격상한(USL) 안에 있으면 품질이 양호하다고 보고 손실이 발생하지 않는다고 보는 것이다. 하지만 다구치가 제안한 품질손실은 그림 11.10(b)에 나타낸 것처럼, 비록 품질특성의 값이 규격 안에 있어도 목푯값에서 벗어나면 벗어난 편차의 제곱에 비례하여 품질손실이 발생한다고 보는 것이다.

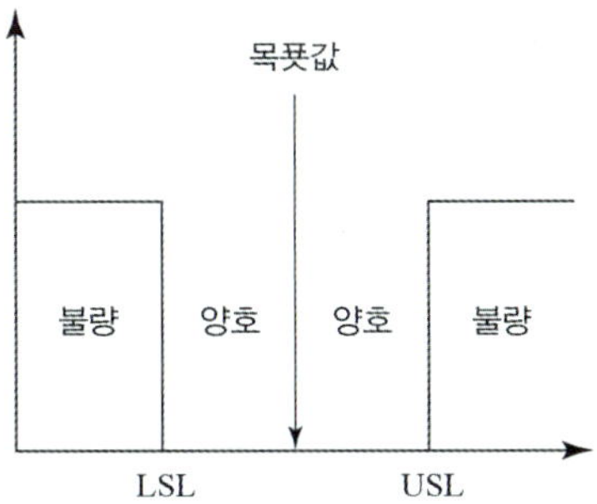

(a) 전통적 품질손실

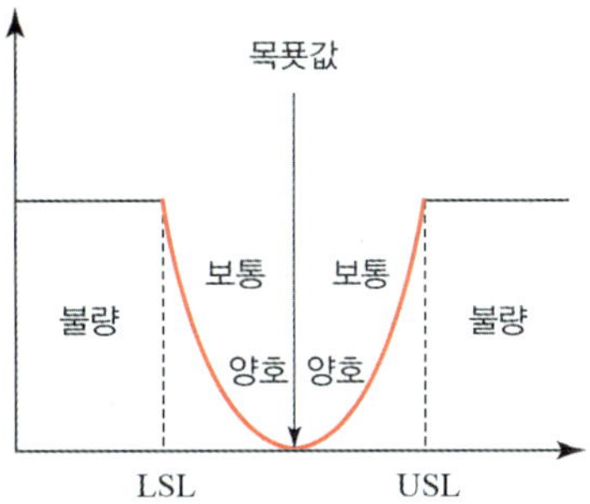

(b) 다구치의 품질손실

그림 11.10 품질손실의 개념

그림 11.10(b)의 품질손실 개념을 이용하면, 품질특성이 목푯값에서 벗어날 때 발생하는 품질에 의한 손실은 제곱항으로 근사하여 화폐가치로 표현한 품질손실함수(quality loss function)로 나타낼 수 있다. 품질손실함수는 식 (11.2)와 그림 11.11에 나타내었다. 여기서 t는 품질특성 y의 목푯값, Δ는 허용차, A는 y가 규격을 벗어날 때 손실액이다. 식 (11.2)에서 품질특성 y가 $t+\Delta$ 또는

$t-\Delta$일 때 손실액은 A이다. 이 식을 이용하면 특성이 규격 안에 있더라도 목푯값에서 멀어지면, 그 손실은 목푯값과 차이의 제곱으로 증가한다.

$$L(y) = \frac{A}{\Delta^2}(y-t)^2 \tag{11.2}$$

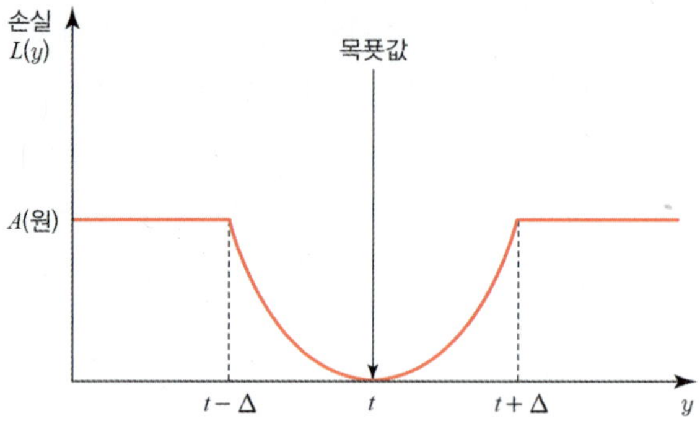

그림 11.11 품질특성과 손실함수

11.2.2 제품개발과 품질설계

제품을 개발하는 것은 복잡한 일이다. 제품개발 활동의 출력물은 도면이나 설계 사양(specification)인데, 이러한 도면이나 사양의 세 가지 결정 사항은 제품구조, 중요한 요소의 명목값과 허용차이다. 저비용으로 고품질의 제품을 설계하기 위한 품질설계는 시스템 설계(system design), 파라미터 설계(parameter design), 허용차 설계(tolerance design)의 3단계로 나누어 수행한다. 시스템 설계는 고객이 요구하거나 명시적으로 바라지는 않더라도 기대하는 가장 바람직한 기본기능을 지닌 제품의 원형(prototype)을 개발하는 단계로서, 고객의 요구, 잠재적 기대, 제조와 관련된 제반 환경요인 등을 고려해야 한다. 이 단계에서는 우선 연구개발 단계에서 활용하는 새로운 개념을 창출하고 선정해야 하는데, 트리즈(TRIZ) 퓨(Pugh)의 개념 선정 방법, 품질기능전개(Quality Function Deployment, QFD) 등 새로운 아이디어를 창출하고, 그것을 제품개발에 반영하는 다양한 방법을 적용한다. 시스템 설계를 통하여, 재료, 부품, 조립시스템, 기능구현을 위한 메커니즘 등을 정하게 된다.

파라미터 설계는 강건설계 실험을 계획하고 실험데이터를 분석하여 잡음에 강건한(둔감한) 설계변수의 조건을 찾는 단계인데, 데이터 분석은 다음과 같은 순서를 따른다. ① 품질특성치의 산포에 영향을 미치는 산포 제어인자를 선정하여, 제품의 성능변동이 잡음에 둔감하도록 이러한 인자의 최적조건을 도출하여 제품 및 공정을 설계함으로써 품질의 안정성을 도모한다. ② 평균치가 목표치에 접근하도록 한다. 평균치에만 영향을 주는 평균 조정인자를 이용하여 평균치를 목표치에 맞춘다. ③ 비용을 최소화한다. 산포 제어인자나 평균 조정인자가 아닌 설계변수의 수준은 경제성을 고려하여 정한다. ④ 최적조건을 선정한 다음 확인실험을 통하여 결과의 재현성을 확인한다.

허용차 설계는 파라미터 설계를 통하여 설계변수들의 강건한 조건을 찾았지만, 그 조건에서 여전히 성능특성의 산포가 만족스럽지 않을 때, 추가 비용을 투입하여 잡음을 통제하거나 제어하는 단계이다. 제품의 성능특성 산포에 영향을 미치는 부품의 허용차(공차)를 줄이거나, 재료의 등급을 높이거나, 공정변수를 피드백 또는 피드포워드 제어를 통하여 통제하는 것이다. 이런 활동을 통하여 잡음을 줄이기 위해서는 비용을 수반하므로 이 단계에서는 성능변동을 줄임으로써 얻는 품질향상에 따른 이익과 추가되는 비용 증가 간의 절충이 필요하다. 그림 11.12에 고객의 요구와 기대에 따른 품질설계 단계를 요약하여 나타내었다.

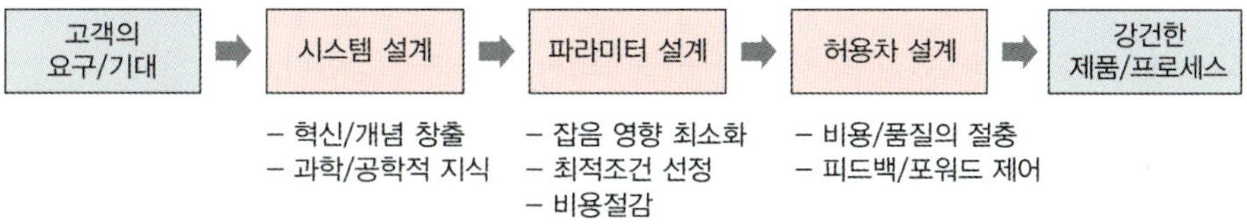

그림 11.12 품질설계 과정

11.3 파라미터 설계의 추진절차

실험계획법의 적용절차는 1.5절에 기술했는데, 본 절에서는 강건설계에 초점을 맞춘 파라미터 설계를 위한 추진절차를 제시하고자 한다. 강건설계의 핵심인 파라미터 설계는 잡음에 둔감한(강건한) 설계변수의 최적조건을 찾는 것이다. 그 과정은 크게 보면, 실험을 계획하여 시행한 다음, 실험데이터를 분석하고, 그 결과를 확인하는 것이다. 특성치에 목푯값이 있는 망목특성을 대상으로 파라미터 설계를 추진하는 절차를 다음과 같이 6개의 단계로 설명하고자 한다.

① 1단계: 평가특성 선정

실험의 목적을 달성하기 위해 개발 또는 개선하고자 하는 제품이나 공정의 기본기능을 이해하고, 이러한 기능을 잘 나타내는 측정 항목과 측정 방법을 결정한다.

② 2단계: 변수의 선정

제품의 품질과 기능에 산포를 일으키는 잡음변수와 특성치의 평균이나 변동에 영향을 줄 수 있는 설계변수를 찾는다.

③ 3단계: 설계행렬 구성, 실험과 측정

실험의 규모에 맞는 설계행렬을 선택하여 인자를 배치하고, 실험을 시행하여, 데이터를 측정한다.

④ 4단계: 데이터 분석 설계변수의 구분

각 실험점의 데이터를 이용하여 산포 특성과 중심위치 특성을 분석하여 산포 제어인자, 평균 조정인자, 기타 인자로 구분한다.

⑤ 5단계: 최적조건 도출

산포 제어인자를 이용하여 산포를 최소화하는 조건을 구하고, 평균 조정인자를 이용하여 평균을 목푯값에 맞추며, 기타 인자는 편리성, 경제성 등을 고려하여 수준을 정한다.

⑥ 6단계: 재현성 확인

최적조건에서 확인실험을 실시하여 재현성 여부를 판단한다.

각 단계를 좀 더 자세히 살펴보자.

1) 1단계: 평가특성 선정

실험의 목적을 달성하기 위해 개발 또는 개선하고자 하는 제품이나 공정의 기본기능을 이해하고, 이러한 기능을 잘 나타내는 반응변수와 그 측정 방법을 결정한다. 이 단계에서는 실험의 목적을 달성하기 위해 측정하고 최적화하기 위한 성능특성을 결정해야 하는데, 평가특성으로서 불량률 등 최종 품질수준은 다양한 특성의 성능을 종합하여 나타낸 것이므로 피해야 한다. 이런 척도를 이용하면 실험의 목적에 부합하는 최적조건을 발견하기 어렵고, 반응변수의 예측치와 설계변수 간 관계성을 표현하는 모형의 가법성을 확보하지 못할 가능성이 크다. 1.5절에서 제안한 바와 같이, 실험의 목적과 연계된 제품/프로세스 메커니즘의 에너지 변환과 관계된 물리량을 잡는 것이 좋다.

성능특성은 제품 치수, 텔레비전의 색상 밀도 등 특정한 목푯값이 있는 경우(망목특성), 마모량, 불순물 함량 등 작을수록 좋은 경우(망소특성), 재료의 강도, 연료 효율 등 클수록 좋은 경우(망대특성)로 구분한다. 본 교재에서는 다루지 않지만, 입력의 변화에 대해 출력이 비례하는 특성을 가진 신호-반응 시스템을 고려하기도 한다.

2) 2단계: 변수의 선정

실험에 영향을 주는 인자는 ① 설계자가 통제하기 어려운 잡음변수와 ② 설계자가 수준을 설정할 수 있는 인자로서 산포나 평균치에 영향을 준다고 생각되는 인자인 설계변수로 구분한다.

(1) 잡음변수

설계자가 통제하기 매우 어렵거나, 통제할 수는 있지만, 비용이 많이 드는 인자로서, 규정된 목표치를 벗어나게 하는 원인이며 품질손실을 일으킨다. 잡음은 제품이 고객에게 인도되기 전에 발생하는 **제조 시 잡음**과 고객에게 인도된 후 발생하는 **사용 시 잡음**으로 구분한다.

제조 시 잡음은 다음과 같이 세분화할 수 있다.

- 제조 변동: 재료, 작업자, 장비 간 차이 등 제조과정 중의 변동
- 공정 외부요인: 공정이 수행되는 환경과 관련된 잡음으로서, 공정 부하, 원료의 변동, 작업자의 실수 등
- 공정조건의 불균일성
- 공정 편향: 사용되는 화학물질의 감소나 사용 도구의 마모에 의한 치우침

사용 시 잡음은 다음과 같다.

- 외부요인: 제품이 사용되는 환경의 차이나 제품에 부과되는 부하로서, 온도, 습도, 먼지, 공급전압 변동, 전자기적 간섭, 진동, 사용자의 오류, 제품의 연속 사용 시간 등
- 열화(deterioration): 시간 경과에 따른 성능의 저하

(2) 잡음에 대한 대책

다양하게 나타나는 잡음에 대응하는 방법을 하나씩 살펴보자.

- 무시: 잡음변수의 영향이 크지 않으면 과다하게 제어하는 것보다는 무시하는 것이 결과적으로 볼 때 비용이 적게 들 수 있다.
- 제어 또는 제거: 잡음의 영향을 제어하거나 제거하는 결정에는 비용이 수반되므로, 비용과 품질의 절충이 필요하며, 손실함수가 이 결정에 중요한 척도가 될 수 있다. 이 방법은 11.2절에서 설명한 허용차 설계에 해당한다.
- 잡음의 영향에 대한 보정: 피드백 또는 피드포워드 제어를 통하여 잡음을 통제하는 것이다. 이러한 활동도 성능변동을 줄임으로써 얻는 품질향상과 추가되는 비용 증가 간의 절충이 필요하므로 허용차 설계이다.

- 잡음의 영향 최소화: 파라미터 설계를 시행하여 제품이나 시스템이 잡음에 가장 둔감하도록 설계변수의 값을 최적화하는 것이다. 파라미터 설계를 수행한 다음에 경제성을 고려하는 허용차 설계가 가능하다.

(3) 설계변수

실험자가 그 수준을 자유롭게 정할 수 있는 변수로서, 산포나 평균치에 영향을 줄 수 있다고 생각하는 변수를 모두 고려하는데, 제조 비용에 영향을 미치는 설계변수도 포함하는 것이 바람직하다. 변수 선정은 담당 실험자만의 지식이나 경험에 의존하지 말고, 관계자들이 모여 특성요인도를 이용하는 등 체계적 방법을 활용해야 한다. 산포, 평균 조정, 비용에 영향을 미칠 수 있다고 생각되는 변수는 가능한 한 모두 포함하여야 한다.

설계변수의 수준 결정에 관하여 1.5.2절에 상세히 다루었는데, 강건설계 측면에서 강조할 점은 다음과 같다.

- 계량형 변수이면, 현재 조건을 중심으로 양옆으로 수준을 고려하는 3수준으로 설정하면 개선하는 데에 유리하다.
- 설계자의 지식이나 경험에 따라, 기술적으로 의미가 있는 최대의 폭으로 수준 간격을 설정해서 좋은 결과와 나쁜 결과가 확실하게 나타날 수 있도록 한다.
- 안전성에 문제만 없다면, 지금까지 탐색하지 않았던 수준도 과감하게 시도하는 것이 좋다.
- 특성이 나쁘게 된다는 것을 명확하게 알고 있는 수준은 배제해도 좋다.
- 에너지와 직접 관련이 있는 인자는 미끄럼 수준 방법을 활용하거나 에너지의 총량으로 수준을 설정한다.

3) 3단계: 설계행렬 구성, 실험과 측정

선정된 설계변수에 적합한 설계행렬을 정한 후, 잡음의 영향을 받는 데이터를 얻기 위하여 잡음을 반영하는 방법에 따라, 실험의 규모에 적합한 실험계획에 따라 실험점을 배치해서 실험을 시행하고 데이터를 측정한다. 강건설계에 이용하는 설계행렬과 잡음을 반영하는 방법에 따른 실험계획에 관한 사항은 11.4절에서 자세히 설명한다.

4) 4단계: 데이터 분석과 설계변수의 분류

각 실험점에서 잡음을 반영한 데이터를 이용하여 설계변수를 ① 산포에 영향을 주는 산포 제어인자, ② 중심위치에 영향을 미치는 평균 조정인자, ③ 기타 인자로 구분한다. 데이터를 분석하기 위한 성능척도에 관한 내용은 11.5절에서 설명한다.

그림 11.13은 4개의 설계변수 A, B, C, D가 평균과 산포에 미치는 영향을 그래프로 나타낸 것이다. A는 평균과 산포에 모두, B는 산포에, C는 평균에 영향을 미치고, D는 어느 쪽에도 영향을 미치지 않는다. 산포에 영향을 미치는 A와 B는 산포 제어인자이고, 평균에만 영향을 미치는 C는 평균 조정인자이다. 어느 쪽에도 영향을 미치지 않는 D는 기타 인자로 분류한다.

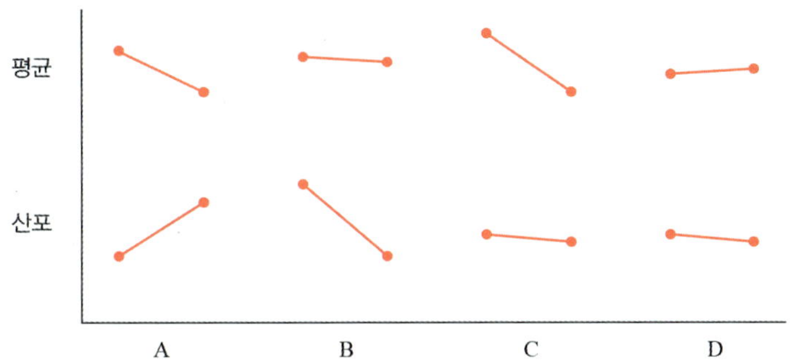

그림 11.13 인자별 산포와 평균에 미치는 영향 그래프

5) 5단계: 최적조건 도출

망목특성의 최적조건을 정하는 방법은 ① 산포 제어인자를 이용하여 잡음에 강건한 조건을 선택하고, ② 평균 조정인자로써 평가특성의 평균치를 목푯값에 맞춘다. 그림 11.14에 망목특성의 최적화 방법을 나타내었다.

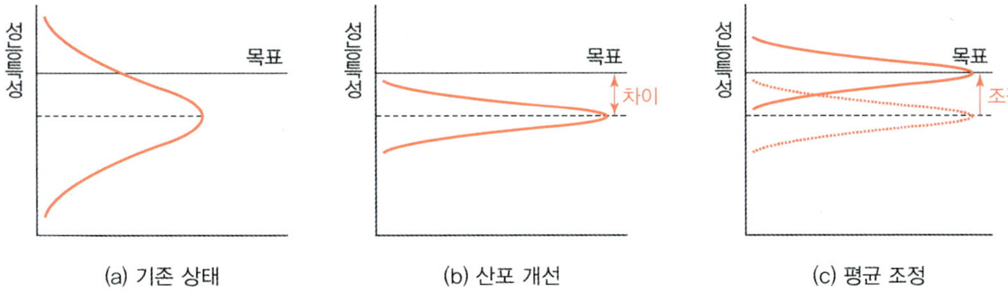

그림 11.14 망목특성의 2단계 최적화 방법

참고로 특성치를 최소화해야 하는 망소특성과 최대화를 지향하는 망대특성은 중심위치를 먼저 생각한다. 망소특성(망대특성)의 최적화 방법은 ① 중심위치에 영향을 미치는 변수를 선정하여 중심위치가 최소(최대)가 되도록 이들의 수준을 정하고, ② 중심위치에 영향을 미치지 않는 인자 중 산포에 영향을 미치는 변수가 있으면 산포가 최소가 되도록 이들의 수준을 정한다. 최적조건 도출에 관한 사항은 11.5절에서 좀 더 설명한다.

6) 6단계: 재현성 확인

최적조건을 선정한 후, 이 조건에서 실제로 강건설계 실험데이터의 분석 결과가 실제로 나타나는지 확인실험을 시행해야 한다. 최적조건이 유효한지 판단하기 위한 확인실험은 최적조건과 초기조건에서 각각 시행하여 두 조건에서 나온 산포척도의 차이로써 재현성을 봐야 한다. 이렇게 두 조건에서 확인실험을 시행해야 하는 이유는, 실험환경이 강건설계를 시작하기 전과 완료한 후에 서로 다를 수 있기 때문이다. 만일 환경의 차이가 실험 결과에 영향을 미친다고 하더라도, 그 영향이 두 조건에 모두 공평하게 반영될 것이므로 두 조건의 차이를 보면 재현성을 충분히 확인할 수 있다. 최적조건과 초기조건에서 확인실험을 통하여 얻은 산포척도의 차이가 실험데이터 분석 결과에서 나타난 차이의 예측치와 크게 다르지 않다면, 재현성이 있다고 판정한다.

재현성이 확보되지 않았다고 판정이 나면, ① 데이터 입력에 오류가 있는지, 이상 데이터가 있는지, 데이터 분석에 오류가 있는지 보고, ② 측정방법이나 측정조건에 문제가 없는지 확인하며, ③ 실험의 결과에 영향을 미칠만한 잡음이 있는데 그것을 놓친 것은 아닌지 살펴봐야 하고, ④ 평가특성인 반응변수가 실험의 목적에 직접 관련된 에너지 변환 물리량인지 다시 한번 확인해야 한다. 또한 11.1절에서 밝힌 대로 실제로 교호작용이 있는데, 그것을 파악하지 못한 것은 아닌지 확인할 필요가 있다.

질문: 재현성 판정을 "산포척도의 차이가 실험데이터 분석 결과에서 나타난 차이의 예측치와 크게 다르지 않다"라는 문장으로 기술했는데, 크게 다르지 않다는 기준은 무엇인가?

견해: 일반적으로 제품개발의 경우 확인실험의 결과가 예측 결과와 비교하여 10% 이내면 재현성이 있다고 판정을 내릴 수 있다. 하지만 실험환경을 통제하기 어려운 생산공정에서는 20% 이내에 있으면 재현성이 있다고 할 수 있다.

11.4 강건설계 실험계획

11.4.1 강건설계를 위한 설계행렬

강건설계를 위한 실험계획에서는 설계변수와 잡음변수를 별도로 고려해야 한다. 강건설계를 수행한 사례들을 보면 설계변수를 위한 설계행렬은 2수준 완전요인배치, 2수준 부분요인배치, 3수준 부분요인배치, 플래킷-버만 계획, 혼합수준 직교배열표를 이용한다. 잡음변수는 2수준 완전요인배치나 부분요인배치를 주로 이용하고, 가끔 3수준 부분요인배치를 이용하기도 한다. 강건설계 실험을 계획할 때, 반응변수와 설계변수의 수준을 잘 선정하면 설계변수의 주효과로 구성된 가법모형이 적합하여 별도의 교호작용 열이 없어도 되므로 설계행렬에서 이용할 수 있는 열에는 변수를 모두 배치할 수 있다.

우선 강건설계에서 자주 활용하는 2수준 요인배치를 직교배열표 형식으로 표 11.1과 표 11.2에 제시하였다. OA(2^k)는 2수준 변수를 k개까지 배치할 수 있는 직교배열표(Orthogonal Array, OA)라는 뜻이다. 여기서 OA(2^3)는 주로 2~3개의 잡음변수를 위한 설계행렬에 자주 쓰인다.

표 11.1 OA(2^3)와 OA(2^7) 직교배열표

실험점 \ 열 번호	1	2	3
1	1	1	1
2	1	2	2
3	2	1	2
4	2	2	1

실험점 \ 열 번호	1	2	3	4	5	6	7
1	1	1	1	1	1	1	1
2	1	1	1	2	2	2	2
3	1	2	2	1	1	2	2
4	1	2	2	2	2	1	1
5	2	1	2	1	2	1	2
6	2	1	2	2	1	2	1
7	2	2	1	1	2	2	1
8	2	2	1	2	1	1	2

표 11.2 OA(2^{15}) 직교배열표

실험점 \ 열 번호	1	2	3	4	5	6	7	8	9	10	11	12	13	14	15
1	1	1	1	1	1	1	1	1	1	1	1	1	1	1	1
2	1	1	1	1	1	1	1	2	2	2	2	2	2	2	2
3	1	1	1	2	2	2	2	1	1	1	1	2	2	2	2
4	1	1	1	2	2	2	2	2	2	2	2	1	1	1	1

(계속)

표 11.2 OA(2^{15}) 직교배열표(계속)

실험점 \ 열 번호	1	2	3	4	5	6	7	8	9	10	11	12	13	14	15
5	1	2	2	1	1	2	2	1	1	2	2	1	1	2	2
6	1	2	2	1	1	2	2	2	2	1	1	2	2	1	1
7	1	2	2	2	2	1	1	1	1	2	2	2	2	1	1
8	1	2	2	2	2	1	1	2	2	1	1	1	1	2	2
9	2	1	2	1	2	1	2	1	2	1	2	1	2	1	2
10	2	1	2	1	2	1	2	2	1	2	1	2	1	2	1
11	2	1	2	2	1	2	1	1	2	1	2	2	1	2	1
12	2	1	2	2	1	2	1	2	1	2	1	1	2	1	2
13	2	2	1	1	2	2	1	1	2	2	1	1	2	2	1
14	2	2	1	1	2	2	1	2	1	1	2	2	1	1	2
15	2	2	1	2	1	1	2	1	2	2	1	2	1	1	2
16	2	2	1	2	1	1	2	2	1	1	2	1	2	2	1

3수준 부분요인배치로는 3수준 변수를 4개까지 배치할 수 있는 OA(3^4)가 주로 쓰인다(표 11.3). OA(3^4)를 이용하면 9개의 실험점으로 3수준 변수를 4개까지 고려할 수 있다. OA(3^4)는 간혹 3수준 잡음변수를 고려하기 위해 쓰이기도 한다. 3수준 인자가 4개를 넘어가면, 표 11.4에 있는 OA(3^{13})을 이용하면 된다. OA(3^{13})로는 3수준 인자를 13개까지 실험에 포함할 수 있다.

표 11.3 OA(3^4) 직교배열표

실험점 \ 열 번호	1	2	3	4
1	1	1	1	1
2	1	2	2	2
3	1	3	3	3
4	2	1	2	3
5	2	2	3	1
6	2	3	1	2
7	3	1	3	2
8	3	2	1	3
9	3	3	2	1

표 11.4 OA(3^{13}) 직교배열표

실험점 \ 열 번호	1	2	3	4	5	6	7	8	9	10	11	12	13
1	1	1	1	1	1	1	1	1	1	1	1	1	1
2	1	1	1	1	2	2	2	2	2	2	2	2	2
3	1	1	1	1	3	3	3	3	3	3	3	3	3
4	1	2	2	2	1	1	1	2	2	2	3	3	3
5	1	2	2	2	2	2	2	3	3	3	1	1	1
6	1	2	2	2	3	3	3	1	1	1	2	2	2
7	1	3	3	3	1	1	1	3	3	3	2	2	2
8	1	3	3	3	2	2	2	1	1	1	3	3	3
9	1	3	3	3	3	3	3	2	2	2	1	1	1
10	2	1	2	3	1	2	3	1	2	3	1	2	3
11	2	1	2	3	2	3	1	2	3	1	2	3	1
12	2	1	2	3	3	1	2	3	1	2	3	1	2
13	2	2	3	1	1	2	3	2	3	1	3	1	2
14	2	2	3	1	2	3	1	3	1	2	1	2	3
15	2	2	3	1	3	1	2	1	2	3	2	3	1
16	2	3	1	2	1	2	3	3	1	2	2	3	1
17	2	3	1	2	2	3	1	1	2	3	3	1	2
18	2	3	1	2	3	1	2	2	3	1	1	2	3
19	3	1	3	2	1	3	2	1	3	2	1	3	2
20	3	1	3	2	2	1	3	2	1	3	2	1	3
21	3	1	3	2	3	2	1	3	2	1	3	2	1
22	3	2	1	3	1	3	2	2	1	3	3	2	1
23	3	2	1	3	2	1	3	3	2	1	1	3	2
24	3	2	1	3	3	2	1	1	3	2	2	1	3
25	3	3	2	1	1	3	2	3	2	1	2	1	3
26	3	3	2	1	2	1	3	1	3	2	3	2	1
27	3	3	2	1	3	2	1	2	1	3	1	3	2

강건설계에는 5.12절에 있는 플래킷-버만 계획도 자주 활용된다. 강건설계 실험을 하면서 교호작용을 우려할 필요가 없으면, 5장에 있는 표 5.41과 표 5.42에 있는 플래킷-버만 계획을 이용하여 각각 11개와 19개까지의 설계변수를 실험점에 포함할 수 있다.

5.13절에 소개한 혼합수준 직교배열표 중에서 OA$(2^1 \times 3^7)$은 강건설계에서 가장 자주 쓰이는 중요한 설계행렬이다. 18개의 실험점으로 2수준 변수 1개와 3수준 변수 7개를 실험에 고려할 수 있어서 아주 경제적으로 활용할 수 있는 직교배열표이다. OA$(2^1 \times 3^7)$은 표 11.5에 다시 나타내었다.

표 11.5 OA($2^1 \times 3^7$) 직교배열표

실험점 \ 열 번호	1	2	3	4	5	6	7	8
1	1	1	1	1	1	1	1	1
2	1	1	2	2	2	2	2	2
3	1	1	3	3	3	3	3	3
4	1	2	1	1	2	2	3	3
5	1	2	2	2	3	3	1	1
6	1	2	3	3	1	1	2	2
7	1	3	1	2	1	3	2	3
8	1	3	2	3	2	1	3	1
9	1	3	3	1	3	2	1	2
10	2	1	1	3	3	2	2	1
11	2	1	2	1	1	3	3	2
12	2	1	3	2	2	1	1	3
13	2	2	1	2	3	1	3	2
14	2	2	2	3	1	2	1	3
15	2	2	3	1	2	3	2	1
16	2	3	1	3	2	3	1	2
17	2	3	2	1	3	1	2	3
18	2	3	3	2	1	2	3	1

11.4.2 강건설계에서 잡음반영과 실험계획의 선택

잡음에 둔감한 설계변수의 조건을 찾기 위해서는 잡음변수를 반영하고, 잡음의 영향을 받은 데이터를 얻어서 분석하는 것이 필요하다. 크게 보면, 잡음을 반영하는 방법은 다음 3가지로 나눌 수 있다.

① 잡음이 있지만 그것을 체계적으로 반영하기 힘들고, 반영된 것을 확인할 수도 없다면 설계변수의 실험점에서 단순반복실험을 시행한 후, 그 데이터를 이용하여 중심위치와 산포척도를 산출하는 수밖에 없다.

② 잡음을 체계적으로 실험에 반영하기는 어렵지만, 잡음이 반영된 데이터를 위치별로 수동적으로 얻을 수 있다.

③ 실제 공정에서는 잡음변수를 통제하기 어렵지만, 강건설계 실험을 시행할 때는 잡음을 체계적으로 실험에 반영할 수 있다.

잡음변수를 2개 이상 고려할 때, 만일 각 잡음이 반응변수에 미치는 경향을 알고 있다면, 복합잡음변수(compound noise variable)를 만들어 각 설계변수의 수준조합에서 시행할 실험 횟수를 줄일 수 있다. 예를 들어 3개의 잡음변수 a, b, c가 있는데, a와 b는 크고 c는 작을 때 반응변수 y는 크게 나오고, 반대로 a와 b는 작고 c는 클 때 y가 작게 나타나면, $a\uparrow b\uparrow c\downarrow$을 복합잡음변수 N의 1수준, $a\downarrow b\downarrow c\uparrow$을 N의 2수준으로 잡고 실험을 시행할 수 있다.

잡음을 반영할 수 있는 상황에 따라 강건설계를 위한 실험계획을 하나씩 살펴보자.

1) 단순반복실험 데이터 활용

설계변수의 실험점에서 단순반복실험을 하여 산포 제어인자와 평균 조정인자를 구분하기 위한 실험계획이다. 표 11.6에 실험점 8개, 열이 7개 있는 직교배열표에 설계변수 5개를 실험에 고려하는 설계행렬과 각 실험점에서 반복 데이터를 얻는 경우의 실험계획을 나타내었다.

표 11.6 단순반복실험 강건설계 실험계획

실험점	A	B	C	D	E			반복			
								1	2	3	…
1	1	1	1	1	1	1	1	y_{11}	y_{12}	y_{13}	…
2	1	1	1	2	2	2	2	y_{21}	y_{22}	y_{23}	…
3	1	2	2	1	1	2	2				
4	1	2	2	2	2	1	1				
5	2	1	2	1	2	1	2				
6	2	1	2	2	1	2	1				
7	2	2	1	1	2	2	1				
8	2	2	1	2	1	1	2	y_{81}	y_{82}	y_{83}	…

2) 수동적 잡음반영 실험데이터 활용

잡음변수를 체계적으로 실험에 반영하기는 어렵지만, 잡음이 반영된 데이터를 파악할 수 있는 경우에 활용하는 방법이다(표 11.7). 예를 들어 타일을 굽는 공정에서 가마 내 위치에 따라 타일이 받는 복사열이 다르고, 위치별로 받는 열이 잡음 역할을 하여 타일 치수에 영향을 미친다면 열의 불균형은 잡음변수가 된다. 이러한 열의 불균형을 반영하기 위하여 타일을 구운 후, 다양한 위치에 있는 타일의 치수를 측정하면 그 값들은 잡음을 반영한 데이터가 된다.

표 11.7 수동적 잡음반영 강건설계 실험계획

실험점	A	B	C	D	E			잡음반영 위치 1	2	3	…
1	1	1	1	1	1	1	1	y_{11}	y_{12}	y_{13}	…
2	1	1	1	2	2	2	2	y_{21}	y_{22}	y_{23}	…
3	1	2	2	1	1	2	2				
4	1	2	2	2	2	1	1				
5	2	1	2	1	2	1	2				
6	2	1	2	2	1	2	1				
7	2	2	1	1	2	2	1				
8	2	2	1	2	1	1	2	y_{81}	y_{82}	y_{83}	…

3) 설계변수와 잡음변수 설계행렬을 교차한 실험계획

잡음을 체계적으로 실험에 반영하기 위하여 설계변수와 잡음변수의 설계행렬을 교차하여 실험하는 것이다. 표 11.8은 3개의 설계변수 A, B, C를 2^3 요인배치에, 2개의 잡음변수 a, b를 2^2 요인배치에 배치한 교차배열을 이용한 실험계획을 나타낸다. 총 실험 수는 32회가 된다.

표 11.8 $2^3 \times 2^2$ 교차 강건설계 실험계획

실험점	A	B	C	a / b	− / −	+ / −	− / +	+ / +
1~4	−	−	−		•	•	•	•
5~8	+	−	−		•	•	•	•
9~12	−	+	−		•	•	•	•
13~16	+	+	−		•	•	•	•
17~20	−	−	+		•	•	•	•
21~24	+	−	+		•	•	•	•
25~28	−	+	+		•	•	•	•
29~32	+	+	+		•	•	•	•

4) 설계변수와 잡음변수 설계행렬을 통합한 실험계획

표 11.8은 3개의 설계변수와 2개의 잡음변수를 대상으로 32회의 실험을 하는 것인데, 실험 횟수를 반으로 줄이는 방법을 생각해 본다. 정의대비 $I = ABCab$에 기반한 2_{V}^{5-1} 부분요인배치를 이용하면 표 11.9에 있는 검은 점에서 실험하는 것이다.

표 11.9 $2^3 \times 2^2$ 교차 강건설계 실험계획의 1/2 실시

실험점	A	B	C	a b	− −	+ −	− +	+ +
1~4	−	−	−		◦	•	•	◦
5~8	+	−	−		•	◦	◦	•
9~12	−	+	−		•	◦	◦	•
13~16	+	+	−		◦	•	•	◦
17~20	−	−	+		•	◦	◦	•
21~24	+	−	+		◦	•	•	◦
25~28	−	+	+		◦	•	•	◦
29~32	+	+	+		•	◦	◦	•

이 16개의 실험점은 표 11.10과 같이 통합배열(combined array)로 나타낼 수 있다.

표 11.10 I = ABCab 기반 통합배열 강건설계 방법

실험점	A	B	C	a	b
1	−	−	−	+	−
2	−	−	−	−	+
3	+	−	−	−	−
4	+	−	−	+	+
5	−	+	−	−	−
6	−	+	−	+	+
7	+	+	−	+	−
8	+	+	−	−	+
9	−	−	+	−	−
10	−	−	+	+	+
11	+	−	+	+	−
12	+	−	+	−	+
13	−	+	+	+	−
14	−	+	+	−	+
15	+	+	+	−	−
16	+	+	+	+	+

11.5 강건설계 실험데이터 분석

11.5.1 신호대잡음비를 이용한 분석

다구치는 강건설계 방법을 제안하면서 데이터 분석의 성능척도로서 신호대잡음비(SN비)를 이용했다. 강건설계 연구자들이 이 성능척도를 연구하고 내린 결론은 ① SN비는 잡음을 반영하여 얻은 데이터의 분산이 평균제곱에 비례할 때만 유용하고, ② 전기회로나 통신 분야에서는 의미를 갖는 적절한 척도이나, 타 분야에서는 부적절하다는 것이다.

1) 망목특성 데이터 분석

망목특성의 경우를 중심으로 데이터 분석방법을 살펴보자. 망목특성의 SN비 정의는 다음의 식 (11.3)이고, 강건설계 실험데이터를 얻으면 이것은 식 (11.4)로 추정한다.

$$\eta_T = \ln \frac{\mu^2}{\sigma^2} \tag{11.3}$$

$$\hat{\eta}_T = \ln \frac{\bar{y}^2}{s^2} \tag{11.4}$$

식 (11.4)의 $\bar{y}^2/s^2$은 사실 변동계수인 $s/\bar{y}$의 역수 제곱이다. 결국 SN비를 최대화한다는 말은 변동계수의 제곱, 즉 변동계수를 최소화한다는 말이다.

각 실험조건에서 식 (11.4)의 SN비와 평균을 대상으로 데이터를 분석하여 SN비에 영향을 미치는 산포 제어인자, 평균에만 영향을 주는 평균 조정인자, 양쪽 어디에도 영향을 미치지 않는 기타 인자로 분류한다. 최적화는 다음의 2단계 절차에 따른다. 기타 인자의 수준은 경제성이나 편의성 등 측면을 고려하여 정하면 된다.

① SN비를 최대화하도록 산포 제어인자의 수준을 정한다.

② 평균 조정인자를 이용하여 평균을 목푯값으로 이동한다.

2) 망소특성과 망대특성 데이터 분석

망소특성 데이터의 SN비 추정치는 다음과 같이 구한다.

$$\hat{\eta}_S = -\ln\left(\frac{1}{n}\sum y_i^2\right) \tag{11.5}$$

망대특성 y를 크게 하려면 $1/y$를 작게 만들어야 한다. 망대특성 데이터를 분석할 때는 그것의 역수를 취하면 망소특성이 되므로 일단 역수를 만들어 그것을 망소특성으로 삼아 분석하는 것이다. 망대특성 데이터의 SN비 추정치는 다음과 같다.

$$\hat{\eta}_L = -\ln\left(\frac{1}{n}\sum\frac{1}{y_i^2}\right) \tag{11.6}$$

망소특성과 망대특성 데이터를 최적화하는 방법은 각 실험점에서 식 (11.5)와 식 (11.6)을 이용하여 SN비를 구하고 분석하여 SN비를 최대화하는 조건을 구하는 것이다.

11.5.2 중심위치와 산포척도를 구분하는 분석

SN비는 분산이 평균제곱에 비례할 때만 유용한데, 이러한 가정이 일반적으로 성립하지는 않는다. 각 실험점에서 잡음을 반영한 데이터가 있을 때 중심위치와 산포척도를 별도로 계산하여 분석한다. 실험점별로 $\bar{y}_i$와 $\ln s_i^2$을 구하여 각각 중심위치와 산포의 척도로 삼는다. i번째 실험점의 데이터가 n_i개 있으면 평균과 분산은 다음 식으로 구한다.

$$\bar{y}_i = \frac{1}{n_i}\sum_{j=1}^{n_i} y_{ij}, \quad s_i^2 = \frac{1}{n_i - 1}\sum_{j=1}^{n_i}(y_{ij} - \bar{y}_i)^2 \tag{11.7}$$

1) 망목특성 데이터 분석

각 실험조건에서 중심위치 척도 $\bar{y}_i$와 산포척도 $\ln s_i^2$을 대상으로 데이터를 분석한다. $\ln s_i^2$에 영향을 미치는 변수를 산포 제어인자, $\bar{y}_i$에만 영향을 주는 변수를 평균 조정인자, 양쪽 어디에도 영향을 미치지 않는 것은 기타 인자로 분류한다. 최적화는 다음의 2단계 절차에 따른다.

① 산포를 최소화하도록 산포 제어인자의 수준을 정한다.
② 평균 조정인자를 이용하여 중심위치를 목푯값에 맞춘다.

2) 망소특성 데이터 분석

각 실험조건에서 중심위치 척도 $\bar{y}_i$와 산포척도 $\ln s_i^2$을 대상으로 데이터를 분석하여, 다음의 2단계 절차에 따른다.

① 중심위치에 영향을 미치는 인자를 선정하여 중심위치가 최소가 되도록 이들의 수준을 정한다.
② 중심위치에 영향을 미치지 않는 인자 중 산포에 영향을 미치는 인자가 있으면 산포가 최소가 되도록 이들의 수준을 정한다.

3) 망대특성 데이터 분석

각 실험조건에서 중심위치 척도 $\bar{y}_i$와 산포척도 $\ln s_i^2$을 대상으로 데이터를 분석하여, 다음의 2단계 절차에 따른다.

① 중심위치에 영향을 미치는 인자를 선정하여 중심위치가 최대가 되도록 이들의 수준을 정한다.
② 중심위치에 영향을 미치지 않는 인자 중 산포에 영향을 미치는 인자가 있으면 산포가 최소가 되도록 이들의 수준을 정한다.

11.5.3 분석을 위한 적합한 척도 선정

망목특성 데이터의 i번째 실험점의 SN비는 다음과 같이 풀어 쓸 수 있다.

$$\hat{\eta}_{T_i} = \ln\frac{\bar{y}_i^2}{s_i^2} = \ln\bar{y}_i^2 - \ln s_i^2 \tag{11.8}$$

① 식 (11.8)의 SN비를 최대화한다는 것은 평균은 크게 하고, 분산은 작게 한다는 것이다. 이것을 우선 최대화한 다음에 두 번째 단계에서 평균을 다시 목푯값에 일치시키도록 노력한다는 것이다. 이렇게 복잡하게 할 것이 아니라, 별도로 분석하는 것이 바람직하다.
② SN비에 유의한 요인을 찾을 때, 평균과 분산 중 어떤 것이 크게 영향을 미칠지 사전에는 알 수가 없고, 실험데이터를 분석하여 얻은 수준별 평균과 분산 중, 실험점별로 차이가 큰 것이 주로 영향을 미치게 된다. 이 식을 통해서도 알 수가 있지만, SN비는 불필요하게 복잡하고 사용환경이 제한적이다. 다만 분산이 평균제곱에 비례하면(표준편차가 평균에 비례하면), 산포를 줄이기 위해 변동계수 $\frac{s_i}{y_i}$를 최소화하여야 하며, 이는 곧 SN비를 최대화하는 것이다. 그러므로 분산이 평균제곱에 비례하면, 망목특성의 SN비는 유용하게 쓰일 수 있다.

망소특성도 SN비를 사용하기에 적절하지 않다. 식 (11.5)의 로그함수 안에 있는 $\frac{1}{n}\sum y_i^2$은 다음의 식 (11.9)와 같이 평균과 분산으로 구분되어 두 개의 항으로 분리되므로, 결국 식 (11.5)는 식 (11.10)으로 나타낼 수 있다.

$$\frac{1}{n}\sum y_i^2 = \frac{1}{n}\sum\left\{\bar{y} + (y_i - \bar{y})\right\}^2 = \frac{1}{n}\sum\left\{\bar{y}^2 + (y_i - \bar{y})^2\right\} = \bar{y}^2 + \frac{n-1}{n}s^2 \tag{11.9}$$

$$\eta_S = \ln\left(\bar{y}^2 + \frac{n-1}{n}s^2\right) \tag{11.10}$$

식 (11.10)을 보면 망소특성의 SN비가 평균제곱과 분산을 더한 값에 자연로그를 취한 것이다. 이렇게 합한 값을 이용하여 분석하기 위한 성능척도로 삼는 것보다는 중심위치와 산포 특성을 별도로 분석하여 각각의 척도에 영향을 미치는 인자를 찾아내고 독립적으로 줄이는 것이 바람직하다. 망대특성도 중심위치와 산포척도를 별도로 구하여 중심위치는 크게, 산포는 작게 만드는 인자의 수준을 찾는 것이 유용하겠다.

11.6 강건설계 사례분석 1: 단순반복 데이터

박주영 등(2019)은 새로운 방법으로 자기공명영상(Magnetic Resonance Imaging, MRI) 조영제용 자성 나노입자(magnetic nanoparticles)를 합성하기 위한 강건설계 실험을 계획하고 시행하였다. 새로운 방법을 적용하기 위하여 약 6개월 동안 수십 배치의 나노입자를 제조하였으나, 단분산 산화철 나노입자 크기의 재현성이 50% 미만으로 낮은 수준에 머물고 있었다. 실험을 통하여 산화철 나노입자를 균일한 크기로 재현성 있게 생산하는 방법을 확보한다면, 균일한 산화철 나노입자의 상업화에 있어서 새로운 전기를 마련할 수 있다고 판단하였다.

본 연구를 수행하기 전, 같은 실험조건에서 3개의 장치를 이용하여 하루에 한 번씩 3일간 실험을 시행했는데, 이렇게 얻어진 나노입자 지름의 배치(batch) 간 산포가 크게 나타났다. 나노 합성 연구팀은 배치 간 입자 지름의 산포를 줄여 품질 재현성의 수준을 높이기 위해서, 산포에 영향을 주는 잡음변수를 파악하여 잡음이 일정 수준 내에서 변동하더라도 균일한 품질을 확보하기 위한 강건설계 실험방법을 적용하기로 하였다.

이 실험의 품질특성은 나노입자의 지름이고, 필요한 규격은 13 ± 2nm, 즉 (11, 15)nm이다. 실험을 통하여 합성된 나노입자 모양을 그림 11.15에 나타내었다.

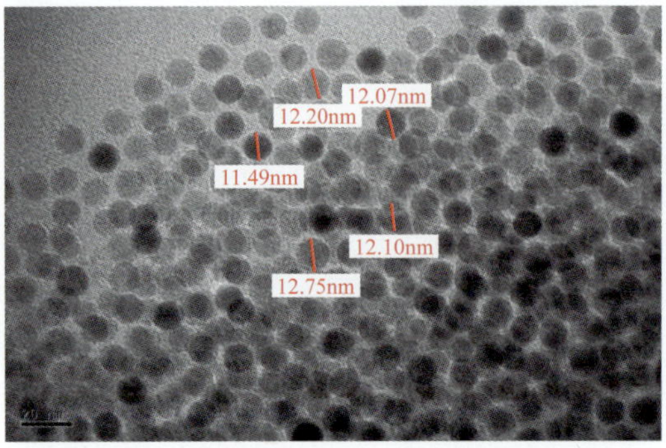

(a) 규격 내 합성 나노입자

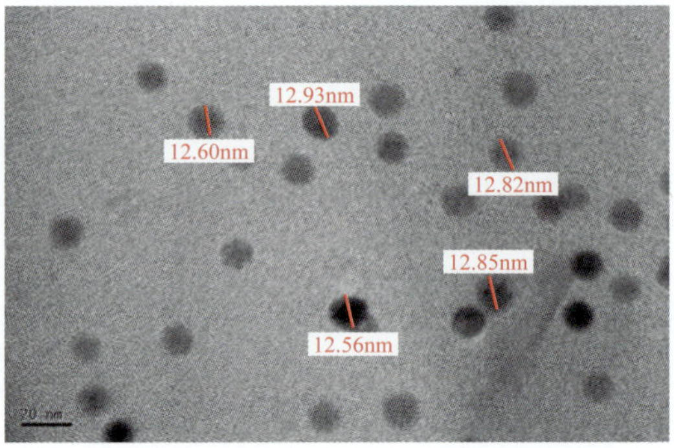

(b) 입자가 거의 합성되지 않음

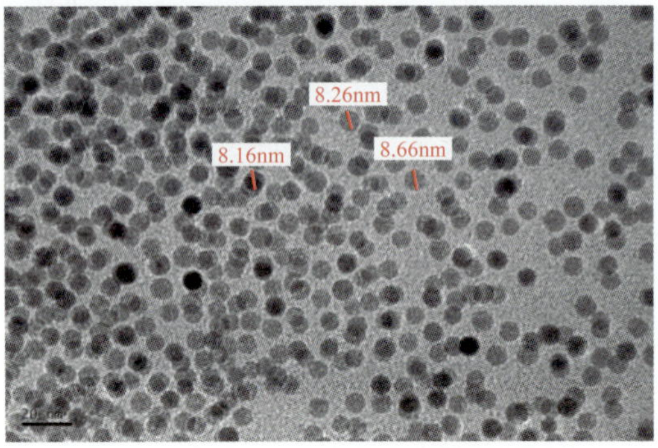

(c) 규격 외 합성 나노입자

그림 11.15 합성된 나노입자의 TEM 이미지

11.6.1 잡음 확인과 잡음의 반영

관련 연구의 내용과 유사한 실험의 경험에 비추어, 나노입자 크기의 산포에 영향을 미치리라 생각되는 잡음 요소는 다음과 같다.

① 320℃를 60분 이상 유지하는 동안의 온도 변동
② 핵이 만들어지는 시점의 불균일성
③ 입자 성장속도의 불균일성

우선 ①의 경우에는 일시적으로 불안정하지만, 다시 목표 온도로 수렴하므로 특별한 조처를 하지 않고, 약간의 온도 변동은 각 실험조건에서 3개의 배치 반복실험을 함으로써 자연스럽게 반영이 되도록 하였다. ②와 ③은 반응온도에 직접적인 영향을 받기 때문에 온도가 높아짐에 따른 변화를 관찰했다. 270℃ 부근에서 물과 용매의 환류로 인해 온도 하강 현상이 발생하는데, 이러한 문제는 반응기와 냉각기 사이에 트랩을 설치하여 해결했다.

기존에 나노입자 합성실험을 수행한 실험연구자들은 현장경험을 통하여 다음 사항이 나노입자의 형성 여부와 입자 크기의 변동에 영향을 미칠 수 있는 잡음이라고 생각하였다.

(i) 교반을 위한 마그네틱 막대 형태: 모양(둥근 것, 뾰족한 것)과 크기(큰 것, 작은 것)

(ii) 승온속도(heating rate): 설계변수이지만, 실험 시 수준을 일정하게 유지하기 어려움

(iii) 교반속도(stirring speed): 젓는 중에 일정한 속도를 유지하기 어려움

(iv) 반응기 내부 환경: 실험날짜별로 서로 다른 2개의 반응기(Round Bottom Flask, RBF)를 쓰고 있는데, 이들 RBF는 내부청결도에 차이가 있음

(v) 실험실 온도와 습도: 한 계절 내에서는 같다고 가정함

(i)와 (ii)의 영향을 파악하기 위하여 예비실험을 수행했는데, 영향은 거의 없는 것으로 판정했다. (iii)의 잡음은 파일럿플랜트에서도 문제가 되기 때문에 속도를 제어하려고 노력하지 않고 잡음변수로 생각하고, 반복실험에서 자연스럽게 반영되도록 하였다. (iv)는 2개의 반응기를 번갈아 사용함으로써 반응기의 차이를 잡음변수로 반영하였다. (v)의 경우 덜 중요하게 생각되어 본 연구에서는 고려하지 않았다.

11.6.2 실험계획

나노 합성 연구팀과 실험계획 전문가가 논의한 결과, 잡음행렬을 별도로 구성하여 교차배열 형태로 강건설계 실험에 반영할 만한 잡음은 없는 것으로 판단하고, 실험에서 다양하게 나타날 수 있는 잡음을 반영할 수 있도록 각 설계행렬의 실험조건에서 3개의 배치 실험을 시행하기로 했다.

나노입자 합성에 영향을 줄 만한 설계변수와 수준을 정하였다(표 11.11). 본 실험연구를 수행하기에 앞서 6개월간 실험을 통하여 얻은 초기 실험조건이 있었다. 잡음을 고려한 강건한 조건을 파악하기 위하여 현재 조건을 중심으로 저수준과 고수준을 설정하거나, 바람직한 방향이 알려지면 그 방향으로 2개의 수준을 잡아서, 3수준이 필요한 6개의 인자를 대상으로 가장 적은 실험 수로 실험할 수 있는 실험계획 방법인 OA$(2^1 \times 3^7)$를 이용하기로 하였다. 이 직교배열표의 3수준 열 6개에 설계변수를 배치하기 위하여 18개의 실험점으로 구성된 설계행렬을 표 11.12에 나타내었다.

표 11.11 나노입자 합성실험의 설계변수와 수준

인자	1수준	2수준	3수준
승온속도(℃/min)	2.5	5.0	10.0
숙성온도(℃)	300	310	320
수산화철량(mmol)	20	40	80
올레인산 비율(mol ratio)[1]	R−2	R	R+2
숙성시간(min)	60	90	120
올레인산 알루미늄 비율(mol ratio)[2]	L−0.5	L	L+0.5

1) 산화철에 대한 올레인산 몰 비율, 2) 산화철에 대한 올레인산 알루미늄 몰 비율

표 11.12 나노입자 합성실험의 설계행렬

번호	승온속도 (A)	숙성온도 (B)	수산화철량 (C)	올레인산 비율 (D)	숙성시간 (E)	올레인산 알루미늄 비율 (F)
1	2.5	300	20	R−2	60	L−0.5
2	2.5	310	40	R	90	L
3	2.5	320	80	R+2	120	L+0.5
4	5.0	300	20	R	90	L+0.5
5	5.0	310	40	R+2	120	L−0.5
6	5.0	320	80	R−2	60	L
7	10.0	300	40	R−2	120	L
8	10.0	310	80	R	60	L+0.5
9	10.0	320	20	R+2	90	L−0.5
10	2.5	300	80	R+2	90	L
11	2.5	310	20	R−2	120	L+0.5
12	2.5	320	40	R	60	L−0.5
13	5.0	300	40	R+2	60	L+0.5
14	5.0	310	80	R−2	90	L−0.5
15	5.0	320	20	R	120	L
16	10.0	300	80	R	120	L−0.5
17	10.0	310	20	R+2	60	L
18	10.0	320	40	R−2	90	L+0.5

11.6.3 실험 시행과 데이터 측정

18개의 실험조건별로 3개의 배치 실험을 시행하여 각 배치에서 15개의 나노입자를 랜덤하게 추출하여 지름을 측정하였다.

그런데 4개의 실험조건인 #10, #13, #14, #16에서 나노입자가 합성되지 않았고, #8, #15 조건에서는 3개의 배치 중 각각 한 배치에서 입자가 형성되지 않았다. 입자 미성형의 원인을 살펴보고 개선한 후에, 다음과 같이 추가 실험을 시행했다.

① 일부의 배치에서 입자가 형성되지 않은 것 중, #8 조건에서는 온도 프로파일의 변동이 큰 것이 주원인으로 추정되었고, #15 조건의 한 배치에서 입자가 형성되지 않은 이유는 파악할 수 없었다. 이로부터 실험 시 온도 프로파일의 변동이 배치 간 산포에 크게 영향을 미침을 알 수 있다.

② 3개의 배치에서 모두 입자가 형성되지 않은 실험조건 중, #10, #16에서는 승온 시 오버슈팅(over-shooting)이 발생한 것이 주원인으로 생각된다.

③ 위의 ①과 ②에서 파악한 입자 미형성의 원인에 따라 실험방법을 개선하여 추가 실험을 시행하였다. 입자가 일부 형성되지 않은 #8, #15 조건에서 한 배치, 3개의 배치 모두 성형이 되지 않은 #10, #13, #14, #16 조건에서는 3개의 배치 실험을 수행하였다. 그 결과 #8 조건과 #14 조건에서는 입자가 형성되었다.

이제 입자가 형성되지 않은 실험조건의 데이터를 어떻게 확보해야 할지 살펴보자. 실험을 수행하여 데이터가 없을 때 이용하는 일반적인 결측치 처리 방법은 시간이 부족하여 해당 실험조건에서 데이터를 얻을 수 없거나, 데이터는 얻었는데 그 데이터가 이상한 값으로 나타나 활용할 수 없고, 시간 부족이나 실험환경 변화 등의 문제 때문에 추가 실험을 통하여 데이터를 확보할 수 없을 때 쓰는 방법이다. 본 실험에서 나타난 4개의 실험조건에서 나노입자가 형성되지 않은 것은 결측치로 취급할 수 없다. 이러한 조건들은 전혀 바람직하지 않은 실험조건이므로 본 분석에서는 시뮬레이션을 통하여 이러한 조건들에서는 입자의 크기가 아주 작으면서도 산포가 크게 나오도록 만들어 SN비 측면에서 아주 작은 값을 갖도록 하였다. 입자가 전혀 성형되지 않은 실험번호 #10, #13, #16의 경우에는 2개의 배치에서는 데이터를 0으로, 나머지 하나의 배치에서는 평균 3, 표준편차 1.0으로 두고 15개의 정규분포 랜덤 데이터를 생성하였다. 실험번호 #15 조건의 경우에는 데이터가 확보되지 않은 한 배치에서 데이터 10개는 0, 5개는 평균 6, 표준편차 2.0으로 두고 랜덤하게 데이터를 생성하였다.

측정데이터를 이용하여 SN비, 표준편차, 평균, 변동계수를 계산한 값을 표 11.13에 나타내었다.

표 11.13 나노입자 합성실험의 설계행렬과 데이터 통계량

번호	실험조건						통계량			
	A	B	C	D	E	F	SN비	표준편차	평균	변동계수
1	2.5	300	20	R−2	60	L−0.5	14.94	1.51	8.45	0.179
2	2.5	310	40	R	90	L	19.11	1.06	9.60	0.111
3	2.5	320	80	R+2	120	L+0.5	16.75	2.40	16.54	0.145
4	5	300	20	R	90	L+0.5	11.62	1.35	5.16	0.262
5	5	310	40	R+2	120	L−0.5	23.86	0.87	13.62	0.064
6	5	320	80	R−2	60	L	23.90	0.71	11.06	0.064
7	10	300	40	R−2	120	L	11.84	1.90	7.44	0.256
8	10	310	80	R	60	L+0.5	17.90	1.49	11.66	0.127
9	10	320	20	R+2	90	L−0.5	13.50	2.38	11.25	0.211
10	2.5	300	80	R+2	90	L	−3.48	1.65	1.11	1.493
11	2.5	310	20	R−2	120	L+0.5	10.22	4.26	13.81	0.308
12	2.5	320	40	R	60	L−0.5	17.54	1.58	11.90	0.133
13	5	300	40	R+2	60	L+0.5	−3.88	1.42	0.91	1.562
14	5	310	80	R−2	90	L−0.5	23.90	0.77	12.11	0.064
15	5	320	20	R	120	L	1.75	6.59	8.06	0.817
16	10	300	80	R	120	L−0.5	−3.75	1.39	0.90	1.540
17	10	310	20	R+2	60	L	18.97	1.01	8.95	0.113
18	10	320	40	R−2	90	L+0.5	17.01	0.98	6.95	0.141

11.6.4 실험데이터 분석

본 실험연구의 목표는 나노입자 지름의 평균을 13nm에 맞추면서도 산포를 최소화하는 것이다. 산포척도를 선정하기 위해 나노입자 지름의 분산과 평균제곱의 산점도를 보았는데, 이상치 하나를 제외하면 분산이 평균제곱에 어느 정도 비례한다(그림 11.16). 11.5절에서 밝힌 바와 같이, 이런 경우에는 SN비를 쓸 수 있다. 6개의 설계변수가 SN비에 미치는 요인효과를 그림 11.17에 나타내었고, SN비에 크게 영향을 미치는 B, D, E, F를 산포 제어인자로 선정하였다. 설계변수가 평균에 미치는 요인효과는 그림 11.18에 나타내었는데, A, B, D, E, F가 평균에 영향을 미친다. 산포에는 영향을 미치지 않으면서 평균에만 영향을 미치는 설계변수 A를 평균 조정인자로 선정했다.

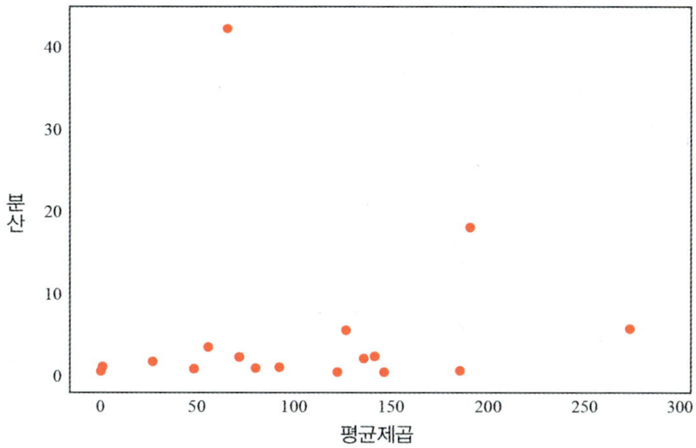

그림 11.16 나노입자 합성실험의 분산과 평균제곱 산점도

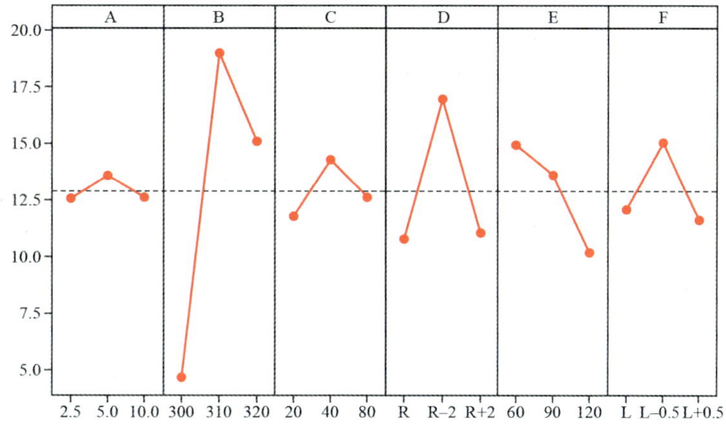

그림 11.17 나노입자 합성실험 SN비의 요인효과 그림

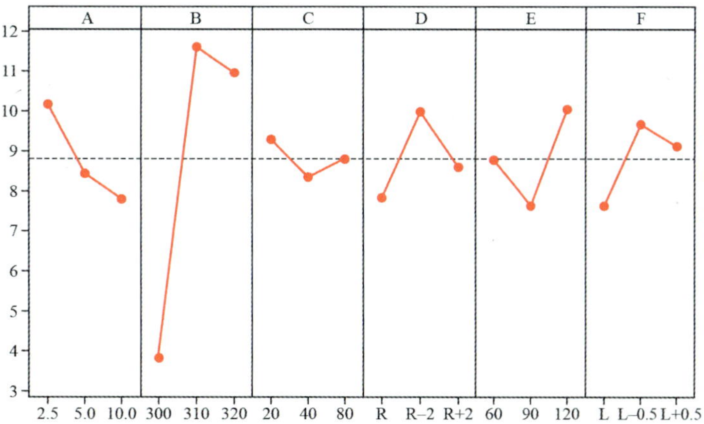

그림 11.18 나노입자 합성실험 데이터 평균의 요인효과 그림

산포를 최소화하기 위해 SN비를 크게 하는 조건은 숙성온도(B) 310, 올레인산 비율(D) R, 숙성시간(E) 60, 올레인산 알루미늄 비율(F) L이고, 이 조건에서 주요 통계량의 예측값은 SN비 27.238, 평균 13.542, 표준편차 0.4137이다. 산포를 최소화하기 위한 강건설계 조건을 잡은 후, 입자 크기의 평균을 목푯값인 13nm에 가깝게 조절하기 위하여 평균 조정인자인 승온속도(A)를 5로 정하면, 입자 크기의 평균이 13.17nm 정도가 될 것으로 예측된다.

11.6.5 확인실험

11.6.4절의 데이터 분석 결과에 따라 선정한 최적조건에서 총 21개 배치의 확인실험을 수행하였다. 우선 배치별로 200개의 샘플을 랜덤하게 추출하여 그린 상자그림을 그림 11.19에 나타내었다. 그림 11.19를 보면 10번째 배치의 입자 크기가 다른 배치들보다 확연하게 작다.

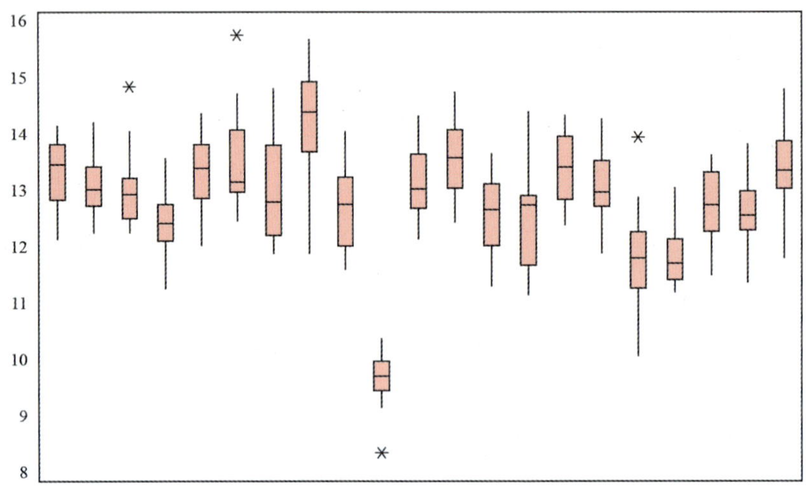

그림 11.19 최적조건에서 확인실험 결과의 상자그림

최적조건에서 나노입자 크기가 규격한계인 13 ± 2nm에 어느 정도 들어오는지를 파악하려고 배치별로 200개의 데이터를 대상으로 총 21 × 200 = 4,200개의 데이터를 이용하여 공정능력분석을 수행한 결과를 그림 11.20에 나타내었다. 최적조건에서 나노입자가 규격인 (11, 15) 구간 내에 들어올 확률은 약 92.5%이며, 규격하한을 벗어날 확률이 5.2%, 규격상한을 이탈할 확률은 2.3%로 예상된다. 그림 11.19를 보면 10번째 배치 데이터는 다른 20개 배치 데이터와 확연하게 다른데, 만일 추후 이 배치에서 입자가 작게 나온 원인에 대해 분석을 하여 문제가 밝혀지고 향후 이러한 문제가 다시 일어나지 않도록 재발 방지가 가능하다면 이 배치를 제외하고 공정능력분석을 수행할 수 있다.

10번째 배치 데이터를 제외하고 분석을 하면 입자의 크기가 규격 내에 속할 확률은 97.5%로 증가한다.

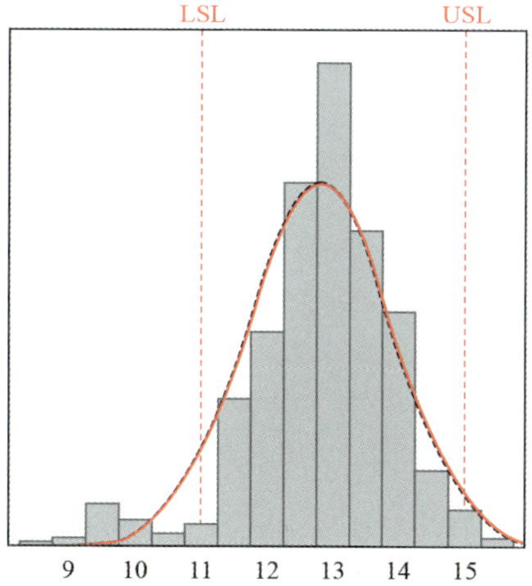

그림 11.20 최적조건에서 확인실험 데이터의 공정능력분석

11.6.6 이전성을 확보하기 위한 실험

실험실 환경에서 시행한 실험연구의 최적조건이 파일럿플랜트에서도 이전성(transferability)을 확보할 수 있도록 두 실험환경의 차이를 확인하고 바로잡기 위한 추가 연구를 진행하였다. 이전성 확보를 위하여 실험실과 파일럿플랜트의 차이점을 파악하여 실험실 연구에서 반영하지 못했던 것 중 중요하다고 생각하는 것에 대해서는 별도의 실험을 시행하였다.

① 냉각시간 조절 실험: 기존 실험실 실험에서는 약 1시간이면 충분했지만, 파일럿플랜트 환경을 고려하여 310℃에서 200℃까지 낮추기 위한 냉각시간을 3시간, 4시간으로 조절하여 실험하였다.

② 반응기 내 불활성 조건 형성 방법 변경: 반응기 내 산소와 수분을 제거하여 불활성 조건을 만드는 방법으로 기존에는 진공 도입 후 질소(N_2)로 치환하는 방법을 사용하였으나, 이 단계를 제거하고 질소 퍼지(N_2 purging)만을 이용하여 불활성 조건을 만드는 방법으로 프로세스를 수정하였다.

이전성 확보를 위한 추가 실험 내용과 결과를 표 11.14에 제시하였다.

표 11.14 파일럿플랜트로 이전성 확보를 위한 추가 공정개선

번호	추가 공정개선	사유	실험	입자 지름(nm)	결과
1	냉각시간 조정	파일럿플랜트의 냉각속도가 낮음	310℃ → 200℃, 3hr	12	균일
2			310℃ → 200℃, 4hr	12	균일
3	불활성 분위기 개선	파일럿플랜트의 탈 가스 펌핑 용량이 약함	탈 가스 펌핑 없이 질소 퍼지(N_2 purge)	13	균일

11.7 강건설계 사례분석 2: 잡음반영 데이터

Kackar and Shoemaker(1986)는 웨이퍼를 7면(facet) 실린더(susceptor) 위에 올리고, 금속으로 된 '종처럼 생긴 항아리 모양'의 반응기 안에서 실린더가 회전하면 반응기 위의 노즐을 통해 화학 증기를 투입하면서 반응기에 열을 가해 화학반응을 일으켜 웨이퍼 위에 에피층(epitaxial-layer)을 입히는 공정 데이터를 얻었다. 입혀진 에피층의 면별로, 같은 면에서도 위에 있는 것과 아래 있는 것의 두께에 변동이 커서 이러한 변동을 줄이기 위한 실험을 계획하고 데이터를 분석했다. 그림 11.21은 도핑된 에피층, 그림 11.22는 실린더, 그림 11.23은 에피층 성장을 위한 반응기를 나타낸다.

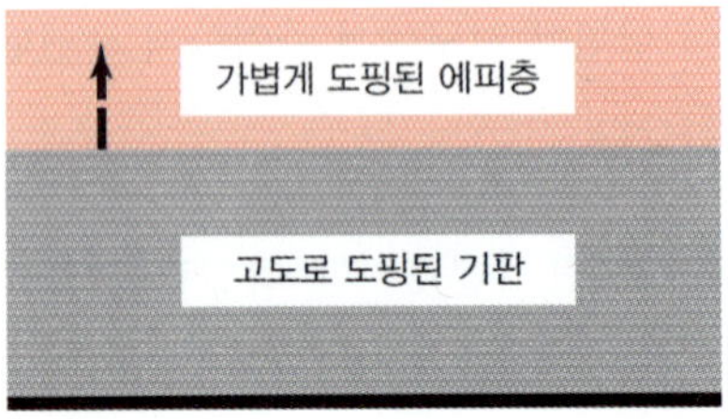

그림 11.21 실리콘 웨이퍼 위에 도핑된 에피층

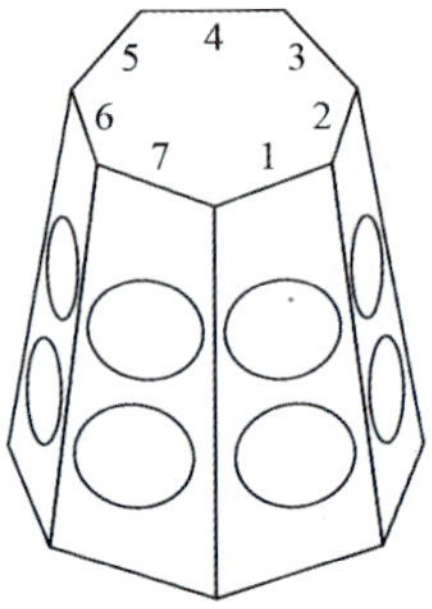

그림 11.22 실린더(suscpetor) 모양

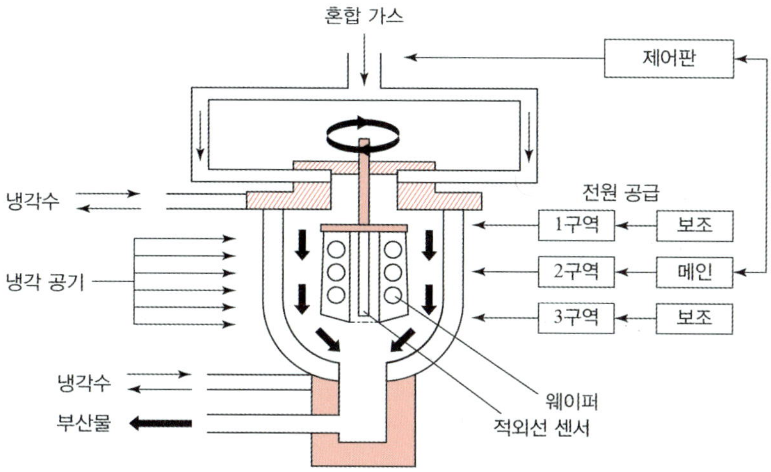

그림 11.23 에피층 성장을 위한 반응기

11.7.1 수동적 잡음반영

성장하는 에피층의 두께에 영향을 미치는 잡음변수는 반응기 안의 위치별로 다르게 나타나는 온도, 여러 가지 가스 흐름의 불균일성 등이다. 이러한 잡음을 반영하기 위하여 실린더 면에 따라, 같은 면에서도 위치에 따라 에피층 두께를 측정하여 분석하기로 하였다.

11.7.2 실험계획

실험의 목적은 규격이 $14.5 \pm 0.5\mu m$인 에피층 두께의 평균은 목푯값 14.5에 맞추고, 산포는 가능한 한 작게 나오게 하여 규격안에 들어오도록 하는 것이다. 8개의 설계변수를 실험에 포함하기로 하였고, 2_{IV}^{8-4} 부분요인배치를 설계행렬로 이용했다. 잡음을 반영하기 위해 6개의 실린더 면과 각 면의 상하에 있는 웨이퍼에서 에피층 두께를 측정하여 분석하기로 하였다. 본 사례에서는 Wu and Hamada (2009)에서 제시한 4개 면의 상하 데이터를 이용하기로 한다. 표 11.15에 인자와 수준을 나타내었다. 2_{IV}^{8-4}의 설계생성자는 D = −ABC, F = ABE, G = ACE, H = BCE이고, 잡음반영은 2×4 요인배치를 이용하였다. 표 11.16의 오른쪽에 잡음을 반영한 위치별 웨이퍼의 에피층 두께를 나타내었다.

표 11.15 에피층 성장 실험의 인자와 수준

종류	인자	최초 수준	저수준(−1)		고수준(+1)	
설계변수	A: 실린더 회전	진동	연속		진동	
	B: 웨이퍼 코드	−	G4		D4	
	C: 증착온도(℃)	1,215	1,210		1,220	
	D: 증착시간	낮음	높음		낮음	
	E: 비소 유량(%)	57	55		59	
	F: 염산 식각 온도(℃)	1,200	1,180		1,215	
	G: 염산 유량(%)	12	10		14	
	H: 노즐 위치	4	2		6	
수동적 잡음반영	L: 위치	−	위		아래	
	M: 실린더 면	−	1	2	3	4

표 11.16 에피층 성장 실험의 설계행렬과 데이터

구분	설계변수								잡음변수							
									아래쪽				위쪽			
	A	B	C	D	E	F	G	H	M−1	M−2	M−3	M−4	M−1	M−2	M−3	M−4
1	−	−	−	+	−	−	−	−	14.2908	14.1924	14.2714	14.1876	15.3182	15.4279	15.2657	15.4056
2	−	−	−	+	+	+	+	+	14.8030	14.7193	14.7193	14.7635	14.9306	14.8954	14.9210	15.1349
3	−	−	+	−	−	−	+	+	13.8793	13.9213	13.9213	14.0849	14.0121	13.9386	14.2118	14.0789
4	−	−	+	−	+	+	−	−	13.4054	13.4788	13.4788	13.5167	14.2444	14.2573	14.3951	14.3724
5	−	+	−	−	−	+	−	+	14.1736	14.0306	14.1398	14.0796	14.1492	14.1654	14.1487	14.2765
6	−	+	−	−	+	−	+	−	13.2539	13.3338	13.1920	13.4430	14.2204	14.3028	14.2689	14.4104
7	−	+	+	+	−	+	+	−	14.0623	14.0888	14.1766	14.0528	15.2969	15.5209	15.4200	15.2077
8	−	+	+	+	+	−	−	+	14.3068	14.4055	14.6780	14.5811	15.0100	15.0618	15.5724	15.4668
9	+	−	−	−	−	+	+	−	13.7259	13.2934	12.6502	13.2666	14.9039	14.7952	14.1886	14.6254
10	+	−	−	−	+	−	−	+	13.8953	14.5597	14.4492	13.7064	13.7546	14.3229	14.2224	13.8209
11	+	−	+	+	−	+	−	+	14.2201	14.3974	15.2757	15.0363	14.1936	14.4295	15.5537	15.2200
12	+	−	+	+	+	−	+	−	13.5228	13.5828	14.2822	13.8449	14.5640	14.4670	15.2293	15.1099
13	+	+	−	+	−	−	+	+	14.5335	14.2492	14.6701	15.2799	14.7437	14.1827	14.9695	15.5484
14	+	+	−	+	+	+	−	−	14.5676	14.0310	13.7099	14.6375	15.8717	15.2239	14.9700	16.0001
15	+	+	+	−	−	−	−	−	12.9012	12.7071	13.1484	13.8940	14.2537	13.8368	14.1332	15.1681
16	+	+	+	−	+	+	+	+	13.9532	14.0830	14.1119	13.5963	13.8136	14.0745	14.4313	13.6862

11.7.3 실험데이터 분석

산포척도를 선정하기 위해 에피층 두께의 분산과 평균제곱의 산점도를 보았는데, 분산과 평균제곱이 서로 관련이 없어서, 산포 제어인자를 파악하기 위해서 $\ln s_i^2$ 값을 이용하기로 하였다. 표 11.17에 에피층 성장 실험의 데이터 통계량을 나타내었다.

표 11.17 에피층 성장 실험의 데이터 통계량

설계변수								$\bar{y}_i$	$\ln s_i^2$
A	B	C	D	E	F	G	H		
−	−	−	+	−	−	−	−	14.79	−1.018
−	−	−	+	+	+	+	+	14.86	−3.879
−	−	+	−	−	−	+	+	14.00	−4.205
−	−	+	−	+	+	−	−	13.91	−1.623
−	+	−	−	−	+	−	+	14.15	−5.306
−	+	−	−	+	−	+	−	13.80	−1.236
−	+	+	+	−	+	+	−	14.73	−0.760
−	+	+	+	+	−	−	+	14.89	−1.503
+	−	−	−	−	+	+	−	13.93	−0.383
+	−	−	−	+	−	−	+	14.09	−2.180
+	−	+	+	−	+	−	+	14.79	−1.238
+	−	+	+	+	−	+	−	14.33	−0.868
+	+	−	+	−	−	+	+	14.77	−1.483
+	+	−	+	+	+	−	−	14.88	−0.418
+	+	+	−	−	−	−	−	13.76	−0.418
+	+	+	−	+	+	+	+	13.97	−2.636

복습문제 분산과 평균제곱의 산점도를 그려라.

복습문제 설계변수가 $\ln s_i^2$과 $\bar{y}_i$에 미치는 효과를 구하라.

분석 결과, 산포 제어인자는 A와 H이고, 산포를 줄이기 위한 조건은 A_H_+이다. 즉, 실린더 회전(A)은 연속으로 하고, 노즐 위치(H)는 6에 놓는다. 평균 조정인자는 D이고, 인자 D가 반응변수에 미치는 모형식은 다음과 같다.

$$\hat{y} = 14.352 + 0.402x_D \tag{11.11}$$

이 실험을 통하여 구한 최적조건은 A_H_+(실린더 회전은 연속으로 하고, 노즐 위치는 6)이고, 평균 조정인자를 이용하여 평균을 목푯값인 14.5에 맞추기 위하여 식 (11.11)을 이용하면 다음과 같이 증착시간을 높음과 낮음을 기준으로 코딩된 수준으로 볼 때 0.368에 해당하도록 높은 쪽으로 설정한다. 이러한 최적조건에서 에피층 두께가 원하는 만큼 나오는지 확인실험을 해야 한다.

$$\hat{y} = 14.352 + 0.402x_D = 14.5 \;\Rightarrow\; x_D = 0.368 \tag{11.12}$$

11.8 강건설계 사례분석 3: 교차배열 데이터

Engel(1992)은 사출성형으로 만든 제품의 수축률이 잡음변수의 영향을 받아 목푯값 주변에서 변동하는 것을 줄이기 위하여 7개의 설계변수와 3개의 잡음변수 설계행렬들을 교차하여 시행한 강건설계 실험데이터를 분석하였다. 실험의 목적은 7개의 설계변수와 3개의 잡음변수를 대상으로 실험하여 반응변수인 수축률이 목푯값인 1.5%에 가능한 한 가깝게 오도록 중요한 설계변수의 조건을 찾는 것이다.

11.8.1 실험계획

7개의 설계변수와 수준을 표 11.18에 나타내었다. 수축률 변동에 영향을 미치는 잡음변수로는 재분쇄율(a), 수분함량(b), 주변온도(c)의 3가지를 고려하였다.

표 11.18 수축률 교차배열 실험의 설계변수와 수준

설계변수	저수준(−1)	고수준(+1)
A: 사이클 시간	짧음	김
B: 성형온도	낮음	높음
C: 캐비티 두께	얇음	두꺼움
D: 유지압력	낮음	높음
E: 사출속도	느림	빠름
F: 유지시간	짧음	김
G: 게이트 크기	작음	큼

설계변수는 2_{III}^{7-4}, 잡음변수는 2_{III}^{3-1} 부분요인배치를 설계행렬로 삼아, 이들을 교차하여 총 $8 \times 4 = 32$회의 실험을 시행하였다(표 11.19).

표 11.19 수축률 교차배열 실험의 설계행렬과 데이터

실험점	A	B	C	D	E	F	G	a	−	−	+	+	평균 ($\bar{y}$)	분산 (s^2)	$\ln s^2$
								b	−	+	−	+			
								c	−	+	+	−			
1~4	−	−	−	−	−	−	−		2.2	2.1	2.3	2.3	2.225	0.009	−4.7
5~8	−	−	−	+	+	+	+		0.3	2.5	2.7	0.3	1.450	1.770	0.6
9~12	−	+	+	−	−	+	+		0.5	3.1	0.4	2.8	1.700	2.100	0.7
13~16	−	+	+	+	+	−	−		2.0	1.9	1.8	2.0	1.925	0.009	−4.7
17~20	+	−	+	−	+	−	+		3.0	3.1	3.0	3.0	3.025	0.003	−6.0
21~24	+	−	+	+	−	+	−		2.1	4.2	1.0	3.1	2.600	1.873	0.6
25~28	+	+	−	−	+	+	−		4.0	1.9	4.6	2.2	3.175	1.763	0.6
29~32	+	+	−	+	−	−	+		2.0	1.9	1.9	1.8	1.900	0.007	−5.0

11.8.2 실험데이터 분석

산포척도를 선정하기 위해 수축률의 분산과 평균제곱의 산점도를 그림 11.24에 나타내었는데, 분산과 평균제곱이 서로 관련이 없어서, 산포 제어인자를 파악하기 위해서 $\ln s^2$ 값을 이용하기로 하였다.

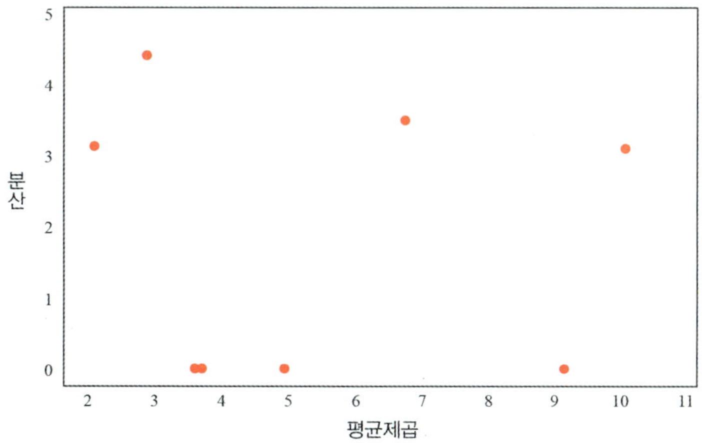

그림 11.24 수축률 교차배열 실험의 분산과 평균제곱 산점도

설계변수가 산포척도와 중심위치 척도에 미치는 영향을 각각 그림 11.25와 그림 11.26에 나타내었다. 이 그림들을 보면, 산포 제어인자는 유지시간(F), 평균 조정인자는 사이클 시간(A), 유지압력(D), 게이트 크기(G)임을 알 수 있다.

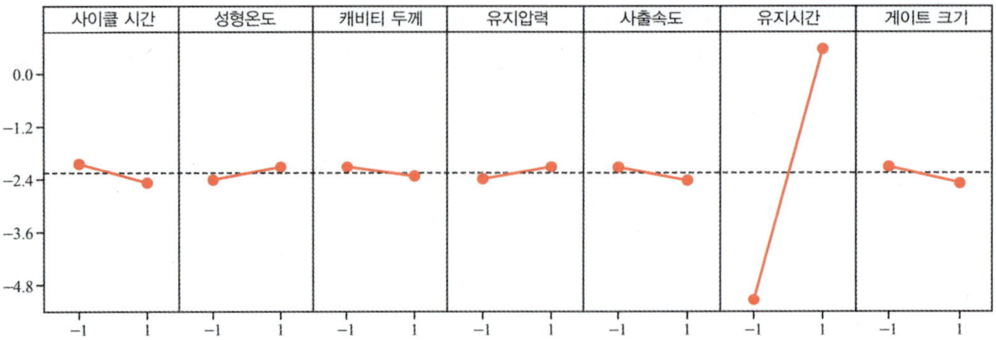

그림 11.25 수축률 교차배열 실험의 $\ln s^2$에 대한 주효과 그림

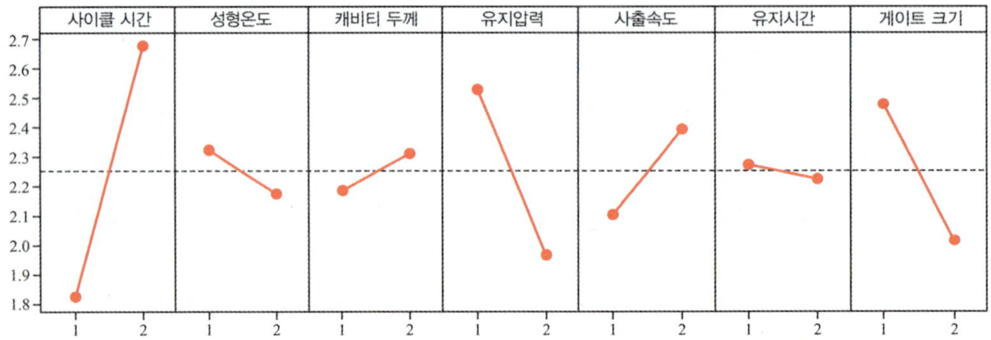

그림 11.26 수축률 교차배열 실험의 평균에 대한 주효과 그림

최적조건은 산포를 줄이기 위하여 유지시간을 짧게 잡고, 수축률을 목푯값인 1.5%에 가능한 한 가깝게 가져오도록 평균 조정인자인 사이클 시간(A), 유지압력(D), 게이트 크기(G) 중에서 조정하기 쉬운 인자를 이용하여 맞추어야 한다.

$$\hat{y} = 2.250 + 0.425x_A - 0.281x_D - 0.231x_G \qquad (11.13)$$

$\ln s^2, \bar{y}$에 대한 분석은 32개의 데이터에서 평균 포함하여 각 8개씩 총 16개의 정보만 이용한 것이다. 더 많은 정보를 얻고자 설계변수와 잡음변수 간 교호작용을 이용하여 잡음에 둔감한 설계변수의 수준을 탐색했다. 그림 11.27~11.29는 3개의 잡음변수별로, 7개의 설계변수와 잡음변수 간 교호작용을 나타낸 것이다. 그림 11.27로부터 잡음변수 a에 둔감한 설계변수 수준은 $B_+F_-G_+$이다. 그림 11.28을 보면 잡음변수 b에는 강건성에 영향을 미치는 인자가 없으며, 그림 11.29를 보면 잡음변수 c에 둔감한 설계변수 수준이 E_+G_-임을 알 수 있다.

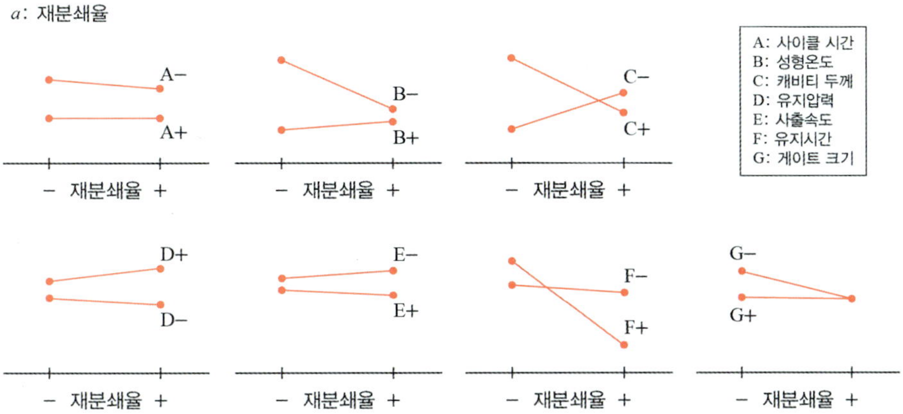

그림 11.27 수축률 교차배열 실험의 재분쇄율 잡음과 설계변수의 교호작용

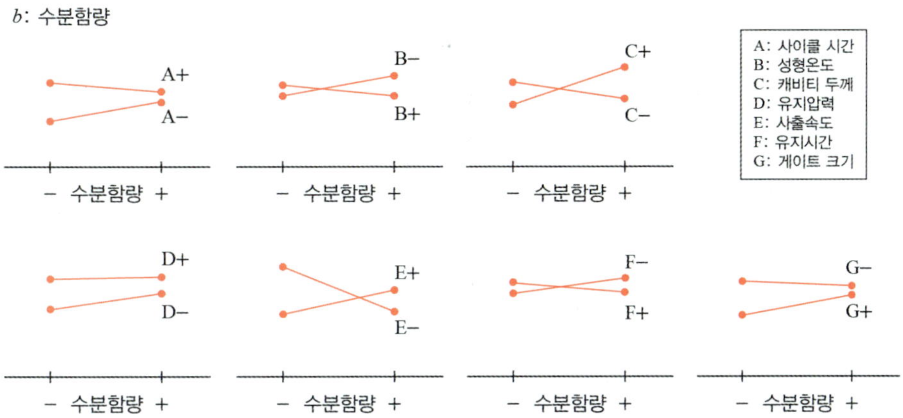

그림 11.28 수축률 교차배열 실험의 수분함량 잡음과 설계변수의 교호작용

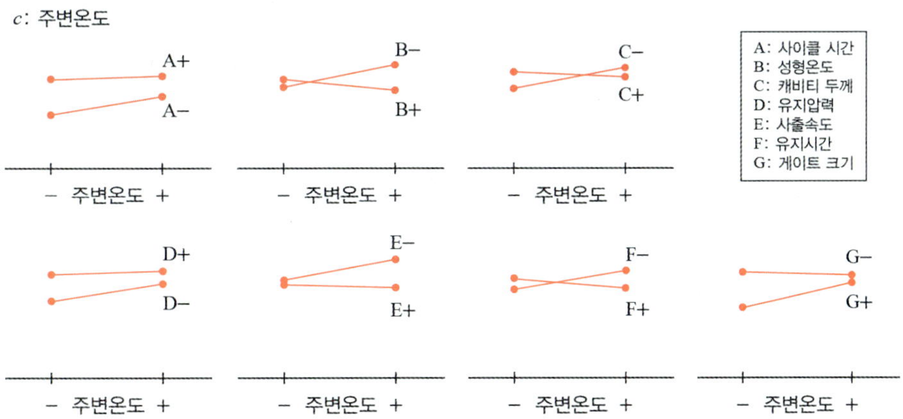

그림 11.29 수축률 교차배열 실험의 주변온도 잡음과 설계변수의 교호작용

잡음변수별로 잡음에 둔감한 설계변수 수준을 정리하면 다음과 같다.

- 잡음변수 a: $B_+F_-G_+$
- 잡음변수 c: E_+G_-

이것을 보면 잡음변수별 상충하지 않는 조건은 $B_+E_+F_-$이다. 변수 G는 잡음변수에 따라 둔감한 조건이 다르게 나타나므로 이것을 평균 조정인자로 삼으면 된다.

이제 최적조건을 정해보자. 산포 제어인자는 B, E, F이고, 산포를 줄이기 위한 조건은 $B_+E_+F_-$이다. 그림 11.26으로부터 평균 조정인자는 A, D, G이다. 이들을 이용한 모형식 (11.13)을 보면, 수축률의 평균을 1.5%에 맞추기 위해서는 우선 A는 −1 수준, D는 +1 수준으로 정해야 한다. $(x_A, x_D) = (-1, 1)$을 대입하면 식 (11.13)은 다음과 같다. 수축률 1.5%에 맞는 게이트 크기(G)는 코딩된 단위로 $(1.519 - 1.5)/0.231 = 0.082$이다.

$$\hat{y} = 2.250 + 0.425(-1) - 0.281(1) - 0.231x_G = 1.519 - 0.231x_G \tag{11.14}$$

어느 쪽에도 속하지 않는 기타 인자인 캐비티 두께(C)는 경제성이나 편의성을 고려하여 수준을 결정하면 된다. 최적조건에서 수축률이 원하는 만큼 나오는지 확인실험을 해야 한다.

11.9 강건설계 사례분석 4: 통합배열 데이터

Montgomery(1990)는 4개의 설계변수와 3개의 잡음변수가 사출품의 평균 수축률과 수축률 변동에 미치는 영향을 파악하고자 통합배열 설계행렬을 이용한 강건설계 실험을 소개하였다. 사출성형 공정에 영향을 미치는 인자는 7개인데, 4개는 설계변수이지만, 3개의 변수는 실제 생산공정에서는 통제하기가 어려운 잡음변수이다. 처음에는 변수별로 3수준이 필요하다고 느껴서 설계변수와 잡음변수를 각각 $OA(3^4)$ 직교배열표에 배치하여 교차하는 실험을 생각했다. 하지만 이런 실험은 실험 횟수가 $9 \times 9 = 81$개 필요하여 실험 수를 줄일 방법을 생각했다. 그래서 생각한 것이 7개의 인자를 단일배열에 배치하고, 인자별로 현재 수준을 중앙점에 두어, 그보다 높고 낮은 쪽으로 두 수준을 잡는 중앙점이 있는 부분요인배치를 시행하기로 했다. 실험의 목적은 수축률의 평균도 낮추고 산포도 줄이는 것이다.

11.9.1 실험계획

4개의 설계변수는 온도(A), 나사 속도(B), 유지시간(C), 게이트 크기(D)를, 3개의 잡음변수로는 사이클 시간(a), 수분함량(b), 유지압력(c)을 고려하였다. 2_{IV}^{7-3} 부분요인배치와 중앙점 실험을 이용하여 통합배열로 구성하였는데, 설계생성자는 $a = \text{ABC}$, $b = \text{BCD}$, $c = \text{ACD}$이다. 이 설계생성자를 이용하여 정의대비를 구하면, 3인자 교호작용과 교락된 주효과 7개, 서로 교락된 2인자 교호작용 그룹 7개, 서로 교락된 3인자 교호작용 그룹 1개의 효과를 구할 수 있다. 중앙점에서 실험한 이유는 곡률효과가 있는지 알아보려고 한 것이다. 설계행렬과 수축률 데이터를 표 11.20에 나타내었다.

표 11.20 수축률 통합배열 실험의 설계행렬과 데이터

실험점	A	B	C	D	a	b	c	수축률
1	−	−	−	−	−	−	−	0.6
2	+	−	−	−	+	−	+	1.0
3	−	+	−	−	+	+	−	3.2
4	+	+	−	−	−	+	+	6.0
5	−	−	+	−	+	+	+	0.4
6	+	−	+	−	−	+	−	1.5
7	−	+	+	−	−	−	+	2.6
8	+	+	+	−	+	−	−	6.0
9	−	−	−	+	−	+	+	0.8
10	+	−	−	+	+	+	−	1.2
11	−	+	−	+	+	−	+	3.4
12	+	+	−	+	−	−	−	6.0
13	−	−	+	+	+	−	−	1.6
14	+	−	+	+	−	−	+	0.5
15	−	+	+	+	−	+	−	3.7
16	+	+	+	+	+	+	+	5.2
17	0	0	0	0	0	0	0	2.5
18	0	0	0	0	0	0	0	2.9
19	0	0	0	0	0	0	0	2.4
20	0	0	0	0	0	0	0	2.7

11.9.2 실험데이터 분석

먼저 곡률효과는 없는 것으로 파악되었다. 그림 11.30에 수축률 통합배열 실험 결과의 엘보우그림을 나타내었다. 이 그림에서 설계변수 A, B와 그들의 교호작용 AB가 반응변수에 크게 영향을 미치므로, 인자 A와 B는 평균 조정인자이다. 중요한 요인을 이용하여 모형식을 구하면 다음과 같다.

$$\hat{y} = 2.710 + 0.694x_A + 1.781x_B + 0.594x_Ax_B \tag{11.15}$$

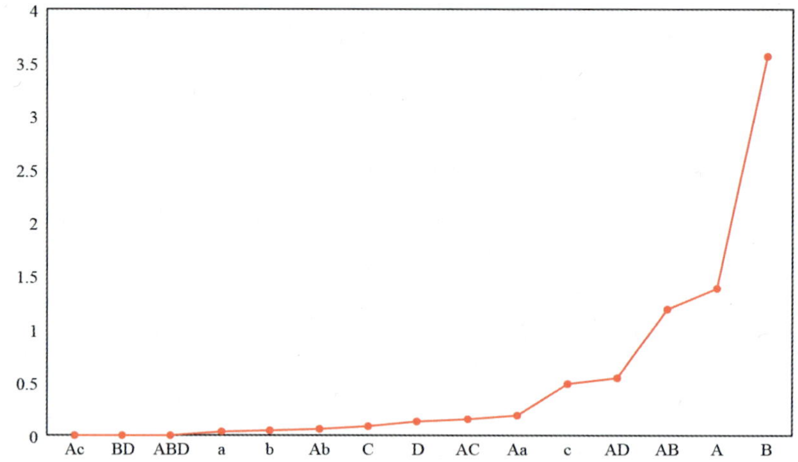

그림 11.30 수축률 통합배열 실험 결과의 엘보우그림

이 실험은 기본적으로 설계변수의 각 조건에서 잡음변수를 반영하여 실험한 것이 아니므로, 앞선 사례들과 다른 방법으로 산포 제어인자를 구해야 하는데, 그 방법은 다음과 같다. ① 각 실험점의 잔차를 계산한다. ② i번째 요인의 + 수준과 − 수준에 있는 잔차들의 표준편차의 합인 $S(i^+)$와 $S(i^-)$를 각각 구한다. ③ 다음의 식 (11.16)과 같이 이들을 제곱한 것의 비율의 로그함수는 i번째 요인이 산포에 영향을 미치지 않는다면 표준정규분포를 근사적으로 따른다. 그러므로 유의수준 0.05에서 F_{i^*}의 절댓값이 $z_{0.025}$ 값인 1.96보다 크면 i번째 요인은 산포에 중요하다고 판단한다.

$$F_{i^*} = \ln\frac{S^2(i^+)}{S^2(i^-)} \sim N(0,1) \tag{11.16}$$

식 (11.15)를 이용하여 각 실험점의 개별 데이터의 예측값($\hat{y}_i$)과, 잔차($e_i = y_i - \hat{y}_i$)를 계산하여 표 11.21에 나타내었다.

표 11.21 수축률 통합배열 실험의 잔차

실험점	A	B	C	D	a	b	c	e_i
1	−	−	−	−	−	−	−	−0.23
2	+	−	−	−	+	−	+	−0.03
3	−	+	−	−	+	+	−	0.00
4	+	+	−	−	−	+	+	0.22

(계속)

표 11.21 수축률 통합배열 실험의 잔차(계속)

실험점	A	B	C	D	a	b	c	e_i
5	−	−	+	−	+	+	+	−0.43
6	+	−	+	−	−	+	−	0.47
7	−	+	+	−	−	−	+	−0.60
8	+	+	+	−	+	−	−	0.22
9	−	−	−	+	−	+	+	−0.03
10	+	−	−	+	+	+	−	0.17
11	−	+	−	+	+	−	+	0.20
12	+	+	−	+	−	−	−	0.22
13	−	−	+	+	+	−	−	0.77
14	+	−	+	+	−	−	+	−0.53
15	−	+	+	+	−	+	−	0.50
16	+	+	+	+	+	+	+	−0.58

표 11.21에 있는 잔차를 이용하여 각 요인의 수준별 잔차의 표준편차를 구하고, 그로부터 i번째 요인의 F_{i^*}를 구하여 표 11.22에 나타내었다. F_{i^*} 값이 1.96보다 큰 것은 설계변수 C이므로, C는 산포 제어인자가 된다.

표 11.22 수축률 통합배열 실험 잔차의 표준편차와 F_{i^*} 값

	A	B	C	D	a	b	c	AB	AC	AD	Aa	Ab	Ac	BD	ABD	e_i
	−	−	−	−	−	−	−	+	+	+	+	+	+	+	−	−0.23
	+	−	−	−	+	−	+	−	−	−	+	−	+	+	+	−0.03
	−	+	−	−	+	+	−	−	+	+	−	−	+	−	+	0.00
	+	+	−	−	−	+	+	+	−	−	−	+	+	−	−	0.22
	−	−	+	−	+	+	+	+	−	+	−	−	−	+	−	−0.43
	+	−	+	−	−	+	−	−	+	−	−	+	−	+	+	0.47
	−	+	+	−	−	−	+	−	−	+	+	+	−	−	+	−0.60
	+	+	+	−	+	−	−	+	+	−	+	−	−	−	−	0.22
	−	−	−	+	−	+	+	+	+	−	+	−	−	−	+	−0.03
	+	−	−	+	+	+	−	−	−	+	+	+	−	−	−	0.17
	−	+	−	+	+	−	+	−	+	−	−	+	−	+	−	0.20
	+	+	−	+	−	−	−	+	−	+	−	−	−	+	+	0.22
	−	−	+	+	+	−	−	+	−	−	−	+	+	−	+	0.77
	+	−	+	+	−	−	+	−	+	+	−	−	+	−	−	−0.53
	−	+	+	+	−	+	−	−	−	−	+	−	+	+	−	0.50
	+	+	+	+	+	+	+	+	+	+	+	+	+	+	+	−0.58
$S(i^+)$:	0.46	0.44	0.16	0.36	0.42	0.45	0.31	0.41	0.45	0.28	0.43	0.34	0.36	0.44	0.37	
$S(i^-)$:	0.38	0.40	0.57	0.47	0.42	0.39	0.35	0.43	0.37	0.34	0.38	0.49	0.47	0.40	0.47	
F_{i^*}:	−0.38	−0.19	2.50	0.52	−0.03	−0.30	0.23	0.11	−0.41	0.42	−0.23	0.71	0.52	−0.18	0.51	

16개의 부분요인배치 실험점을 평균 조정인자 A, B와 산포 제어인자 C를 이용하여 설계공간으로 표현한 것을 그림 11.31에 나타내고, 각 실험점에 있는 2개의 데이터를 통계량인 평균과 범위로 나타낸 것이 그림 11.32이다.

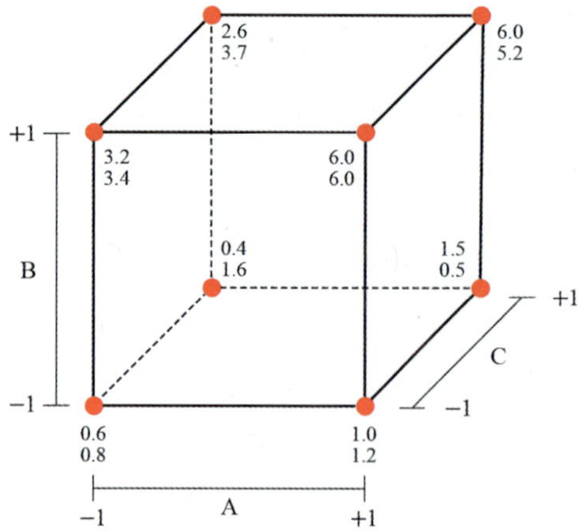

그림 11.31 수축률 통합배열 실험의 설계공간을 이용한 데이터 표현

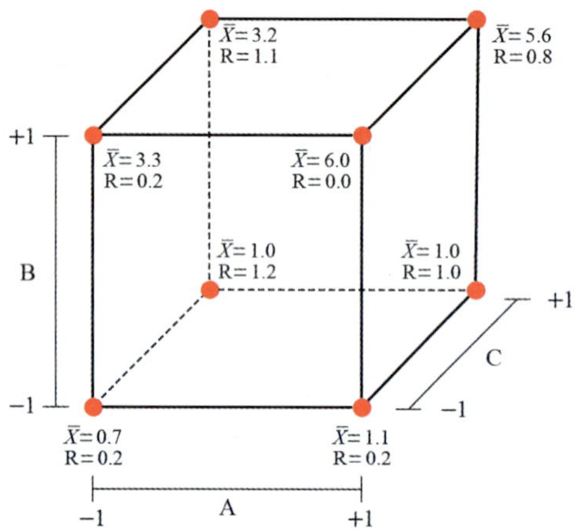

그림 11.32 수축률 통합배열 실험의 설계공간을 이용한 평균과 범위

이 그림으로부터 수축률의 평균과 산포를 줄이기 위한 최적조건은 $A_{-}B_{-}C_{-}$임을 알 수 있다. $A_{-}B_{-}$로 정하여 수축률의 평균을 줄이고, C_{-}를 택함으로써 수축률의 산포도 줄일 수 있다.

11.10 강건설계 사례분석 5: 기능창 실험

11.10.1 기능창의 개념

기능창(Operating Window, OW)의 기본 개념을 그림 11.33의 복사기의 종이이송 예로 먼저 알아보자. 함(tray)에서 종이 1장을 원하는 장소로 이동할 때, 종이를 누르는 롤러의 힘이 약하면 이송이 되지 않고, 너무 세면 2장 이상이 이송된다. 종이가 1장 이송될 수 있는 롤러 마찰력의 영역이 바로 기능창이다. 이 예에서 기능창은 에너지 전달과 관련된 물리량인 기능창 인자(operating window factor)가 어떤 유형의 실패도 일으키지 않는 마찰력 값의 범위라고 정의한다.

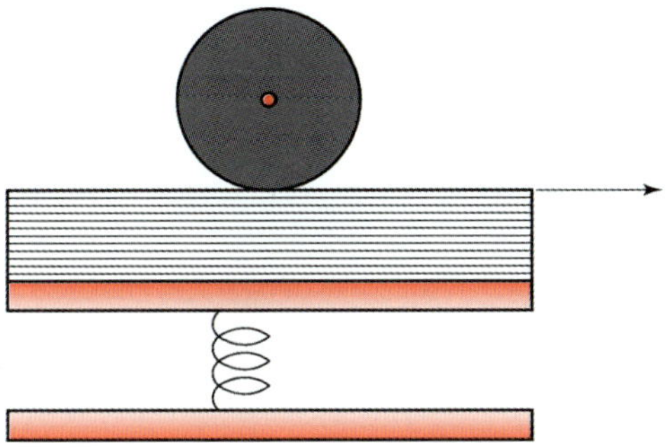

그림 11.33 종이이송 그림

그림 11.34와 같이 종이와 롤러의 마찰력이 OW의 하한인 l보다 작으면 종이가 걸리고, 상한인 u보다 크면 종이가 2장 이상 이송된다. 이때 마찰력을 기능창 인자라고 하며, 마찰력의 OW는 l과 u 사이의 범위인 $(l,\ u)$이고, 실제 종이이송 공정의 마찰력 값은 OW의 한가운데로 정한다.

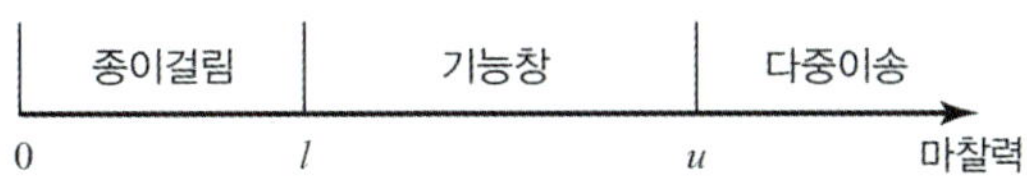

그림 11.34 종이이송 기능창 예시

종이이송 프로세스가 진행될 때 마찰력에 변동이 있거나, 잡음이 반영되면 OW는 더 좁아질 수 있다. 그림 11.35는 잡음 수준이 N_1, N_2에 있을 때 OW를 나타낸다. 두 가지 잡음 수준을 모두 반영한 OW는 그림 11.35와 같이 잡음별 OW의 교집합에 해당하는 $(l_{max}, u_{min}) = (l_2, u_1)$으로 더 좁게 정해진다.

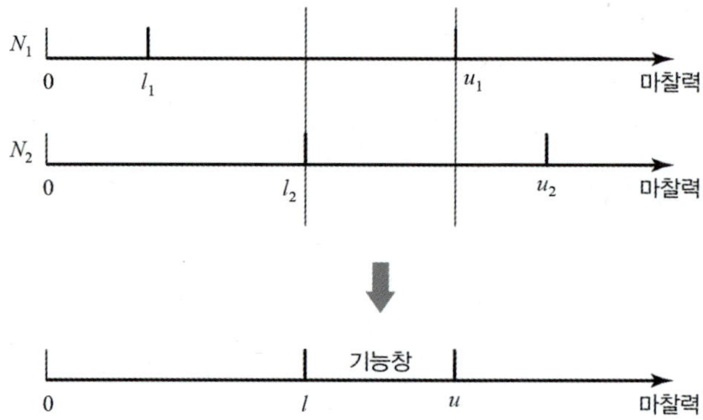

그림 11.35 잡음의 영향으로 인한 기능창 크기 감소

잡음에 강건한 프로세스를 설계하거나 개선하기 위해서는 실패를 일으킬 수 있는 잡음의 영향을 반영하여 OW에 영향을 미치는 인자를 선별하고, OW를 가장 크게 만드는 인자의 최적조건을 찾아야 한다. 즉, l을 최소화하고 u를 최대화하여 궁극적으로 기능창 크기(Operating Window Size, OWS)를 최대화하는 조건을 선정한다.

11.10.2 종이이송 실험계획

주혜진과 변재현(2025)은 Miyakawa(1993)의 복사기 종이이송 사례 데이터를 이용하여 기능창의 하한과 상한 데이터로부터 경곗값을 정하고, 실험자가 쉽게 최적조건을 정할 수 있는 비모수적 방법을 제시하였다.

이 사례에서 잡음변수는 종이를 담는 함에 쌓여 있는 종이의 양으로서, '적은 것(N_1)', '많은 것(N_2)'의 두 수준을 고려하였다. 종이의 양이 적으면 '종이걸림'이, 양이 많으면 '다중이송'이 우려된다. 잡음을 반영한 종이이송 실패를 없애기 위해 종이걸림이 발생하지 않는 마찰력(l)과 다중이송이 발생하지 않는 마찰력(u)을 수집하고, OWS를 최대화하기 위하여 고려한 설계변수 8개와 그 수준을 표 11.23에 나타내었다.

표 11.23에 있는 8개의 설계변수를 적용하기 위해 선택한 실험계획은 18개의 실험점을 갖는 OA($2^1 \times 3^7$)이다(표 11.24). 표 11.23을 보면, 인자 D는 수준 수가 2개이므로 실제 실험할 때는 표 11.24에서 인자 D의 '수준 3'은 '수준 1'로 변경하였다.

표 11.23 종이이송 기능창 실험의 설계변수와 잡음변수의 수준

설계변수 \ 수준	1	2	3
A: 벨트 재료	A	B	
B: 속도	288	240	192
C: 낙하 높이	3	2	1
D: 중앙 롤	없음	있음	
E: 폭	10	20	30
F: 가이드 각도	0	14	28
G: 팁 각도	0	3.5	7.0
H: 잔디	0	1	2
잡음변수 \ 수준	**1**	**2**	
N: 종이 적재량	가득	적음	

표 11.24 OA$(2^1 \times 3^7)$ 직교배열표

실험점 \ 인자	A	B	C	D	E	F	G	H
1	1	1	1	1	1	1	1	1
2	1	1	2	2	2	2	2	2
3	1	1	3	3	3	3	3	3
4	1	2	1	1	2	2	3	3
5	1	2	2	2	3	3	1	1
6	1	2	3	3	1	1	2	2
7	1	3	1	2	1	3	2	3
8	1	3	2	3	2	1	3	1
9	1	3	3	1	3	2	1	2
10	2	1	1	3	3	2	2	1
11	2	1	2	1	1	3	3	2
12	2	1	3	2	2	1	1	3
13	2	2	1	2	3	1	3	2
14	2	2	2	3	1	2	1	3
15	2	2	3	1	2	3	2	1
16	2	3	1	3	2	3	1	2
17	2	3	2	1	3	1	2	3
18	2	3	3	2	1	2	3	1

11.10.3 실험 시행과 데이터 수집

각 실험점에서 N_1과 N_2 잡음에 따라 기능창 인자인 마찰력의 수준을 종이걸림과 다중이송 발생에 맞게 각각 4~6개 지정한 후, 각 수준에서 5회 반복실험하여 실패가 발생한 횟수를 관측하였다. 표 11.25의 실험점별로 윗줄에는 마찰력의 값을, 아랫줄에는 실패가 발생한 건수를 기록했다.

표 11.25 종이이송 기능창 실험의 데이터

실험점	종이걸림		다중이송	
	N_1	N_2	N_1	N_2
1	20 40 **42.5** 45 50 60 5 5 1 0 0 0	20 **30** 40 50 60 70 5 0 0 0 0 0	**80** 82.5 85 90 120 160 0 2 2 2 2 2	60 62.5 **65** 70 80 90 0 1 1 3 2 3
2	0 10 **15** 20 30 40 5 3 0 0 0 0	0 10 **15** 20 40 60 5 3 0 0 0 0	30 **35** 40 50 60 0 1 3 3 3	30 40 60 **70** 75 80 0 1 1 1 2 2
3	0 10 **15** 20 25 5 5 1 1 0	0 10 15 **20** 30 40 5 3 2 0 0 0	**20** 25 30 40 0 2 2 2	20 30 **35** 40 50 0 1 1 3 3
4	20 25 **30** 40 60 5 3 1 0 0	0 20 **25** 30 40 5 5 1 0 0	50 **60** 65 70 80 0 1 2 2 2	40 **50** 55 60 0 0 2 2
5	20 **25** 30 40 50 4 1 0 0 0	20 **25** 30 40 50 4 1 0 0 0	30 **40** 45 50 60 0 1 3 3 3	40 **50** 55 60 0 0 2 2
6	10 15 **20** 30 40 4 2 1 0 0	10 **15** 20 30 40 3 0 0 0 0	30 **40** 45 50 0 1 2 3	30 **40** 50 55 60 0 1 2 2 3
7	10 20 30 **35** 40 5 4 2 1 0	10 20 **25** 30 40 5 3 0 0 0	20 **30** 35 40 50 0 1 2 2 3	20 30 40 **60** 70 80 0 1 1 1 2 2
8	15 20 30 35 **40** 3 2 2 3 0	20 30 35 **40** 60 70 5 2 4 1 1 0	70 80 **100** 110 120 0 1 1 2 2	60 **70** 75 80 100 0 1 2 2 2
9	10 15 **20** 30 40 5 4 1 0 0	10 15 20 25 **30** 40 5 5 5 4 0 0	40 60 **65** 70 80 0 1 1 2 3	40 50 **55** 60 70 0 0 1 2 3
10	0 **5** 10 15 20 5 1 0 0 0	0 **5** 10 15 20 5 0 0 0 0	5 10 **15** 20 30 0 1 1 3 3	0 5 **15** 20 30 0 1 0 2 2
11	0 5 **10** 15 20 5 2 0 0 0	0 **5** 10 15 20 5 1 0 0 0	5 10 **15** 20 30 0 1 1 4 3	0 5 10 **15** 20 30 0 1 1 0 2 2
12	0 10 **15** 20 5 4 0 0	0 10 **15** 20 5 4 0 0	30 40 **50** 55 60 0 1 1 2 5	40 45 **50** 0 0 1
13	0 10 **15** 20 5 5 1 0	0 10 15 **20** 5 4 2 0	30 40 **80** 85 90 100 0 1 1 4 3 2	**55** 60 0 2
14	10 20 25 30 **35** 40 5 3 2 2 0 0	10 20 **25** 30 35 40 5 4 0 0 0 0	20 30 **35** 40 45 0 0 0 2 2	20 25 30 **35** 40 50 0 0 1 1 4 3
15	**0** 5 10 15 1 0 0 0	0 **5** 10 15 20 4 0 0 0 0	20 **30** 35 40 50 0 1 3 2 4	10 **15** 20 30 0 1 4 4
16	5 **10** 20 30 35 5 1 0 0 0	5 **10** 20 30 40 5 1 0 0 0	20 30 **35** 40 50 60 0 1 0 2 3 5	30 40 **50** 55 60 0 1 1 2 2
17	10 20 30 40 **45** 50 5 4 5 2 0 0	10 20 **25** 30 40 5 3 0 0 0	80 90 95 **100** 0 1 1 1	100 105 **110** 0 1 1
18	10 15 **20** 30 5 5 1 0	10 20 30 **35** 40 5 5 5 0 0	60 **65** 70 80 90 120 0 1 2 2 2 3	60 **70** 75 80 90 0 1 2 2 3

11.10.4 실험데이터 분석

분석에 사용한 데이터는 각 실패유형이 1회 발생할 때까지를 기준으로 잡은 임겟값으로서, 종이걸림이 1회 발생하는 최소 마찰력과 다중이송이 1회 발생하는 최대 마찰력이 이에 해당한다. 만일 실패가 1회 발생한 마찰력이 없을 때는 엄격한 기준을 적용하여 2회 이상에서 0회로 줄어들 때의 마찰력을 기록하였다. 표 11.25에 임계 마찰력을 음영으로 표시하고, 이들을 l과 u 값으로 표 11.26에 제시하였다. 기능창의 하한과 상한 경곗값을 큰 값(l_{max})과 작은 값(u_{min})으로 정하여 표 11.26에 추가하였다. 그림 11.35에 나타낸 바와 같이 잡음을 반영한 경곗값인 l_{max}와 u_{min}을 분석함으로써 두 가지 잡음 수준 N_1과 N_2에 강건한 조건을 찾을 수 있다.

표 11.26 종이이송 기능창 실험의 마찰력 경곗값

실험점	l_1	l_2	l_{max}	u_1	u_2	u_{min}
1	42.5	30.0	42.5	80	65	65
2	15.0	15.0	15.0	35	70	35
3	15.0	20.0	20.0	20	35	20
4	30.0	25.0	30.0	60	50	50
5	25.0	25.0	25.0	40	50	40
6	20.0	15.0	20.0	40	40	40
7	35.0	25.0	35.0	30	60	30
8	40.0	40.0	40.0	100	70	70
9	20.0	30.0	30.0	65	55	55
10	5.0	5.0	5.0	15	15	15
11	10.0	5.0	10.0	15	15	15
12	15.0	15.0	15.0	50	50	50
13	15.0	20.0	20.0	80	55	55
14	35.0	25.0	35.0	35	35	35
15	0.0	5.0	5.0	30	15	15
16	10.0	10.0	10.0	35	50	35
17	45.0	25.0	45.0	100	110	100
18	20.0	35.0	35.0	65	70	65

이제 l_{max}와 u_{min}에 영향을 미치는 인자 효과의 절댓값을 각각 표 11.27과 표 11.28에 나타내었다. 표에 있는 |효과|는 각 변수의 수준별 값들의 최대에서 최소를 뺀 차이값이고, 순위는 효과 크기를 내림차순으로 매겼다. 그리고 이 표들을 이용한 엘보우그림을 그림 11.36과 그림 11.37에 나타내었다.

표 11.27 종이이송 기능창 실험의 하한경곗값(l_{max})을 이용한 인자 효과값

변수	D	G	C	A	E	H	F	B
수준 1	24.38	26.25	23.75	28.61	29.58	25.42	30.42	17.92
수준 2	24.17	20.83	28.33	20.00	19.17	17.50	25.00	22.50
수준 3	–	25.83	20.83	–	24.17	30.00	17.50	32.50
|효과|	0.21	5.42	7.50	8.61	10.42	12.50	12.92	14.58
순위	8	7	6	5	4	3	2	1

표 11.28 종이이송 기능창 실험의 상한경곗값(u_{min})을 이용한 인자 효과값

인자	A	D	E	G	C	H	B	F
수준 1	45.00	42.92	41.67	46.67	41.67	45.00	33.33	63.33
수준 2	42.78	45.83	42.50	39.17	49.17	39.17	39.17	42.50
수준 3	–	–	47.50	45.83	40.83	47.50	59.17	25.83
|효과|	2.22	2.92	5.83	7.50	8.33	8.33	25.83	37.50
순위	8	7	6	5	4	3	2	1

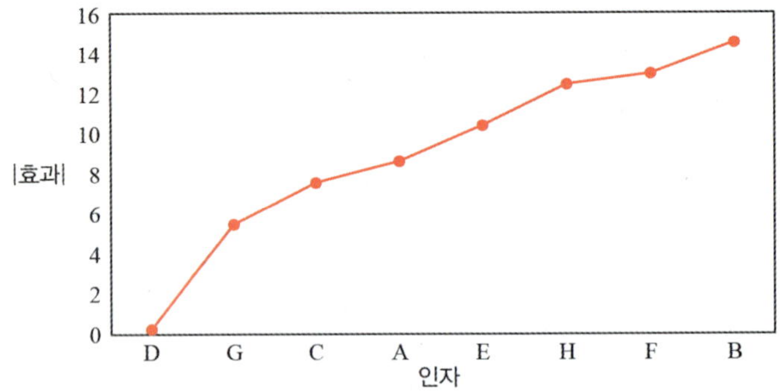

그림 11.36 종이이송 하한경곗값(l_{max})에 대한 |효과|들의 엘보우그림

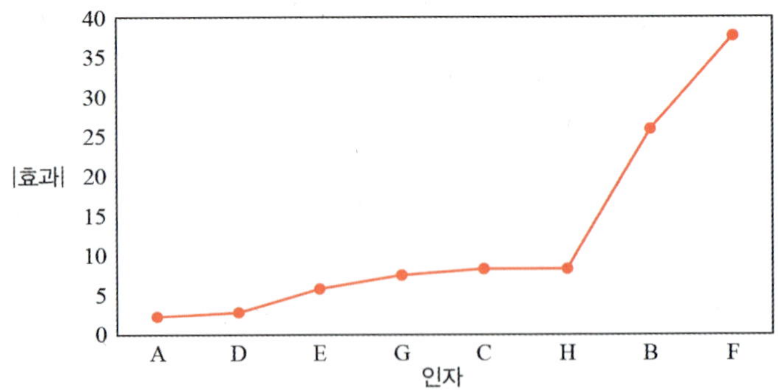

그림 11.37 종이이송 상한경곗값(u_{min})에 대한 |효과|들의 엘보우그림

그림 11.36과 그림 11.37의 엘보우그림을 보면, l_{max}에 영향을 미치는 변수는 D를 제외한 A, B, C, E, F, G, H이고, u_{min}에 중요한 변수는 B, F임을 알 수 있다.

이제 10.5절의 다수반응변수의 선별실험계획과 최적화 방법을 이용하여 기능창 크기인 OWS를 최대화하는 조건을 선정해 보자. A, C, E, G, H는 경곗값 l_{max}에만 영향을 미치므로 특정인자, B와 F는 l_{max}와 u_{min}에 모두 영향을 미치고 l_{max}와 u_{min}을 위한 최적수준이 B_1F_3과 B_3F_1로서 서로 다르므로 충돌 공통인자로 구분한다. 특정인자의 최적수준을 $A_2C_3E_2G_2H_2$로 먼저 정한다.

충돌 공통인자의 최적수준을 정하기 위해서는 B_1F_3을 쓰는 것과 B_3F_1을 쓸 때 OWS의 차이를 구하면 된다. l_{max}에 맞춘 B_1F_3에서 u_{min}을 고려하여 B_3F_1로 바꾸었을 때 OWS의 증가분 ΔOWS는 다음과 같이 구할 수 있다. ΔOWS가 0보다 크므로 충돌 공통인자의 최적수준은 B_3F_1이다.

$$\begin{aligned}\Delta \text{OWS} &= (u_{\min} - l_{\max})_{B_1F_3 \to B_3F_1} \\ &= \{(59.17 - 33.33) + (63.33 - 25.83)\} - \{(32.50 - 17.92) + (30.42 - 17.50)\} \\ &= 35.84 \end{aligned} \tag{11.17}$$

특정인자와 충돌 공통인자의 최적수준을 조합하면 기능창 크기 OWS를 최대화하는 조건은 $A_2B_3C_3E_2F_1G_2H_2$이다.

이 최적조건에서 OWS의 크기는 경곗값 l_{max}와 u_{min}을 대상으로 각각 가법모형을 이용하여 별도의 예측값을 구한 다음, 이들의 차이값으로 추정한다. 우선 u_{min}에 영향을 미치는 인자는 B, F이고, OWS를 가장 크게 하는 수준이 B_3F_1이므로 가법모형을 이용한 예측값은 다음 식과 같이 구한다. 이때 m은 u_{min} 데이터 18개의 전체 평균, m_{B_3}, m_{F_1}은 각각 B와 F 최적수준의 데이터 평균값을 의미한다.

$$m + (m_{B_3} - m) + (m_{F_1} - m) = 43.89 + 15.28 + 19.44 = 78.61 \tag{11.18}$$

l_{max} 데이터 18개의 전체 평균은 24.31이고, OWS를 가장 크게 만드는 최적수준 $A_2B_3C_3E_2F_1G_2H_2$에서 l_{max}의 예측값을 가법모형으로 구하면 15.39이다. 그러므로 실험데이터를 분석하여 선정한 최적조건 $A_2B_3C_3E_2F_1G_2H_2$에서 OWS는 78.61 − 15.39 = 63.22이다.

11.11 들여다보기

(1) 제품을 개발하여 출시하기 전에 잡음에 둔감한(강건한) 설계조건을 찾는 노력은 매우 중요하다. 고객 업체에 납품하는 경우를 생각해 보자. ① 개발 후 전혀 생각하지도 못했던 잡음 때문에 출시 기간이 늦어지면, 고객은 다른 업체 제품을 선정할 것이다. ② 고객에게 인도한 이후 개발 시 고려하지 못한 잡음으로 인하여 문제가 발생하면, 이것을 바로잡기 위하여 상당한 시간과 비용이 들어가고, 궁극적으로는 해당 기업의 평판이 나빠져서 추후 크게 악영향을 미칠 것이다.

(2) 반도체나 자동차 등 아주 많은 단계를 거쳐 제품을 개발 또는 생산해야 하는 프로세스에서 여러 부서의 협조를 얻어서 일해야 하는 DOE 적용 엔지니어는 이들 부서의 제품이나 공정과 관련된 '잡음'을 많이 고려해야 한다.

(3) 강건설계는 잡음의 수준이 달라져도 특성치가 둔감한 제어인자의 조건을 찾아내는 것인데, 이러한 강건성에 영향을 주는 제어인자를 찾지 못한다면, 그 이유는 ① 강건성에 영향을 주는 인자를 실험에 포함하지 못했거나, ② 실험에 포함되어 있다고 하더라도 인자의 수준 간격을 좁게 하여 그 영향을 볼 수 없는 것이다. 그러므로 가능한 한 여러 잠재적 제어인자를 실험에 포함하고, 인자의 수준 간격은 안전성에 문제가 없는 한, 가능한 한 넓게 만드는 것이 좋다.

(4) 연구개발과 제조 부문 간 불협화음은 늘 있기 마련이다. 이런 상황은 서로 입장이 달라서 생기는 것인데, 연구개발 부문에서 도출한 최적조건을 양산으로 이관할 때 양쪽 부문 사람들이 협업을 수행하면 개선할 수 있다.

(5) 단일배열과 교차배열의 장단점에 관하여 좀 더 알고 싶다면, 참고문헌 Wu and Hamada(2009)의 11장을 참고하기 바란다.

1 표 11.13에 있는 나노입자 합성실험 데이터의 통계량을 이용하여 표준편차 제곱의 로그 값인 $\log s^2$과 평균을 이용하여 최적조건을 구하라.

2 용광로 내장재로 사용되는 세라믹 섬유 복합재의 진공 성형 공정을 개선하기 위하여 Jones et al.(1995) 데이터를 분석한 5장의 연습문제 8번의 결과를 이용하여 반응변수인 제품의 질량을 최소화하는 조건을 구하라.

3 트럭 판 스프링의 곡면인 캠버를 형성하는 열처리 공정을 개선하기 위한 5장의 연습문제 9번의 분석 결과를 이용하여 자유높이의 변동은 최소화하면서 목푯값 8.0인치를 맞추기 위한 조건을 구하라.

4 변재현 등(2013)은 종이 헬리콥터의 낙하시간을 최대화하는 조건을 파악하기 위해 6개의 설계변수와 3개의 잡음변수를 이용하여 강건설계 실습을 시행하였다. 설계변수는 2_{IV}^{6-2} 부분요인배치로, 잡음변수는 2^3 완전요인배치로 구성하고, 2개의 행렬을 교차하여 실험을 진행하였다. 종이 헬리콥터의 설계도는 그림 11.38에 나타내었다. 실험은 265cm 높이의 실험실 천장에서 종이 헬리콥터를 떨어뜨린 후, 바닥에 도착할 때까지의 시간을 측정하는 식으로 진행되었다. 설계변수와 잡음변수의 각 수준은 표 11.29와 같고, 표 11.30과 표 11.31에는 각각 설계변수와 잡음변수의 설계행렬을, 낙하시험으로 수집한 데이터는 표 11.32에 나타내었다.

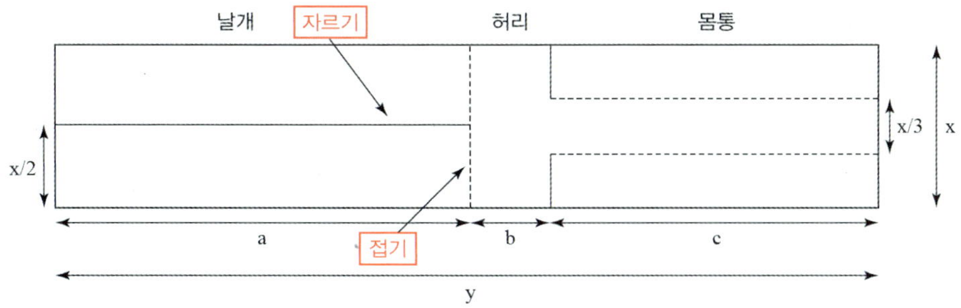

그림 11.38 강건설계 실습을 위한 종이 헬리콥터 설계도

표 11.29 종이 헬리콥터 실험의 인자와 수준

종류	인자	저수준(−1)	고수준(+1)
설계변수	클립	작음	큼
	종이	얇음	두꺼움
	전체 길이(y)	15	20
	전체 길이 대비 폭의 비율(x/y)	0.3	0.4
	전체 길이 대비 날개 비율(a/y)	0.4	0.5
	전체 길이 대비 허리 비율(b/y)	0.10	0.15
잡음변수	제조잡음	양호	미흡
	바람	없음	있음
	노후화	새것	헌것

표 11.30 종이 헬리콥터 실험 설계변수의 설계행렬

실험번호	클립	종이	전체 길이 (y)	폭 비율 (x/y)	날개 비율 (a/y)	허리 비율 (b/y)
1	작음	얇음	15	0.3	0.4	0.10
2	큼	얇음	15	0.3	0.5	0.10
3	작음	두꺼움	15	0.3	0.5	0.15
4	큼	두꺼움	15	0.3	0.4	0.15
5	작음	얇음	20	0.3	0.5	0.15
6	큼	얇음	20	0.3	0.4	0.15
7	작음	두꺼움	20	0.3	0.4	0.10
8	큼	두꺼움	20	0.3	0.5	0.10
9	작음	얇음	15	0.4	0.4	0.15
10	큼	얇음	15	0.4	0.5	0.15
11	작음	두꺼움	15	0.4	0.5	0.10
12	큼	두꺼움	15	0.4	0.4	0.10
13	작음	얇음	20	0.4	0.5	0.10
14	큼	얇음	20	0.4	0.4	0.10
15	작음	두꺼움	20	0.4	0.4	0.15
16	큼	두꺼움	20	0.4	0.5	0.15

표 11.31 종이 헬리콥터 실험 잡음변수의 설계행렬

실험번호	제조 잡음	바람	노후화
1	양호	없음	새것
2	미흡	없음	새것
3	양호	있음	새것
4	미흡	있음	새것
5	양호	없음	헌것
6	미흡	없음	헌것
7	양호	있음	헌것
8	미흡	있음	헌것

표 11.32 종이 헬리콥터 낙하시험 데이터

노후화	새것				헌것			
바람	없음		있음		없음		있음	
제조잡음	양호	미흡	양호	미흡	양호	미흡	양호	미흡
실험번호	y_1	y_2	y_3	y_4	y_5	y_6	y_7	y_8
1	2.29	2.29	2.20	2.21	2.22	2.54	1.89	1.67
2	2.40	2.30	2.32	2.18	2.24	2.49	2.00	1.91
3	2.92	2.65	2.61	2.45	2.76	2.86	2.41	2.15
4	2.17	1.95	1.94	1.86	2.17	1.96	1.75	1.80
5	2.61	3.12	2.51	2.73	1.79	3.09	2.34	2.20
6	2.44	2.20	2.06	2.15	2.06	2.18	2.07	1.95
7	2.52	2.60	2.37	2.35	2.39	2.61	2.14	2.22
8	2.59	2.72	2.08	2.24	2.37	1.90	1.89	1.92
9	2.18	2.26	1.89	1.97	1.70	2.25	2.00	1.83
10	2.57	2.43	2.21	2.16	2.44	1.93	2.13	1.76
11	2.90	2.73	2.56	2.33	2.58	2.64	2.43	2.11
12	2.09	1.90	1.89	1.89	2.01	1.91	1.78	1.71
13	2.94	2.98	2.44	2.29	2.35	2.79	2.06	1.81
14	2.49	2.21	2.07	1.81	2.11	2.12	2.03	1.82
15	2.28	2.49	2.01	1.99	1.98	2.29	1.58	1.60
16	2.50	2.36	2.18	2.09	2.33	2.42	2.29	1.73

(1) 실험번호별로 평균, 분산, 표준편차를 계산하라.

(2) 평균과 산포에 각각 영향을 미치는 요인효과를 구하라.

(3) 낙하시간을 최대화하기 위하여 평균을 우선 최대화하고, 이어서 산포를 최소화하는 조건을 구하라.

(4) 설계변수와 잡음의 교호작용을 이용하여 추가 분석을 시행하라.

(5) 종합적 최적조건을 구하라.

(6) 추후 개선활동을 논의하라.

5 Peace(1993)는 웨이브 납땜(wave soldering) 공정에서 온도로 인한 결함을 줄이고자 기능창 실험을 시행하였다. 웨이브 납땜을 사용하여 인쇄회로기판(PCB)에 전자부품을 조립하는 과정에서 상단 보드의 온도가 낮으면 납땜 내부에 구멍이 생기는 '솔더 보이드(solder void)'가 발생하고, 온도가 높으면 과도한 납땜으로 필요하지 않은 곳이 연결되는 '솔더 브릿지(solder bridge)'가 발생한다. 설계변수 15개를 대상으로 $L_{16}(2^{15})$ 직교배열을 구성하고(표 11.33), PCB 캐리어(carrier)를 잡음변수로 삼고 실험조건별 5개 캐리어의 데이터를 기록하였다. 실험에서 기능창 인자는 '상단 보드의 온도'이다. 설계변수와 수준은 표 11.34에, 실험을 통해 수집한 솔더 보이드가 발생하지 않는 온도인 l과, 솔더 브릿지가 발생하지 않는 온도인 u 데이터는 표 11.35에 나타내었다.

표 11.33 $L_{16}(2^{15})$ 직교배열표

No	A	B	C	D	E	F	G	H	I	J	K	L	M	N	O
1	1	1	1	1	1	1	1	1	1	1	1	1	1	1	1
2	1	1	1	1	1	1	1	2	2	2	2	2	2	2	2
3	1	1	1	2	2	2	2	1	1	1	1	2	2	2	2
4	1	1	1	2	2	2	2	2	2	2	2	1	1	1	1
5	1	2	2	1	1	2	2	1	1	2	2	1	1	2	2
6	1	2	2	1	1	2	2	2	2	1	1	2	2	1	1
7	1	2	2	2	2	1	1	1	1	2	2	2	2	1	1
8	1	2	2	2	2	1	1	2	2	1	1	1	1	2	2
9	2	1	2	1	2	1	2	1	2	1	2	1	2	1	2
10	2	1	2	1	2	1	2	2	1	2	1	2	1	2	1
11	2	1	2	2	1	2	1	1	2	1	2	2	1	2	1
12	2	1	2	2	1	2	1	2	1	2	1	1	2	1	2
13	2	2	1	1	2	2	1	1	2	2	1	1	2	2	1
14	2	2	1	1	2	2	1	2	1	1	2	2	1	1	2
15	2	2	1	2	1	1	2	1	2	2	1	2	1	1	2
16	2	2	1	2	1	1	2	2	1	1	2	1	2	2	1

표 11.34 웨이브 납땜 공정의 설계변수와 수준

설계변수	1수준	2수준
A: PCB 마감층	핫 에어 레벨링	구리 패드
B: 솔더 마스크	LPI	드라이 필름
C: PCB 두께(in.)	0.062	0.090
D: 구멍 크기(in.)	0.033	0.039
E: 공기압(psi)	40	60
F: 공기칼 각도(°)	0	45
G: 플럭스 높이	낮음	높음
H: 납땜 웨이브 높이	낮음	높음
I: 플럭스 고체성분 비율	낮음	중간
J: 패드 크기	작음	큼
K: 솔더 펌프 크기(%)	55	80
L: 플럭스 농도(gms/mL)	0.86	0.87
M: 솔더 온도(°F)	460	500
N: 납땜 웨이브	단일	복합
O: PCB 방향(°)	0	45

표 11.35 웨이브 납땜 공정의 실험데이터

No	l_1	l_2	l_3	l_4	l_5	u_1	u_2	u_3	u_4	u_5
1	247	245	242	245	240	253	260	265	265	250
2	235	232	230	232	230	231	235	238	238	240
3	229	223	220	225	220	273	280	290	280	275
4	234	230	235	233	228	222	230	235	230	228
5	242	235	234	235	230	228	235	234	235	230
6	242	230	238	234	237	252	260	258	264	257
7	237	234	235	230	232	248	255	245	260	252
8	238	235	236	235	230	234	240	246	235	240
9	241	240	235	240	235	270	275	285	270	275
10	230	225	222	215	215	215	225	222	215	225
11	224	220	215	212	212	261	268	265	262	272
12	231	230	228	228	226	225	230	238	228	236
13	239	235	235	230	235	235	235	235	240	245
14	239	235	238	235	230	235	235	238	245	250
15	223	220	215	218	218	245	255	265	238	258
16	222	220	215	224	218	255	260	265	244	268

(1) l 경곗값과 u 경곗값을 도출하라.

(2) 각 경곗값에 영향을 미치는 인자와 최적조건을 구하라.

(3) 중요한 인자를 3개의 그룹(특정인자, 비충돌 공통인자, 충돌 공통인자)으로 구분하라.

(4) 웨이브 납땜 공정의 최적조건과 기능창 크기의 예측값을 구하라.

+참고문헌

박주영, 김웅규, 권은별, 전봉식, 명완재, 변재현 (2019). "조영제용 나노입자 합성을 위한 강건설계 사례", 대한산업공학회지, 제45권, 제5호, 465-474.

변재현, 김용태, 이민지 (2013). "종이 헬리콥터 실험을 통한 강건설계의 이해", 대한산업공학회지, 제39권, 제5호, 374-382.

변재현, 이기창, 서판석, 곽경환, 장성일 (2017). "선별실험계획을 활용한 신제품의 다수품질특성 확보 방안 — 사례연구를 중심으로", 대한산업공학회지, 제43권, 제2호, 128-134.

염봉진, 서순근, 변재현, 이승훈, 김성준 (2004). 실험계획 및 분석: 다구치 방법과 직교표의 활용, 산학협동 공개강좌, 한국과학기술원.

주혜진, 변재현 (2025). "적용하기 쉬운 기능창 실험데이터 분석 방법", 대한산업공학회지, 제51권, 제3호, 252-265.

Box, G. E. P. (1988). Signal-to-Noise Ratios, Performance Criteria, and Transformations (with discussion), *Technometrics*, 30(1), 17-40.

Box, G. E. P. and Bisgaard, S. (1987). The Scientific Context of Quality Improvement, *Quality Progress*, 20(6), 54-61.

Box, G. E. P. and Meyer, R. D. (1986). An Analysis of Unreplicated Fractional Factorial, *Technometrics*, 28(1), 11-18.

Clausing, D. P. (2004). Operating Window: An Engineering Measure for Robustness, *Technometrics*, 46(1), 25-29.

Ealey, L. (1994). *Quality by Design: Taguchi Methods and US Industry*, 2nd Edition, ASI Press.

Engel, J. (1992). Modeling Variation in Industrial Experiments, *Applied Statistics*, 41(3), 579-593.

Jean, M. D., Lin, B. T., and Chou, J. H. (2007). The Development of Adaptive Modified Appearance Using Operating Window Methods for Optimizing Electron Beam, *International Journal of Advanced Manufacturing Technology*, 35, 480-492.

Joseph, V. R. and Wu, C. F. J. (2002). Operating Window Experiments: A Novel Approach to Quality Improvement, *Journal of Quality Technology*, 34(4), 345-354.

Kackar, R. N. and Shoemaker, A. C. (1986). Robust design: A Cost-Effective Method for Improving Manufacturing Processes, *AT&T Technical Journal*, 65, 39-50.

MacKay, R. J. and Steiner, S. (1997). Strategies for Variability Reduction, *Quality Engineering*, 10(1), 125-136.

Miyakawa, M. (1993). Logistic Regression Analysis for Observations From the Operating Window Method, Technical Report IA-TR-93-4, Science University of Tokyo, Japan.

Montgomery, D. C. (1990). Using Fractional Factorial Designs for Robust Process Development, *Quality Engineering*, 3(2), 193-205.

Nair, V. N, ed. (1992). Taguchi's Parameter Design: A Panel Discussion, *Technometrics*, 34(2), 127-161.

Peace, G. S. (1993). *Taguchi Methods: A Hands-On Approach*, Addison-Wesley, MA.

Phadke, M. S. (1989). *Quality Engineering Using Roust Design*, Prentice-Hall, NJ.

Shoemaker, A. C., Tsui, K. -L., and Wu, C. F. J. (1991). Economic Experimentation Methods for Robust Design, *Technometrics*, 33(4), 415-427.

Wu, C. F. J. and Hamada, M. S. (2009). *Experiments: Planning, Analysis, and Optimization*, 2nd Edition, Wiley, NJ.

부록

통계분포표

〈표 A.1〉 표준정규분포표

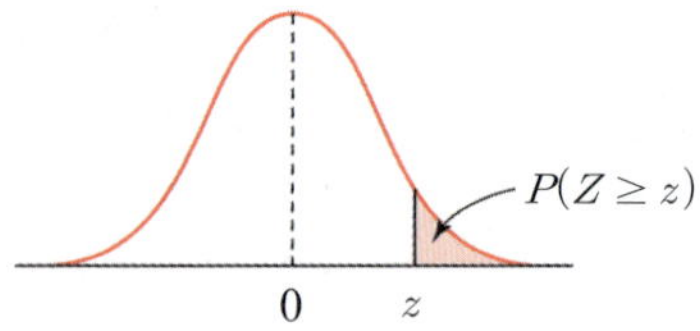

z	.00	.01	.02	.03	.04	.05	.06	.07	.08	.09
0.0	0.5000	0.4960	0.4920	0.4880	0.4840	0.4801	0.4761	0.4721	0.4681	0.4641
0.1	0.4602	0.4562	0.4522	0.4483	0.4443	0.4404	0.4364	0.4325	0.4286	0.4246
0.2	0.4207	0.4168	0.4129	0.4090	0.4052	0.4013	0.3974	0.3936	0.3897	0.3859
0.3	0.3821	0.3783	0.3745	0.3707	0.3669	0.3632	0.3594	0.3557	0.3520	0.3483
0.4	0.3446	0.3409	0.3372	0.3336	0.3300	0.3264	0.3228	0.3192	0.3156	0.3121
0.5	0.3085	0.3050	0.3015	0.2981	0.2946	0.2912	0.2877	0.2843	0.2810	0.2776
0.6	0.2742	0.2709	0.2676	0.2643	0.2611	0.2578	0.2546	0.2514	0.2482	0.2451
0.7	0.2420	0.2388	0.2358	0.2327	0.2296	0.2266	0.2236	0.2206	0.2177	0.2148
0.8	0.2119	0.2090	0.2061	0.2033	0.2004	0.1977	0.1949	0.1921	0.1894	0.1867
0.9	0.1841	0.1814	0.1788	0.1762	0.1736	0.1711	0.1685	0.1660	0.1635	0.1611
1.0	0.1587	0.1562	0.1539	0.1515	0.1492	0.1469	0.1446	0.1423	0.1401	0.1379
1.1	0.1357	0.1335	0.1314	0.1292	0.1271	0.1251	0.1230	0.1210	0.1190	0.1170
1.2	0.1151	0.1131	0.1112	0.1093	0.1075	0.1056	0.1038	0.1020	0.1003	0.0985
1.3	0.0968	0.0951	0.0934	0.0918	0.0901	0.0885	0.0869	0.0853	0.0838	0.0823
1.4	0.0808	0.0793	0.0778	0.0764	0.0749	0.0735	0.0721	0.0708	0.0694	0.0681
1.5	0.0668	0.0655	0.0643	0.0630	0.0618	0.0606	0.0594	0.0582	0.0570	0.0559
1.6	0.0548	0.0537	0.0526	0.0515	0.0505	0.0495	0.0485	0.0475	0.0465	0.0455
1.7	0.0446	0.0436	0.0427	0.0418	0.0409	0.0401	0.0392	0.0384	0.0375	0.0367
1.8	0.0359	0.0351	0.0344	0.0336	0.0329	0.0322	0.0314	0.0307	0.0300	0.0294
1.9	0.0287	0.0281	0.0274	0.0268	0.0262	0.0256	0.0250	0.0244	0.0238	0.0233
2.0	0.0227	0.0222	0.0217	0.0212	0.0207	0.0202	0.0197	0.0192	0.0188	0.0183
2.1	0.0179	0.0174	0.0170	0.0166	0.0162	0.0158	0.0154	0.0150	0.0146	0.0143
2.2	0.0139	0.0135	0.0132	0.0129	0.0125	0.0122	0.0119	0.0116	0.0113	0.0110
2.3	0.0107	0.0104	0.0102	0.0099	0.0096	0.0094	0.0091	0.0089	0.0087	0.0084
2.4	0.0082	0.0080	0.0078	0.0075	0.0073	0.0071	0.0069	0.0068	0.0066	0.0064
2.5	0.0062	0.0060	0.0059	0.0057	0.0055	0.0054	0.0052	0.0051	0.0049	0.0048
2.6	0.0047	0.0045	0.0044	0.0043	0.0041	0.0040	0.0039	0.0038	0.0037	0.0036
2.7	0.0035	0.0034	0.0033	0.0032	0.0031	0.0030	0.0029	0.0028	0.0027	0.0026
2.8	0.0026	0.0025	0.0024	0.0023	0.0023	0.0022	0.0021	0.0020	0.0020	0.0019
2.9	0.0019	0.0018	0.0017	0.0017	0.0016	0.0016	0.0015	0.0015	0.0014	0.0014
3.0	0.0013	0.0013	0.0013	0.0012	0.0012	0.0011	0.0011	0.0011	0.0010	0.0010
3.1	0.0010	0.0009	0.0009	0.0009	0.0008	0.0008	0.0008	0.0008	0.0007	0.0007
3.2	0.0007	0.0007	0.0006	0.0006	0.0006	0.0006	0.0006	0.0005	0.0005	0.0005
3.3	0.0005	0.0005	0.0004	0.0004	0.0004	0.0004	0.0004	0.0004	0.0004	0.0003
3.4	0.0003	0.0003	0.0003	0.0003	0.0003	0.0003	0.0003	0.0003	0.0002	0.0002

〈표 A.2〉 t-분포표

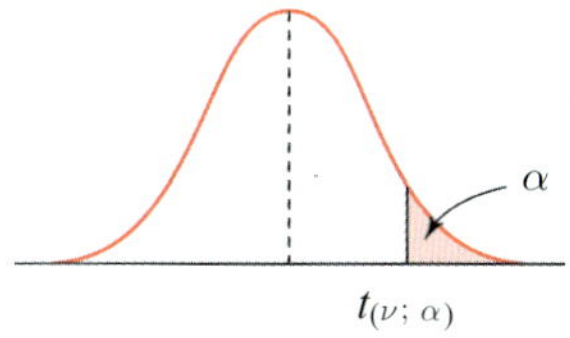

ν \ α	0.4	0.3	0.2	0.1	0.05	0.025	0.01	0.005
1	0.325	0.727	1.376	3.078	6.314	12.706	31.821	63.657
2	0.289	0.617	1.061	1.886	2.920	4.303	6.965	9.925
3	0.277	0.584	0.979	1.638	2.353	3.182	4.541	5.841
4	0.271	0.569	0.941	1.533	2.132	2.776	3.747	4.604
5	0.267	0.559	0.920	1.476	2.015	2.571	3.365	4.032
6	0.265	0.553	0.906	1.440	1.943	2.447	3.143	3.707
7	0.263	0.549	0.896	1.415	1.895	2.365	2.998	3.499
8	0.262	0.546	0.889	1.397	1.860	2.306	2.896	3.355
9	0.261	0.543	0.883	1.383	1.833	2.262	2.821	3.250
10	0.260	0.542	0.879	1.372	1.812	2.228	2.764	3.169
11	0.260	0.540	0.876	1.363	1.796	2.201	2.718	3.106
12	0.259	0.539	0.873	1.356	1.782	2.179	2.681	3.055
13	0.259	0.538	0.870	1.350	1.771	2.160	2.650	3.012
14	0.258	0.537	0.868	1.345	1.761	2.145	2.624	2.977
15	0.258	0.536	0.866	1.341	1.753	2.131	2.602	2.947
16	0.258	0.535	0.865	1.337	1.746	2.120	2.583	2.921
17	0.257	0.534	0.863	1.333	1.740	2.110	2.567	2.898
18	0.257	0.534	0.862	1.330	1.734	2.101	2.552	2.878
19	0.257	0.533	0.861	1.328	1.729	2.093	2.539	2.861
20	0.257	0.533	0.860	1.325	1.725	2.086	2.528	2.845
21	0.257	0.532	0.859	1.323	1.721	2.080	2.518	2.831
22	0.256	0.532	0.858	1.321	1.717	2.074	2.508	2.819
23	0.256	0.532	0.858	1.319	1.714	2.069	2.500	2.807
24	0.256	0.531	0.857	1.318	1.711	2.064	2.492	2.797
25	0.256	0.531	0.856	1.316	1.708	2.060	2.485	2.787
26	0.256	0.531	0.856	1.315	1.706	2.056	2.479	2.779
27	0.256	0.531	0.855	1.314	1.703	2.052	2.473	2.771
28	0.256	0.530	0.855	1.313	1.701	2.048	2.467	2.763
29	0.256	0.530	0.854	1.311	1.699	2.045	2.462	2.756
30	0.256	0.530	0.854	1.310	1.697	2.042	2.457	2.750
40	0.255	0.529	0.851	1.303	1.684	2.021	2.423	2.704
60	0.254	0.527	0.848	1.296	1.671	2.000	2.390	2.660
120	0.254	0.526	0.845	1.289	1.658	1.980	2.358	2.617
∞	0.253	0.524	0.842	1.282	1.645	1.960	2.326	2.576

〈표 A.3〉 χ^2-분포표

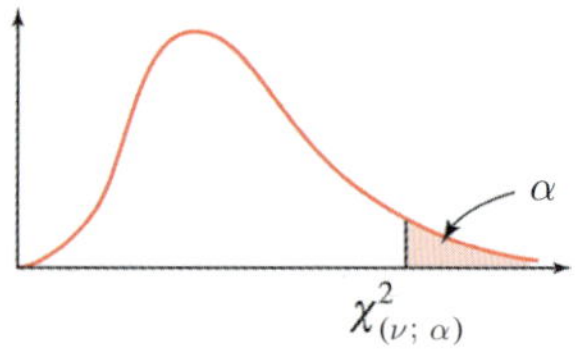

ν \ α	0.995	0.99	0.975	0.95	0.9	0.5	0.1	0.05	0.025	0.01	0.005
1	.00004	.00016	.00098	.00393	0.02	0.45	2.71	3.84	5.02	6.63	7.88
2	0.01	0.02	0.05	0.10	0.21	1.39	6.61	5.99	7.38	9.21	10.60
3	0.07	0.11	0.22	0.35	0.58	2.37	6.25	7.81	9.35	11.34	12.84
4	0.21	0.30	0.48	0.71	1.06	3.36	7.78	9.49	11.14	13.28	14.86
5	0.41	0.55	0.83	1.15	1.61	4.35	9.24	11.07	12.82	15.09	16.75
6	0.68	0.87	1.24	1.64	2.20	5.35	10.65	12.59	14.45	16.81	18.55
7	0.99	1.24	1.69	2.17	2.83	6.35	12.02	14.07	16.01	18.48	20.28
8	1.34	1.65	2.18	2.73	3.49	7.34	13.36	15.51	17.53	20.09	21.96
9	1.73	2.09	2.70	3.33	4.17	8.34	14.68	16.92	19.02	21.67	23.59
10	2.16	2.56	3.25	3.94	4.87	9.34	15.99	18.31	20.48	23.21	25.19
11	2.60	3.05	3.82	4.57	5.58	10.34	17.28	19.68	21.92	24.72	26.76
12	3.07	3.57	4.40	5.23	6.30	11.34	18.55	21.03	23.34	26.22	28.30
13	3.57	4.11	5.01	5.89	7.04	12.34	19.81	22.36	24.74	27.69	29.82
14	4.07	4.66	5.63	6.57	7.79	13.34	21.06	23.68	26.12	29.14	31.32
15	4.60	5.23	6.27	7.26	8.55	14.34	22.31	25.00	27.49	30.58	32.80
16	5.14	5.81	6.91	7.96	9.31	15.34	23.54	26.30	28.85	32.00	34.27
17	5.70	6.41	7.56	8.67	10.09	16.34	24.77	27.59	30.19	33.41	35.72
18	6.26	7.01	8.23	9.39	10.87	17.34	25.99	28.87	31.53	34.81	37.16
19	6.84	7.63	8.91	10.12	11.65	18.34	27.20	30.14	32.85	36.19	38.58
20	7.43	8.26	9.59	10.85	12.44	19.34	28.41	31.41	34.18	37.57	40.00
21	8.03	8.90	10.28	11.59	13.24	20.34	29.62	32.67	35.48	38.93	41.40
22	8.64	9.54	10.98	12.34	14.04	21.34	30.81	33.92	36.78	40.29	42.80
23	9.26	10.20	11.69	13.09	14.85	22.34	32.01	35.17	38.08	41.64	44.18
24	9.89	10.86	12.40	13.85	15.66	23.34	33.20	36.42	39.36	42.98	45.56
25	10.52	11.52	13.12	14.61	16.47	24.34	34.28	37.65	40.65	44.31	46.93
26	11.16	12.20	13.84	15.38	17.29	25.34	35.56	38.89	41.92	45.64	48.29
27	11.81	12.88	14.57	16.15	18.11	26.34	36.74	40.11	43.19	46.96	49.65
28	12.46	13.57	15.31	16.93	18.94	27.34	37.92	41.34	44.46	48.28	50.99
29	13.12	14.26	16.05	17.71	19.77	28.34	39.09	42.56	45.72	49.59	52.34
30	13.79	14.95	16.79	18.49	20.60	29.34	40.26	43.77	46.98	50.89	53.67
40	20.71	22.16	24.43	26.51	29.05	39.34	51.81	55.76	59.34	63.69	66.77
50	27.99	29.71	32.36	34.76	37.69	49.33	63.17	67.50	71.42	76.15	79.49
60	35.53	37.48	40.48	43.19	46.46	59.33	74.40	79.08	83.30	88.38	91.95
70	43.28	54.44	48.76	51.74	55.33	69.33	85.53	90.53	95.02	100.42	104.22
80	51.17	53.54	57.15	60.39	64.28	79.33	96.58	101.88	106.63	112.33	116.32
90	59.20	61.75	65.65	69.13	73.29	89.33	107.57	113.14	118.14	124.12	128.30
100	67.33	70.06	74.22	77.93	82.36	99.33	118.50	124.34	129.56	135.81	140.17

〈표 A.4〉 *F*-분포표

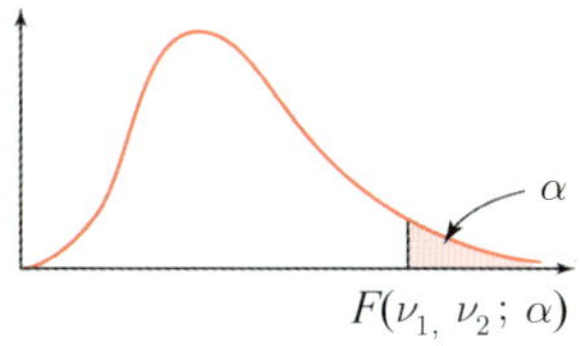

$\alpha = 0.1$

ν_2 \ ν_1	1	2	3	4	5	6	7	8	9	10	12	15	20	24	30	40	60	120	∞
1	39.9	49.5	53.6	55.8	57.2	58.2	58.9	59.4	59.9	60.2	60.7	61.2	61.7	62.0	62.3	62.5	62.8	63.1	63.3
2	8.53	9.00	9.16	9.24	9.29	9.33	9.35	9.37	9.38	9.39	9.41	9.42	9.44	9.45	9.46	9.47	9.47	9.48	9.49
3	5.54	5.46	5.39	5.34	5.31	5.28	5.27	5.25	5.24	5.23	5.22	5.20	5.18	5.18	5.17	5.16	5.15	5.14	5.13
4	4.54	4.32	4.19	4.11	4.05	4.01	3.98	3.95	3.94	3.92	3.90	3.87	3.84	3.83	3.82	3.80	3.79	3.78	3.76
5	4.06	3.78	3.62	3.52	3.45	3.40	3.37	3.34	3.32	3.30	3.27	3.24	3.21	3.19	3.17	3.16	3.14	3.12	3.11
6	3.78	3.46	3.29	3.18	3.11	3.05	3.01	2.98	2.96	2.94	2.90	2.87	2.84	2.82	2.80	2.78	2.76	2.74	2.72
7	3.59	3.26	3.07	2.96	2.88	2.83	2.78	2.75	2.72	2.70	2.67	2.63	2.59	2.58	2.56	2.54	2.51	2.49	2.47
8	3.46	3.11	2.92	2.81	2.73	2.67	2.62	2.59	2.56	2.54	2.50	2.46	2.42	2.40	2.38	2.36	2.34	2.32	2.29
9	3.36	3.01	2.81	2.69	2.61	2.55	2.51	2.47	2.44	2.42	2.38	2.34	2.30	2.28	2.25	2.23	2.21	2.18	2.16
10	3.29	2.92	2.73	2.61	2.52	2.46	2.41	2.38	2.35	2.32	2.28	2.24	2.20	2.18	2.16	2.13	2.11	2.08	2.06
11	3.23	2.86	2.66	2.54	2.45	2.39	2.34	2.30	2.27	2.25	2.21	2.17	2.12	2.10	2.08	2.05	2.03	2.00	1.97
12	3.18	2.81	2.61	2.48	2.39	2.33	2.28	2.24	2.21	2.19	2.15	2.10	2.06	2.04	2.01	1.99	1.96	1.93	1.90
13	3.14	2.76	2.56	2.43	2.35	2.28	2.23	2.20	2.16	2.14	2.10	2.05	2.01	1.98	1.96	1.93	1.90	1.88	1.85
14	3.10	2.73	2.52	2.39	2.31	2.24	2.19	2.15	2.12	2.10	2.05	2.01	1.96	1.94	1.91	1.89	1.86	1.83	1.80
15	3.07	2.70	2.49	2.36	2.27	2.21	2.16	2.12	2.09	2.06	2.02	1.97	1.92	1.90	1.87	1.85	1.82	1.79	1.76
16	3.05	2.67	2.46	2.33	2.24	2.18	2.13	2.09	2.06	2.03	1.99	1.94	1.89	1.87	1.84	1.81	1.78	1.75	1.72
17	3.03	2.64	2.44	2.31	2.22	2.15	2.10	2.06	2.03	2.00	1.96	1.91	1.86	1.84	1.81	1.78	1.75	1.72	1.69
18	3.01	2.62	2.42	2.29	2.20	2.13	2.08	2.04	2.00	1.98	1.93	1.89	1.84	1.81	1.78	1.75	1.72	1.69	1.66
19	2.99	2.61	2.40	2.27	2.18	2.11	2.06	2.02	1.98	1.96	1.91	1.86	1.81	1.79	1.76	1.73	1.70	1.67	1.63
20	2.97	2.59	2.38	2.25	2.16	2.09	2.04	2.00	1.96	1.94	1.89	1.84	1.79	1.77	1.74	1.71	1.68	1.64	1.61
21	2.96	2.57	2.36	2.23	2.14	2.08	2.02	1.98	1.95	1.92	1.87	1.83	1.78	1.75	1.72	1.69	1.66	1.62	1.59
22	2.95	2.56	2.35	2.22	2.13	2.06	2.01	1.97	1.93	1.90	1.86	1.81	1.76	1.73	1.70	1.67	1.64	1.60	1.57
23	2.94	2.55	2.34	2.21	2.11	2.05	1.99	1.95	1.92	1.89	1.84	1.80	1.74	1.72	1.69	1.66	1.62	1.59	1.55
24	2.93	2.54	2.33	2.19	2.10	2.04	1.98	1.94	1.91	1.88	1.83	1.78	1.73	1.70	1.67	1.64	1.61	1.57	1.53
25	2.92	2.53	2.32	2.18	2.09	2.02	1.97	1.93	1.89	1.87	1.82	1.77	1.72	1.69	1.66	1.63	1.59	1.56	1.52
26	2.91	2.52	2.31	2.17	2.08	2.01	1.96	1.92	1.88	1.86	1.81	1.76	1.71	1.68	1.65	1.61	1.58	1.54	1.50
27	2.90	2.51	2.30	2.17	2.07	2.00	1.95	1.91	1.87	1.85	1.80	1.75	1.70	1.67	1.64	1.60	1.57	1.53	1.49
28	2.89	2.50	2.29	2.16	2.06	2.00	1.94	1.90	1.87	1.84	1.79	1.74	1.69	1.66	1.63	1.59	1.56	1.52	1.48
29	2.89	2.50	2.28	2.15	2.06	1.99	1.93	1.89	1.86	1.83	1.78	1.73	1.68	1.65	1.62	1.58	1.55	1.51	1.47
30	2.88	2.49	2.28	2.14	2.05	1.98	1.93	1.88	1.85	1.82	1.77	1.72	1.67	1.64	1.61	1.57	1.54	1.50	1.46
40	2.84	2.44	2.23	2.09	2.00	1.93	1.87	1.83	1.79	1.76	1.71	1.66	1.61	1.57	1.54	1.51	1.47	1.42	1.38
60	2.79	2.39	2.18	2.04	1.95	1.87	1.82	1.77	1.74	1.71	1.66	1.60	1.54	1.51	1.48	1.44	1.40	1.35	1.29
120	2.75	2.35	2.13	1.99	1.90	1.82	1.77	1.72	1.68	1.65	1.60	1.55	1.48	1.45	1.41	1.37	1.32	1.26	1.19
∞	2.71	2.30	2.08	1.94	1.85	1.77	1.72	1.67	1.63	1.60	1.55	1.49	1.42	1.38	1.34	1.30	1.24	1.17	1.00

〈표 A.4〉 *F*-분포표(계속)

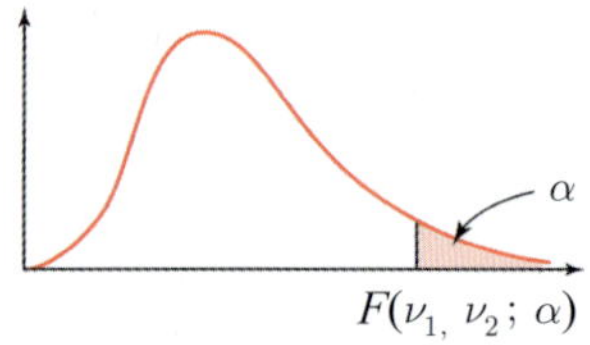

$\alpha = 0.05$

ν_2 \ ν_1	1	2	3	4	5	6	7	8	9	10	12	15	20	24	30	40	60	120	∞
1	161.45	199.50	215.71	224.58	230.16	233.99	236.77	238.88	240.54	241.8	243.91	245.95	248.01	249.05	250.10	251.14	252.20	253.25	254.30
2	18.51	19.00	19.16	19.25	19.30	19.33	19.35	19.37	19.39	19.40	19.41	19.43	19.45	19.45	19.46	19.47	19.48	19.49	19.50
3	10.13	9.55	9.28	9.12	9.01	8.94	8.89	8.85	8.81	8.79	8.75	8.70	8.66	8.64	8.62	8.59	8.57	8.55	8.53
4	7.71	6.94	6.59	6.39	6.26	6.16	6.09	6.04	6.00	5.96	5.91	5.86	5.80	5.77	5.75	5.72	5.69	5.66	5.63
5	6.61	5.79	5.41	5.19	5.05	4.95	4.88	4.82	4.77	4.74	4.68	4.62	4.56	4.53	4.50	4.46	4.43	4.40	4.36
6	5.99	5.14	4.76	4.53	4.39	4.28	4.21	4.15	4.10	4.06	4.00	3.94	3.87	3.84	3.81	3.77	3.74	3.70	3.67
7	5.59	4.74	4.35	4.12	3.97	3.87	3.79	3.73	3.68	3.64	3.57	3.51	3.44	3.41	3.38	3.34	3.30	3.27	3.23
8	5.32	4.46	4.07	3.84	3.69	3.58	3.50	3.44	3.39	3.35	3.28	3.22	3.15	3.12	3.08	3.04	3.01	2.97	2.93
9	5.12	4.26	3.86	3.63	3.48	3.37	3.29	3.23	3.18	3.14	3.07	3.01	2.94	2.90	2.86	2.83	2.79	2.75	2.71
10	4.96	4.10	3.71	3.48	3.33	3.22	3.14	3.07	3.02	2.98	2.91	2.85	2.77	2.74	2.70	2.66	2.62	2.58	2.54
11	4.84	3.98	3.59	3.36	3.20	3.09	3.01	2.95	2.90	2.85	2.79	2.72	2.65	2.61	2.57	2.53	2.49	2.45	2.40
12	4.75	3.89	3.49	3.26	3.11	3.00	2.91	2.85	2.80	2.75	2.69	2.62	2.54	2.51	2.47	2.43	2.38	2.34	2.30
13	4.67	3.81	3.41	3.18	3.03	2.92	2.83	2.77	2.71	2.67	2.60	2.53	2.46	2.42	2.38	2.34	2.30	2.25	2.21
14	4.60	3.74	3.34	3.11	2.96	2.85	2.76	2.70	2.65	2.60	2.53	2.46	2.39	2.35	2.31	2.27	2.22	2.18	2.13
15	4.54	3.68	3.29	3.06	2.90	2.79	2.71	2.64	2.59	2.54	2.48	2.40	2.33	2.29	2.25	2.20	2.16	2.11	2.07
16	4.49	3.63	3.24	3.01	2.85	2.74	2.66	2.59	2.54	2.49	2.42	2.35	2.28	2.24	2.19	2.15	2.11	2.06	2.01
17	4.45	3.59	3.20	2.96	2.81	2.70	2.61	2.55	2.49	2.45	2.38	2.31	2.23	2.19	2.15	2.10	2.06	2.01	1.96
18	4.41	3.55	3.16	2.93	2.77	2.66	2.58	2.51	2.46	2.41	2.34	2.27	2.19	2.15	2.11	2.06	2.02	1.97	1.92
19	4.38	3.52	3.13	2.90	2.74	2.63	2.54	2.48	2.42	2.38	2.31	2.23	2.16	2.11	2.07	2.03	1.98	1.93	1.88
20	4.35	3.49	3.10	2.87	2.71	2.60	2.51	2.45	2.39	2.35	2.28	2.20	2.12	2.08	2.04	1.99	1.95	1.90	1.84
21	4.32	3.47	3.07	2.84	2.68	2.57	2.49	2.42	2.37	2.32	2.25	2.18	2.10	2.05	2.01	1.96	1.92	1.87	1.81
22	4.30	3.44	3.05	2.82	2.66	2.55	2.46	2.40	2.34	2.30	2.23	2.15	2.07	2.03	1.98	1.94	1.89	1.84	1.78
23	4.28	3.42	3.03	2.80	2.64	2.53	2.44	2.37	2.32	2.27	2.20	2.13	2.05	2.01	1.96	1.91	1.86	1.81	1.76
24	4.26	3.40	3.01	2.78	2.62	2.51	2.42	2.36	2.30	2.25	2.18	2.11	2.03	1.98	1.94	1.89	1.84	1.79	1.73
25	4.24	3.39	2.99	2.76	2.60	2.49	2.40	2.34	2.28	2.24	2.16	2.09	2.01	1.96	1.92	1.87	1.82	1.77	1.71
26	4.23	3.37	2.98	2.74	2.59	2.47	2.39	2.32	2.27	2.22	2.15	2.07	1.99	1.95	1.90	1.85	1.80	1.75	1.69
27	4.21	3.35	2.96	2.73	2.57	2.46	2.37	2.31	2.25	2.20	2.13	2.06	1.97	1.93	1.88	1.84	1.79	1.73	1.67
28	4.20	3.34	2.95	2.71	2.56	2.45	2.36	2.29	2.24	2.19	2.12	2.04	1.96	1.91	1.87	1.82	1.77	1.71	1.65
29	4.18	3.33	2.93	2.70	2.55	2.43	2.35	2.28	2.22	2.18	2.10	2.03	1.94	1.90	1.85	1.81	1.75	1.70	1.64
30	4.17	3.32	2.92	2.69	2.53	2.42	2.33	2.27	2.21	2.16	2.09	2.01	1.93	1.89	1.84	1.79	1.74	1.68	1.62
40	4.08	3.23	2.84	2.61	2.45	2.34	2.25	2.18	2.12	2.08	2.00	1.92	1.84	1.79	1.74	1.69	1.64	1.58	1.51
60	4.00	3.15	2.76	2.53	2.37	2.25	2.17	2.10	2.04	1.99	1.92	1.84	1.75	1.70	1.65	1.59	1.53	1.47	1.39
120	3.92	3.07	2.68	2.45	2.29	2.18	2.09	2.02	1.96	1.91	1.83	1.75	1.66	1.61	1.55	1.50	1.43	1.35	1.25
∞	3.84	3.00	2.60	2.37	2.21	2.10	1.01	1.94	1.88	1.83	1.75	1.67	1.57	1.52	1.46	1.39	1.32	1.22	1.00

〈표 A.4〉 F-분포표(계속)

$\alpha = 0.025$

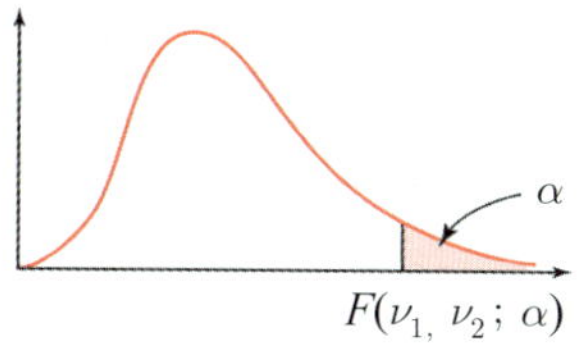

ν_2 \ ν_1	1	2	3	4	5	6	7	8	9	10	12	15	20	24	30	40	60	120	∞
1	647.8	799.5	864.2	899.6	921.9	937.1	948.2	956.7	963.3	968.6	976.7	984.9	993.1	997.3	1001.4	1005.6	1009.8	1014.0	1018.3
2	38.51	39.00	39.17	39.25	39.30	39.33	39.36	39.37	39.39	39.40	39.41	39.43	39.45	39.46	39.46	39.47	39.48	39.49	39.50
3	17.44	16.04	15.44	15.10	14.88	14.73	14.62	14.54	14.47	14.42	14.34	14.25	14.17	14.12	14.08	14.04	13.99	13.90	13.90
4	12.22	10.65	9.98	9.60	9.36	9.20	9.07	8.98	8.90	8.84	8.75	8.66	8.56	8.51	8.46	8.41	8.36	8.31	8.26
5	10.01	8.43	7.76	7.39	7.15	6.98	6.85	6.76	6.68	6.62	6.52	6.43	6.33	6.28	6.23	6.18	6.12	6.07	6.02
6	8.81	7.26	6.60	6.23	5.99	5.82	5.70	5.60	5.52	5.46	5.37	5.27	5.17	5.12	5.07	5.01	4.96	4.90	4.85
7	8.07	6.54	5.89	5.52	5.29	5.12	4.99	4.90	4.82	4.76	4.67	4.57	4.47	4.42	4.36	4.31	4.25	4.20	4.14
8	7.57	6.06	5.42	5.05	4.82	4.65	4.53	4.43	4.36	4.30	4.20	4.10	4.00	3.95	3.89	3.84	3.78	3.73	3.67
9	7.21	5.71	5.08	4.72	4.48	4.32	4.20	4.10	4.03	3.96	3.87	3.77	3.67	3.61	3.56	3.51	3.45	3.39	3.33
10	6.94	5.46	4.83	4.47	4.24	4.07	3.95	3.85	3.78	3.72	3.62	3.52	3.42	3.37	3.31	3.26	3.20	3.14	3.08
11	6.72	5.26	4.63	4.28	4.04	3.88	3.76	3.66	3.59	3.53	3.43	3.33	3.23	3.17	3.12	3.06	3.00	2.94	2.88
12	6.55	5.10	4.47	4.12	3.89	3.73	3.61	3.51	3.44	3.37	3.28	3.18	3.07	3.02	2.96	2.91	2.85	2.79	2.72
13	6.41	4.97	4.35	4.00	3.77	3.60	3.48	3.39	3.31	3.25	3.15	3.05	2.95	2.89	2.84	2.78	2.72	2.66	2.60
14	6.30	4.86	4.24	3.89	3.66	3.50	3.38	3.29	3.21	3.15	3.05	2.95	2.84	2.79	2.73	2.67	2.61	2.55	2.49
15	6.20	4.77	4.15	3.80	3.58	3.41	3.29	3.20	3.12	3.06	2.96	2.86	2.76	2.70	2.64	2.59	2.52	2.46	2.40
16	6.12	4.69	4.08	3.73	3.50	3.34	3.22	3.12	3.05	2.99	2.89	2.79	2.68	2.63	2.57	2.51	2.45	2.38	2.32
17	6.04	4.62	4.01	3.66	3.44	3.28	3.16	3.06	2.98	2.92	2.82	2.72	2.62	2.56	2.50	2.44	2.38	2.32	2.25
18	5.98	4.56	3.95	3.61	3.38	3.22	3.10	3.01	2.93	2.87	2.77	2.67	2.56	2.50	2.44	2.38	2.32	2.26	2.19
19	5.92	4.51	3.90	3.56	3.33	3.17	3.05	2.96	2.88	2.82	2.72	2.62	2.51	2.45	2.39	2.33	2.27	2.20	2.13
20	5.87	4.46	3.86	3.51	3.29	3.13	3.01	2.91	2.84	2.77	2.68	2.57	2.46	2.41	2.35	2.29	2.22	2.16	2.09
21	5.83	4.42	3.82	3.48	3.25	3.09	2.97	2.87	2.80	2.73	2.64	2.53	2.42	2.37	2.31	2.25	2.18	2.11	2.04
22	5.79	4.38	3.78	3.44	3.22	3.05	2.93	2.84	2.76	2.70	2.60	2.50	2.39	2.33	2.27	2.21	2.14	2.08	2.00
23	5.75	4.35	3.75	3.41	3.18	3.02	2.90	2.81	2.73	2.67	2.57	2.47	2.36	2.30	2.24	2.18	2.11	2.04	1.97
24	5.72	4.32	3.72	3.38	3.15	2.99	2.87	2.78	2.70	2.64	2.54	2.44	2.33	2.27	2.21	2.15	2.08	2.01	1.94
25	5.69	4.29	3.69	3.35	3.13	2.97	2.85	2.75	2.68	2.61	2.51	2.41	2.30	2.24	2.18	2.12	2.05	1.98	1.91
26	5.66	4.27	3.67	3.33	3.10	2.94	2.82	2.73	2.65	2.59	2.49	2.39	2.28	2.22	2.16	2.09	2.03	1.95	1.88
27	5.63	4.24	3.65	3.31	3.08	2.92	2.80	2.71	2.63	2.57	2.47	2.36	2.25	2.19	2.13	2.07	2.00	1.93	1.85
28	5.61	4.22	3.63	3.29	3.06	2.90	2.78	2.69	2.61	2.55	2.45	2.34	2.23	2.17	2.11	2.05	1.98	1.91	1.83
29	5.59	4.20	3.61	3.27	3.04	2.88	2.76	2.67	2.59	2.53	2.43	2.32	2.21	2.15	2.09	2.03	1.96	1.89	1.81
30	5.57	4.18	3.59	3.25	3.03	2.87	2.75	2.65	2.57	2.51	2.41	2.31	2.20	2.14	2.07	2.01	1.94	1.87	1.79
40	5.42	4.05	3.46	3.13	2.90	2.74	2.62	2.53	2.45	2.39	2.29	2.18	2.07	2.01	1.94	1.88	1.80	1.72	1.64
60	5.29	3.93	3.34	3.01	2.79	2.63	2.51	2.41	2.33	2.27	2.17	2.06	1.94	1.88	1.82	1.74	1.67	1.58	1.48
120	5.15	3.80	3.23	2.89	2.67	2.52	2.39	2.30	2.22	2.16	2.05	1.94	1.82	1.76	1.69	1.61	1.53	1.43	1.31
∞	5.02	3.69	3.12	2.79	2.57	2.41	2.29	2.19	2.11	2.05	1.94	1.83	1.71	1.64	1.57	1.48	1.39	1.27	1.00

〈표 A.4〉 F-분포표(계속)

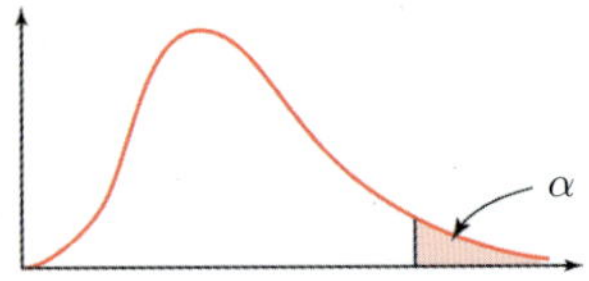

$\alpha = 0.01$

ν_2 \ ν_1	1	2	3	4	5	6	7	8	9	10	12	15	20	24	30	40	60	120	∞
1	4052.2	4999.5	5403.4	5624.6	5763.7	5859.0	5928.4	5981.1	6022.5	6055.9	6106.3	6157.3	6208.7	6234.6	6260.7	6286.8	6313.0	6339.4	6365.9
2	98.50	99.00	99.17	99.25	99.30	99.33	99.36	99.37	99.39	99.40	99.42	99.43	99.45	99.46	99.47	99.47	99.48	99.49	99.50
3	34.12	30.82	29.46	28.71	28.24	27.91	27.67	27.49	27.35	27.23	27.05	26.87	26.69	26.60	26.50	26.41	26.32	26.22	26.13
4	21.20	18.00	16.69	15.98	15.52	15.21	14.98	14.80	14.66	14.55	14.37	14.20	14.02	13.93	13.84	13.75	13.65	13.56	13.46
5	16.26	13.27	12.06	11.39	10.97	10.67	10.46	10.29	10.16	10.05	9.89	9.72	9.55	9.47	9.38	9.29	9.20	9.11	9.02
6	13.75	10.92	9.78	9.15	8.75	8.47	8.26	8.10	7.98	7.87	7.72	7.56	7.40	7.31	7.23	7.14	7.06	6.97	6.88
7	12.25	9.55	8.45	7.85	7.46	7.19	6.99	6.84	6.72	6.62	6.47	6.31	6.16	6.07	5.99	5.91	5.82	5.74	5.65
8	11.26	8.65	7.59	7.01	6.63	6.37	6.18	6.03	5.91	5.81	5.67	5.52	5.36	5.28	5.20	5.12	5.03	4.95	4.86
9	10.56	8.02	6.99	6.42	6.06	5.80	5.61	5.47	5.35	5.26	5.11	4.96	4.81	4.73	4.65	4.57	4.48	4.40	4.31
10	10.04	7.56	6.55	5.99	5.64	5.39	5.20	5.06	4.94	4.85	4.71	4.56	4.41	4.33	4.25	4.17	4.08	4.00	3.91
11	9.65	7.21	6.22	5.67	5.32	5.07	4.89	4.74	4.63	4.54	4.40	4.25	4.10	4.02	3.94	3.86	3.78	3.69	3.60
12	9.33	6.93	5.95	5.41	5.06	4.82	4.64	4.50	4.39	4.30	4.16	4.01	3.86	3.78	3.70	3.62	3.54	3.45	3.36
13	9.07	6.70	5.74	5.21	4.86	4.62	4.44	4.30	4.19	4.10	3.96	3.82	3.66	3.59	3.51	3.43	3.34	3.25	3.17
14	8.86	6.51	5.56	5.04	4.69	4.46	4.28	4.14	4.03	3.94	3.80	3.66	3.51	3.43	3.35	3.27	3.18	3.09	3.00
15	8.68	6.36	5.42	4.89	4.56	4.32	4.14	4.00	3.89	3.80	3.67	3.52	3.37	3.29	3.21	3.13	3.05	2.96	2.87
16	8.53	6.23	5.29	4.77	4.44	4.20	4.03	3.89	3.78	3.69	3.55	3.41	3.26	3.18	3.10	3.02	2.93	2.84	2.75
17	8.40	6.11	5.19	4.67	4.34	4.10	3.93	3.79	3.68	3.59	3.46	3.31	3.16	3.08	3.00	2.92	2.83	2.75	2.65
18	8.29	6.01	5.09	4.58	4.25	4.01	3.84	3.71	3.60	3.51	3.37	3.23	3.08	3.00	2.92	2.84	2.75	2.66	2.57
19	8.18	5.93	5.01	4.50	4.17	3.94	3.77	3.63	3.52	3.43	3.30	3.15	3.00	2.92	2.84	2.76	2.67	2.58	2.49
20	8.10	5.85	4.94	4.43	4.10	3.87	3.70	3.56	3.46	3.37	3.23	3.09	2.94	2.86	2.78	2.69	2.61	2.52	2.42
21	8.02	5.78	4.87	4.37	4.04	3.81	3.64	3.51	3.40	3.31	3.17	3.03	2.88	2.80	2.72	2.64	2.55	2.46	2.36
22	7.95	5.72	4.82	4.31	3.99	3.76	3.59	3.45	3.35	3.26	3.12	2.98	2.83	2.75	2.67	2.58	2.50	2.40	2.31
23	7.88	5.66	4.76	4.26	3.94	3.71	3.54	3.41	3.30	3.21	3.07	2.93	2.78	2.70	2.62	2.54	2.45	2.35	2.26
24	7.82	5.61	4.72	4.22	3.90	3.67	3.50	3.36	3.26	3.17	3.03	2.89	2.74	2.66	2.58	2.49	2.40	2.31	2.21
25	7.77	5.57	4.68	4.18	3.85	3.63	3.46	3.32	3.22	3.13	2.99	2.85	2.70	2.62	2.54	2.45	2.36	2.27	2.17
26	7.72	5.53	4.64	4.14	3.82	3.59	3.42	3.29	3.18	3.09	2.96	2.81	2.66	2.58	2.50	2.42	2.33	2.23	2.13
27	7.68	5.49	4.60	4.11	3.78	3.56	3.39	3.26	3.15	3.06	2.93	2.78	2.63	2.55	2.47	2.38	2.29	2.20	2.10
28	7.64	5.45	4.57	4.07	3.75	3.53	3.36	3.23	3.12	3.03	2.90	2.75	2.60	2.52	2.44	2.35	2.26	2.17	2.06
29	7.60	5.42	4.54	4.04	3.73	3.50	3.33	3.20	3.09	3.00	2.87	2.73	2.57	2.49	2.41	2.33	2.23	2.14	2.03
30	7.56	5.39	4.51	4.02	3.70	3.47	3.30	3.17	3.07	2.98	2.84	2.70	2.55	2.47	2.39	2.30	2.21	2.11	2.01
40	7.31	5.18	4.31	3.83	3.51	3.29	3.12	2.99	2.89	2.80	2.66	2.52	2.37	2.29	2.20	2.11	2.02	1.92	1.80
60	7.08	4.98	4.13	3.65	3.34	3.12	2.95	2.82	2.72	2.63	2.50	2.35	2.20	2.12	2.03	1.94	1.84	1.73	1.60
120	6.85	4.79	3.95	3.48	3.17	2.96	2.79	2.66	2.56	2.47	2.34	2.19	2.03	1.95	1.86	1.76	1.66	1.53	1.38
∞	6.63	4.61	3.78	3.32	3.02	2.80	2.64	2.51	2.41	2.32	2.18	2.04	1.88	1.79	1.70	1.59	1.47	1.32	1.00

〈표 A.5〉 표준화 범위분포표

$\alpha = 0.10$

ν \ k	2	3	4	5	6	7	8	9	10	11
1	8.93	13.44	16.36	18.49	20.15	21.51	22.64	23.62	24.48	25.24
2	4.13	5.73	6.77	7.54	8.14	8.63	9.05	9.41	9.72	10.01
3	3.33	4.47	5.20	5.74	6.16	6.51	6.81	7.06	7.29	7.49
4	3.01	3.98	4.59	5.03	5.39	5.68	5.93	6.14	6.33	6.49
5	2.85	3.72	4.26	4.66	4.98	5.24	5.46	5.65	5.82	5.97
6	2.75	3.56	4.07	4.44	4.73	4.97	5.17	5.34	5.50	5.64
7	2.68	3.45	3.93	4.28	4.55	4.78	4.97	5.14	5.28	5.41
8	2.63	3.37	3.83	4.17	4.43	4.65	4.83	4.99	5.13	5.25
9	2.59	3.32	3.76	4.08	4.34	4.54	4.72	4.87	5.01	5.13
10	2.56	3.27	3.70	4.02	4.26	4.47	4.64	4.78	4.91	5.03
11	2.54	3.23	3.66	3.96	4.20	4.40	4.57	4.71	4.84	4.95
12	2.52	3.20	3.62	3.92	4.16	4.35	4.51	4.65	4.78	4.89
13	2.50	3.18	3.59	3.88	4.12	4.30	4.46	4.60	4.72	4.83
14	2.49	3.16	3.56	3.85	4.08	4.27	4.42	4.56	4.68	4.79
15	2.48	3.14	3.54	3.83	4.05	4.23	4.39	4.52	4.64	4.75
16	2.47	3.12	3.52	3.80	4.03	4.21	4.36	4.49	4.61	4.71
17	2.46	3.11	3.50	3.78	4.00	4.18	4.33	4.46	4.58	4.68
18	2.45	3.10	3.49	3.77	3.98	4.16	4.31	4.44	4.55	4.65
19	2.45	3.09	3.47	3.75	3.97	4.14	4.29	4.42	4.53	4.63
20	2.44	3.08	3.46	3.74	3.95	4.12	4.27	4.40	4.51	4.61
24	2.42	3.05	3.42	3.69	3.90	4.07	4.21	4.34	4.44	4.54
30	2.40	3.02	3.39	3.65	3.85	4.02	4.16	4.28	4.38	4.47
40	2.38	2.99	3.35	3.60	3.80	3.96	4.10	4.21	4.32	4.41
60	2.36	2.96	3.31	3.56	3.75	3.91	4.04	4.16	4.25	4.34
120	2.34	2.93	3.28	3.52	3.71	3.86	3.99	4.10	4.19	4.28
∞	2.33	2.90	3.24	3.48	3.66	3.81	3.93	4.04	4.13	4.21

k: 처리 수, ν: 자유도

〈표 A.5〉 표준화 범위분포표(계속)

$\alpha = 0.05$

ν \ k	2	3	4	5	6	7	8	9	10	11
1	17.97	26.98	32.82	37.08	40.41	43.12	45.40	47.36	49.07	50.59
2	6.08	8.33	9.80	10.88	11.74	12.44	13.03	13.54	13.99	14.39
3	4.50	5.91	6.82	7.50	8.04	8.48	8.85	9.18	9.46	9.72
4	3.93	5.04	5.76	6.29	6.71	7.05	7.35	7.60	7.83	8.03
5	3.64	4.60	5.22	5.67	6.03	6.33	6.58	6.80	6.99	7.17
6	3.46	4.34	4.90	5.30	5.63	5.90	6.12	6.32	6.49	6.65
7	3.34	4.16	4.68	5.06	5.36	5.61	5.82	6.00	6.16	6.30
8	3.26	4.04	4.53	4.89	5.17	5.40	5.60	5.77	5.92	6.05
9	3.20	3.95	4.41	4.76	5.02	5.24	5.43	5.59	5.74	5.87
10	3.15	3.88	4.33	4.65	4.91	5.12	5.30	5.46	5.60	5.72
11	3.11	3.82	4.26	4.57	4.82	5.03	5.20	5.35	5.49	5.61
12	3.08	3.77	4.20	4.51	4.75	4.95	5.12	5.27	5.39	5.51
13	3.06	3.73	4.15	4.45	4.69	4.88	5.05	5.19	5.32	5.43
14	3.03	3.70	4.11	4.41	4.64	4.83	4.99	5.13	5.25	5.36
15	3.01	3.67	4.08	4.37	4.59	4.78	4.94	5.08	5.20	5.31
16	3.00	3.65	4.05	4.33	4.56	4.74	4.90	5.03	5.15	5.26
17	2.98	3.63	4.02	4.30	4.52	4.70	4.86	4.99	5.11	5.21
18	2.97	3.61	4.00	4.28	4.49	4.67	4.82	4.96	5.07	5.17
19	2.96	3.59	3.98	4.25	4.47	4.65	4.79	4.92	5.04	5.14
20	2.95	3.58	3.96	4.23	4.45	4.62	4.77	4.90	5.01	5.11
24	2.92	3.53	3.90	4.17	4.37	4.54	4.68	4.81	4.92	5.01
30	2.89	3.49	3.85	4.10	4.30	4.46	4.60	4.72	4.82	4.92
40	2.86	3.44	3.79	4.04	4.23	4.39	4.52	4.63	4.73	4.82
60	2.83	3.40	3.74	3.98	4.16	4.31	4.44	4.55	4.65	4.73
120	2.80	3.36	3.68	3.92	4.10	4.24	4.36	4.47	4.56	4.64
∞	2.77	3.31	3.63	3.86	4.03	4.17	4.29	4.39	4.47	4.55

k: 처리 수, ν: 자유도

〈표 A.5〉 표준화 범위분포표(계속)

$\alpha = 0.01$

ν \ k	2	3	4	5	6	7	8	9	10	11
1	90.03	135.0	164.3	185.6	202.2	215.8	227.2	237.0	245.6	253.2
2	14.04	19.02	22.29	24.72	26.63	28.20	29.53	30.68	31.69	32.59
3	8.26	10.62	12.17	13.33	14.24	15.00	15.64	16.20	16.69	17.13
4	6.51	8.12	9.17	9.96	10.58	11.10	11.55	11.93	12.27	12.57
5	5.70	6.98	7.80	8.42	8.91	9.32	9.67	9.97	10.24	10.48
6	5.24	6.33	7.03	7.56	7.97	8.32	8.61	8.87	9.10	9.30
7	4.95	5.92	6.54	7.00	7.37	7.68	7.94	8.17	8.37	8.55
8	4.75	5.64	6.20	6.62	6.96	7.24	7.47	7.68	7.86	8.03
9	4.60	5.43	5.96	6.35	6.66	6.91	7.13	7.33	7.49	7.65
10	4.48	5.27	5.77	6.14	6.43	6.67	6.87	7.05	7.21	7.36
11	4.39	5.15	5.62	5.97	6.25	6.48	6.67	6.84	6.99	7.13
12	4.32	5.05	5.50	5.84	6.10	6.32	6.51	6.67	6.81	6.94
13	4.26	4.96	5.40	5.73	5.98	6.19	6.37	6.53	6.67	6.79
14	4.21	4.89	5.32	5.63	5.88	6.08	6.26	6.41	6.54	6.66
15	4.17	4.84	5.25	5.56	5.80	5.99	6.16	6.31	6.44	6.55
16	4.13	4.79	5.19	5.49	5.72	5.92	6.08	6.22	6.35	6.46
17	4.10	4.74	5.14	5.43	5.66	5.85	6.01	6.15	6.27	6.38
18	4.07	4.70	5.09	5.38	5.60	5.79	5.94	6.08	6.20	6.31
19	4.05	4.67	5.05	5.33	5.55	5.73	5.89	6.02	6.14	6.25
20	4.02	4.64	5.02	5.29	5.51	5.69	5.84	5.97	6.09	6.19
24	3.96	4.55	4.91	5.17	5.37	5.54	5.69	5.81	5.92	6.02
30	3.89	4.45	4.80	5.05	5.24	5.40	5.54	5.65	5.76	5.85
40	3.82	4.37	4.70	4.93	5.11	5.26	5.39	5.50	5.60	5.69
60	3.76	4.28	4.59	4.82	4.99	5.13	5.25	5.36	5.45	5.53
120	3.70	4.20	4.50	4.71	4.87	5.01	5.12	5.21	5.30	5.37
∞	3.64	4.12	4.40	4.60	4.76	4.88	4.99	5.08	5.16	5.23

k: 처리 수, ν: 자유도

〈표 A.6〉 렌스 방법의 개별오차율 임곗값

$\alpha = 0.10$

ν \ I	1	2	3	4	5	6	7	8	9	10	11	12	13	14	15	16	17	18
2	2.92	3.83	4.38	4.77	5.06	5.30	5.50	5.67	5.82	5.96	6.08	6.18	6.28	6.37	6.45	6.53	6.60	6.67
3	2.35	2.99	3.37	3.64	3.84	4.01	4.15	4.27	4.38	4.47	4.55	4.63	4.70	4.76	4.82	4.88	4.93	4.98
4	2.13	2.66	2.98	3.20	3.37	3.51	3.62	3.72	3.81	3.89	3.96	4.02	4.08	4.13	4.18	4.23	4.27	4.31
5	2.02	2.49	2.77	2.96	3.12	3.24	3.34	3.43	3.51	3.58	3.64	3.69	3.75	3.79	3.84	3.88	3.92	3.95
6	1.94	2.38	2.64	2.82	2.96	3.07	3.17	3.25	3.32	3.38	3.44	3.49	3.54	3.58	3.62	3.66	3.70	3.73
7	1.89	2.31	2.56	2.73	2.86	2.96	3.05	3.13	3.19	3.25	3.31	3.35	3.40	3.44	3.48	3.51	3.55	3.58
8	1.86	2.26	2.49	2.66	2.78	2.88	2.96	3.04	3.10	3.16	3.21	3.26	3.30	3.34	3.37	3.41	3.44	3.47
9	1.83	2.22	2.45	2.60	2.72	2.82	2.90	2.97	3.03	3.09	3.13	3.18	3.22	3.26	3.29	3.32	3.35	3.38
10	1.81	2.19	2.41	2.56	2.68	2.77	2.85	2.92	2.98	3.03	3.08	3.12	3.16	3.20	3.23	3.26	3.29	3.32
11	1.80	2.17	2.38	2.53	2.64	2.73	2.81	2.88	2.93	2.98	3.03	3.07	3.11	3.15	3.18	3.21	3.24	3.26
12	1.78	2.15	2.36	2.50	2.61	2.70	2.78	2.84	2.90	2.95	2.99	3.03	3.07	3.10	3.14	3.17	3.19	3.22
13	1.77	2.13	2.34	2.48	2.59	2.67	2.75	2.81	2.87	2.91	2.96	3.00	3.04	3.07	3.10	3.13	3.16	3.18
14	1.76	2.12	2.32	2.46	2.57	2.65	2.72	2.79	2.84	2.89	2.93	2.97	3.01	3.04	3.00	3.10	3.13	3.15
15	1.75	2.11	2.31	2.44	2.55	2.63	2.70	2.76	2.82	2.87	2.91	2.95	2.98	3.01	3.04	3.07	3.10	3.12
16	1.75	2.10	2.29	2.43	2.53	2.62	2.69	2.75	2.80	2.85	2.89	2.93	2.96	2.99	3.02	3.05	3.08	3.10
17	1.74	2.09	2.28	2.42	2.52	2.60	2.67	2.73	2.78	2.83	2.87	2.91	2.94	2.97	3.00	3.03	3.06	3.08
18	1.73	2.08	2.27	2.41	2.51	2.59	2.66	2.72	2.77	2.81	2.85	2.89	2.92	2.96	2.99	3.01	3.04	3.06
19	1.73	2.00	2.26	2.40	2.50	2.58	2.64	2.70	2.75	2.80	2.84	2.88	2.91	2.94	2.97	3.00	3.02	3.04
20	1.72	2.07	2.26	2.39	2.49	2.57	2.63	2.69	2.74	2.79	2.83	2.86	2.90	2.93	2.96	2.98	3.01	3.03
21	1.72	2.06	2.25	2.38	2.48	2.56	2.62	2.68	2.73	2.78	2.81	2.85	2.88	2.91	2.94	2.97	2.99	3.02
22	1.72	2.05	2.24	2.37	2.47	2.55	2.61	2.67	2.72	2.77	2.80	2.84	2.87	2.90	2.93	2.96	2.98	3.00
23	1.71	2.05	2.24	2.36	2.46	2.54	2.61	2.66	2.71	2.76	2.80	2.83	2.86	2.89	2.92	2.95	2.97	2.99
24	1.71	2.05	2.23	2.36	2.46	2.53	2.60	2.66	2.70	2.75	2.79	2.82	2.85	2.88	2.91	2.94	2.96	2.98
25	1.71	2.04	2.23	2.35	2.45	2.53	2.59	2.65	2.70	2.74	2.78	2.81	2.85	2.88	2.90	2.93	2.95	2.97
26	1.71	2.04	2.22	2.35	2.44	2.52	2.59	2.64	2.69	2.73	2.77	2.81	2.84	2.87	2.89	2.92	2.94	2.97
27	1.70	2.03	2.22	2.34	2.44	2.52	2.58	2.64	2.68	2.73	2.76	2.80	2.83	2.86	2.89	2.91	2.94	2.96
28	1.70	2.03	2.21	2.34	2.43	2.51	2.57	2.63	2.68	2.72	2.76	2.79	2.82	2.85	2.88	2.91	2.93	2.95
29	1.70	2.03	2.21	2.34	2.43	2.51	2.57	2.62	2.67	2.71	2.75	2.79	2.82	2.85	2.87	2.90	2.92	2.94
30	1.70	2.03	2.21	2.33	2.43	2.50	2.57	2.62	2.67	2.71	2.75	2.78	2.81	2.84	2.87	2.89	2.92	2.94
35	1.69	2.01	2.19	2.32	2.41	2.48	2.55	2.60	2.65	2.69	2.72	2.76	2.79	2.82	2.84	2.87	2.89	2.91
40	1.68	2.01	2.18	2.30	4.40	2.47	2.53	2.58	2.63	2.67	2.71	2.74	2.77	2.80	2.82	2.85	2.87	2.89
45	1.68	2.00	2.18	2.30	2.39	2.46	2.52	2.57	2.62	2.66	2.69	2.73	2.76	2.78	2.81	2.83	2.86	2.88
50	1.68	1.99	2.17	2.29	2.38	2.45	2.51	2.56	2.61	2.65	2.68	2.72	2.75	2.77	2.80	2.82	2.84	2.86
60	1.67	1.99	2.16	2.28	2.37	2.44	2.50	2.55	2.59	2.63	2.67	2.70	2.73	2.76	2.78	2.80	2.83	2.85
80	1.66	1.98	2.15	2.26	2.35	2.42	2.48	2.53	2.58	2.61	2.65	2.68	2.71	2.74	2.76	2.78	2.80	2.82
100	1.66	1.97	2.14	2.26	2.34	2.41	2.47	2.52	2.57	2.60	2.64	2.67	2.70	2.72	2.75	2.77	2.79	2.81
200	1.65	1.96	2.13	2.24	2.33	2.40	2.45	2.50	2.54	2.58	2.62	2.65	2.67	2.70	2.72	2.74	2.76	2.78
∞	1.64	1.95	2.11	2.23	2.31	2.38	2.43	2.48	2.52	2.56	2.59	2.62	2.65	2.67	2.70	2.72	2.74	2.76

I: 요인효과 수, ν: 자유도

〈표 A.6〉 렌스 방법의 개별오차율 임곗값(계속)

$\alpha = 0.05$

ν \ I	1	2	3	4	5	6	7	8	9	10	11	12	13	14	15	16	17	18
2	4.30	5.57	6.34	6.89	7.31	7.65	7.93	8.17	8.38	8.57	8.74	8.89	9.03	9.16	9.28	9.39	9.49	9.59
3	3.18	3.96	4.43	4.76	5.02	5.23	5.41	5.56	5.69	5.81	5.92	6.01	6.10	6.18	6.26	6.33	6.39	6.45
4	2.78	3.38	3.74	4.00	4.20	4.37	4.50	4.62	4.72	4.82	4.90	4.97	5.04	5.11	5.17	5.22	5.27	5.32
5	2.57	3.09	3.40	3.62	3.79	3.93	4.04	4.14	4.23	4.31	4.38	4.45	4.51	4.56	4.61	4.66	4.70	4.74
6	2.45	2.92	3.19	3.39	3.54	3.66	3.77	3.86	3.94	4.01	4.07	4.13	4.18	4.23	4.28	4.32	4.36	4.39
7	2.36	2.80	3.06	3.24	3.38	3.49	3.59	3.67	3.74	3.80	3.86	3.92	3.96	4.01	4.05	4.09	4.13	4.16
8	2.31	2.72	2.96	3.13	3.26	3.36	3.45	3.53	3.60	3.66	3.71	3.76	3.81	3.85	3.89	3.93	3.96	3.99
9	2.26	2.66	2.89	3.05	3.17	3.27	3.36	3.43	3.49	3.55	3.60	3.65	3.69	3.73	3.77	3.80	3.84	3.87
10	2.23	2.61	2.83	2.98	3.10	3.20	3.28	3.35	3.41	3.47	3.52	3.56	3.60	3.64	3.68	3.71	3.74	3.77
11	2.20	2.57	2.78	2.93	3.05	3.14	3.22	3.29	3.35	3.40	3.45	3.49	3.53	3.57	3.60	3.63	3.66	3.69
12	2.18	2.54	2.75	2.89	3.00	3.09	3.17	3.24	3.29	3.35	3.39	3.43	3.47	3.51	3.54	3.57	3.60	3.63
13	2.16	2.51	2.72	2.86	2.97	3.06	3.13	3.19	3.25	3.30	3.34	3.39	3.42	3.46	3.49	3.52	3.55	3.57
14	2.14	2.49	2.69	2.83	2.94	3.02	3.09	3.16	3.21	3.26	3.30	3.34	3.38	3.41	3.45	3.48	3.50	3.53
15	2.13	2.47	2.67	2.81	2.91	2.99	3.06	3.13	3.18	3.23	3.27	3.31	3.35	3.38	3.41	3.44	3.46	3.49
16	2.12	2.46	2.65	2.78	2.89	2.97	3.04	3.10	3.15	3.20	3.24	3.28	3.31	3.35	3.38	3.40	3.43	3.46
17	2.11	2.44	2.63	2.77	2.87	2.95	3.02	3.08	3.13	3.17	3.21	3.25	3.29	3.32	3.35	3.38	3.40	3.43
18	2.10	2.43	2.62	2.75	2.85	2.93	3.00	3.05	3.11	3.15	3.19	3.23	3.26	3.29	3.32	3.35	3.38	3.40
19	2.09	2.42	2.61	2.73	2.83	2.91	2.98	3.04	3.09	3.13	3.17	3.21	3.24	3.27	3.30	3.33	3.35	3.38
20	2.09	2.41	2.59	2.72	2.82	2.90	2.96	3.02	3.07	3.11	3.15	3.19	3.22	3.25	3.28	3.31	3.33	3.36
21	2.08	2.40	2.58	2.71	2.81	2.88	2.95	3.01	3.05	3.10	3.14	3.17	3.21	3.24	3.26	3.29	3.31	3.34
22	2.07	2.39	2.57	2.70	2.79	2.87	2.94	2.99	3.04	3.08	3.12	3.16	3.19	3.22	3.25	3.27	3.30	3.32
23	2.07	2.39	2.57	2.69	2.78	2.86	2.92	2.98	3.03	3.07	3.11	3.14	3.18	3.21	3.23	3.26	3.28	3.31
24	2.06	2.38	2.56	2.68	2.77	2.85	2.91	2.97	3.02	3.06	3.10	3.13	3.16	3.19	3.22	3.25	3.27	3.29
25	2.06	2.37	2.55	2.67	2.77	2.84	2.90	2.96	3.01	3.05	3.09	3.12	3.15	3.18	3.21	3.23	3.26	3.28
26	2.06	2.37	2.54	2.67	2.76	2.83	2.90	2.95	3.00	3.04	3.08	3.11	3.14	3.17	3.20	3.22	3.25	3.27
27	2.05	2.36	2.54	2.66	2.75	2.83	2.89	2.94	2.99	3.03	3.07	3.10	3.13	3.16	3.19	3.21	3.23	3.26
28	2.05	2.36	2.53	2.65	2.74	2.82	2.88	2.93	2.98	3.02	3.06	3.09	3.12	3.15	3.18	3.20	3.22	3.25
29	2.05	2.35	2.53	2.65	2.74	2.81	2.87	2.93	2.97	3.01	3.05	3.08	3.11	3.14	3.17	3.19	3.22	3.24
30	2.04	2.35	2.52	2.64	2.73	2.80	2.87	2.92	2.96	3.00	3.04	3.07	3.11	3.13	3.16	3.18	3.21	3.23
35	2.03	2.33	2.50	2.62	2.71	2.78	2.84	2.89	2.93	2.97	3.01	3.04	3.07	3.10	3.13	3.15	3.17	3.19
40	2.02	2.32	2.49	2.60	2.69	2.76	2.82	2.87	2.91	2.95	2.99	3.02	3.05	3.08	3.10	3.12	3.14	3.17
45	2.01	2.31	2.48	2.59	2.68	2.75	2.80	2.85	2.90	2.93	2.97	3.00	3.03	3.06	3.08	3.10	3.12	3.14
50	2.01	2.30	2.47	2.58	2.66	2.73	2.79	2.84	2.88	2.92	2.95	2.99	3.01	3.04	3.06	3.09	3.11	3.13
60	2.00	2.29	2.45	2.56	2.65	2.72	2.77	2.82	2.86	2.90	2.93	2.96	2.99	3.02	3.04	3.06	3.08	3.10
80	1.99	2.28	2.44	2.55	2.63	2.69	2.75	2.80	2.84	2.87	2.91	2.94	2.96	2.99	3.01	3.03	3.05	3.07
100	1.98	2.27	2.43	2.53	2.62	2.68	2.74	2.78	2.82	2.86	2.89	2.92	2.95	2.97	3.00	3.02	3.04	3.06
200	1.97	2.25	2.41	2.51	2.59	2.66	2.71	2.75	2.79	2.83	2.86	2.89	2.92	2.94	2.96	2.98	3.00	3.02
∞	1.96	2.24	2.39	2.49	2.57	2.63	2.68	2.73	2.77	2.80	2.83	2.86	2.88	2.91	2.93	2.95	2.97	2.98

I: 요인효과 수, ν: 자유도

〈표 A.6〉 렌스 방법의 개별오차율 임곗값(계속)

$\alpha = 0.01$

ν \ I	1	2	3	4	5	6	7	8	9	10	11	12	13	14	15	16	17	18
2	9.93	12.73	14.44	15.65	16.59	17.35	17.99	18.53	19.01	19.43	19.81	20.15	20.46	20.75	21.02	21.26	21.49	21.71
3	5.84	7.13	7.91	8.48	8.92	9.28	9.58	9.84	10.06	10.27	10.45	10.61	10.76	10.90	11.03	11.15	11.27	11.37
4	4.60	5.46	5.99	6.36	6.66	6.90	7.10	7.27	7.43	7.57	7.69	7.80	7.91	8.00	8.09	8.17	8.25	8.32
5	4.03	4.70	5.11	5.40	5.63	5.81	5.97	6.11	6.23	6.33	6.43	6.52	6.60	6.67	6.74	6.81	6.87	6.93
6	3.71	4.27	4.61	4.86	5.05	5.20	5.33	5.45	5.55	5.64	5.72	5.80	5.86	5.93	5.99	6.04	6.09	6.14
7	3.50	4.00	4.30	4.51	4.68	4.81	4.93	5.03	5.12	5.20	5.27	5.33	5.39	5.45	5.50	5.55	5.59	5.64
8	3.36	3.81	4.08	4.27	4.42	4.55	4.65	4.74	4.82	4.89	4.96	5.02	5.07	5.12	5.17	5.21	5.25	5.29
9	3.25	3.67	3.92	4.10	4.24	4.35	4.45	4.53	4.61	4.67	4.73	4.79	4.84	4.88	4.92	4.96	5.00	5.04
10	3.17	3.57	3.80	3.97	4.10	4.20	4.29	4.37	4.44	4.50	4.56	4.61	4.66	4.70	4.74	4.78	4.81	4.84
11	3.11	3.48	3.71	3.87	3.99	4.09	4.17	4.25	4.31	4.37	4.42	4.47	4.51	4.55	4.59	4.63	4.66	4.69
12	3.05	3.42	3.63	3.78	3.90	4.00	4.08	4.15	4.21	4.26	4.31	4.36	4.40	4.44	4.48	4.51	4.54	4.57
13	3.01	3.36	3.57	3.71	3.83	3.92	4.00	4.06	4.12	4.18	4.22	4.27	4.31	4.34	4.38	4.41	4.44	4.47
14	2.98	3.32	3.52	3.66	3.77	3.85	3.93	3.99	4.05	4.10	4.15	4.19	4.23	4.26	4.30	4.33	4.36	4.39
15	2.95	3.28	3.47	3.61	3.71	3.80	3.87	3.93	3.99	4.04	4.08	4.12	4.16	4.20	4.23	4.26	4.29	4.31
16	2.92	3.25	3.43	3.57	3.67	3.75	3.82	3.88	3.94	3.99	4.03	4.07	4.11	4.14	4.17	4.20	4.23	4.25
17	2.90	3.22	3.40	3.53	3.63	3.71	3.78	3.84	3.89	3.94	3.98	4.02	4.06	4.09	4.12	4.15	4.17	4.20
18	2.88	3.19	3.37	3.50	3.60	3.68	3.74	3.80	3.85	3.90	3.94	3.98	4.01	4.04	4.07	4.10	4.13	4.15
19	2.86	3.17	3.35	3.47	3.57	3.65	3.71	3.77	3.82	3.86	3.90	3.94	3.97	4.01	4.03	4.06	4.09	4.11
20	2.85	3.15	3.32	3.45	3.54	3.62	3.68	3.74	3.79	3.83	3.87	3.91	3.94	3.97	4.00	4.03	4.05	4.07
21	2.83	3.13	3.30	3.42	3.52	3.59	3.66	3.71	3.76	3.80	3.84	3.88	3.91	3.94	3.97	3.99	4.02	4.04
22	2.82	3.11	3.28	3.40	3.50	3.57	3.63	3.69	3.73	3.78	3.81	3.85	3.88	3.91	3.94	3.96	3.99	4.01
23	2.81	3.10	3.27	3.39	3.48	3.55	3.61	3.66	3.71	3.75	3.79	3.83	3.86	3.89	3.91	3.94	3.96	3.98
24	2.80	3.09	3.25	3.37	3.46	3.53	3.59	3.64	3.69	3.73	3.00	3.80	3.83	3.86	3.89	3.91	3.94	3.96
25	2.79	3.07	3.24	3.35	3.44	3.51	3.57	3.63	3.67	3.71	3.75	3.78	3.81	3.84	3.87	3.89	3.92	3.94
26	2.78	3.06	3.23	3.34	3.43	3.50	3.56	3.61	3.65	3.70	3.73	3.76	3.79	3.82	3.85	3.87	3.90	3.92
27	2.77	3.05	3.21	3.33	3.41	3.48	3.54	3.59	3.64	3.68	3.71	3.75	3.78	3.81	3.83	3.86	3.88	3.90
28	2.76	3.04	3.20	3.32	3.40	3.47	3.53	3.58	3.62	3.66	3.70	3.73	3.76	3.79	3.81	3.84	3.86	3.88
29	2.76	3.04	3.19	3.30	3.39	3.46	3.52	3.57	3.61	3.65	3.68	3.72	3.75	3.00	3.80	3.82	3.84	3.87
30	2.75	3.03	3.18	3.29	3.38	3.45	3.50	3.55	3.60	3.64	3.67	3.70	3.73	3.76	3.78	3.81	3.83	3.85
35	2.72	2.99	3.15	3.25	3.33	3.40	3.46	3.50	3.55	3.58	3.62	3.65	3.68	3.70	3.73	3.75	3.77	3.79
40	2.70	2.97	3.12	3.22	3.30	3.37	3.42	3.47	3.51	3.54	3.58	3.61	3.63	3.66	3.68	3.71	3.73	3.74
45	2.69	2.95	3.10	3.20	3.28	3.34	3.39	3.44	3.48	3.51	3.55	3.58	3.60	3.63	3.65	3.67	3.69	3.71
50	2.68	2.94	3.08	3.18	3.26	3.32	3.37	3.42	3.46	3.49	3.52	3.55	3.58	3.60	3.62	3.65	3.66	3.68
60	2.66	2.91	3.06	3.15	3.23	3.29	3.34	3.38	3.42	3.46	3.49	3.51	3.54	3.56	3.59	3.61	3.63	3.64
80	2.64	2.89	3.02	3.12	3.19	3.25	3.30	3.34	3.38	3.41	3.44	3.47	3.49	3.52	3.54	3.56	3.58	3.59
100	2.63	2.87	3.01	3.10	3.17	3.23	3.28	3.32	3.36	3.39	3.42	3.44	3.47	3.49	3.51	3.53	3.55	3.56
200	2.60	2.84	2.97	3.06	3.13	3.19	3.23	3.27	3.31	3.34	3.37	3.39	3.41	3.44	3.46	3.47	3.49	3.51
∞	2.58	2.81	2.93	3.02	3.09	3.14	3.19	3.23	3.26	3.29	3.32	3.34	3.36	3.38	3.40	3.42	3.44	3.45

I: 요인효과 수, ν: 자유도

찾아보기.